计算机科学丛书

本科教学版

第2版

编译原理

（美）Alfred V. Aho　Monica S. Lam　Ravi Sethi　Jeffrey D. Ullman　著　赵建华　郑滔　戴新宇　译

Compilers
Principles, Techniques and Tools
Second Edition

机械工业出版社
CHINA MACHINE PRESS

《编译原理》是编译原理课程方面的经典教材,全面、深入地探讨了编译器设计方面的重要主题,包括词法分析、语法分析、语法制导定义和语法制导翻译、运行时刻环境、目标代码生成、代码优化技术、并行性检测以及过程间分析技术,并在相关章节中给出大量的实例。与上一版相比,本书进行了全面修订,涵盖了编译器开发方面最新进展。每章中都提供了大量的实例及参考文献。

本书基于该书第2版进行改编,内容更加精练和实用,体系更加符合国内教学情况,适合作为高等院校计算机及相关专业本科生的编译原理课程的教材,也是广大研究人员和技术人员的极佳参考读物。

Simplified Chinese edition copyright © 2009 by Pearson Education Asia Limited and China Machine Press.

Original English language title: *Compilers: Principles, Techniques and Tools, Second Edition* (ISBN 0-321-48681-1) by Alfred V. Aho, Monica S. Lam, Ravi Sethi, Jeffery D. Ullman, Copyright © 2007. All rights reserved.

Published by arrangement with the original publisher, Pearson Education, Inc., publishing as Addison Wesley.

本书封面贴有Pearson Education(培生教育出版集团)激光防伪标签,无标签者不得销售。

版权所有,侵权必究。
封底无防伪标均为盗版。

北京市版权局著作权合同登记　图字:01-2006-6521号。

图书在版编目(CIP)数据

编译原理　第2版:本科教学版/(美)阿霍(Aho, A. V.)等著;赵建华等译. —北京:机械工业出版社,2009.5(2025.2重印)

(计算机科学丛书)

书名原文:Compilers: Principles, Techniques and Tools, Second Edition

ISBN 978-7-111-26929-8

Ⅰ. 编⋯　Ⅱ. ①阿⋯　②赵⋯　Ⅲ. 编译程序-程序设计-高等学校-教材　Ⅳ. TP314

中国版本图书馆CIP数据核字(2009)第062532号

机械工业出版社(北京市西城区百万庄大街22号　邮政编码　100037)
责任编辑:姚　蕾
三河市宏达印刷有限公司印刷
2025年2月第1版第16次印刷
184mm×260mm　·　26.5印张
标准书号:ISBN 978-7-111-26929-8
定价:55.00元

客服电话:(010) 88361066　68326294

改编者序

构造编译器的原理和技术是计算机科学技术领域中一个非常重要的组成部分，指导人们构造能够生成正确、高效的代码的编译器。现在的绝大部分软件都是使用高级程序设计语言编写的，需要使用编译器来得到可运行代码，因此编译原理和技术对于构造正确、可靠、高效的软件是非常重要的。经过了50年的研究发展，编译技术已经使得人们可以为各种高级编程机制生成高效的代码，使得人们可以使用更加抽象的语言来编写高效的软件。但硬件技术的进步仍然对编译技术提出了新的挑战。比如多核CPU的广泛应用要求更优秀的程序分析技术和并行编译器。因此，编译原理和技术在将来仍然是一个重要的研究课题。

Aho等人编写的《编译原理》是一本经典的教材。这本书不仅包含了编译器构造的基本原理和技术，还包含了很多和编译相关的高级技术。对于专业技术人员来说，这是一本很全面的参考书目。但是书中的很多内容超出了本科教学的要求，不符合中国的本科教材的习惯。因此，出版社委托我们对这本书进行改编，主要的工作是删减一些不需要在本科教学课程中讲授的内容，保留下来内容包括词法分析、语法分析、语义分析、中间代码生成，以及运行时刻环境、优化和代码生成方法的基本技术。

我们删去了原书的第10章、第11章和第12章。这三章的内容是关于开发性和程序分析的高级议题，一般不对本科生讲授。此外，我们对原书第九章机器无关优化的内容进行了删减，保留了一些基本的数据流优化算法。我们还删减了一些高级的算法和技术，包括运行时刻环境中的短停顿垃圾收集算法、类型检查中的类型推导和合一算法、高效构造DFA算法等。另外，我们还删去了一些与实现细节有关的技术，比如词法分析中缓冲区的管理、语法分析中LR分析表的压缩技术等。删去了这些高级内容之后，保留部分已经可以在一个学期的本科生课程中讲完。当然，考虑到不同学校有不同的专业要求，任课教师仍然可以考虑舍弃一些内容，比如第八章中关于代码生成的高级议题。

编译原理是一门比较难学的课程，主要原因在于它包含了很多理论性的东西，抽象程度比较高，而且还包含了很多复杂的算法和用于编译器构造的抽象数学概念。我建议学生学习的时候可以先阅读本书的第2章。第2章的内容可以帮助大家了解编译器的基本构造和功能，然后在学习后续各章节的时候加深理解。自己动手编写一个小型语言的编译器也是一个很好的学习方法。使用Yacc和Lex等工具之后，编写一个这样的编译器并不需要很大的工作量，却可以有效帮助大家深入理解各种编译技术。

对编译的基本原理和技术有所了解之后，如果读者还希望进一步深入学习，我建议大家购买完整版的《编译原理》来阅读。

译者

2009年4月

前 言

从本书的 1986 版出版到现在，编译器设计领域已经发生了很大的改变。随着程序设计语言的发展，提出了新的编译问题。计算机体系结构提供了多种多样的资源，而编译器设计者必须能够充分利用这些资源。最有意思的事情可能是，古老的代码优化技术已经在编译器之外找到了新的应用。现在，有些工具利用这些技术来查找软件中的缺陷，以及（最重要的是）寻找现有代码中的安全漏洞。而且，很多"前端"技术——文法、正则表达式、语法分析器以及语法制导翻译器等——仍然被广泛应用。

因此，本书先前的版本所体现的我们的价值观一直没有改变。我们知道，只有很少的读者将会去构建甚至维护一个主流程序设计语言的编译器，但是，和编译器相关的模型、理论和算法可以被应用到软件设计和开发中出现的各种各样的问题上。因此，我们会关注那些在设计一个语言处理器时常常会碰到的问题，而不考虑具体的源语言和目标机器究竟是什么。

使用本书

下面是各章的概要介绍：

- 第 1 章给出一些关于学习动机的资料，同时也将给出一些关于计算机体系结构和程序设计语言原则的背景知识。
- 第 2 章会开发一个小型的编译器，并介绍很多重要概念。这些概念将在后面的各章中深入介绍。这个编译器本身将在附录中给出。
- 第 3 章将讨论词法分析、正则表达式、有穷状态自动机和词法分析器的生成器工具。这些内容是各种文本处理的基础。
- 第 4 章将讨论主流的语法分析方法，包括自顶向下方法（递归下降法、LL 技术）和自底向上方法（LR 技术和它的变体）。
- 第 5 章将介绍语法制导定义和语法制导翻译的基本思想。
- 第 6 章将使用第 5 章中的理论，并说明如何使用这些理论为一个典型的程序设计语言生成中间代码。
- 第 7 章将讨论运行时刻环境，特别是运行时刻栈的管理和垃圾回收机制。
- 第 8 章将主要讨论目标代码生成技术。该章会讨论基本块的构造，从表达式和基本块生成代码的方法，以及寄存器分配技术。
- 第 9 章将介绍代码优化技术，包括流图、数据流分析框架以及求解这些框架的迭代算法。

哥伦比亚大学、哈佛大学、斯坦福大学已经开设了讲授本书内容的课程。哥伦比亚大学定期开设一门关于程序设计语言和翻译器的课程，使用了本书前 8 章的内容。该课程常年面向高年级本科生/一年级研究生讲授，这门课程的亮点是一个长达一个学期的课程实践项目。在该项目中，学生分成小组，创建并实现一个他们自己设计的小型语言。学生创建的语言涉及多个应用领域，包括量子计算、音乐合成、计算机图形学、游戏、矩阵运算和很多其他领域。在构建他们自己的编译器时，学生们使用了很多种可以生成编译器组件的工具，比如 ANTLR、Lex 和 Yacc；他们还使用了第 2 章和第 5 章中讨论的语法制导翻译技术。

斯坦福大学开设了一门历时一个学季的入门课程,大致涵盖了本书第 1 章到第 8 章的内容,同时还会简介本书第 9 章中全局代码优化的相关内容。

预备知识

学习本书的读者应该拥有一些"计算机科学的综合知识",至少学过两门程序设计课程,以及数据结构和离散数学的课程。具备多种程序设计语言的知识对学习本书会有所帮助。

练习

本书包含内容广泛的练习,几乎每一节都有一些练习。我们用感叹号来表示较难的练习或练习中的一部分。难度最大的练习有两个感叹号。

万维网上的支持

在本书的主页(http://dragonbook.stanford.edu)[一]上可以找到本书已知错误的勘误表以及一些支持性资料。我们希望将我们讲授的每一门与编译器相关的课程的可用讲义(包括家庭作业、答案和练习等)都提供出来。我们也计划公布由一些重要编译器的作者撰写的关于这些编译器的描述。

致谢

本书封面由 Strange Tonic Productions 的 S. D. Ullman 设计。

Jon Bentley 针对本书的初稿中的多章内容与我们进行了广泛深入的讨论。我们收到了来自下列人员的有帮助的评价和勘误:Domenico Bianculli、Peter Bosch、Marcio Buss、Marc Eaddy、Stephen Edwards、Vibhav Garg、Kim Hazelwood、Gaurav Kc、Wei Li、Mike Smith、Art Stamness、Krysta Svore、Olivier Tardieu 和 Jia Zeng。我们衷心感谢这些人的帮助。当然,书中还可能有错漏之处,希望得到指正和反馈。

另外,Monica 希望能够向她在 SUIF 编译器团队的同事表示感谢,感谢他们在 18 年的时间里给予她的支持和帮助,他们是:Gerald Aigner、Dzintars Avots、Saman Amarasinghe、Jennifer Anderson、Michael Carbin、Gerald Cheong、Amer Diwan、Robert French、Anwar Ghuloum、Mary Hall、John Hennessy、David Heine、Shih-Wei Liao、Amy Lim、Benjamin Livshits、Michael Martin、Dror Maydan、Todd Mowry、Brian Murphy、Jeffrey Oplinger、Karen Pieper、Martin Rinard、Olatunji Ruwase、Constantine Sapuntzakis、Patrick Sathyanathan、Michael Smith、Steven Tjiang、Chau-Wen Tseng、Christopher Unkel、John Whaley、Robert Wilson、Christopher Wilson 和 Michael Wolf。

A. V. A., Chatham NJ
M. S. L., Menlo Park CA
R. S., Far Hills NJ
J. D. U., Stanford CA
2006 年 6 月

[一] 读者可以从 http://infolab.stanford.edu/~ullman/dragon/crrata.html 找到本书的勘误表,并可以从 http://infolab.stanford.edu/~ullman/dragon.html 处找到本书的一些支持资料。

目录

改编者序
前言

第1章 引论 ... 1
1.1 语言处理器 ... 1
1.2 一个编译器的结构 ... 2
    1.2.1 词法分析 ... 3
    1.2.2 语法分析 ... 4
    1.2.3 语义分析 ... 5
    1.2.4 中间代码生成 ... 5
    1.2.5 代码优化 ... 5
    1.2.6 代码生成 ... 6
    1.2.7 符号表管理 ... 6
    1.2.8 将多个步骤组合成趟 ... 6
    1.2.9 编译器构造工具 ... 7
1.3 程序设计语言的发展历程 ... 7
    1.3.1 走向高级程序设计语言 ... 7
    1.3.2 对编译器的影响 ... 8
    1.3.3 1.3节的练习 ... 8
1.4 构建一个编译器的相关科学 ... 8
    1.4.1 编译器设计和实现中的建模 ... 9
    1.4.2 代码优化的科学 ... 9
1.5 编译技术的应用 ... 10
    1.5.1 高级程序设计语言的实现 ... 10
    1.5.2 针对计算机体系结构的优化 ... 11
    1.5.3 新计算机体系结构的设计 ... 12
    1.5.4 程序翻译 ... 13
    1.5.5 软件生产率工具 ... 14
1.6 程序设计语言基础 ... 15
    1.6.1 静态和动态的区别 ... 15
    1.6.2 环境与状态 ... 15
    1.6.3 静态作用域和块结构 ... 17
    1.6.4 显式访问控制 ... 18
    1.6.5 动态作用域 ... 19
    1.6.6 参数传递机制 ... 20
    1.6.7 别名 ... 21
    1.6.8 1.6节的练习 ... 22
1.7 第1章总结 ... 22
1.8 第1章参考文献 ... 23

第2章 一个简单的语法制导翻译器 ... 24
2.1 引言 ... 24
2.2 语法定义 ... 25
    2.2.1 文法定义 ... 26
    2.2.2 推导 ... 27
    2.2.3 语法分析树 ... 28
    2.2.4 二义性 ... 29
    2.2.5 运算符的结合性 ... 29
    2.2.6 运算符的优先级 ... 30
    2.2.7 2.2节的练习 ... 31
2.3 语法制导翻译 ... 32
    2.3.1 后缀表示 ... 33
    2.3.2 综合属性 ... 33
    2.3.3 简单语法制导定义 ... 35
    2.3.4 树的遍历 ... 35
    2.3.5 翻译方案 ... 35
    2.3.6 2.3节的练习 ... 37
2.4 语法分析 ... 37
    2.4.1 自顶向下分析方法 ... 38
    2.4.2 预测分析法 ... 39
    2.4.3 何时使用ϵ产生式 ... 41
    2.4.4 设计一个预测分析器 ... 41
    2.4.5 左递归 ... 42
    2.4.6 2.4节的练习 ... 42
2.5 简单表达式的翻译器 ... 43
    2.5.1 抽象语法和具体语法 ... 43
    2.5.2 调整翻译方案 ... 43
    2.5.3 非终结符号的过程 ... 44
    2.5.4 翻译器的简化 ... 45

2.5.5 完整的程序 ········· 46
2.6 词法分析 ········· 47
　2.6.1 剔除空白和注释 ········· 48
　2.6.2 预读 ········· 48
　2.6.3 常量 ········· 49
　2.6.4 识别关键字和标识符 ········· 49
　2.6.5 词法分析器 ········· 50
　2.6.6 2.6节的练习 ········· 53
2.7 符号表 ········· 53
　2.7.1 为每个作用域设置一个符号表 ······ 54
　2.7.2 符号表的使用 ········· 56
2.8 生成中间代码 ········· 57
　2.8.1 两种中间表示形式 ········· 57
　2.8.2 语法树的构造 ········· 58
　2.8.3 静态检查 ········· 61
　2.8.4 三地址码 ········· 62
　2.8.5 2.8节的练习 ········· 66
2.9 第2章总结 ········· 66

第3章 词法分析 ········· 68
3.1 词法分析器的作用 ········· 68
　3.1.1 词法分析及语法分析 ········· 69
　3.1.2 词法单元、模式和词素 ········· 69
　3.1.3 词法单元的属性 ········· 70
　3.1.4 词法错误 ········· 71
　3.1.5 3.1节的练习 ········· 71
3.2 词法单元的规约 ········· 71
　3.2.1 串和语言 ········· 72
　3.2.2 语言上的运算 ········· 72
　3.2.3 正则表达式 ········· 73
　3.2.4 正则定义 ········· 74
　3.2.5 正则表达式的扩展 ········· 75
　3.2.6 3.2节的练习 ········· 76
3.3 词法单元的识别 ········· 78
　3.3.1 状态转换图 ········· 79
　3.3.2 保留字和标识符的识别 ········· 80
　3.3.3 完成我们的例子 ········· 81
　3.3.4 基于状态转换图的词法分析器的
　　　　体系结构 ········· 82
　3.3.5 3.3节的练习 ········· 84
3.4 词法分析器生成工具Lex ········· 86
　3.4.1 Lex的使用 ········· 86

　3.4.2 Lex程序的结构 ········· 87
　3.4.3 Lex中的冲突解决 ········· 89
　3.4.4 向前看运算符 ········· 89
　3.4.5 3.4节的练习 ········· 90
3.5 有穷自动机 ········· 91
　3.5.1 不确定的有穷自动机 ········· 91
　3.5.2 转换表 ········· 92
　3.5.3 自动机中输入字符串的接受 ······ 92
　3.5.4 确定的有穷自动机 ········· 93
　3.5.5 3.5节的练习 ········· 93
3.6 从正则表达式到自动机 ········· 94
　3.6.1 从NFA到DFA的转换 ········· 94
　3.6.2 最小化一个DFA的状态数 ········· 96
　3.6.3 从正则表达式构造NFA ········· 99
　3.6.4 字符串处理算法的效率 ········· 101
　3.6.5 3.6节的练习 ········· 103
3.7 词法分析器生成工具的设计 ········· 103
　3.7.1 生成的词法分析器的结构 ········· 103
　3.7.2 词法分析器使用的DFA ········· 105
　3.7.3 词法分析器的状态最小化 ········· 105
　3.7.4 实现向前看运算符 ········· 105
　3.7.5 3.7节的练习 ········· 106
3.8 第3章总结 ········· 107
3.9 第3章参考文献 ········· 108

第4章 语法分析 ········· 110
4.1 引论 ········· 110
　4.1.1 语法分析器的作用 ········· 110
　4.1.2 代表性的文法 ········· 111
　4.1.3 语法错误的处理 ········· 112
　4.1.4 错误恢复策略 ········· 112
4.2 上下文无关文法 ········· 113
　4.2.1 上下文无关文法的正式定义 ··· 114
　4.2.2 符号表示的约定 ········· 114
　4.2.3 推导 ········· 115
　4.2.4 语法分析树和推导 ········· 116
　4.2.5 二义性 ········· 117
　4.2.6 验证文法生成的语言 ········· 118
　4.2.7 上下文无关文法和正则
　　　　表达式 ········· 119
　4.2.8 4.2节的练习 ········· 119
4.3 设计文法 ········· 121

4.3.1	词法分析和语法分析	121
4.3.2	消除二义性	122
4.3.3	左递归的消除	123
4.3.4	提取左公因子	124
4.3.5	非上下文无关语言的构造	125
4.3.6	4.3 节的练习	126
4.4	自顶向下的语法分析	126
4.4.1	递归下降的语法分析	128
4.4.2	FIRST 和 FOLLOW	129
4.4.3	LL(1) 文法	130
4.4.4	非递归的预测分析	133
4.4.5	预测分析中的错误恢复	134
4.4.6	4.4 节的练习	136
4.5	自底向上的语法分析	137
4.5.1	归约	138
4.5.2	句柄剪枝	138
4.5.3	移入-归约语法分析技术	139
4.5.4	移入-归约语法分析中的冲突	140
4.5.5	4.5 节的练习	141
4.6	LR 语法分析技术介绍：简单 LR 技术	142
4.6.1	为什么使用 LR 语法分析器	142
4.6.2	项和 LR(0) 自动机	143
4.6.3	LR 语法分析算法	147
4.6.4	构造 SLR 语法分析表	150
4.6.5	可行前缀	152
4.6.6	4.6 节的练习	153
4.7	更强大的 LR 语法分析器	154
4.7.1	规范 LR(1) 项	154
4.7.2	构造 LR(1) 项集	155
4.7.3	规范 LR(1) 语法分析表	158
4.7.4	构造 LALR 语法分析表	159
4.7.5	高效构造 LALR 语法分析表的方法	162
4.7.6	4.7 节的练习	165
4.8	使用二义性文法	165
4.8.1	用优先级和结合性解决冲突	165
4.8.2	"悬空-else" 的二义性	167
4.8.3	LR 语法分析中的错误恢复	168
4.8.4	4.8 节的练习	169
4.9	语法分析器生成工具	170
4.9.1	语法分析器生成工具 Yacc	170
4.9.2	使用带有二义性文法的 Yacc 规约	173
4.9.3	用 Lex 创建 Yacc 的词法分析器	175
4.9.4	Yacc 中的错误恢复	175
4.9.5	4.9 节的练习	176
4.10	第 4 章总结	177
4.11	第 4 章参考文献	178
第 5 章	语法制导的翻译	182
5.1	语法制导定义	182
5.1.1	继承属性和综合属性	183
5.1.2	在语法分析树的结点上对 SDD 求值	184
5.1.3	5.1 节的练习	186
5.2	SDD 的求值顺序	186
5.2.1	依赖图	186
5.2.2	属性求值的顺序	187
5.2.3	S 属性的定义	188
5.2.4	L 属性的定义	188
5.2.5	具有受控副作用的语义规则	189
5.2.6	5.2 节的练习	190
5.3	语法制导翻译的应用	191
5.3.1	抽象语法树的构造	191
5.3.2	类型的结构	194
5.3.3	5.3 节的练习	195
5.4	语法制导的翻译方案	195
5.4.1	后缀翻译方案	195
5.4.2	后缀 SDT 的语法分析栈实现	196
5.4.3	产生式内部带有语义动作的 SDT	197
5.4.4	从 SDT 中消除左递归	198
5.4.5	L 属性定义的 SDT	200
5.4.6	5.4 节的练习	204
5.5	实现 L 属性的 SDD	204
5.5.1	在递归下降语法分析过程中进行翻译	205
5.5.2	边扫描边生成代码	207
5.5.3	L 属性的 SDD 和 LL 语法分析	208

5.5.4 L 属性的 SDD 的自底向上语法
分析·················· 212
5.5.5 5.5 节的练习·················· 214
5.6 第 5 章总结·················· 215
5.7 第 5 章参考文献·················· 216

第 6 章 中间代码生成·················· 217
6.1 语法树的变体·················· 218
6.1.1 表达式的有向无环图·················· 218
6.1.2 构造 DAG 的值编码方法·················· 219
6.1.3 6.1 节的练习·················· 220
6.2 三地址代码·················· 221
6.2.1 地址和指令·················· 221
6.2.2 四元式表示·················· 223
6.2.3 三元式表示·················· 223
6.2.4 静态单赋值形式·················· 225
6.2.5 6.2 节的练习·················· 225
6.3 类型和声明·················· 225
6.3.1 类型表达式·················· 226
6.3.2 类型等价·················· 227
6.3.3 声明·················· 227
6.3.4 局部变量名的存储布局·················· 227
6.3.5 声明的序列·················· 229
6.3.6 记录和类中的字段·················· 230
6.3.7 6.3 节的练习·················· 230
6.4 表达式的翻译·················· 231
6.4.1 表达式中的运算·················· 231
6.4.2 增量翻译·················· 232
6.4.3 数组元素的寻址·················· 233
6.4.4 数组引用的翻译·················· 234
6.4.5 6.4 节的练习·················· 235
6.5 类型检查·················· 236
6.5.1 类型检查规则·················· 236
6.5.2 类型转换·················· 237
6.5.3 函数和运算符的重载·················· 238
6.5.4 6.5 节的练习·················· 239
6.6 控制流·················· 239
6.6.1 布尔表达式·················· 240
6.6.2 短路代码·················· 240
6.6.3 控制流语句·················· 240
6.6.4 布尔表达式的控制流翻译·················· 242
6.6.5 避免生成冗余的 goto 指令·················· 244
6.6.6 布尔值和跳转代码·················· 245
6.6.7 6.6 节的练习·················· 246
6.7 回填·················· 246
6.7.1 使用回填技术的一趟式目标
代码生成·················· 246
6.7.2 布尔表达式的回填·················· 247
6.7.3 控制转移语句·················· 249
6.7.4 break 语句、continue 语句和
goto 语句·················· 250
6.7.5 6.7 节的练习·················· 251
6.8 switch 语句·················· 252
6.8.1 switch 语句的翻译·················· 252
6.8.2 switch 语句的语法制导翻译·················· 253
6.8.3 6.8 节的练习·················· 254
6.9 过程的中间代码·················· 254
6.10 第 6 章总结·················· 255
6.11 第 6 章参考文献·················· 256

第 7 章 运行时刻环境·················· 258
7.1 存储组织·················· 258
7.2 空间的栈式分配·················· 259
7.2.1 活动树·················· 260
7.2.2 活动记录·················· 262
7.2.3 调用代码序列·················· 263
7.2.4 栈中的变长数据·················· 265
7.2.5 7.2 节的练习·················· 266
7.3 栈中非局部数据的访问·················· 267
7.3.1 没有嵌套过程时的数据访问·················· 267
7.3.2 和嵌套过程相关的问题·················· 267
7.3.3 一个支持嵌套过程声明的
语言·················· 268
7.3.4 嵌套深度·················· 268
7.3.5 访问链·················· 269
7.3.6 处理访问链·················· 270
7.3.7 过程型参数的访问链·················· 271
7.3.8 显示表·················· 272
7.3.9 7.3 节的练习·················· 273
7.4 堆管理·················· 274
7.4.1 存储管理器·················· 274
7.4.2 一台计算机的存储层次结构·················· 275
7.4.3 程序中的局部性·················· 276
7.4.4 碎片整理·················· 278

7.4.5 人工回收请求 ………………… 280
7.4.6 7.4 节的练习 ………………… 282
7.5 垃圾回收概述 …………………………… 282
7.5.1 垃圾回收器的设计目标 ………… 282
7.5.2 可达性 …………………………… 284
7.5.3 引用计数垃圾回收器 …………… 285
7.5.4 7.5 节的练习 …………………… 286
7.6 基于跟踪的回收的介绍 ………………… 286
7.6.1 基本的标记-清扫式回收器 …… 287
7.6.2 基本抽象 ………………………… 288
7.6.3 标记-清扫式算法的优化 ……… 289
7.6.4 标记并压缩的垃圾回收器 ……… 290
7.6.5 复制回收器 ……………………… 292
7.6.6 开销的比较 ……………………… 293
7.6.7 7.6 节的练习 …………………… 294
7.7 第 7 章总结 ……………………………… 294
7.8 第 7 章参考文献 ………………………… 295

第 8 章 代码生成 ………………………………… 298
8.1 代码生成器设计中的问题 ……………… 299
8.1.1 代码生成器的输入 ……………… 299
8.1.2 目标程序 ………………………… 299
8.1.3 指令选择 ………………………… 300
8.1.4 寄存器分配 ……………………… 301
8.1.5 求值顺序 ………………………… 302
8.2 目标语言 ………………………………… 302
8.2.1 一个简单的目标机模型 ………… 302
8.2.2 程序和指令的代价 ……………… 304
8.2.3 8.2 节的练习 …………………… 304
8.3 目标代码中的地址 ……………………… 306
8.3.1 静态分配 ………………………… 306
8.3.2 栈分配 …………………………… 307
8.3.3 名字的运行时刻地址 …………… 309
8.3.4 8.3 节的练习 …………………… 309
8.4 基本块和流图 …………………………… 310
8.4.1 基本块 …………………………… 311
8.4.2 后续使用信息 …………………… 312
8.4.3 流图 ……………………………… 312
8.4.4 流图的表示方式 ………………… 313
8.4.5 循环 ……………………………… 313
8.4.6 8.4 节的练习 …………………… 314
8.5 基本块的优化 …………………………… 314

8.5.1 基本块的 DAG 表示 …………… 314
8.5.2 寻找局部公共子表达式 ………… 315
8.5.3 消除死代码 ……………………… 316
8.5.4 代数恒等式的使用 ……………… 316
8.5.5 数组引用的表示 ………………… 317
8.5.6 指针赋值和过程调用 …………… 318
8.5.7 从 DAG 到基本块的重组 ……… 319
8.5.8 8.5 节的练习 …………………… 320
8.6 一个简单的代码生成器 ………………… 320
8.6.1 寄存器和地址描述符 …………… 321
8.6.2 代码生成算法 …………………… 321
8.6.3 函数 getReg 的设计 …………… 324
8.6.4 8.6 节的练习 …………………… 324
8.7 窥孔优化 ………………………………… 325
8.7.1 消除冗余的加载和保存指令 …… 325
8.7.2 消除不可达代码 ………………… 326
8.7.3 控制流优化 ……………………… 326
8.7.4 代数化简和强度消减 …………… 327
8.7.5 使用机器特有的指令 …………… 327
8.7.6 8.7 节的练习 …………………… 327
8.8 寄存器分配和指派 ……………………… 327
8.8.1 全局寄存器分配 ………………… 328
8.8.2 使用计数 ………………………… 328
8.8.3 外层循环的寄存器指派 ………… 330
8.8.4 通过图着色方法进行寄存器
      分配 ……………………………… 330
8.8.5 8.8 节的练习 …………………… 331
8.9 通过树重写来选择指令 ………………… 331
8.9.1 树翻译方案 ……………………… 331
8.9.2 通过覆盖一个输入树来生成
      代码 ……………………………… 333
8.9.3 通过扫描进行模式匹配 ………… 334
8.9.4 用于语义检查的例程 …………… 335
8.9.5 通用的树匹配方法 ……………… 335
8.9.6 8.9 节的练习 …………………… 336
8.10 表达式的优化代码的生成 ……………… 337
8.10.1 Ershov 数 ……………………… 337
8.10.2 从带标号的表达式树生成
       代码 …………………………… 337
8.10.3 寄存器数量不足时的表达式
       求值 …………………………… 338

8.10.4　8.10 节的练习 ……………… 340
8.11　使用动态规划的代码生成 ……… 340
　　8.11.1　连续求值 ………………… 340
　　8.11.2　动态规划的算法 ………… 341
　　8.11.3　8.11 节的练习 …………… 343
8.12　第 8 章总结 ………………………… 343
8.13　第 8 章参考文献 …………………… 344

第 9 章　机器无关优化 …………………… 346
9.1　优化的主要来源 …………………… 346
　　9.1.1　冗余的原因 ………………… 346
　　9.1.2　一个贯穿本章的例子：快速排序 …………………………… 347
　　9.1.3　保持语义不变的转换 ……… 348
　　9.1.4　全局公共子表达式 ………… 349
　　9.1.5　复制传播 …………………… 350
　　9.1.6　死代码消除 ………………… 350
　　9.1.7　代码移动 …………………… 351
　　9.1.8　归纳变量和强度消减 ……… 351
　　9.1.9　9.1 节的练习 ……………… 353
9.2　数据流分析简介 …………………… 354
　　9.2.1　数据流抽象 ………………… 354
　　9.2.2　数据流分析模式 …………… 355
　　9.2.3　基本块上的数据流模式 …… 356
　　9.2.4　到达定值 …………………… 357
　　9.2.5　活跃变量分析 ……………… 362
　　9.2.6　可用表达式 ………………… 363
　　9.2.7　小结 ………………………… 365

9.2.8　9.2 节的练习 ……………… 365
9.3　数据流分析基础 …………………… 367
　　9.3.1　半格 ………………………… 368
　　9.3.2　传递函数 …………………… 371
　　9.3.3　通用框架的迭代算法 ……… 372
　　9.3.4　数据流解的含义 …………… 374
　　9.3.5　9.3 节的练习 ……………… 375
9.4　常量传播 …………………………… 376
　　9.4.1　常量传播框架的数据流值 … 376
　　9.4.2　常量传播框架的交汇运算 … 377
　　9.4.3　常量传播框架的传递函数 … 377
　　9.4.4　常量传递框架的单调性 …… 378
　　9.4.5　常量传播框架的不可分配性 … 378
　　9.4.6　对算法结果的解释 ………… 379
　　9.4.7　9.4 节的练习 ……………… 380
9.5　流图中的循环 ……………………… 380
　　9.5.1　支配结点 …………………… 380
　　9.5.2　深度优先排序 ……………… 382
　　9.5.3　深度优先生成树中的边 …… 384
　　9.5.4　回边和可归约性 …………… 384
　　9.5.5　流图的深度 ………………… 385
　　9.5.6　自然循环 …………………… 385
　　9.5.7　迭代数据流算法的收敛速度 … 386
　　9.5.8　9.5 节的练习 ……………… 388
9.6　第 9 章总结 ………………………… 389
9.7　第 9 章参考文献 …………………… 391

附录　一个完整的编译器前端 ………… 394

第1章 引 论

程序设计语言是向人以及计算机描述计算过程的记号。如我们所知，这个世界依赖于程序设计语言，因为在所有计算机上运行的所有软件都是用某种程序设计语言编写的。但是，在一个程序可以运行之前，它首先需要被翻译成一种能够被计算机执行的形式。

完成这项翻译工作的软件系统称为编译器（compiler）。

本书介绍的是设计和实现编译器的方法。我们将介绍用于构建面向多种语言和机器的翻译器的一些基本思想。编译器设计的原理和技术还可以用于编译器设计之外的众多领域。因此，这些原理和技术通常会在一个计算机科学家的职业生涯中多次被用到。研究编译器的编写将涉及程序设计语言、计算机体系结构、形式语言理论、算法和软件工程。

在本章中，我们将介绍语言翻译器的不同形式，在高层次上概述一个典型编译器的结构，并讨论程序设计语言和硬件体系结构的发展趋势。这些趋势将影响编译器的形式。我们还将介绍关于编译器设计和计算机科学理论的关系的一些事实，并给出编译技术在编译领域之外的一些应用。最后，我们将简单论述在我们研究编译器时需要用到的重要的程序设计语言概念。

1.1 语言处理器

简单地说，一个编译器就是一个程序，它可以阅读以某一种语言（源语言）编写的程序，并把该程序翻译成为一个等价的、用另一种语言（目标语言）编写的程序，参见图1-1。编译器的重要任务之一是报告它在翻译过程中发现的源程序中的错误。

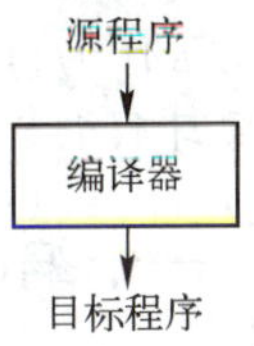

如果目标程序是一个可执行的机器语言程序，那么它就可以被用户调用，处理输入并产生输出。参见图1-2。

解释器（interpreter）是另一种常见的语言处理器。它并不通过翻译的方式生成目标程序。从用户的角度看，解释器直接利用用户提供的输入执行源程序中指定的操作。参见图1-3。

图1-1 一个编译器

在把用户输入映射成为输出的过程中，由一个编译器产生的机器语言目标程序通常比一个解释器快很多。然而，解释器的错误诊断效果通常比编译器更好，因为它逐个语句地执行源程序。

图1-2 运行目标程序

例1.1 Java语言处理器结合了编译和解释过程，如图1-4所示。一个Java源程序首先被编译成一个称为字节码（bytecode）的中间表示形式。然后由一个虚拟机对得到的字节码加以解释执行。这样安排的好处之一是在一台机器上编译得到的字节码可以在另一台机器上解释执行。通过网络就可以完成机器之间的迁移。

为了更快地完成输入到输出的处理，有些被称为即时（just in time）编译器的Java编译器在运行中间程序处理输入的前一刻首先把字节码翻译成为机器语言，然后再执行程序。

图1-3 一个解释器

如图1-5所示，除了编译器之外，创建一个可执行的目标程序还需要一些其他程序。一个源程序可能被分割成为多个模块，并存放于独立的文件中。把源程序聚合在一起的任务有时会由一个被称为预处理器（preprocessor）的程序独立完成。预处理器还负责把那些称为宏的缩写形式转换为源语言的语句。

然后，将经过预处理的源程序作为输入传递给一个编译器。编译器可能产生一个汇编语言程序作为其输出，因为汇编语言比较容易输出和调试。接着，这个汇编语言程序由称为汇编器（assembler）的程序进行处理，并生成可重定位的机器代码。

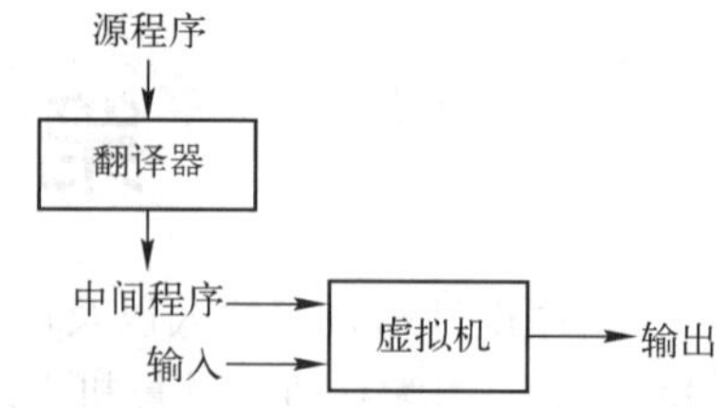

大型程序经常被分成多个部分进行编译，因此，可重定位的机器代码有必要和其他可重定位的目标文件以及库文件连接到一起，形成真正在机器上运行的代码。一个文件中的代码可能指向另一个文件中的位置，而链接器（linker）能够解决外部内存地址的问题。最后，加载器（loader）把所有的可执行目标文件放到内存中执行。

图 1-4　一个混合编译器

1.1 节的练习

练习 1.1.1：编译器和解释器之间的区别是什么？

练习 1.1.2：编译器相对于解释器的优点是什么？解释器相对于编译器的优点是什么？

练习 1.1.3：在一个语言处理系统中，编译器产生汇编语言而不是机器语言的好处是什么？

练习 1.1.4：把一种高级语言翻译成为另一种高级语言的编译器称为源到源（source-to-source）的翻译器。编译器使用 C 语言作为目标语言有什么好处？

练习 1.1.5：描述一下汇编器所要完成的一些任务。

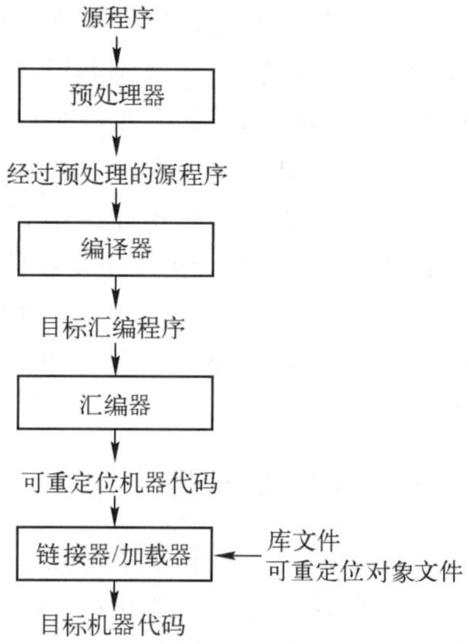

图 1-5　一个语言处理系统

1.2 一个编译器的结构

到现在为止，我们把编译器看作一个黑盒子，它能够把源程序映射为在语义上等价的目标程序。如果把这个盒子稍微打开一点，我们就会看到这个映射过程由两个部分组成：分析部分和综合部分。

分析（analysis）部分把源程序分解成为多个组成要素，并在这些要素之上加上语法结构。然后，它使用这个结构来创建该源程序的一个中间表示。如果分析部分检查出源程序没有按照正确的语法构成，或者语义上不一致，它就必须提供有用的信息，使得用户可以按此进行改正。分析部分还会收集有关源程序的信息，并把信息存放在一个称为符号表（symbol table）的数据结构中。符号表将和中间表示形式一起传送给综合部分。

综合（synthesis）部分根据中间表示和符号表中的信息来构造用户期待的目标程序。分析部分经常被称为编译器的前端（front end），而综合部分称为后端（back end）。

如果我们更加详细地研究编译过程，会发现它顺序执行了一组步骤（phase）。每个步骤把源程序的一种表示方式转换成另一种表示方式。一个典型的把编译程序分解成为多个步骤的方式如图 1-6 所示。在实践中，多个步骤可能被组合在一起，而这些组合在一起的步骤之间的中间表示不需要被明确地构造出来。存放整个源程序的信息的符号表可由编译器的各个步骤使用。

有些编译器在前端和后端之间有一个与机器无关的优化步骤。这个优化步骤的目的是在中间表示之上进行转换，以便后端程序能够生成更好的目标程序。如果基于未经过此优化步骤的中间表示来生成代码，则代码的质量会受到影响。因为优化是可选的，所以图1-6中所示的两个优化步骤之一可以被省略。

1.2.1 词法分析

编译器的第一个步骤称为词法分析（lexical analysis）或扫描（scanning）。词法分析器读入组成源程序的字符流，并且将它们组织成为有意义的词素（lexeme）的序列。对于每个词素，词法分析器产生如下形式的词法单元（token）作为输出：

⟨token-name, attribute-value⟩

这个词法单元被传送给下一个步骤，即语法分析。在这个词法单元中，第一个分量token-name是一个由语法分析步骤使用的抽象符号，而第二个分量attribute-value指向符号表中关于这个词法单元的条目。符号表条目的信息会被语义分析和代码生成步骤使用。

比如，假设一个源程序包含如下的赋值语句

position = initial + rate * 60   (1.1)

这个赋值语句中的字符可以组合成如下词素，并映射成为如下词法单元。这些词法单元将被传递给语法分析阶段。

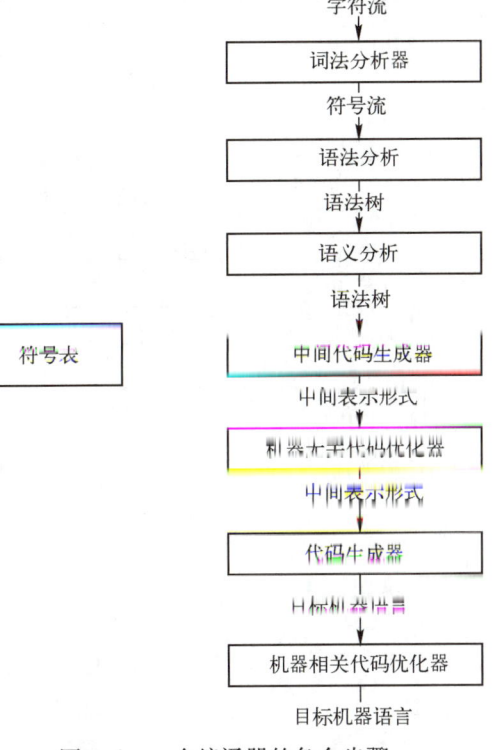

图1-6 一个编译器的各个步骤

1) position 是一个词素，被映射成词法单元⟨**id**, 1⟩，其中 **id** 是表示标识符（identifier）的抽象符号，而1指向符号表中 position 对应的条目。一个标识符对应的符号表条目存放该标识符有关的信息，比如它的名字和类型。

2) 赋值符 = 是一个词素，被映射成词法单元⟨ = ⟩。因为这个词法单元不需要属性值，所以我们省略了第二个分量。也可以使用 **assign** 这样的抽象符号作为词法单元的名字，但是为了标记上的方便，我们选择使用词素本身作为抽象符号的名字。

3) initial 是一个词素，被映射成词法单元⟨**id**, 2⟩，其中 2 指向 initial 对应的符号表条目。

4) + 是一个词素，被映射成词法单元⟨ + ⟩。

5) rate 是一个词素，被映射成词法单元⟨**id**, 3⟩，其中 3 指向 rate 对应的符号表条目。

6) * 是一个词素，被映射成词法单元⟨ * ⟩。

7) 60 是一个词素，被映射成词法单元⟨60⟩⊖。

分隔词素的空格会被词法分析器忽略掉。

图1-7给出经过词法分析之后，赋值语句1.1被表示成如下的词法单元序列：

⟨**id**, 1⟩⟨ = ⟩⟨**id**, 2⟩⟨ + ⟩⟨**id**, 3⟩⟨ * ⟩⟨60⟩   (1.2)

在这个表示中，词法单元名 = 、+ 和 * 分别是表示赋值、加法运算符、乘法运算符的抽象符号。

⊖ 从技术上讲，我们应该为语法单元60建立一个形如⟨**number**, 4⟩的词法单元，其中4指向符号表中对应于整数60的条目。但是我们要到第2章中才讨论数字的词法单元。第3章将讨论建立词法分析器的技术。

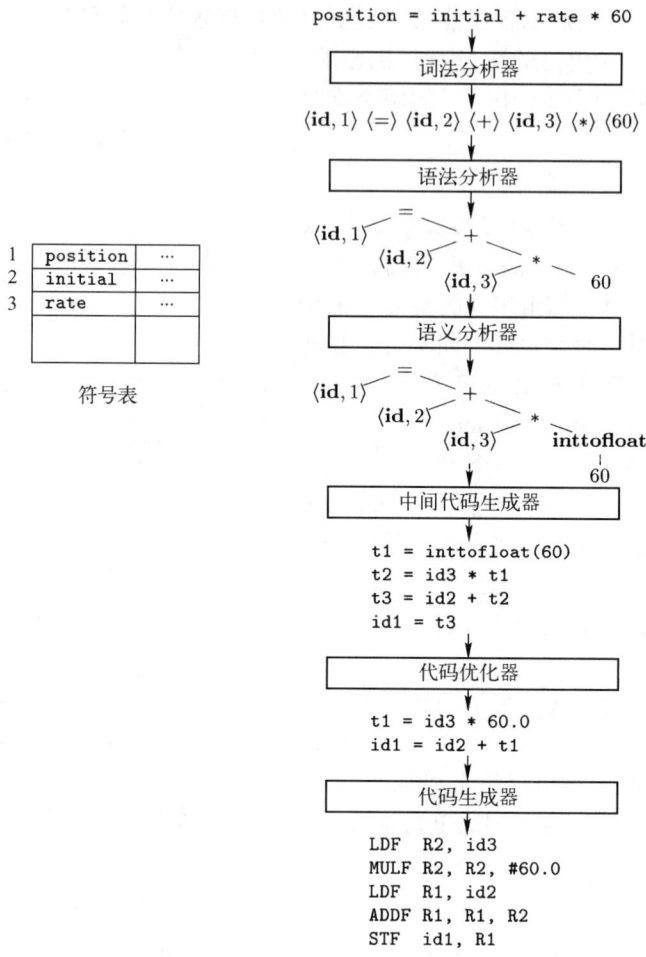

图 1-7 一个赋值语句的翻译

1.2.2 语法分析

编译器的第 2 个步骤称为语法分析（syntax analysis）或解析（parsing）。语法分析器使用由词法分析器生成的各个词法单元的第一个分量来创建树形的中间表示。该中间表示给出了词法分析产生的词法单元流的语法结构。一个常用的表示方法是语法树（syntax tree），树中的每个内部结点表示一个运算，而该结点的子结点表示该运算的分量。在图 1-7 中，词法单元流（1.2）对应的语法树被显示为语法分析器的输出。

这棵树显示了赋值语句

```
position = initial + rate * 60
```

中各个运算的执行顺序。这棵树有一个标号为 * 的内部结点，< id, 3 > 是它的左子结点，整数 60 是它的右子结点。结点 < id, 3 > 表示标识符 rate。标号为 * 的结点指明了我们必须首先把 rate 的值与 60 相乘。标号为 + 的结点表明我们必须把相乘的结果和 initial 的值相加。这棵树的根结点的标号为 =，它表明我们必须把相加的结果存储到标识符 position 对应的位置上去。这个运算顺序和通常的算术规则相同，即乘法的优先级高于加法，因此乘法应该在加法之前计算。

编译器的后续步骤使用这个语法结构来帮助分析源程序，并生成目标程序。在第 4 章，我们将使用上下文无关文法来描述程序设计语言的语法结构，并讨论为某些类型的语法自动构造高效语法分析器的算法。在第 2 章和第 5 章，我们将看到，语法制导的定义将有助于描述对程序设计语言结构的翻译。

1.2.3 语义分析

语义分析器(semantic analyzer)使用语法树和符号表中的信息来检查源程序是否和语言定义的语义一致。它同时也收集类型信息，并把这些信息存放在语法树或符号表中，以便在随后的中间代码生成过程中使用。

语义分析的一个重要部分是类型检查(type checking)。编译器检查每个运算符是否具有匹配的运算分量。比如，很多程序设计语言的定义中要求一个数组的下标必须是整数。如果用一个浮点数作为数组下标，编译器就必须报告错误。

程序设计语言可能允许某些类型转换，这被称为自动类型转换(coercion)。比如，一个二元算术运算符可以应用于一对整数或者一对浮点数。如果这个运算符应用于一个浮点数和一个整数，那么编译器可以把该整数转换(或者说自动类型转换)成为一个浮点数。

图 1-7 中显示了一个这样的自动类型转换。假设 position、initial 和 rate 已被声明为浮点数类型，而词素 60 本身形成一个整数。图 1-7 中间语义分析器右侧语法树中针对运算符 * 被应用于一个浮点数 rate 和一个整数 60。在这种情况下，这个整数可以被转换成为一个浮点数。请注意，在图 1-7 中，语义分析器输出中有一个关于运算符 **inttofloat** 的额外结点。**inttofloat** 明确地把它的整数参数转换为一个浮点数。类型检查和语义分析将在第 6 章中讨论。

1.2.4 中间代码生成

在把一个源程序翻译成目标代码的过程中，一个编译器可能构造出一个或多个中间表示。这些中间表示可以有多种形式。语法树是一种中间表示形式，它们通常在语法分析和语义分析中使用。

在源程序的语法分析和语义分析完成之后，很多编译器生成一个明确的低级的或类机器语言的中间表示。我们可以把这个表示看作是某个抽象机器的程序。该中间表示应该具有两个重要的性质：它应该易于生成，且能够被轻松地翻译为目标机器上的语言。

在第 6 章，我们将考虑一种称为三地址代码(three-address code)的中间表示形式。这种中间表示由一组类似于汇编语言的指令组成，每个指令具有三个运算分量。每个运算分量都像一个寄存器。图 1-7 中的中间代码生成器的输出是如下的三地址代码序列：

$$
\begin{aligned}
&\texttt{t1 = inttofloat(60)} \\
&\texttt{t2 = id3 * t1} \\
&\texttt{t3 = id2 + t2} \\
&\texttt{id1 = t3}
\end{aligned}
\tag{1.3}
$$

关于三地址指令，有几点是值得专门指出的。首先，每个三地址赋值指令的右部最多只有一个运算符。因此这些指令确定了运算完成的顺序。在源程序 1.1 中，乘法应该在加法之前完成。第二，编译器应该生成一个临时名字以存放一个三地址指令计算得到的值。第三，有些三地址指令的运算分量的少于三个(比如上面的序列 1.3 中的第一个和最后一个指令)。

在第 6 章，我们将讨论在不同编译器中用到的主要中间表示形式。第 5 章将介绍语法制导翻译技术。这些技术在第 6 章中被用于处理典型程序设计语言构造进行类型检查和中间代码生成。这些程序设计语言构造包括：表达式、控制流构造和过程调用。

1.2.5 代码优化

机器无关的代码优化步骤试图改进中间代码，以便生成更好的目标代码。"更好"通常意味着更快，但是也可能会有其他目标，如更短的或能耗更低的目标代码。比如，一个简单直接的算法会生成中间代码(1.3)。它为由语义分析器得到的树形中间表示中的每个运算符都使用一个指令。

使用一个简单的中间代码生成算法,然后再进行代码优化步骤是生成优质目标代码的一个合理方法。优化器可以得出结论:把 60 从整数转换为浮点数的运算可以在编译时刻一劳永逸地完成。因此,用浮点数 60.0 来替代整数 60 就可以消除相应的 **inttofloat** 运算。而且,t3 仅被使用一次,用来把它的值传递给 id1。因此,优化器可以把序列(1.3)转换为更短的指令序列

$$
\begin{aligned}
&\text{t1 = id3 * 60.0} \\
&\text{id1 = id2 + t1}
\end{aligned}
\tag{1.4}
$$

不同的编译器所做的代码优化工作量相差很大。那些优化工作做得最多的编译器,即所谓的"优化编译器",会在优化阶段花相当多的时间。有些简单的优化方法可以极大地提高目标程序的运行效率而不会过多降低编译的速度。从第 8 章开始,将详细讨论机器无关和机器相关的优化。

1.2.6 代码生成

代码生成器以源程序的中间表示形式作为输入,并把它映射到目标语言。如果目标语言是机器代码,那么就必须为程序使用的每个变量选择寄存器或内存位置。然后,中间指令被翻译成为能够完成相同任务的机器指令序列。代码生成的一个至关重要的方面是合理分配寄存器以存放变量的值。

比如,使用寄存器 R1 和 R2,(1.4)中的中间代码可以被翻译成为如下的机器代码:

$$
\begin{aligned}
&\text{LDF} \quad \text{R2, id3} \\
&\text{MULF} \quad \text{R2, R2, \#60.0} \\
&\text{LDF} \quad \text{R1, id2} \\
&\text{ADDF} \quad \text{R1, R1, R2} \\
&\text{STF} \quad \text{id1, R1}
\end{aligned}
\tag{1.5}
$$

每个指令的第一个运算分量指定了一个目标地址。各个指令中的 F 告诉我们它处理的是浮点数。代码(1.5)把地址 id3 中的内容加载到寄存器 R2 中,然后将其与浮点常数 60.0 相乘。井号"#"表示 60.0 应该作为一个立即数处理。第三个指令把 id2 移动到寄存器 R1 中,而第四个指令把前面计算得到并存放在 R2 中的值加到 R1 上。最后,在寄存器 R1 中的值被存放到 id1 的地址中去。这样,这些代码正确地实现了赋值语句(1.1)。第 8 章将讨论代码生成。

上面对代码生成的讨论忽略了对源程序中的标识符进行存储分配的重要问题。我们将在第 7 章中看到,运行时刻的存储组织方法依赖于被编译的语言。编译器在中间代码生成或代码生成阶段做出有关存储分配的决定。

1.2.7 符号表管理

编译器的重要功能之一是记录源程序中使用的变量的名字,并收集和每个名字的各种属性有关的信息。这些属性可以提供一个名字的存储分配、它的类型、作用域(即在程序的哪些地方可以使用这个名字的值)等信息。对于过程名字,这些信息还包括:它的参数数量和类型、每个参数的传递方法(比如传值或传引用)以及返回类型。

符号表数据结构为每个变量名字创建了一个记录条目。记录的字段就是名字的各个属性。这个数据结构应该允许编译器迅速查找到每个名字的记录,并向记录中快速存放和获取记录中的数据。符号表在第 2 章中讨论。

1.2.8 将多个步骤组合成趟

前面关于步骤的讨论讲的是一个编译器的逻辑组织方式。在一个特定的实现中,多个步骤的活动可以被组合成一趟(pass)。每趟读入一个输入文件并产生一个输出文件。比如,前端步骤中的词法分析、语法分析、语义分析,以及中间代码生成可以被组合在一起成为一趟。代码优化可以作为一个可选的趟。然后可以有一个为特定目标机生成代码的后端趟。

有些编译器集合是围绕一组精心设计的中间表示形式而创建的,这些中间表示形式使得我们可以把特定语言的前端和特定目标机的后端相结合。使用这些集合,我们可以把不同的前端

和某个目标机的后端结合起来，为不同的源语言建立该目标机上的编译器。类似地，我们可以把一个前端和不同的目标机后端结合，建立针对不同目标机的编译器。

1.2.9 编译器构造工具

和任何软件开发者一样，写编译器的人可以充分利用现代的软件开发环境。这些环境中包含了诸如语言编辑器、调试器、版本管理、程序描述器、测试管理等工具。除了这些通用的软件开发工具，人们还创建了一些更加专业的工具来实现编译器的不同阶段。

这些工具使用专用的语言来描述和实现特定的组件，其中很多工具使用了相当复杂的算法。其中最成功的工具都能够隐藏生成算法的细节，并且它们生成的组件易于和编译器的其他部分相集成。一些常用的编译器构造工具包括：

1) 语法分析器的生成器：可以根据一个程序设计语言的语法描述自动生成语法分析器。
2) 扫描器的生成器：可以根据一个语言的语法单元的正则表达式描述生成词法分析器。
3) 语法制导的翻译引擎：可以生成一组用于遍历分析树并生成中间代码的例程。
4) 代码生成器的生成器：依据一组关于如何把中间语言的每个运算翻译成为目标机上的机器语言的规则，生成一个代码生成器。
5) 数据流分析引擎：可以帮助收集数据流信息，即程序中的值如何从程序的一个部分传递到另一部分。数据流分析是代码优化的一个重要部分。
6) 编译器构造工具集：提供了可用于构造编译器的不同阶段的例程的完整集合。

在本书中，我们将讨论多个这类工具的例子。

1.3 程序设计语言的发展历程

第一台电子计算机出现在 20 世纪 40 年代。它使用由 0、1 序列组成的机器语言编程，这个序列明确地告诉计算机以什么样的顺序执行哪些运算。运算本身也是很低层的：把数据从一个位置移动到另一个位置，把两个寄存器中的值相加，比较两个值，等等。不用说，这种编程速度慢且枯燥，而且容易出错。写出的程序也是难以理解和修改的。

1.3.1 走向高级程序设计语言

走向更加人类友好的程序设计语言的第一步是 20 世纪 50 年代早期人们对助记汇编语言的开发。一开始，一个汇编语言中的指令仅仅是机器指令的助记表示。后来，在指令被加入到汇编语言中。这样，程序员就可以通过宏指令为频繁使用的机器指令序列定义带有参数的缩写。

走向高级程序设计语言的重大一步发生在 20 世纪 50 年代的后五年。其间，用于科学计算的 Fortran 语言，用于商业数据处理的 Cobol 语言和用于符号计算的 Lisp 语言被开发出来。在这些语言的基本原理是设计高层次表示方法，使得程序员可以更加容易地写出数值计算、商业应用和符号处理程序。这些语言取得了很大的成功，至今仍然有人使用它们。

在接下来的几十年里，很多带有新特性的程序设计语言被陆续开发出来。它们使得编程更加容易、自然，功能也更强大。我们将在本章的后面部分讨论很多现代程序设计语言所共有的一些关键特征。

当前有几千种程序设计语言。可以通过不同的方式对这些语言进行分类。方式之一是通过语言的代来分类。第一代语言是机器语言，第二代语言是汇编语言，而第三代语言是 Fortran、Cobol、Lisp、C、C++、C#及 Java 这样的高级程序设计语言。第四代语言是为特定应用设计的语言，比如用于生成报告的 NOMAD，用于数据库查询的 SQL 和用于文本排版的 Postscript。术语第五代语言指的是基于逻辑和约束的语言，比如 Prolog 和 OPS5。

另一种语言分类方式把程序中指明如何完成一个计算任务的语言的称为强制式(imperative)语言，而把程序中指明要进行哪些计算的语言称为声明式(declarative)语言。诸如C、C++、C#和Java等语言都是强制式语言。所有强制式语言中都有用于表示程序状态和语句的表示方法，这些语句可以改变程序状态。像ML、Haskell这样的函数式语言和Prolog这样的约束逻辑语言通常被认为是声明式语言。

术语冯·诺伊曼语言(von Neumann language)是指以冯·诺伊曼计算机体系结构为计算模型的程序设计语言。今天的很多语言(比如Fortran和C)都是冯·诺伊曼语言。

面向对象语言(object-oriented language)指的是支持面向对象编程的语言，面向对象编程是指用一组相互作用的对象组成程序的编程风格。Simula 67和Smalltalk是早期的主流面向对象语言。C++、C#、Java和Ruby是现在常用的面向对象语言。

脚本语言(scripting language)是具有高层次运算符的解释型语言，它通常被用于把多个计算过程"粘合"在一起。这些计算过程被称为脚本。Awk、JavaScript、Perl、PHP、Python、Ruby和Tcl是常见的脚本语言。使用脚本语言编写的程序通常要比用其他语言(比如C)写的等价的程序短很多。

1.3.2 对编译器的影响

因为程序设计语言的设计和编译器是紧密相关的，程序设计语言的发展向编译器的设计者提出了新的要求。他们必须设计相应的算法和表示方式来翻译和支持新的语言特征。从20世纪40年代以来，计算机体系结构也有了很大的发展。编译器的设计者不仅需要跟踪新的语言特征，还需要设计出新的翻译算法，以便尽可能地利用新硬件的能力。

通过降低用高级语言程序的执行开销，编译器还可以推动这些高级语言的使用。要使得高性能计算机体系结构能够高效运行用户应用，编译器也是至关重要的。实际上，计算机系统的性能是非常依赖于编译技术的，以至于在构建一个计算机之前，编译器会被用作评价一个体系结构概念的工具。

编写编译器是很有挑战性的。编译器本身就是一个大程序。而且，很多现代语言处理系统在同一个框架内处理多种源语言和目标机。也就是说，这些系统可以被当做一组编译器来使用，可能包含几百万行代码。因此，好的软件工程技术对于创建和发展现代的语言处理器是非常重要的。

编译器必须能够正确翻译用源语言书写的所有程序。这样的程序的集合通常是无穷的。为一个源程序生成最佳目标代码的问题一般来说是不可判定的。因此，编译器的设计者必须作出折衷处理，确定解决哪些问题，使用哪些启发式信息，以便解决高效代码生成的问题。

我们将在1.4节看到，有关编译器的研究也是有关如何使用理论来解决实践问题的研究。

本书的目的是教授编译器设计中使用的根本思想和方法论。本书并不想让读者学习建立一个最新的语言处理系统时可能用到的所有算法和技术。但是，本书的读者将获得必要的基础知识和理解，学会建立一个相对简单的编译器。

1.3.3 1.3节的练习

练习1.3.1：指出下面的术语：

1) 强制式的　　2) 声明式的　　3) 冯·诺伊曼式的　　4) 面向对象的
5) 函数式的　　6) 第三代　　　7) 第四代　　　　　8) 脚本语言

可以被用于描述下面的哪些语言：

1) C　　　　2) C++　　3) Cobol　　4) Fortran　　5) Java
6) Lisp　　 7) ML　　　8) Perl　　 9) Python　　 10) VB

1.4 构建一个编译器的相关科学

编译器的设计中有很多通过数学方法抽象出问题本质从而解决现实世界中复杂问题的完美

例子。这些例子可以被用来说明如何使用抽象方法来解决问题：接受一个问题，写出抓住了问题的关键特性的数学抽象表示，并用数学技术来解决它。问题的表达必须根植于对计算机程序特性的深入理解，而解决方法必须使用经验来验证和精化。

编译器必须接受所有遵循语言规范的源程序。源程序的集合是无穷的，而程序可能大到包含几百万行代码。在翻译一个源程序的过程中，编译器所做的任何翻译工作都不能改变被编译源程序的含义。因此，编译器设计者的工作不仅会影响到他们创建的编译器，还会影响到他们所创建的编译器所编译的全部程序。这种杠杆作用使得编译器设计的回报丰厚，但也使得编译器的开发工作具有挑战性。

1.4.1 编译器设计和实现中的建模

对编译器的研究主要是有关如何设计正确的数学模型和选择正确算法的研究。设计和选择时，还需要考虑到对通用性及功能的要求与简单性及有效性之间的平衡。

最基本的数学模型是我们将在第3章介绍的有穷状态自动机和正则表达式。这些模型可以用于描述程序的词法单位（关键字、标识符等）以及描述被编译器用来识别这些单位的算法。最基本的模型中还包括上下文无关文法，它用于描述程序设计语言的语法结构，比如说圆括号和控制结构。我们将在第4章研究文法。类似地，树形结构是表示程序结构以及程序到目标代码的翻译方法的重要模型。我们将在第5章介绍这一概念。

1.4.2 代码优化的科学

在编译器设计中，术语"优化"是指编译器为了生成比浅显直观的代码更加高效的代码而做的工作。"优化"这个词并不恰当，因为没有办法保证一个编译器生成的代码比完成相同任务的任何其他代码更快，或至少一样快。

现在，编译器所作的代码优化变得更加重要，而且更加复杂。之所以变得更加复杂，是因为处理器体系结构变得更加复杂，也有了更多改进代码执行方式的机会。之所以变得更加重要，是因为巨型并发计算机要求实质性的优化，否则它们的性能将会呈数量级地下降。随着多核计算机（这些计算机上的芯片拥有多个处理器）日益流行，所有的编译器都将面临充分利用多处理器计算机的优势的问题。

即使有可能通过随意的方法来建造一个健壮的编译器，实现起来也是非常困难的。因此，人们已经围绕代码优化建立了一套广泛且有用的理论，应用严格的数学基础，使得我们可以证明一个优化是正确的，并且它对所有可能的输入都产生预期的效果。从第9章开始，我们将会看到，如果想使得编译器产生经过良好优化的代码，图、矩阵和线性规划之类的模型是必不可少的。

从另一方面来说，只有理论是不够的。实际上，我们在编译器优化中提出的很多问题都是不可判定的。在编译器设计中，最重要的技能之一是明确描述出真正要解决的问题的能力。我们在一开始需要对程序的行为有充分的了解，并且需要通过充分的试验和评价来验证我们的直觉。

编译器优化必须满足下面的设计目标：
- 优化必须是正确的，也就是说，不能改变被编译程序的含义。
- 优化必须能够改善很多程序的性能。
- 优化所需的时间必须保持在合理的范围内。
- 所需要的工程方面的工作必须是可管理的。

对正确性的强调是无论如何不会过分的。不管设计得到的编译器能够生成运行速度多么快的代码，只要生成的代码不正确，这个设计就是毫无意义的。正确设计优化编译器是如此困难，我们敢说没有一个优化编译器是完全无错的！因此，设计一个编译器时最重要的目标是使它正确。

第二个目标是编译器应该有效提高很多输入程序的性能。性能通常意味着程序执行的速度。我们也希望能够尽可能降低生成代码的大小，在嵌入式系统中更是如此。而对于移动设备的情况，尽量降低代码的能耗也是我们期待的。在通常情况下，提高执行效率的优化也能够节约能耗。除了性能，错误报告和调试等的可用性方面也是很重要的。

第三，我们需要使编译时间保持在较短的范围内，以支持快速的开发和调试周期。当机器变得越来越快，这个要求会越来越容易达到。开始时，一个程序经常在没有进行优化的情况下开发和调试。这么做不仅可以降低编译时间，更重要的是未经优化的程序比较容易调试。这是因为编译器引入的优化经常使得源代码和目标代码之间的关系变得模糊。在编译器中开启优化有时会暴露出源程序中的新问题，因此需要对经过优化的代码再次进行测试。因为可能需要额外的测试工作，有时会阻止人们在应用中使用优化技术，当应用的性能不很重要的时候更是如此。

最后，编译器是一个复杂的系统，我们必须使系统保持简单以保证编译器的设计和维护费用是可管理的。我们可以实现的优化技术有无穷多种，而创建一个正确有效的优化过程需要相当大的工作量。我们必须划分不同优化技术的优先级别，只实现那些可以对实践中遇到的源程序带来最大好处的技术。

因此，我们在研究编译器时不仅要学习如何构造一个编译器，还要学习解决复杂和开放性问题的一般方法学。在编译器开发中用到的方法涉及理论和实验。在开始的时候，我们通常根据直觉确定有哪些重要的问题并把它们明确描述出来。

1.5 编译技术的应用

编译器设计并不只是关于编译器的。很多人用到了在学校里研究编译器时学到的技术，但是严格地说，它们从没有为一个主流的程序设计语言编写过一个编译器（甚至其中的一部分）。编译器技术还有其他重要用途。另外，编译器设计影响了计算机科学中的其他领域。在本节，我们将回顾和编译技术有关的最重要的互动和应用。

1.5.1 高级程序设计语言的实现

一个高级程序设计语言定义了一个编程抽象：程序员使用这个语言表达算法，而编译器必须把这个程序翻译成目标语言。总的来说，用高级程序设计语言编程比较容易，但是比较低效，也就是说，目标程序运行较慢。使用低级程序设计语言的程序员能够更多地控制一个计算过程，因此从原则上讲，可以产生更加高效的代码。遗憾的是，低级程序比较难编写，而且更糟糕的是可移植性较差，更容易出错，而且更加难以维护。优化编译器包括了提高所生成代码性能的技术，因此弥补了因高层次抽象而引入的低效率。

例1.2 C语言中的关键字 **register** 是编译器技术和语言发展互动的一个较早的例子。当C语言在20世纪70年代中期被创立时，人们认为有必要让程序员来控制哪个程序变量应该存放在寄存器中。当有效的寄存器分配技术出现后，这个控制变得没有必要了，大多数现代的程序不再使用这个语言特征。

实际上，使用关键字 **register** 的程序还可能损失效率，因为寄存器分配是一类很低层次的问题，程序员常常不是最好的判断这类问题的人选。寄存器分配的最优选择很大程度上取决于一个机器的体系结构的特点。把低层次资源管理的决策，比如寄存器分配，写死在程序中反而有可能损害性能。当运行程序的计算机有别于当初所设定的目标机时更是如此。□

对于程序设计语言的选择的变化与不断提高抽象层次的方向是一致的。C语言是在20世纪80年代主流的系统程序设计语言；20世纪90年代开始的很多项目则选择C++；在1995年推出的 Java 很快在 20 世纪 90 年代后期流行起来。在每一轮中引入的新的程序设计语言特征都会推动对于编译器优化的新研究。接下来，我们将给出一个关于主要语言特征的概览，这些特征曾经推动了编译器技术的重要发展。

在实践中，所有的通用程序设计语言，包括 C、Fortran 和 Cobol，都支持用户定义的聚合类型（如数组和结构）和高级控制流（比如循环和过程调用）。如果我们仅仅把每个高级结构和数据存取运算直接翻译成为机器代码，得到的代码将会非常低效。编译器优化的一个组成部分称为数据流优化，它可以对程序的数据流进行分析，并消除这些构造之间的冗余。它们很有效，生成的代码和一个熟练的低级语言程序员所写的代码类似。

面向对象概念首先于 1967 年在 Simula 中引入，并被集成到 Smalltalk、C++、C#和 Java 这样的语言中。面向对象的主要思想是

1）数据抽象
2）特性的继承

人们熟知这两者都可以使得程序更加便于也相对了维护。面向对象程序和用很多其他语言编写的程序之间的不同在于它们由多得多的（但是较小）过程（在面向对象术语中称为方法（method））组成。因此，编译器优化技术必须能够很好地跨越源程序中的过程边界进行优化。过程内联技术（即把一个过程调用替换为相应过程体）在这里是非常有用的。人们还开发了可以加速虚拟方法分发的优化技术。

Java 有很多特征可以使编程变得更容易，其中的很多特征之前已经在别的语言中引入。Java 语言是类型安全的；也就是说，一个对象不能被当作另一个无关类型的对象来使用。所有的数组访问运算都会被检查以保证它们在数组的界限之内。Java 没有指针，也不允许指针运算。它具有一个内建的垃圾收集机制来自动释放那些不再使用的变量所占用的内存。虽然所有这些特征使得编程变得更加容易，但它们也会引起运行时刻的开销。人们开发了相应的编译优化技术来降低这个开销。比如，消除不必要的下标范围检查，以及把那些在过程之外不可访问的对象分配在栈里而不是堆里。此外，人们还开发了高效的算法来尽量降低垃圾收集的开销。

除此之外，Java 用来支持可移植和可移动的代码。程序以 Java 字节码的方式分发。这些字节码要么被解释执行，要么被动态地（即在运行时刻）编译为本地代码。动态编译也曾经在其他上下文环境中被研究过。在那里，信息在运行时刻被动态地抽取出来，并用来生成更加优化的代码。在动态编译中，尽可能降低编译时间是很重要的，因为编译时间也是运行开销的一部分。一个常用的技术是只编译和优化那些经常运行的程序片断。

1.5.2 针对计算机体系结构的优化

计算机体系结构的快速发展也对新编译器技术提出了越来越多的需求。几乎所有的高性能系统都利用了两种技术：并行（parallelism）和内存层次结构（memory hierarchy）。并行可以出现在多个层次上：在指令层次上，多个运算可以被同时执行；在处理器层次上，同一个应用的多个不同线程在不同的处理器上运行。内存层次结构是应对下述局限性的方法：我们可以制造非常快的内存，或者非常大的内存，但是无法制造非常大又非常快的内存。

并行性

所有的现代微处理器都采用了指令级并行性。但是，这种并行性可以对程序员隐藏起来。程序员写程序的时候就好像所有指令都是顺序执行的。硬件动态地检测顺序指令流之间的依赖关系，并且在可能的时候并行地发出指令。在有些情况下，机器包含一个硬件调度器。该调度器可以改变指令的顺序以提高程序的并行性。不管硬件是否对指令进行重新排序，编译器都可以重新安排指令，以使得指令级并行更加有效。

指令级的并行也显式地出现在指令集中。VLIW（Very Long Instruction Word，非常长指令字）机器拥有可并行执行多个运算的指令。Intel IA64 是这种体系结构的一个有名的例子。所有的高性能通用微处理器还包含了可以同时对一个向量中的所有数据进行运算的指令。人们已经开发出了相应的编译器技术，从顺序程序出发为这样的机器自动生成代码。

多处理器也已经日益流行，即使个人计算机也拥有多个处理器。程序员可以为多处理器编写多线程的代码，也可以通过编译器从传统的顺序程序自动生成并行代码。这样的编译器对程序员隐藏了一些细节，包括如何在程序中找到并行性，如何在机器中分发计算任务，以及如何最小化处理器之间的同步和通信。很多科学计算和工程性应用需要进行高强度的计算，因此可以从并行处理中得到很大的好处。人们已经开发了并行技术以便自动地把顺序的科学计算程序翻译成为多处理器代码。

内存层次结构

一个内存层次结构由几层具有不同速度和大小的存储器组成。离处理器最近的层速度最快但是容量最小。如果一个程序的大部分内存访问都能够由层次结构中最快的层满足，那么程序的平均内存访问时间就会降低。并行性和内存层次结构的存在都会提高一个机器的潜在性能。但是，它们必须被编译器有效利用才能够真正为一个应用提供高性能计算。

内存层次结构可以在所有的机器中找到。一个处理器通常有少量的几百个字节的寄存器，几层包含了几 K 到几兆字节的高速缓存，包含了几兆到几 G 字节的物理寄存器，最后还包括多个几 G 字节的外部存储器。相应地，层次结构中相邻层次间的存取速度会有两到三个数量级上的差异。系统性能经常受到内存子系统的性能（而不是处理器的性能）的限制。虽然一般来说编译器注重优化处理器的执行，现在人们更多地强调如何使得内存层次结构更加高效。

高效使用寄存器可能是优化一个程序时要处理的最重要的问题。和寄存器必须由软件明确管理不同，高速缓存和物理内存是对指令集合隐藏的，并由硬件管理。人们发现，由硬件实现的高速缓存管理策略有时并不高效。当处理具有大型数据结构（通常是数组）的科学计算代码时更是如此。我们可以改变数据的布局或数据访问代码的顺序来提高内存层次结构的效率。我们也可以通过改变代码的布局来提高指令高速缓存的效率。

1.5.3　新计算机体系结构的设计

在计算机体系结构设计的早期，编译器是在机器建造好之后再开发的。现在，这种情况已经有所改变。因为使用高级程序设计语言是一种规范，决定一个计算机系统性能的不是它的原始速度，还包括编译器能够以何种程度利用其特征。因此，在现代计算机体系结构的开发中，编译器在处理器设计阶段就进行开发，然后编译得到代码并运行于模拟器上。这些代码被用来评价提议的体系结构特征。

RISC

有关编译器如何影响计算机体系结构设计的最有名的例子之一是 RISC（Reduced Instruction-Set Computer，精简指令集计算机）的发明。在发明 RISC 之前，趋势是开发的指令集越来越复杂，以使得汇编编程变得更容易。这些体系结构称为 CISC（Complex Instruction-Set Computer，复杂指令集计算机）。比如，CISC 指令集包含了复杂的内存寻址模式来支持对数据结构的访问，还包含了过程调用指令来保存寄存器和向栈中传递参数。

编译器优化经常能够消除复杂指令之间的冗余，把这些指令削减为少量较简单的运算。因此，人们期望设计出简单指令集。编译器可以有效地使用它们，而硬件也更容易进行优化。

大部分通用处理器体系结构，包括 PowerPC、SPARC、MIPS、Alpha 和 PA-RISC，都是基于 RISC 概念的。虽然 x86 体系结构（最流行的微处理器）具有 CISC 指令集，但在这个处理器本身的实现中使用了很多为 RISC 机器发展得到的思想。不仅如此，使用高性能 x86 机器的最有效的方法是仅使用它的简单指令。

专用体系结构

在过去的 30 年中，提出了很多的体系结构概念。其中包括：数据流机器、向量机、VLIW（非常长指令字）机器、SIMD（单指令，多数据）处理器阵列、心动阵列（systolic array）、共享内存的多处理器、分布式内存的多处理器。每种体系结构概念的发展都伴随着相应编译器技术的研究和发展。

这些思想中的一部分已经应用到嵌入式机器的设计中。因为整个系统都可以放到一个芯片里面，所以处理器不再是预包装的商品。人们可以针对特定应用进行裁剪以获得更好的费效比。由于规模经济效用，通用处理器的体系结构具有趋同性。而专用应用的处理器则与此相反，体现出了计算机体系结构的多样性。人们不仅需要编译器技术来为这些体系结构编程提供支持，也需要用它们来评价拟议中的体系结构设计。

1.5.4 程序翻译

我们通常把编译看作是从一个高级语言到机器语言的翻译过程。同样的技术也可以应用到不同种类的语言之间的翻译。下面是程序翻译技术的一些重要应用。

二进制翻译

编译器技术可以用于把一个机器的二进制代码翻译成另一个机器的二进制代码，使得可以在一个机器上运行原本为另一个指令集编译的程序。二进制翻译技术已经被不同的计算机公司用来增加它们的机器上的可用软件。特别地，因为 x86 在个人计算机市场上的主导地位，很多软件都是以 x86 二进制代码的形式提供的。人们开发了二进制代码翻译器，把 x86 代码转换成 Alpha 和 Sparc 的代码。Transmeta 公司也在他们的 x86 指令集实现中使用了二进制转换。他们没有直接在硬件上运行复杂的 x86 指令集，他们的 Ttransmeta Crusoe 处理器是一个 VLIW 处理器，它依赖于二进制翻译器来把 x86 代码转换成为本地的 VLIW 代码。

二进制翻译也可以被用来提供向后兼容性。1994 年，当 Apple Macintosh 中的处理器从 Motorola MC68040 变为 PowerPC 的时候，使使用二进制翻译来支持 PowerPC 处理器运行遗留下来的 MC68040 代码。

硬件合成

不仅仅大部分软件是用高级语言描述的，连大部分硬件设计也是使用高级硬件描述语言描述的，这些语言有 Verilog 和 VHDL（Very high-speed integrated circuit Hardware Description Language，甚高速集成电路硬件描述语言）。硬件设计通常是在寄存器传输层（Register Transfer Level，RTL）上描述的。在这个层中，变量代表寄存器，而表达式代表组合逻辑。硬件合成工具把 RTL 描述自动翻译成为门电路，而门电路再被翻译成为晶体管，最后生成一个物理布局。和程序设计语言的编译器不同，这些工具经常会花费几个小时来优化门电路。还存在一些用来翻译更高层次（比如行为和函数层次）的设计描述的技术。

数据查询解释器

除了描述软件和硬件，语言在很多应用中都是有用的。比如，查询语言（特别是 SQL 语言（Structured Query Language，结构化查询语言）被用来搜索数据库。数据库查询由包含了关系和布尔运算符的断言组成。它们可以被解释，也可以编译为代码，以便在一个数据库中搜索满足这个断言的记录。

编译然后模拟

模拟是在很多科学和工程领域内使用的通用技术。它用来理解一个现象或者验证一个设计。模拟器的输入通常包括设计描述和某次特定模拟运行的具体输入参数。模拟可能会非常昂贵。

我们通常需要在不同的输入集合中模拟很多可能的设计选择。而每个实验可能需要在高性能计算机上花费几天时间才能完成。另一个方法不需要写一个模拟器来解释这些设计。它对设计进行编译并生成能够在机器上直接模拟特定设计的机器代码。后者的运行更加快。经过编译的模拟运行可以比基于解释器的方法快几个数量级。在那些可以模拟用 Verilog 或 VHDL 描述的设计的最新工具中，人们都使用了编译后模拟的技术。

1.5.5 软件生产率工具

程序可以说是人类迄今为止生产出的最复杂的工程制品，它们包含了很多很多的细节。要使得程序能够完全正确运行，每个细节都必须是正确的。结果是程序中的错误很是猖獗。错误可以使一个系统崩溃，产生错误的输出，使得系统容易受到安全性攻击，在关键系统中甚至会引起灾难性的运行错误。测试是对系统中的错误进行定位的主要技术。

一个很有意思且很有前景的辅助性方法是通过数据流分析技术静态地（即在程序运行之前）定位错误。数据流分析可以在所有可能的执行路径上找到错误，而不是像程序测试的时候所做的那样，仅仅是在那些由输入数据组合执行的路径上找错误。很多原本为编译器优化所开发的数据流分析技术可以用来创建相应的工具，帮助程序员完成他们的软件工程任务。

找到程序的所有错误是不可判定问题。可以设计一个数据流分析方法来找出所有可能带有某种错误的语句，对程序员发出警告。但是如果这些警告中的大部分都是误报，用户将不会使用这个工具。因此，实用的错误检测器经常既不是健全的也不是完全的。也就是说，它们不可能找出程序中的所有错误，也不能保证报告的所有错误都真正是错误。虽然如此，人们仍然开发了很多种静态分析工具，这些工具能够在实际程序中有效地找到错误，比如释放空指针或已释放过的指针。错误探测器可以是不健全的。这个事实使得它们和编译器的优化有着显著不同。优化器必须是保守的，在任何情况下都不能改变程序的语义。

在本节中，我们将提到使用程序分析技术来提高软件生产效率的几个已有途径。这些分析是在原本为编译器代码优化而开发的技术的基础上建立的。其中静态探测一个程序是否具有安全漏洞的技术是极为重要的。

类型检查

类型检查是一种有效的，且被充分研究的技术，它可以被用于捕捉程序中的不一致性。它可以用来检测一些错误，比如，运算被作用于错误类型的对象上，或者传递给一个过程的参数和该过程的范型（signature）不匹配。通过分析程序中的数据流，程序分析还可以做出比检查类型错误更多的工作。比如，一个指针被赋予了 NULL 值，然后又立刻被释放了，这个程序显然是错误的。

这个技术也可以用来捕捉某种安全漏洞。其中，攻击者可以向程序提供一个字符串或者其他数据，而这些数据没有被程序谨慎使用。一个用户提供的字符串可以被加上一个"危险"的标号。如果没有检查这个字符串是否满足特定的格式，那么它仍然是"危险"的。如果这种类型的字符串能够在某个程序点上影响代码的控制流，那么就存在一个潜在的安全漏洞。

边界检查

相对于较高级的程序设计语言而言，用较低级语言编程更加容易犯错。比如，很多系统中的安全漏洞都是因为用 C 语言编写的程序中的缓冲区溢出造成的。因为 C 语言没有数组边界检查，所以必须由用户来保证对数组的访问没有超出边界。因为不能检验用户提供的数据是否可能溢出一个缓冲区，程序可能被欺骗，把一个数据存放到缓冲区之外。攻击者可以巧妙处理这些数据，使得程序做出错误的行为，从而危及系统的安全。人们已经开发了一些技术来寻找程序中的缓冲区溢出，但收效并不显著。

如果程序是用一种包含了自动区间检查的安全的语言编写的，这个问题就不会发生。用来消除程序中的冗余区间检查的数据流分析技术也可以用来定位缓冲区溢出错误。而最大区别在于，没能消除某个区间检查仅仅会导致很小的额外运行时刻开销，而没有指出一个潜在的缓冲区溢出错误却可能危及系统的安全性。因此，虽然使用简单的技术去进行区间检查优化就已经足够了，但在错误探测工具中获得高质量的结果则需要复杂的分析技术，比如在过程之间跟踪指针值的技术。

内存管理工具

垃圾收集机制是在效率和易编程及软件可靠性之间进行折衷处理的另一个极好的例子。自动的内存管理消除了所有的内存管理错误（比如内存泄漏）。这些错误是 C 或 C++ 程序中问题的主要来源之一。人们开发了很多工具来帮助程序员寻找内存管理错误。比如，Purify 是一个能够动态地捕捉内存管理错误的被广泛使用的工具。还有一些能够帮助静态识别部分此类错误的工具也已经被开发出来。

1.6 程序设计语言基础

这一节我们将讨论在程序设计语言的研究中出现的最重要的术语和它们的区别。我们的目标并不是涵盖所有的概念或所有常见的程序设计语言。我们假设读者已经至少熟悉 C、C++、C#或 Java 中的一种语言，并且也可能已经遇到过其他语言。

1.6.1 静态和动态的区别

在为一个语言设计一个编译器时，我们所面对的最重要的问题之一是编译器能够对一个程序做出哪些判定。如果一个语言使用的策略支持编译器静态决定某个问题，那么我们说这个语言使用了一个静态（static）策略，或者说这个问题可以在编译时刻（compile time）决定。另一方面，一个只允许在运行程序的时候做出决定的策略被称为动态策略（dynamic policy），或者被认为需要在运行时刻（run time）做出决定。

我们需要注意的另一个问题是声明的作用域。x 的一个声明的作用域（scope）是指程序的一个区域，在其中对 x 的使用都指向这个声明。如果仅通过阅读程序就可以确定一个声明的作用域，那么这个语言使用的是静态作用域（static scope），或者说词法作用域（lexical scope）。否则，这个语言使用的是动态作用域（dynamic scope）。如果使用动态作用域，当程序运行时，同一个对 x 的使用会指向 x 的几个声明中的某一个。

大部分语言（比如 C 和 Java）使用静态作用域。我们将在 1.6.3 节中讨论静态作用域。

例 1.3 作为静态/动态区别的另一个例子，我们考虑一下 Java 类声明中术语 static 的使用。这个术语作用于数据。在 Java 中，一个变量是用于存放数据值的某个内存位置的名字。这里，"static"指的并不是变量的作用域，而是编译器确定用于存放被声明变量的内存位置的能力。比如声明

```
public static int x;
```

使得 x 成为一个类变量（class variable），也就是说不管创建了多少个这个类的对象，只存在一个 x 的拷贝。此外，编译器可以确定内存中的被用于存放整数 x 的位置。反过来，如果这个声明中省略了"static"，那么这个类的每个对象都会有它自己的用于存放 x 的位置，编译器没有办法在运行程序之前预先确定所有这些位置。 □

1.6.2 环境与状态

我们在讨论程序设计语言时必须了解的另一个重要区别是在程序运行时发生的改变是否会影响数据元素的值，还是影响了对那个数据的名字的解释。比如，执行像 $x = y+1$ 这样的赋值

语句会改变名字 x 所指的值。更加明确地说，这个赋值改变了 x 所指向的内存位置上的值。

可能下面这一点就不是那么明显了。即 x 所指的位置也可能在运行时刻改变。比如，我们在例 1.3 中讨论过，如果 x 不是一个静态（或者说"类"）变量，那么这个类的每一个对象都有它自己的分配给变量 x 的实例的位置。这种情况下，对 x 的赋值可能会改变那些"实例"变量中的某一个变量的值，这取决于包含这个赋值的方法作用于哪个对象。

名字和内存（存储）位置的关联，及之后和值的关联可以用两个映射来描述。这两个映射随着程序的运行而改变（见图1-8）。

1）环境（environment）是一个从名字到存储位置的映射。因为变量就是指内存位置（即 C 语言中的术语"左值"），我们还可以换一种方法，把环境定义为从名字到变量的映射。

图 1-8 从名字到值的两步映射

2）状态（state）是一个从内存位置到它们的值的映射。以 C 语言的术语来说，即状态把左值映射为它们的相应右值。

环境的改变需要遵守语言的作用域规则。

例 1.4 考虑图 1-9 中的 C 程序片断。整数 i 被声明为一个全局变量，同时也被声明为局部于函数 f 的变量。执行 f 时，环境相应地调整，使得名字 i 指向那个为局部于 f 的那个 i 所保留的存储位置，且 i 的所有使用（如图中明确显示的赋值语句 i = 3）都指向这个位置。局部的 i 通常被赋予一个运行时刻栈中的位置。

只要当一个不同于 f 的函数 g 运行时，i 的使用就不能指向那个局部于 f 的 i。在函数 g 中对名字 i 的使用必须位于其他某个对 i 的声明的作用域内。一个例子是图中明确显示的赋值语句 x = i + 1，它位于某个其定义没有在图中显示的过程中。可以假定 i + 1 中的 i 指向全局的 i。和大多数语言一样，C 语言中的声明必须先于其使用，因此在全局 i 的声明之前的函数不能指向它。 □

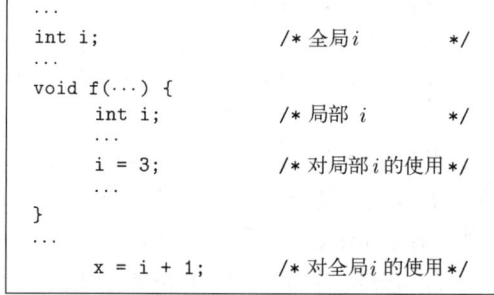

图 1-8 中的环境和状态映射是动态的，但是也有一些例外。

1）名字到位置的静态绑定与动态绑定。大部分从名字到位置的绑定是动态的。我们在这一节中讨论了这种绑定的几种方法。某些声明（比如图1-9中的全局变量 i）可以在编译器生成目标代码时一劳永逸地分配一个存储位置。⊖

图 1-9 名字 i 的两个声明

2）从位置到值的静态绑定与动态绑定。一般来说，位置到值的绑定（图 1-8 的第二阶段）也是动态的，因为我们无法在运行一个程序之前指出一个位置上的值。被声明的常量是一个例外。比如，C 语言的定义

```
#define ARRAYSIZE 1000
```

把名字 ARRAYSIZE 静态地绑定为值 1000。我们看到这个语句就可以知道这个绑定关系，并且知道在程序运行时刻这个绑定不可能改变。

⊖ 从技术上来讲，C 语言编译器将为全局变量 i 分配一个虚拟内存中的位置，而由程序装载器和操作系统来决定到底把 i 分配在机器的物理地址中的什么地方。但是我们不用担心像这样的"重新分配"问题，因为它对编译过程没有影响。我们按照如下的方式处理地址空间问题：编译器在为它的输出代码使用地址空间时，假设它是在分配物理内存位置。

1.6.3 静态作用域和块结构

包括 C 语言和它的同类语言在内的大多数语言使用静态作用域。C 语言的作用域规则是基于程序结构的，一个声明的作用域由该声明在程序中出现的位置隐含地决定。稍后出现的语言，比如 C++、Java 和 C#，也通过诸如 **public**、**private** 和 **protected** 等关键字的使用，提供了对作用域的明确控制。

在本节中，我们将考虑块结构语言的静态作用域规则，其中块(block)是声明和语句的一个组合。C 使用括号 { 和 } 来界定一个块。另一种为同一目的使用 **begin** 和 **end** 的方法可以追溯到 Algol。

名字、标识符和变量

虽然术语"名字"和"变量"通常指的是同一个事物，我们还是要很小心地使用它们，以便区别编译时刻的名字和名字在运行时刻所指的内存位置。

标识符(identifier)是一个字符串，通常由字母和数字组成。它用来指向(标记)一个实体，比如一个数据对象、过程、类或者类型。所有的标识符都是名字，但并不是所有的名字都是标识符。名字也可以是一个表达式。比如名字 $x.y$ 可以表示 x 所指的一个结构中的字段 y。这里，x 和 y 是标识符，而 $x.y$ 是一个名字，但不是标识符。像 $x.y$ 这样的复合名字被叫做限定名(qualified name)。

变量指向存储中的某个特定的位置。同一个标识符被多次声明是很常见的事情，每一个这样的声明引入一个新的变量。即使每个标识符只被声明一次，一个递归过程中的局部标识符将在不同的时刻指向不同的存储位置。

例 1.5 C 语言的静态作用域策略可以概述如下：

1) 一个 C 程序由一个顶层的变量和函数声明的序列组成。

2) 函数内部可以声明变量，变量包括局部变量和参数。每个这样的声明的作用域被限制在它们所出现的那个函数内。

3) 名字 x 的一个顶层声明的作用域包括其后的所有程序。但是如果一个函数中也有一个 x 的声明，那么函数中的那些语句就不在这个顶层声明的作用域内。

还有一些关于 C 语言的静态作用域策略的细节用来处理语句中的变量声明。我们将在接下来的内容中，以及在例 1.6 中查看这样的声明。 □

过程、函数和方法

为了避免总是说"过程、函数或方法"，每次我们要讨论一个可以被调用的子程序时，我们通常把它们统称为"过程"。但是当明确地讨论某个语言(比如 C)的程序时有一个例外。因为 C 语言只有函数，所以我们把它们称为"函数"。或者，如果我们讨论像 Java 这样的只有"方法"的语言时，我们就使用这个术语。

一个函数通常返回某个类型(即"返回类型")的值，而一个过程不返回任何值。C 和类似的语言只有函数，因此它们把过程当作是具有特殊返回类型"void"的函数来处理。"void"表示没有返回值。像 Java 和 C++ 这样的面向对象语言使用术语"方法"。这些方法可以像函数或者过程一样运行，但是总是和某个特定的类相关联。

在 C 语言中，有关块的语法如下：

1) 块是一种语句。块可以出现在其他类型的语句(比如赋值语句)所能够出现的任何地方。

2) 一个块包含了一个声明的序列,然后再跟着一个语句序列。这些声明和语句用一对括号包围起来。

注意,这个语法允许一个块嵌套在另一个块内。这个嵌套特性称为块结构(block structure)。C 族语言都具有块结构,但是不能在一个函数内部定义另一个函数。

如果块 B 是包含声明 D 的最内层的块,那么我们说 D 属于 B。也就是说,D 在 B 中,且不在嵌套于 B 中的任何其他块中。

在一个块结构语言中,关于变量声明的静态作用域规则如下。如果名字 x 的声明 D 属于块 B,那么 D 的作用域包括整个 B,但是以任意深度嵌套在 B 中、重新声明了 x 的所有块 B' 不在此作用域中。这里,x 在 B' 中重新声明是指存在另一个属于 B' 的对相同名字 x 的声明 D'。

另一个等价的表达这个规则的方法着眼于名字 x 的一次使用。设 $B_1, B_2, \cdots, B_k$ 是所有的包含了 x 的该次使用的块。其中,B_k 嵌套在 B_{k-1} 中,B_{k-1} 嵌套在 B_{k-2} 中,$\cdots$,依此类推。寻找最大的满足下面条件的 i:存在一个属于 B_i 的 x 的声明。本次对 x 的使用就是指向 B_i 中对 x 的声明。换句话说,x 的本次使用在 B_i 中的这个声明的作用域内。

例 1.6 在图 1-10 中的 C++ 程序有四个块,其中包含了变量 a 和 b 的几个定义。为了帮助记忆,每个声明把其变量初始化为它所属于的那个块的编号。

比如,考虑块 B_1 中的声明 `int a = 1`。它的作用域包括整个 B_1,当然那些(可能很深地)嵌套在 B_1 中并且有它自己的对 a 的声明的块除外。直接嵌套在 B_1 中的 B_2 没有 a 的声明,而 B_3 就有。B_4 没有 a 的声明。因此块 B_3 是整个程序中唯一位于名字 a 在 B_1 中的声明的作用域之外的地方。也就是说,这个作用域包括 B_4 和 B_2 中除了 B_3 之外的所有部分。关于程序中的全部五个声明的作用域的总结见图 1-11。

从另一个角度看,让我们考虑块 B_4 中的输出语句,并把那里使用的变量 a 和 b 和适当的声明绑定。包含该语句的块的列表从小到大是 B_4、B_2、B_1。请注意,B_3 没有包含问题中所提到的点。B_4 有一个 b 的声明,因此该语句中对 b 的使用被绑定到这个声明,因此打印出来的 b 的值是 4。然而,B_4 没有 a 的声明,因此我们接着看 B_2。这个块也没有 a 的声明,因此我们继续看 B_1。

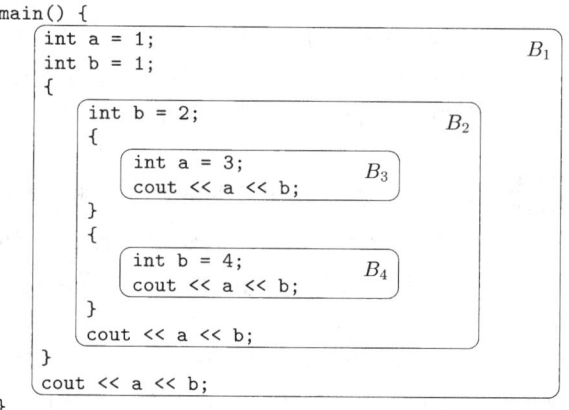

图 1-10 一个 C++ 程序中的块结构

声明	作用域
`int a = 1;`	$B_1 - B_3$
`int b = 1;`	$B_1 - B_2$
`int b = 2;`	$B_2 - B_4$
`int a = 3;`	B_3
`int b = 4;`	B_4

图 1-11 例 1.6 中的声明的作用域

幸运的是,这个块有一个声明 `int a = 1`。因此,打印出来的 a 的值是 1。如果没有这个声明,程序就是错误的。 □

1.6.4 显式访问控制

类和结构为它们的成员引入了新的作用域。如果 p 是一个具有字段(成员)x 的类的对象,那么在 $p.x$ 中对 x 的使用指的是这个类定义中的字段 x。和块结构类似,类 C 中的一个成员声明 x

的作用域可以扩展到所有的子类 C'，除非 C' 有一个本地的对同一名字 x 的声明。

通过 **public**、**private** 和 **protected** 这样的关键字的使用，像 C++ 或 Java 这样的面向对象语言提供了对超类中的成员名字的显式访问控制。这些关键字通过限制访问来支持封装（encapsulation）。因此，私有（private）名字被有意地限定了作用域，这个作用域仅仅包含了该类和"友类"（C++ 的术语）相关的方法声明和定义。被保护的（protected）名字可以由子类访问，而公共的（public）名字可以从类外访问。

在 C++ 中，一个类的定义可能和它的部分或全部方法的定义分离。因此对于一个和类 C 相关联的名字 x，可能存在一个在它作用域之外的代码区域，然后又跟着一个在它作用域内的代码区域（一个方法定义）。实际上，在这个作用域之内和之外的代码区域可能相互交替，直到所有的方法都被定义完毕。

声明和定义

程序设计语言概念中的两个看起来相似的术语"声明"和"定义"实际上有着很大的不同。声明告诉我们事物的类型，而定义告诉我们它们的值。因此，`int i` 是一个 i 的声明，而 `i = 1` 是 i 的一个定义（赋值）。

当我们处理方法或者其他过程时，这个区别就更加明显。在 C++ 中，通过给出了方法的参数及结果的类型（通常称为该方法的范型），在类的定义中声明这个方法。然后，这个方法在另一个地方被定义，即在另一个地方给出了执行这个方法的代码。类似地，我们会经常看到在一个文件中定义了一个 C 语言的函数，然后在其他使用这个函数的文件中声明这个函数。

1.6.5 动态作用域

从技术上讲，如果一个作用域策略依赖于一个或多个只有在程序执行时刻才能知道的因素，它就是动态的。然而，术语动态作用域通常指的是下面的策略：对一个名字 x 的使用指向的是最近被调用但还没有终止且声明了 x 的过程中的这个声明。这种类型的动态作用域仅仅在一些特殊情况下才会出现。我们将考虑两个动态作用域的例子：C 预处理器中的宏扩展，以及面向对象编程中的方法解析。

例 1.7 在图 1-12 给出的 C 程序中，标识符 a 是一个代表了表达式 $(x+1)$ 的宏。但 x 到底是什么呢？我们不能够静态地（也就是说通过程序文本）解析 x。

实际上，为了解析 x，我们必须使用前面提到的普通的动态作用域规则。我们检查所有当前活跃的函数调用，然后选择最近调用的且具有一个对 x 的声明的函数⊖。对 x 的使用就是指向这个声明。

在图 1-12 的例子中，函数 main 首先调用函数 b。当 b 执行时打印宏 a 的值。因为首先必须

```
#define a (x+1)
int x = 2;
void b() { int x = 1; printf("%d\n", a); }
void c() { printf("%d\n", a); }
void main() { b(); c(); }
```

图 1-12 一个其名字的作用域必须动态确定的宏

⊖ 这个规则可能只对当前的例子成立。如果将图 1-12 的例子中的函数 b 改成 `void b(){int x = 1; printf("%d\n", a); c();}`，那么当 main 函数调用函数 b，函数 b 又调用 c 的时候，c 中的 `printf("%d\n",a)` 语句依然打印值 2。即此时对 x 的使用对应的仍然是全局的 x，而不是按照规则确定的函数 b，即"最近调用的且有一个对 x 的声明的函数"。——译者注

用($x+1$)替换掉a，所以我们把本次对x的使用解析为对函数b中的声明 int x = 1。原因是b有一个x的声明，因此b中的 printf 中的($x+1$)指向这个x。因此，打印出的值是2。

在b运行结束之后，函数c被调用，我们依旧需要打印宏a的值。然而，唯一可以被c访问的x是全局变量x。函数c中的 printf 语句指向x的这个声明，且被打印的值是3。□

动态作用域解析对多态过程是必不可少的。所谓多态过程是指对于同一个名字根据参数类型具有两个或多个定义的过程。在有些语言中，比如 ML（见 7.3.3 节），人们可以静态地确定名字所有使用的类型。在这种情况下，编译器可以把每个名字为p的过程替换为对相应的过程代码的引用。但是，在其他语言中，比如在 Java 和 C++中，编译器有时不能够做出这样的决定。

静态作用域和动态作用域的类比

虽然可以有各种各样的静态或者动态作用域策略，在通常的（块结构的）静态作用域规则和通常的动态策略之间有一个有趣的关系。从某种意义上说，动态规则处理时间的方式类似于静态作用域处理空间的方式。静态规则让我们寻找的声明位于最内层的、包含变量使用位置的单元（块）中；而动态规则让我们寻找的声明位于最内层的、包含了变量使用时间的单元（过程调用）中。

例 1.8 面向对象语言的一个突出特征就是每个对象能够对一个消息做出适当反应，调用相应的方法。换句话说，执行$x.m()$时调用哪个过程要由当时x所指向的对象的类来决定。一个典型的例子如下：

1) 有一个类C，它有一个名字为$m()$的方法。
2) D是C的一个子类，而D有一个它自己的名字为$m()$的方法。
3) 有一个形如$x.m()$的对x的使用，其中x是类C的一个对象。

正常情况下，在编译时刻不可能指出x指向的是类C的对象还是其子类D的对象。如果这个方法被多次应用，那么很可能某些调用作用在由x指向的类C的对象，而不是类D的对象，而其他调用作用于类D的对象之上。只有到了运行时刻才可能决定应当调用m的哪个定义。因此，编译器生成的代码必须决定对象x的类，并调用其中的某一个名字为m的方法。□

1.6.6 参数传递机制

所有的程序设计语言都有关于过程的概念，但是在这些过程如何获取它们的参数方面，不同的语言之间有所不同。在本节，我们将考虑实在参数（在调用过程时使用的参数）是如何与形式参数（在过程定义中使用的参数）关联起来的。使用哪一种传递机制决定了调用代码序列如何处理参数。大多数语言要么使用"值调用"，要么使用"引用调用"，或者两者都用。我们将解释这些术语以及另一个被称为"名调用"的方法，解释后者主要是基于对历史的兴趣。

值调用

在值调用（call-by-value）中，会对实在参数求值（如果它是表达式）或拷贝（如果它是变量）。这些值被放在属于被调用过程的相应形式参数的内存位置上。这种方法在 C 和 Java 中使用，也是 C++语言及大部分其他语言的一个常用选项。值调用的效果是，被调用过程所做的所有有关形式参数的计算都局限于这个过程，相应的实在参数本身不会被改变。

然而请注意，在 C 语言中我们可以传递变量的一个指针，使得该变量的值能够被被调用者修改。同样，C、C++和 Java 中作为参数传递的数组名字实际上向被调用过程传递了一个指向该数组本身的指针或引用。因此，如果a是调用过程的一个数组的名字，且它被以值调用的方式传递给相应的形式参数 x，那么像 x[2]=i 这样的赋值语句实际上改变了数组元素 $a[i]$。原因是虽然 x 是 a 的值的一个拷贝，但这个值实际上是一个指针，指向被分配给数组 a 的存储区域的开始处。

类似地，Java 中的很多变量实际上是对它们所代表的事物的引用，或者说指针。这个结论对数组、字符串和所有类的对象都有效。虽然 Java 只使用值调用，但只要我们把一个对象的名字传递给一个被调用过程，那个过程收到的值实际上是这个对象的指针。因此，被调用过程是可以改变这个对象本身的值的。

引用调用

在引用调用（call-by-reference）中，实在参数的地址作为相应的形式参数的值被传递给被调用者。在被调用者的代码中使用形式参数时，实现方法是沿着这个指针找到调用者指明的内存位置。因此，改变形式参数看起来就像是改变了实在参数一样。

但是，如果实在参数是一个表达式，那么在调用之前首先会对表达式求值，然后它的值被存放在一个该值自己的位置上。改变形式参数会改变这个位置上的值，但对调用者的数据没有影响。

C++ 中的"ref"参数使用的是引用调用。而在很多其他语言中，引用调用也是一种选项。当形式参数是一个大型的对象、数组或结构时，引用调用几乎是必不可少的。原因是严格的值调用要求调用者把整个实在参数拷贝到属于相应形式参数的空间上。当参数很大时，这种拷贝可能代价高昂。正如我们在讨论值调用时所指出的，像 Java 这样的语言解决数组、字符串和其他对象的参数传递问题的方法是仅仅复制这些对象的引用。结果是，Java 运行时就好像它对所有不是基本类型（比如整数、实数等）的参数都使用了引用调用。

名调用

第三种机制——名调用——被早期的程序设计语言 Algol 60 使用。它要求被调用者的运行方式好像是用实在参数以字面方式替换了被调用者的代码中的形式参数一样。这么做就好像形式参数是一个代表了实在参数的宏。当然被调用过程的局部名字需要进行重命名，以便把它们和调用者中的名字区别开来。当实在参数是一个表达式而不是一个变量时，会发生一些和直觉不符的问题。这也是今天不再采用这种机制的原因之一。

1.6.7 别名

引用调用或者其他类似的方法，比如像 Java 中那样把对象的引用当作值传递，会引起一个有趣的结果。有可能两个形式参数指向同一个位置，这样的变量称为另一个变量的别名（alias）。结果是，任意两个看起来从两个不同的形式参数中获得值的变量也可能变成对方的别名。

例 1.9 假设 a 是一个属于某个过程 p 的数组，且 p 通过调用语句 $q(a,a)$ 调用了另一个过程 $q(x,y)$。再假设像 C 语言或类似的语言那样，参数是通过值传递的，但数组名实际上是指向数组存放位置的引用。现在，x 和 y 变成了对方的别名。要点在于，如果 q 中有一个赋值语句 x[10]=2，那么 y[10] 的值也是 2。 □

事实上，如果编译器要优化一个程序，就要理解别名现象以及产生这一现象的机制。正如我们从第 9 章看到的，在很多情况下我们必须在确认某些变量相互之间不是别名之后才可以优化程序。比如，我们可能确定 x=2 是变量 x 唯一被赋值的地方。如果是这样，那么我们可以把对 x 的使用替换为对 2 的使用。比如，把 a=x+3 替换为较简单的 a=5。但是，假设有另一个变量 y 是 x 的别名。那么，一个赋值语句 y=4 可能具有意想不到的改变 x 的值的效果。这可能也意味着把 a=x+3 替换为 a=5 是一个错误，此时，a 的正确值可能是 7。

1.6.8 1.6 节的练习

练习 1.6.1：对图 1-13a 中的块结构的 C 代码，指出赋给 w、x、y 和 z 的值。

```
int w, x, y, z;
int i = 4; int j = 5;
{   int j = 7;
    i = 6;
    w = i + j;
}
x = i + j;
{   int i = 8;
    y = i + j;
}
z = i + j;
```

a) 练习 1.6.1 的代码

```
int w, x, y, z;
int i = 3; int j = 4;
{   int i = 5;
    w = i + j;
}
x = i + j;
{   int j = 6;
    i = 7;
    y = i + j;
}
z = i + j;
```

b) 练习 1.6.2 的代码

图 1-13 块结构代码

练习 1.6.2：对图 1-13b 中的代码重复练习 1.6.1。

练习 1.6.3：对于图 1-14 中的块结构代码，假设使用常见的声明的静态作用域规则，给出其中 12 个声明中的每一个的作用域。

练习 1.6.4：下面的 C 代码的打印结果是什么？

```
#define a (x+1)
int x = 2;
void b() { x = a; printf("%d\n", x); }
void c() { int x = 1; printf("%d\n", a) ; }
void main() { b(); c(); }
```

```
{   int w, x, y, z;      /* 块 B1 */
{   int x, z;            /* 块 B2 */
    {   int w, x;        /* 块 B3 */ }
}
{   int w, x;            /* 块 B4 */
    {   int y, z;        /* 块 B5 */ }
}
}
```

图 1-14 练习 1.6.3 的块结构代码

1.7 第 1 章总结

- **语言处理器**：一个集成的软件开发环境，其中包括很多种类的语言处理器，比如编译器、解释器、汇编器、连接器、加载器、调试器以及程序概要提取工具。

- **编译器的步骤**：一个编译器的运作需要一系列的步骤，每个步骤把源程序从一个中间表示转换成为另一个中间表示。

- **机器语言和汇编语言**：机器语言是第一代程序设计语言，然后是汇编语言。使用这些语言进行编程既费时，又容易出错。

- **编译器设计中的建模**：编译器设计是理论对实践有很大影响的领域之一。已知在编译器设计中有用的模型包括自动机、文法、正则表达式、树型结构和很多其他理论概念。

- **代码优化**：虽然代码不能真正达到最优化，但提高代码效率的科学既复杂又非常重要。它是编译技术研究的一个主要部分。

- **高级语言**：随着时间的流逝，程序设计语言担负了越来越多的原先由程序员负责的任务，比如内存管理、类型一致性检查或代码的并发执行。

- **编译器和计算机体系结构**：编译器技术影响了计算机的体系结构，同时也受到体系结构发展的影响。体系结构中的很多现代创新都依赖于编译器能够从源程序中抽取出有效利用硬件能力的机会。

- **软件生产率和软件安全性**：使得编译器能够优化代码的技术同样能够用于多种不同的程序分析任务。这些任务既包括探测常见的程序错误，也包括发现程序可能会受到已被黑客们发现的多种入侵方式之一的伤害。
- 作用域规则：一个 x 的声明的作用域是一段上下文，在此上下文中对 x 的使用指向这个声明。如果仅仅通过阅读某个语言的程序就可以确定其作用域，那么这个语言就使用了静态作用域，或者说词法作用域。否则这个语言就使用了动态作用域。
- 环境：名字和内存位置关联，然后再和值相关联。这个情况可以使用环境和状态来描述。其中环境把名字映射成为存储位置，而状态则把位置映射到它的值。
- 块结构：允许语句块相互嵌套的语言称为块结构的语言。假设一个块中有一个 x 的声明 D，而嵌套于这个块中的块 B 中有一个对名字 x 的使用。如果在这两个块之间没有其他声明了 x 的块，那么这个 x 的使用位于 D 的作用域内。
- 参数传递：参数可以通过值或引用的方式从调用过程传递给被调用过程。当通过值传递方式传递大型对象时，实际被传递的值是指向这些对象本身的引用。这样就变成了一个高效的引用调用。
- 别名：当参数被以引用传递方式（高效地）传递时，两个形式参数可能会指向同一个对象。这会造成一个变量的修改改变了另一个变量的值。

1.8 第 1 章参考文献

对于在 1967 年之前被开发并使用的程序设计语言（包括 Fortran、Algol、Lisp 和 Simula）的发展历程见[7]。对于 1982 年前被创建的语言（包括 C、C++、Pascal 和 Smalltalk）见[1]。

GNU 编译器集合 gcc（GNU Compiler Collection）是 C、C++、Fortran、Java 和其他语言的开源编译器的流行源头[2]。Phoenix 是一个编译器构造工具包，它提供了一个集成的框架，用于建立本书中提到的编译器的程序分析、代码生成和代码优化步骤[3]。

要获取更多的关于程序设计语言概念的信息，我们推荐[5, 6]。要知道更多的关于计算机体系结构信息，以及体系结构是如何影响编译的，我们建议阅读[4]。

1. Bergin, T. J. and R. G. Gibson, *History of Programming Languages*, ACM Press, New York, 1996.
2. http://gcc.gnu.org/.
3. http://research.microsoft.com/phoenix/default.aspx.
4. Hennessy, J. L. and D. A. Patterson, *Computer Organization and Design: The Hardware/Software Interface*, Morgan-Kaufmann, San Francisco, CA, 2004.
5. Scott, M. L., *Programming Language Pragmatics, second edition*, Morgan-Kaufmann, San Francisco, CA, 2006.
6. Sethi, R., *Programming Languages: Concepts and Constructs*, Addison-Wesley, 1996.
7. Wexelblat, R. L., *History of Programming Languages*, Academic Press, New York, 1981.

第 2 章 一个简单的语法制导翻译器

本章的内容是对本书第 3 章至第 6 章中介绍的编译技术的总体介绍。通过开发一个可运行的 Java 程序来演示这些编译技术。这个程序可以将具有代表性的程序设计语言语句翻译为三地址代码(一种中间表示形式)。本章的重点是编译器的前端，特别是词法分析、语法分析和中间代码生成。在第 7 章和第 8 章将介绍如何根据三地址代码生成机器指令。

我们从小事做起，首先建立一个能够将中缀算术表达式转换为后缀表达式的语法制导翻译器。然后我们将扩展这个翻译器，使它能将某些程序片段(如图 2-1 所示)转换为如图 2-2 所示的三地址代码。

```
{
    int i; int j; float[100] a; float v; float x;
    while ( true ) {
        do i = i+1; while ( a[i] < v );
        do j = j-1; while ( a[j] > v );
        if ( i >= j ) break;
        x = a[i]; a[i] = a[j]; a[j] = x;
    }
}
```

图 2-1 一个将被翻译的代码片段

这个可运行的 Java 程序见附录 A。使用 Java 比较方便，但并非必须用 Java。实际上，本章中描述的思想在 Java 和 C 语言出现之前就存在了。

2.1 引言

编译器在分析阶段把一个源程序划分成各个组成部分，并生成源程序的内部表示形式。这种内部表示称为中间代码。然后，编译器在合成阶段将这个中间代码翻译成目标程序。

分析阶段的工作是围绕着待编译语言的"语法"展开的。一个程序设计语言的语法(syntax)描述了该语言的程序的正确形式，而该语言的语义(semantics)则定义了程序的含义，即每个程序在运行时做什么事情。我们将在 2.2 节中给出一个广泛使用的表示方法来描述语法，这个方法就是上下文无关文法或 BNF(Backus-Naur 范式)。使用现有的语义表示方法来描述一个语言的语义的难度远远大于描述语言的语法的难度。因此，我们将结合非形式化描述和启发性的示例来描述语言的语义。

```
 1:  i = i + 1
 2:  t1 = a [ i ]
 3:  if t1 < v goto 1
 4:  j = j - 1
 5:  t2 = a [ j ]
 6:  if t2 > v goto 4
 7:  ifFalse i >= j goto 9
 8:  goto 14
 9:  x = a [ i ]
10:  t3 = a [ j ]
11:  a [ i ] = t3
12:  a [ j ] = x
13:  goto 1
14:
```

图 2-2 与图 2-1 中程序片段对应的经过简化的中间代码表示

上下文无关文法不仅可以描述一个语言的语法，还可以指导程序的翻译过程。在 2.3 节中，我们将介绍一种面向文法的编译技术，即语法制导翻译(syntax-directed translation)技术。语法扫描，或者说语法分析，将在 2.4 节中介绍。

一个简单的语法制导翻译器

本章的其余部分将快速浏览一下图2-3所示的编译器前端模型。我们将首先介绍语法分析器。为简单起见,我们首先考虑从中缀表达式到后缀表达式的语法制导翻译过程。后缀表达式是一种将运算符置于运算分量之后的表示方法。例如,表达式 9 − 5 + 2 的后缀形式是 95 − 2 +。将表达式翻译为后缀形式的过程可以充分演示语法分析技术,同时这个翻译过程又很简单,我们将在2.5节中给出这个翻译器的全部程序。这个简单的翻译器处理的表达式是由加、减号分隔的数位序列,如 9 − 5 + 2。我们之所以先考虑这样的简单表达式,主要目的是简化这个语法分析器,使得它在处理运算分量和运算符时只需要考虑单个字符。

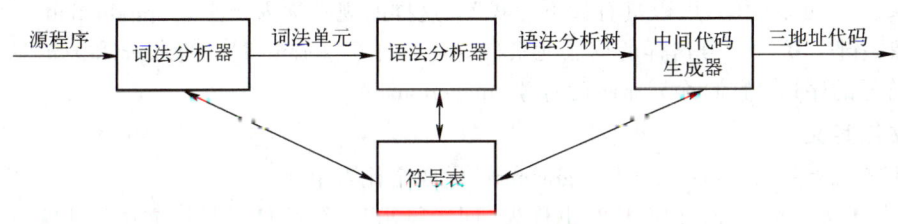

图 2-3 一个编译器前端的模型

词法分析器使得翻译器可以处理由多个字符组成的构造,比如标识符。标识符由多个字符组成,但是在语法分析阶段被当作一个单元进行处理。这样的单元称作词法单元(token)。例如,在表达式 *count* + 1 中,标识符 *count* 被当作一个单元。2.6节中介绍的词法分析器允许表达式中出现数值、标识符和"空白字符"(空格、制表符和换行符)。

接下来我们考虑中间代码的生成。在图2-4中显示了两种中间代码形式。一种称为抽象语法树(abstract syntax tree),或简称为语法树(syntax tree)。它表示了源程序的层次化语法结构。在图2-3的模型中,语法分析器生成一棵语法树,它又被进一步翻译为三地址代码。有些编译器会将语法分析和中间代码生成合并为一个组件。

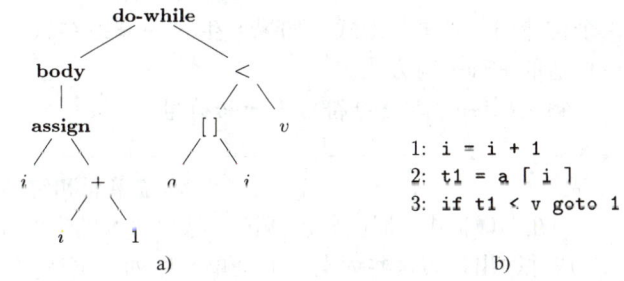

图 2-4 "do i = i +1; while(a[i] < v);"的中间代码

图2-4a中的抽象语法树的根表示整个 do-while 循环。根的左子树表示循环的循环体,它仅包含赋值语句 i = i + 1; ,根的右子树表示循环控制条件 a[i] < v。在2.8节中将介绍一个构造语法树的方法。

图2-4b中给出了另一种常见的中间表示形式,它是一组"三地址"指令序列,图2-2中显示了一个更加完整的示例。这个中间代码形式的名字源于它的指令形式:*x* = *y* op *z*,其中 **op** 是一个二目运算符,*y* 和 *z* 是运算分量的地址,*x* 是运算结果的存放地址。三地址指令最多只执行一个运算,通常是计算、比较或者分支跳转运算。

在附录 A 中,我们将把本章中的技术集成在一起,构造出一个用 Java 语言编写的编译器前端。这个前端将语句翻译成汇编级的指令序列。

2.2 语法定义

在这一节,我们将介绍一种用于描述程序设计语言语法的表示方法——"上下文无关文法",或简称"文法"。在本书中,文法将被用于组织编译器前端。

文法自然地描述了大多数程序设计语言构造的层次化语法结构。例如，Java 中的 if-else 语句通常具有如下形式

if (*expression*) *statement* **else** *statement*

即一个 if-else 语句由关键字 **if**、左括号、表达式、右括号、一个语句、关键字 **else** 和另一个语句连接而成。如果我们用变量 *expr* 来表示表达式，用变量 *stmt* 表示语句，那么这个构造规则可以表示为

stmt → **if** (*expr*) *stmt* **else** *stmt*

其中的箭头（→）可以读作"可以具有如下形式"。这样的规则称为产生式（production）。在一个产生式中，像关键字 **if** 和括号这样的词法元素称为终结符号（terminal）。像 *expr* 和 *stmt* 这样的变量表示终结符号的序列，它们称为非终结符号（nonterminal）。

2.2.1 文法定义

一个上下文无关文法（context-free grammar）由四个元素组成：

1) 一个终结符号集合，它们有时也称为"词法单元"。终结符号是该文法所定义的语言的基本符号的集合。

2) 一个非终结符号集合，它们有时也称为"语法变量"。每个非终结符号表示一个终结符号串的集合。我们将在后面介绍这种表示方法。

3) 一个产生式集合，其中每个产生式包括一个称为产生式头或左部的非终结符号，一个箭头，和一个称为产生式体或右部的由终结符号及非终结符号组成的序列。产生式主要用来表示某个构造的某种书写形式。如果产生式头非终结符号代表一个构造，那么该产生式体就代表了该构造的一种书写方式。

4) 指定一个非终结符号为开始符号。

词法单元和终结符号

在编译器中，词法分析器读入源程序中的字符序列，将它们组织为具有词法含义的词素，生成并输出代表这些词素的词法单元序列。词法单元由两个部分组成：名字和属性值。词法单元的名字是语法分析器进行语法分析时使用的抽象符号。我们常常把这些词法单元名字称为终结符号，因为它们在描述程序设计语言的文法中是以终结符号的形式出现的。如果词法单元具有属性值，那么这个值就是一个指向符号表的指针，符号表中包含了该词法单元的附加信息。这些附加信息不是文法的组成部分，因此在我们讨论语法分析时，通常将词法单元和终结符号当做同义词。

在描述文法的时候，我们会列出该文法的产生式，并且首先列出开始符号对应的产生式。我们假设数位、符号（如 <、<=）和黑体字符串（如 **while**）都是终结符号。斜体字符串表示非终结符号，所有非斜体的名字或符号都可以看作是终结符号⊖。为表示方便，以同一个非终结符号为头部的多个产生式的体可以放在一起表示，不同体之间用符号 | （读作"或"）分隔。

例 2.1 在本章中，有多个例子使用由数位和 +、- 符号组成的表达式，比如 9 - 5 + 2、3 - 1 或 7。由于两个数位之间必须出现 + 或 -，我们把这样的表达式称为"由 +、- 号分隔的数位序

⊖ 单个斜体字母在第 4 章中详细讨论文法时另有它用。例如，我们将使用 X、Y 和 Z 来表示终结符号或非终结符号。但是，包含两个或两个以上字符的任何斜体名字仍然表示一个非终结符号。

一个简单的语法制导翻译器

列"。下面的文法描述了这种表达式的语法。此文法的产生式包括：

$$list \rightarrow list + digit \qquad (2.1)$$
$$list \rightarrow list - digit \qquad (2.2)$$
$$list \rightarrow digit \qquad (2.3)$$
$$digit \rightarrow 0 \mid 1 \mid 2 \mid 3 \mid 4 \mid 5 \mid 6 \mid 7 \mid 8 \mid 9 \qquad (2.4)$$

以非终结符号 *list* 为头部的三个产生式可以等价地组合为：

$$list \rightarrow list + digit \mid list - digit \mid digit$$

根据我们的习惯，该文法的终结符号包括如下符号：

$$+ - 0\ 1\ 2\ 3\ 4\ 5\ 6\ 7\ 8\ 9$$

该文法的非终结符号是斜体名字 *list* 和 *digit*。因为 *list* 的产生式首先被列出，所以我们知道 *list* 是此文法的开始符号。

如果某个非终结符号是某个产生式的头部，我们就说该产生式是该非终结符号的产生式。一个终结符号串是由零个或多个终结符号组成的序列。零个终结符号组成的串称为空串（empty string），记为 ϵ ⊖。

? ? ? 推导

根据文法推导符号串时，我们首先从开始符号出发，不断将某个非终结符号替换为该非终结符号的某个产生式的体。可以从开始符号推导得到的所有终结符号串的集合称为该文法定义的语言（language）。

例 2.2 由例 2.1 中的文法定义的语言是由加减号分隔的数位列表的集合。非终结符号 *digit* 的 10 个产生式使得 *digit* 可以表示 0、1、…、9 中的任意数位。根据产生式 (2.3)，单个数位本身就是一个 *list*。产生式 (2.1) 和 (2.2) 表达了如下规则：任何列表后跟一个符号 + 或 - 以及另一个数位可以构成一个新的列表。

产生式 (2.1)~(2.4) 就是我们定义所期望的语言时需要的全部产生式。例如，我们可以按照如下方法推导出 9 − 5 + 2 是一个 *list*。

1) 因为 9 是 *digit*，根据产生式 (2.3) 可知 9 是 *list*。
2) 因为 5 是 *digit*，且 9 是 *list*，由产生式 (2.2) 可知 9 − 5 也是 *list*。
3) 因为 2 是 *digit*，9 − 5 是 *list*，由产生式 (2.1) 可知，9 − 5 + 2 也是 *list*。 □

例 2.3 另一种稍有不同的列表是函数调用中的参数列表。在 Java 中，参数是包含在括号中的，例如 max(x,y) 表示使用参数 x 和 y 调用函数 max。这种列表的一个微妙之处是终结符号"("和")"之间的参数列表可能是空串。我们可以为这样的序列构造出具有如下产生式的文法：

$$\begin{aligned}
call &\rightarrow id\ (\ optparams\ ) \\
optparams &\rightarrow params \mid \epsilon \\
params &\rightarrow params , param \mid param
\end{aligned}$$

注意，在 *optparams*（"可选参数列表"）的产生式中，第二个可选规则体是 ϵ，它表示空的符号串。也就是说，*optparams* 可以被替换为空串，因此一个 *call* 可以是函数名加上两个终结符号"("和")"组成的符号串。请注意，*params* 的产生式和例 2.1 中 *list* 的产生式类似，只是将算术运算符 + 或 − 换成了逗号，并将 *digit* 换成 *param*。函数参数实际上可以是任意表达式，但是在这里

⊖ 从技术上讲，ϵ 可以是任意字母表（符号的集合）上的零个符号组成的串。

我们没有给出 *param* 的产生式。稍后我们就会讨论用于描述不同的语言构造（比如表达式、语句等）的产生式。

语法分析（parsing）的任务是：接受一个终结符号串作为输入，找出从文法的开始符号推导出这个串的方法。如果不能从文法的开始符号推导得到该终结符号串，则报告该终结符号串中包含的语法错误。语法分析是所有编译过程中最基本的问题之一，主要的语法分析方法将在第 4 章中讨论。在本章中，为简单起见，我们首先处理像 9 − 5 + 2 这样的源程序，其中的每个字符均为一个终结符号。一般情况下，一个源程序中会包含由多字符组成的词素，这些词素由词法分析器组成词法单元，而词法单元的第一个分量就是被语法分析器处理的终结符号。

2.2.3 语法分析树

语法分析树用图形方式展现了从文法的开始符号推导出相应语言中的符号串的过程。如果非终结符号 A 有一个产生式 $A \rightarrow XYZ$，那么在语法分析树中就可能有一个标号为 A 的内部结点，该结点有三个子结点，从左向右的标号分别为 X、Y、Z：

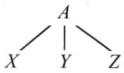

正式地讲，给定一个上下文无关文法，该文法的一棵语法分析树（parse tree）是具有以下性质的树：
1) 根结点的标号为文法的开始符号。
2) 每个叶子结点的标号为一个终结符号或 ϵ。
3) 每个内部结点的标号为一个非终结符号。
4) 如果非终结符号 A 是某个内部结点的标号，并且它的子结点的标号从左至右分别为 X_1, X_2, $\cdots$, X_n，那么必然存在产生式 $A \rightarrow X_1 X_2 \cdots X_n$，其中 X_1, X_2, $\cdots$, X_n 既可以是终结符号，也可以是非终结符号。作为一个特殊情况，如果 $A \rightarrow \epsilon$ 是一个产生式，那么一个标号为 A 的结点可以只有一个标号为 ϵ 的子结点。

关于树型结构的术语

树型数据结构在编译系统中起着重要的作用。

- 一棵树由一个或多个结点（node）组成。结点可以带有标号（label），在本书中标号通常是文法符号。当我们画一棵树时，我们常常只用这些标号来代表相应的结点。
- 树有且只有一个根（root）结点。每个非根结点都有唯一的父（parent）结点；根结点没有父结点。当我们画树的时候，将一个结点的父结点画在它的上方，并在父、子结点之间画一条边。因此根结点是最高的（顶层的）结点。
- 如果结点 N 是结点 M 的父结点，那么 M 就是 N 的子（child）结点。一个结点的各个子结点彼此称为兄弟（sibling）结点。它们之间是有序的，按照从左向右的方式排列。在我们画一棵树时也遵循这个顺序排列给定结点的子结点。
- 没有子结点的结点称为叶子（leaf）结点。其他结点，即有一个或多个子结点的结点，称为内部结点（interior node）。
- 结点 N 的后代（descendant）结点要么是结点 N 本身，要么是 N 的子结点，要么是 N 的子结点的子结点，依此类推（可以为任意层次）。如果结点 M 是结点 N 的后代结点，那么结点 N 是结点 M 的祖先（ancestor）结点。

例 2.4 例 2.2 中 9 − 5 + 2 的推导可以用图 2-5 中的树来演示。树中每个结点的标号都是一个

文法符号。每个内部结点和它的子结点都对应于一个产生式。其中,内部结点对应于产生式的头,它的子结点对应于产生式的体。

在图2-5中,根结点的标号为 *list*,即例2.1中文法的开始符号。根结点的子结点的标号从左向右分别为 *list*、+ 和 *digit*。请注意:

$$list \rightarrow list + digit$$

是例2.1中文法的产生式。根结点的左子结点和根结点类似,只是它的中间子结点的标号为 – 而不是 +。三个标号为 *digit* 的结点中,每个结点都有一个以具体数位为标号的子结点。 □

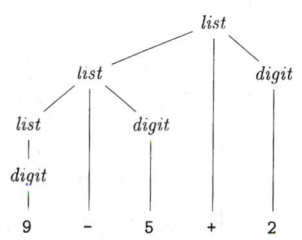

图2-5 根据例2.1中的文法得到的 9 – 5 + 2 的语法分析树

一棵语法分析树的叶子结点从左向右构成了树的结果(yield),也就是从这棵语法分析树的根结点上的非终结符号推导得到(或者说生成)的符号串。在图2-5中的结果是 9 – 5 + 2。为了方便起见,我们将所有叶子结点都放在底层。以后我们不一定会把叶子结点按照这种方法排列。任何树的叶子结点都有一个自然的从左到右的顺序,这个顺序基于如下思想:如果 X 和 Y 是同一个结点的子结点,并且 X 在 Y 的左边,那么 X 的所有后代结点都在 Y 的所有后代结点的左边。

一个文法的语言的另一个定义是指任何能够由某棵语法分析树生成的符号串的集合。为一个给定的终结符号串构建一棵语法分析树的过程称为对该符号串进行语法分析。

2.2.4 二义性

在根据一个文法讨论某个符号串的结构时,我们必须非常小心。一个文法可能有多棵语法分析树能够生成同一个给定的终结符号串。这样的文法称为具有二义性(ambiguous)。要证明一个文法具有二义性,我们只需要找到一个终结符号串,说明它是两棵以上语法分析树的结果。因为具有两棵以上语法分析树的符号串通常具有多个含义,所以我们需要为编译应用设计出没有二义性的文法,或者在使用二义性文法时使用附加的规则来消除二义性。

例2.5 假如我们使用一个非终结符号 *string*,并且不像例2.1中那样区分数位和列表,我们可以将例2.1中的文法改写如下:

$$string \rightarrow string + string \mid string - string \mid 0 \mid 1 \mid 2 \mid 3 \mid 4 \mid 5 \mid 6 \mid 7 \mid 8 \mid 9$$

将符号 *digit* 和 *list* 合并为非终结符号 *string* 是有一些意义的,因为单个 *digit* 是 *list* 的一个特例。

但是,图2-6说明,在使用这个文法时,像 9 – 5 + 2 这样的表达式会有多棵语法分析树。图中 9 – 5 + 2 的两棵语法分析树对应于两种带括号的表达式:(9 – 5) + 2 和 9 – (5 + 2)。第二种方

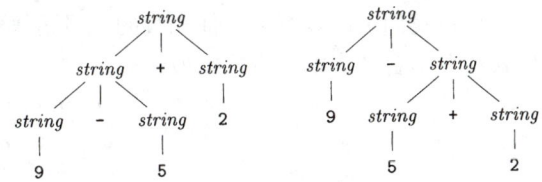

图2-6 9 – 5 + 2 的两棵语法分析树

法给出的表达式值是意想不到的 2,而不是通常的值 6。例2.1的语法不支持这样的解释。 □

2.2.5 运算符的结合性

依照惯例,9 + 5 + 2 等价于 (9 + 5) + 2,9 – 5 – 2 等价于 (9 – 5) – 2。当一个运算分量(比如上式中的 5) 的左右两侧都有运算符时,我们需要一些规则来决定哪个运算符被应用于该运算分量。我们说运算符"+"是左结合(associate)的,因为当一个运算分量左右两侧都有"+"号时,它属于其左边的运算符。在大多数程序设计语言中,加、减、乘、除四种算术运算符都是

左结合的。

某些常用运算符是右结合的,比如指数运算。作为另一个例子,C 语言中的赋值运算符 "=" 及其后裔(即 +=、-= 等——译者注)也是右结合的。也就是说,对表达式 a=b=c 的处理和对表达式 a=(b=c) 的处理相同。

带有右结合运算符的串,比如 a=b=c,可以由如下文法产生:

$$right \rightarrow letter = right \mid letter$$
$$letter \rightarrow \mathbf{a} \mid \mathbf{b} \mid \cdots \mid \mathbf{z}$$

图 2-7 比较了一个左结合运算符(比如 "-")的语法分析树和一个右结合运算符(比如 "=")的语法分析树。注意,9-5-2 的语法分析树向左下端延伸,而 a=b=c 的语法分析树则向右下端延伸。

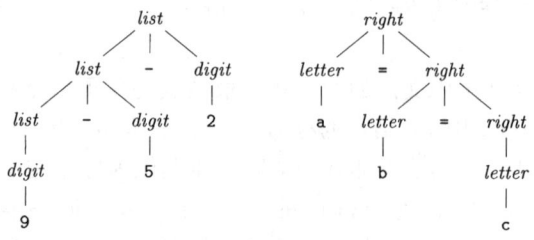

图 2-7 左结合运算符文法和右结合运算符文法的分析树

2.2.6 运算符的优先级

考虑表达式 9+5*2。该表达式有两种可能的解释,即 (9+5)*2 或 9+(5*2)。+ 和 * 的结合性规则只能作用于同一运算符的多次出现,因此它们无法解决这个二义性。为此,当多种运算符出现时,我们需要给出一些规则来定义运算符之间的相对优先关系。

如果 * 先于 + 获得运算分量,我们就说 * 比 + 具有更高的优先级。在通常的算术中,乘法和除法比加法和减法具有更高的优先级。因此在表达式 9+5*2 和 9*5+2 中,都是运算分量 5 首先参与 * 运算,即这两个表达式分别等价于 9+(5*2) 和 (9*5)+2。

例 2.6 算术表达式的文法可以根据表示运算符结合性和优先级的表格来构建。我们首先考虑四个常用的算术运算符和一个优先级表。在此优先级表中,运算符按照优先级递增的顺序排列,同一行上的运算符具有相同的结合性和优先级:

左结合:+ -
左结合:* /

我们创建两个非终结符号 *expr* 和 *term*,分别对应于这两个优先级层次,并使用另一个非终结符号 *factor* 来生成表达式中的基本单元。当前,表达式的基本单元是数位和带括号的表达式。

$$factor \rightarrow \mathbf{digit} \mid (\, expr \,)$$

现在我们考虑具有最高优先级的二目运算符 * 和 /。由于这些运算符是左结合的,因此其产生式和左结合列表的产生式类似:

$$term \rightarrow term * factor$$
$$\mid term / factor$$
$$\mid factor$$

类似地,*expr* 生成由加减运算符分隔的 *term* 列表:

$$expr \rightarrow expr + term$$
$$\mid expr - term$$
$$\mid term$$

因此最终得到的文法是:

$$expr \rightarrow expr + term \mid expr - term \mid term$$
$$term \rightarrow term * factor \mid term / factor \mid factor$$
$$factor \rightarrow \mathbf{digit} \mid (\, expr \,)$$

例 2.6 中表达式文法的推广

我们可以将因子(factor)理解成不能被任何运算符分开的表达式。"不能分开"的意思是说当我们在任意因子的任意一边放置一个运算符，都不会导致这个因子的任何部分分离出来，成为这个运算符的运算分量。当然，因子本身作为一个整体可以成为该运算符的一个运算分量。如果这个因子是一个由括号括起来的表达式，那么括号将起到保护其不被分开的作用。如果因子就是一个运算分量，那么它当然不能被分开。

一个（不是因子的）项(term)是一个可能被高优先级的运算符 * 和/分开，但不能被低优先级运算符分开的表达式。一个（不是因子也不是项的）表达式可能被任何一个运算符分开。

我们可以把这种思想推广到具有任意 n 层优先级的情况。我们需要 n + 1 个非终结符号。首先，例 2.6 中描述的 factor 不可被分开。通常，这个非终结符号的产生式体只能是单个运算分量或括号括起来的表达式。然后，对于每个优先级都有一个非终结符，表示能被该优先级或更高优先级的运算符分开的表达式。通常，这个非终结符的产生式有一些产生式体表示了该优先级的运算符的应用；另有一个产生式体只包含了代表更高一层优先级的非终结符号。

使用这个文法时，一个表达式就是一个由 + 或 – 分隔开的项(term)的列表，而项是由 * 或 / 分隔的因子(factor)的列表。请注意，任何由括号括起来的表达式都是一个因子。因此，我们可以使用括号来构造出具有任意嵌套深度的表达式（以及具有任意深度的语法分析树）。□

例 2.7 由于大多数语句是由一个关键字或一个特殊字符开始的，因此关键字能够帮助我们识别语句。这一规则的例外情况包括赋值语句和过程调用语句。由图 2-8 中的（二义性）文法定义的语句都符合 Java 的语法。

在 stmt 的第一个产生式中，终结符号 **id** 表示任意标识符。非终结符号 expression 的产生式还没有给出。第一个产生式描述的赋值语句符合 Java 的语法，虽然 Java 将 = 号看作是可出现在表达式内部的赋值运算符。比如，在 Java 中允许出现 a = b = c，而这个文法不允许出现这样的形式。

非终结符号 stmts 产生一个可能为空的语句列表。stmts 的第二个产生式生成一个空列表 ϵ。第一个产生式生成的是一个可能为空的列表再跟上一个语句。

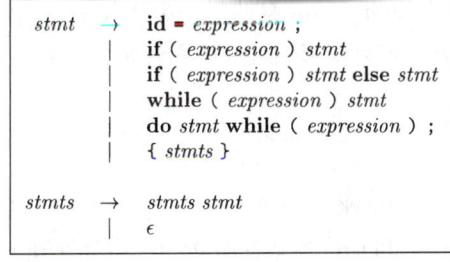

图 2-8 Java 语句的子集的文法

分号的放置方式很微妙。它们出现在所有不以 stmt 结尾的产生式的末尾。这种方法可以避免在 if 或 while 这样的语句后面出现多余的分号，因为 if 和 while 语句的最后是一个嵌套的子语句。当嵌套子语句是一个赋值语句或 do-while 语句时，分号将作为这个子语句的一部分被生成。□

2.2.7 2.2 节的练习

练习 2.2.1：考虑下面的上下文无关文法：

$$S \rightarrow S S + \mid S S * \mid \mathbf{a}$$

1) 试说明如何使用该文法生成串 aa + a*。
2) 试为这个串构造一棵语法分析树。
3) 该文法生成的语言是什么？证明你的答案。

练习 2.2.2：下面的各个文法生成什么语言？证明你的每一个答案。
1) $S \rightarrow 0 S 1 \mid 0 1$

2) $S \to + S S \mid - S S \mid \mathbf{a}$
3) $S \to S (S) S \mid \epsilon$
4) $S \to \mathbf{a} S \mathbf{b} S \mid \mathbf{b} S \mathbf{a} S \mid \epsilon$
5) $S \to \mathbf{a} \mid S + S \mid S S \mid S * \mid (S)$

练习 2.2.3：练习 2.2.2 中哪些文法具有二义性？

练习 2.2.4：为下面的各个语言构建无二义性的上下文无关文法。证明你的文法都是正确的。

1) 用后缀方式表示的算术表达式。
2) 由逗号分隔开的左结合的标识符列表。
3) 由逗号分隔开的右结合的标识符列表。
4) 由整数、标识符、四个二目运算符 +、-、*、/ 构成的算术表达式。
! 5) 在 4) 的运算符中增加单目 + 和单目 - 构成的算术表达式。

练习 2.2.5：
1) 证明：用下面文法生成的所有二进制串的值都能被 3 整除。（提示：对语法分析树的结点数目使用数学归纳法。）

$$num \to 11 \mid 1001 \mid num\ 0 \mid num\ num$$

2) 上面的文法是否能够生成所有能被 3 整除的二进制串？

练习 2.2.6：为罗马数字构建一个上下文无关文法。

2.3 语法制导翻译

语法制导翻译是通过向一个文法的产生式附加一些规则或程序片段而得到的。比如，考虑由如下产生式生成的表达式 $expr$：

$$expr \to expr_1 + term$$

这里，$expr$ 是两个子表达式 $expr_1$ 和 $term$ 的和。（$expr_1$ 中的下标仅仅被用于将产生式体中 $expr$ 的实例和产生式头区别开来）。我们可以利用 $expr$ 的结构，用如下伪代码来翻译 $expr$：

    翻译 $expr_1$;
    翻译 $term$;
    处理 +;

我们将在 2.8 节中使用这段伪代码的一个变体，为 $expr$ 构造一棵语法分析树：我们首先建立 $expr_1$ 和 $term$ 的语法分析树，然后处理 + 运算符并构造得到一个和此运算符对应的结点。为方便起见，本节中的例子是从中缀表达式到后缀表达式的翻译。

本节介绍两个与语法制导翻译相关的概念：

- **属性**（attribute）：属性表示与某个程序构造相关的任意的量。属性可以是多种多样的，比如表达式的数据类型、生成的代码中的指令数目或为某个构造生成的代码中第一条指令的位置等等都是属性的例子。因为我们用文法符号（终结符号或非终结符号）来表示程序构造，所以我们将属性的概念从程序构造扩展到表示这些构造的文法符号上。
- **（语法制导的）翻译方案**（translation scheme）：翻译方案是一种将程序片段附加到一个文法的各个产生式上的表示法。当在语法分析过程中使用一个产生式时，相应的程序片段就会执行。这些程序片段的执行效果按照语法分析过程的顺序组合起来，得到的结果就是这次分析/综合过程处理源程序得到的翻译结果。

语法制导的翻译方案将在本章中多次使用，它将用于把中缀表达式翻译成后缀表达式，还会用

2.3.1 后缀表示

本节中的例子处理的是中缀表达式到其后缀表示的翻译。一个表达式 E 的后缀表示（postfix notation）可以按照下面的方式进行归纳定义：

1）如果 E 是一个变量或常量，则 E 的后缀表示是 E 本身。

2）如果 E 是一个形如 E_1 **op** E_2 的表达式，其中 **op** 是一个二目运算符，那么 E 的后缀表示是 $E'_1 E'_2$ **op**，这里 E'_1 和 E'_2 分别是 E_1 和 E_2 的后缀表示。

3）如果 E 是一个形如 (E_1) 的被括号括起来的表达式，则 E 的后缀表示就是 E_1 的后缀表示。

例2.8 $(9-5)+2$ 的后缀表示是 $95-2+$。也就是说，由规则 1 可知，9、5 和 2 的翻译结果就是这些常量本身。然后，根据规则 2，$9-5$ 的翻译结果是 $95-$。由规则 3 可知，$(9-5)$ 的翻译结果与此相同。翻译完带括号的子表达式后，我们可以将规则 2 应用于整个表达式，$(9-5)$ 就是 E_1，2 为 E_2，由此得到结果 $95-2+$。

再举另外一个例子，$9-(5+2)$ 的后缀表达式是 $952+-$。也就是说，$5+2$ 首先被翻译成 $52+$，然后这个表达式又成为减号的第二个运算分量。 □

运算符的位置和它的运算分量个数（arity）使得后缀表达式只有一种解码方式，所以在后缀表示中不需要括号。处理后缀表达式的"技巧"就是从左边开始不断扫描后缀串，直到发现一个运算符为止。然后向左找出适当数目的运算分量，并将这个运算符和它的运算分量组合在一起。计算出这个运算符作用于这些运算分量上后得到的结果，并用这个结果替换原来的运算分量和运算符。然后继续这个过程，向右搜寻另一个运算符。

例2.9 考虑后缀表达式 $952+-3*$。从左边开始扫描，我们首先遇到加号。向加号的左边看，我们找到运算分量 5 和 7。用它们的和 7 替换原来的 $52+$，这样我们得到串 $97-3*$。现在最左边的运算符是减号，它的运算分量是 9 和 7。将这些符号替换为它们的差，得到 $23*$。最后，将乘号应用在 2 和 3 上，得到结果 6。 □

2.3.2 综合属性

将量和程序构造关联起来（比如把数值及类型和表达式相关联）的想法可以基于文法来表示。我们将属性和文法的非终结符号及终结符号相关联。然后，我们给文法的各个产生式附加上语义规则。对于语法分析树中的一个结点，如果它和它的子结点之间的关系符合某个产生式，那么该产生式对应的规则就描述了如何计算这个结点上的属性。

语法制导定义（syntax-directed definition）把①每个文法符号和一个属性集合相关联，并且把②每个产生式和一组语义规则（semantic rule）相关联，这些规则用于计算与该产生式中符号相关联的属性值。

属性可以按照如下方式求值。对于一个给定的输入串 x，构建 x 的一个语法分析树。然后按照下面的方法应用语义规则来计算语法分析树中各个结点的属性。

假设语法分析树的一个结点 N 的标号为文法符号 X。我们用 $X.a$ 表示该结点上 X 的属性 a 的值。如果一棵语法分析树的各个结点上标记了相应的属性值，那么这棵语法分析树就称为注释（annotated）语法分析树（简称注释分析树）。比如，图 2-9 显示了 $9-5+2$ 的一棵注释分析树，其中属性 t 与非终结符号 $expr$ 和 $term$ 关联。该属性在根结点处的值为 $95-2+$，也就是 $9-5+2$ 的后缀表示。我们很快会看到这些表达式的计算方法。

如果某个属性在语法分析树结点 N 上的值是由 N 的子结点以及 N 本身的属性值确定的，那么这个属性就称为综合属性(synthesized attribute)。综合属性具有一个很好的性质：只需要对语法分析树进行一次自底向上的遍历，就可以计算出属性的值。在5.1.1节中，我们将讨论另外一种重要的属性："继承"属性。非正式地讲，继承属性在某个语法分析树结点上的值是由语法分析树中该结点本身、父结点以及兄弟结点上的属性值决定的。

例2.10 图2-9中的注释分析树是根据图2-10中的语法制导定义得到的。该语法制导定义用于把一个表达式翻译成为该表达式的后缀形式，待翻译的表达式是一个由加号和减号分隔的数位序列。图中每个非终结符号有一个值为字符串的属性t，它表示由该非终结符号生成的表达式的后缀表示形式。语义规则中的符号 || 表示字符串的连接运算符。

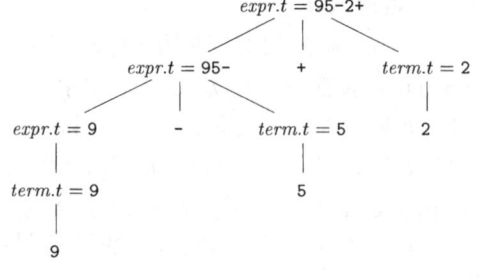

图2-9 一个语法分析树的各个结点上的属性值

一个数位的后缀形式是该数位本身。例如，与产生式 $term \to 9$ 相关联的语义规则定义如下：当该产生式被应用在语法分析树的某个结点上时，$term.t$ 的值就是9本身。其他数位也按照类似的方法进行翻译。再如，当产生式 $expr \to term$ 被应用时，$term.t$ 的值成为 $expr.t$ 的值。

产生式	语义规则
$expr \to expr_1 + term$	$expr.t = expr_1.t \,\|\, term.t \,\|\, '+'$
$expr \to expr_1 - term$	$expr.t = expr_1.t \,\|\, term.t \,\|\, '-'$
$expr \to term$	$expr.t = term.t$
$term \to 0$	$term.t = '0'$
$term \to 1$	$term.t = '1'$
...	...
$term \to 9$	$term.t = '9'$

图2-10 从中缀表示到后缀表示的翻译的语法制导定义

产生式 $expr \to expr_1 + term$ 推导出一个带有加号的表达式⊖。加法运算符的左运算分量由 $expr_1$ 给出，右运算分量由 $term$ 给出。与这个产生式关联的语义规则

$$expr.t = expr_1.t \,\|\, term.t \,\|\, '+'$$

定义了计算属性 $expr.t$ 的值的方式，它将分别代表左右运算分量后缀表示形式的 $expr_1.t$ 和 $term.t$ 连接起来，再在后面加上加号，就得到了属性 $expr.t$ 的值。这个规则是后缀表达式定义的一个公式化表示。 □

区分一个非终结符号的不同使用的规则

在规则中，我们经常要区分同一个非终结符号在一个产生式的头和/或体中的多次使用，在例2.10中就有这样的情况。原因是在语法分析树中，标号为同一个非终结符号的不同结点通常在翻译中具有不同的属性值。我们将采用下面的规则：出现在产生式头中的非终结符号没有下标，而在产生式体中的非终结符号带有不同的下标。同一个非终结符号的所有出现都按照这种方式区分，并且下标不是名字的组成部分。然而，读者应该注意使用了这种下标约定的特定翻译规则和 $A \to X_1 X_2 \cdots X_n$ 这样表示一般形式的产生式的区别。在后者中，带下标的 X 表示任意文法符号的列表，而不是某个名为 X 的非终结符号的不同实例。

⊖ 在这个规则以及很多其他的规则中，同一个非终结符号(这里是 expr)会在一个产生式中出现多次。$expr_1$ 中的下标 1 用于区分产生式中 expr 的两次出现，但"1"并不是该非终结符号的一部分。在下面的"区分一个非终结符号的不同使用的约定"中有更加详细的描述。

2.3.3 简单语法制导定义

例 2.10 中的语法制导定义具有下面的重要性质：要得到代表产生式头部的非终结符号的翻译结果的字符串，只需要将产生式体中各非终结符号的翻译结果按照它们在非终结符号中的出现顺序连接起来，并在其中穿插一些附加的串即可。具有这个性质的语法制导定义称为简单（simple）语法制导定义。

例 2.11 考虑图 2-10 中的第一个产生式和语义规则：

$$
\text{产生式} \qquad\qquad \text{语义规则} \qquad\qquad (2.5)
$$
$$
expr \rightarrow expr_1 + term \qquad expr.t = expr_1.t \parallel term.t \parallel \text{'+'}
$$

这里，翻译结果 $expr.t$ 是 $expr_1$ 和 $term$ 的翻译结果的连接，再跟一个加号。请注意，$expr_1$ 和 $term$ 在产生式体中和语义规则中的出现顺序是相同的，在它们的翻译结果之间相互之间没有其他符号。在这个例子中，唯一的附加符号出现在结尾处。 □

当讨论翻译方案的时候，我们将看到，一个简单语法制导定义的实现很简单，只需要按照它们在定义中出现的顺序打印出附加的串即可。

2.3.4 树的遍历

树的遍历将用于描述属性的求值过程，以及描述一个翻译方案中的各个代码片段的执行过程。一个树的遍历（traversal）从根结点开始，并按照某个顺序访问树的各个结点。

一次深度优先（depth-first）遍历从根结点开始，递归地按照任意顺序访问各个结点的子结点，并不一定要按照从左向右的顺序遍历。之所以称之为深度优先，是因为这种遍历总是尽可能地访问一个结点的尚未被访问的子结点，因此它总是尽可能快地访问离根结点最远的结点（即最深的结点）。

图 2-11 中的过程 $visit(N)$ 就是一个深度优先遍历，它按照从左向右的顺序访问一个结点的子结点，如图 2-12 所示。在这个遍历中，完成某个结点的遍历之前（也就是在该结点的各个子结点的翻译结果都计算完毕之后），我们加入了计算每个结点的翻译结果的动作。一般来说，我们可以任意选定和一次遍历过程相关联的动作，当然也可以选择什么都不做。

```
procedure visit(node N) {
    for (从左到右遍历 N 的每个子结点 C) {
        visit(C);
    }
    按照结点 N 上的语义规则求值;
}
```

图 2-11 一棵树的深度优先遍历

语法制导定义没有规定一棵语法分析树中各个属性值的求值顺序。只要一个顺序能够保证计算属性 a 的值时，a 所依赖的其他属性都已经计算完毕，这个顺序就是可以接受的。综合属性可以在自底向上遍历的时候计算。自顶向上遍历指在计算完成某

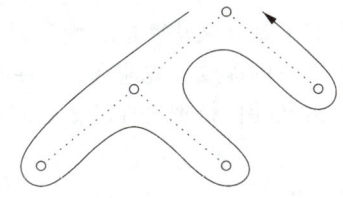

图 2-12 一棵树的深度优先遍历的例子

个结点的所有子结点的属性值之后才计算该结点的属性值的过程。一般来说，当既有综合属性又有继承属性时，关于求值顺序的问题就变得相当复杂，参见 5.2 节。

2.3.5 翻译方案

图 2-10 中的语法制导定义将字符串作为属性值附加在语法分析树的结点上，从而得到翻译结果。我们现在来考虑另外一种不需要操作字符串的方法。它通过运行程序片段，逐步生成相同的翻译结果。

> **前序遍历和后序遍历**
>
> 前序遍历和后序遍历是深度优先遍历的两种重要的特例。在这两种遍历中，我们都是从左到右递归地访问每个结点的子结点。
>
> 我们经常遍历一棵树，并在各个结点上执行某些特定的动作。如果动作在我们第一次访问一个结点时被执行，那么我们将这种遍历称为前序遍历（preorder traversal）。类似地，如果动作在我们最后离开一个结点前被执行，则称这种遍历为后序遍历（postorder traversal）。图 2-11 中的过程 $visit(N)$ 就是一个后序遍历的例子。
>
> 前序遍历和后序遍历根据一个结点的动作执行时间来定义这些结点的相应次序。一棵以结点 N 为根的（子）树的前序排序由 N，跟上它的从左到右的每棵子树（如果存在）的前序排序组成。而一棵以结点 N 为根的（子）树的后序排序则由 N 的从左到右的每棵子树的后序排序，再跟上 N 自身组成。

语法制导翻译方案是一种在文法产生式中附加一些程序片段来描述翻译结果的表示方法。语法制导翻译方案和语法制导定义相似，只是显式指定了语义规则的计算顺序。

被嵌入到产生式体中的程序片段称为语义动作（semantic action）。一个语义动作用花括号括起来，并写入产生式的体中，它的执行位置也由此指定，如下面的规则所示：

$$rest \rightarrow + \ term \ \{print('+')\} \ rest_1$$

当我们考虑表达式的另一种形式的文法时，我们就会看到这样的规则，其中非终结符号 $rest$ 代表"一个表达式中除第一个项之外的一切"。这种形式的文法将在 2.4.5 节中讨论。此外，$rest_1$ 中的下标将非终结符号 $rest$ 在产生式体中的实例与产生式头部的 $rest$ 实例区分开来。

当我们画出一个翻译方案的语法分析树时，我们为每个语义动作构造一个额外的子结点，并使用虚线将它和该产生式头部对应的结点相连。例如，表示上述产生式和语义动作的部分语法分析树如图 2-13 所示。对应于语义动作的结点没有子结点，因此在第一次访问该结点时就会执行这个动作。

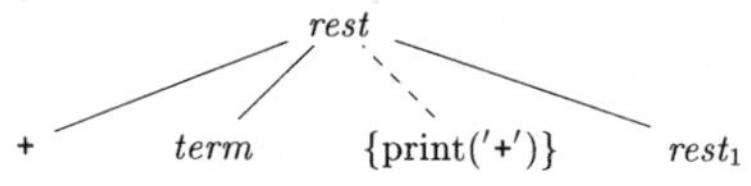

图 2-13 为一个语义动作创建一个额外的叶子结点

例 2.12 图 2-14 的语法分析树在额外的叶子结点中含有打印语句。这些叶子结点通过虚线与语法分析树的内部结点相连接。它的翻译方案如图 2-15 所示。该翻译方案的基础文法生成了由符号 + 和 - 分隔的数位序列组成的表达式。假设我们对整棵树进行从左到右的深度优先遍历，并在我们访问它的叶子结点时执行每个打印语句，那么产生式体中内嵌的语义动作将把这样的表达式翻译为相应的后缀表示形式。

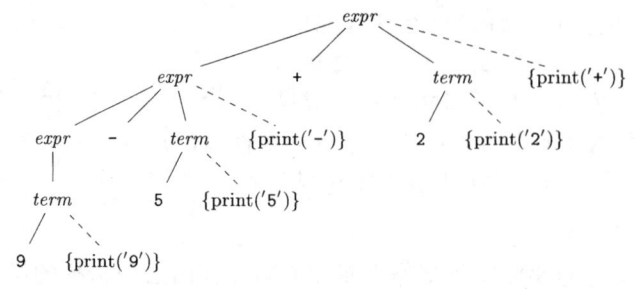

图 2-14 把 9 - 5 + 2 翻译成 95 - 2 + 的语义动作

图 2-14 的根结点代表图 2-15 中的第一个产生式。这个根结点的最左边的子树代表左边的运算分量，它的标号和根结点一样都是 $expr$。在一次后序遍历中，我们首先执行该子树中的所有语

一个简单的语法制导翻译器

义动作。然后我们访问没有语义动作的叶子结点 +。接下来，我们执行代表右运算分量 *term* 的子树中的所有语义动作。最后执行额外结点上的语义动作 {print('+')}。

由于 *term* 的产生式的右部只有一个数位，该产生式的语义动作把这个数位打印出来。产生式 *expr*→*term* 不需要产生输出，只有前面两个产生式的语义动作中的运算符才会打印出来。图2-14中的语义动作在对语法分析树的后序遍历中执行时会打印出 95-2+。

expr	→	*expr*$_1$ + *term* {print('+')}
expr	→	*expr*$_1$ - *term* {print('-')}
expr	→	*term*
term	→	0 {print('0')}
term	→	1 {print('1')}
		...
term	→	9 {print('9')}

图 2-15 把表达式翻译成后缀形式的语义动作

注意，尽管图2-10和图2-15中的翻译方案产生相同的翻译结果，但它们构造结果的过程是不同的。图2-10是把字符串作为属性附加到语法分析树中的结点上，而图2-15通过语义动作把翻译结果以增量方式打印出来。

如图2-14所示的语法分析树中的语义动作将中缀表达式 9-5+2 翻译成 95-2+，它恰好将 9-5+2 中的每个字符各打印一次。它不需要任何附加空间来存放子表达式的翻译结果。当按照这种方式递增地创建输出时，字符的打印顺序非常重要。

实现一个翻译方案时，必须保证各个语义动作按照它们在语法分析树的后序遍历中的顺序执行。这个实现不一定要真的构造出一棵语法分析树（通常也不会这么做），只要能够确保语义动作的执行过程等同于我们真的构建了语法分析树并在后序遍历中执行这些动作时的情形。

2.3.6 2.3节的练习

练习2.3.1：构建一个语法制导翻译方案，该方案把算术表达式从中缀表示方式翻译成运算符在运算分量之前的前缀表示方式。例如，-*xy* 是表达式 *x*-*y* 的前缀表示法。给出输入 9-5+2 和 9-5*2 的注释分析树。

练习2.3.2：构建一个语法制导翻译方案，该方案将算术表达式从后缀表示方式翻译成中缀表示方式。给出输入 95-2* 和 952*- 的注释分析树。

练习2.3.3：构建一个将整数翻译成罗马数字的语法制导翻译方案。

练习2.3.4：构建一个将罗马数字翻译成整数的语法制导翻译方案。

练习2.3.5：构建一个将后缀算术表达式翻译成等价的前缀算术表达式的语法制导翻译方案。

2.4 语法分析

语法分析是决定如何使用一个文法生成一个终结符号串的过程。在讨论这个问题时，我们可以想象我们正在构建一个语法分析树，这样可以帮助我们理解分析的过程，尽管在实践中编译器并没有真的构造出这棵树。然而，原则上语法分析器必须能够构造出语法分析树，否则将无法保证翻译的正确性。

本节将介绍一种称为"递归下降"的语法分析方法，该方法可以用于语法分析和实现语法制导翻译器。下一节将给出一个实现了图2-15中的翻译方案的完整Java程序。另一种可行的方法是使用软件工具直接根据翻译方案生成一个翻译器。4.9节将描述一个这样的工具——Yacc。使用这个工具，无需修改就可以实现图2-15中的翻译方案。

对于任何上下文无关文法，我们都可以构造出一个时间复杂度为 $O(n^3)$ 的语法分析器，它最多使用 $O(n^3)$ 的时间就可以完成一个长度为 *n* 的符号串的语法分析。但是，三次方的时间代价一般来说太昂贵了。幸运的是，对于实际的程序设计语言而言，我们通常能够设计出一个可以被高效分析的文法。线性时间复杂度的算法足以分析实践中出现的各种程序设计语言。程序设计语言的语法分析器几乎总是一次性地从左到右扫描输入，每次向前看一个终结符号，并在扫描时构造出分析树的各个部分。

大多数语法分析方法都可以归入以下两类：自顶向下（top-down）方法和自底向上（bottom-up）方法。这两个术语指的是语法分析树结点的构造顺序。在自顶向下语法分析器中，构造过程从根结点开始，逐步向叶子结点方向进行；而在自底向上语法分析器中，构造过程从叶子结点开始，逐步构造出根结点。自顶向下语法分析器之所以受欢迎，是因为使用这种方法可以较容易地手工构造出高效的语法分析器。不过，自底向上分析方法可以处理更多种文法和翻译方案，所以直接从文法生成语法分析器的软件工具常常使用自底向上的方法。

2.4.1 自顶向下分析方法

我们在介绍自顶向下的分析方法时考虑的文法适合使用自顶向下分析技术。在本节后面的内容中，我们将考虑构造自顶向下语法分析器的一般方法。图 2-16 中的文法生成 C 或 Java 语句的一个子集。我们分别用黑体终结符 **if** 和 **for** 表示关键字"if"和"for"，以强调这些字符序列被视为一个单元，也就是单个终结符号。此外，终结符 *expr* 代表表达式。一个更完整的文法将使用非终结符号 *expr*，并带有多个关于非终结符号 *expr* 的产生式。类似地，**other** 是一个代表其他语句构造的终结符号。

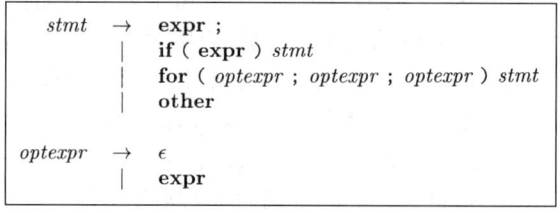

图 2-16　C 和 Java 中某些语句的文法

在自顶向下地构造一棵如图 2-17 所示的语法分析树时，从标号为开始非终结符 *stmt* 的根结点开始，反复执行下面两个步骤：

1）在标号为非终结符号 *A* 的结点 *N* 上，选择 *A* 的一个产生式，并为该产生式体中的各个符号构造出 *N* 的子结点。

2）寻找下一个结点来构造子树，通常选择的是语法分析树最左边的尚未扩展的非终结符。

对于某些文法，上面的步骤只需要对输入串进行一次从左到右的扫描就可以完成。

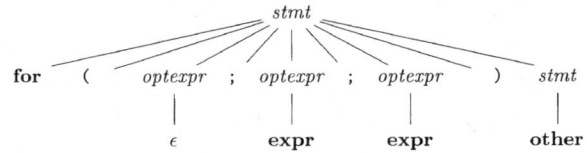

图 2-17　根据图 2-16 中的文法得到的语法分析树

输入中当前被扫描的终结符号通常称为向前看（lookahead）符号。在开始时，向前看符号是输入串的第一个（即最左的）终结符号。图 2-18 演示了构造如下输入串的语法分析树的过程：

for (; *expr* ; *expr*) **other**

得到的语法分析树如图 2-17 所示。一开始，向前看符号是终结符号 **for**，语法分析树的已知部分只包含标号为开始非终结符号 *stmt* 的根结点，如图 2-18a 所示。我们的目标是以适当的方法构造出语法分析树的其余部分，使得这棵树生成的符号串与输入符号串匹配。

为了与输入串匹配，图 2-18a 中的非终结符号 *stmt* 必须推导出一个以向前看符号 **for** 开头的串。在图 2-16 所示的文法中，*stmt* 只有一个产生式可以推导出这样的串，所以我们选择这个产生式，并构造出根结点的各个子结点，并使用该产生式体中的符号作为这些子结点的标号。这棵语法分析树的这次扩展如图 2-18b 所示。

在图 2-18 所示的三个快照中，都包含一个指向输入串中向前看符号的箭头和一个指向当前正被考虑的语法分析树结点的箭头。一旦一个结点的子结点全部构造完毕，我们就要考虑该结点的最左子结点。在图 2-18b 中，根结点的子结点刚刚构造完毕，下一个要考虑的结点是标号为 **for** 的最左子结点。

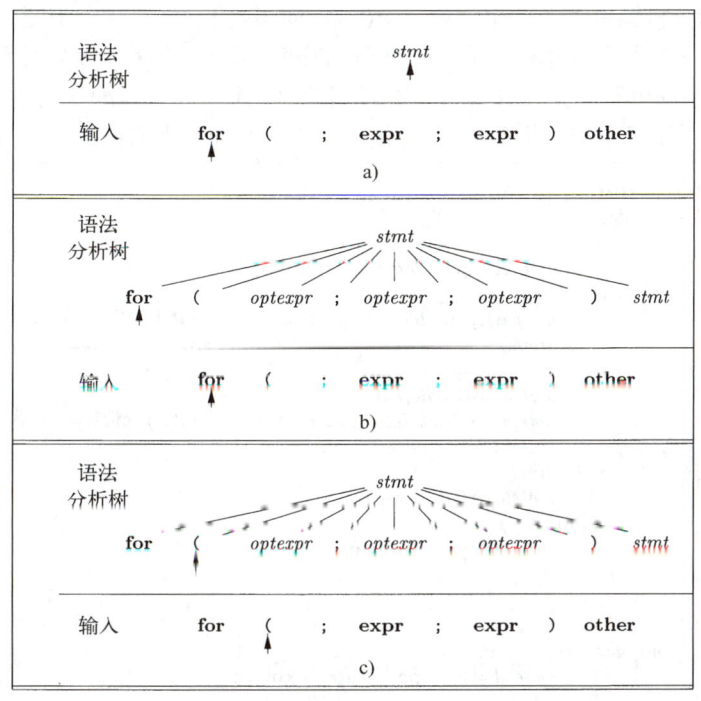

图 2-18 从左到右扫描输入串时进行的自顶向下语法分析

如果当前正考虑的语法分析树结点的标号是一个终结符号，而且此终结符号与向前看符号匹配，那么语法分析树的箭头和输入的箭头都前进一步。输入中的下一个终结符成为新的向前看符号，同时考虑语法分析树的下一个子结点。在图 2-18c 中，语法分析树的箭头指向根的下一个子结点，输入中的箭头已经前进到下一个终结符号，即 "("。再下一步将使得语法分析树的箭头指向标号为非终结符号 *optexpr* 的子结点，并将输入的箭头指向终结符号 ";"。

在标号为 *optexpr* 的非终结符号结点上，我们需要再次为一个非终结符号选择产生式。以 ϵ 为体的产生式（即 ϵ 产生式）需要特殊处理。当前，我们将 ϵ 产生式当作默认选择，只有在没有其他产生式可用时才会选择它们。我们将在 2.4.3 节中再次讨论 ϵ 产生式。对于非终结符号 *optexpr* 和向前看符号 ";"，我们使用 *optexpr* 的 ϵ 产生式，因为 ";" 和 *optexpr* 仅有的另一个产生式不匹配，那个产生式的体是终结符号 **expr**。

一般来说，为一个非终结符号选择产生式是一个"尝试并犯错"的过程。也就是说，我们首先选择一个产生式，并在这个产生式不合适时进行回溯，再尝试另一个产生式。一个产生式"不合适"是指使用了该产生式之后，我们无法构造得到一棵与当前输入串相匹配的语法分析树。但是在称为预测语法分析的特殊情形下不需要进行回溯。我们接下来将讨论这个方法。

2.4.2 预测分析法

递归下降分析方法（recursive-descent parsing）是一种自顶向下的语法分析方法，它使用一组递归过程来处理输入。文法的每个非终结符都有一个相关联的过程。这里我们考虑递归下降分析法的一种简单形式，称为预测分析法（predictive parsing）。在预测分析法中，各个非终结符号对应的过程中的控制流可以由向前看符号无二义地确定。在分析输入串时出现的过程调用序列隐式地定义了该输入串的一棵语法分析树。如果需要，还可以通过这些过程调用来构建一个显式的语法分析树。

图 2-19 的预测分析器包含了两个过程 *stmt*( ) 和 *optexpr*( )，分别对应于图 2-16 中文法的非终结符号 *stmt* 和*optexpr*。该分析器还包括一个额外的过程 *match*。这个额外过程用来简化 *stmt* 和 *optexpr*的代码。过程 *match*(*t*)将它的参数 *t* 和向前看符号比较，如果匹配就前进到下一个输入终结符号。因此，*match* 改变了全局变量 *lookahead* 的值，该变量存储了当前正被扫描的输入终结符号。

```
void stmt() {
    switch ( lookahead ) {
    case expr:
        match(expr); match(';'); break;
    case if:
        match(if); match('('); match(expr); match(')'); stmt();
        break;
    case for:
        match(for); match('(');
        optexpr(); match(';'); optexpr(); match(';'); optexpr();
        match(')'); stmt(); break;
    case other:
        match(other); break;
    default:
        report("syntax error");
    }
}

void optexpr() {
    if ( lookahead == expr ) match(expr);
}

void match(terminal t) {
    if ( lookahead == t ) lookahead = nextTerminal;
    else report("syntax error");
}
```

图 2-19 一个预测分析器的伪代码

分析过程开始时，首先调用文法的开始非终结符号 *stmt* 对应的过程。在处理如图 2-18 所示的输入时，*lookahead* 被初始化为第一个终结符号 **for**。过程 *stmt* 执行和如下产生式对应的代码：

stmt → **for** (*optexpr* ; *optexpr* ; *optexpr*) *stmt*

在对应于该产生式体的代码中——即图 2-19 的过程 *stmt* 中处理 **for** 语句的 case 分支——每个终结符都和向前看符号匹配，而每个非终结符都产生一个对相应过程的调用：

match(**for**) ; *match*('(') ;

optexpr( ) ; *match*(';') ; *optexpr*( ) ; *match*(';') ; *optexpr*( ) ;

match(')') ; *stmt*( ) ;

预测分析需要知道哪些符号可能成为一个产生式体所生成串的第一个符号。更精确地说，令 α 是一个文法符号(终结符号或非终结符号)串。我们将 FIRST(α) 定义为可以由 α 生成的一个或多个终结符号串的第一个符号的集合。如果 α 就是 ϵ 或者可以生成 ϵ，那么 ϵ 也在 FIRST(α) 中。

关于计算 FIRST(α) 的算法的详细描述将在 4.4.2 节中给出。这里，我们将使用不具一般性的推导方法来求出 FIRST(α) 中的符号。通常情况下，α 要么以一个终结符号开头，此时该终结符号就是 FIRST(α) 中的唯一符号；要么 α 以一个非终结符号开头，且该非终结符的所有产生式体都以某个终结符号开头，那么这些终结符号就是 FIRST(α) 的所有成员。

例如，对于图 2-16 中的文法，其 FIRST 的正确计算如下：

FIRST(*stmt*)　=　{ **expr, if, for, other** }

FIRST(**expr** ;)　=　{ **expr** }

一个简单的语法制导翻译器

如果有两个产生式 $A\to\alpha$ 和 $A\to\beta$，我们就必须考虑相应的 FIRST 集合。如果我们不考虑 ϵ 产生式，预测分析法要求 $\text{FIRST}(\alpha)$ 和 $\text{FIRST}(\beta)$ 不相交，那么就可以用向前看符号来确定应该使用哪个产生式。如果向前看符号在 $\text{FIRST}(\alpha)$ 中，就使用 α。如果向前看符号在 $\text{FIRST}(\beta)$ 中，就使用 β。

2.4.3 何时使用 ϵ 产生式

我们的预测分析器在没有其他产生式可用时，将 ϵ 产生式作为默认选择使用。处理图 2-18 所示的输入时，在终结符号 **for** 和 "(" 匹配之后，向前看符号为 " ; "。此时，过程 *optexpr* 被调用，其过程体中的代码：

$$\text{if (} \textit{lookahead} == \textbf{expr} \text{) } \textit{match}(\textbf{expr});$$

被执行。非终结符 *optexpr* 有两个产生式，它们的体分别是 **expr** 和 ϵ。向前看符号 " ; " 与终结符号 **expr** 不匹配，因此不能使用以 **expr** 为体的产生式。事实上，该过程没有改变向前看符号，也没有做任何其他操作就返回了。不做任何操作就对应于应用 ϵ 产生式的情形。

对于更加一般化的情况，我们考虑图 2-16 中产生式的一个变体，其中 *optexpr* 生成一个表达式非终结符号，而不是终结符号 **expr**：

$$optexpr \to expr$$
$$\mid \epsilon$$

这样，*optexpr* 要么使用非终结符号 *expr* 生成一个表达式，要么生成 ϵ。在对 *optexpr* 进行语法分析时，如果向前看符号不在 $\text{FIRST}(expr)$ 中，我们就使用 ϵ 产生式。

要更加深入地了解应该在何时使用 ϵ 产生式，请参见 4.4.3 节中关于 LL(1) 文法的讨论。

2.4.4 设计一个预测分析器

我们可以将 2.4.2 节中非正式介绍的技术推广应用到任意具有如下性质的文法上：对于文法的任何非终结符号，它的各个产生式体的 FIRST 集合互不相交。我们还将看到，如果我们有一个翻译方案，即一个增加了语义动作的文法，那么我们可以将这些语义动作当作此语法分析器的过程的一部分执行。

回顾一下，一个预测分析器 (predictive parser) 程序由各个非终结符对应的过程组成。对应于非终结符 A 的过程完成以下两项任务：

1) 检查向前看符号，决定使用 A 的哪个产生式。如果一个产生式的体为 α（这里 α 不是空串 ϵ）且向前看符号在 $\text{FIRST}(\alpha)$ 中，那么就选择这个产生式。对于任何向前看符号，如果两个非空的产生式体之间存在冲突，我们就不能对这种文法使用预测语法分析。另外，如果 A 有 ϵ 产生式，那么只有当向前看符号不在 A 的其他产生式体的 FIRST 集合中时，才会使用 A 的 ϵ 产生式。

2) 然后，这个过程模拟被选中产生式的体。也就是说，从左边开始逐个"执行"此产生式体中的符号。"执行"一个非终结符号的方法是调用该非终结符号对应的过程，一个与向前看符号匹配的终结符号的"执行"方法则是读入下一个输入符号。如果在某个点上，产生式体中的终结符号和向前看符号不匹配，那么语法分析器就会报告一个语法错误。

图 2-19 显示的是对图 2-16 的文法应用这些规则的结果。

就像通过扩展文法来得到一个翻译方案一样，我们也可以扩展一个预测分析器来获得一个语法制导的翻译器。在 5.4 节中将给出一个能够达到此目的的算法。下面的部分构造方法已经可以满足当前的要求：

1) 先不考虑产生式中的动作，构造一个预测分析器。
2) 将翻译方案中的动作拷贝到语法分析器中。如果一个动作出现在产生式 p 中的文法符号

X 的后面,则该动作就被拷贝到 p 的代码中 X 的实现之后。否则,如果该动作出现在一个产生式的开头,那么它就被拷贝到该产生式体的实现代码之前。

我们将在 2.5 节构造这样一个翻译器。

2.4.5 左递归

递归下降语法分析器有可能进入无限循环。当出现如下所示的"左递归"产生式时,分析器就会出现无限循环:

$$expr \rightarrow expr + term$$

在这里,产生式体的最左边的符号和产生式头部的非终结符相同。假设 expr 对应的过程决定使用这个产生式。因为产生式体的开头是 expr,所以 expr 对应的过程将被递归调用。由于只有当产生式体中的一个终结符号被成功匹配时,向前看符号才会发生改变,因此在对 expr 的两次调用之间输入符号没有发生改变。结果,第二次 expr 调用所做的事情与第一次调用所做的完全相同,这意味着会对 expr 进行第三次调用,并不断重复,进入无限循环。

通过改写有问题的产生式就可以消除左递归。考虑有两个产生式:

$$A \rightarrow A\alpha \mid \beta$$

的非终结符号 A,其中 α 和 β 是不以 A 开头的终结符号/非终结符号的序列。例如,在产生式

$$expr \rightarrow expr + term \mid term$$

中,非终结符号 $A = expr$,串 $\alpha = + term$,串 $\beta = term$。

因为产生式 $A \rightarrow A\alpha$ 的右部的最左符号是 A 自身,非终结符号 A 和它的产生式就称为左递归的(left recursive)⊖。不断应用这个产生式将在 A 的右边生成一个 α 的序列,如图 2-20a 所示。当 A 最终被替换为 β 时,我们就得到了一个在 β 后跟有 0 个或多个 α 的序列。

如图 2-20b 所示,使用一个新的非终结符号 R,并按照如下方式改写 A 的产生式可以达到同样的效果:

$$A \rightarrow \beta R$$
$$R \rightarrow \alpha R \mid \epsilon$$

非终结符号 R 和它的产生式 $R \rightarrow \alpha R$ 是右递归的(right recursive),因为这个产生式的右部的最后一个符号就是 R 本身。如图 2-20b 所示,右递归的产生式会使得树向右下方向生长。因为树是向右下生长的,对包含了左结合运算符(比如减法)的表达式的翻译就变得较为困难。然而,我们将在 2.5.2 节看到,通过仔细设计翻译方案,我们仍然可以将一个表达式正确地翻译成后缀表达式。

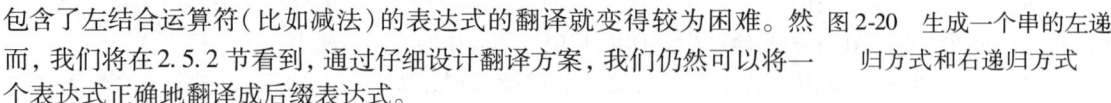

图 2-20 生成一个串的左递归方式和右递归方式

在 4.3.3 节,我们将考虑更一般的左递归形式,并说明如何从文法中消除左递归。

2.4.6 2.4 节的练习

练习 2.4.1:为下列文法构造递归下降语法分析器:

1) $S \rightarrow + S S \mid - S S \mid \mathbf{a}$
2) $S \rightarrow S (S) S \mid \epsilon$
3) $S \rightarrow 0 S 1 \mid 0 1$

⊖ 在一般的左递归文法中,非终结符号 A 可能通过一些中间产生式推导出 $A\alpha$,而不一定存在产生式 $A \rightarrow A\alpha$。

2.5 简单表达式的翻译器

使用前面三节介绍的技术，现在我们可以用 Java 语言编写一个语法制导翻译器。这个翻译器可以把算术表达式翻译成等价的后缀形式。为了使最初的程序比较小且容易理解，我们首先处理最简单的表达式，即由二目运算符加号和减号分隔的数位序列。在 2.6 节中，我们将扩展这个程序，使它能够翻译包含数字和其他运算符的表达式。由于表达式是很多程序设计语言中的构造，因此深入研究表达式的翻译问题是有意义的。

语法制导翻译方案常常作为翻译器的规约。图 2-21（图 2-15 的重复）中的翻译方案定义了将要执行的翻译过程。

在使用一个预测语法分析器进行语法分析时，我们常常需要修改一个给定翻译方案的基础文法。特别地，图 2-21 中的翻译方案的文法是左递归的。如上节所述，预测语法分析器不能处理左递归的文法。

```
expr  →  expr + term    { print('+') }
      |  expr - term    { print('-') }
      |  term
term  →  0              { print('0') }
      |  1              { print('1') }
      ...
      |  9              { print('9') }
```

图 2-21 翻译为后缀表示形式的动作

现在我们看起来处在矛盾之中：一方面，我们需要一个能够支持翻译规约的文法；另一方面，我们又需要一个明显不同的能够支持语法分析过程的文法。解决的方法是首先使用易于翻译的文法，然后再小心地对这个文法进行转换，使之能够支持语法分析。通过消除图 2-21 中的左递归，我们可以得到一个适用于预测递归下降翻译器的文法。

2.5.1 抽象语法和具体语法

设计一个翻译器时，名为抽象语法树（abstract syntax tree）的数据结构是一个很好的起点。在一个表达式的抽象语法树中，每个内部结点代表一个运算符，该结点的子结点代表这个运算符的运算分量。对于更加一般化的情况，当我们处理任意的程序设计语言构造时，我们可以创建一个针对这个构造的运算符，并把这个构造的具有语义信息的组成部分作为这个运算符的运算分量。

9-5+2 的抽象语法树如图 2-22 所示，其中根结点代表运算符 +，根结点的子树分别代表子表达式 9-5 和 2。将 9-5 组成一个运算分量反映了在对优先级相同的运算符求值时，求值顺序总是从左到右的。因为 + 和 - 具有相同的优先级，因此 9-5+2 等价于 (9-5)+2。

抽象语法树也简称语法树（syntax tree），在某种程度上和语法分析树相似。但是在抽象语法树中，内部结点代表的是程序构造；而在语法分析树中，内部结点代表的是非终结符号。文法中的很多非终结符号都代表程序的构造，但也有一部分是各种各样的辅助符号，比如那些代表项、因子或其他表达式变体的非终结符号。在抽象语法树中，通常不需要这些辅助符号，因此会将这些符号省略掉。为了强调它们之间的区别，我们有时把语法分析树称为具体语法树（concrete syntax tree），而相应的文法称为该语言的具体语法（concrete syntax）。

在图 2-22 给出的语法树中，每个内部结点都和一个运算符关联。树中没有对应于 expr→term 这样的单产生式（即产生式体中仅包含一个非终结符号的产生式）的"辅助"结点，也没有对应于 ε 产生式（比如 rest→ε）的结点。

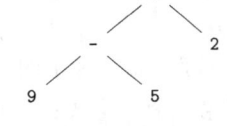

图 2-22 9-5+2 的语法树

我们希望翻译方案的基础文法的语法分析树与抽象语法树尽可能相近。图 2-21 中的文法对子表达式进行分组的方式与语法树的分组方式相似。例如，加运算符的子表达式是由产生式体 expr + term 中的 expr 和 term 给出的。

2.5.2 调整翻译方案

图 2-20 中简述的左递归消除技术同样可以应用于包含了语义动作的产生式。首先，该技术被扩展到 A 的多个产生式中。在我们的例子中，A 就是 expr，它有两个 expr 的左递归产生式和一

个非左递归的产生式。这个技术将产生式 $A \rightarrow A\alpha \mid A\beta \mid \gamma$ 转换成

$$A \rightarrow \gamma R$$
$$R \rightarrow \alpha R \mid \beta R \mid \epsilon$$

其次,我们要转换的产生式不仅包含终结符号和非终结符号,还包含内嵌动作。嵌入在产生式中的语义动作在转换时被当作终结符号直接进行复制。

例 2.13 考虑图 2-21 中的翻译方案。令

$$A = expr$$
$$\alpha = + \; term \{ \mathrm{print}('+') \}$$
$$\beta = - \; term \{ \mathrm{print}('-') \}$$
$$\gamma = term$$

那么进行左递归消除转换后将产生如图 2-23 所示的翻译方案。图 2-21 中的 expr 产生式已经转换成 expr 和新非终结符号 rest 的产生式,其中 rest 扮演了 R 的角色。term 的产生式就是图2-21中 term 的产生式。图 2-24 展示了使用图 2-23 中的文法对 $9-5+2$ 进行翻译的过程。

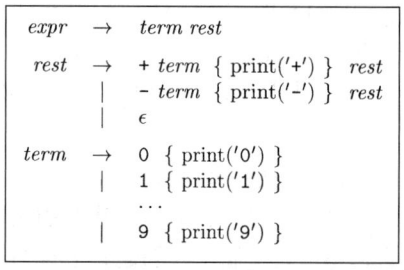

图 2-23 消除左递归后的翻译方案

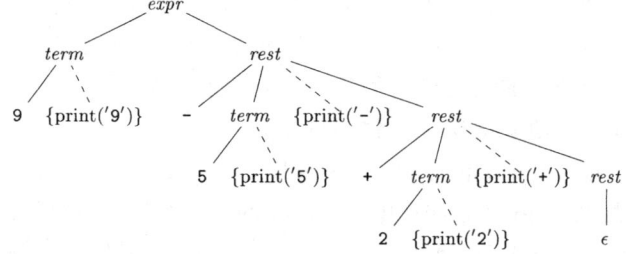

图 2-24 从 $9-5+2$ 到 $95-2+$ 的翻译

左递归消除的工作必须小心进行,以确保消除后的结果保持语义动作的顺序。例如,在图 2-23 的翻译方案中,动作 $\{\mathrm{print}('+')\}$ 和 $\{\mathrm{print}('-')\}$ 都处于产生式体的中间,两边分别是非终结符号 term 和 rest。假如将这个动作放到产生式的末尾,即 rest 之后,那么这个翻译就是不正确的。请读者自己证明,假如这么做,$9-5+2$ 就会被错误地转换成 $952+-$,它是 $9-(5+2)$ 的后缀表示方式;而我们实际想要的是 $95-2+$,即 $(9-5)+2$ 的后缀表示方式。

2.5.3 非终结符号的过程

图 2-25 中的函数 expr、term 和 rest 实现了图 2-23 中的语法制导翻译方案。这些函数模拟了对应于非终结符号的各个产生式体。函数 expr 先调用 term( ) 再调用 rest( ),从而实现产生式 expr → term rest。

函数 rest 实现了图 2-23 中非终结符 rest 的三个产生式。如果向前看符号是加号,这个函数就使用第一个产生式;如果向前看符号是减号,就使用第二个产生式;在其他情况下使用产生式 rest→ε。非终结符号 rest 的前两个产生式是用过程 rest 中 if 语句的前两个分支实现的。如果向前看符号是 +,就调用 match('+') 来匹配它。在调用 term( ) 之后,相应的语义动作通过输出一个加号来实现。第二个产生式与此类似,只是用 - 代替 +。因为 rest 的第三个产生式的右部是 ε,所以函数 rest 中最后一个 else 子句不做任何处理。

非终结符号 term 的十个产生式生成十个数位。因为每一个产生式都生成一个数位并打印,所以在图 2-25 中用相同的代码实现这些产生式。如果 term( ) 中的条件表达式成立,变量 t 中就保存 lookahead 代表的数位,它将在调用完 match 之后被打印出来。注意,match 会改变向前看符

一个简单的语法制导翻译器

号,所以我们需要 t 保存这个数位,以便稍后打印输出⊖。

```
void expr() {
    term(); rest();
}

void rest() {
    if ( lookahead == '+' ) {
        match('+'); term(); print('+'); rest();
    }
    else if ( lookahead == '-' ) {
        match('-'); term(); print('-'); rest();
    }
    else { } /*不对输入作任何处理*/ ;
}

void term() {
    if ( lookahead 是一个数位 ) {
        t = lookahead; match(lookahead); print(t);
    }
    else report("语法错误");
}
```

图 2-25 非终结符 *expr*、*rest* 和 *term* 的伪代码

2.5.4 翻译器的简化

在给出完整的程序之前,我们将对图 2-25 中的代码做两处简化。这个简化将把过程 *rest* 展开到过程 *expr* 中。在翻译具有多个优先级的表达式时,这样的简化处理可以减少需要使用的过程数目。

首先,某些递归调用可以被替换为迭代。如果一个过程体中执行的最后一条语句是对该过程的递归调用,那么这个调用就称为是尾递归的(tail recursive)。例如,在函数 *rest* 中,当向前看符号为 + 和 - 时对 *rest*() 的调用都是尾递归的。因为在每个分支中,对 *rest* 的递归调用都是调用 *rest* 时执行的最后一条语句。

对于没有参数的过程,一个尾递归调用可以被替换为跳转到过程开头的语句。过程 *rest* 的代码可以被改写为图 2-26 中的伪代码。只要向前看符号是一个加号或一个减号,过程 *rest* 就和该符号匹配,并调用 *term* 来匹配一个数位,然后重复这一过程。否则,它就跳出 while 循环并从 *rest* 返回。

```
void rest() {
    while( true ) {
        if( lookahead == '+' ) {
            match('+'); term(); print('+'); continue;
        }
        else if ( lookahead == '-' ) {
            match('-'); term(); print('-'); continue;
        }
        break ;
    }
}
```

图 2-26 消除图 2-25 中过程 *rest* 的尾递归

其次,整个 Java 程序还包含另一处修改。一旦图 2-25 中 *rest* 过程的尾递归调用被替换为迭代过程,那么对 *rest* 的调用仅仅出现在过程 *expr* 中。因此,将过程 *expr* 中对 *rest* 的调用替换为 *rest* 的过程体,就可以将这两个函数合二为一。

⊖ 作为一个小小的优化,我们可以在调用 *match* 之前打印这个数位,避免将这个数位保存起来。一般来说,改变语义动作和文法符号之间的顺序是有风险的,因为这么做可能改变这个翻译的结果。

2.5.5 完整的程序

我们的翻译器的完整 Java 程序显示在图 2-27 中。第一行以 `import` 开头,使得程序可以访问 `java.io` 包以进行系统输入和输出。其余的代码包括两个类:`Parser` 和 `Postfix`。类 `Parser` 包含变量 `lookahead` 和函数 `Parser`、`expr`、`term` 和 `match`。

```java
import java.io.*;
class Parser {
    static int lookahead;

    public Parser() throws IOException {
        lookahead = System.in.read();
    }

    void expr() throws IOException {
        term();
        while(true) {
            if( lookahead == '+' ) {
                match('+'); term(); System.out.write('+');
            }
            else if( lookahead == '-' ) {
                match('-'); term(); System.out.write('-');
            }
            else return;
        }
    }

    void term() throws IOException {
        if( Character.isDigit((char)lookahead) ) {
            System.out.write((char)lookahead); match(lookahead);
        }
        else throw new Error("syntax error");
    }

    void match(int t) throws IOException {
        if( lookahead == t ) lookahead = System.in.read();
        else throw new Error("syntax error");
    }
}

public class Postfix {
    public static void main(String[] args) throws IOException {
        Parser parse = new Parser();
        parse.expr(); System.out.write('\n');
    }
}
```

图 2-27 将中缀表达式翻译为后缀表达形式的 Java 程序

程序的执行从类 `Postfix` 中定义的函数 `main` 开始。函数 `main` 创建了一个 `Parser` 类的实例 `parse`,然后调用它的函数 `expr` 对一个表达式进行语法分析。

和类 `Parser` 同名的函数 `Parser` 是该类的构造函数(constructor),它在创建该类的一个对象时自动调用。请注意,根据类 `Parser` 开始处的定义,构造函数 `Parser` 读入一个词法单元,并将变量 `lookahead` 初始化为这个词法单元。由单个字符组成的词法单元是由系统输入例程 `read` 提供的,该子程序从输入文件中读取下一个字符。注意,`lookahead` 被声明为整型变量,而不是字符型变量。这是为了便于在后面引入非单个字符的其他词法单元。

函数 `expr` 是 2.5.4 节中讨论的简化处理的结果。它实现了图 2-23 中的非终结符号 `expr` 和

rest。图 2-27 中 expr 的代码首先调用 term，然后用一个 while 循环不断测试 lookahead 是否和 + 或 - 匹配。当运行到代码中的 return 语句时，控制流离开这个 while 循环。在循环内部，System 类的输入/输出功能用来写一个字符。

函数 term 使用 Java 类 Character 中的例程 isDigit 来判断向前看符号是否为一个数位。例程 isDigit 的参数是一个字符。然而，为了方便将来的扩展，lookahead 被声明为整型变量。(char)lookahead 将 lookahead 的类型强制转化（cast）为字符。和图 2-25 相比，这里有一个小的改动，即输出向前看字符的语义动作在调用 match 之前就执行了。

函数 match 检查终结符号。如果向前看符号是匹配的，它就读取下一个输入终结符号，否则它执行下面的代码，发出出错消息：

```
throw new Error("syntax error");
```

上述代码创建了类 Error 的一个新异常，并将"syntax error"作为其错误消息。Java 并不强制要求在 throw 子句中声明 Error 异常，因为这些异常的本意是表示不应该发生的不正常事件。⊖

Java 的一些主要特征

对于不熟悉 Java 的读者来说，下面的一些注解有助于他们阅读图 2-27 中的代码：

- 一个 Java 的类由变量和函数定义的序列组成。
- 函数（例程）的参数列表用括号括起来，即使没有参数也需要写出括号，因此我们写成 expr() 和 term()。这些函数实际上是过程，因为它们的函数名字前面的关键字 void 表示它们没有返回值。
- 函数之间通信时可以通过"值传递方式"传递参数，也可以通过访问共享数据进行通信。比如，函数 expr() 和 term() 使用类变量 lookahead 来检查向前看符号。这两个函数都可以访问这个类变量，因为它们同属于类 Parser。
- 和 C 语言一样，Java 语言使用 = 表示赋值，== 表示等于，!= 表示不等于。
- term() 定义中的子句"throw IOException"声明该函数在执行时可能会出现一个名为 IOException 的异常。当函数 match 调用例程 read 时，如果无法读到输入就会出现这样的异常。任何调用了 match 的函数也必须声明在该函数运行时可能出现一个 IOException 异常。

2.6 词法分析

一个词法分析器从输入中读取字符，并将它们组成"词法单元对象"。除了用于语法分析的终结符号之外，一个词法单元对象还包含一些附加信息，这些信息以属性值的形式出现。至今为止，我们还不需要区分术语"词法单元"和"终结符号"，因为语法分析器忽略了词法单元中带有

⊖ 错误处理可以使用 Java 的异常处理机制来实现。方法之一是声明一个扩展了系统类 Exception 的新的异常，比如 SyntaxError。然后在 term 或 match 中检测到错误时抛出 SyntaxError 异常，而不是 Error 异常。然后在 main 中把对 parse.expr() 的调用放在一个 try 语句中。该 try 语句可以捕获 SyntaxError 异常，输出一个消息并结束。如果这么做，我们将需要在图 2-27 的程序中加入一个类 SyntaxError。要完成这个扩展，我们还必须修改 match 和 term 的声明，使得它们不仅可以抛出 IOException，还可以抛出 SyntaxError。同时也必须重新声明调用它们的函数 expr，使得它可以抛出 SyntaxError 异常。

的属性值。在本节中，一个词法单元就是一个带有附加信息的终结符号。

构成一个词法单元的输入字符序列称为词素（lexem）。因此，我们可以说，词法分析器使得语法分析器不需要考虑词法单元的词素表示方式。

本节的词法分析器允许在表达式中出现数字、标识符和"空白"（空格、制表符和换行符）。它可以用于扩展上一节中介绍的表达式翻译器。要允许在表达式中出现数字和标识符，就必须扩展图 2-21 中的表达式文法。借此机会我们还将使扩展后的文法支持乘法和除法运算。扩展后的翻译方案如图 2-28 所示。

```
expr   →  expr + term      { print('+') }
       |  expr - term      { print('-') }
       |  term

term   →  term * factor    { print('*') }
       |  term / factor    { print('/') }
       |  factor

factor →  ( expr )
       |  num              { print(num.value) }
       |  id               { print(id.lexeme) }
```

图 2-28 翻译得到后缀表示方式的语义动作

在图 2-28 中，假定终结符号 **num** 具有属性 **num**.*value*，该属性给出了对应于 **num** 的本次出现的整数值。终结符号 **id** 有一个值为字符串类型的属性，写作 **id**.*lexeme*。我们假设这个字符串就是这个 **id** 实例的实际词素。

在本节结束时，这些被用来演示词法分析器的工作方式的伪代码片段将被组合成 Java 代码。本节中介绍的方法适合于手写的词法分析器。3.5 节描述了一个可根据一个词法规范生成词法分析器的工具 Lex。用于保存标识符相关信息的符号表或数据结构将在 2.7 节中讨论。

2.6.1 剔除空白和注释

2.5 节的表达式翻译器读取输入中的每个字符，所以任何无关字符，比如空格，都会使它运行失败。大部分语言允许词法单元之间出现任意数量的空白。在语法分析过程中同样会忽略源程序中的注释，所以这些注释也可以当作空白处理。

如果词法分析器消除了空白，那么语法分析器就不必再考虑它们了。当然，也可以修改文法使得语法中包含空白，但是实现这个方法远非易事。

图 2-29 中的伪代码在遇到空格、制表符或换行符时不断读取输入字符，从而跳过了空白部分。变量 *peek* 存放的下一个输入字符。在错误消息中加入行号和上下文有助于定位错误。这个代码使用变量 *line* 统计输入中的换行符个数。

```
for ( ; ; peek = next input character ) {
    if ( peek is a blank or a tab ) do nothing;
    else if ( peek is a newline ) line = line+1;
    else break;
}
```

图 2-29 跳过空白部分

2.6.2 预读

在决定向语法分析器返回哪个词法单元之前，词法分析器可能需要预先读入一些字符。例如，C 或 Java 的词法分析器在遇到字符 > 之后必须预先读入一个字符。如果下一个字符是 =，那么 > 就是字符序列 >= 的一部分，这个序列是代表"大于等于"运算符的词法单元的词素。否则 > 本身形成了"大于"运算符，词法分析器就多读了一个字符。

一个通用的预先读取输入的方法是使用输入缓冲区。词法分析器可以从缓冲区中读取一个字符，也可以把字符放回缓冲区。即使仅从效率的角度看，使用缓冲区也是有意义的，因为一次读取一块字符要比每次读取单个字符更加高效。我们可以用一个指针来跟踪已被分析的输入部分，向缓冲区放回一个字符可以通过回移指针来实现。输入缓冲技术将在 3.2 节中讨论。

因为通常只需预读一个字符，所以一种简单的解决方法是使用一个变量，比如 *peek*，来保存下一个输入字符。在读入一个数字的数位或一个标识符的字符时，本节的词法分析器会预读一个字符。例如，它在 1 后面预读一个字符来区分 1 和 10，在 t 后预读一个字符来区分 t 和 true。

词法分析器只在必要时才进行预读。像 * 这样的运算符不需预读就能够识别。在这种情况下，*peek* 的值被设置为空白符。词法分析器在寻找下一个词法单元时会跳过这个空白符。本节中的词法分析器的不变式断言如下：当词法分析器返回一个词法单元时，变量 *peek* 要么保存了当前词法单元的词素后的那个字符，要么保存空白符。

2.6.3 常量

在一个表达式的文法中，任何允许出现数位的地方都应该允许出现任意的整型常量。要使得表达式中可以出现整数常量，我们可以创建一个代表整型常量的终结符号，比如 **num**，也可以将整数常量的语法加入到文法中。将字符组成整数并计算它的数值的工作通常是由词法分析器完成的，因此在语法分析和翻译过程中可以将数字当作一个单元进行处理。

当在输入流中出现一个数位序列时，词法分析器将向语法分析器传送一个词法单元。该词法单元包含终结符号 **num** 及根据这些数位计算得到的整型属性值。如果我们把词法单元写成用 ⟨⟩ 括起来的元组，那么输入 31 + 28 + 59 就被转换成序列

⟨**num**, 31⟩⟨ + ⟩⟨**num**, 28⟩⟨ + ⟩⟨**num**, 59⟩

在这里，终结符号 + 没有属性，所以它的元组就是⟨+⟩。图 2-30 中的伪代码读取一个整数中的数位，并用变量 *v* 累计得到这个整数的值。

```
if ( peek holds a digit ) {
    v = 0;
    do {
        v = v * 10 + integer value of digit peek;
        peek = next input character;
    } while ( peek holds a digit );
    return token ⟨num, v⟩;
}
```

图 2-30　将数位组成整数

2.6.4 识别关键字和标识符

大多数程序设计语言使用 for、do、if 这样的固定字符串作为标点符号，或者用于标识某种构造。这些字符串称为关键字(keyword)。

字符串还可以作为标识符，来为变量、数组、函数等命名。为了简化语法分析器，语言的文法通常把标识符当作终结符号进行处理。当某个标识符出现在输入中时，语法分析器都会得到相同的终结符号，如 **id**。例如，在处理如下输入时

$$\text{count = count + increment;} \tag{2.6}$$

语法分析器处理的是终结符号序列 **id** = **id** + **id**。词法单元 **id** 有一个属性保存它的词素。将词法单元写作元组形式，我们看到输入流(2.6)的元组序列是

⟨**id**, "count"⟩ ⟨=⟩ ⟨**id**, "count"⟩ ⟨+⟩ ⟨**id**, "increment"⟩ ⟨;⟩

关键字通常也满足标识符的组成规则，因此我们需要某种机制来确定一个词素什么时候组成一个关键字，什么时候组成一个标识符。如果将关键字作为保留字，也就是说，如果它们不能被用作标识符，这个问题相对容易解决。此时，只有当一个字符串不是关键字时它才能组成一个标识符。

本节中的词法分析器使用一个表来保存字符串，从而解决了如下两个问题：

- 单一表示。一个字符串表可以将编译器的其余部分和表中字符串的具体表示隔离开，因为编译器后面的步骤可以只使用指向表中字符串的指针或引用。操作引用要比操作字符串本身更加高效。
- 保留字。要实现保留字，可以在初始化时在字符串表中加入保留的字符串以及它们对应的词法单元。当词法分析器读到一个可以组成标识符的字符串或词素时，它首先检查这个字符串表中是否有这个词素。如是，它就返回表中的词法单元，否则返回带有终结符号 **id** 的词法单元。

在 Java 中，使用类 *Hashtable* 可以将一个字符串表实现为一张散列表。下面的声明

　　　Hashtable words = **new** *Hashtable*( );

将 *words* 初始化为一个将键映射到值的默认散列表。我们将使用它来实现从词素到词法单元的映射。图 2-31 中的伪代码使用 *get* 操作来查找保留字。这个伪代码从输入中读取一个以字母开头、由字母和数位组成的字符串 *s*。我们假定读取的 *s* 尽可能地长，即只要词法分析器遇到字母或数位，它就不断从输入中读取字符。当它遇到的不是字母或数位，比如它遇到了空白符，已读取的词素就被复制到缓冲区 *b* 中。如果字符串表中已经有一个 *s* 的条目，它就返回由 *words. get* 得到的词法单元。这里 *s* 可能是一个关键字，在表 *words* 初始化的时候这个 *s* 就已经在表中了；它也可能是一个之前被加入到表中的标识符。如果不存在 *s* 对应的条目，那么由 **id** 和属性值 *s* 组成的词法单元将被加入到字符串表中，并被返回。

```
if ( peek 存放了一个字母 ) {
    将字母或数位读入一个缓冲区 b；
    s = b 中的字符形成的字符串；
    w = words.get(s) 返回的词法单元；
    if ( w 不是 null ) return w；
    else {
        将键-值对 (s, ⟨id, s⟩) 加入到 words；
        return 词法单元 (id, s)；
    }
}
```

图 2-31　区分关键字和标识符

2.6.5　词法分析器

将本节到目前为止给出的伪代码片段组合起来，就可以得到一个返回词法单元对象的函数 *scan*。如下所示：

```
Token scan( ) {
    跳过空白符，见 2.6.1 节；
    处理数字，见 2.6.3 节；
    处理保留字和标识符，见 2.6.4 节；
    /* 如果我们运行到这里，就将预读字符 peek 作为一个词法单元 */
    Token t = new Token(peek)；
    peek = 空白符 /* 按照 2.6.2 讨论的方法初始化 */；
    return t；
}
```

本节的其余部分将函数 *scan* 实现为一个用于词法分析的 Java 程序包的一部分。这个叫做 *lexer* 的包中包含对应于各种词法单元的类和一个包含函数 scan 的类 Lexer。

图 2-32 中显示了对应于各个词法单元的类及它们的字段，但图中没有给出它们的方法。类 Token 有一个 tag 字段，它用于做出语法分析决定。子类 Num 增加了一个用于存放整数值的字段 value；子类 Word 增加了一个字段 lexeme，用于保存关键字和标识符的词素。

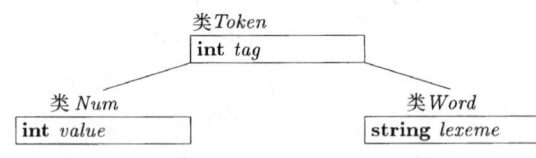

图 2-32　类 Token 以及子类 Num 和 Work

每个类都在以它的名字命名的文件中。Token 类的文件内容如下：

```
1) package lexer;                    // 文件 Token.java
2) public class Token {
3)     public final int tag;
4)     public Token(int t) { tag = t; }
5) }
```

第一行指明了 *lexer* 包。第 3 行声明了字段 tag 为 final 的，即它一旦被赋值就不能再修改。第 4 行上的构造函数 Token 用于创建词法单元对象，比如

```
new Token('+')
```
创建了 Token 类的一个新对象, 并且把它的 tag 字段初始化为 " + " 的整数表示。(为简洁起见, 我们省略了常用的方法 toString。该方法将返回一个适于打印的字符串。)

在伪代码中使用诸如 **num**、**id** 这样的终结符号的地方, Java 代码中使用整型常量表示。类 Tag 实现了这些常量:

```
1) package lexer;                    // 文件 Tag.java
2) public class Tag {
3)     public final static int
4)        NUM = 256, ID = 257, TRUE = 258, FALSE = 259;
5) }
```

除了值为整数的字段 NUM 和 ID 外, 这个类还定义了两个字段 TRUE 和 FALSE 以备后用, 它们将用于演示如何处理保留的关键字。○

Tag 类中的字段是 public 的, 因此它们可以在包的外面使用。它们同时也是 static 的, 因此这些字段只能有一个实例, 或者说拷贝。这些字段是 final 的, 因此它们只能被赋值一次。事实上, 这些常量就代表常量。在 C 语言中, 可以使用 define 语句来获得类似的效果。这些 define 语句使得 NUM 这样的名字可以被当作符号常量使用, 例如,

```
#define NUM 256
```

在伪代码引用终结符号 **num** 和 **id** 的地方, Java 代码引用的是 Tag.NUM 和 Tag.ID。唯一的要求是 Tag.NUM 和 Tag.ID 必须被初始化为互不相同的值, 且这些初始化值还必须不同于那些代表单字符词法单元(比如 " + " 或 " * ")的常量。

类 Num 和 Word 显示在图 2-33 中。类 Num 通过在第 3 行声明一个整数字段 value 而扩展了 Token。第 4 行的构造函数 Num 调用了 super (Tag.NUM), 该函数把其父类 Token 的 tag 字段设定为 Tag.NUM。

类 Word 既可用于保留字, 也可

```
1) package lexer;                    // 文件 Num.java
2) public class Num extends Token {
3)     public final int value;
4)     public Num(int v) { super(Tag.NUM); value = v; }
5) }
1) package lexer;                    // 文件 Word.java
2) public class Word extends Token {
3)     public final String lexeme;
4)     public Word(int t, String s) {
5)         super(t); lexeme = new String(s);
6)     }
7) }
```

图 2-33 Token 的子类 Num 和 Word

用于标识符, 因此第 4 行上的构造函数 Word 需要两个参数: 一个词素和一个与 tag 对应的整数值。一个用于保留字 true 的对象可以通过以下语句创建:

```
new Word(Tag.TRUE, "true")
```

这个语句创建了一个新对象, 该对象的 tag 字段被设为 Tag.TRUE, lexeme 字段被设为字符串 "true"。

用于词法分析的类 Lexer 显示在图 2-34 和图 2-35 中。第 4 行上的整型变量 line 用于对输入行计数, 第 5 行上的字符变量 peek 用于存放下一个输入字符。

保留字在第 6 行到第 11 行处理。第 6 行声明了表 words。第 7 行上的辅助函数 reserve 将一个字符串-字对放入这个表中。构造函数 Lexer 中的第 9 行和第 10 行初始化这个表。它们使用构造函数 Word 来创建字对象, 这些对象被传递到辅助函数 reserve。因此, 在第一次调用 scan 之前, 这个表被初始化, 并且预先加入了保留字 "true" 和 "false"。

○ ASCII 字符通常被转化为 0~255 之间的整数。因此我们用大于 255 的整数来表示终结符号。

```
1) package lexer;                    // 文件 Lexer.java
2) import java.io.*; import java.util.*;
3) public class Lexer {
4)     public int line = 1;
5)     private char peek = ' ';
6)     private Hashtable words = new Hashtable();
7)     void reserve(Word t) { words.put(t.lexeme, t); }
8)     public Lexer() {
9)         reserve( new Word(Tag.TRUE,  "true")  );
10)        reserve( new Word(Tag.FALSE, "false") );
11)    }
12)    public Token scan() throws IOException {
13)        for( ; ; peek = (char)System.in.read() ) {
14)            if( peek == ' ' || peek == '\t' ) continue;
15)            else if( peek == '\n' ) line = line + 1;
16)            else break;
17)        }
       /* 续见图 2-35*/
```

图 2-34 词法分析器的代码(第 1 部分)

```
18)        if( Character.isDigit(peek) ) {
19)            int v = 0;
20)            do {
21)                v = 10*v + Character.digit(peek, 10);
22)                peek = (char)System.in.read();
23)            } while( Character.isDigit(peek) );
24)            return new Num(v);
25)        }
26)        if( Character.isLetter(peek) ) {
27)            StringBuffer b = new StringBuffer();
28)            do {
29)                b.append(peek);
30)                peek = (char)System.in.read();
31)            } while( Character.isLetterOrDigit(peek) );
32)            String s = b.toString();
33)            Word w = (Word)words.get(s);
34)            if( w != null ) return w;
35)            w = new Word(Tag.ID, s);
36)            words.put(s, w);
37)            return w;
38)        }
39)        Token t = new Token(peek);
40)        peek = ' ';
41)        return t;
42)    }
43) }
```

图 2-35 词法分析器的代码(第 2 部分)

在图 2-34 和图 2-35 中，scan 的代码实现了本节中的各个伪代码片段。从第 13 行到第 17 行的 for 语句跳过了空格、制表符和换行符。当 peek 的值不是空白符时，控制流离开 for 循环。

第 18 行到第 25 行的代码读取一个数位序列。函数 isDigit 来自于 Java 的内置类 Character。它在第 18 行上用于检查 peek 是否为一个数位。如是，第 19 行到第 24 行的代码就会累积计算输入中的数位序列对应的整数值，然后返回一个新的 Num 对象。

第 26 行到第 38 行分析了保留字和标识符。关键字 **true** 和 **false** 已经在第 9 行和第 10 行被保留了。因此，如果字符串 s 不是保留字，则程序就会执行第 35 行，此时 s 一定是某个标识符的词素。因此第 35 行返回一个新的 word 对象，该对象的 lexeme 字段被设为 s，tag 字段被设为

Tag.ID。最后，第39行到第41行将当前字符作为一个词法单元返回，并把peek设为一个空格。当下一次调用scan时，这个空格会被删除。

2.6.6 2.6节的练习

练习2.6.1：扩展2.6.5节中的词法分析器以消除注释。注释的定义如下：

1) 以//开始的注释，包括从它开始到这一行的结尾的所有字符。
2) 以/*开始的注释，包括从它到后面第一次出现的字符序列*/之间的所有字符。

练习2.6.2：扩展2.6.5节中的词法分析器，使它能够识别关系运算符 <、<=、==、!=、>=、>。

练习2.6.3：扩展2.6.5节中的词法分析器，使它能够识别浮点数，比如 2.、3.14 和 .5 等。

2.7 符号表

符号表(symbol table)是一种供编译器用于保存有关源程序构造的各种信息的数据结构。这些信息在编译器的分析阶段被逐步收集并放入符号表，它们在综合阶段用于生成目标代码。符号表的每个条目中包含与一个标识符相关的信息，比如它的字符串(或者词素)、它的类型、它的存储位置和其他相关信息。符号表通常需要支持同一标识符在一个程序中的多重声明。

从1.6.1节介绍的内容可知，一个声明的作用域是指该声明起作用的那一部分程序。我们将为每个作用域建立一个单独的符号表来实现作用域。每个带有声明的程序块⊖都会有自己的符号表，这个块中的每个声明都在此符号表中有一个对应的条目。这种方法对其他能够设立作用域的程序设计语言构造同样有效。例如，每个类也可以拥有自己的符号表，它的每个域和方法都在此表中有一个对应的条目。

本节包括一个符号表模块，它可以和本章中的Java翻译器代码片段一起使用。当我们在附录A中将这个翻译器集成到一起时可以直接使用这个模块。同时，为了简化问题，本节的主要例子是一个被简化了的语言，它只包含与符号表相关的关键构造，比如块、声明、因子等。所有其他的语句和表达式构造都被忽略了，这使得我们可以重点关注符号表的操作。一个程序由多个块组成，每个块包含可选的声明和由单个标识符组成的语句。每个这样的语句都表示对相应标识符的一次使用。下面是这个语言的一个例子程序：

$$\{ \text{int } x; \text{ char } y; \{ \text{ bool } y; x; y; \} x; y; \} \tag{2.7}$$

1.6.3节中块结构的例子处理了名字的定义和使用。输入(2.7)仅仅由名字的定义和使用组成。

我们将要完成的任务是打印出一个修改过的程序，程序中的声明部分已经被删除，而每个"语句"中的标识符之后都跟着一个冒号和该标识符的类型。

谁来创建符号表条目？

符号表条目是在分析阶段由词法分析器、语法分析器和语义分析器创建并使用的。在本章中，我们让语法分析器来创建这些条目。因为语法分析器知道一个程序的语法结构，因此相对于词法分析器而言，语法分析器通常更适合创建条目。它可以更好地区分一个标识符的不同声明。

在有些情况下，词法分析器可以在它碰到组成一个词素的字符串时立刻建立一个符号表条目。但是在更多的情况下，词法分析器只能向语法分析器返回一个词法单元，比如 **id**，以及指向这个词素的指针。只有语法分析器才能够决定是使用之前已创建的符号表条目，还是为这个标识符创建一个新条目。

⊖ 比如，在C语言中，程序块要么是一个函数，要么是函数中由花括号分隔的一个部分，这个部分中有一个或多个声明。

例 2.14 在处理上面的输入(2.7)时,目标是生成

{ { x:int; y:bool; } x:int; y:char; }

第一个 x 和 y 来自输入(2.7)的内层块。由于 x 的使用指向外层块中 x 的声明,因此第一个 x 后面跟的是 **int**,即该声明中的类型。内层块中对 y 的使用指向同一个块中的声明,因此具有布尔类型。我们同时看到,外层块中 x 和 y 的使用的类型分别为整型和字符型,也就是外层块中声明所指定的类型。 □

2.7.1 为每个作用域设置一个符号表

术语"标识符 x 的作用域"实际上指的是 x 的某个声明的作用域。术语作用域(scope)本身是指一个或多个声明起作用的程序部分。

作用域是非常重要的,因为在程序的不同部分,可能会出于不同的目的而多次声明相同的标识符。像 x 和 i 这样常见的名字会被重复使用。再例如,子类可以重新声明一个方法名字以覆盖父类中的相应方法。

如果程序块可以嵌套,那么同一个标识符的多次声明就可能出现在同一个块中。当 *stmts* 能生成一个程序块时,下面的语法规则会产生嵌套的块:

$$block \rightarrow \text{'\{'}\ decls\ stmts\ \text{'\}'}$$

(我们对这个语法中的花括号使用了引号,这么做的目的是将它们和用于语义动作的花括号区分开来。)在图 2-38 给出的文法中,*decls* 生成一个可选的声明序列,*stmts* 生成一个可选的语句序列。更进一步,一条语句可以是一个程序块,所以我们的语言支持嵌套的语句块。而标识符可以在这些块中重新声明。

块的符号表的优化

块的符号表的实现可以利用作用域的最近嵌套规则。嵌套的结构确保可应用的符号表形成一个栈。在栈的顶部是当前块的符号表。栈中这个表的下方是包含这个块的各个块的符号表。因此,符号表可以按照类似于栈的方式来分配和释放。

有些编译器维护了一个散列表来存放可访问的符号表条目。也就是说,存放那些没有被内嵌块中的某个声明掩盖起来的条目。这样的散列表实际上支持常量时间的查询,但是在进入和离开块时需要插入和删除相应的条目。在从一个块 B 离开时,编译器必须撤销所有因为 B 中的声明而对此散列表作出的修改。它可以在处理 B 的时候维护一个辅助的栈来跟踪对这个散列表的所做的修改。

语句块的最近嵌套(most-closely)规则是说,一个标识符 x 在最近的 x 声明的作用域中。也就是说,从 x 出现的块开始,从内向外检查各个块时找到的第一个对 x 的声明。

例 2.15 下列伪代码用下标来区分对同一标识符的不同声明:

1) { **int** x_1; **int** y_1;
2)   { **int** w_2; **bool** y_2; **int** z_2;
3) $\cdots w_2 \cdots$; $\cdots x_1 \cdots$; $\cdots y_2 \cdots$; $\cdots z_2 \cdots$;
4)   }
5) $\cdots w_0 \cdots$; $\cdots x_1 \cdots$; $\cdots y_1 \cdots$;
6) }

下标并不是标识符的一部分,它实际上是该标识符对应的声明的行号。因此,x 的所有出现都位于第 1 行上声明的作用域中。第 3 行上出现的 y 位于第 2 行上 y 的声明的作用域中,因为 y 在内

层块中被再次声明了。然而,第 5 行上出现的 y 位于第 1 行上 y 的声明的作用域中。

假设第 5 行上 w 的出现位于这个程序片段之外某个 w 的声明的作用域中,它的下标表示一个全局的或者位于这个块之外的声明。

最后,z 在最内层的块中声明并使用。它不能在第 5 行上使用,因为这个内嵌的声明只能作用于最内层的块。 □

实现语句块的最近嵌套规则时,我们可以将符号表链接起来,也就是使得内嵌语句块的符号表指向外围语句块的符号表。

例 2.16 图 2-36 显示了对应于例 2.15 中伪代码的符号表。B_1 对应于从第 1 行开始的语句块;B_2 对应着从第 2 行开始的语句块。图的顶端是符号表 B_0,它记录了全局的或由语言提供的默认声明。在我们分析第 2 行至第 4 行时,环境是由一个指向最下层的符号表(即 B_2 的符号表)的指针表示的。当我们分析第 5 行时,B_2 的符号表变得不可访问,环境指针转而指向 B_1 的符号表,此时我们可以访问上一层的全局符号表 B_0,但不能访问 B_2 的符号表。 □

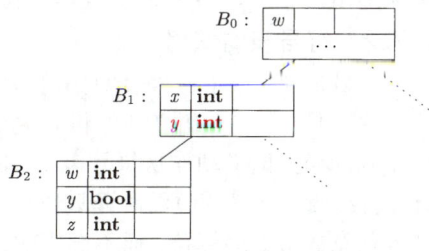

图 2-36 对应于例 2.15 的符号表链

图 2-37 中是链接符号表的 Java 实现。它定义了一个类 Env(环境 "environment" 的缩写)⊖。类 Env 支持三种操作:

- 创建一个新符号表。图 2-37 中第 6 行至第 8 行所示的构造函数 Env(p) 创建一个 Env 对象,该对象包含一个名为 table 的散列表。这个对象的字段 prev 被设置为参数 p,而这个参数的值是一个环境,因此这个对象被链接到环境。虽然形成链表的是 Env 对象,但是将它们说成是链接的符号表比较方便。

```
1)  package symbols;                    // 文件 Env.java
2)  import java.util.*;
3)  public class Env {
4)      private Hashtable table;
5)      protected Env prev;
6)      public Env(Env p) {
7)          table = new Hashtable(); prev = p;
8)      }
9)      public void put(String s, Symbol sym) {
10)         table.put(s, sym);
11)     }
12)     public Symbol get(String s) {
13)         for( Env e = this; e != null; e = e.prev ) {
14)             Symbol found = (Symbol)(e.table.get(s));
15)             if( found != null ) return found;
16)         }
17)         return null;
18)     }
19) }
```

图 2-37 类 Env 实现了链接符号表

- 在当前表中加入一个新的条目。散列表保存了键 – 值对,其中
  - 键(key)是一个字符串,也可以说是一个指向字符串的引用。我们也可以使用指向对应

⊖ "环境"是另一个用于表示与程序中某个点相关的符号表集合的术语。

于标识符的词法单元对象的引用作为键。
- 值(value)是一个 Symbol 类的条目。第 9 行到第 11 行的代码不需要知道一个条目的内部结构。也就是说，这个代码是独立于 Symbol 类的字段和方法的。
● 得到一个标识符的条目。它从当前块的符号表开始搜索链接符号表。第 12 行至第 18 行中这个操作的代码返回一个符号表条目或 null。

因为会有多个语句块嵌套在同一外围语句块中，所以将这些符号表链接起来就可以形成一个树形结构。图 2-36 中的虚线提醒我们链接的符号表可以形成一棵树。

2.7.2 符号表的使用

从效果看，一个符号表的作用是将信息从声明的地方传递到实际使用的地方。当分析标识符 x 的声明时，一个语义动作将有关 x 的信息"放入"符号表中。然后，一个像 factor →**id** 这样的产生式的相关语义动作从符号表中"取出"这个标识符的信息。因为对一个表达式 E_1 **op** E_1（其中 **op** 代表一般的运算符）的翻译只依赖于对 E_1 和 E_2 的翻译，不直接依赖于符号表，所以我们可以加入任意数量的运算符，而不会影响从声明通过符号表到达使用地点的基本信息流。

例 2.17　图 2-38 中的翻译方案说明了如何使用类 Env。这个翻译方案主要考虑作用域、声明和使用。它实现了例 2.14 中描述的翻译。如前面描述的，在处理输入

　　{ int x; char y; { bool y; x; y; } x; y; }

时，这个翻译方案过滤掉了各个声明，并生成

　　{ { x:int; y:bool; } x:int; y:char; }

请注意图 2-38 中各个产生式的体都已经对齐，因此所有的文法符号出现在同一列上，并且所有的语义动作都出现在第二列上。结果，一个产生式体的各个组成部分常常分开出现在多行上。

```
program  →                          { top = null; }
            block

block    →  '{'                     { saved = top;
                                      top = new Env(top);
                                      print("{ "); }
            decls stmts '}'         { top = saved;
                                      print("} "); }

decls    →  decls decl
         |  ε

decl     →  type id ;               { s = new Symbol;
                                      s.type = type.lexeme;
                                      top.put(id.lexeme, s); }

stmts    →  stmts stmt
         |  ε

stmt     →  block
         |  factor ;                { print("; "); }

factor   →  id                      { s = top.get(id.lexeme);
                                      print(id.lexeme);
                                      print(":");
                                      print(s.type); }
```

图 2-38　使用符号表翻译带有语句块的语言

现在考虑语义动作。这个翻译方案在进入和离开块的时候将分别创建和释放符号表。变量 top 表示一个符号表链的顶部的顶层符号表。这个翻译方案的基础文法的第一个产生式是 program→block。在 block 之前的语义动作将 top 初始化为 **null**，即不包含任何条目。

第二个产生式 block→ '*'{decls stmts'}' 中包含了进入和离开块时的语义动作。在进入块时，在 decls 之前，一个语义动作使用局部变量 saved 保存了对当前符号表的引用。这个产生式的每次使用都有一个单独的局部变量 saved，这个变量和这个产生式的其他使用中的局部变量都不同。在一个递归下降语法分析器中，saved 可以是 block 对应的过程的局部变量。对于递归函数中的局部变量的处理方法将在 7.2 节中讨论。代码

$$top = \text{new } Env(top);$$

将变量 top 设置为刚刚创建的新符号表。这个新符号表被链接到进入这个块之前一刻 top 的原值。变量 top 是类 Env 的一个对象，构造函数 Env 的代码显示在图 2-37 中。

在离开块时，'}' 之后的一个语义动作将 top 的值恢复为进入块时保存起来的值。从实际效果看，这个表形成了一个栈，将 top 恢复为之前保存的值实际上是将该块中各个声明的结果弹出栈⊖。这样就使得该块中的声明在块外不可见。

声明 decl→**type id** 的结果是创建一个对应于已声明标识符的新条目。我们假设词法单元 **type** 和 **id** 都有一个相关的属性，分别是被声明标识符的类型和词素。我们不会讨论符号对象 s 的所有字段，但是我们假设对象中有一个字段 type 给出该符号的类型。我们创建一个新的符号对象 s，并通过代码 s.type = **type**.lexeme 为它赋予正确的类型。整个条目使用 top.put(**id**.lexeme, s) 加入到顶层的符号表中。

产生式 factor→**id** 中的语义动作通过符号表获取这个标识符的条目。操作 get 从 top 开始搜索符号表链中的第一个关于此标识符的条目。搜索得到的条目包含有关该标识符的所有信息，比如标识符的类型。

2.8 生成中间代码

编译器的前端构造出源程序的中间表示，而后端根据这个中间表示生成目标程序。在这一节里，我们考虑表达式和语句的中间表示形式，并给出一个如何生成中间表示的指导性的例子。

2.8.1 两种中间表示形式

正如我们在 2.1 节（特别是在图 2-4 中）指出的，两种最重要的中间表示形式是：
- 树型结构，包括语法分析树和（抽象）语法树。
- 线性表示形式，特别是"三地址代码"。

抽象语法树（或简称语法树）曾在 2.5.1 节中介绍过。我们将在 5.3.1 节中更加正式地探讨它。在语法分析过程中，将创建抽象语法树的结点来表示有意义的程序构造。随着分析的进行，信息以与结点相关的属性的形式被添加到这些结点上。选择哪些属性要依据待完成的翻译来决定。

另一方面，三地址代码是一个由基本程序步骤（比如将两个值的相加）组成的序列。和树形结构不一样，它没有层次化的结构。正如我们将在第 9 章中看到的那样，如果我们想对代码做出显著的优化，就需要这种表示形式。在那种情况下，我们可以把组成程序的很长的三地址语句序列分解

⊖ 我们也可以使用另一种方法来处理，可以在类 Env 中加入静态操作 push 和 pop，而不用显式地保存和恢复符号表。

为"基本块"。所谓基本块就是一个总是逐个顺序执行的语句序列，执行时不会出现分支跳转。

除了创建一个中间表示之外，编译器前端还会检查源程序是否遵循源语言的语法和语义规则。这种检查称为静态检查(static check)，"静态"一般是指"由编译器完成"⊖。静态检查确保一些特定类型的程序错误，包括类型不匹配，能在编译过程中被检测并报告。

编译器可以在创建抽象语法树的同时生成三地址代码序列。然而，在通常情况下，编译器实际上并不会创建出存放了整棵抽象语法树的数据结构，它仅仅"假装"构造了一棵抽象语法树，同时生成三地址代码。编译器在分析过程中只会保存将用于语义检查或其他目的的结点及其属性，同时也保存了用于语法分析的数据结构，而不会保存整棵抽象语法树。经过这样的处理，构造三地址代码时要使用到的那部分语法树在需要时都是可用的，一旦不再需要就会被释放。我们将在第 5 章详细讨论这个过程。

2.8.2 语法树的构造

我们将首先给出一个可以创建抽象语法树的翻译方案，然后在 2.8.4 节中说明如何修改这个翻译方案，使得它可以在构造语法树的同时生成三地址代码，或者让它只生成三地址代码。

回顾一下 2.5.1 节，下面的语法树

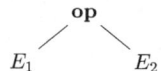

表示将运算符 **op** 应用于 E_1 和 E_2 所代表的子表达式而得到的表达式。我们可以为任意的构造创建抽象语法树，而不仅仅为表达式创建语法树。每个构造用一个结点表示，其子结点代表此构造中具有语义含义的组成部分。比如，在 C 语言的一个 while 语句

$$\textbf{while}(\textit{expr})\,\textit{stmt}$$

中，具有语义含义的组成部分是表达式 *expr* 和语句 *stmt*⊖。这样的 while 语句的抽象语法树结点有一个运算符，我们称为 **while**，并有两个子结点——分别是 *expr* 和 *stmt* 的抽象语法树。

图 2-39 中的翻译方案为一个有代表性但却很简单的由表达式和语句组成的语言构造出一棵语法树。这个翻译方案中的所有非终结符都有一个属性 *n*，即语法树的一个结点。这些结点被实现为类 *Node* 的对象。

类 *Node* 有两个直接子类：一个是 *Expr*，代表各种表达式；另一个是 *Stmt*，代表各种语句。每一种语句都有一个对应的 *Stmt* 的子类。比如，运算符 **while** 对应于子类 *While*。一个对应于运算符 **while**，子结点为 *x* 和 *y* 的语法树结点可以由如下伪代码创建：

$$\textbf{new}\ \textit{While}(x,y)$$

它通过调用构造函数 *While* 创建了类 *While* 的一个对象，其名称和类名相同。就和构造函数对应于运算符一样，构造函数的参数对应于抽象语法中的运算分量。

当我们研究附录 A 中的详细代码时，我们就会发现各个方法在这个类层次结构中的位置。在本节中，我们将简单讨论一下这些方法中的一小部分。

我们将依次考虑图 2-39 中的每一条产生式和规则。首先，我们将解释定义各种类型语句的产生式，然后再解释用于定义有限几种表达式的产生式。

⊖ 和它的对应"动态"指的是"当程序运行时"。很多语言也会进行某些动态检查。比如，像 Java 这样的面向对象语言有时必须在程序执行时检查类型，因为可能需要根据一个对象的特定子类来决定应该将哪个方法应用于该对象。

⊖ 其中的右括号的唯一作用是将表达式和语句分开。左括号实际上没有任何含义，把它放在那里只是为了让 while 语句看起来顺眼一些，因为如果没有左括号，C 语言中就会出现不匹配的括号对。

```
program  →  block                { return block.n; }
  block  →  '{' stmts '}'        { block.n = stmts.n; }
  stmts  →  stmts₁ stmt          { stmts.n = new Seq(stmts₁.n, stmt.n); }
         |  ε                    { stmts.n = null; }
   stmt  →  expr ;               { stmt.n = new Eval(expr.n); }
         |  if ( expr ) stmt₁
                                 { stmt.n = new If(expr.n, stmt₁.n); }
         |  while ( expr ) stmt₁
                                 { stmt.n = new While(expr.n, stmt₁.n); }
         |  do stmt₁ while ( expr ) ;
                                 { stmt.n = new Do(stmt₁.n, expr.n); }
         |  block                { stmt.n = block.n; }
   expr  →  rel = expr₁          { expr.n = new Assign('=', rel.n, expr₁.n); }
         |  rel                  { expr.n = rel.n; }
    rel  →  rel₁ < add           { rel.n = new Rel('<', rel₁.n, add.n); }
         |  rel₁ <= add          { rel.n = new Rel('≤', rel₁.n, add.n); }
         |  add                  { rel.n = add.n; }
    add  →  add₁ + term          { add.n = new Op('+', add₁.n, term.n); }
         |  term                 { add.n = term.n; }
   term  →  term₁ * factor       { term.n = new Op('*', term₁.n, factor.n); }
         |  factor               { term.n = factor.n; }
 factor  →  ( expr )             { factor.n = expr.n; }
         |  num                  { factor.n = new Num(num.value); }
```

图 2-39 为表达式和语句构造抽象语法树

语句的抽象语法树

我们在抽象语法中为每一种语句构造定义了相应的运算符。对于以关键字开头的构造，我们将使用这个关键字作为对应的运算符。因此，我们把 **while** 作为 while 语句的运算符，而把 **do** 作为 do-while 语句的运算符。对于条件语句，我们定义了两个运算符 **ifelse** 和 **if**，分别对应于带有和不带有 else 部分的 if 语句。在我们简单的示例性语言中，我们没有使用 else，所以仅有一种 **if** 语句。增加 **else** 会在语法分析过程中产生一些问题。我们将在 4.8.2 节中讨论这些问题。

每个语句运算符都有一个对应的同名的类，但是类名的首字符要大写。比如，类 *If* 对应于 **if**。此外，我们还定义了子类 *Seq*，它表示一个语句序列。这个子类对应于文法中的非终结符号 *stmts*。这些类都是 *Stmt* 的子类，而 *Stmt* 又是 *Node* 的子类。

图 2-39 中的翻译方案说明了抽象语法树结点的构建方法。一个典型的用于 if 语句的规则如下：

$$stmt \rightarrow \mathbf{if}(expr)\,stmt_1 \quad \{\ stmt.n\ =\ \mathbf{new}\ If(expr.n, stmt_1.n)\,;\ \}$$

if 语句中具有语义含义的成分是 *expr* 和 $stmt_1$。语义动作将结点 $stmt.n$ 定义为子类 *If* 的一个新对象。我们没有给出 *If* 的构造函数的代码。它创建一个标号为 **if**，子结点为 $expr.n$ 和 $stmt_1.n$ 的新结点。

表达式语句不以某个关键字开头，所以我们定义了一个新运算符 **eval** 及类 *Eval*（其中 *Eval* 是 *Stmt* 的一个子类）表示表达式语句。相关的规则如下：

$$stmt \rightarrow expr\,;\quad \{\ stmt.n\ =\ \mathbf{new}\ Eval(expr.n)\,;\ \}$$

在抽象语法树中表示语句块

在图 2-39 中，另一个语句构造是由一系列语句组成的语句块。考虑下面的规则：

$$stmt \rightarrow block \qquad \{ \; stmt.n \; = \; block.n; \; \}$$
$$block \rightarrow \text{'\{'} \; stmts \; \text{'\}'} \qquad \{ \; block.n \; = \; stmts.n; \; \}$$

第一个规则说明当一个语句是一个语句块时，它的抽象语法树和这个语句块的相同；第二个规则说明非终结符号 *block* 对应的抽象语法树就是该块中的语句序列对应的语法树。

为简单起见，图 2-39 中的语言不包含声明。虽然在附录 A 中包含声明，但我们将看到一个语句块的抽象语法树仍然就是块中的语句序列的抽象语法树。因为声明中的信息已经加入到符号表中，所以它们不需要出现在抽象语法树中。因此，不管它是否包含声明，语句块在中间代码中看起来就是一个普通的语句构造。

一个语句序列的表示方法如下：用一个叶子结点 **null** 表示一个空语句序列，用运算符 **seq** 表示一个语句序列。规则如下：

$$stmts \rightarrow stmts_1 \; stmt \quad \{ \; stmts.n \; = \; \textbf{new} \; Seq(stmts_1.n, \; stmt.n); \; \}$$

例 2.18 在图 2-40 中，我们可以看到表示一个语句块或语句列表的语法树的一部分。列表中有两个语句。第一个语句是一个 if 语句，第二个语句是 while 语句。我们没有显示在这个语句列表之上的那部分抽象语法树，并且将各棵子树用三角形表示，包括这个语句列表中对应于 if 语句和 while 语句的条件的抽象语法树，以及对应于这两个语句的子语句的语法树。 □

图 2-40 由一个 if 语句和一个 while 语句组成的语句列表的语法树的一部分

表达式的语法树

在以前的章节中，我们用三个非终结符号 *expr*、*term* 和 *factor* 使得乘法 * 相对加法 + 具有较高的优先级。我们在 2.2.6 节中指出，非终结符号的数目正好比表达式中优先级的层数多一。在图 2-39 中，我们增添了两个同优先级的比较运算符 < 和 <=，同时也保留了 + 和 * 运算符，故我们增加了一个新的非终结符号 *add*。

抽象语法允许我们将"相似的"运算符分为一组，以减少在实现表达式时需要处理的不同情况和需要设计的子类。在本章中，"相似的"意指运算符的类型检查规则和代码生成规则相近。比如，运算符 + 和 * 通常分为一组，因为它们可以用同一种方式进行处理——它们对运算分量类型的要求是一样的，且它们都会生成一个将一个运算符应用到两个数值之上的三地址指令。一般来说，在抽象语法中对运算符分组是根据编译器后期处理的需要来决定的。图 2-41 中的表描述了几种常见 Java 运算符的具体语法和抽象语法之间的对应关系。

具体语法	抽象语法
=	**assign**
||	**cond**
&&	**cond**
== !=	**rel**
< <= >= >	**rel**
+ -	**op**
* / %	**op**
!	**not**
$-_{unary}$	**minus**
[]	**access**

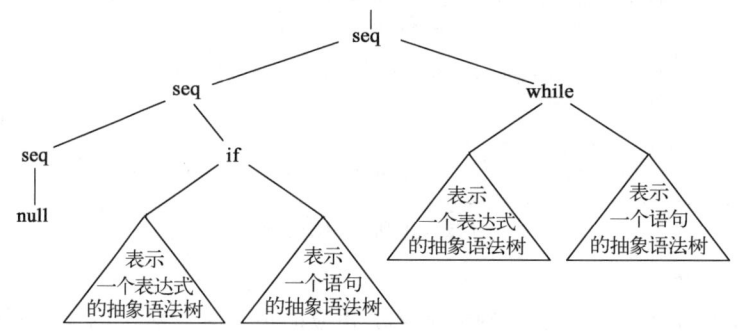

图 2-41 几种常见 Java 运算符的具体语法和抽象语法

在具体语法中，几乎所有的运算符都是左结合的，只有赋值运算符 = 是右结合的。同一行中

一个简单的语法制导翻译器   61

的运算符具有同样的优先级,也就是说 == 和 != 具有同样的优先级。各行是按照优先级递增的方式排列的,比如 == 比 && 或 = 的优先级更高。$-_{unary}$ 中的下标 unary 用于区分单目减号(比如 -2 中的符号)和双目减号(比如 2-a 中的符号)。运算符[]表示数组访问,例如 a[i]。

图中"抽象语法"列描述了运算符的分组方法。赋值运算符 = 所在的组仅包含它自己。组 **cond** 包含了条件布尔运算符 && 和 ||。组 **rel** 包含 == 和 < 所在行中的各个关系比较运算符。组 **op** 包含诸如 + 和 * 这样的算术运算符。单目减、逻辑非和数组访问运算符各自为一组。

图 2-41 中具体语法和抽象语法之间的映射关系可以通过编写翻译方案来实现。图 2-39 中的非终结符号 *expr*、*rel*、*add*、*term* 和 *factor* 的产生式描述了一些运算符的具体语法。这些运算符是图 2-41 中的运算符的一个代表性子集。这些产生式中的语义动作创建出相应的语法树结点。比如,规则

$$term \rightarrow term_1 * factor \quad \{ term.n = \textbf{new } Op\,(\,'*\,',\, term_1.n,\, factor.n)\,;\, \}$$

创建了类 Op 的结点,这个类实现了图 2-41 中被分在 **op** 组中的运算符。构造函数 Op 的参数中包含了一个 '*',它指明了实际的运算符。它的参数还包括对应于子表达式的结点 $term_1.n$ 和 $factor.n$。

2.8.3 静态检查

静态检查是指在编译过程中完成的各种一致性检查。这些检查不但可以确保一个程序被顺利地编译,而且还能在程序运行之前发现编程错误。静态检查包括:

- 语法检查。语法要求比文法中的要求更多。例如下面的这些约束:任何作用域内同一个标识符最多只能声明一次,一个 break 语句必须处于一个循环或 switch 语句之内。这些约束都是语法要求,但是它们并没有包括在用于语法分析的文法中。
- 类型检查。一种语言的类型规则确保一个运算符或函数被应用到类型和数量都正确的运算分量上。如果必须要进行类型转换,比如将一个浮点数与一个整数相加时,类型检查器就会在语法树中插入一个运算符来表示这个转换。下面我们将使用常用的术语"自动类型转换"来讨论类型转换的问题。

左值和右值

现在我们考虑一些简单的静态检查,它们可以在源程序的抽象语法树构造过程中完成。一般来说,在进行复杂的静态检查时,首先要生成源程序的某个中间表示,然后再分析这个中间表示。

赋值表达式左部和右部的标识符的含义是不一样的。在下面的两个赋值语句
```
i = 5;
i = i + 1;
```
中,表达式的右部描述了一个整数值,而左部描述的是用来存放该值的存储位置。术语左值(l-value)和右值(r-value)分别表示可以出现在赋值表达式左部和右部的值。也就是说,右值是我们通常所说的"值",而左值是存储位置。

静态检查要确保一个赋值表达式的左部表示的是一个左值。一个像 i 这样的标识符是一个左值,像 a[2] 这样的数组访问也是左值,但 2 这样的常量不可以出现在一个赋值表达式的左部,因为它有一个右值,但不是左值。

类型检查

类型检查确保一个构造的类型符合其上下文对它的期望。比如说,在 if 语句

  if(*expr*) *stmt*

中,期望表达式 *expr* 是 **boolean** 型的。

类型检查规则按照抽象语法中运算符/运算分量的结构进行描述。假设运算符 **rel** 表示关系运算符，如 <=。那么运算符组 **rel** 的类型规则是：它的两个运算分量必须具有相同的类型，而其结果为布尔类型。用属性 *type* 来表示一个表达式的类型，令 E 表示将 **rel** 应用于 E_1 和 E_2 的表达式。那么 E 的类型检查可以在创建它对应的抽象语法树的结点时进行，执行如下所示的代码即可：

if$(E_1.\textit{type} == E_2.\textit{type})E.\textit{type} = \text{boolean};$
else error;

即使在下面的情况下，仍可以运用将实际类型和期望类型相匹配的思想：

- 自动类型转换。当一个运算分量的类型被自动转换为运算符所期望的类型时，就发生了自动类型转换（coercion）。在一个像 2 * 3.14 这样的表达式中，常见的转换是将整数 2 转换为一个等值的浮点数 2.0，然后对得到的两个浮点运算分量执行相应的浮点运算。程序设计语言的定义指明了允许的自动类型转换方式。比如，上面讨论的 rel 的实际规则可能是这样的：$E_1.\textit{type}$ 和 $E_2.\textit{type}$ 可以被转换成相同的类型。如果是那样，把一个整数和一个浮点数比较就是合法的。
- 重载。Java 中的运算符 + 应用于整数运算分量时表示相加，而应用于字符串型运算分量时表示连接。如果一个符号在不同上下文中有不同的含义，那么我们说这个符号是重载（overloading）的。因此，在 Java 中 + 是重载的。我们可以通过已知的运算分量类型和结果类型来判断一个重载的运算符的含义。比如，如果我们知道 x、y 或 z 中的任意一个是字符串类型，那么表达式 z = x + y 中的运算符 + 的含义就是连接。然而，如果我们还知道其中另一个运算分量是整型的，那么我们就找到了一个类型错误，+ 的这次使用就没有意义。

2.8.4 三地址码

一旦抽象语法树构造完成，我们就可以计算树中各结点的属性值并执行各结点中的代码片段，进行进一步的分析和综合。我们将说明如何通过遍历语法树来生成三地址代码。具体地说，我们将显示如何编写一个抽象语法树的函数，并且同时生成必要的三地址代码。

三地址指令

三地址代码是由如下形式的指令组成的序列

$x = y$ **op** z

其中 x、y 和 z 可以是名字、常量或由编译器生成的临时量；而 **op** 表示一个运算符。

数组将由下面的两种变体指令来处理：

$x[y] = z$

$x = y[z]$

前者将 z 的值保存到 $x[y]$ 所指示的位置上，而后者则将 $y[z]$ 的值放到位置 x 上。

三地址指令将被顺序执行，但是当遇到一个条件或无条件跳转指令时，执行过程就会跳转。我们选择下面的指令来控制程序流：

```
ifFalse x goto L     如果 x 为假，下一步执行标号为 L 的指令
ifTrue  x goto L     如果 x 为真，下一步执行标号为 L 的指令
goto L               下一步执行标号为 L 的指令
```

在一个指令前加上前缀 L: 就表示将标号 L 附加到该指令。同一指令可以同时拥有多个标号。

最后，我们还需要一个拷贝值的指令。如下的三地址指令将 y 的值拷贝至 x 中：

$x = y$

语句的翻译

通过利用跳转指令实现语句内部的控制流，我们就可以将语句转换成为三地址代码。图 2-42 的代码布局说明了对语句 **if** *expr* **then** *stmt*$_1$ 的翻译。该代码布局中的跳转指令

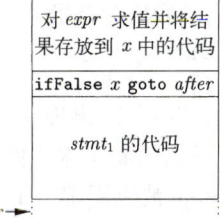

图 2-42 if 语句的代码布局

    ifFalse *x* goto *after*

将在 *expr* 的值为 **false** 时跳过语句 *stmt*$_1$ 对应的翻译结果。其他语句的翻译方法是类似的：我们将使用一些跳转指令在其各个组成部分对应的代码之间进行跳转。

为了具体说明，我们在图 2-43 中给出了类 *If* 的伪代码。类 *If* 是类 *Stmt* 的一个子类，对应于其他语句的类也是 *Stmt* 的子类。*Stmt* 的每一个子类（这里是 *If*）都有一个构造函数及一个为此类语句生成三地址代码的函数 *gen*。

```
class If extends Stmt {
    Expr E; Stmt S;
    public If(Expr x, Stmt y) { E = x; S = y; after = newlabel(); }
    public void gen() {
        Expr n = E.rvalue();
        emit( "ifFalse " + n.toString() + " goto " + after);
        S.gen();
        emit(after + ":");
    }
}
```

图 2-43 类 *If* 中的函数 *gen* 生成三地址代码

图 2-43 中的构造函数 *If* 构建了 if 语句的语法树结点。它有两个参数，一个表达式结点 *x* 和一个语句结点 *y*。它们被分别存放在属性 *E* 和 *S* 中。同时，这个构造函数调用了函数 *newlable*( )，给属性 *after* 赋予一个唯一的新标号。这个标号将按照图 2-42 所示的布局被使用。

一旦源程序的整个抽象语法树被创建完毕，函数 *gen* 在此抽象语法树的根结点处被调用。在我们的简单语言中，一个程序就是一个语句块，所以这棵抽象语法树的根结点就代表这个语句块中的语句序列。所有的语句类都有一个 *gen* 函数。

图 2-43 中类 *If* 的 *gen* 函数的伪代码具有代表性。它调用 *E.rvalue*( ) 函数来翻译表达式 *E*（即作为 if 语句的组成部分的布尔值表达式），并保存 *E.rvalue*( ) 返回的结果结点。我们稍后会讨论表达式的翻译。然后，*gen* 函数发生一个条件跳转指令，并且调用 *S.gen*( ) 来翻译子语句 *S*。

表达式的翻译

我们将考虑包含二目运算符 **op**、数组访问和赋值运算，并包含常量及标识符的表达式，以此来说明对表达式的翻译。为了简单起见，我们要求在数组访问 *y*[*z*] 中，*y* 必须为标识符⊖。关于表达式的中间代码生成的详细讨论请见 6.4 节。

我们将采用一种简单的方法，为一个表达式的语法树中的每个运算符结点都生成一个三地址指令。不需要为标识符和常量生成任何代码，因为它们可以作为地址出现在指令中。如果一个结点 *x* 的类为 *Expr*，其运算符为 **op**，我们就发出一个指令来计算结点 *x* 上的值，并将此值存放到一个由编译器生成的"临时"名字（比如 *t*）中。因此，i-j+k 会被翻译成为两条指令

⊖ 这个简单语言支持 a[a[n]]，但是不支持 a[m][n]。请注意，a[a[n]] 是形如 a[*E*] 的访问，其中的 *E* 是 a[n]。

```
t1 = i - j
t2 = t1 + k
```

在处理数组访问及赋值运算时要区分左值和右值。例如，对于 2 * a[i]，可以通过计算 a[i] 的右值并存放在一个临时量中而得到翻译结果，如下所示：

```
t1 = a [ i ]
t2 = 2 * t1
```

但是，当 a[i] 出现在一个赋值表达式的左边时，我们不能简单地以一个临时量来替换 a[i]。

我们的简单方法使用了两个函数 lvalue 及 rvalue，它们分别显示在图 2-44 和图 2-45 中。当函数 rvalue 被应用于一个非叶子结点 x 时，它生成一些指令，这些指令对 x 求值并存放到一个临时量中，然后该函数返回一个表示此临时量的新结点。当函数 lvalue 被应用于一个非叶子结点 x 时，它也会生成一些指令，这些指令计算 x 之下的各个子树。然后这个函数返回代表 x 的 "地址" 的新结点。

因为函数 lvalue 要处理的情况相对较少，我们首先对它进行描述。当将它应用于一个结点 x 时，如果此结点对应于一个标识符（即 x 的类是 Id），那么它直接返回 x。在我们的简单语言中，除此之外只存在一种情况会使一个表达式拥有左值，即结点 x 代表一个数组访问，比如 a[i]。在这种情况下，结点 x 形如 Access(y, z)，其中类 Access 是类 Expr 的子类，y 表示被访问数组的名字，而 z 表示被访问元素在该数组中的偏移量（下标）。在图 2-44 所示的伪代码中，函数 lvalue 会在必要时调用 rvalue(z) 来生成计算 z 的右值的指令。然后它创建并返回一个新的 Access 结点，此结点包含两个子结点，分别对应于数组名 y 及 z 的右值。

```
Expr lvalue(x : Expr) {
    if ( x 是一个 Id 结点 ) return x;
    else if ( x 是一个 Access(y, z) 结点，且 y 是一个 Id 结点 ) {
        return new Access(y, rvalue(z));
    }
    else error;
}
```

图 2-44　函数 lvalue 的伪代码

例 2.19　当结点 x 表示数组访问 a[2 * k] 时，lvalue(x) 的调用将生成指令

```
t = 2 * k
```

并返回一个表示 a[t] 的左值的新结点 x'，其中 t 是一个新的临时名字。

具体来说，lvalue 函数将运行到代码

return new Access(y , rvalue(z)) ;

处，此时 y 是对应于 a 的结点，z 是对应于表达式 2 * k 的结点。对 rvalue(x) 的调用生成了表达式 2 * k 的代码（即三地址语句 t = 2 * k），并返回表示临时名字 t 的新结点 z'。这个结点就成为新的 Access 结点 x' 的第二个字段的值。　□

图 2-45 中的函数 rvalue 生成指令并返回一个（可能是新生成的）结点。当 x 代表一个标识符或常量时，rvalue 返回 x 本身。在其他情况下，它都返回一个对应于新的临时名字 t 的 Id 结点。各种情况的处理如下：

- 如果结点 x 表示 y op z，则代码首先计算 y' = rvalue (y) 及 z' = rvalue (z)。它创建一个新的临时名字 t 并产生一个指令 t = y' op z'（更精确地说，生成了一个由代表 t、y'、op 和 z' 的字符串组合而成的指令字符串）。它返回一个对应于标识符 t 的结点。
- 如果结点 x 表示一个数组访问 y[z]，我们可以复用函数 lvalue。函数调用 lvalue(x) 返回一个数组访问 y[z']，其中 z' 代表一个标识符，它保存了该数组访问的偏移量。函数 rvalue

一个简单的语法制导翻译器   65

会创建一个临时变量 t，并按照 $t = y[z']$ 生成一个指令，最后返回一个对应于 t 的结点。
- 如果 x 表示 $y = z$，那么代码将首先计算 $z' = rvalue(z)$。它生成一条计算 $lvalue(y) = z'$ 的指令，并返回结点 z'。

```
Expr rvalue(x : Expr) {
    if ( x 是一个 Id 或者 Constant 结点 ) return x;
    else if ( x 是一个 Op(op, y, z) 或者 Rel(op, y, z) 结点 ) {
        t = 新的临时名字;
        生成对应于 t = rvalue(y) op rvalue(z) 的指令串;
        return 一个代表 t 的新结点;
    }
    else if ( x 是一个 Access(y, z) 结点 ) {
        t = 新的临时名字;
        调用 lvalue(x)，它返回一个 Access(y, z') 的结点;
        生成对应于 t = Access(y, z') 的指令串;
        return 一个代表 t 的新结点;
    }
    else if ( x 是一个 Assign(y, z) 结点 ) {
        z' = rvalue(z);
        生成对应于 lvalue(y) = z' 的指令串;
        return z';
    }
}
```

图 2-45 函数 rvalue 的伪代码

例 2.20 当将函数 rvalue 应用于

    a[i] = 2*a[j-k]

的语法树时，它将生成

    t3 = j - k
    t2 = a [t3]
    t1 = 2 * t2
    a [i] = t1

这棵语法树的根是 Assign 结点，它的第一个参数是 a[i]，第二个参数是 2*a[j-k]。因此，适用 rvalue 函数的第三种情况，函数被递归地应用于 2*a[j-k]。这棵子树的根结点是表示 * 的 Op 结点，因此 rvalue 首先创建一个临时变量 t1，然后处理左运算分量 2，再后是右运算分量。常量 2 没有生成三地址代码，rvalue 返回它的右值，即一个值为 2 的 Constant 结点。

右运算分量 a[j-k] 是一个 Access 结点，因此 rvalue 创建一个新的临时变量 t2，然后在这个结点上调用 lvalue 函数。函数 rvalue 被递归地调用来处理表达式 j-k。这个调用的副作用是创建临时变量 t3，然后生成三地址语句 t3=j-k。接着，函数的执行返回到正在处理 a[j-k] 的函数 lvalue 的活动中，临时名字 t2 被赋予整个数组访问表达式的右值，即 t2=a[t3]。

现在，我们返回到处理 Op 结点 2*a[j-k] 的 rvalue 的活动中。这次调用已经创建了临时变量 t1。作为一个副作用，rvalue 生成了一条执行这个乘法表达式的三地址指令。最后，应用于整个表达式的 rvalue 的调用活动在最后调用 lvalue 来处理左部 a[i]，然后生成了一条三地址指令 a[i]=t1。这个指令把这个赋值表达式的右部赋给左部。   □

改进表达式的代码

使用如下几种方法，我们可以改进图 2-45 中的函数 rvalue，使它生成更少的三地址指令：

- 在之后的优化阶段减少拷贝指令的数目。例如，对于指令 t = i + 1; i = t，如果 t 没有再被使用，我们就可以将它们合并为 i = i + 1。

- 充分考虑上下文的情况，在最初生成指令时就减少生成的指令。例如，如果一个三地址赋值指令的左部是一个数组访问 a[t]，那么其右部必然是一个名字、常量或临时变量，它们都只使用了一个地址。但如果左部是一个名字 x，那么其右部可以是一个使用两个地址的运算 y op z。

我们可以按照如下的方式来避免一些拷贝指令。首先修改翻译函数，使之生成一个部分完成的指令，该指令只进行计算，比如计算 j + k，但并不确定将结果保存在哪里，而是用 null 来替代结果地址：

$$null = j + k \tag{2.8}$$

随后，这个空的结果地址会被替换为适当的标识符或临时量。如果 j+k 位于一个赋值表达式的右部，如 i=j+k，那么 null 就会被替换为标识符。此时(2.8)就变成

```
i = j + k
```

但如果 j+k 是一个子表达式，比如它在 j+k+l 中，那么这个空的结果地址会被替换成一个新的临时变量 t，并且生成一个新的部分指令：

```
t = j + k
null = t + l
```

很多编译器想方设法使得它生成的代码和汇编代码专家手写的一样好，甚至更好。如果使用第 9 章中讨论的代码优化技术，那么一个有效的策略是首先使用一个简单的中间代码生成方法，然后依靠代码优化器来消除不必要的指令。

2.8.5　2.8 节的练习

练习 2.8.1：C 语言和 Java 语言中的 for 语句具有如下形式：

for($expr_1$; $expr_2$; $expr_3$) stmt

第一个表达式在循环之前执行，它通常被用来初始化循环下标。第二个表达式是一个测试，它在循环的每次迭代之前进行。如果这个表达式的结果变成 0，就退出循环。循环本身可以被看作语句{ stmt $expr_3$; }。第三个表达式在每一次迭代的末尾执行，它通常用来使循环下标递增。故 for 语句的含义类似于

$expr_1$; while($expr_2$){ stmt $expr_3$; }

仿照图 2-43 中的类 If，为 for 语句定义一个类 For。

练习 2.8.2：程序设计语言 C 中没有布尔类型。试说明 C 语言的编译器可能使用什么方法将一个 if 语句翻译成为三地址代码。

2.9　第 2 章总结

本章介绍的语法制导翻译技术可以用于构造如图 2-46 所示的编译器的前端。

- 构造一个语法制导翻译器要从源语言的文法开始。一个文法描述了程序的层次结构。文法的定义使用了称为终结符号的基本符号和称为非终结符号的变量符号。这些符号代表了语言的构造。一个文法的规则，即产生式，由一个作为产生式头或产生式左部的非终结符，以及称为产生式体或产生式右部的终结符号/非终结符号序列组成。文法中有一个非终结符被指派为开始符号。

- 在描述一个翻译器时，在程序构造中附加属性是非常有用的。属性是指与一个程序构造关联的任何量值。因为程序构造是使用文法符号来表示的，因此属性的概念也被扩展到文法符号上。属性的例子包括与一个表示数字的终结符号 **num** 相关联的整数值，或与一个表示标识符的终结符号 **id** 相关联的字符串。

一个简单的语法制导翻译器 67

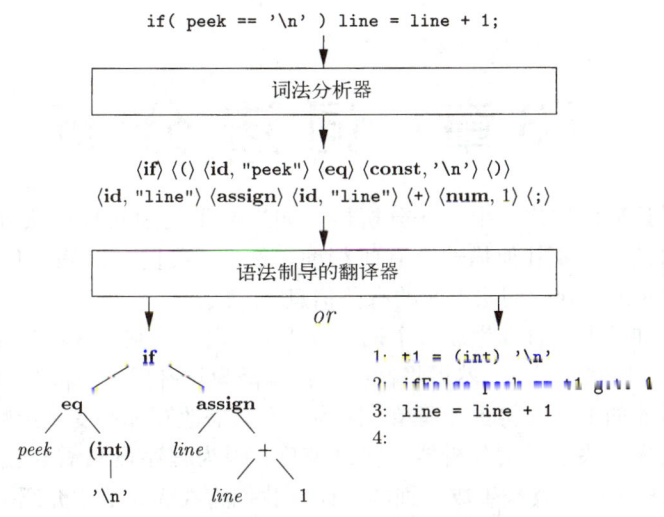

图 2-46 一个语句的两种可能的翻译结果

- 词法分析器从输入中逐个读取字符, 并输出一个词法单元的流, 其中词法单元由一个终结符号以及以属性值形式出现的附加信息组成。在图 2-46 中, 词法单元被写成用⟨⟩括起的元组。词法单元⟨**id**, "peek"⟩由终结符号 **id** 和一个指向包含字符串"peek"的符号表条目的指针构成。翻译器使用符号表来存放保留字和已经遇到的标识符。

- 语法分析要解决的问题是指出如何从一个文法的开始符号推导出一个给定的终结符号串。推导的方法是反复将某个非终结符替换为它的某个产生式的体。从概念上讲, 语法分析器会创建一棵语法分析树。该树的根结点的标号为文法的开始符号, 每个非叶子结点对应于一个产生式, 每个叶子结点的标号为一个终结符号或空串 ϵ。语法分析树推导出由它的叶子结点从左到右组成的终结符号串。

- 使用被称为预测语法分析法的自顶向下(从语法分析树的根结点到叶子结点)方法可以手工建立高效的语法分析器。预测分析器有对应于每个非终结符的子过程。该过程的过程体模拟了这个非终结符号的各个产生式。只要在输入流中向前看一个符号, 就可以无二义地确定该过程体中的控制流。其他语法分析方法见第 4 章。

- 语法制导翻译通过在文法中添加规则或程序片段来完成。在本章中, 我们只考虑了综合属性。任意结点 x 上的一个综合属性的值只取决于 x 的子结点(如果有的话)上的属性值。语法制导定义将规则和产生式相关联, 这些规则用于计算属性值。语法制导的翻译方案在产生式体中嵌入了称为语义动作的程序片段。这些语义动作按照语法分析中产生式的使用顺序执行。

- 语法分析的结果是源代码的一种中间表示形式, 称为中间代码。图 2-46 列出了中间代码的两种主要形式。抽象语法树中的各个结点代表了程序构造, 一个结点的子结点给出了该构造有意义的子构造。另一种表示方法是三地址代码, 它是一个由三地址指令组成的序列, 其中每个指令只执行一个运算。

- 符号表是存放有关标识符的信息的数据结构。当分析一个标识符的声明的时候, 该标识符的信息被放入符号表中。当在后来使用这个标识符时, 比如它作为一个表达式的因子使用时, 语义动作将从符号表中获取这些信息。

第3章 词法分析

本章我们主要讨论如何构建一个词法分析器。如果要手动地实现词法分析器,首先建立起每个词法单元的词法结构图或其他描述会有所帮助。然后,我们可以编写代码来识别输入中出现的每个词素,并返回识别到的词法单元的有关信息。

我们也可以通过如下方式自动生成一个词法分析器:向一个词法分析器生成工具(lexical-analyzer generator)描述出词素的模式,然后将这些模式编译为具有词法分析器功能的代码。这种方法使得修改词法分析器的工作变得更加简单,因为我们只需改写那些受到影响的模式,无需改写整个程序。这种方法还加快了词法分析器的实现速度,因为程序员只需要在很高的模式层次上描述软件,就可以依赖生成工具来生成详细的代码。我们将在3.5节中介绍一个名为 Lex 的词法分析器生成工具(它的一个最新的变体称为 Flex)。

在介绍词法分析器生成工具之前,我们先介绍正则表达式。正则表达式是一种可以很方便地描述词素模式的方法。我们将介绍如何对正则表达式进行转换:首先转换为不确定有穷自动机,然后再转换为确定有穷自动机。后两种表示方法可以作为一个"驱动程序"的输入。这个驱动程序就是一段模拟这些自动机的代码,它使用这些自动机来确定下一个词法单元。这个驱动程序以及对自动机的规约形成了词法分析器的核心部分。

3.1 词法分析器的作用

词法分析是编译的第一阶段。词法分析器的主要任务是读入源程序的输入字符、将它们组成词素,生成并输出一个词法单元序列,每个词法单元对应于一个词素。这个词法单元序列被输出到语法分析器进行语法分析。词法分析器通常还要和符号表进行交互。当词法分析器发现了一个标识符的词素时,它要将这个词素添加到符号表中。在某些情况下,词法分析器会从符号表中读取有关标识符种类的信息,以确定向语法分析器传送哪个词法单元。

这种交互过程在图3-1中给出。通常,交互是由语法分析器调用词法分析器来实现的。图中的命令 *getNextToken* 所指示的调用使得词法分析器从它的输入中不断读取字符,直到它识别出下一个词素为止。词法分析器根据这个词素生成下一个词法单元并返回给语法分析器。

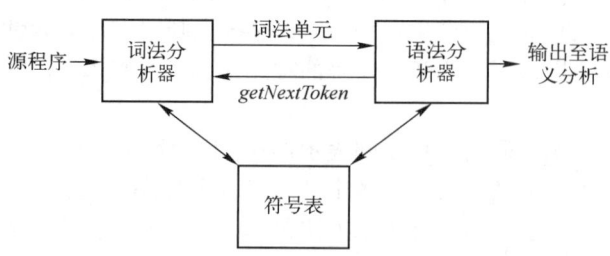

图3-1 词法分析器与语法分析器之间的交互

词法分析器在编译器中负责读取源程序,因此它还会完成一些识别词素之外的其他任务。任务之一是过滤掉源程序中的注释和空白(空格、换行符、制表符以及在输入中用于分隔词法单元的其他字符);另一个任务是将编译器生成的错误消息与源程序的位置联系起来。例如,词法分析器可以负责记录遇到的换行符的个数，以便给每个出错消息赋予一个行号。在某些编译器中，词法分析器会建立源程序的一个复制，并将出错消息插入到适当位置。如果源程序使用了一个宏预处理器，则宏的扩展也可以由词法分析器完成。

有时，词法分析器可以分成两个级联的处理阶段：

1）扫描阶段主要负责完成一些不需要生成词法单元的简单处理，比如删除注释和将多个连续的空白字符压缩成一个字符。

2）词法分析阶段是较为复杂的部分，它处理扫描阶段的输出并生成词法单元。

3.1.1 词法分析及语法分析

把编译过程的分析部分划分为词法分析和语法分析阶段有如下几个原因：

1）最重要的考虑是简化编译器的设计。将词法分析和语法分析分离通常使我们至少可以简化其中的一项任务。例如，如果一个语法分析器必须把空白符和注释当作语法单元进行处理，那么它就会比那些假设空白和注释已经被词法分析器过滤掉的处理器复杂得多。如果我们正在设计一个新的语言，将词法和语法分开考虑有助于我们得到一个更加清晰的语言设计方案。

2）提高编译器的效率。把词法分析器独立出来使我们能够使用专用于词法分析任务、不进行语法分析的技术。此外，我们可以使用专门的用于读取输入字符的缓冲技术来显著提高编译器的速度。

3）增强编译器的可移植性。输入设备相关的特殊性可以被限制在词法分析器中。

3.1.2 词法单元、模式和词素

在讨论词法分析时，我们使用三个相关但有区别的术语：

- 词法单元由一个词法单元名和一个可选的属性值组成。词法单元名是一个表示某种词法单位的抽象符号，比如一个特定的关键字，或者代表一个标识符的输入字符序列。词法单元名字是由语法分析器处理的输入符号。在后面的内容中，我们通常使用黑体字给出词法单元名。我们将使用词法单元的名字来引用一个词法单元。
- 模式描述了一个词法单元的词素可能具有的形式。当词法单元是一个关键字时，它的模式就是组成这个关键字的字符序列。对于标识符和其他词法单元，模式是一个更加复杂的结构，它可以和很多符号串匹配。
- 词素是源程序中的一个字符序列，它和某个词法单元的模式匹配，并被词法分析器识别为该词法单元的一个实例。

例 3.1 图 3-2 给出了一些常见的词法单元、非正式描述的词法单元的模式，并给出了一些示例词素。下面说明上述概念在实际中是如何应用的。在 C 语句
```
printf("Total = % d\n",score);
```
中，printf 和 score 都是和词法单元 id 的模式匹配的词素，而"Total = % d\n"则是一个和 **literal** 匹配的词素。   □

词法单元	非正式描述	词素示例
if	字符 i, f	if
else	字符 e, l, s, e	else
comparison	< 或 > 或 <= 或 >= 或 == 或 !=	<=, !=
id	字母开头的字母 / 数字串	pi, score, D2
number	任何数字常量	3.14159, 0, 6.02e23
literal	在两个 " 之间，除 " 以外的任何字符	"core dumped"

图 3-2 词法单元的例子

在很多程序设计语言中，下面的类别覆盖了大部分或所有的词法单元：

1) 每个关键字有一个词法单元。一个关键字的模式就是该关键字本身。
2) 表示运算符的词法单元。它可以表示单个运算符，也可以像图3-2中的 **comparison** 那样，表示一类运算符。
3) 一个表示所有标识符的词法单元。
4) 一个或多个表示常量的词法单元，比如数字和字面值字符串。
5) 每一个标点符号有一个词法单元，比如左右括号、逗号和分号。

3.1.3 词法单元的属性

如果有多个词素可以和一个模式匹配，那么词法分析器必须向编译器的后续阶段提供有关被匹配词素的附加信息。例如，0和1都能和词法单元 **number** 的模式匹配，但是对于代码生成器而言，至关重要的是知道在源程序中找到了哪个词素。因此，在很多情况下，词法分析器不仅仅向语法分析器返回一个词法单元名字，还会返回一个描述该词法单元的词素的属性值。词法单元的名字将影响语法分析过程中的决定，而这个属性则会影响语法分析之后对这个词法单元的翻译。

我们假设一个词法单元至多有一个相关的属性值，当然这个属性值可能是一个组合了多种信息的结构化数据。最重要的例子是词法单元 **id**，我们通常会将很多信息和它关联。一般来说，和一个标识符有关的信息——例如它的词素、类型、它第一次出现的位置（在发出一个有关该标识符的错误消息时需要使用这个信息）——都保存在符号表中。因此，一个标识符的属性值是一个指向符号表中该标识符对应条目的指针。

识别词法单元时的棘手问题

如果给定一个描述了某词法单元的词素的模式，在与之匹配的词素出现在输入中时识别出匹配的词素是相对简单的。然而，在某些程序设计语言中，要判断是否识别到一个和某词法单元匹配的词素并不是一件轻而易举的事。下面的例子来自 Fortran 语言的固定格式（fixed-format）程序。Fortran 90 中仍然支持固定格式。在语句

```
DO 5 I = 1.25
```

中，在我们看到1后的小数点之前，我们并不能确定 DO5I 是第一个词素，即一个标识符词法单元的实例。注意，在 Fortran 语言的固定格式中，空格是被忽略的（这是一种过时的惯例）。假如我们看到的是一个逗号，而不是小数点，那么我们就得到了一个 do 语句

```
DO 5 I = 1,25
```

在这个语句中，第一个词素是关键字 DO。

例 3.2 Fortran 语句

```
E = M * C ** 2
```

中的词法单元名字和相关的属性值可写成如下的名字-属性对序列：

  <**id**, 指向符号表中 E 的条目的指针>
  <**assign_op**>
  <**id**, 指向符号表中 M 的条目的指针>
  <**mult_op**>
  <**id**, 指向符号表中 C 的条目的指针>
  <**exp_op**>
  <**number**, 整数值 2>

注意，在某些对中，特别是运算符、标点符号和关键字的对中，不需要有属性值。在这个例子中，

词法单元 **number** 有一个整数属性值。在实践中，编译器将保存一个代表该常量的字符串，并将一个指向该字符串的指针作为 **number** 的属性值。 □

3.1.4 词法错误

如果没有其他组件的帮助，词法分析器很难发现源代码中的错误。比如，当词法分析器在 C 程序片断

```
fi(a == f(x))…
```

中第一次遇到 `fi` 时，它无法指出 `fi` 究竟是关键字 `if` 的误写还是一个未声明的函数标识符。由于 `fi` 是标识符 `id` 的一个合法词素，因此词法分析器必须向语法分析器返回这个 `id` 词法单元，而让编译器的另一个阶段（在这个例子里是语法分析器）去处理这个因为字母颠倒而引起的错误。

然而，假设出现所有词法单元的模式都无法和剩余输入的某个前缀相匹配的情况，此时词法分析器就不能继续处理输入。当出现这种情况时，最简单的错误恢复策略是"恐慌模式"恢复。我们从剩余的输入中不断删除字符，直到词法分析器能够在剩余输入的开头发现一个正确的词法单元为止。这个恢复技术可能会给语法分析器带来混乱。但是在交互计算环境中，这个技术已经足够了。

可能采取的其他错误恢复动作包括：

1) 从剩余的输入中删除一个字符。
2) 向剩余的输入中插入一个遗漏的字符。
3) 用一个字符来替换另一个字符。
4) 交换两个相邻的字符。

这些变换可以在试图修复错误输入时进行。最简单的策略是看一下是否可以通过一次变换将剩余输入的某个前缀变成一个合法的词素。这种策略还是有道理的，因为在实践中，大多数词法错误只涉及一个字符。另外一种更加通用的改正策略是计算出最少需要多少次变换才能够把一个源程序转换成为一个只包含合法词素的程序。但是在实践中发现这种方法的代价太高，不值得使用。

3.1.5 3.1 节的练习

练习 3.1.1：根据 3.1.2 节中的讨论，将下面的 C++ 程序

```
float limitedSquare(x){float x;
    /* returns x-squared, but never more than 100 */
    return (x<=-10.0||x>=10.0)?100:x*x;
}
```

划分成正确的词素序列。哪些词素应该有相关联的词法值？应该具有什么值？

练习 3.1.2：像 HTML 或 XML 之类的标记语言不同于传统的程序设计语言，它们要么包含有很多标点符号（标记），如 HTML，要么使用由用户自定义的标记集合，如 XML。而且标记还可以带有参数。请指出如何把如下的 HTML 文档

```
Here is a photo of <B>my house</B>;
<P><IMG SRC = "house.gif"><BR>
See <A HREF = "morePix.html">More Pictures</A> if you
liked that one.<P>
```

划分成适当的词素序列。哪些词素应该具有相关联的词法值？应该具有什么样的值？

3.2 词法单元的规约

正则表达式是一种用来描述词素模式的重要表示方法。虽然正则表达式不能表达出所有可能的模式，但是它们可以高效地描述在处理词法单元时要用到的模式类型。在这一节中，我们将

研究正则表达式的形式化表示方法。在 3.4 节中，我们将看到如何将这些表达式运用到词法分析器生成工具中。然后，3.6 节显示了如何将正则表达式转换成能够识别所描述的词法单元的自动机，并由此建立一个词法分析器。

3.2.1 串和语言

字母表(alphabet)是一个有限的符号集合。符号的典型例子包括字母、数位和标点符号。集合{0, 1}是二进制字母表(binary alphabet)。ASCII 是字母表的一个重要例子，它被用于很多软件系统中。Unicode 包含了大约 100000 个来自世界各地的字符，它是字母表的另一个重要例子。

某个字母表上的一个串(string)是该字母表中符号的一个有穷序列。在语言理论中，术语"句子"和"字"常常被当作"串"的同义词。串 s 的长度，通常记作|s|，是指 s 中符号出现的次数。例如，banana 是一个长度为 6 的串。空串(empty string)是长度为 0 的串，用 ϵ 表示。

语言(language)是某个给定字母表上一个任意的可数的串集合。这个定义非常宽泛。根据这个定义，像空集 $\emptyset$ 和仅包含空串的集合{ϵ}都是语言。所有语法正确的 C 程序的集合，以及所有语法正确的英语句子的集合也都是语言，虽然后两种语言难以精确地描述。注意，这个定义并没有要求语言中的串一定具有某种含义。定义串的"含义"的方法将在第 5 章中讨论。

串的各部分的术语

下面是一些与串相关的常用术语：

1) 串 s 的前缀(prefix)是从 s 的尾部删除 0 个或多个符号后得到的串。例如，ban、banana 和 ϵ 是 banana 的前缀。

2) 串 s 的后缀(suffix)是从 s 的开始处删除 0 个或多个符号后得到的串。例如，nana、banana 和 ϵ 是 banana 的后缀。

3) 串 s 的子串(substring)是删除 s 的某个前缀和某个后缀之后得到的串。例如，bnana、nan 和 ϵ 是 banana 的子串。

4) 串 s 的真(true)前缀、真后缀、真子串分别是 s 的既不等于 ϵ，也不等于 s 本身的前缀、后缀和子串。

5) 串 s 的子序列(subsequence)是从 s 中删除 0 个或多个符号后得到的串，这些被删除的符号可能不相邻。例如，baan 是 banana 的一个子序列。

如果 x 和 y 是串，那么 x 和 y 的连接(concatenation)(记作 xy)是把 y 附加到 x 后面而形成的串。例如，如果 x = dog 且 y = house，那么 xy = doghouse。空串是连接运算的单位元，也就是说，对于任何串 s 都有，$s\epsilon = \epsilon s = s$。

如果把两个串的连接看成是这两个串的"乘积"，我们可以定义串的"指数"运算如下：定义 s^0 为 ϵ，并且对于 $i > 0$，s^i 为 $s^{i-1}s$。因为 $\epsilon s = s$，由此可知 $s^1 = s$，$s^2 = ss$，$s^3 = sss$，依此类推。

3.2.2 语言上的运算

在词法分析中，最重要的语言上的运算是并、连接和闭包运算。图 3-3 给出了这些运算的正式定义。并运算是常见的集合运算。语言的连接就是以各种可能的方式，从第一个语言中任取一个串，再从第二个语言任取一个串，然后将它们连接后得到的所有串的集合。一个语言 L 的 Kleene 闭包(closure)，记为 L^*，就是将 L 连接 0 次或多次后得到的串集。注意，L^0，即"将 L 连接 0 次得到的集合"，被定义为{ϵ}，并且 L^i 被归纳地定义为 $L^{i-1}L$。最后，L 的正闭包，(记为 L^+)和 Kleene 闭包基本相同，但是不包含 L^0。也就是说，除非 ϵ 属于 L，否则 ϵ 不属于 L^+。

词法分析

运算	定义和表示
L 和 M 的并	$L \cup M = \{s \mid s$ 属于 L 或者 s 属于 $M\}$
L 和 M 的连接	$LM = \{st \mid s$ 属于 L 且 t 属于 $M\}$
L 的 Kleene 闭包	$L^* = \cup_{i=0}^{\infty} L^i$
L 的正闭包	$L^+ = \cup_{i=1}^{\infty} L^i$

图 3-3 语言上的运算的定义

例 3.3 令 L 表示字母的集合 $\{A, B, \cdots, Z, a, b, \cdots, z\}$，令 D 表示数位的集合 $\{0, 1, \cdots, 9\}$。我们可以用两种不同但等价的方式来考虑 L 和 D。一种方法是将 L 看成是大、小写字母组成的字母表，将 D 看成是 10 个数位组成的字母表。另一种方法是将 L 和 D 看作语言，它们的所有串的长度都为一。下面是一些根据图 3-6 中的运算符从 L 和 D 构造得到的新语言：

1) $L \cup D$ 是字母和数位的集合——严格地讲，这个语言包含 62 个长度为 1 的串，每个串是一个字母或一个数位。

2) LD 是包含 520 个长度为 2 的串的集合，每个串都是一个字母跟一个数位。

3) L^4 是所有由四个字母构成的串的集合。

4) L^* 是所有由字母构成的串的集合，包括空串 ϵ。

5) $L(L \cup D)^*$ 是所有以字母开头的，由字母和数位组成的串的集合。

6) D^+ 是由一个或多个数位构成的串的集合。

3.2.3 正则表达式

假设我们要描述 C 语言的所有合法标识符的集合。它差不多就是例 3.3 的第 5 项所定义的语言，唯一的不同是 C 的标识符中可以包括下划线。

在例 3.3 中，我们可以首先给出字母和数位集合的名字，然后使用并、连接和闭包这些运算符来描述标识符。这种处理方法非常有用。因此，人们常常使用一种称为正则表达式的表示方法来描述语言。正则表达式可以描述所有通过对某个字母表上的符号应用这些运算符而得到的语言。在这种表示法中，如果使用 letter_ 来表示任一字母或下划线，用 digit_ 来表示数位，那么可以使用如下的正则表达式来描述对应于 C 语言标识符的语言：

$$letter\_(letter\_ \mid digit)^*$$

上式中的竖线表示并运算，括号用于把子表达式组合在一起，星号表示"零个或多个"括号中达式的连接，将 letter_ 和表达式的其余部分并列表示连接运算。

正则表达式可以由较小的正则表达式按照如下规则递归地构建。每个正则表达式 r 表示一个语言 $L(r)$，这个语言也是根据 r 的子表达式所表示的语言递归地定义的。下面的规则定义了某个字母表 Σ 上的正则表达式以及这些表达式所表示的语言。

归纳基础：如下两个规则构成了归纳基础：

1) ϵ 是一个正则表达式，$L(\epsilon) = \{\epsilon\}$，即该语言只包含空串。

2) 如果 a 是 Σ 上的一个符号，那么 **a** 是一个正则表达式，并且 $L(\mathbf{a}) = \{a\}$。也就是说，这个语言仅包含一个长度为 1 的符号串 a。请注意，根据惯例，我们通常用斜体表示符号，粗体表示它们所对应的正则表达式。⊖

⊖ 然而，当讨论 ASCII 字符集中的特定字符时，我们通常将使用电传字体同时表示字符和它的正则表达式。

归纳步骤：由小的正则表达式构造较大的正则表达式的步骤有四个部分。假定 r 和 s 都是正则表达式，分别表示语言 $L(r)$ 和 $L(s)$，那么：

1) $(r)|(s)$ 是一个正则表达式，表示语言 $L(r) \cup L(s)$。
2) $(r)(s)$ 是一个正则表达式，表示语言 $L(r)L(s)$。
3) $(r)^*$ 是一个正则表达式，表示语言 $(L(r))^*$。
4) (r) 是一个正则表达式，表示语言 $L(r)$。最后这个规则是说在表达式的两边加上括号并不影响表达式所表示的语言。

按照上面的定义，正则表达式经常会包含一些不必要的括号。如果我们采用如下的约定，就可以丢掉一些括号：

1) 一元运算符 * 具有最高的优先级，并且是左结合的。
2) 连接具有次高的优先级，它也是左结合的。
3) | 的优先级最低，并且也是左结合的。

例如，我们可以根据这个约定将 $(\mathbf{a})|((\mathbf{b})^*(\mathbf{c}))$ 改写为 $\mathbf{a}|\mathbf{b}^*\mathbf{c}$。这两个表达式都表示同样的串集合，其中的元素要么是单个 a，要么是由 0 个或多个 b 后面再跟一个 c 组成的串。

例 3.4 令 $\Sigma = \{a, b\}$。

1) 正则表达式 $\mathbf{a}|\mathbf{b}$ 表示语言 $\{a, b\}$。
2) 正则表达式 $(\mathbf{a}|\mathbf{b})(\mathbf{a}|\mathbf{b})$ 表示语言 $\{aa, ab, ba, bb\}$，即在字母表 Σ 上长度为 2 的所有串的集合。可表示同样语言的另一个正则表达式是 $\mathbf{aa}|\mathbf{ab}|\mathbf{ba}|\mathbf{bb}$。
3) 正则表达式 $\mathbf{a}^*$ 表示所有由零个或多个 a 组成的串的集合，即 $\{\epsilon, a, aa, aaa, \cdots\}$。
4) 正则表达式 $(\mathbf{a}|\mathbf{b})^*$ 表示由零个或多个 a 或 b 的实例构成的串的集合，即由 a 和 b 构成的所有串的集合 $\{\epsilon, a, b, aa, ab, ba, bb, aaa, \cdots\}$。另一个表示相同语言的正则表达式是 $(\mathbf{a}^*\mathbf{b}^*)^*$。
5) 正则表达式 $\mathbf{a}|\mathbf{a}^*\mathbf{b}$ 表示语言 $\{a, b, ab, aab, aaab, \cdots\}$，也就是串 a 和以 b 结尾的零个或多个 a 组成的串的集合。 □

可以用一个正则表达式定义的语言叫做正则集合（regular set）。如果两个正则表达式 r 和 s 表示同样的语言，则称 r 和 s 等价（equivalent），记作 $r = s$。例如，$(\mathbf{a}|\mathbf{b}) = (\mathbf{b}|\mathbf{a})$。正则表达式遵守一些代数定律，每个定律都断言两个具有不同形式的表达式等价。图 3-4 给出了一些对于任意正则表达式 r、s 和 t 都成立的代数定律。

定律	描述
$r\|s = s\|r$	| 是可以交换的
$r\|(s\|t) = (r\|s)\|t$	| 是可结合的
$r(st) = (rs)t$	连接是可结合的
$r(s\|t) = rs\|rt; (s\|t)r = sr\|tr$	连接对 | 是可分配的
$\epsilon r = r\epsilon = r$	ϵ 是连接的单位元
$r^* = (r\|\epsilon)^*$	闭包中一定包含 ϵ
$r^{**} = r^*$	* 具有幂等性

图 3-4 正则表达式的代数定律

3.2.4 正则定义

为方便表示，我们可能希望给某些正则表达式命名，并在之后的正则表达式中像使用符号一样使用这些名字。如果 Σ 是基本符号的集合，那么一个正则定义（regular definition）是具有如下形式的定义序列：

$$d_1 \rightarrow r_1$$
$$d_2 \rightarrow r_2$$
$$\cdots$$
$$d_n \rightarrow r_n$$

其中：
- 每个 d_i 都是一个新符号，它们都不在 Σ 中，并且各不相同。
- 每个 r_i 是字母表 $\Sigma \cup \{d_1, d_2, \cdots, d_{i-1}\}$ 上的正则表达式。

我们限制每个 r_i 中只含有 Σ 中的符号和在它之前定义的各个 d_j，因此避免了递归定义的问题，并且我们可以为每个 r_i 构造出只包含 Σ 中符号的正则表达式。我们可以首先将 r_2（它不能使用 d_1 之外的任何 d）中的 d_1 替换为 r_1，然后再将 r_3 中的 d_1 和 d_2 替换为 r_1 和（替换之后的）r_2，依此类推。最后，我们将 r_n 中的 $d_i (i = 1, 2, \cdots, n-1)$ 替换为 r_i 的经替换后的版本，在这些版本中都只包含 Σ 中的符号。

例 3.5　C 语言的标识符是由字母、数字和下划线组成的串。下面是 C 标识符对应的语言的一个正则定义。我们将按照惯例用斜体字来表示正则定义中定义的符号。

$$\begin{aligned} \mathit{letter\_} &\rightarrow \mathtt{A} \mid \mathtt{B} \mid \cdots \mid \mathtt{Z} \mid \mathtt{a} \mid \mathtt{b} \mid \cdots \mid \mathtt{z} \mid \_ \\ \mathit{digit} &\rightarrow \mathtt{0} \mid \mathtt{1} \mid \cdots \mid \mathtt{9} \\ \mathit{id} &\rightarrow \mathit{letter\_} \ (\ \mathit{letter\_} \mid \mathit{digit} \ )^* \end{aligned}$$

□

例 3.6　（整型或浮点型）无符号数是形如 5280、0.01234、6.336E4 或 1.89E−4 的串。下面的正则定义给出了这类符号串的精确规约：

$$\begin{aligned} \mathit{digit} &\rightarrow \mathtt{0} \mid \mathtt{1} \mid \cdots \mid \mathtt{9} \\ \mathit{digits} &\rightarrow \mathit{digit} \ \mathit{digit}^* \\ \mathit{optionalFraction} &\rightarrow . \ \mathit{digits} \mid \epsilon \\ \mathit{optionalExponent} &\rightarrow (\ \mathtt{E} \ (\ + \mid - \mid \epsilon \ ) \ \mathit{digits} \ ) \mid \epsilon \\ \mathit{number} &\rightarrow \mathit{digits} \ \mathit{optionalFraction} \ \mathit{optionalExponent} \end{aligned}$$

在这个定义中，$\mathit{optionalFraction}$ 要么是空串，要么是小数点后再跟一个或多个数位。$\mathit{optionalExponent}$ 如果不是空串，就是字母 E 后跟随一个可选的 + 号或 − 号，再跟上一个或多个数位。请注意，小数点后至少要跟一个数位，所以 number 和 1. 不匹配，但和 1.0 匹配。　□

3.2.5 正则表达式的扩展

自从 Kleene 在 20 世纪 50 年代提出了带有基本运算符并、连接和 Kleene 闭包的正则表达式之后，已经出现了很多种针对正则表达式的扩展，它们被用来增强正则表达式描述串模式的能力。在这里，我们介绍的一些最早出现在像 Lex 这样的 Unix 实用程序中的扩展表示法。这些扩展表示法在词法分析器的规约中非常有用。本章的参考文献中包含了一个对当今仍在使用的正则表达式变体的讨论。

1) 一个或多个实例。单目后缀运算符 + 表示一个正则表达式及其语言的正闭包。也就是说，如果 r 是一个正则表达式，那么 $(r)^+$ 就表示语言 $(L(r))^+$。运算符 + 和运算符 * 具有同样的优先级和结合性。两个有用的代数定律 $r^* = r^+ \mid \epsilon$ 和 $r^+ = rr^* = r^*r$ 说明了 Kleene 闭包 * 和正闭包之间的关系。

2) 零个或一个实例。单目后缀运算符 ? 的意思是"零个或一个出现"。也就是说，$r?$ 等价于 $r \mid \epsilon$，换句话说，$L(r?) = L(r) \cup \{\epsilon\}$。运算符 ? 与运算符 + 和运算符 * 具有同样的优先级和结

3) 字符类。一个正则表达式 $a_1 | a_2 | \cdots | a_n$（其中 a_i 是字母表中的各个符号）可以缩写为 $[a_1 a_2 \cdots a_n]$。更重要的是，当 $a_1, a_2, \cdots, a_n$ 形成一个逻辑上连续的序列时，比如连续的大写字母、小写字母或数位时，我们可以把它们表示成 $a_1 - a_n$。也就是说，只写出第一个和最后一个符号，中间用连词符隔开。因此，[abc]是a|b|c的缩写，[a-z]是a|b|⋯|z的缩写。

例 3.7 根据这些缩写表示法，我们可以将例 3.5 中的正则定义改写为：

$$\begin{aligned} letter\_ &\to [\text{A-Za-z\_}] \\ digit &\to [\text{0-9}] \\ id &\to letter\_ \, (\, letter\_ \, | \, digit \,)^* \end{aligned}$$

例 3.6 的正则定义可以简化为：

$$\begin{aligned} digit &\to [\text{0-9}] \\ digits &\to digit^+ \\ number &\to digits \, (\, . \, digits \,)? \, (\, \text{E} \, [\text{+-}]? \, digits \,)? \end{aligned}$$

3.2.6 3.2 节的练习

练习 3.2.1：对于下列各个语言，查询语言使用手册以确定：(i) 形成各语言的输入字母表的字符集分别是什么(不包括那些只能出现在字符串或注释中的字符)？(ii) 各语言的数字常量的词法形式是什么？(iii) 各语言的标识符的词法形式是什么？

(1) C (2) C++ (3) C# (4) Fortran (5) Java (6) Lisp (7) SQL

! **练习 3.2.2**：试描述下列正则表达式定义的语言：

1) **a(a|b)*a**
2) **((ϵ|a)b*)***
3) **(a|b)*a(a|b)(a|b)**
4) **a*ba*ba*ba***
!! 5) **(aa|bb)*((ab|ba)(aa|bb)*(ab|ba)(aa|bb)*)***

练习 3.2.3：试说明在一个长度为 n 的字符串中，分别有多少个

1) 前缀
2) 后缀
3) 真前缀
! 4) 子串
! 5) 子序列

练习 3.2.4：很多语言都是大小写敏感的(case sensitive)，因此这些语言的关键字只能有一种写法，描述这些关键字的词素的正则表达式就很简单。但是，像 SQL 这样的语言是大小写不敏感的(case insensitive)，一个关键字既可以大写，也可以小写，还可以大小写混用。因此，SQL 中的关键字 SELECT 可以写成 select、Select 或 sElEcT。请描述出如何用正则表达式来表示大小写不敏感的语言中的关键字。给出描述 SQL 语言中的关键字"select"的表达式，以说明你的思想。

! **练习 3.2.5**：试写出下列语言的正则定义：

1) 包含 5 个元音的所有小写字母串，这些串中的元音按顺序出现。
2) 所有由按词典递增序排列的小写字母组成的串。
3) 注释，即/*和*/之间的串，且串中没有不在双引号(")中的*/。
!! 4) 所有不重复的数位组成的串。提示：首先尝试解决只含有少量数位(比如$\{0,1,2\}$)的数位串。
!! 5) 所有最多只有一个重复数位的串。

!!6) 所有由偶数个 a 和奇数个 b 构成的串。

7) 以非正式方式表示的国际象棋的步法的集合，如 p-k4 或 kbp×qn。

!!8) 所有由 a 和 b 组成且不含子串 abb 的串。

9) 所有由 a 和 b 组成且不含子序列 abb 的串。

练习 3.2.6：为下列的字符集合写出对应的字符类。

1) 英文字母的前 10 个字母（从 a~j），包括大写和小写。

2) 所有小写的辅音字母的集合。

3) 十六进制中的"数位"（对大于 9 的数位，自己决定大写或小写）。

4) 可以出现在一个合法的英语句子后面的字符集（比如感叹号）。

从下面开始直到练习 3.2.10（含）讨论了来自 Lex 的正则表达式的扩展表示方法（我们将在 3.4 节中讨论这个词法分析器生成工具）。这些扩展表示方法在图 3-5 中列出。

表达式	匹配	例子
c	单个非运算符字符 c	a
\c	字符 c 的字面值	*
"s"	串 s 的字面值	"**"
.	除换行符以外的任何字符	a.*b
^	一行的开始	^abc
$	行的结尾	abc$
[s]	字符串 s 中的任何一个字符	[abc]
[^s]	不在串 s 中的任何一个字符	[^abc]
r*	和 r 匹配的零个或多个串连接成的串	a*
r+	和 r 匹配的一个或多个串连接成的串	a+
r?	零个或一个 r	a?
r{m,n}	最少 m 个，最多 n 个 r 的重复出现	a{1,5}
$r_1 r_2$	r_1 后加上 r_2	ab
$r_1 \| r_2$	r_1 或 r_2	a|b
(r)	与 r 相同	(a|b)
r_1/r_2	后面跟有 r_2 时的 r_1	abc/123

图 3-5 Lex 的正则表达式

练习 3.2.7：请注意这些正则表达式中的下列字符（称为运算符字符）都具有特殊的含义：

$$\backslash " . \ \hat{}\ \$ \ [\ ] \ * \ + \ ? \ \{ \ \} \ | \ /$$

如果想要使得这些特殊字符在一个串中表示它们自身，就必须取消它们的特殊含义。我们将它们放在一个长度大于等于 1 且加上双引号的串中就可以取消特殊含义。例如，正则表达式 "**" 和字符串 ** 匹配。我们也可以在一个运算符字符前加一个反斜线，得到这个字符的字面含义。那么，正则表达式 ** 也和串 ** 匹配。请写出一个和字符串 "\ 匹配的正则表达式。

练习 3.2.8：在 Lex 中，补集字符类（complemented character class）代表该字符类中列出的字符之外的所有字符。我们将^放在开头来表示一个补集字符类。除非^在该字符类内列出，否则这个字符不在被取补的字符类中。因此，[^A-Za-z]匹配所有不是大小写字母的字符，[^\^]匹配除^(以及换行符，因为它不在任何字符类中)之外的任何字符。试证明：对于每个带有补集字符类的正则表达式，都存在一个等价的不含补集字符类的正则表达式。

!**练习 3.2.9**：正则表达式 r{m,n} 和模式 r 的 m 到 n 次重复出现相匹配。例如，a{1,5} 和由 1~5 个 a 组成的串匹配。试证明：对于每一个包含这种形式的重复运算符的正则表达式，都

存在一个等价的不包含重复运算符的正则表达式。

! 练习 3.2.10：运算符^匹配一行的最左端，$匹配一行的最右端。运算符^也被用作补集字符类的首字符，但是通过上下文总是能够确定它的含义。例如，^[^aeiou] *$匹配任何一个不包含小写元音字符的行。

1）你怎样判断^到底表示哪一个意思？

2）是否总是能够将一个包括^和$运算符的正则表达式替换为一个等价的不包含这些运算符的正则表达式？

! 练习 3.2.11：UNIX 的 shell 命令 sh 在文件名表达式中使用图 3-6 中的运算符来描述文件名的集合。例如，文件名表达式 *.o 和所有以 .o 结束的文件名匹配；sort1.? 和所有形如 sort1.c 的文件名匹配，其中 c 可以是任何字符。试问如何使用只包含并、连接和闭包运算符的正则表达式来表示 sh 文件名表达式？

表达式	匹配	例子
's'	串 s 的字面值	'\'
\c	字符 c 的字面值	\'
*	任何串	*.o
?	任何字符	sort1.?
[s]	s 中的确任何字符	sort1.[cso]

图 3-6 shell 命令 sh 使用的文件名表达式

! 练习 3.2.12：SQL 语言支持一种不成熟的模式描述方式，其中有两个具有特殊含义的字符；下划线（ _ ）表示任意一个字符；百分号%表示包含 0 个或多个字符的串。此外，程序员还可以将任意一个字符（比如 e）定义为转义字符。那么，在_、%或者另一个 e 之前加上一个 e，就使得这个字符只表示它的字面值。假设我们已经知道哪个字符是转义字符，说明如何将任意 SQL 模式表示为一个正则表达式。

3.3 词法单元的识别

上一节介绍了如何使用正则表达式来表示一个模式。现在，我们必须学习如何根据各个需要识别的词法单元的模式来构造出一段代码。这段代码能够检查输入字符串，并在输入的前缀中找出一个和某个模式匹配的词素。我们的讨论将围绕下面的例子展开。

例 3.8 图 3-7 的文法片段描述了分支语句和条件表达式的一种简单形式。这个语法和 Pascal 语言的语法类似，它的 **then** 关键字显式地出现在条件表达式的后面。对于 **relop**，我们使用 Pascal 或 SQL 语言中的比较运算符，其中 = 表示"相等"，< > 表示"不相等"，因为它们呈现了一种有意思的词素结构。

在考虑词法分析器时，文法的终结符号，包括 **if**、**then**、**else**、**relop**、**id** 及 **number**，都是词法单元的名字。这些词法单元的模式使用图 3-8 中的正则定义来描述。其中 id 和 number 的模式和我们之前在例 3.7 中看到的模式类似。

对这个语言，词法分析器将识别关键字 if、then、else 以及和 relop、id 和 num 的模式匹配的词素。为了简化问题，我们做出如下的常见假设：关键字也是保留字。也就是说，它们不是标识符，虽然它们的词素和标识符的模式匹配。

此外，我们还让词法分析器负责消除空白符，方法是让它识别如下定义的"词法单元"ws。

词法分析

```
stmt    →   if expr then stmt
        |   if expr then stmt else stmt
        |   ε
expr    →   term relop term
        |   term
term    →   id
        |   number
```

图 3-7 分支语句的文法

```
digit    →   [0-9]
digits   →   digit⁺
number   →   digits (. digits)? ( E [+-]? digits )?
letter   →   [A-Za-z]
id       →   letter ( letter | digit )*
if       →   if
then     →   then
else     →   else
relop    →   < | > | <= | >= | = | <>
```

图 3-8 例 3.8 中词法单元的模式

$$ws \rightarrow (\ blank\ |\ tab\ |\ newline\ )^+$$

这里，**blank**、**tab** 及 **newline** 是用于表示具有同样名字的 ASCII 字符的抽象符号。词法单元 *ws* 同其他的词法单元的不同之处在于：当我们识别到 *ws* 时，我们并不将它返回给语法分析器，而是从这个空白之后的字符开始继续进行词法分析。返回给语法分析器的是下一个词法单元。

图 3-9 总结了词法分析器的目标。对于各个词素或词素的集合，该表显示了应该将哪个词法单元名返回给语法分析器，以及按照 3.1.3 节中的介绍，应该返回什么属性值。请注意，对于其中的 6 个关系运算符，符号常量 LT、LE 等被当作属性值返回，其目的是指明我们发现的是词法单元 **relop** 的哪个实例。找到的运算符将影响编译器输出的代码。

词素	词法单元名字	属性值
Any *ws*	–	–
if	if	–
then	then	–
else	else	–
Any *id*	id	指向符号表条目的指针
Any *number*	number	指向符号表条目的指针
<	relop	LT
<=	relop	LE
=	relop	EQ
<>	relop	NE
>	relop	GT
>=	relop	GE

图 3-9 词法单元、它们的模式以及属性值

3.3.1 状态转换图

作为构造词法分析器的一个中间步骤，我们首先将模式转换成具有特定风格的流图，称为"状态转换图"。在本节中，我们用手工方式将正则表达式表示的模式转化为状态转换图，在 3.5 节中，我们将看到可以使用自动化的方法根据一组正则表达式集合构造出状态转换图。

状态转换图（transition diagram）有一组被称为"状态"（state）的结点或圆圈。词法分析器在扫描输入串的过程中寻找和某个模式匹配的词素，而转换图中的每个状态代表一个可能在这个过程中出现的情况。我们可以将一个状态看作是对我们已经看到的位于 *lexemeBegin* 指针和 *forward* 指针之间的字符的总结，它包含了我们在进行词法分析时需要的全部信息。

状态图中的边（edge）从图的一个状态指向另一个状态。每条边的标号包含了一个或多个符号。如果我们处于某个状态 *s*，并且下一个输入符号是 *a*，我们就会寻找一条从 *s* 离开且标号为 *a* 的边（该边的标号中可能还包括其他符号）。如果我们找到了这样的一条边，就将 *forward* 指针前移，并进入状态转换图中该边所指的状态。我们假设所有状态转换图都是确定的，这意味着对于任何一个给定的状态和任何一个给定的符号，最多只有一条从该状

态离开的边的标号包含该符号。从 3.4 节开始，我们将放松对确定性的要求，令词法分析器的设计者更加容易完成任务，但同时提高了对实现者的技巧要求。一些关于状态转换图的重要约定如下：

1）某些状态称为接受状态或最终状态。这些状态表明已经找到了一个词素，虽然实际的词素可能并不包括 *lexemeBegin* 指针和 *forward* 指针之间的所有字符。我们用双层的圈来表示一个接受状态，并且如果该状态要执行一个动作的话——通常是向语法分析器返回一个词法单元和相关属性值——我们将把这个动作附加到该接受状态上。

2）另外，如果需要将 *forward* 回退一个位置（即相应的词素并不包含那个在最后一步使我们到达接受状态的符号），那么我们将在该接受状态的附近加上一个 *。我们的例子都不需要将 *forward* 指针回退多个位置，但万一出现这种情况，我们将为接受状态附加相应数目的 *。

3）有一个状态被指定为开始状态，也称初始状态，该状态由一条没有出发结点的、标号为 "start" 的边指明。在读入任何输入符号之前，状态转换图总是位于它的开始状态。

例 3.9 图 3-10 给出了能够识别所有与词法单元 **relop** 匹配的词素的状态转换图。我们从初始状态 0 开始。如果我们看到的第一个输入符号是 <，那么在所有与 **relop** 模式匹配的词素中，我们只能选择 <、<> 或 <=。因此我们进入状态 1 并查看下一个字符。如果这个字符是 =，我们识别出词素 <=，进入状态 2 并返回属性值为 LE 的 **relop** 词法单元。其中的符号常量 LE 代表了这个具体的比较运算符。如果在状态 1，下一个字符是 >，那么我们就会得到词素 <>，从而进入状态 3 并返回一个词法单元，表明已经找到了一个不等运算符。而对于其他字符，识别得到的词素是 <，我们进入状态 4 并向语法分析器返回这个信息。请注意，状态 4 有一个 * 号，说明我们必须将输入回退一个位置。

另一方面，如果在状态 0 时我们看到的第一个字符是 =，那么这个字符必定是要识别的词素。我们立即从状态 5 返回这个信息。其余的可能性是第一个字符为 > 的情况。那么我们应该进入状态 6，并根据下一字符确定词素是 >=（如果我们看到下一个字符为 =）还是 >（对于任何其他字符）。注意，如果在状态 0 时我们看到的是不同于 <、= 或 > 的字符，我们就不可能看到一个 **relop** 的词素，因此这个状态转换图将不会被使用。□

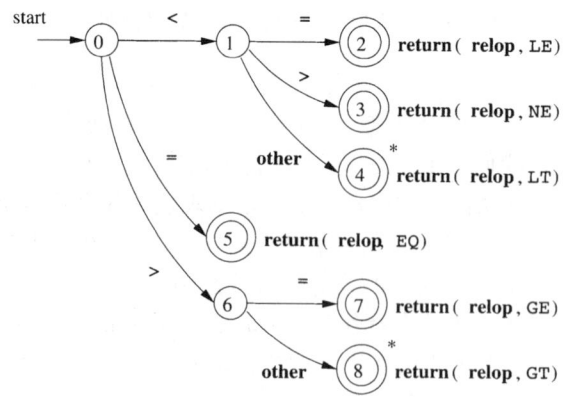

图 3-10 词法单元 **relop** 的状态转换图

3.3.2 保留字和标识符的识别

识别关键字及标识符时有一个问题要解决。通常，像 if 或 then 这样的关键字是被保留的

（在我们正在使用的例子中就是如此），因此虽然它们看起来很像标识符，但它们不是标识符。因此，尽管我们通常使用如图 3-11 所示的状态转换图来寻找标识符的词素，但这个图也可以识别出连续使用的例子中的关键字 if、then 及 else。

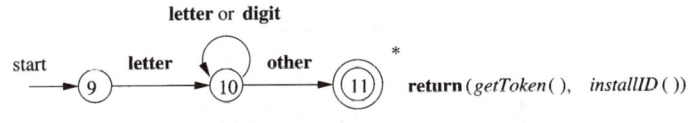

图 3-11 id 和关键字的状态转换图

我们可以使用两种方法来处理那些看起来很像标识符的保留字：

1）初始化时就将各个保留字填入符号表中。符号表条目的某个字段会指明这些串并不是普通的标识符，并指出它们所代表的词法单元。我们已经假设图 3-11 中使用了这种方法。当我们找到一个标识符时，如果该标识符尚未出现在符号表中，就会调用 *installID* 将此标识符放入符号表中，并返回一个指针，指向这个刚找到的词素所对应的符号表条目。当然，任何在词法分析时不在符号表中的标识符都不可能是一个保留字，因此它的词法单元是 **id**。函数 *getToken* 查看对应于刚找到的词素的符号表条目，并根据符号表中的信息返回该词素所代表的词法单元名——要么是 **id**，要么是一个在初始化时就被加入到符号表中的关键字词法单元。

2）为每个关键字建立单独的状态转换图。图 3-12 是关键字 **then** 的一个例子。请注意，这样的状态转换图包含的状态表示看到该关键字的各个后续字母后的情况，最后是一个"非字母或数字"的测试，也就是检查后面是否为某个不可能成为标识符一部分的字符。有必要检查该标识符是否结束，否则在碰到词素像 thenextvalue 这样以 then 为前缀的 **id** 词法单元时，我们可能会错误地返回词法单元 then。如果采用这个方法，我们必须设定词法单元之间的优先级，使得当一个词素同时匹配 **id** 的模式和关键字的模式时，优先识别保留字词法单元，而不是 **id** 词法单元。我们并没有在例子中使用这个方法，这也是我们没有对图 3-12 中的状态进行编号的原因。

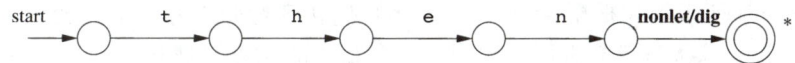

图 3-12 假想的关键字 then 的状态转换图

3.3.3 完成我们的例子

我们在图 3-14 中看到，**id** 的状态转换图有一个简单的结构。由状态 9 开始，它检查被识别的词素是否以一个字母开头，如果是的话进入状态 10。只要接下来的输入包含字母或数位，我们就一直停留在状态 10。当我们第一次遇到不是字母或数位的其他任何字符时，便转入状态 11 并接受刚刚找到的词素。因为最后一个字符并不是标识符的一部分，我们必须将输入回退一个位置，并且如 3.3.2 节所讨论的那样，我们将已经找到的标识符加入到符号表中，并判断我们得到的究竟是一个关键字还是一个真正的标识符。

图 3-13 显示了词法单元 **number** 的状态转换图，它是我们至今为止看到的最复杂的状态转换图。从状态 12 开始，如果我们看到一个数位，就转入状态 13。在该状态，我们可以读入任意数量的其他数位。然而，如果我们看到了一个不是数位、不是小数点，也不是 E 的其他字符，就得到了一个整数形式的数字，如 123。这种情形在进入状态 20 时进行处理，我们在该状态返回词法单元 **number** 以及一个指向常量表条目的指针，刚刚找到的词素便放在这个常量表条目中。这些机制并没有在这个转换图中显示出来，但它们和我们处理标识符的方法相似。

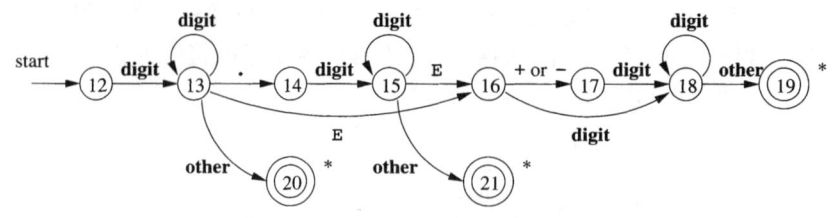

图 3-13 无符号数字的状态转换图

如果我们在状态 13 看到的是一个小数点,那么我们就看到一个"可选的小数部分"。于是,进入状态 14,并寻找一个或多个更多的数位,状态 15 就被用于此目的。如果我们看到一个 E,那么我们就看到了一个"可选的指数部分",它的识别任务由状态 16 ~ 19 完成。如果我们在状态 15 看到的是不同于 E 和数位的其他字符,那么我们就到达了小数部分的结尾,这个数字没有指数部分,我们将通过状态 21 返回刚刚找到的词素。

最后一个状态转换图显示在图 3-14 中,它用于识别空白符。在该图中,我们寻找一个或多个空白字符,在图中用 **delim** 表示。典型的空白字符有空格、制表符、换行符,有可能包括那些根据语言设计不可能出现在任何词法单元中的字符。

注意,我们在状态 24 中找到了一个连续的空白字符组成的块,且后面还跟随一个非空白字符。我们将输入回退到这个非空白符的开头,但我们并不向语法分析器返回任何词法单元。相反,我们必须在这个空白符之后再次启动词法分析过程。

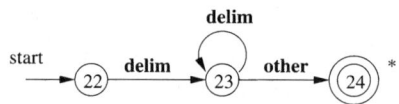

图 3-14 空白符的状态转换图

3.3.4 基于状态转换图的词法分析器的体系结构

有几种方法可以根据一组状态转换图构造出一个词法分析器。不管整体的策略是什么,每个状态总是对应于一段代码。我们可以想象有一个变量 state 保存了一个状态转换图的当前状态的编号。有一个 switch 语句根据 state 的值将我们转到对应于各个可能状态的相应代码段,我们可以在那里找到该状态需要执行的动作。一个状态的代码本身常常也是一条 switch 语句或多路分支语句。这个语句读入并检查下一个输入字符,由此确定下一个状态。

例 3.10 在图 3-15 中,我们可以看到 getRelop() 方法的一个概述。它是一个 C++ 函数,其任务是模拟图 3-10 中的状态转换图,并返回一个 TOKEN 类型的对象。该对象由一个词法单元名(在该例中必定是 relop)和一个属性值(在该例中是 6 个比较运算符之一的编码)组成。函数 getRelop() 首先创建一个新的对象 retToken,并将该对象的第一个分量初始化为 RELOP,即词法单元 relop 的编码。

在 case 0 中,我们可以看到一个典型的状态行为。函数 nextChar() 从输入中获取下一个字符,并将它赋给局部变量 c。然后我们检查 c 是否为我们期望找到的三个字符,并在每种情况下根据图 3-10 所示的状态转换图完成状态转换。例如,如果下一输入字符是 =,那么就转换到状态 5。

如果下一个输入字符不是某个比较运算符的首字符,getRelop() 就会调用函数 fail()。函数 fail() 的具体操作依赖于词法分析器的全局错误恢复策略。它应该将 forward 指针重置为 lexemeBegin 的值,使得我们可以使用另一个状态转换图从尚未处理的输入部分的真实开始位置开始识别。然后,它还需要将变量 state 的值改为另一状态转换图的初始状态,该转换图将寻找另一个词法单元。在另一种情况下,如果所有的转换图都已经用过,则 fail() 可以启动

词法分析

一个错误纠正步骤，按照 3.1.4 节中讨论的方法来纠正输入并找到一个词素。

在图 3-15 中，我们还展示了状态 8 的行为。由于状态 8 带有一个 * 号，我们必须将输入指针回退一个位置(也就是把 c 放回输入流)。该任务由函数 retract() 完成。因为状态 8 代表了对词素 > 的识别，我们把返回对象中的第二个分量设置成 GT，即这个运算符的编码。我们假设这个分量的名字是 attribute。 □

```
TOKEN getRelop()
{
    TOKEN retToken = new(RELOP);
    while(1) { /* repeat character processing until a return
                  or failure occurs */
        switch(state) {
            case 0: c = nextChar();
                    if ( c == '<' ) state = 1;
                    else if ( c == '=' ) state = 5;
                    else if ( c == '>' ) state = 6;
                    else fail(); /* lexeme is not a relop */
                    break;
            case 1: ...
            ...
            case 8: retract();
                    retToken.attribute = GT;
                    return(retToken);
        }
    }
}
```

图 3-15 **relop** 的转换图的概要实现

为了在适当的地方模拟适当的状态转换图，我们考虑几种将如图 3-15 所示的代码集成到整个词法分析器中的方法。

1) 我们可以让词法分析器顺序地尝试各个词法单元的状态转换图。然后，在每次调用例 3.10 中的函数 fail() 时，它重置 forward 指针并启动下一个状态转换图。这个方法使我们可以像图 3-12 中所建议的那样，为各个关键字使用各自的状态转换图。我们只需要在使用 **id** 的状态转换图之前使用这些关键字的转换图，就可以使得关键字被识别为保留字。

2) 我们可以"并行地"运行各个状态转换图，将下一个输入字符提供给所有的状态转换图，并使得每个状态转换图作出它应该执行的转换。如果我们采用这个策略，就必须谨慎地解决如下的问题：一个状态转换图已经找到了一个与它的模式相匹配的词素，但另外的一个或多个状态转换图仍然可以继续处理输入。解决这个问题的常见策略是取最长的和某个模式相匹配的输入前缀。举例来说，该规则让我们识别出标识符 **thenext** 而不是关键字 **then**，识别出 -> 而不是 - 。

3) 有一个更好的方法，也是我们将在下面各节中采用的方法，就是将所有的状态转换图合并为一个图。我们允许合并后的状态转换图尽量读取输入，直到不存在下一个状态为止；然后像上面的 2 中讨论的那样取最长的和某个模式匹配的最长词素。在我们的例子中，进行这种合并很简单，因为没有两个词法单元以相同的字符开头。也就是说，根据第一个字符就可以知道我们正在寻找的是哪个词法单元。因此，我们可以直接将状态 0、9、12 及 22 合并成一个开始状态，并保持其他转换不变。但一般而言，正如我们不久将看到的那样，合并几个词法单元的状态转换图的问题会更加复杂。

3.3.5 3.3节的练习

练习 3.3.1：给出识别练习 3.2.2 中各个正则表达式所描述的语言的状态转换图。

练习 3.3.2：给出识别练习 3.2.5 中各个正则表达式所描述的语言的状态转换图。

从下面的练习开始到练习 3.3.12 介绍了 Aho-Corasick 算法。该算法可以在文本串中识别一组关键字，所需时间和文本长度以及所有关键字的总长度成正比。该算法使用了一种称为"trie"的特殊形式的状态转换图。trie 是一个树型结构的状态转换图，从一个结点到它的各个子结点的边上有不同的标号。Trie 的叶子结点表示识别到的关键字。

Knuth、Morris 和 Pratt 提出了一种在文本串中识别单个关键字 $b_1 b_2 \cdots b_n$ 的算法。这里的 trie 是一个包含了从 $0 \sim n$ 共 $n+1$ 个状态的状态转换图。状态 0 是初始状态，状态 n 表示接受，也就是发现关键字的情形。从 0 到 $n-1$ 之间的任意一个状态 s 出发，存在一个标号为 b_{s+1} 的到达状态 $s+1$ 的转换。例如，关键字 ababaa 的 trie 树为：

0 —a→ 1 —b→ 2 —a→ 3 —b→ 4 —a→ 5 —a→ ⑥

为了快速处理文本串并在这些串中搜索一个关键字，针对关键字 $b_1 b_2 \cdots b_n$ 以及该关键字中的位置 s（对应于关键字的 trie 中的状态 s）定义失效函数 $f(s)$，该函数的计算方法如图 3-16 所示。

该函数的目标是使得 $b_1 b_2 \cdots b_{f(s)}$ 是最长的既是 $b_1 b_2 \cdots b_s$ 的真前缀又是 $b_1 b_2 \cdots b_s$ 的后缀的子串。$f(s)$ 之所以重要，原因在于如果我们试图用一个文本串匹配 $b_1 b_2 \cdots b_n$，并且我们已经匹配了前 s 个位置，但此时匹配失败（也就是说文本串的下一个位置并不是 b_{s+1}），那么 $f(s)$ 就是可能和以我们的当前位置为结尾的文本串相匹配的最长的 $b_1 b_2 \cdots b_n$ 的前缀。当然，文本串的下一个字符必须是 $b_{f(s)+1}$，否则仍然有问题，必须考虑一个更短的前缀，即 $b_{f(f(s))}$。

看一个例子，根据 ababaa 构造的 trie 的失效函数是：

s	1	2	3	4	5	6
$f(s)$	0	0	1	2	3	1

例如，状态 3 和 1 分别表示前缀 aba 以及 a。因为 a 是最长的既是 aba 的真前缀，同时也是 aba 的后缀的串，因此 $f(3)=1$。同样，因为最长的既是 ab 的真前缀又是它的后缀的字符串是空串，因此 $f(2)=0$。

练习 3.3.3：构造下列串的失效函数。

1) abababaab
2) aaaaaa
3) abbaabb

```
1)  t = 0;
2)  f(1) = 0;
3)  for (s = 1; s < n; s++) {
4)      while (t > 0 && b_{s+1} != b_{t+1}) t = f(t);
5)      if (b_{s+1} == b_{t+1}) {
6)          t = t + 1;
7)          f(s + 1) = t;
        }
8)      else f(s + 1) = 0;
    }
```

图 3-16 计算关键字 $b_1 b_2 \cdots b_n$ 的失效函数的算法

词法分析   85

! **练习3.3.4**：对 s 进行归纳，证明图3-16的算法正确地计算出了失效函数。

!! **练习3.3.5**：说明图3-16中第4行的赋值语句 $t=f(t)$ 最多被执行 n 次。进而说明整个算法的时间复杂度是 $O(n)$，其中 n 是关键字的长度。

计算得到关键字 $b_1b_2\cdots b_n$ 的失效函数之后，我们就可以在 $O(m)$ 时间内扫描字符串 $a_1a_2\cdots a_m$ 以判断该关键字是否出现在其中。图3-17中所展示的算法使关键字沿着被匹配字符串滑动，不断尝试将关键字的下一个字符与被匹配字符串的下一个字符匹配，逐步推进。如果在匹配了 s 个字符后无法继续匹配，那么该算法将关键字"向右滑动" $s-f(s)$ 个位置，也就是认为只有该关键字的前 $f(s)$ 个字符和被匹配字符串匹配。

练习3.3.6：应用KMP算法判断关键字 ababaa 是否为下面字符串的子串。

1) abababaab
2) abababbaa

!! **练习3.3.7**：说明图3-17中的算法可以正确地指出输入关键字是否为一个给定字符串的子串。提示：对 i 进行归纳。说明对于所有的 i，在第四行运行后 s 的值是那些既是 $a_1a_2\cdots a_i$ 的后缀又是该关键字的前缀的字符串中最长字符串的长度。

```
1)  s = 0;
2)  for (i = 1; i ≤ m; i++) {
3)      while (s > 0 && a_i != b_{s+1}) s = f(s);
4)      if (a_i == b_{s+1}) s = s + 1;
5)      if (s == n) return "yes";
    }
6)  return "no";
```

图3-17 KMP算法在 $O(m+n)$ 时间内检测字符串 $a_1a_2\cdots a_m$ 中是否包含单个关键字 $b_1b_2\cdots b_n$

!! **练习3.3.8**：假设已经计算得到函数 f 且它的值存储在一个以 s 为下标的数组中，说明图3-17中算法的时间复杂度为 $O(m+n)$。

练习3.3.9：Fibonacci 字符串的定义如下：

1) $s_1 = b$。
2) $s_2 = a$。
3) 当 $k > 2$ 时，$s_k = s_{k-1}s_{k-2}$。

例如，$s_3 = ab$，$s_4 = aba$，$s_5 = abaab$。

1) s_n 的长度是多少？
2) 构造 s_6 的失效函数。
3) 构造 s_7 的失效函数。

!! 4) 说明任何 s_n 的失效函数都可以被表示为：$f(1) = f(2) = 0$，且对于 $2 < j \leq |s_n|$，$f(j) = j - |s_{k-1}|$，其中 k 是使得 $|s_k| \leq j+1$ 的最大的整数。

!! 5) 在KMP算法中，当我们试图确定关键字 s_k 是否出现在字符串 s_{k+1} 中时，最多会连续多少次调用失效函数？

Aho 和 Corasick 对KMP算法进行了推广，使它可以在一个文本串中识别一个关键字集合中的任何关键字。在这种情况下，trie 是一棵真正的树，从其根结点开始就会出现分支。如果一个字符串是某个关键字的前缀（不一定是真前缀），那么在 trie 中就有一个和该字符串对应的状态。串 $b_1b_2\cdots b_{k-1}$ 对应的状态是串 $b_1b_2\cdots b_k$ 对应的状态的父结点。如果一个状态对应于某个完整的关键字，那么该状态就是接受状态。例如，图3-18显示了对应于关键字 he、she、his 和 hers

的 trie 树。

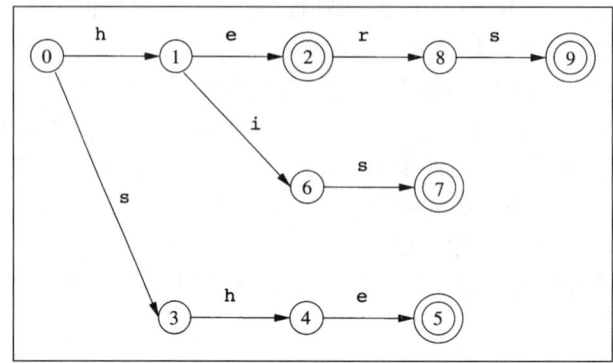

图 3-18 关键字 he、she、his 和 hers 的 trie 树

通用 trie 树的失效函数的定义如下。假设 s 是对应于串 $b_1b_2\cdots b_n$ 的状态,那么状态 $f(s)$ 对应于最长的、既是串 $b_1b_2\cdots b_n$ 的后缀又是某个关键字的前缀的字符串。例如,图 3-18 中 trie 树的失效函数为:

s	1	2	3	4	5	6	7	8	9
$f(s)$	0	0	0	1	2	0	3	0	3

! **练习 3.3.10**:修改图 3-16 中的算法,使它可以计算通用 trie 树的失效函数。提示:主要的不同在于,在图 3-16 的第 4、5 行上,我们不能简单地测试 b_{s+1} 和 b_{t+1} 是否相等。从任何一个状态出发,都可能存在多个在不同字符上的转换。比如在图 3-18 中,存在从状态 1 出发、分别在字符 e 和 i 上的两个转换。这些转换都可能进入代表了最长的既是后缀又是前缀的字符串的状态。

练习 3.3.11:为下面的关键字集合构造 trie 以及失效函数。

1) aaa、abaaa 和 ababaaa。
2) all、fall、fatal、llama 和 lame。
3) pipe、pet、item、temper 和 perpetual。

! **练习 3.3.12**:说明练习 3.3.10 中所设计的算法的运行时间和所有关键字长度的总和成线性关系。

3.4 词法分析器生成工具 Lex

在本节中,我们将介绍一个名为 Lex 的工具。在最近的实现中它也称为 Flex。它支持使用正则表达式来描述各个词法单元的模式,由此给出一个词法分析器的规约。Lex 工具的输入表示方法称为 Lex 语言(Lex language),而工具本身则称为 Lex 编译器(Lex compiler)。在它的核心部分,Lex 编译器将输入的模式转换成一个状态转换图,并生成相应的实现代码,并存放到文件 lex.yy.c 中。这些代码模拟了状态转换图。如何将正则表达式翻译为状态转换图是下一节讨论的主题,这里我们只学习 Lex 语言。

3.4.1 Lex 的使用

Lex 的使用方法如图 3-19 所示。首先,用 Lex 语言写出一个输入文件,描述将要生成的词法分析器。在图中这个输入文件称为 lex.l。然后,Lex 编译器将 lex.l 转换成 C 语言程序,存放该程序的文件名总是 lex.yy.c。最后,文件 lex.yy.c 总是被 C 编译器编译为一个名为 a.out

的文件。C 编译器的输出就是一个读取输入字符流并生成词法单元流的可运行的词法分析器。

编译后的 C 程序，在图 3-19 中被称为 a.out，通常是一个被语法分析器调用的子例程，这个子例程返回一个整数值，即可能出现的某个词法单元名的编码。而词法单元的属性值，不管它是一个数字编码，还是一个指向符号表的指针，或者什么都没有，都保存在全局变量 yylval 中⊖。这个变量由词法分析器和语法分析器共享。这么做可以同时返回一个词法单元名字和一个属性值。

3.4.2 Lex 程序的结构

一个 Lex 程序具有如下形式：

声明部分
%%
转换规则
%%
辅助函数

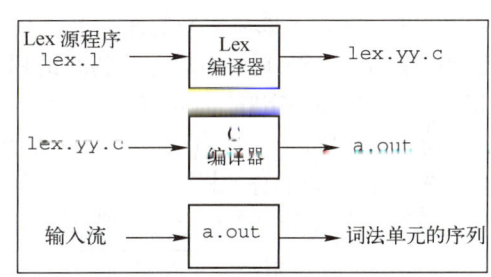

图 3-19 用 Lex 创建一个词法分析器

声明部分包括变量和明示常量（manifest constant，被声明的表示一个常数的标识符，如一个词法单元的名字）的声明和 3.2.4 节中描述的正则定义。

Lex 程序的每个转换规则具有如下形式：

模式 { 动作 }

其中，每个模式是一个正则表达式，它可以使用声明部分中给出的正则定义。动作部分是代码片段。虽然人们已经创建了很多能使用其他语言的 Lex 的变体，但这些代码片段通常是用 C 语言编写的。

Lex 程序的第三个部分包含各个动作需要使用的所有辅助函数。还有一种方法是将这些函数单独编译，并与词法分析器的代码一起装载。

由 Lex 创建的词法分析器和语法分析器按照如下方式协同工作。当词法分析器被语法分析器调用时，词法分析器开始从余下的输入中逐个读取字符，直到它发现了最长的与某个模式 P_i 匹配的前缀。然后，词法分析器执行相关的动作 A_i。通常 A_i 会将控制返回给语法分析器。然而，如果它不返回控制（比如 P_i 描述的是空白符或注释），那么词法分析器就继续寻找其他的词素，直到某个动作将控制返回给语法分析器为止。词法分析器只向语法分析器返回一个值，即词法单元名。但在需要时可以利用共享的整型变量 yylval 传递有关这个词素的附加信息。

例 3.11 图 3-20 是一个 Lex 程序，它能够识别图 3-9 中的各个词法单元，并返回找到的词法单元。观察这段代码可以发现 Lex 的很多重要特点。

我们在声明部分看到一对特殊的括号：%{ 和 %}。出现在括号内的所有内容都被直接复制到文件 lex.yy.c 中。它们不会被当作正则定义处理。我们一般将明示常量的定义放置在该括号内，并利用 C 语言的 #define 语句给每个明示常量赋予一个唯一的整数编码。在我们的例子中，我们在一个注释中列出了 LT、IF 等明示常量，但没有显示它们被赋予哪些特定的整数⊖。

在声明部分还包含一个正则定义的序列。这些定义使用了 3.2.5 节中描述的正则表达式的

⊖ 顺便说一下，在 yylval 和 lex.yy.c 中出现的 yy 指的是我们将在 4.9 节中讨论的语法分析器生成工具 yacc，它一般和 Lex 一起使用。

⊖ 如果 Lex 同 Yacc 一起使用，那么明示常量通常会在 Yacc 程序中定义，并在 Lex 程序中不加定义就使用它们。因为 lex.yy.c 是和 Yacc 的输出一起编译的，因而这些常量在 Lex 程序的动作中也是可用的。

扩展表示方法。那些将在后面的定义中或某个转换规则的模式中使用的正则定义用花括号括起来。例如，*delim* 被定义为表示一个包含了空格、制表符及换行符的字符类的缩写。后两个字符分别用反斜线再跟上 t 及 n 来表示。这个表示法和 UNIX 命令使用的方法相同。于是，*ws* 通过正则表达式{delim}+定义为一个或多个分隔符组成的序列。

注意，在 *id* 和 *number* 的定义中，圆括号是用于分组的元符号，并不代表圆括号自身。相反，在 *number* 定义中的 E 代表其自身。如果我们希望 Lex 的某个元符号（比如括号、+、* 或？等）表示其自身，我们可以在它们前面加上一个反斜线。例如，我们在 *number* 的定义中看到的 \. 就表示小数点本身。在它前面加上反斜线的原因是，和在 UNIX 正则表达式中一样，该字符在 Lex 中是一个代表"任一字符"的元符号。

在辅助函数部分，我们可以看到这样两个函数：installID()和 installNum()。和位于%{…%}中的声明部分一样，出现在辅助部分中的所有内容都被直接复制到文件 lex.yy.c 中。虽然它们位于转换规则部分之后，但这些函数可以在规则部分的动作定义中使用。

```
%{
    /* definitions of manifest constants
    LT, LE, EQ, NE, GT, GE,
    IF, THEN, ELSE, ID, NUMBER, RELOP */
%}

/* regular definitions */
delim       [ \t\n]
ws          {delim}+
letter      [A-Za-z]
digit       [0-9]
id          {letter}({letter}|{digit})*
number      {digit}+(\.{digit}+)?(E[+-]?{digit}+)?

%%

{ws}        {/* no action and no return */}
if          {return(IF);}
then        {return(THEN);}
else        {return(ELSE);}
{id}        {yylval = (int) installID(); return(ID);}
{number}    {yylval = (int) installNum(); return(NUMBER);}
"<"         {yylval = LT; return(RELOP);}
"<="        {yylval = LE; return(RELOP);}
"="         {yylval = EQ; return(RELOP);}
"<>"        {yylval = NE; return(RELOP);}
">"         {yylval = GT; return(RELOP);}
">="        {yylval = GE; return(RELOP);}

%%

int installID() {/* function to install the lexeme, whose
                    first character is pointed to by yytext,
                    and whose length is yyleng, into the
                    symbol table and return a pointer
                    thereto */
}

int installNum() {/* similar to installID, but puts numer-
                     ical constants into a separate table */
}
```

图 3-20　识别图 3-9 中的词法单元的 Lex 程序

最后，让我们看一下图 3-20 的中间部分的一些模式和规则。首先，在第一部分中定义的标识符 ws 有一个相关的空动作。如果我们发现了一个空白符，我们并不把它返回给语法分析器，而是继续寻找另一个词素。第二词法单元有一个简单的正则表达式模式 if。如果我们在输入中看到两个字母 if，并且 if 之后没有跟随其他字母或数位（如果有的话，词法分析器会去寻找一个和 **id** 模式匹配的最长输入前缀），然后词法分析器从输入中读入这两个字符，并返回词法单元名 IF，也就是明示常量 IF 所代表的整数值。关键字 then 和 else 的处理方法与此类似。

第五个词法单元的模式由 *id* 定义。注意，虽然像 if 这样的关键字既和这个模式匹配，也和之前的一个模式匹配，但是当最长匹配前缀和多个模式匹配时，Lex 总是选择最先被列出的模式。当 *id* 被匹配时，相应的处理动作分为三步。

1) 调用函数 installID() 将找到的词素放入符号表中。
2) 该函数返回一个指向符号表的指针。这个指针被放到全局变量 yylval 中，并可被语法分析器或编译器的某个后续组件使用。注意，函数 installID() 可以使用以下两个由 Lex 生成的、由词法分析器自动赋值的变量：
- yytext 是一个指向词素开头的指针。
- yyleng 存放刚找到的词素的长度。

3) 将词法单元名 ID 返回到语法分析器。

当一个词素与模式 *number* 匹配时，执行的处理与此类似，它使用辅助函数 installNum() 完成处理。 □

3.4.3 Lex 中的冲突解决

前面我们已经间接提到了 Lex 解决冲突的两个规则。当输入的多个前缀与一个或多个模式匹配时，Lex 用如下规则选择正确的词素：

1) 总是选择最长的前缀。
2) 如果最长的可能前缀与多个模式匹配，总是选择在 Lex 程序中先被列出的模式。

例 3.12 第一个规则告诉我们，要持续读入字母和数位，寻找最长的由这些字符组成的前缀并将它们组合成为一个标识符。它也告诉我们应该将 <= 看成是一个词素，而不是将 < 看作一个词素、再将 = 看作下一个词素。如果我们在 Lex 程序中将关键字的模式置于 **id** 的模式之前，那么第二个规则将使得关键字成为保留字。例如，如果 then 被确定为和某个模式匹配的最长输入前缀，并且如图 3-20 所示，模式 then 被置于 {id} 之前，那么返回的词法单元将是 THEN，而不是 ID。 □

3.4.4 向前看运算符

Lex 自动地向前读入一个字符，它会读取到形成被选词素的全部字符之后的那个字符，然后再回退输入，使得只有词素本身从输入中消耗掉。但是在某些时候，我们希望仅当词素的后面跟随特定的其他字符时，这个词素才能和某个特定的模式相匹配。在这种情况下，我们可以在模式中用斜线来指明该模式中和词素实际匹配的部分的结尾，斜线/之后的内容表示一个附加的模式，只有附加模式和输入匹配之后，我们才可以确定已经看到了要寻找的词法单元的词素，但是和第二个模式匹配的字符并不是这个词素的一部分。

例 3.13 在 Fortran 和一些其他语言中，关键字并不是保留字。这种情形会产生一些问题，比如下面的语句

    IF(I,J)=3

其中，IF 是一个数组的名字，而不是关键字。与这条语句形成对比的是下面形式的语句：

IF (condition) THEN …

在这里，IF 是一个关键字。幸运的是，我们可以确定关键字 IF 后面总是跟着一个左括号，然后是一些可能包含在括号中的文本，即条件表达式，接着是一个右括号和一个字母。那么，我们可以为关键字 IF 写出如下的 Lex 规则：

IF / \(. * \) {letter}

这条规则是说和这个词素匹配的模式仅仅是两个字母 IF。斜线表示后面会有一个附加的模式，但是这个模式并不和词素匹配。在这个附加模式中，第一个字符是左括号。由于左括号是 Lex 的一个元符号，因此我们必须在它的前面加上一个反斜线，说明它表示的是其字面含义。其中的 . * 与"任何不包含换行符的字符串"匹配。请注意，点号是一个 Lex 的元符号，表示"除换行符外的任何字符"。接下来是一个右括号，同样也加一个反斜线使得该字符表示其字面含义。该附加模式的最后是符号 *letter*，该符号是一个正则定义，表示代表所有字母的字符类。

注意，为了使该模式简单可靠，我们必须对输入进行预处理，消除其中的空白符。在该模式中，我们既没有考虑到空白符，也不能处理条件表达式跨行的情形，因为点号不能和一个换行符匹配。

例如，假设该模式被用来匹配下面的输入前缀：

IF(A<(B+C)*D)THEN…

前两个字符和 IF 匹配，下一字符和 \(匹配，接下来的九个字符和 . * 匹配，再接下来的两个字符分别和 \) 及 *letter* 匹配。请注意，第一个右括号（在 C 的后面）后面跟的不是一个字母，这个事实与问题不相关，因为我们只需要找到某种方式将输入与模式相匹配。最后我们得出结论，字符 IF 组成一个词素，并且它们是词法单元 **if** 的一个实例。   □

3.4.5 3.4 节的练习

练习 3.4.1：描述如何对图 3-20 中的 Lex 程序作出如下修改：

1）增加关键字 while。

2）将比较运算符转变成 C 语言中的同类运算符。

3）允许把下划线当作一个附加的字母。

! 4) 增加一个新的具有词法单元 STRING 的模式。该模式由一个双引号("）、任意字符串以及结尾处的一个双引号组成。但是，如果一个双引号出现在上述串中，那么它的前面必须加上一个反斜线(\)进行转义处理，因此在该字符串中的反斜线将用双反斜线表示。这个词法单元的词法值是去掉了双引号的字符串，并且其中用于转义的反斜线已经被删除。识别得到的字符串将被存放到一个字符串表中。

练习 3.4.2：编写一个 Lex 程序。该程序复制一个文件，并将文件中每个非空的空白符序列替换为单个空格。

练习 3.4.3：编写一个 Lex 程序。该程序复制一个 C 程序，并将程序中关键字 float 的每个实例替换成 double。

! **练习 3.4.4**：编写一个 Lex 程序。该程序把一个文件改变成为"Pig latin"文。明确地讲，假设该文件是一个用空白符分隔开的单词（即字母串）序列。每当你遇到一个单词时：

1）如果第一个字母是辅音字母，则将它移到单词的结尾，并加上 ay。

2）如果第一个字母是元音字母，则只在单词的结尾加上 ay。

所有非字母的字符不加处理直接复制到输出。

! **练习 3.4.5**：在 SQL 中，关键字和标识符都是大小写不敏感的。编写一个 Lex 程序，该程序识别（大小写字母任意组合的）关键字 SELECT、FROM 和 WHERE 以及词法单元 ID。考虑到这个练习的目的，你可以把 ID 看成是任何以一个字母开头、由字母和数位组成的字符串。你不必

将标识符存放到一个符号表中，但需要指出这里的"install"函数与图 3-20 中用于描述大小写敏感标识符的函数有何不同。

3.5 有穷自动机

现在，我们将揭示 Lex 是如何将它的输入程序变成一个词法分析器的。转换的核心是被称为有穷自动机(finite automata)的表示方法。这些自动机在本质上是与状态转换图类似的图，但有如下几点不同：

1) 有穷自动机是识别器(recognizer)，它们只能对每个可能的输入串简单地回答"是"或"否"。

2) 有穷自动机分为两类：

① 不确定的有穷自动机(Nondeterministic Finite Automata, NFA)对其边上的标号没有任何限制。一个符号标记离开同一状态的多条边，并且空串 ϵ 也可以作为标号。

② 对于每个状态及自动机输入字母表中的每个符号，确定的有穷自动机(Deterministic Finite Automata, DFA)有且只有一条离开该状态、以该符号为标号的边。

确定的和不确定的有穷自动机能识别的语言的集合是相同的。事实上，这些语言的集合正好是能够用正则表达式描述的语言的集合。这个集合中的语言称为正则语言(regular language)[⊖]。

3.5.1 不确定的有穷自动机

一个不确定的有穷自动机(NFA)由以下几个部分组成：

1) 一个有穷的状态集合 S。

2) 一个输入符号集合 Σ，即输入字母表(input alphabet)。我们假设代表空串的 ϵ 不是 Σ 中的元素。

3) 一个转换函数(transition function)，它为每个状态和 $\Sigma \cup \{\epsilon\}$ 中的每个符号都给出了相应的后继状态(next state)的集合。

4) S 中的一个状态 s_0 被指定为开始状态，或者说初始状态。

5) S 的一个子集 F 被指定为接受状态(或者说终止状态的)集合。

不管是 NFA 还是 DFA，我们都可以将它表示为一张转换图(transition graph)。图中的结点是状态，带有标号的边表示自动机的转换函数。从状态 s 到状态 t 存在一条标号为 a 的边当且仅当状态 t 是状态 s 在输入 a 上的后继状态之一。这个图与状态转换图十分相似，但是：

① 同一个符号可以标记从同一状态出发到达多个目标状态的多条边。

② 一条边的标号不仅可以是输入字母表中的符号，也可以是空符号串 ϵ。

例 3.14 图 3-21 给出了一个能够识别正则表达式 $(\mathbf{a}|\mathbf{b})^*\mathbf{abb}$ 的语言的 NFA 的转换图。这个抽象的例子描述了所有由 a 和 b 组成的、以字符串 abb 结尾的字符串。这个例子将贯穿本节。虽然它很抽象，但是实际上它与一些具有

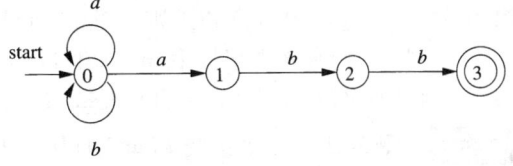

图 3-21 一个不确定有穷自动机

⊖ 这里有个小问题：按照我们的定义，正则表达不能描述空的语言，因为我们在实践中从不会想到使用这样的模式。但是，有穷自动机可以定义空语言。在理论研究中，∅ 被视为一个额外的正则表达式，这个表达式的用途就是定义空语言。

实际意义的语言的正则表达式相似。例如，描述所有其名字以 .o 结尾的文件的表达式是 **any** *
.o，其中 **any** 表示任何可打印字符。

沿用状态转换图中的惯例，状态 3 的双圈表明该状态是接受状态。请注意，从状态 0 到达接受状态的所有路径都是先在状态 0 上运行一段时间，然后从输入中读取 abb，分别进入状态 1、2 和 3。因此能够到达接受状态的所有字符串都是以 abb 结尾的。 □

3.5.2 转换表

我们也可以将一个 NFA 表示为一张转换表（transition table），表的各行对应于状态，各列对应于输入符号和 ϵ。对应于一个给定状态和给定输入的条目是将 NFA 的转换函数应用于这些参数后得到的值。如果转换函数没有给出对应于某个状态 – 输入对的信息，我们就把 Ø 放入相应的表项中。

例 3.15 图 3-22 显示了与图 3-21 的 NFA 对应的转换表。 □

转换表的优点是我们能够很容易地确定和一个给定状态和一个输入符号相对应的转换。它的缺点是：如果输入字母表很大，且大多数状态在大多数输入字符上没有转换的时候，转换表需要占用大量空间。 □

3.5.3 自动机中输入字符串的接受

一个 NFA 接受（accept）输入字符串 x，当且仅当对应的转换图中存在一条从开始状态到某个接受状态的路径，使得该路径中各条边上的标号组成符号串 x。注意，路径中的 ϵ 标号将被忽略，因为空串不会影响到根据路径构建得到的符号串。

状态	a	b	ϵ
0	{0,1}	{0}	Ø
1	Ø	{2}	Ø
2	Ø	{3}	Ø
3	Ø	Ø	Ø

图 3-22 对应于图 3-21 的 NFA 的转换表

例 3.16 图 3-21 的 NFA 接受符号串 aabb，因为存在如下从状态 0 到达状态 3 的标号序列为 aabb 的路径：

$$0 \xrightarrow{a} 0 \xrightarrow{a} 1 \xrightarrow{b} 2 \xrightarrow{b} 3$$

请注意，可能还存在多条具有相同标号序列、但是到达不同状态的路径。例如下面的路径

$$0 \xrightarrow{a} 0 \xrightarrow{a} 0 \xrightarrow{b} 0 \xrightarrow{b} 0$$

是另一条从状态 0 出发、标号序列同样为 aabb 的路径。这条路径最后仍回到状态 0，但状态 0 不是接受状态。然而，请记住，只要存在某条其标号序列为某符号串的路径能够从开始状态到达某个接受状态，NFA 就接受这个符号串。存在某些到达非接受状态的路径并不会影响这个结论。 □

由一个 NFA 定义（或接受）的语言是从开始状态到某个接受状态的所有路径上的标号串的集合。前面提到过，图 3-21 中的 NFA 定义的语言和正则表达式 (**a**|**b**)* **abb** 定义的语言相同，即所有来自字母表 {a, b} 且以串 abb 结尾的串的集合。我们可以用 $L(A)$ 表示自动机 A 接受的语言。

例 3.17 图 3-23 是一个接受 $L(\mathbf{aa}^* | \mathbf{bb}^*)$ 的 NFA。因为存在如下的路径：

$$0 \xrightarrow{\epsilon} 1 \xrightarrow{a} 2 \xrightarrow{a} 2 \xrightarrow{a} 2$$

字符串 aaa 被这个 NFA 接受。请注意，路径中的 ϵ 标号在连接时"消失"了，因此这条路径的标号是 aaa。 □

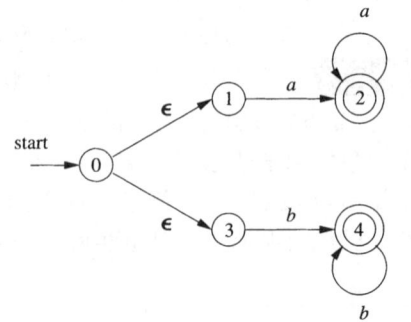

图 3-23 接受 $\mathbf{aa}^* | \mathbf{bb}^*$ 的 NFA

3.5.4 确定的有穷自动机

确定的有穷自动机(简称 DFA)是不确定有穷自动机的一个特例，其中：

1) 没有输入 ϵ 之上的转换动作。
2) 对每个状态 s 和每个输入符号 a，有且只有一条标号为 a 的边离开 s。

如果我们使用转换表来表示一个 DFA，那么表中的每个表项就是一个状态。因此，我们可以不使用花括号，直接写出这个状态，因为花括号只是用来说明表项的内容是一个集合。

NFA 抽象地表示了用来识别某个语言中的串的算法，而相应的 DFA 则是一个简单具体的识别串的算法。在构造词法分析器的时候，我们真正实现或模拟的是 DFA。幸运的是，每个正则表达式和每个 DFA 都可以被转变成为一个接受相同语言的 DFA。下边的算法说明了如何将 DFA 用于串的识别。

算法 3.18 模拟一个 DFA。

输入：一个以文件结束符 **eof** 结尾的字符串 x。DFA D 的开始状态为 s_0，接受状态集为 F，转换函数为 $move$。

输出：如果 D 接受 x，则回答"yes"，否则回答"no"。

方法：把图 3-24 中的算法应用于输入字符串 x。函数 $move$ (s, c) 给出了从状态 s 出发，标号为 c 的边所到达的状态。函数 $nextchar$ 返回输入串 x 的下一个字符。 □

```
s = s_0;
c = nextChar();
while ( c != eof ) {
    s = move(s,c);
    c = nextChar();
}
if ( s 在 F 中 ) return "yes";
else return "no";
```

图 3-24 模拟一个 DFA

例 3.19 图 3-25 显示的是一个 DFA 的转换图。该 DFA 接受的语言与图 3-21 的 NFA 所接受的语言相同，都是 $(\mathbf{a}|\mathbf{b})^*\mathbf{abb}$。给定输入串 $ababb$，这个 DFA 顺序进入状态序列 0、1、2、1、2、3，并返回"yes"。 □

3.5.5 3.5 节的练习

! 练习 3.5.1：3.3 节的练习中的图 3-16 计算了 KMP 算法的失效函数。说明在已知失效函数的情况下，如何根据已知的关键字 $b_1b_2\cdots b_n$，构造出一个具有 $n+1$ 个状态的 DFA，该 DFA 可以识别语言 $.^*b_1b_2\cdots b_n$(其中，点代表任意字符)。更进一步，证明构造这个 DFA 的时间复杂度是 $O(n)$。

练习 3.5.2：为练习 3.2.5 中的每一个语言设计一个 DFA 或 NFA。

练习 3.5.3：找出图 3-26 所示的 NFA 中所有标号为 $aabb$ 的路径。这个 NFA 接受 $aabb$ 吗？

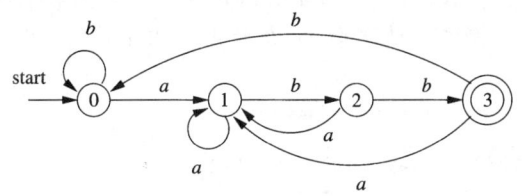

图 3-25 接受 $(\mathbf{a}|\mathbf{b})^*\mathbf{abb}$ 的 DFA

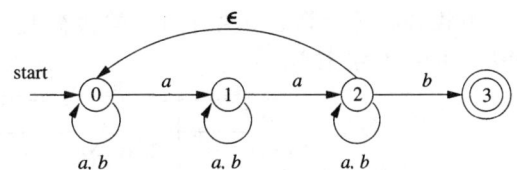

图 3-26 练习 3.5.3 的 NFA

练习 3.5.4：对于图 3-27 的 NFA，重复练习 3.5.3。

练习 3.5.5：给出如下练习中的 NFA 的转换表：
1）练习 3.5.3。
2）练习 3.5.4。
3）图 3-23。

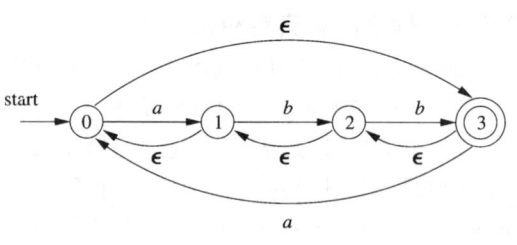

图 3-27 练习 3.5.4 的 NFA

3.6 从正则表达式到自动机

就像 3.4 节的内容所介绍的，正则表达式非常适合描述词法分析器和其他模式处理软件。然而那些软件的实现需要像算法 3-18 中那样来模拟 DFA 的执行，或者模拟 NFA 的执行。由于 NFA 对于一个输入符号可以选择不同的转换（如在图 3-21 中的状态 0 上输入为 a 时），它还可以执行输入 ϵ 上的转换（如在图 3-23 中的状态 0 上时），甚至可以选择是对 ϵ 或是对真实的输入符号执行转换，因此对 NFA 的模拟不如对 DFA 的模拟直接。于是，我们需要将一个 NFA 转换为一个识别相同语言的 DFA。

这一节我们将首先介绍如何把 NFA 转化为 DFA。然后，我们利用这种称为"子集构造法"的技术给出一个直接模拟 NFA 的算法。这个算法可用于那些将 NFA 转化到 DFA 比直接模拟 NFS 更加耗时的（非词法分析的）情形。接着，我们将说明如何把正则表达式转换为 NFA，在必要时可以根据这个 NFA 构造出一个 DFA。最后我们讨论了不同的正则表达式实现技术之间的时间 – 空间权衡问题，并说明如何为具体的应用选择合适的方法。

3.6.1 从 NFA 到 DFA 的转换

子集构造法的基本思想是让构造得到的 DFA 的每个状态对应于 NFA 的一个状态集合。DFA 在读入输入 $a_1 a_2 \cdots a_n$ 之后到达的状态对应于相应 NFA 从开始状态出发，沿着以 $a_1 a_2 \cdots a_n$ 为标号的路径能够到达的状态的集合。

DFA 的状态数有可能是 NFA 状态数的指数，在这种情况下，我们在试图实现这个 DFA 时会遇到困难。然而，基于自动机的词法分析方法的处理能力部分源于如下事实：对于一个真实的语言，它的 NFA 和 DFA 的状态数量大致相同，状态数量呈指数关系的情形尚未在实践中出现过。

算法 3.20 由 NFA 构造 DFA 的子集构造（subset construction）算法。

输入：一个 NFA N。

输出：一个接受同样语言的 DFA D。

方法：我们的算法为 D 构造一个转换表 $Dtran$。D 的每个状态是一个 NFA 状态集合，我们将构造 $Dtran$，使得 D "并行地"模拟 N 在遇到一个给定输入串时可能执行的所有动作。我们面对的第一个问题是正确处理 N 的 ϵ 转换。在图 3-28 中我们可以看到一些函数的定义。这些函数描述了一些需要在这个算法中执行的 N 的状态集上的基本操作。请注意，s 表示 N 的单个状态，而 T 代表 N 的一个状态集。

操作	描述
$\epsilon\text{-}closure(s)$	能够从 NFA 的状态 s 开始只通过 ϵ 转换到达的 NFA 状态集合
$\epsilon\text{-}closure(T)$	能够从 T 中某个 NFA 状态 s 开始只通过 ϵ 转换到达的 NFA 状态集合，即 $\cup_{s \in T} \epsilon\text{-}closure(s)$
$move(T, a)$	能够从 T 中某个状态 s 出发通过标号为 a 的转换到达的 NFA 状态的集合

图 3-28 NFA 状态集上的操作

词法分析

我们必须找出当 N 读入了某个输入串之后可能位于的所有状态集合。首先，在读入第一个输入符号之前，N 可以位于集合 $\epsilon\text{-}closure(s_0)$ 中的任何状态上，其中 s_0 是 N 的开始状态。下面进行归纳。假定 N 在读入输入串 x 之后可以位于集合 T 中的状态上。如果下一个输入符号是 a，那么 N 可以立即移动到集合 $move(T, a)$ 中的任何状态。然而，N 可以在读入 a 后再执行几个 ϵ 转换，因此 N 在读入 xa 之后可位于 $\epsilon\text{-}closure(move(T, a))$ 中的任何状态上。根据这些思想，我们可以得到图 3-29 中显示的方法，该方法构造了 D 的状态集合 $Dstates$ 和 D 的转换函数 $Dtran$。

```
一开始, ε-closure(s₀) 是 Dstates 中的唯一状态，且它未加标记；
while ( 在 Dstates 中有一个未标记状态 T ) {
    给 T 加上标记；
    for ( 每个输入符号 a ) {
        U = ε-closure(move(T, a));
        if ( U 不在 Dstates 中 )
            将 U 加入到 Dstates 中，且不加标记；
        Dtran[T, a] = U;
    }
}
```

图 3-29 子集构造法

D 的开始状态是 $\epsilon\text{-}closure(s_0)$，$D$ 的接受状态是所有至少包含了 N 的一个接受状态的状态集合。我们只需要说明如何对 NFA 的任何状态集合 T 计算 $\epsilon\text{-}closure(T)$，就可以完整地描述子集构造法。这个计算过程显示在图 3-30 中。它是从一个状态集合开始的一次简单的图搜索过程，不过此时假设这个图中只存在标号为 ϵ 的边。 □

例 3.21 图 3-31 给出了另一个接受语言 $(a|b)^*abb$ 的 NFA。它正好是我们将在 3.6 节中根据这个正则表达式直接构造得到的 NFA。我们现在把算法 3.20 应用到图 3-31 中。

```
将 T 的所有状态压入 stack 中；
将 ε-closure(T) 初始化为 T；
while ( stack 非空 ) {
    将栈顶元素 t 弹出栈中；
    for ( 每个满足如下条件的 u：从 t 出发有一个标号为 ε 的转换到达状态 u )
        if ( u 不在 ε-closure(T) 中 ) {
            将 u 加入到 ε-closure(T) 中；
            将 u 压入栈中；
        }
}
```

图 3-30 计算 $\epsilon\text{-}closure(T)$

等价 NFA 的开始状态 A 是 $\epsilon\text{-}closure(0)$，即 $A = \{0, 1, 2, 4, 7\}$。A 中的状态就是能够从状态 0 出发，只经过标号为 ϵ 的路径到达的所有状态。请注意，因为路径可以不包含边，所以状态 0 也是可以从它自身出发经过标号为 ϵ 的路径到达的状态。

NFA 的输入字母表是 $\{a, b\}$。因此，我们的第一步是标记 A，并计算 $Dtran[A, a] = \epsilon\text{-}closure(move(A, a))$ 以及 $Dtran[A, b] = \epsilon\text{-}closure(move(A, b))$。在状态 0、1、2、4、7 中，只有 2 和 7 有 a 上的转换，分别到达状态 3 和 8，因此 $move(A, a) = \{3, 8\}$，同时 $\epsilon\text{-}closure(\{3, 8\}) = \{1, 2, 3, 4, 6, 7, 8\}$。因此我们有：

$$Dtran[A, a] = \epsilon\text{-}closure(move(A, a)) = \epsilon\text{-}closure(\{3, 8\}) = \{1, 2, 3, 4, 6, 7, 8\}$$

我们称这个集合为 B，得到 Dtran[A, a] = B。

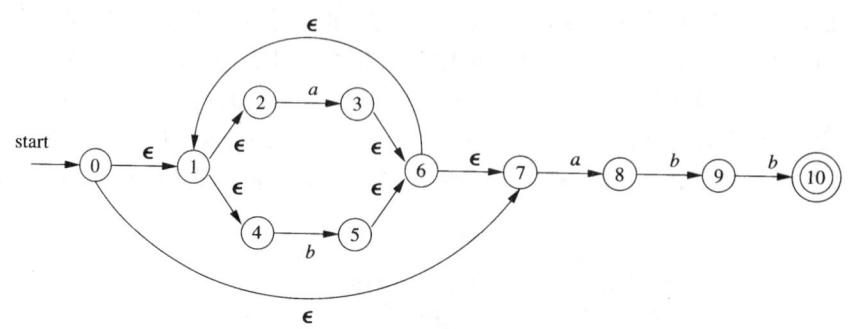

图 3-31 (a|b)*abb 对应的 NFA N

现在我们要计算 Dtran[A, b]。在 A 的状态中只有 4 有一个输入 b 上的转换，它到达状态 5，因此

$$Dtran[A,b] = \epsilon\text{-}closure(\{5\}) = \{1,2,4,6,7\}$$

我们称这个集合为 C，因此 Dtran[A, b] = C。

如果我们对未加标记的集合 B 和 C 继续这个处理过程，最终会使得这个 DFA 的所有状态都被加上标记。这个结论一定正确，因为 11 个 NFA 状态的集合只有 2^{11} 个子集。我们实际上构造出 5 个不同的 DFA 状态。这些状态、它们对应的 NFA 状态集以及 D 的转换表显示在图 3-32 中。D 的转换图如图 3-33 所示。状态 A 是 D 的开始状态，而包含 NFA 状态 10 的 E 状态是唯一的接受状态。

NFA 状态	DFA 状态	a	b
{0,1,2,4,7}	A	B	C
{1,2,3,4,6,7,8}	B	B	D
{1,2,4,5,6,7}	C	B	C
{1,2,4,5,6,7,9}	D	B	E
{1,2,4,5,6,7,10}	E	B	C

图 3-32 DFA D 的转换表 Dtran

请注意，相比图 3-25 中接受相同语言 (a|b)*abb 的 DFA，这个 DFA D 多了一个状态。D 的状态 A 和 C 具有同样的转换函数，因此可以被合并。我们将在 3.6.2 节中讨论使一个 DFA 的状态个数最小化问题。 □

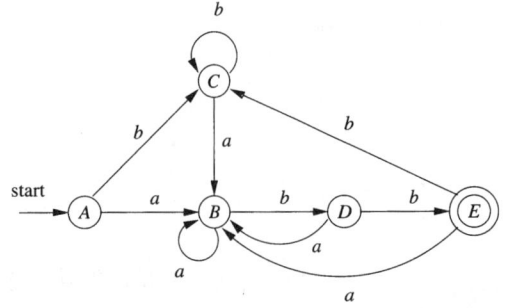

图 3-33 将子集构造法应用于图 3-31 的结果

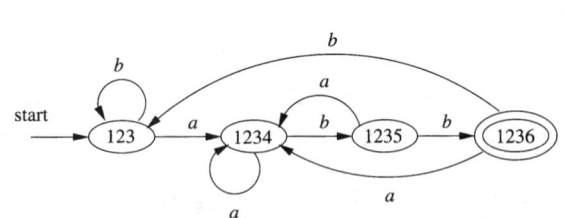

图 3-34 对等于图 3-33 的 DFA

3.6.2 最小化一个 DFA 的状态数

对于同一个语言，可以存在多个识别此语言的 DFA。例如，图 3-33 和图 3-34 中的 DFA 都识别语言 L((a|b)*abb)。这两个 DFA 不但各个状态的名字不同，就连它们的状态个数也不一样。如果我们使用 DFA 来实现词法分析器，我们总是希望使用的 DFA 的状态数量尽可能地少，因为描述词法分析器的转换表需要为每个状态分配条目。

状态名字的问题是次要的。如果我们只需改变状态名字就可以将一个自动机转换成为另一个自动机，我们就说这两个自动机是同构的。图 3-33 和图 3-34 中的两个自动机不是同构的。然而，这两个自动机的状态之间有很紧密的关系。图 3-33 中的状态 A 和 C 实际上是等价的，因为它们都不是接受状态，且对任意输入，它们总是转到同一个状态——在输入 a 上转到 B，在输入 b 上转到 C。不仅如此，状态 A 和 C 的行为都和图 3-34 中的状态 123 相似。类似地，图 3-33 中状态 B 的行为和图 3-34 中状态 1234 的行为相似，状态 D 的行为和状态 1235 的行为相似，状态 E 的行为和状态 1236 的行为相似。

可以得出一个重要的结论：任何正则语言都有一个唯一的(不计同构)状态数目最少的 DFA。而且，从任意一个接受相同语言的 DFA 出发，通过分组合并等价的状态，我们总是可以构建得到这个状态数最少的 DFA。对于 $L((\mathbf{a}|\mathbf{b})^*\mathbf{abb})$，图 3-34 就是状态最少的 DFA，将图 3-33 中 DFA 的状态划分为 $\{A, C\}\{B\}\{D\}\{E\}$ 然后合并等价状态就可以得到这个最小 DFA。

我们将给出一个将任意 DFA 转化为等价的状态最少的 DFA 的算法。该算法首先创建输入 DFA 的状态集合的分划。为了理解这个算法，我们要了解输入串是如何区分各个状态的。如果分别从状态 s 和 t 出发，沿着标号为 x 的路径到达的两个状态中只有一个是接受状态，我们说串 x 区分状态 s 和 t。如果存在某个能够区分状态 s 和状态 t 的串，那么它们就是可区分的(distinguishable)。

例 3.22 空串 ϵ 可以区分任何一个接受状态和非接受状态。在图 3-33 中，串 bb 区分状态 A 和 B，因为从 A 出发经过标号为 bb 的路径会到达非接受状态 C，而从 B 出发则到达接受状态 E。 □

DFA 状态最小化算法的工作原理是将一个 DFA 的状态集合分划成多个组，每个组中的各个状态之间相互不可区分。然后，将每个组中的状态合并成状态最少 DFA 的一个状态。算法在执行过程中维护了状态集合的一个分划，分划中的每个组内的各个状态尚不能区分，但是来自不同组的任意两个状态是可区分的。当任意一个组都不能再被分解为更小的组时，这个分划就不能再进一步精化，此时我们就得到了状态最少的 DFA。

最初，该分划包含两个组：接受状态组和非接受状态组。算法的基本步骤是从当前分划中取一个状态组，比如 $A = \{s_1, s_2, \cdots, s_k\}$，并选定某个输入符号 a，检查 a 是否可以用于区分 A 中的某些状态。我们检查 $s_1, s_2, \cdots, s_k$ 在 a 上的转换，如果这些转换到达的状态落入当前分划的两个或多个组中，我们就将 A 分割成为多个组，使得 s_i 和 s_j 在同一组中当且仅当它们在 a 上的转换都到达同一个组的状态。我们重复这个分割过程，直到无法根据某个输入符号对任意个组进行分割为止。这个思想体现在下面的算法中。

状态最小化算法的原理

我们需要证明两个性质：仍然位于 Π_{final} 的同一组中状态不可能被任意串区分，以及最后存在于不同子集中的状态之间是可区分的。要证明第一个性质，需要对算法 3-23 中步骤 2 的迭代次数进行归纳。如果在步骤 2 的第 i 次迭代之后 s 和 t 在同一子组中，那么就不存在长度小于等于 i 的串可以将 s 和 t 区分开。请读者自行完成这个归纳证明。

第二个性质的证明也是通过对迭代次数的归纳来完成的。如果在步骤 2 的第 i 次迭代时状态 s 和 t 被放在不同的组中，那么必然存在一个串可以区分它们。归纳的基础很容易证明：当 s 和 t 放在初始分划的不同组中时，它们必然一个是接受状态，另一个是非接受状态。因此 ϵ 就可以区分它们。归纳步骤如下：必然存在一个输入符号 a 和状态 p、q，使得 s 和 t 在输入 a 上分别进入状态 p 和 q。并且 p 和 q 必定已经被放到不同的组中了。那么根据归纳假设，必然存在某个串 x 可以区分 p 和 q。因此可知 ax 能够区分 s 和 t。

算法 3.23 最小化一个 DFA 的状态数量。

输入：一个 DFA D，其状态集合为 S，输入字母表为 Σ，开始状态为 s_0，接受状态集为 F。

输出：一个 DFA D'，它和 D 接受相同的语言，且状态数最少。

方法：

1）首先构造包含两个组 F 和 $S-F$ 的初始划分 Π，这两个组分别是 D 的接受状态组和非接受状态组。

2）应用图 3-35 的过程来构造新的分划 Π_{new}。

```
最初，令 Π_new = Π;
for (Π中的每个组G) {
    将G分划为更小的组，使得两个状态s和t在同一小组中当且仅当对于所有
        的输入符号a，状态s和t在a上的转换都到达Π中的同一组；
    /* 在最坏情况下，每个状态各自组成一个组*/
    在Π_new中将G替换为对G进行分划得到的那些小组；
}
```

图 3-35　Π_{new} 的构造

3）如果 $\Pi_{new} = \Pi$，令 $\Pi_{final} = \Pi$ 并接着执行步骤 4；否则，用 Π_{new} 替换 Π 并重复步骤 2。

4）在分划 Π_{final} 的每个组中选取一个状态作为该组的代表。这些代表构成了状态最少 DFA D' 的状态。D' 的其他部分按如下步骤构建：

ⓐ D' 的开始状态是包含了 D 的开始状态的组的代表。

ⓑ D' 的接受状态是那些包含了 D 的接受状态的组的代表。请注意，每个组中要么只包含接受状态，要么只包含非接受状态，因为我们一开始就将这两类状态分开了，而图 3-35 中的过程总是通过分解已经构造得到的组来得到新的组。

ⓒ 令 s 是 Π_{final} 中某个组 G 的代表，并令 DFA D 中在输入 a 上离开 s 的转换到达状态 t。令 r 为 t 所在组 H 的代表。那么在 D' 中存在一个从 s 到 r 在输入 a 上的转换。注意，在 D 中，组 G 中的每一个状态必然在输入 a 上进入组 H 中的某个状态，否则，组 G 应该已经被图 3-35 的过程分割成更小的组了。

消除死状态

这个最小化算法有时会产生带有一个死状态的 DFA。所谓死状态就是在所有输入符号上都转向自己的非接受状态。从技术上来讲，这个状态是必须的，因为在一个 DFA 中，从每个状态出发在每个输入符号上都必须有一个转换。然而，如 3.7.3 节所讨论的，我们需要知道在什么时候已经不存在被这个 DFA 接受的可能性了，这样我们才能知道已经识别到了正确的词素。因此，我们希望消除死状态，并使用一个缺少某些转换的自动机。这个自动机的状态比状态最少 DFA 的状态少一个，但是因为缺少了一些到达死状态的转换，所以严格地讲它并不是一个 DFA。

例 3.24 让我们重新考虑图 3-33 中给出的 DFA。初始分划包括两个组 $\{A, B, C, D\}$，$\{E\}$，它们分别是非接受状态组和接受状态组。构造 Π_{new} 时，图 3-35 中的过程考虑这两个组和输入符号 a 和 b。因为组 $\{E\}$ 只包含一个状态，不能再被分划，所以 $\{E\}$ 被原封不动地保留在 Π_{new} 中。

另一个组 $\{A, B, C, D\}$ 是可以被分割的，因此我们必须考虑各个输入符号的作用。在输入 a 上，这些状态中的每一个都转到 B，因此使用以 a 开头的串无法区分这些状态。但对于输入 b，状态 A、B 和 C 都转换到组 $\{A, B, C, D\}$ 的某个成员上，而 D 转到另一个组中的成员 E 上。因此在 Π_{new} 中，组 $\{A, B, C, D\}$ 被分划为 $\{A, B, C\}$ 和 $\{D\}$。这一轮得到的 Π_{new} 是 $\{A, B, C\} \{D\} \{E\}$。

在下一轮中，我们可以把$\{A,B,C\}$分割为$\{A,C\}\{B\}$，因为A和C在输入b上都到达$\{A,B,C\}$中的元素，但B却转到另一个组中的元素D上。因此在第二轮之后，$\Pi_{\text{new}} = \{A,C\}\{B\}\{D\}\{E\}$。在第三轮中，我们不能够再分割当前分划中唯一一个包含多个状态的组$\{A,C\}$，因为A和C在所有输入上都进入同一个状态（因此也就在同一组中）。因此我们有$\Pi_{\text{final}} = \{A,C\}\{B\}\{D\}\{E\}$。

现在我们将构建出状态最少 DFA。它有 4 个状态，对应于Π_{final}中的四个组。我们分别挑选A、B、D和E作为这四个组的代表。其中，状态A是开始状态，状态E是唯一的接受状态。它的转换函数如图 3-36 所示。例如，在输入b上离开状态E的转换到达状态A，因为在原来的 DFA 中，A在输入b上到达C，而A是C所在组的代表。因为同样的原因，在输入b上离开A的状态回到A本身，而其他的转换都和图 3-33 中的相同。

3.6.3　从正则表达式构造 NFA

状态	a	b
A	B	A
B	B	D
D	B	E
E	B	A

图 3-36　状态最少 DFA 的转换表

现在我们给出一个算法，它可以将任何正则表达式转变为接受相同语言的 NFA。这个算法是语法制导的，也就是说它沿着正则表达式的语法分析树自底向上递归地进行处理。对于每个子表达式，该算法构造一个只有一个接受状态的 NFA。

算法 3.25　将正则表达式转换为一个 NFA 的 McMaughton-Yamada-Thompson 算法。

输入：字母表Σ上的一个正则表达式r。

输出：一个接受$L(r)$的 NFA N。

方法：首先对r进行语法分析，分解出组成它的子表达式。构造一个 NFA 的规则分为基本规则和归纳规则两组。基本规则处理不包含运算符的子表达式，而归纳规则根据一个给定表达式的直接子表达式的 NFA 构造出这个表达式的 NFA。

基本规则：对于表达式ϵ，构造下面的 NFA。

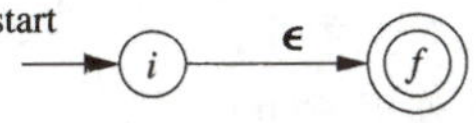

这里，i是一个新状态，也是这个 NFA 的开始状态；f是另一个新状态，也是这个 NFA 的接受状态。

对于字母表Σ中的子表达式a，构造下面的 NFA。

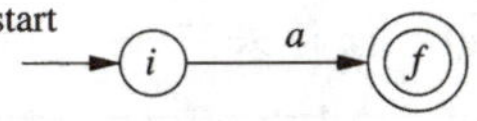

同样，i和f都是新状态，分别是这个 NFA 的开始状态和接受状态。请注意，在这两个基本构造规则中，对于ϵ或某个a的作为r的子表达式的每次出现，我们都会使用新状态分别构造出一个独立的 NFA。

归纳规则：假设正则表达式s和t的 NFA 分别为$N(s)$和$N(t)$。

1）假设$r = s|t$，r的 NFA，即$N(r)$，可以按照图 3-37 中的方式构造得到。这里i和f是新状态，分别是$N(r)$的开始状态和接受状态。从i到$N(s)$和$N(t)$的开始状态各有一个ϵ转换，从$N(s)$和$N(t)$到接受状态f也各有一个ϵ转换。请注意，$N(s)$和$N(t)$的接受状态在$N(r)$中不是接受状态。因为从i到f的任何路径要么只通过$N(s)$，要么只通过$N(t)$，且离开i或进入f的ϵ转换都不会改变路径上的标号，因此我们可以判定$N(r)$识别$L(s) \cup L(t)$，也就是$L(r)$。也就是说，图 3-37 中的 NFA 是一个正确的处理并运算符的构造。

2）假设$r = st$，然后按照图 3-38 所示构造$N(r)$。$N(s)$的开始状态变成了$N(r)$的开始状态。

$N(t)$ 的接受状态成为 $N(r)$ 的唯一接受状态。$N(s)$ 的接受状态和 $N(t)$ 的开始状态合并为一个状态，合并后的状态拥有原来进入和离开合并前的两个状态的全部转换。图 3-38 中一条从 i 到 f 的路径必须首先经过 $N(s)$，因此这条路径的标号以 $L(s)$ 中的某个串开始。然后，这条路径继续通过 $N(t)$，因此这条路径的标号以 $L(t)$ 中的某个串结束。就像我们很快要论证的，没有转换离开构造得到的接受状态，也没有转换进入开始状态，因此一个路径不可能在离开 $N(s)$ 后再次进入 $N(s)$。因此，$N(r)$ 恰好接受 $L(s)L(t)$，它是 $r = st$ 的一个正确的 NFA。

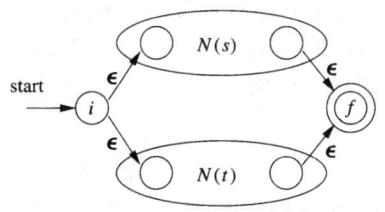

图 3-37　两个正则表达式的并的 NFA

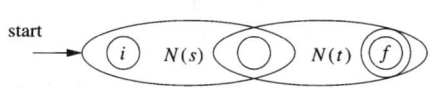

图 3-38　两个正则表达式的连接的 NFA

3）假设 $r = s^*$，然后为 r 构造出图 3-39 所示的 NFA $N(r)$。这里，i 和 f 是两个新状态，分别是 $N(r)$ 的开始状态和唯一的接受状态。要从 i 到达 f，我们可以沿着新引入的标号为 ϵ 的路径前进，这个路径对应于 $L(s)^0$ 中的一个串。我们也可以到达 $N(s)$ 的开始状态，然后经过该 NFA，再零次或多次从它的接受状态回到它的开始状态并重复上述过程。这些选项使得 $N(r)$ 可以接受 $L(s)^1$、$L(s)^2$ 等集合中的所有串，因此 $N(r)$ 识别的所有串的集合就是 $L(s)^*$。

4）最后，假设 $r = (s)$，那么 $L(r) = L(s)$，我们可以直接把 $N(s)$ 当作 $N(r)$。 □

算法 3.25 中描述的方法包含了一些提示，说明为什么这个归纳性构造方法能够得到正确的解答。我们不会给出正式的正确性证明。但除了最重要的性质，即 $N(r)$ 接受语言 $L(r)$ 之外，我们还在下面列出一些由该算法构造得到的 NFA 所具有的性质。这些性质本身也很有趣，并且有助于正式证明这个方法的正确性。

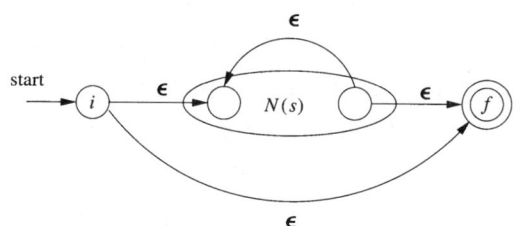

图 3-39　一个正则表达式的闭包的 NFA

1）$N(r)$ 的状态数最多为 r 中出现的运算符和运算分量的总数的 2 倍。得出这个上界的原因是算法的每一个构造步骤最多只引入两个新状态。

2）$N(r)$ 有且只有一个开始状态和一个接受状态。接受状态没有出边，开始状态没有入边。

3）$N(r)$ 中除接受状态之外的每个状态要么有一条其标号为 Σ 中符号的出边，要么有两条标号为 ϵ 的出边。

例 3.26　让我们用算法 3.25 为正则表达式 $r = (\mathbf{a}|\mathbf{b})^*\mathbf{abb}$ 构造一个 NFA。图 3-40 显示了 r 的一棵语法分析树，这棵树和 2.2.3 节中构造的算术表达式的语法分析树相似。对于子表达式 r_1，即第一个 **a**，我们构造如下的 NFA：

start → (2) —a→ ((3))

我们在选择这个 NFA 中的状态编号时考虑了和接下来生成的 NFA 的状态编号之间的一致性。对 r_2 构造如下 NFA：

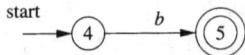

词法分析

现在我们可以使用图 3-37 中的构造方法，将 $N(r_1)$ 和 $N(r_2)$ 合并，得到 $r_3 = r_1|r_2$ 的 NFA。这个 NFA 显示在图3-41中。

子表达式 $r_4 = (r_3)$ 的 NFA 和 r_3 的 NFA 相同。子表达式 $r_5 = (r_3)^*$ 的 NFA 的构造如图 3-42 所示。我们使用图 3-39 所示的方法根据图 3-41 中的 NFA 构造出这个 NFA。

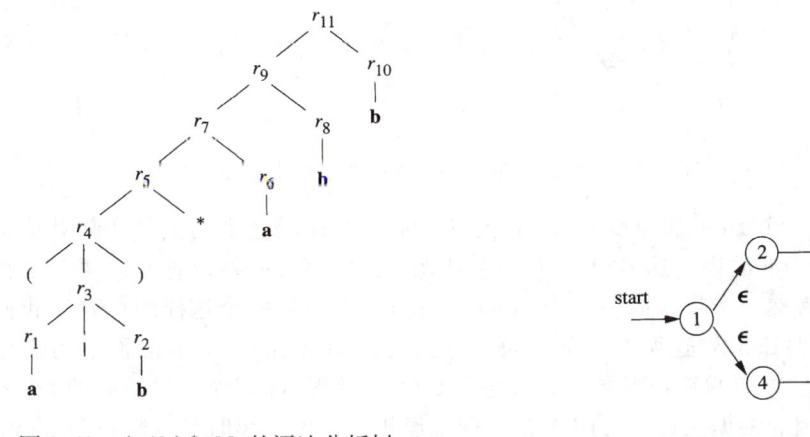

图 3-40　(a|b)*abb 的语法分析树　　　　图 3-41　r_3 的 NFA

现在考虑 r_6，它是表达式中的另一个 **a**。我们再次对 a 使用基本构造法，但是必须使用新的状态。虽然 r_1 和 r_6 是相同的表达式，但这个构造方法不允许我们复用那个为 r_1 构造的 NFA。r_6 的 NFA 如下：

要得到 $r_7 = r_5 r_6$ 的 NFA，我们应用图 3-38 中的构造方法，将状态 7 和 7' 合并，得到如图3-43 所示的 NFA。按照这个方法继续构造出两个分别名为 r_8 和 r_{10}、对应于子表达式 b 的新 NFA，最后构造出如图 3-31 所示的 (a|b)*abb 的 NFA。□

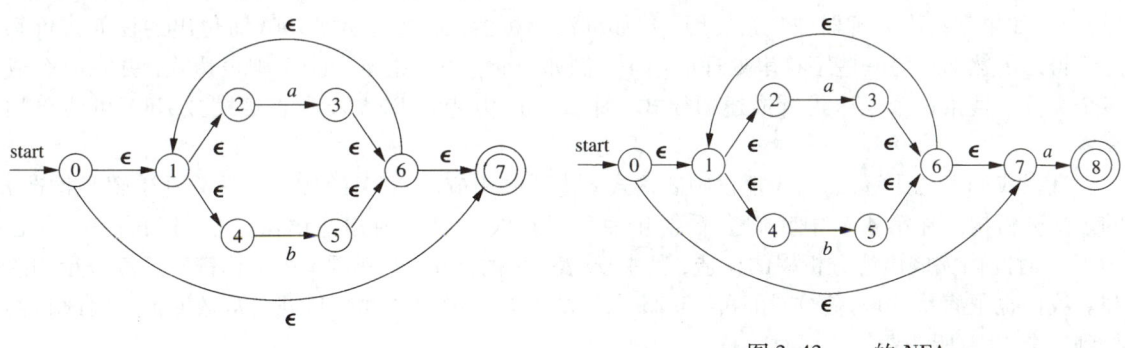

图 3-42　r_5 的 NFA　　　　　　　　　图 3-43　r_7 的 NFA

3.6.4　字符串处理算法的效率

我们看到，算法 3.18 能在 $O(|x|)$ 时间内处理字符串 x。虽然原则上 DFA 的状态数不会影响算法 3.18 的运行时间，但是假如状态数大到一定程度，以至于转换表超过了主存容量时，那么真正的运行时间就必须加上磁盘读写时间，从而使运行时间显著增加。

例 3.27　考虑形如 $L_n = (a|b)^* a(a|b)^{n-1}$ 的正则表达式所描述的语言族。也就是说，每个语言 L_n 包含了所有由 a 和 b 组成且从右端向左数第 n 个符号是 a 的串。很容易构造出一个具有

$n+1$ 个状态的 NFA。它在任何输入符号上都可以停留在其初始状态，但是当输入为 a 时也可以到达状态 1。在处于状态 1 时，它在任何输入符号上都会转到状态 2，以此类推，当到达状态 n 时它接受输入串。图 3-44 给出了这个 NFA。

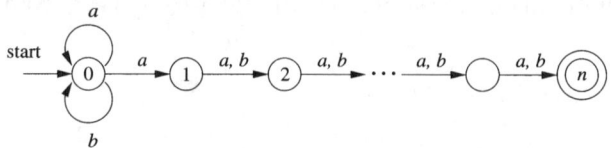

图 3-44　一个 NFA，它的状态数量远小于等价的最小 DFA 的状态数

然而，L_n 的任何一个 DFA 都至少有 2^n 个状态。我们不证明这个结论，只说明其基本思想。假设两个长度均为 n 的串到达 DFA 的同一个状态，必然存在一些位置使得两个串在这些位置上的符号不同（必然一个是 a 而另一个是 b）。我们考虑最后一个这样的位置。我们可以不断把相同的符号同时添加到这两个串的后面，直到它们的最后 $n-1$ 个位置上的符号串相同，但是倒数第 n 个位置上的符号不同。那么这个 DFA 在处理这两个（经过扩展的）符号串时会到达同一个状态（因为根据假设，此 DFA 在处理未经扩展的两个串时到达同一个状态，而对这两个串的扩展方法相同——译者注）。此时这个 DFA 要么同时接受这两个符号串，要么都不接受这两个符号串。（注意这两个符号串的倒数第 n 个符号是不同的，它们应该有且只有一个串在这个语言中，由此得出矛盾。这说明任意两个长度为 n 的不同符号串应该到达不同的状态。而长度为 n 的符号串共有 2^n 个，也就是说至少要有 2^n 个状态——译者注。）幸运的是，如我们前面提到的，词法分析很少需要处理这种类型的模式，我们也不用担心会遇到状态数量出奇多的 DFA。 □

然而，词法分析器生成工具和其他字符串处理系统经常以正则表达式作为输入。我们面临着将正则表达式转换成 DFA 还是 NFA 的问题。转换成 DFA 的额外开销是在将算法 3.20 应用于转换得到的 NFA 而产生的开销（也可以将一个正则表达式直接转化为 DFA，但工作量实质上是一样的）。如果字符串处理器被频繁使用，比如词法分析器，那么转换到 DFA 时付出的任何代价都是值得的。然而在另一些字符串处理应用中，例如 grep，用户指定一个正则表达式，并在一个或多个文件中搜索这个表达式所描述的模式，那么跳过构造的 DFA 步骤直接模拟 NFA 可能更加高效。

现在我们考虑用算法 3.25 把正则表达式 r 转换成相应的 NFA 的代价。其关键步骤是构造 r 的语法分析树。在第 4 章中我们会看到几种可以在线性时间内构造语法分析树的方法，即在 $O(|r|)$ 时间内完成语法分析树的构造，其中 $|r|$ 表示 r 的大小，也就是 r 中运算符和运算分量的总和。我们也很容易发现每次应用算法 3.25 中的基本规则和归纳规则只需要常数时间，因此转换得到一个 NFA 所花费的全部时间是 $O(|r|)$。

子集构造法所花费的时间很大程度上取决于构造得到的 DFA 的状态数。首先注意在图 3-19 所示的子集构造法中，算法的关键步骤。我们已经知道，如果实现得当，这个步骤所花的时间最多和 NFA 状态数与转换数之和成正比。

假设我们要从一个正则表达式 r 开始，并将它构造成一个 NFA。这个 NFA 最多有 $2|r|$ 个状态和 $4|r|$ 个转换，并且最多有 $2|r|$ 个输入符号。因此，对于每个构造得到的 DFA 状态，我们最多必须构造 $|r|$ 个新状态，构造每个新状态最多花费 $O(2|r|+4|r|)$ 时间。因此，构造一个有 s 个状态的 DFA 所用的时间为 $O(|r|^2 s)$。

在通常情况下，s 大约等于 $|r|$，上面的子集构造法需要的时间为 $O(|r|^3)$。然而，在如例3.27所示的最坏情况下，这个时间是 $O(|r|^2 2^{|r|})$。当我们需要构造一个识别器来指明一个或多个串 x 是否在一个给定的正则表达式 r 所定义的 $L(r)$ 中时，我们有多个选项。图3-45对这些选项作了总结。

自动机	初始开销	每个串的开销
NFA	$O(|r|)$	$O(|r| \times |x|)$
DFA typical case	$O(|r|^3)$	$O(|x|)$
DFA worst case	$O(|r|^2 2^{|r|})$	$O(|x|)$

图 3-45 识别一个正则表达式所表示的语言的不同方法所具有的初始开销和单个串的开销

如果处理各个字符串所花的时间多很多，比如我们构造词法分析器时面临的情况，我们显然倾向于使用 DFA。然而，在像 grep 这样的命令中，我们只会对一个符号串运行这个自动机，此时我们通常倾向于使用 NFA 方式。只有当 $|x|$ 接近 $|r|^3$ 的时候，我们才会考虑转换到 DFA。

还有一种混合策略可以做到对每个正则表达式 r 和输入串 x，它的效率总是和 DFA 和 NFA 方法中较好的一个差不多。这个策略从模拟 NFA 开始，但是在计算出各个状态集（也就是 DFA 的状态）和转换的同时把它们记录下来。在模拟中每次处理此 NFA 的当前状态集合和当前输入符号之前，首先查看我们是否已经计算了这个转换。如果是，就直接使用这个信息。

3.6.5 3.6节的练习

练习 3.6.1：将下列图中的 NFA 转换为 DFA。
1) 图 3-23
2) 图 3-26
3) 图 3-27

练习 3.6.3：使用算法 3.25 和 3.20 将下列正则表达式转换成 DFA。
1) $(a|b)^*$
2) $(a^*|b^*)^*$
3) $((\epsilon|a)b^*)^*$
4) $(a|b)^*abb(a|b)^*$

3.7 词法分析器生成工具的设计

本节中我们将应用 3.6 节中介绍的技术，讨论像 Lex 这样的词法分析器生成工具的体系结构。我们将讨论两种分别基于 NFA 和 DFA 的方法，后者实质上就是 Lex 的实现方法。

3.7.1 生成的词法分析器的结构

图3-46概括了由 Lex 生成的词法分析器的体系结构。作为词法分析器的程序包含一个固定的模拟自动机的程序。现在我们暂时不规定这个自动机是确定的还是不确定的。词法分析器的其他部分是由 Lex 根据 Lex 程序创建的组件组成的。

这些组件包括：
1) 表示自动机的一个转换表。
2) 由 Lex 编译器从 Lex 程序中直接复制到输出文件的函数（见 3.4.2 节的讨论）。
3) 输入程序定义的动作。这些动作是一些代码片段，将在适当的时候由自动机模拟器调用。

在构建自动机时，我们首先用算法 3.25 把 Lex 程序中的每个正则表达式模式转换为一个 NFA。我们需要使用一个自动机来识别所有与 Lex 程序中的模式相匹配的词素，因此我们将这些 NFA 合并为一个 NFA。合并的方法是引入一个新的开始状态，从这个新开始状态到各个对应于模式 p_i 的 NFA N_i 的开始状态各有一个 ϵ 转换。构造方法如图3-47所示。

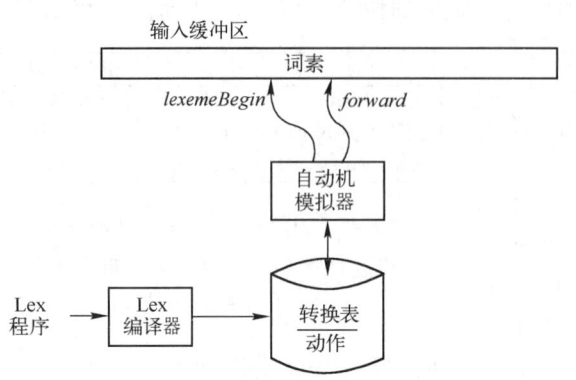
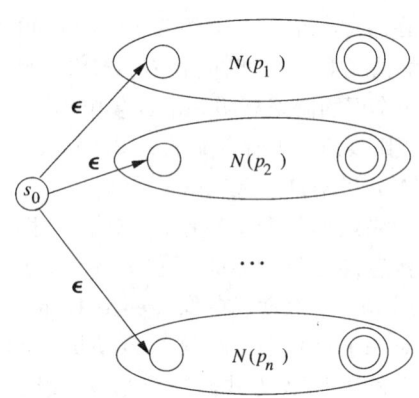

图 3-46 一个 Lex 程序被转变成由有限自动机模拟器使用的转换表和动作

图 3-47 根据 Lex 程序构造得到的一个 NFA

例 3.28 我们将使用如下所述的简单、抽象的例子来说明本节所要说明的思想：

    a   {模式 p_1 的动作 A_1}

    abb   {模式 p_2 的动作 A_2}

    a*b+   {模式 p_3 的动作 A_3}

请注意，上述三个模式之间存在我们在 3.4.3 节中讨论过的冲突。更明确地说，字符串 abb 同时满足第二个和第三个模式，但是我们将把它看作模式 p_2 的词素，因为在上面的 Lex 程序中首先列出的是模式 p_2。像 aabbb…这样的输入串有很多前缀都满足第三个模式，Lex 的规则是接受最长的前缀，因此我们不断读入 b，直到另一个 a 出现为止。此时我们报告识别的词素就是从第一个 a 开始的、包含了其后所有 b 的符号串。

图 3-48 列出了分别识别这三个模式的 NFA。其中第三个 NFA 是根据算法 3.25 的转换结果经简化得到的。然后，图 3-49 显示了通过加入一个新开始状态 0 和 3 个 ε 转换将这三个 NFA 合并后得到的单个 NFA。 □

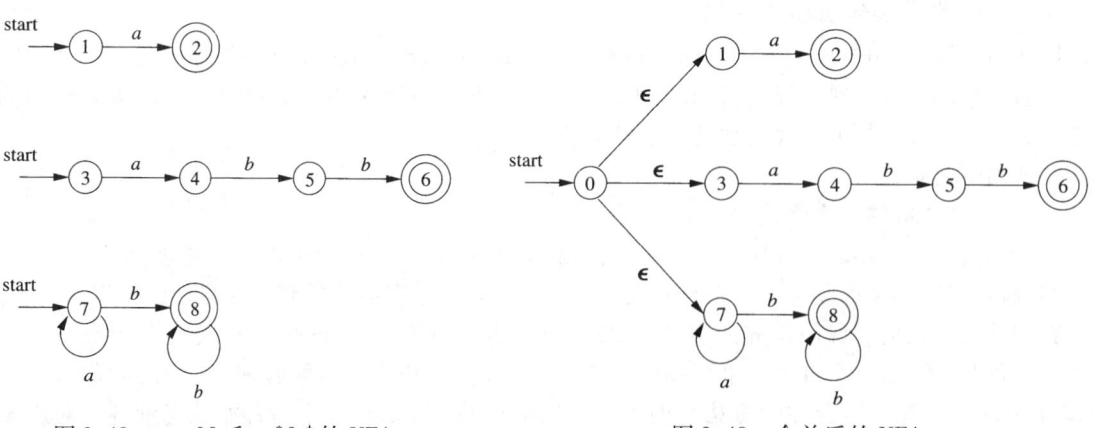

图 3-48 **a**、**abb** 和 **a*b+** 的 NFA   图 3-49 合并后的 NFA

3.7.2 词法分析器使用的 DFA

有一种体系结构和 Lex 的输出相似,它使用算法 3.20 中的子集构造法将表示所有模式的 NFA 转换为等价的 DFA。在 DFA 的每个状态中,如果该状态包含一个或多个 NFA 的接受状态,那么就要确定哪些模式的接受状态出现在此 DFA 状态中,并找出第一个这样的模式。然后将该模式作为这个 DFA 状态的输出。

例 3.29 使用子集构造法可以根据图 3-49 中的 NFA 构造得到一个 DFA。图 3-50 显示了这个 DFA 的一个转换图。图中的接受状态都用该状态所标识的模式作为标号。例如,状态{6,8}有两个接受状态,分别对应于模式 **abb** 和 $\mathbf{a}^*\mathbf{b}^+$。由于前一个模式先被列出,因此该模式就是状态{6,8}所关联的模式。□

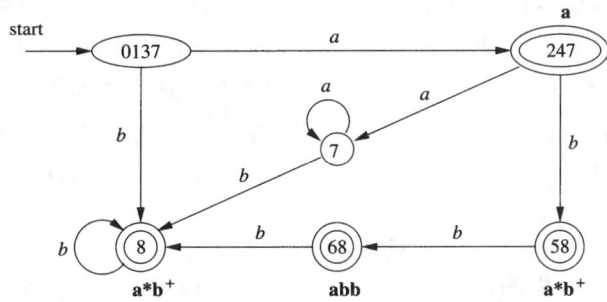

图 3-50 处理模式 **a**、**abb** 和 $\mathbf{a}^*\mathbf{b}^+$ 的 DFA 的转换图

在词法分析器中,我们使用 DFA 的方法与使用 NFA 的方法很相似。我们模拟这个 DFA 的运行,直到在某一点上没有后续状态为止(严格地说应该是下一个状态为 ∅,即对应于空的 NFA 状态集合的死状态)。此时,我们回头查找我们进入过的状态序列,一旦找到接受状态就执行与该状态对应的模式相关联的动作。

例 3.30 假设图 3-50 中的 DFA 的输入为 *abba*。处理输入时进入过的状态序列为 0137、247、58、68。在读入最后一个 *a* 时,没有离开状态 68 的相应转换。因此,我们从后向前考察这个状态序列。在这个例子中,68 本身就是一个接受状态,对应于模式 $p_2 = $ **abb**。□

3.7.3 词法分析器的状态最小化

如果要将状态最小化算法应用于 3.7.2 节中生成的 DFA,我们必须在算法 3.23 中使用不同的初始分划。我们会将识别某个特定词法单元的所有状态放到对应于此词法单元的一个组中,同时把所有不识别任何词法单元的状态放到另一组。下面用一个例子来说明这个扩展。

例 3.31 对于图 3-50 的 DFA,初始分划为

{0137,7}{247}{8,58}{68}{∅}

其中,状态 0137 和 7 分在同一组的原因是它们都没有识别任何词法单元;状态 8 和 58 分在一组的原因是它们都识别词法单元 $\mathbf{a}^*\mathbf{b}^+$。请注意,我们添加了一个死状态 ∅,我们假设它在输入 **a** 和 **b** 时会转到它自身。这个死状态同时也是状态 8、58 和 68 在输入 *a* 上的目标状态。

我们必须将 0137 和 7 分开,因为它们在输入 *a* 上转到不同的组。我们也要把 8 和 58 分开,因为它们在输入 *b* 上转到不同的组。这样,所有的状态都自成一组。图 3-50 所示的 DFA 就是识别这三个词法单元的状态最少 DFA。请记住,被用作词法分析器的 DFA 通常会丢掉它的死状态,同时我们把所有消失的转换当作结束词法单元识别过程的信号。□

3.7.4 实现向前看运算符

回顾 3.4.4 节可知,Lex 模式 r_1/r_2 中的 Lex 向前看运算符/是必不可少的。因为有时为了正

确地识别某个词法单元的实际词素,我们需要指明在这个词法单元的模式 r_1 之后必须跟着模式 r_2。在将模式 r_1/r_2 转化成 NFA 时,我们把 / 看成 ϵ,因此我们实际上不会在输入中查找 /。然而,如果 NFA 发现输入缓冲区的一个前缀 xy 和这个正则表达式匹配时,这个词素的末尾并不在这个 NFA 进入接受状态的地方。实际上,这个末尾是在此 NFA 进入满足如下条件的状态 s 的地方:

1) s 在(假想的) / 上有一个 ϵ 转换。
2) 有一条从 NFA 的开始状态到状态 s(相应标号序列为 x)的路径。
3) 有一条从状态 s 到 NFA 的接受状态(相应标号序列为 y)的路径。
4) 在所有满足条件 1~3 的 xy 中,x 尽可能长。

如果这个 NFA 中只有一个在假想的 / 上的 ϵ 转换状态,那么就如例 3.32 所示,词素的末尾出现在最后一次进入该状态的地方。如果 NFA 在假想的 / 上有多个 ϵ 转换状态,那么如何寻找正确的状态 s 的问题就会变得困难得多。

例 3.32 图 3-51 的 NFA 识别例 3.13 中给出的 IF 模式。这个模式使用了向前看运算符。请注意,从状态 2 到状态 3 的 ϵ 转换就代表这个向前看运算符。状态 6 表明关键字 IF 的出现。然而,当进入状态 6 时,我们需要向回扫描到最晚出现的状态 2 才可以找到词素 IF。 □

DFA 中的死状态

从技术上讲,图 3-50 中的自动机并不是一个真正的 DFA。因为 DFA 中的每个状态在它的输入字母表中的每个符号上都有一个离开转换。这里我们省略了到达死状态 Ø 的转换,并且我们也省略了从这个死状态出发、在所有输入符号上到达其自身的转换。前面的 NFA 到 DFA 转换的例子中不存在从开始状态到达 Ø 的路径,但是图 3-49 中的 NFA 有这样的路径。

然而,当我们构造一个用于词法分析器的 DFA 时,重要的是,我们必须用不同的方式来处理死状态,因为我们必须知道什么时候已经不可能识别到更长的词素了。因此我们建议省略到达死状态的转换,并消除死状态本身。实际上这个问题要比看起来困难一些,因为一个 NFA 到 DFA 的构造过程可能会产生多个不可能到达接受状态的 DFA 状态。我们必须知道何时到达了一个这样的状态。3.6.2 节讨论了如何将这些状态合并为一个死状态,这使得识别这些状态变得容易。还要指出的是,如果我们使用算法 3.20 和 3.25 根据一个正则表达式构造出一个 DFA,那么得到在 DFA 中除 Ø 之外的所有状态都可到达某个接受状态。

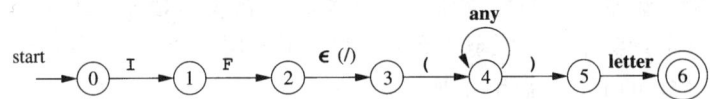

图 3-51 识别关键字 IF 的 NFA

3.7.5 3.7 节的练习

练习 3.7.1:假设我们有两个词法单元:(1) 关键字 if,(2) 标识符,它表示除 if 之外的所有由字母组成的串。请给出:

1) 识别这些词法单元的 NFA。
2) 识别这些词法单元的 DFA。

! **练习 3.7.2**:假设我们修正 DFA 的定义,使得每个状态在每个输入符号上有零个或一个转换(而不是像标准的 DFA 定义中那样恰好有一个转换)。那么,有些正则表达式就可以具有相比按标准定义构造得到的 DFA 而言更小的"DFA"。给出这种正则表达式的一个例子。

词 法 分 析

!! 练习3.7.3：设计一个算法来识别形如 r_1/r_2 的 Lex 向前看模式，其中 r_1 和 r_2 都是正则表达式。说明该算法如何处理如下输入：

1) $(abcd|abc)/d$
2) $(a|ab)/ba$
3) $aa*/a*$

3.8 第3章总结

- **词法单元**。词法分析器扫描源程序并输出一个由词法单元组成的序列。这些词法单元通常会逐个传送给语法分析器。有些词法单元只包含一个词法单元名，而其他词法单元还有一个关联的词法值，它给出了在输入中找到的这个词法单元的某个实例的有关信息。
- **词素**。每次词法分析器向语法分析器返回一个词法单元时，该词法单元都有一个关联的词素，即该词法单元所代表的输入字符串。
- **模式**。每个词法单元都有一个模式，它描述了什么样的字符序列可以组成对应于此词法单元的词素。那些和一个给定模式匹配的字(或者说字符串)的集合称为该模式的语言。
- **正则表达式**。这些表达式常用于描述模式。正则表达式是从单个字符开始，通过并、连接、Kleene 闭包、"重复多次"等运算符构造得到的。
- **正则定义**。多个语言的复杂集合，比如用以描述一个程序设计语言所有词法单元的多个模式常常是通过正则定义来描述的。一个正则定义是一个语句序列，其中的每个语句定义了一个表示某正则表达式的变量。定义一个变量的正则表达式时可以使用已经定义过的变量。
- **扩展的正则表达式表示法**。为了使正则表达式更易于表达模式，一些附加的运算符可以作为缩写在正则表达式中使用。比如 +(一个或多个)、? (零个或一个)以及字符类(由特定字符集中单个字符组成的字符串的集合)。
- **状态转换图**。一个词法分析器的行为经常可以用一个状态转换图来描述。它有多个状态。在搜寻可能与某个模式匹配的词素的过程中，各个状态代表了已读入字符的历史信息。它同时具有多条从一个状态到达另一个状态的转换(箭头)。每个转换都指明了下一个可能的输入字符，该字符将使词法分析器改变当前状态。
- **有穷自动机**。它是状态转换图的形式化表示。它指明了一个开始状态、一个或多个接受状态，以及状态集、输入字符集和状态间的转换集合。接受状态表明已经发现了和某个词法单元对应的词素。与状态转换图不同，有穷自动机既可以在输入字符上执行转换，也可以在空输入上执行转换。
- **确定有穷自动机**。一个确定有穷自动机是一种特殊的有穷自动机。它的任何一个状态对于任意一个输入符号有且只有一个转换。同时它不允许在空输入上的转换。确定有穷自动机类似于状态转换图，对它的模拟相对容易，因此适于作为词法分析器的实现基础。
- **不确定有穷自动机**。不是确定有穷自动机的自动机称为不确定的。NFA 通常要比确定有穷自动机更容易设计。词法分析器的另一种体系结构如下：对应于各个可能模式都有一个 NFA，并且我们使用表格来记录这些 NFA 在扫描输入字符时可能进入的所有状态。
- **模式表示方法之间的转换**。我们可以把任意一个正则表达式转换为一个大小基本相同的 NFA，这个 NFA 识别的语言和该正则表达式识别的相同。更进一步，任何 NFA 都可以转换为一个代表相同模式的 DFA，虽然在最坏的情况下自动机的大小会以指数级增长，但是在常见的程序设计语言中尚未碰到这些情况。可以将任意一个确定或不确定有穷自动机转化为一个正则表达式，使得该表达式定义的语言和这个自动机识别的语言相同。

- Lex。有一系列的软件系统，包括 Lex 和 Flex，可以作为生成词法分析器的工具。用户通过扩展的正则表达式来描述各种词法单元的模式。Lex 将这些表达式转化为词法分析器。这个分析器实质上是一个可以识别所有模式的确定有穷自动机。
- 有穷自动机的最小化。对于每一个 DFA，都存在一个接受同样语言的最少状态 DFA。不仅如此，一个给定语言的最少状态 DFA(不计同构)是唯一的。

3.9 第3章参考文献

正则表达式首先由 Kleene 在20世纪50年代开始研究[9]。McCullough 和 Pitts[12]提出了一种描述神经活动的有穷自动机模型，而 Kleene 的兴趣就是描述那些可以用这些模型表示的事件。从那以后，正则表达式和有穷自动机在计算机科学中得到了广泛应用。

各种各样的正则表达式已经应用于很多流行的 UNIX 工具中，比如 awk、ed、egrep、grep、lex、sed、sh 和 vi 等。可移动操作系统接口(Portable Operating System Interface，POSIX)的标准文档 IEEE 1003 和 ISO/IEC 9945 中定义了 POSIX 扩展正则表达式，它们和最初的 UNIX 正则表达式非常相近，只有少量例外，比如字符类的助记表示方式。许多脚本语言，像 Perl、Python 和 Tcl，都采用了正则表达式，但常常使用不兼容的扩展表示方式。

我们熟悉的有穷自动机模型和算法 3.23 中的有穷自动机最小化方法由 Huffman[6]和 Moore[14]给出。而 Rabin 和 Scott[15]最先提出了不确定有穷自动机的概念，他们还给出了子集构造法，即算法 3.30。这个算法证明了确定自动机和不确定自动机在语言识别能力上是等价的。

Lesk 开发了 Lex 的第一个版本，随后 Lesk 和 Schmidt 编写了 Lex 的第二个版本[10]。此后出现了 Lex 的很多变体。GNU 版本的 Flex 及其文档可以在[4]下载。流行的 Lex 的 Java 版本包括 JFlex[7]和 JLex[8]。

在 3.3 节的练习 3.3.3 之前讨论的 KMP 算法来自[11]。可处理多个关键字的此算法的扩展版本可以在[2]中找到。Aho 在 UNIX 工具 fgrep 的第一个实现中使用了这个算法。

在[5]中完整地介绍了有关有穷自动机和正则表达式的理论，而[1]给出了字符串匹配技术的概述。

1. Aho, A. V., "Algorithms for finding patterns in strings," in *Handbook of Theoretical Computer Science* (J. van Leeuwen, ed.), Vol. A, Ch. 5, MIT Press, Cambridge, 1990.

2. Aho, A. V. and M. J. Corasick, "Efficient string matching: an aid to bibliographic search," *Comm. ACM* **18**:6 (1975), pp. 333–340.

3. Aho, A. V., B. W. Kernighan, and P. J. Weinberger, *The AWK Programming Language*, Addison-Wesley, Boston, MA, 1988.

4. `Flex home page http://www.gnu.org/software/flex/`, Free Software Foundation.

5. Hopcroft, J. E., R. Motwani, and J. D. Ullman, *Introduction to Automata Theory, Languages, and Computation*, Addison-Wesley, Boston MA, 2006.

6. Huffman, D. A., "The synthesis of sequential machines," *J. Franklin Inst.* **257** (1954), pp. 3–4, 161, 190, 275–303.

7. JFlex home page http://jflex.de/ .

8. http://www.cs.princeton.edu/~appel/modern/java/JLex .

9. Kleene, S. C., "Representation of events in nerve nets," in [16], pp. 3–40.

10. Lesk, M. E., "Lex – a lexical analyzer generator," Computing Science Tech. Report 39, Bell Laboratories, Murray Hill, NJ, 1975. A similar document with the same title but with E. Schmidt as a coauthor, appears in Vol. 2 of the *Unix Programmer's Manual*, Bell laboratories, Murray Hill NJ, 1975; see http://dinosaur.compilertools.net/lex/index.html .

11. Knuth, D. E., J. H. Morris, and V. R. Pratt, "Fast pattern matching in strings," *SIAM J. Computing* **6**:2 (1977), pp. 323–350.

12. McCullough, W. S. and W. Pitts, "A logical calculus of the ideas immanent in nervous activity," *Bull. Math. Biophysics* **5** (1943), pp. 115–133.

13. McNaughton, R. and H. Yamada, "Regular expressions and state graphs for automata," *IRE Trans. on Electronic Computers* **EC-9**:1 (1960), pp. 38–47.

14. Moore, E. F., "Gedanken experiments on sequential machines," in [16], pp. 129–153.

15. Rabin, M. O. and D. Scott, "Finite automata and their decision problems," *IBM J. Res. and Devel.* **3**:2 (1959), pp. 114–125.

16. Shannon, C. and J. McCarthy (eds.), *Automata Studies*, Princeton Univ. Press, 1956.

17. Thompson, K., "Regular expression search algorithm," *Comm. ACM* **11**:6 (1968), pp. 419–422.

第 4 章 语法分析

本章介绍的语法分析方法通常用于编译器中。我们首先介绍基本概念，然后介绍适合手工实现的技术，最后介绍用于自动化工具的算法。因为源程序可能包含语法错误，所以我们还将讨论如何扩展语法分析方法，以便从常见错误中恢复。

在设计语言时，每种程序设计语言都有一组精确的规则来描述良构（well-formed）程序的语法结构。比如，在 C 语言中，一个程序由多个函数组成，一个函数由声明和语句组成，一个语句由表达式组成，等等。程序设计语言构造的语法可以使用 2.2 节中介绍的上下文无关文法或者 BNF（巴库斯－瑙尔范式）表示法来描述。文法为语言设计者和编译器编写者都提供了很大的便利。

- 文法给出了一个程序设计语言的精确易懂的语法规约。
- 对于某些类型的文法，我们可以自动地构造出高效的语法分析器，它能够确定一个源程序的语法结构。同时，语法分析器的构造过程可以揭示出语法的二义性，同时还可能发现一些容易在语言的初始设计阶段被忽略的问题。
- 一个正确设计的文法给出了一个语言的结构。该结构有助于把源程序翻译为正确的目标代码，也有助于检测错误。
- 一个文法支持逐步加入可以完成新任务的新语言构造从而迭代地演化和开发语言。如果对语言的实现遵循语言的文法结构，那么在实现中加入这些新构造的工作就变得更加容易。

4.1 引论

在本节中，我们将探讨语法分析器是如何集成到一个典型的编译器中的。然后我们将研究算术表达式的典型文法。通过表达式文法已经足以说明语法分析的本质，因为处理表达式的语法分析技术可以用于处理程序设计语言的大部分构造。这一节的最后将讨论错误处理的问题，因为当语法分析器发现它的输入不能由它的文法生成时，它必须作出适当的反应。

4.1.1 语法分析器的作用

在我们的编译器模型中，语法分析器从词法分析器获得一个由词法单元组成的串，并验证这个串可以由源语言的文法生成，如图 4-1 所示。我们期望语法分析器能够以易于理解的方式报告语法错误，并且能够从常见的错误中恢复并继续处理程序的其余部分。从概念上讲，对于良构的程序，语法分析器构造出一棵语法分析树，并把它传递给编译器的其他部分进一步处理。实际上，并不需要显式地构造出这棵语法分析树，因为正如我们将看到的，对源程序的检查和翻译动作可以和语法分析过程交错完成。因此，语法分析器和前端的其他部分可以用一个模块来实现。

处理文法的语法分析器大体上可以分为三种类型：通用的、自顶向下的和自底向上的。像 Cocke-Younger-Kasami 算法和 Earley 算法这样的通用语法分析方法可以对任意文法进行语法分析（见参考文献）。然而，这些通用方法效率很低，不能用于编译器产品。

编译器中常用的方法可以分为自顶向下的和自底向上的。顾名思义，自顶向下的方法从语法分析树的顶部（根结点）开始向底部（叶子结点）构造语法分析树，而自底向上的方法则从叶子结点开始，逐渐向根结点方向构造。这两种分析方法中，语法分析器的输入总是按照从左向右的方式被扫描，每次扫描一个符号。

语法分析

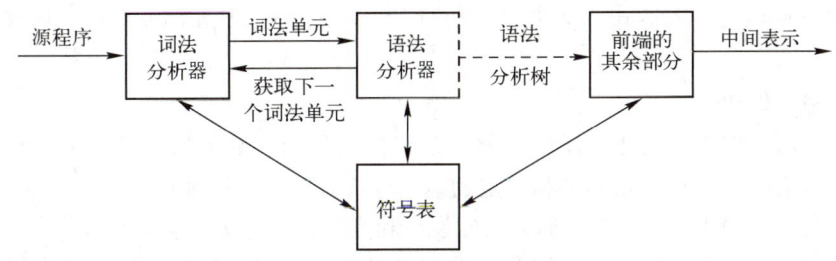

图 4-1 编译器模型中语法分析器的位置

最高效的自顶向下方法和自底向上方法只能处理某些文法子类，但其中的某些子类，特别是 LL 和 LR 文法，其表达能力已经足以描述现代程序设计语言的大部分语法构造了。手工实现的语法分析器通常使用 LL 文法。比如，2.4.2 节中的预测语法分析方法能够处理 LL 文法。处理较大的 LR 文法类的语法分析器通常是使用自动化工具构造得到的。

在本章中，我们假设语法分析器的输出是语法分析树的某种表示形式。该语法分析树对应于来自词法分析器的词法单元流。在实践中，语法分析过程中可能包括多个任务，比如将不同词法单元的信息收集到符号表中，进行类型检查和其他类型的语义分析，以及生成中间代码。我们把所有这些活动都归纳到图 4-1 中的"前端的其余部分"里面。在后续几章中将详细讨论这些活动。

4.1.2 代表性的文法

为了便于参考，我们先给出一些即将在本章中加以研究的文法。对那些以 **while** 或 **int** 这样的关键字开头的构造进行语法分析相对容易，因为关键字可以引导我们选择适当的文法产生式来匹配输入。因此我们主要关注表达式。因为运算符的结合性和优先级，表达式的处理更具挑战性。

下面的文法指明了运算符的结合性和优先级。这个文法和我们在第 2 章中使用的描述表达式、项和因子的文法类似。E 表示一组以 + 号分隔的项所组成的表达式；T 表示由一组以 * 号分隔的因子所组成的项；而 F 表示因子，它可能是括号括起的表达式，也可能是标识符：

$$
\begin{aligned}
E &\to E+T \mid T \\
T &\to T*F \mid F \\
F &\to (E) \mid \mathbf{id}
\end{aligned}
\tag{4.1}
$$

表达式文法(4.1)属于 LR 文法类，适用于自底向上的语法分析技术。这个文法经过修改可以处理更多的运算符和更多的优先级层次。然而，它不能用于自顶向下的语法分析，因为它是左递归的。

下面给出表达式文法(4.1)的无左递归版本，该版本将被用于自顶向下的语法分析：

$$
\begin{aligned}
E &\to TE' \\
E' &\to +TE' \mid \epsilon \\
T &\to FT' \\
T' &\to *FT' \mid \epsilon \\
F &\to (E) \mid \mathbf{id}
\end{aligned}
\tag{4.2}
$$

下面的文法以相同的方式处理 + 和 *，因此它可以用来说明那些在语法分析过程中处理二义性的技术：

$$E \to E+E \mid E*E \mid (E) \mid \mathbf{id} \tag{4.3}$$

这里的 E 表示各种类型的表达式。文法(4.3)允许一个表达式，比如 $a+b*c$，具有多棵语法分析树。

4.1.3 语法错误的处理

本节的其余部分将考虑语法错误的本质以及错误恢复的一般策略。其中的两种策略分别称为恐慌模式和短语层次恢复。它们将和特定的语法分析方法一起详细讨论。

如果编译器只处理正确的程序，那么它的设计和实现将会大大简化。但是，人们还期望编译器能够帮助程序员定位和跟踪错误。因为不管程序员如何努力，程序中难免会有错误。令人惊奇的是，虽然错误如此常见，但很少有语言在设计的时候就考虑到错误处理问题。如果我们的口语也像计算机语言那样对语法精确性有要求，那么我们的文明就会大不相同。大部分程序设计语言的规范没有规定编译器应该如果处理错误；错误处理方法由编译器的设计者决定。从一开始就计划好如何进行错误处理不仅可以简化编译器的结构，还可以改进错误处理方法。

程序可能有不同层次的错误。

- **词法错误**，包括标识符、关键字或运算符拼写错误（比如把标识符 `ellipseSize` 写成 `elipseSize`）和没有在字符串文本上正确地加上引号。
- **语法错误**，包括分号放错地方、花括号，即"{"或"}"，多余或缺失。另一个 C 语言或 Java 语言中的语法错误的例子是一个 `case` 语句的外围没有相应的 `switch` 语句（然而，语法分析器通常允许这种情况出现，当编译器在之后要生成代码时才会发现这个错误）。
- **语义错误**，包括运算符和运算分量之间的类型不匹配。例如，返回类型为 `void` 的某个 Java 方法中出现了一个返回某个值的 `return` 语句。
- **逻辑错误**，可以是因程序员的错误推理而引起的任何错误。比如在一个 C 程序中应该使用比较运算符 `==` 的地方使用了赋值运算符 `=`。这样的程序可能是良构的，但是却没有正确反映出程序员的意图。

语法分析方法的精确性使得我们可以非常高效地检测出语法错误。有些语法分析方法，比如 LL 和 LR 方法，能够在第一时间发现错误。也就是说，当来自词法分析器的词法单元流不能根据该语言的文法进一步分析时就会发现错误。更精确地讲，它们具有可行前缀特性（viable-prefix property），也就是说，一旦它们发现输入的某个前缀不能够通过添加一些符号而形成这个语言的串，就可以立刻检测到语法错误。

要重视错误恢复的另一个原因是，不管产生错误的原因是什么，很多错误都以语法错误的方式出现，并且在不能继续进行语法分析时暴露出来。有些语义错误（比如类型不匹配）也可以被高效地检测到。然而，总的来说，在编译时精确地检测出语义错误和逻辑错误是很困难的。

语法分析器中的错误处理程序的目标说起来很简单，但实现起来却很有挑战性：

- 清晰精确地报告出现的错误。
- 能很快地从各个错误中恢复，以继续检测后面的错误。
- 尽可能少地增加处理正确程序时的开销。

幸运的是，常见的错误都很简单，使用相对直接的错误处理机制就足以达到目标。

一个错误处理程序应该如何报告出现的错误？至少，它必须报告在源程序的什么位置检测到错误，因为实际的错误很可能就出现在这个位置之前的几个词法单元处。一个常用的策略是打印出有问题的那一行，然后用一个指针指向检测到错误的地方。

4.1.4 错误恢复策略

当检测到一个错误时，语法分析器应该如何恢复？虽然还没有哪个策略能够证明自己是被普遍接受的，但有一些方法的适用范围很广。最简单的方法是让语法分析器在检测到第一个错误时给出错误提示信息，然后退出。如果语法分析器能够把自己恢复到某个状态，且有理由预期从那里开始继续处理输入将提供有意义的诊断信息，那么它通常会发现更多的错误。如果错误太多，那么最好让编译器在超过某个错误数量上界之后停止分析。这样做要比让编译器产生大量恼人的"可疑"错误信息更好。

恐慌模式的恢复

使用这个方法时，语法分析器一旦发现错误就不断丢弃输入中的符号，一次丢弃一个符号，直到找到同步词法单元(synchronizing token)集合中的某个元素为止。同步词法单元通常是界限符，比如分号或者}。它们在源程序中的作用是清晰、无歧义的。编译器的设计者必须为源语言选择适当的同步词法单元。恐慌模式的错误纠正方法常常会跳过大量输入，不检查被跳过部分的其他错误。但是它很简单，并且能够保证不会进入无限循环。我们稍后考虑的某些方法则不一定能保证不进入无限循环。

短语层次的恢复

当发现一个错误时，语法分析器可以在余下的输入上进行局部性纠正。也就是说，它可能将余下输入的某个前缀替换为另一个串，使语法分析器可以继续分析。常用的局部纠正方法包括将一个逗号替换为分号、删除一个多余的分号或者插入一个遗漏的分号。如何选择局部纠正方法是由编译器设计者决定的。当然，我们必须小心选择替换方法，以避免进入无限循环。比如，如果我们总是在当前输入符号之前插入符号，就会出现无限循环。

短语层次替换方法已经在多个错误修复型编译器中使用，它可以纠正任何输入串。它主要的不足在于它难以处理实际错误发生在被检测位置之前的情况。

错误产生式

通过预测可能遇到的常见错误，我们可以在当前语言的文法中加入特殊的产生式。这些产生式能够产生含有错误的构造，从而基于增加了错误产生式的文法构造得到一个语法分析器。如果语法分析过程中使用了某个错误产生式，语法分析器就检测到了一个预期的错误。语法分析器能够据此生成适当的错误诊断信息，指出在输入中识别出的错误构造。

全局纠正

在理想情况下，我们希望编译器在处理一个错误输入串时通过最少的改动将其转化为语法正确的串。有些算法可以选择一个最小的改动序列，得到开销最低的全局性纠正方法。给定一个不正确的输入串 x 和文法 G，这些算法将找出一个相关串 y 的语法分析树，使得将 x 转换为 y 所需要的插入、删除和改变的词法单元的数量最少。遗憾的是，从时间和空间的角度看，实现这些方法一般来说开销太大，因此这些技术当前仅具有理论价值。

请注意，一个最接近正确的程序可能并不是程序员想要的程序。不管怎样，最低开销纠正的概念仍然提供了一个可用于评价错误恢复技术的指标，并已经用于为短语层次的恢复寻找最佳替换串。

4.2 上下文无关文法

2.2 节中已经介绍了文法的概念。在那里，它用于系统地描述程序设计语言的构造（比如表达式和语句）的语法。下面的产生式使用语法变量 *stmt* 来表示语句，使用变量 *expr* 表示表达式。

$$stmt \rightarrow \textbf{if} \ (expr) \ stmt \ \textbf{else} \ stmt \tag{4.4}$$

上述产生式描述了这种形式的条件语句的结构。其他产生式则精确地定义了 *expr* 是什么，以及 *stmt* 可以是什么。

这一节将回顾上下文无关文法的定义，并介绍了在讨论语法分析技术时要用到的一些术语。特别地，推导的概念在讨论产生式在分析过程中的应用顺序时非常有用。

4.2.1 上下文无关文法的正式定义

根据2.2节的介绍可知，一个上下文无关文法（简称文法）由终结符号、非终结符号、一个开始符号和一组产生式组成。

1) 终结符号是组成串的基本符号。术语"词法单元名字"是"终结符号"的同义词。当我们讨论的显然是词法单元的名字时，我们经常使用"词法单元"这个词来指称终结符号。我们假设终结符号是词法分析器输出的词法单元的第一个分量。在(4.4)中，终结符号是关键字 **if** 和 **else** 以及符号"("和")"。

2) 非终结符号是表示串的集合的语法变量。在(4.4)中，*stmt* 和 *expr* 是非终结符号。非终结符号表示的串集合用于定义由文法生成的语言。非终结符号给出了语言的层次结构，而这种层次结构是语法分析和翻译的关键。

3) 在一个文法中，某个非终结符号被指定为开始符号。这个符号表示的串集合就是这个文法生成的语言。按照惯例，首先列出开始符号的产生式。

4) 一个文法的产生式描述了将终结符号和非终结符号组合成串的方法。每个产生式由下列元素组成：

① 一个被称为产生式头或左部的非终结符号。这个产生式定义了这个头所代表的串集合的一部分。

② 符号→。有时也使用∷=来替代箭头。

③ 一个由零个或多个终结符号与非终结符号组成的产生式体或右部。产生式体中的成分描述了产生式头上的非终结符号所对应的串的某种构造方法。

例4.1 图4-2中的文法定义了简单的算术表达式。在这个文法中，终结符号是

  id + - * / ( )

非终结符号是 *expression*、*term* 和 *factor*，而 *expression* 是开始符号。□

expression	→	*expression* + *term*
expression	→	*expression* - *term*
expression	→	*term*
term	→	*term* * *factor*
term	→	*term* / *factor*
term	→	*factor*
factor	→	(*expression*)
factor	→	**id**

图4-2 简单算术表达式的文法

4.2.2 符号表示的约定

为了避免总是声明"这些是终结符号"，"这些是非终结符号"，等等，在本书的其余部分将对文法符号的表示使用以下约定。

1) 下述符号是终结符号：

① 在字母表里排在前面的小写字母，比如 *a*、*b*、*c*。

② 运算符号，比如 +、* 等。

③ 标点符号，比如括号、逗号等。

④ 数字 0、1、…、9。

⑤ 黑体字符串，比如 **id** 或 **if**。每个这样的字符串表示一个终结符号。

2) 下述符号是非终结符号：

① 在字母表中排在前面的大写字母，比如 *A*、*B*、*C*。

② 字母 *S*。它出现时通常表示开始符号。

③ 小写、斜体的名字，比如 *expr* 或 *stmt*。

④ 当讨论程序设计语言的构造时，大写字母可以用于表示代表程序构造的非终结符号。比

语法分析

如，表达式、项和因子的非终结符号通常分别用 E、T 和 F 表示。

3）在字母表中排在后面的大写字母（比如 X、Y、Z）表示文法符号。也就是说，表示非终结符号或终结符号。

4）在字母表中排在后面的小写字母（主要是 u、v、…、z）表示（可能为空的）终结符号串。

5）小写的希腊字母，比如 α、β、γ，表示（可能为空的）文法符号串。因此，一个普通的产生式可以写作 $A \to \alpha$，其中 A 是产生式的头，α 是产生式的体。

6）具有相同的头的一组产生式 $A \to \alpha_1$, $A \to \alpha_2$, …, $A \to \alpha_k$（A 产生式）可以写作 $A \to \alpha_1 | \alpha_2 | \cdots | \alpha_k$。我们把 α_1, α_2, …, α_k 称作 A 的不同可选体。

7）除非特别说明，第一个产生式的头就是开始符号。

例 4.2 按照这些约定，例子 4.1 的文法可以改为如下更加简单的形式：

$$E \to E + T \mid E - T \mid T$$
$$T \to T * F \mid T / F \mid F$$
$$F \to (E) \mid \mathbf{id}$$

上面的符号表示约定告诉我们 E、T 和 F 是非终结符号，其中 E 是开始符号。其余的符号是终结符号。 □

4.2.3 推导

将产生式看作重写规则，就可以从推导的角度精确地描述构造语法分析树的方法。从开始符号出发，每个重写步骤把一个非终结符号替换为它的某个产生式的体。这个推导思想对应于自顶向下构造语法分析树的过程，但是推导概念所给出的精确性在讨论自底向上的语法分析过程时尤其有用。正如我们将看到的，自底向上语法分析和一种被称为"最右"推导的推导类型相关。在这种推导过程中，每一步重写的都是最右边的非终结符号。

比如，考虑下列只有一个非终结符号 E 的文法。它在文法（4.3）中增加了一个产生式 $E \to -E$：

$$E \to E + E \mid E * E \mid -E \mid (E) \mid \mathbf{id} \qquad (4.5)$$

产生式 $E \to -E$ 表明，如果 E 表示一个表达式，那么 $-E$ 必然也表示一个表达式。将一个 E 替换为 $-E$ 的过程写作

$$E \Rightarrow -E$$

上式读作"E 推导出 $-E$"。产生式 $E \to (E)$ 可以将任何文法符号串中出现的 E 的任何实例替换为 (E)。比如，$E * E \Rightarrow (E) * E$ 或 $E * E \Rightarrow E * (E)$。我们可以按照任意顺序对单个 E 不断地应用各个产生式，得到一个替换的序列。比如：

$$E \Rightarrow -E \Rightarrow -(E) \Rightarrow -(\mathbf{id})$$

我们将这个替换序列称为从 E 到 $-(\mathbf{id})$ 的推导。这个推导证明了串 $-(\mathbf{id})$ 是表达式的一个实例。

要给出推导的一般性定义，考虑一个文法符号序列中间的非终结符号 A，比如 $\alpha A \beta$，其中 α 和 β 是任意的文法符号串。假设 $A \to \gamma$ 是一个产生式。那么我们写作 $\alpha A \beta \Rightarrow \alpha \gamma \beta$。符号 $\Rightarrow$ 表示"通过一步推导出"。当一个推导序列 $\alpha_1 \Rightarrow \alpha_2 \Rightarrow \cdots \Rightarrow \alpha_n$ 将 α_1 替换为 α_n，我们说 α_1 推导出 α_n。我们经常说"经过零步或多步推导出"，我们可以使用符号 $\stackrel{*}{\Rightarrow}$ 来表示这种关系。因此，

1）对于任何串 α，$\alpha \stackrel{*}{\Rightarrow} \alpha$，并且

2）如果 $\alpha \stackrel{*}{\Rightarrow} \beta$ 且 $\beta \stackrel{*}{\Rightarrow} \gamma$，那么 $\alpha \stackrel{*}{\Rightarrow} \gamma$。

类似地，$\stackrel{+}{\Rightarrow}$ 表示"经过一步或多步推导出"。

如果 $S \stackrel{*}{\Rightarrow} \alpha$，其中 S 是文法 G 的开始符号，我们说 α 是 G 的一个句型(sentential form)。请注意，一个句型可能既包含终结符号又包含非终结符号，也可能是空串。文法 G 的一个句子(sentence)是不包含非终结符号的句型。一个文法生成的语言是它的所有句子的集合。因此，一个终结符号串 w 在 G 生成的语言 $L(G)$ 中，当且仅当 w 是 G 的一个句子(或者说 $S \stackrel{*}{\Rightarrow} w$)。可以由文法生成的语言被称为上下文无关语言(context-free language)。如果两个文法生成相同语言，这两个文法就被称为是等价的。

串 $-(\mathbf{id}+\mathbf{id})$ 是文法(4.5)的一个句子，因为存在一个推导过程

$$E \Rightarrow -E \Rightarrow -(E) \Rightarrow -(E+E) \Rightarrow -(\mathbf{id}+E) \Rightarrow -(\mathbf{id}+\mathbf{id}) \quad (4.6)$$

串 E、$-E$、$-(E)$、$\cdots$、$-(\mathbf{id}+\mathbf{id})$ 都是这个文法的句型。我们用 $E \stackrel{*}{\Rightarrow} -(\mathbf{id}+\mathbf{id})$ 来指明 $-(\mathbf{id}+\mathbf{id})$ 可以从 E 推导得到。

在每一个推导步骤上都需要做两个选择。我们要选择替换哪个非终结符号，并且在做出这个决定之后，还必须选择一个以此非终结符号作为头的产生式。比如，下面给出的 $-(\mathbf{id}+\mathbf{id})$ 的另一种推导和推导(4.6)在最后两步有所不同：

$$E \Rightarrow -E \Rightarrow -(E) \Rightarrow -(E+E) \Rightarrow -(E+\mathbf{id}) \Rightarrow -(\mathbf{id}+\mathbf{id}) \quad (4.7)$$

在这两个推导中，每个非终结符号都被替换为同一个产生式体，但替换的顺序有所不同。

为了理解语法分析器是如何工作的，我们将考虑在每个推导步骤中按照如下方式选择被替换的非终结符号的两种推导过程：

1) 在最左推导(leftmost derivation)中，总是选择每个句型的最左非终结符号。如果 $\alpha \Rightarrow \beta$ 是一个推导步骤，且被替换的是 α 中的最左非终结符号，我们写作 $\alpha \underset{lm}{\Rightarrow} \beta$。

2) 在最右推导(rightmost derivation)中，总是选择最右边的非终结符号，此时我们写作 $\alpha \underset{rm}{\Rightarrow} \beta$。

推导(4.6)是最左推导，因此它可以写成

$$E \underset{lm}{\Rightarrow} -E \underset{lm}{\Rightarrow} -(E) \underset{lm}{\Rightarrow} -(E+E) \underset{lm}{\Rightarrow} -(\mathbf{id}+E) \underset{lm}{\Rightarrow} -(\mathbf{id}+\mathbf{id})$$

请注意，推导(4.7)是一个最右推导。

根据我们的符号表示惯例，每个最左推导步骤都可以写成 $wA\gamma \underset{lm}{\Rightarrow} w\delta\gamma$，其中 w 只包含终结符号，$A \rightarrow \delta$ 是被应用的产生式，而 γ 是一个文法符号串。为了强调 α 经过一个最左推导过程得到 β，我们写作 $\alpha \underset{lm}{\stackrel{*}{\Rightarrow}} \beta$。如果 $S \underset{lm}{\stackrel{*}{\Rightarrow}} \alpha$，那么我们说 α 是当前文法的最左句型(left-sentential form)。

对于最右推导也有类似的定义。最右推导有时也称为规范推导(canonical derivation)。

4.2.4 语法分析树和推导

语法分析树是推导的图形表示形式，它过滤掉了推导过程中对非终结符号应用产生式的顺序。语法分析树的每个内部结点表示一个产生式的应用。该内部结点的标号是此产生式头中的非终结符号 A；这个结点的子结点的标号从左到右组成了在推导过程中替换这个 A 的产生式体。

比如，图 4-3 中，$-(\mathbf{id}+\mathbf{id})$ 的语法分析树是根据推导(4.6)得到的，它也可以根据推导(4.7)得到。

一棵语法分析树的叶子结点的标号既可以是非终结符号，也可以是终结符号。从左到右排列这些符号就可以得到一个句型，它称为这棵树的结果(yield)或边缘(frontier)。

为了了解推导和语法分析树之间的关系，考虑任意的推导 $\alpha_1 \Rightarrow \alpha_2 \Rightarrow \cdots \Rightarrow \alpha_n$，其中 α_1 是单个非终结符号 A。对于推导中的每个句型 α_i，我们可以构造出一个结果为 α_i 的语法分析树。这个构造过程是对 i 的一次

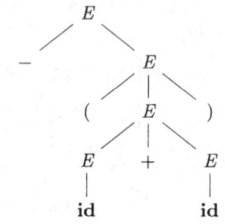

图 4-3 $-(\mathbf{id}+\mathbf{id})$ 的语法分析树

语法分析

归纳过程。

基础：$\alpha_1 = A$ 的语法分析树就是标号为 A 的单个结点。

归纳步骤：假设我们已经构造出了一棵结果为 $\alpha_{i-1} = X_1 X_2 \cdots X_k$ 的语法分析树（请注意，按照我们的符号表示约定，每个文法符号 X_i 可以是非终结符号，也可以是终结符号）。假设 α_i 是将 α_{i-1} 中的某个非终结符号 X_j 替换为 $\beta = Y_1 Y_2 \cdots Y_m$ 而得到的句型。也就是说，在这个推导的第 i 步中，对 α_{i-1} 应用规则 $X_j \to \beta$，推导出 $\alpha_i = X_1 X_2 \cdots X_{j-1} \beta X_{j+1} \cdots X_k$。

为了模拟这一推导步骤，我们在当前的语法分析树中找出左起第 j 个非 ϵ 叶子结点。这个结点的标号为 X_j。向这个叶子结点添加 m 个子结点，从左边开始分别将这些子结点标号为 Y_1、Y_2、$\cdots$、Y_m。作为一种特殊情况，如果 $m = 0$，那么 $\beta = \epsilon$，我们给第 j 个叶子结点加上一个标号为 ϵ 的子结点。

例4.3 根据推导(4.6)构造得到的语法分析树的序列显示在图4-4中。推导的第一步是 $E \Rightarrow -E$。为了模拟这一步，我们将标号分别为 $-$ 和 E 的两个子结点加到第一棵树的根结点 E 上，得到第二棵语法分析树。

这个推导的第二步是 $-E \Rightarrow -(E)$。相应地，将标号分别为 $($、E、$)$ 的三个子结点加到第二棵树中标号为 E 的叶子结点上，得到结果为 $-(E)$ 的第三棵树。按照这个方法继续下去，我们就得到了完整的语法分析树，即第六棵树。 □

因为语法分析树忽略了替换句型中符号的不同顺序，所以在推导和语法分析树之间具有多对一的关系。比如，推导(4.6)和(4.7)都和图4-4中的最后一棵语法分析树关联。

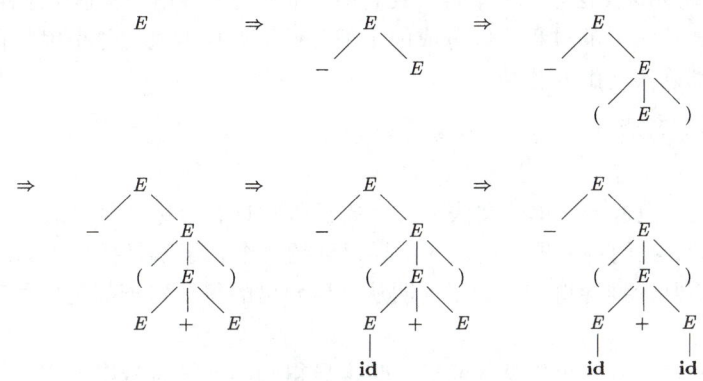

图4-4 推导(4.6)的语法分析树序列

因为在语法分析树和最左推导/最右推导之间存在一对一的关系，所以在接下来的内容中，我们将频繁地通过构造最左推导或最右推导来进行语法分析。最左或最右推导都以一种特定的顺序来替换句型中的符号，因此它们也过滤掉了顺序上的不同。不难说明，每一棵语法分析树都和唯一的最左推导及唯一的最右推导相关联。

4.2.5 二义性

根据2.2.4节的介绍可知，如果一个文法可以为某个句子生成多棵语法分析树，那么它就是二义性的（ambiguous）。换句话说，二义性文法就是对同一个句子有多个最左推导或多个最右推导的文法。

例4.4 算术表达式文法(4.3)允许句子 **id + id * id** 具有两个最左推导：

$$
\begin{aligned}
E &\Rightarrow E + E \\
&\Rightarrow \mathbf{id} + E \\
&\Rightarrow \mathbf{id} + E * E \\
&\Rightarrow \mathbf{id} + \mathbf{id} * E \\
&\Rightarrow \mathbf{id} + \mathbf{id} * \mathbf{id}
\end{aligned}
\qquad
\begin{aligned}
E &\Rightarrow E * E \\
&\Rightarrow E + E * E \\
&\Rightarrow \mathbf{id} + E * E \\
&\Rightarrow \mathbf{id} + \mathbf{id} * E \\
&\Rightarrow \mathbf{id} + \mathbf{id} * \mathbf{id}
\end{aligned}
$$

相应的语法分析树如图 4-5 所示。

请注意,图 4-5a 中的语法分析树反映了通常的 + 和 * 之间的优先级关系,而图 4-5b 中的语法分析树则没有反映出这一点。也就是说,按照惯例,应该将运算符 * 当作优先级高于 + 的运算符来处理,相应地,我们通常将 $a + b * c$ 这样的表达式按照 $a + (b * c)$,而不是 $(a + b) * c$ 的方式进行求值。 □

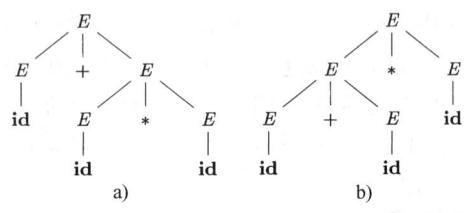

图 4-5 $\mathbf{id} + \mathbf{id} * \mathbf{id}$ 的两棵语法树

大部分语法分析器都期望文法是无二义性的,否则,我们就不能为一个句子唯一地选定语法分析树。在某些情况下,使用经过精心选择的二义性文法也可以带来方便。但同时需要使用消二义性规则(disambiguating rule)来"抛弃"不想要的语法分析树,只为每个句子留下一棵语法分析树。

4.2.6 验证文法生成的语言

推断出一个给定的产生式集合生成了某种特定的语言是很有用的,尽管编译器的设计者很少会对整个程序设计语言文法做这样的事情。当研究一个棘手的构造时,我们可以写出该构造的一个简洁、抽象的文法,并研究该文法生成的语言。我们将为下面的条件语句构造出这样的文法。

证明文法 G 生成语言 L 的过程可以分成两个部分:证明 G 生成的每个串都在 L 中,并且反向证明 L 中的每个串都确实能由 G 生成。

例 4.5 考虑下面的文法:

$$S \to (\,S\,)\,S \mid \epsilon \tag{4.8}$$

初看可能不是很明显,但这个简单的文法确实生成了所有具有对称括号对的串,并且只生成这样的串。为了说明原因,我们将首先说明从 S 推导得到的每个句子都是括号对称的,然后说明每个括号对称的串可以从 S 推导得到。为了证明从 S 推导出的每个句子都是括号对称的,我们对推导步数 n 进行归纳。

基础:基础是 $n=1$。唯一可以从 S 经过一步推导得到的终结符号串是空串,它当然是括号对称的。

归纳步骤:现在假设所有步数少于 n 的推导都得到括号对称的句子,并考虑一个恰巧有 n 步的最左推导。这样的推导必然具有如下形式:

$$S \underset{lm}{\Rightarrow} (S)S \underset{lm}{\overset{*}{\Rightarrow}} (x)S \underset{lm}{\overset{*}{\Rightarrow}} (x)y$$

从 S 到 x 和 y 的推导过程都少于 n 步,因此根据归纳假设,x 和 y 都是括号对称的。因此,串 $(x)y$ 必然是括号对称的。也就是说,它具有相同数量的左括号和右括号,并且它的每个前缀中的左括号不少于右括号。

现在已经证明了可以从 S 推导出的任何串都是括号对称的,接下来我们必须证明每个括号对称的串都可以从 S 推导得到。为了证明这一点,我们对串的长度进行归纳。

基础:如果串的长度是 0,它必然是 ϵ。这个串是括号对称的,且可以从 S 推导得到。

归纳步骤:首先请注意,每个括号对称的串的长度是偶数。假设每个长度小于 $2n$ 的括号对称的串都能够从 S 推导得到,并考虑一个长度为 $2n(n \geq 1)$ 的括号对称的串 w。w 一定以左括号开头。令(x)是w的最短的、左括号个数和右括号个数相同的非空前缀，那么w可以写成$w=(x)y$的形式，其中x和y都是括号对称的。因为x和y的长度都小于$2n$，根据归纳假设，它们可以从S推导得到。因此，我们可以找到一个如下形式的推导：
$$S \Rightarrow (S)S \stackrel{*}{\Rightarrow} (x)S \stackrel{*}{\Rightarrow} (x)y$$
它证明$w=(x)y$也可以从S推导得到。 □

4.2.7 上下文无关文法和正则表达式

在结束关于文法及其性质的讨论之前，我们要说明文法是比正则表达式表达能力更强的表示方法。每个可以使用正则表达式描述的构造都可以使用文法来描述，但是反之不成立。换句话说，每个正则语言都是一个上下文无关语言，但是反之不成立。

比如，正则表达式$(\mathbf{a}|\mathbf{b})^*\mathbf{abb}$和文法

$$A_0 \rightarrow aA_0 \mid bA_0 \mid aA_1$$
$$A_1 \rightarrow bA_2$$
$$A_2 \rightarrow bA_3$$
$$A_3 \rightarrow \epsilon$$

描述了同一个语言，即以abb结尾的由a和b组成的串的集合。

我们可以机械地构造出和一个不确定有穷自动机（NFA）识别同样语言的文法。上面的文法是使用下面的构造方法，根据图3-21中的NFA构造得到的。

1）对于NFA的每个状态i，创建一个非终结符号A_i。

2）如果状态i有一个在输入a上到达状态j的转换，则加入产生式$A_i \rightarrow aA_j$。如果状态i在输入ϵ上到达状态j，则加入产生式$A_i \rightarrow A_j$。

3）如果i是一个接受状态，则加入产生式$A_i \rightarrow \epsilon$。

4）如果i是自动机的开始状态，令A_i为所得文法的开始符号。

另一方面，语言$L = \{a^n b^n \mid n \geq 1\}$（即由同样数量的$a$和$b$组成的串的集合）是一个可以用文法描述但不能用正则表达式描述的语言的原型例子。下面用反证法来说明这一点。假设L是用某个正则表达式定义的语言。我们可以构造一个具有有穷多个状态（比如说k个状态）的DFA D来接受L。因为D只有k个状态，对于一个以多于k个a开头的输入，D一定会进入某个状态两次，假设这个状态是s_i，如图4-6所示。假设从s_i返回到其自身的路径的标号序列是a^{j-i}。因为$a^i b^i$在这个语言中，因此必然存在一条标号为b^i从s_i到某个接受状态f的路径。但是，一定还存在一条从开始状态s_0出发，经过s_i最后到达f的路径，它的标号序列为$a^j b^i$，如图4-6所示。因此，D也接受$a^j b^i$，但$a^j b^i$这个串不在语言L中，这和L是D所接受的语言这个假设矛盾。

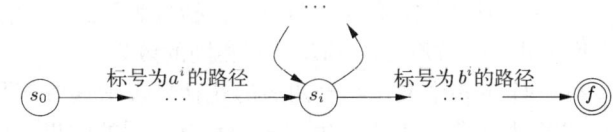

图4-6 接受$a^i b^i$和$a^j b^i$的DFA D

我们通俗地说"有穷自动机不能计数"，这意味着有穷自动机不能接受像$\{a^n b^n \mid n \geq 1\}$这样的语言，因为它不能记录下在它看到第一个$b$之前读入的$a$的个数。类似地，"一个文法可以对两个个体进行计数，但是无法对三个个体计数"，我们在4.3.5节中考虑非上下文无关的语言构造时将介绍这一点。

4.2.8 4.2节的练习

练习4.2.1：考虑上下文无关文法：

$$S \rightarrow SS+ \mid SS* \mid a$$

以及串 $aa+a*$。

1）给出这个串的一个最左推导。
2）给出这个串的一个最右推导。
3）给出这个串的一棵语法分析树。
! 4）这个文法是否为二义性的？证明你的回答。
! 5）描述这个文法生成的语言。

练习 4.2.2：对下列的每一对文法和串重复练习 4.2.1。

1) $S \rightarrow 0\ S\ 1 \mid 0\ 1$ 和串 000111。
2) $S \rightarrow +\ SS \mid *\ SS \mid a$ 和串 $+*aaa$。
! 3) $S \rightarrow S(S)S \mid \epsilon$ 和串 $(()())$。
! 4) $S \rightarrow S+S \mid SS \mid (S) \mid S* \mid a$ 和串 $(a+a)*a$。
! 5) $S \rightarrow (L) \mid a$ 以及 $L \rightarrow L,S \mid S$ 和串 $((a,a),a,(a))$。
!! 6) $S \rightarrow aSbS \mid bSaS \mid \epsilon$ 和串 $aabbab$。
! 7）下面的布尔表达式对应的文法：

$$bexpr \rightarrow bexpr\ \textbf{or}\ bterm \mid bterm$$
$$bterm \rightarrow bterm\ \textbf{and}\ bfactor \mid bfactor$$
$$bfactor \rightarrow \textbf{not}\ bfactor \mid (\ bexpr\ ) \mid \textbf{true} \mid \textbf{false}$$

练习 4.2.3：为下面的语言设计文法：

1）所有由 0 和 1 组成的并且每个 0 之后都至少跟着一个 1 的串的集合。
! 2）所有由 0 和 1 组成的回文（palindrome）的集合，也就是从前面和从后面读结果都相同的串的集合。
! 3）所有由 0 和 1 组成的具有相同多个 0 和 1 的串的集合。
!! 4）所有由 0 和 1 组成的并且 0 的个数和 1 的个数不同的串的集合。
! 5）所有由 0 和 1 组成的且其中不包含子串 011 的串的集合。
!! 6）所有由 0 和 1 组成的形如 xy 的串的集合，其中 $x \neq y$ 且 x 和 y 等长。

! **练习 4.2.4**：有一个常用的扩展的文法表示方法。在这个表示方法中，产生式体中的方括号和花括号是元符号（如→或 |），且具有如下含义：

1）一个或多个文法符号两边的方括号表示这些构造是可选的。因此，产生式 $A \rightarrow X[Y]Z$ 和两个产生式 $A \rightarrow XYZ$ 及 $A \rightarrow XZ$ 具有相同的效果。
2）一个或多个文法符号两边的花括号表示这些符号可以重复任意多次（包括零次）。因此，$A \rightarrow X\{YZ\}$ 和如下的无穷产生式序列具有相同的效果：$A \rightarrow X, A \rightarrow XYZ, A \rightarrow XYZYZ, \cdots$ 等等。

证明这两个扩展并没有增加文法的功能。也就是说，由带有这些扩展表示的文法生成的任何语言都可以由一个不带扩展表示的文法生成。

练习 4.2.5：使用练习 4.2.4 中描述的括号表示法来简化如下的关于语句块和条件语句的文法。

$$stmt \rightarrow \textbf{if}\ expr\ \textbf{then}\ stmt\ \textbf{else}\ stmt$$
$$\mid \textbf{if}\ stmt\ \textbf{then}\ stmt$$
$$\mid \textbf{begin}\ stmtList\ \textbf{end}$$
$$stmtList \rightarrow stmt;stmtList \mid stmt$$

! **练习 4.2.6**：扩展练习 4.2.4 的思想，使得产生式体中可以出现文法符号的任意正则表达式。证明这个扩展并没有使得文法可以定义任何新的语言。

! **练习 4.2.7**：如果不存在形如 $S \stackrel{*}{\Rightarrow} wXy \stackrel{*}{\Rightarrow} wxy$ 的推导，那么文法符号 X（终结符号或非终结符号）就被称为无用的（useless）。也就是说，X 不可能出现在任何句子的推导过程中。

1）给出一个算法，从一个文法中消除所有包含无用符号的产生式。

2）将你的算法应用于以下文法：

$$S \rightarrow 0 \mid A$$
$$A \rightarrow AB$$
$$B \rightarrow 1$$

练习 4.2.8：图 4-7 中的文法可生成单个数值标识符的声明，这些声明包含四种不同的、相互独立的数字性质。

stmt	→	**declare id** *optionList*
optionList	→	*optionList option* $\mid \epsilon$
option	→	*mode* $\mid$ *scale* $\mid$ *precision* $\mid$ *base*
mode	→	**real** $\mid$ **complex**
scale	→	**fixed** $\mid$ **floating**
precision	→	**single** $\mid$ **double**
base	→	**binary** $\mid$ **decimal**

图 4-7 多属性声明的文法

1）扩展图 4-7 中的文法，使得它可以允许 n 种选项 A_i，其中 n 是一个固定的数，$i = 1, 2, \cdots, n$。选项 A_i 的取值可以是 a_i 或 b_i。你的文法只能使用 $O(n)$ 个文法符号，并且产生式的总长度也必须是 $O(n)$ 的。

! 2）图 4-7 中的文法和它在 1 中的扩展支持互相矛盾或冗余的声明，比如：

`declare foo real fixed real floating`

我们可以要求这个语言的语法禁止这种声明。也就是说，由这个文法生成的每个声明中，n 种选项中的每一项都有且只有一个取值。如果我们这样做，那么对于任意给定的 n 值，合法声明的个数是有穷的。因此和任何有穷语言一样，合法声明组成的语言有一个文法（同时也有一个正则表达式）。最显而易见的文法是这样的：文法的开始符号对每个合法声明都有一个产生式，这样共有 $n!$ 个产生式。该文法的产生式的总长度是 $O(n \times n!)$。你必须做得更好：给出一个产生式总长度为 $O(n2^n)$ 的文法。

!! 3）说明对于任何满足 2 中的要求的文法，其产生式的总长度至少是 2^n。

4）我们可以通过程序设计语言的语法来保证声明中的选项无冗余性、无矛盾。对于这个方法的可行性，本题 3 的结论说明了什么问题？

4.3 设计文法

文法能够描述程序设计语言的大部分（但不是全部）语法。比如，在程序中标识符必须先声明后使用，但是这个要求不能通过一个上下文无关文法来描述。因此，一个语法分析器接受的词法单元序列构成了程序设计语言的超集；编译器的后续步骤必须对语法分析器的输出进行分析，以保证源程序遵守那些没有被语法分析器检查的规则。

本节将先讨论如何在词法分析器和语法分析器之间分配工作。然后考虑几个用来使文法更适于语法分析的转换方法。其中的一个技术可以消除文法中的二义性，而其他的技术——消除左递归和提取左公因子——可用于改写文法，使得这些文法适用于自顶向下的语法分析。我们在本节的最后将考虑一些不能使用任何文法描述的程序设计语言构造。

4.3.1 词法分析和语法分析

如我们在 4.2.7 节看到的，任何能够使用正则表达式描述的东西都可以使用文法描述。因此我们自然会问："为什么使用正则表达式来定义一个语言的词法语法？"，理由有多个。

1）将一个语言的语法结构分为词法和非词法两部分可以很方便地将编译器前端模块化，将前端分解为两个大小适中的组件。

2）一个语言的词法规则通常很简单，我们不需要使用像文法这样的功能强大的表示方法来描述这些规则。

3）和文法相比，正则表达式通常提供了更加简洁且易于理解的表示词法单元的方法。

4）根据正则表达式自动构造得到的词法分析器的效率要高于根据任意文法自动构造得到的分析器。

并不存在一个严格的指导方针来规定哪些东西应该放到（和语法规则相对的）词法规则中。正则表达式最适合描述诸如标识符、常量、关键字、空白这样的语言构造的结构。另一方面，文法最适合描述嵌套结构，比如对称的括号对，匹配的 begin-end，相互对应的 if-then-else 等。这些嵌套结构不能使用正则表达式描述。

4.3.2 消除二义性

有时，一个二义性文法可以被改写为无二义性的文法。例如，我们将消除下面的"悬空-else"文法中的二义性：

$$stmt \rightarrow \textbf{if}\ expr\ \textbf{then}\ stmt$$
$$|\ \textbf{if}\ expr\ \textbf{then}\ stmt\ \textbf{else}\ stmt \qquad (4.9)$$
$$|\ other$$

这里"other"表示任何其他语句。根据这个文法，下面的复合条件语句

$$\textbf{if}\ E_1\ \textbf{then}\ S_1\ \textbf{else if}\ E_2\ \textbf{then}\ S_2\ \textbf{else}\ S_3$$

的语法分析树如图 4-8 所示[⊖]。文法 (4.9) 是二义性的，因为串

$$\textbf{if}\ E_1\ \textbf{then if}\ E_2\ \textbf{then}\ S_1\ \textbf{else}\ S_2 \qquad (4.10)$$

具有图 4-9 所示的两棵语法分析树。

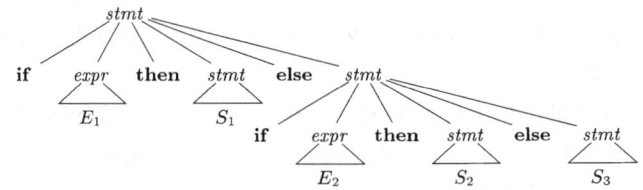

图 4-8 一个条件语句的语法分析树

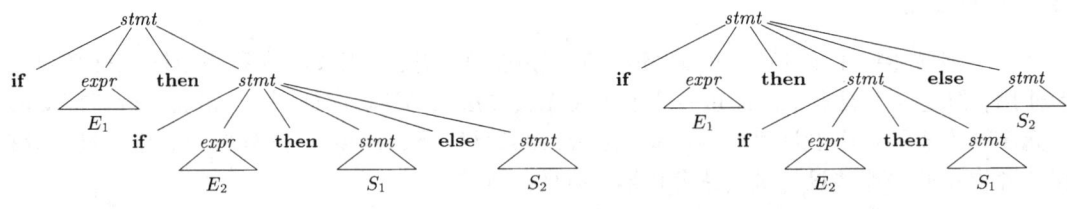

图 4-9 一个二义性句子的两颗语法分析树

在所有包含这种形式的条件语句的程序设计语言中，总是会选择第一棵语法分析树。通用的规则是"每个 else 和最近的尚未匹配的 then 匹配。"[⊖]从理论上讲，这个消除二义性规则可以用一个文法直接表示，但是在实践中很少用产生式来表示该规则。

例 4.6 我们可以将悬空-else 文法 (4.9) 改写成如下的无二义性文法。基本思想是在一个 then 和一个 else 之间出现的语句必须是"已匹配的"。也就是说，中间的语句不能以一个尚未匹配的

⊖ E 和 S 的下标仅用于区分同一个非终结符号的不同出现，并不表示不同的非终结符号。

⊖ 我们应该注意到，C 语言和它的派生语言也属于这一类语言。虽然 C 系列的语言不使用关键字 **then**，但 **then** 的作用是由 **if** 之后的条件表达式的括号对来承担的。

（或者说开放的）**then** 结尾。一个已匹配的语句要么是一个不包含开放语句的 **if-then-else** 语句，要么是一个非条件语句。因此我们可以使用图4-10中的文法。这个文法和悬空-else文法(4.9)生成同样的串集合，但是它只允许对串(4.10)进行一种语法分析，也就是将每个 **else** 和前面最近的尚未匹配的 **then** 匹配。□

$$
\begin{array}{rcl}
stmt & \rightarrow & matched_stmt \\
 & | & open_stmt \\
matched_stmt & \rightarrow & \textbf{if } expr \textbf{ then } matched_stmt \textbf{ else } matched_stmt \\
 & | & \textbf{other} \\
open_stmt & \rightarrow & \textbf{if } expr \textbf{ then } stmt \\
 & | & \textbf{if } expr \textbf{ then } matched_stmt \textbf{ else } open_stmt
\end{array}
$$

图4-10　**if-then-else** 语句的无二义性方法

4.3.3　左递归的消除

如果一个文法中有一个非终结符号 A 使得对某个串 α 存在一个推导 $A \overset{+}{\Rightarrow} A\alpha$，那么这个文法就是*左递归的*(left recursive)。自顶向下语法分析方法不能处理左递归的文法，因此需要一个转换方法来消除左递归。在2.4.5节中，我们讨论了*立即左递归*，即存在形如 $A \rightarrow A\alpha$ 的产生式的情况。这里我们研究一般性的情形。在2.4.5节中，我们说明了如何把左递归的产生式对 $A \rightarrow A\alpha \mid \beta$ 替换为非左递归的产生式：

$$
\begin{aligned}
A &\rightarrow \beta A' \\
A' &\rightarrow \alpha A' \mid \epsilon
\end{aligned}
$$

这样的替换不会改变可从 A 推导得到的串的集合。这个规则本身已经足以用来处理很多文法。

例4.7　这里重复一下非左递归的表达式文法(4.2)：

$$
\begin{array}{lcl}
E & \rightarrow & TE' \\
E' & \rightarrow & +\ T\ E' \mid \epsilon \\
T & \rightarrow & F\ T' + \\
T' & \rightarrow & +\ F\ T' \mid \epsilon \\
F & \rightarrow & (\ E\ ) \mid \textbf{id}
\end{array}
$$

它是通过消除表达式文法(4.1)中的立即左递归而得到的。左递归的产生式对 $E \rightarrow E + T \mid T$ 被替换为 $E \rightarrow T\ E'$ 和 $E' \rightarrow +\ T\ E' \mid \epsilon$。类似地，$T$ 和 T' 的新产生式也是通过消除立即左递归而得到的。□

立即左递归可以使用下面的技术消除，该技术可以处理任意数量的 A 产生式。首先将 A 的全部产生式分组如下：

$$A \rightarrow A\alpha_1 \mid A\alpha_2 \mid \cdots \mid A\alpha_m \mid \beta_1 \mid \beta_2 \mid \cdots \mid \beta_n$$

其中 β_i 都不以 A 开头。然后，将这些 A 产生式替换为：

$$
\begin{aligned}
A &\rightarrow \beta_1 A' \mid \beta_2 A' \mid \cdots \mid \beta_n A' \\
A' &\rightarrow \alpha_1 A' \mid \alpha_2 A' \mid \cdots \mid \alpha_m A' \mid \epsilon
\end{aligned}
$$

非终结符号 A 生成的串和替换之前生成的串一样，但不再是左递归的。这个过程消除了所有和 A 和 A' 的产生式相关的左递归(前提是 α_i 都不是 ϵ)，但是它没有消除那些因为两步或多步推导而产生的左递归。比如，考虑文法

$$
\begin{aligned}
S &\rightarrow A\ a \mid b \\
A &\rightarrow A\ c \mid S\ d \mid \epsilon
\end{aligned}
\qquad (4.11)
$$

因为 $S \Rightarrow Aa \Rightarrow Sda$，所以非终结符号 S 是左递归的，但它不是立即左递归的。

下面的算法 4.8 系统地消除了文法中的左递归。如果文法中不存在环（即形如 $A \xRightarrow{+} A$ 的推导）或 ϵ 产生式（即形如 $A \rightarrow \epsilon$ 的产生式），就保证能够消除左递归。环和 ϵ 产生式都可以从文法中系统地消除（见练习 4.4.6 和练习 4.4.7）。

算法 4.8 消除左递归。

输入：没有环或 ϵ 产生式的文法 G。

输出：一个等价的无左递归文法。

方法：对 G 应用图 4-11 中的算法。请注意，得到的非左递归文法可能具有 ϵ 产生式。

图 4-11 中的过程的工作原理如下。在 $i=1$ 的第一次迭代中，第 2～7 行的外层循环消除了 A_1 产生式之间的所有立即左递归。因此，余下的所有形如 $A_1 \rightarrow A_l \alpha$ 的产生式都一定满足 $l>1$。在外层循环的第 $i-1$ 次迭代之后，所有的非终结符号 $A_k (k<i)$ 都被"清洗"过了。也就是说，任何产生式 $A_k \rightarrow A_l \alpha$ 都必然满足 $l>k$。结果，在第 i 次迭代中，第 3～5 行的内层循环不断提高所有形如 $A_i \rightarrow A_m \alpha$ 的产生式中 m 的下界，直到 $m \geq i$ 成立为止。然后，第 6 行消除了 A_i 产生式中的立即左递归，保证 $m>i$ 成立。

```
1)  按照某个顺序将非终结符号排序为 A_1, A_2, ..., A_n.
2)  for ( 从 1 到 n 的每个 i ) {
3)      for ( 从 1 到 i-1 的每个 j ) {
4)          将每个形如 A_i → A_j γ 的产生式替换为产生式组 A_i → δ_1 γ | δ_2 γ | ... | δ_k γ,
            其中 A_j → δ_1 | δ_2 | ... | δ_k 是所有的 A_j 产生式
5)      }
6)      消除 A_i 产生式之间的立即左递归
7)  }
```

图 4-11 消除文法中的左递归的算法

例 4.9 我们将算法 4.8 应用于文法 (4.11)。从技术上讲，因为该算法有 ϵ 产生式，所以这个算法不一定能得到正确结果。但在这个例子中，最终会证明产生式 $A \rightarrow \epsilon$ 是无害的。

我们将非终结符号排序为 S, A。在 S 产生式之间没有立即左递归，因此在 $i=1$ 的外层循环中不进行任何处理。当 $i=2$ 时，我们替换 $A \rightarrow Sd$ 中的 S，得到如下的 A 产生式。

$$A \rightarrow Ac \mid Aad \mid bd \mid \epsilon$$

消除这些 A 产生式之间的立即左递归，得到如下的文法：

$$S \rightarrow Aa \mid b$$
$$A \rightarrow bd A' \mid A'$$
$$A' \rightarrow c A' \mid ad A' \mid \epsilon$$

4.3.4 提取左公因子

提取左公因子是一种文法转换方法，它可以产生适用于预测分析技术或自顶向下分析技术的文法。当不清楚应该在两个 A 产生式中如何选择时，我们可以通过改写产生式来推后这个决定，等我们读入了足够多的输入，获得足够信息后再做出正确选择。

比如，如果我们有两个产生式

$$stmt \rightarrow \textbf{if}\ expr\ \textbf{then}\ stmt\ \textbf{else}\ stmt$$
$$\mid \textbf{if}\ expr\ \textbf{then}\ stmt$$

在看到输入 **if** 的时候,我们不能立刻指出应该选择哪个产生式来展开 *stmt*。一般来说,如果 $A\to\alpha\beta_1\mid\alpha\beta_2$ 是两个 A 产生式,并且输入的开头是从 α 推导得到的一个非空串,那么我们就不知道应该将 A 展开为 $\alpha\beta_1$ 还是 $\alpha\beta_2$。然而,我们可以将 A 展开为 $\alpha A'$,从而将做出决定的时间往后延。在读入了从 α 推导得到的输入前缀之后,我们再决定将 A' 展开为 β_1 或 β_2。也就是说,经过提取左公因子,原来的产生式变成了

$$A\to\alpha A'$$
$$A'\to\beta_1\mid\beta_2$$

算法 4.10 对一个文法提取左公因子。

输入:文法 G。

输出:一个等价的提取了左公因子的文法。

方法:对于每个非终结符号 A,找出它的两个或多个选项之间的最长公共前缀 α。如果 $\alpha\ne\epsilon$,即存在一个非平凡的公共前缀,那么将所有 A 产生式 $A\to\alpha\beta_1\mid\alpha\beta_2\mid\cdots\mid\alpha\beta_n\mid\gamma$,替换为

$$A\to\alpha A'\mid\gamma$$
$$A'\to\beta_1\mid\beta_2\mid\cdots\mid\beta_n$$

其中,γ 表示所有不以 α 开头的产生式体;A' 是一个新的非终结符号。不断应用这个转换,直到每个非终结符号的任意两个产生式体都没有公共前缀为止。 □

例 4.11 下面的文法抽象表达了"悬空-else"问题:

$$S\to iEtS\mid iEtSeS\mid a \tag{4.12}$$
$$E\to b$$

这里 i、t 和 e 代表 **if**、**then** 和 **else**;E 和 S 表示"条件表达式"和"语句"。提取左公因子后,这个文法变为:

$$S\to iEtSS'\mid a$$
$$S'\to eS\mid\epsilon \tag{4.13}$$
$$E\to b$$

这样,我们可以在输入为 i 时将 S 展开为 $iEtSS'$,并在处理 $iEtS$ 之后才决定将 S' 展开为 eS 还是 ϵ。当然,上面的两个文法都是二义性的,当输入为 e 时不能够确定应该选择 S' 的哪个产生式。例子 4.19 将讨论一个可以摆脱这个困境的方法。 □

4.3.5 非上下文无关语言的构造

在常见的程序设计语言中,可以找到少量不能仅用文法描述的语法构造。这里,我们考虑其中的两种构造,并使用简单的抽象语言来说明其困难之处。

例 4.12 这个例子中的语言抽象地表示了检查标识符在程序中先声明后使用的问题。这个语言由形如 wcw 的串组成,其中第一个 w 表示某个标识符 w 的声明,c 表示中间的程序片段,第二个 w 表示对这个标识符的使用。

这个抽象语言是 $L_1=\{wcw\mid w$ 在 $(a\mid b)^*$ 中$\}$。L_1 包含了所有符合以下要求的字,字中包含两个相同的由 a,b 所组成串,且中间以 c 隔开,比如 $aabcaab$。这个 L_1 不是上下文无关的,虽然证明这一点已经超出了本书的范围。L_1 的非上下文无关性表明了像 C 或 Java 这样的语言不是上下文无关的,因为这些语言都要求标识符要先声明后使用,并且支持任意长度的标识符。

出于这个原因,C 或者 Java 的文法不区分由不同字符串组成的标识符。所有的标识符在文法中都被表示为像 **id** 这样的词法单元。在这些语言的编译器中,标识符是否先声明后使用是在语义分析阶段检查的。 □

例4.13 这个例子中的非上下文无关语言抽象地表示了参数个数检查的问题。它检查一个函数声明中的形式参数个数是否等于该函数的某次使用中的实在参数个数。这个语言由形如 $a^n b^m c^n d^m$ 的串组成(记住, a^n 表示 n 个 a)。这里,a^n 和 b^m 可以表示两个分别有 n 和 m 个参数的函数声明的形式参数列表;而 c^n 和 d^m 分别表示对这两个函数的调用中的实在参数列表。

这个抽象语言是 $L_2 = \{a^n b^m c^n d^m \mid n \geq 1 \text{ 且 } m \geq 1\}$。也就是说,$L_2$ 包含的串都在正则表达式 $\mathbf{a}^* \mathbf{b}^* \mathbf{c}^* \mathbf{d}^*$ 所生成的语言中,并且 a 和 c 的个数相同,b 和 d 的个数相同。这个语言不是上下文无关的。

同样,函数声明和使用的常用语法本身并不考虑参数的个数。比如,一个类 C 语言中的函数调用可能被描述为

$$stmt \rightarrow \mathbf{id} \, (\, expr\_list \,)$$
$$expr\_list \rightarrow expr\_list \, , \, expr$$
$$\mid expr$$

其中 $expr$ 另有适当的产生式。检查一次调用中的参数个数是否正确通常是在语义分析阶段完成的。□

4.3.6 4.3 节的练习

练习 4.3.1:下面是一个只包含符号 a 和 b 的正则表达式的文法。它使用 + 替代表示并运算的字符 |,以避免和文法中作为元符号使用的竖线相混淆:

$$rexpr \rightarrow rexpr + rterm \mid rterm$$
$$rterm \rightarrow rterm \, rfactor \mid rfactor$$
$$rfactor \rightarrow rfactor \, * \mid rprimary$$
$$rprimary \rightarrow \mathbf{a} \mid \mathbf{b}$$

1) 对这个文法提取左公因子。
2) 提取左公因子的变换能使这个文法适用于自顶向下的语法分析技术吗?
3) 提取左公因子之后,从原文法中消除左递归。
4) 得到的文法适用于自顶向下的语法分析吗?

练习 4.3.2:对下面的文法重复练习 4.3.1:

1) 练习 4.2.1 的文法。
2) 练习 4.2.2(1)的文法。
3) 练习 4.2.2(3)的文法。
4) 练习 4.2.2(5)的文法。
5) 练习 4.2.2(7)的文法。

! 练习 4.3.3:下面文法的目的是消除 4.3.2 节中讨论的"悬空 - else 二义性":

$$stmt \rightarrow \mathbf{if} \, expr \, \mathbf{then} \, stmt$$
$$\mid matchedStmt$$
$$matchedStmt \rightarrow \mathbf{if} \, expr \, \mathbf{then} \, matchedStmt \, \mathbf{else} \, stmt$$
$$\mid \mathbf{other}$$

说明这个文法仍然是二义性的。

4.4 自顶向下的语法分析

自顶向下语法分析可以被看作是为输入串构造语法分析树的问题,它从语法分析树的根结

点开始，按照先根次序（如2.3.4节中所讨论的，深度优先地）创建这棵语法分析树的各个结点。自顶向下语法分析也可以被看作寻找输入串的最左推导的过程。

例 4.14 图 4-12 中对应于输入 **id** + **id** * **id** 的语法分析树序列是一个根据文法(4.2)进行的最左推导序列。这里重复一下这个文法：

$$E \to T\ E'$$
$$E' \to +\ T\ E'\ |\ \epsilon$$
$$T \to F\ T' \qquad\qquad (4.14)$$
$$T' \to *\ F\ T'\ |\ \epsilon$$
$$F \to (\ E\ )\ |\ \mathbf{id}$$

该语法分析树序列对应于这个输入的一个最左推导。 □

在一个自顶向下语法分析的每一步中，关键问题是确定对一个非终结符号（比如 A）应用哪个产生式。一旦选择了某个 A 产生式，语法分析过程的其余部分负责将相应产生式体中的终结符号和输入相匹配。

本节首先给出被称为递归下降语法分析的自顶向下语法分析的通用形式，这种方法可能需要进行回溯，以找到要应用的正确 A 产生式。2.4.2 节介绍的预测分析技术是递归下降分析技术的一个特例，它不需要进行回溯。预测分析技术通过在输入中向前看固定多个符号来选择正确的 A 产生式。通常情况下我们只需要向前看一个符号（即只看下一个输入符号）。

比如，考虑图 4-12 中的自顶向下语法分析过程，它构造出了一棵语法分析树，其中有两个标号为 E' 的结点。在（按照前序遍历次序的）第一个 E' 结点上选择的产生式是 $E' \to +\ T\ E'$；在第二个 E' 结点上选择的产生式是 $E' \to \epsilon$。预测分析器通过查看下一个输入符号就可以在两个 E' 产生式中选择正确的产生式。

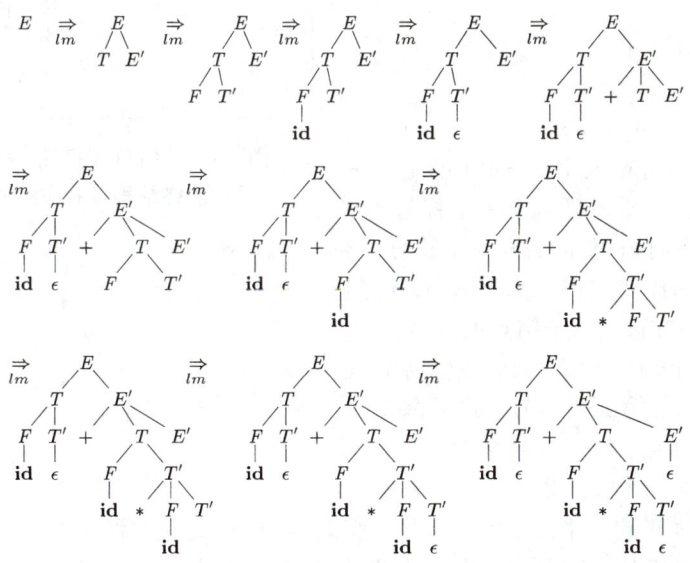

图 4-12 **id** + **id** * **id** 的自顶向下分析

对于有些文法，我们可以构造出向前看 k 个输入符号的预测分析器，这一类文法有时也称为 LL(k) 文法类。我们在 4.4.3 节中将讨论 LL(1) 文法类，但是在介绍预备知识的 4.4.2 节中将介绍一些计算 FIRST 和 FOLLOW 集合的方法。根据一个文法的 FIRST 和 FOLLOW 集合，我们将构造出"预测分析表",它说明了如何在自顶向下语法分析过程中选择产生式。这些集合也可以用于自底向上语法分析。

在4.4.4节中,我们给出了一个非递归的语法分析算法,它显式地维护了一个栈,而不是通过递归调用隐式地维护一个栈。最后,我们将在4.4.5节中讨论自顶向下语法分析过程中的错误恢复问题。

4.4.1 递归下降的语法分析

一个递归下降语法分析程序由一组过程组成,每个非终结符号有一个对应的过程。程序的执行从开始符号对应的过程开始,如果这个过程的过程体扫描了整个输入串,它就停止执行并宣布语法分析成功完成。图4-13显示了对应于某个非终结符号的典型过程的伪代码。请注意,这个伪代码是不确定的,因为它没有描述如何在开始时刻选择 A 产生式。

通用的递归下降分析技术可能需要回溯。也就是说,它可能需要重复扫描输入。然而,在对程序设计语言的构造进行语法分析时很少需要回溯,因此需要回溯的语法分析器并不常见。即使在自然语言语法分析这样的场合,回溯也不是很高效,因此人们更加倾向于基于表格的方法,比如练习4.4.9中的动态程序规划算法或者 Earley 方法(参见参考文献)。

要支持回溯,就需要修改图4-13的代码。首先,因为我们不能在第1行选定唯一的 A 产生式,我们必须按照某个顺序逐个尝试这些产生式。那么,第7行上的失败并不意味着最终失败,而仅仅是建议我们返回到第1行并尝试另一个 A 产生式。只有当再也没有 A 产生式可尝试时,我们才会宣称找到了一个输入错误。为了尝试另一个 A 产生式,我们需要把输入指针重新设置到我们第一次到达第1行时的位置。因此,需要一个局部变量来保存这个输入指针,以供将来回溯时使用。

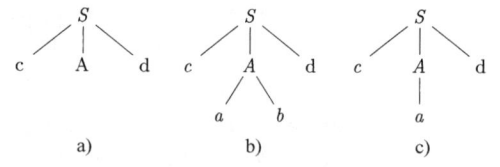

图4-13 在自顶向下语法分析器中一个非终结符号对应的典型过程

```
void A() {
1)    选择一个 A 产生式, A → X₁X₂⋯Xₖ;
2)    for ( i = 1 to k ) {
3)        if ( Xᵢ 是一个非终结符号 )
4)            调用过程 Xᵢ();
5)        else if ( Xᵢ 等于当前的输入符号 a )
6)            读入下一个输入符号;
7)        else /* 发生了一个错误 */;
      }
}
```

例 4.15 考虑文法

$$S \rightarrow c\,A\,d$$
$$A \rightarrow a\,b \mid a$$

在自顶向下地构造输入串 $w = cad$ 的语法分析树时,初始的语法分析树只包含一个标号为 S 的结点,输入指针指向 c,即 w 的第一个符号。S 只有一个产生式,因此我们用它来展开 S,得到图4-14a 中的树。最左边的叶子结点的标号为 c,它和输入 w 的第一个符号匹配,因此我们将输入指针推进到 a,即 w 的第二个符号,并考虑下一个标号为 A 的叶子结点。

图4-14 一个自顶向下语法分析过程的步骤

现在我们使用第一个 A 产生式 $A \rightarrow ab$ 来展开 A,得到图4-14b 所示的树。第二个输入符号 a 得到匹配,因此我们将输入指针推进到 d,即第三个输入符号,并将 d 和下一个叶子结点(标号为 b)比较。因为 b 和 d 不匹配,我们报告失败,并回到 A,查看是否还有尚未尝试过、但有可能匹配的其他 A 产生式。

在回到 A 时,我们必须把输入指针重新设置到位置2,即我们第一次尝试展开 A 时该指针指向的位置。这意味着 A 的过程必须将输入指针存放在一个局部变量中。

A 的第二个选项产生了图4-11c 所示的树。叶子结点 a 和 w 的第二个符号匹配,叶子结点 d

和第三个符号相匹配。因为我们已经产生了一棵 w 的语法分析树,所以我们停止分析并宣称已成功完成了语法分析。 □

一个左递归的文法会使它的递归下降语法分析器进入一个无限循环。即使是带回溯的语法分析器也是如此。也就是说,当我们试图展开一个非终结符号 A 的时候,我们可能会没有读入任何输入符号就再次试图展开 A。

4.4.2 FIRST 和 FOLLOW

自顶向下和自底向上语法分析器的构造可以使用和文法 G 相关的两个函数 FIRST 和 FOLLOW 来实现。在自顶向下语法分析过程中,FIRST 和 FOLLOW 使得我们可以根据下一个输入符号来选择应用哪个产生式。在恐慌模式的错误恢复中,由 FOLLOW 产生的词法单元集合可以作为同步词法单元。

FIRST(α) 被定义为可从 α 推导得到的串的首符号的集合,其中 α 是任意的文法符号串。如果 $\alpha \stackrel{*}{\Rightarrow} \epsilon$,那么 ϵ 也在 FIRST(α) 中。比如在图 4-15 中,$A \stackrel{*}{\Rightarrow} c\gamma$,因此 c 在 FIRST(A) 中。

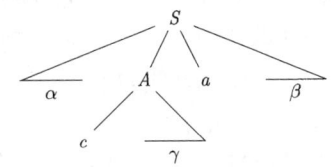

图 4-15 终结符号 c 在 FIRST(A) 中且 a 在 FOLLOW(A) 中

我们先简单介绍一下如何在预测分析中使用 FIRST。考虑两个 A 产生式 $A \to \alpha \mid \beta$,其中 FIRST(α) 和 FIRST(β) 是不相交的集合。那么我们只需要查看下一个输入符号 a,就可以在这两个 A 产生式中进行选择。因为 a 只能出现在 FIRST(α) 或 FIRST(β) 中,但不能同时出现在两个集合中。比如,如果 a 在 FIRST(β) 中,就选择 $A \to \beta$。在 4.4.3 节中定义 LL(1) 文法时将深入研究这个思想。

对于非终结符号 A,FOLLOW(A) 被定义为可能在某些句型中紧跟在 A 右边的终结符号的集合。也就是说,如果存在如图 4-15 所示形如 $S \stackrel{*}{\Rightarrow} \alpha A a \beta$ 的推导,终结符号 a 就在 FOLLOW(A) 中,其中 α 和 β 是文法符号串。请注意,在这个推导的某个阶段,A 和 a 之间可能存在一些文法符号。但如果这样,这些符号会推导得到 ϵ 并消失。另外,如果 A 是某些句型的最右符号,那么 \$ 也在 FOLLOW(A) 中。回忆一下,\$ 是一个特殊的"结束标记"符号,我们假设它不是任何文法的符号。

计算各个文法符号 X 的 FIRST(X) 时,不断应用下列规则,直到再没有新的终结符号或 ϵ 可以被加入到任何 FIRST 集合中为止。

1) 如果 X 是一个终结符号,那么 FIRST(X) = X。

2) 如果 X 是一个非终结符号,且 $X \to Y_1 Y_2 \cdots Y_k$ 是一个产生式,其中 $k \geq 1$,那么如果对于某个 i,a 在 FIRST(Y_i) 中且 ϵ 在所有的 FIRST(Y_1)、FIRST(Y_2)、$\cdots$、FIRST(Y_{i-1}) 中,就把 a 加入到 FIRST(X) 中。也就是说,$Y_1 \cdots Y_{i-1} \stackrel{*}{\Rightarrow} \epsilon$。如果对于所有的 $j=1, 2, \cdots, k$,ϵ 在 FIRST(Y_j) 中,那么将 ϵ 加入到 FIRST(X) 中。比如,FIRST(Y_1) 中的所有符号一定在 FIRST(X) 中。如果 Y_1 不能推导出 ϵ,那么我们就不会再向 FIRST(X) 中加入任何符号,但是如果 $Y_1 \stackrel{*}{\Rightarrow} \epsilon$,那么我们就加上 FIRST($Y_2$),依此类推。

3) 如果 $X \to \epsilon$ 是一个产生式,那么将 ϵ 加入到 FIRST(X) 中。

现在,我们可以按照如下方式计算任何串 $X_1 X_2 \cdots X_n$ 的 FIRST 集合。向 FIRST($X_1 X_2 \cdots X_n$) 加入 $F(X_1)$ 中所有的非 ϵ 符号。如果 ϵ 在 FIRST(X_1) 中,再加入 FIRST(X_2) 中的所有非 ϵ 符号;如果 ϵ 在 FIRST(X_1) 和 FIRST(X_2) 中,加入 FIRST(X_3) 中的所有非 ϵ 符号,依此类推。最后,如果对所有的 i,ϵ 都在 FIRST(X_i) 中,那么将 ϵ 加入到 FIRST($X_1 X_2 \cdots X_n$) 中。

计算所有非终结符号 A 的 FOLLOW(A) 集合时,不断应用下面的规则,直到再没有新的终结符号可以被加入到任意 FOLLOW 集合中为止。

1) 将 $ 放到 FOLLOW(S) 中，其中 S 是开始符号，而 $ 是输入右端的结束标记。

2) 如果存在一个产生式 $A \rightarrow \alpha B \beta$，那么 FIRST($\beta$) 中除 ϵ 之外的所有符号都在 FOLLOW(B) 中。

3) 如果存在一个产生式 $A \rightarrow \alpha B$，或存在产生式 $A \rightarrow \alpha B \beta$ 且 FIRST(β) 包含 ϵ，那么 FOLLOW(A) 中的所有符号都在 FOLLOW(B) 中。

例 4.16 再次考虑非左递归的文法(4.14)。那么：

1) FIRST(F) = FIRST(T) = FIRST(E) = { (, **id** }。要知道为什么，请注意 F 的两个产生式的体以终结符号 **id** 和左括号开头。T 只有一个产生式，而该产生式的体以 F 开头。又因为 F 不能推导出 ϵ，所以 FIRST(T) 必然和 FIRST(F) 相同。对于 FIRST(E) 也可以做同样的论证。

2) FIRST(E') = { +, ϵ }。理由是 E' 的两个产生式中，一个产生式的体以终结符号 + 开头，且另一个产生式的体为 ϵ。只要一个非终结符号推导出 ϵ，我们就会把 ϵ 放到该终结符号的 FIRST 集合中。

3) FIRST(T') = { *, ϵ }。它的论证过程和 FIRST(E') 的论证过程类似。

4) FOLLOW(E) = FOLLOW(E') = {), $ }。因为 E 是开始符号，FOLLOW(E) 一定包含 $。产生式体 ($E$) 说明了右括号为什么在 FOLLOW($E$) 中。对于 E'，请注意这个非终结符号只出现在 E 产生式的体的尾部，因此 FOLLOW(E') 必然和 FOLLOW(E) 相同。

5) FOLLOW(T) = FOLLOW(T') = { +,), $ }。请注意，T 在产生式体中出现时只有 E' 跟在后面。因此，FIRST(E') 中除 ϵ 之外的所有符号一定都在 FOLLOW(T) 中。这解释了 + 出现在 FOLLOW(T) 中的原因。然而，因为 FIRST(E') 包含 ϵ(即 $E' \overset{*}{\Rightarrow} \epsilon$)，且 E' 就是在 E 产生式的体中跟在 T 后面的全部符号，因此 FOLLOW(E) 中的所有符号都在 FOLLOW(T) 中。这解释了符号 $ 和右括号出现在 FOLLOW(T) 中的原因。至于 T'，因为它只出现在 T 产生式的尾部，因此必然有 FOLLOW(T') = FOLLOW(T)。

6) FOLLOW(F) = { +, *,), $ }。论证过程和第 5 点中对 T 的论证过程类似。

4.4.3 LL(1)文法

对于称为 LL(1) 的文法，我们可以构造出预测分析器，即不需要回溯的递归下降语法分析器。LL(1) 中的第一个 "L" 表示从左向右扫描输入，第二个 "L" 表示产生最左推导，而 "1" 则表示在每一步中只需要向前看一个输入符号来决定语法分析动作。

预测分析器的转换图

转换图有助于将预测分析器可视化。比如，图 4-16a 中显示了文法(4.14)中非终结符号 E 和 E' 的转换图。要构造一个文法的转换图，首先要消除左递归，然后对文法提取左公因子。然后对每个非终结符号 A：

1) 创建一个初始状态和一个结束(返回)状态。

2) 对于每个产生式 $A \rightarrow X_1 X_2 \cdots X_n$，创建一个从初始状态到结束状态的路径，路径中各条边的标号为 X_1、X_2、$\cdots$、X_n。如果 $A \rightarrow \epsilon$，那么这条路径就是一条标号为 ϵ 的边。

预测分析器的转换图和词法分析器的转换图是不同的。分析器的转换图对每个非终结符号都有一个图。图中边的标号可以是词法单元，也可以是非终结符号。词法单元上的转换表示当该词法单元是下一个输入符号时我们应该执行这个转换。非终结符号 A 上的转换表示对

语法分析

A 的过程的一次调用。

对于一个 LL(1) 文法，将 ϵ 边作为默认选择可以解决是否选择一个 ϵ 边的二义性问题。

转换图可以化简，前提是各条路径上的文法符号序列必须保持不变。我们也可以将一条标号为非终结符号 A 的边替换为 A 的转换图。图 4-16a 和图 4-16b 中的转换图是等价的：如果我们跟踪从 E 到结束状态的路径，并替换 E′，那么在这两组图中，沿着这些路径的文法符号都组成了形如 $T + T + \cdots + T$ 的串。图 4-16b 中的图可以从图 4-16a 通过转换而得到。转换的方法类似于 2.5.4 节所述的方法。在该节中，我们使用尾递归消除和过程体替代的方法来优化一个非终结符号的相应过程。

LL(1) 文法已经足以描述大部分程序设计语言构造，虽然在为源语言设计适当的文法时需要多加小心。比如，左递归的文法和二义性的文法都不可能是 LL(1) 的。

一个文法 G 是 LL(1) 的，当且仅当 G 的任意两个不同的产生式 $A \rightarrow \alpha \mid \beta$ 满足下面的条件：

1) 不存在终结符号 a 使得 α 和 β 都能够推导出以 a 开头的串。

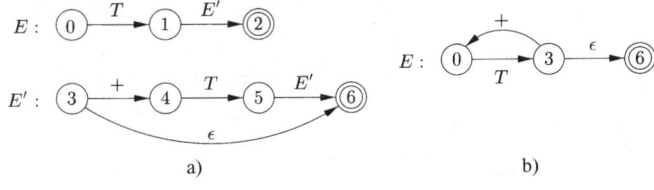

图 4-16 文法 4.14 的非终结符号 E 和 E′ 的转换图

2) α 和 β 中最多只有一个可以推导出空串。

3) 如果 $\beta \overset{*}{\Rightarrow} \epsilon$，那么 α 不能推导出任何以 FOLLOW(A) 中某个终结符号开头的串。类似地，如果 $\alpha \overset{*}{\Rightarrow} \epsilon$，那么 β 不能推导出任何以 FOLLOW(A) 中某个终结符号开头的串。

前两个条件等价于说 FIRST(α) 和 FIRST(β) 是不相交的集合。第三个条件等价于说如果 ϵ 在 FIRST(β) 中，那么 FIRST(α) 和 FOLLOW(A) 是不相交的集合，并且当 ϵ 在 FIRST(α) 中时类似结论成立。

之所以能够为 LL(1) 文法构造预测分析器，原因是只需要检查当前输入符号就可以为一个非终结符号选择正确的产生式。因为有关控制流的各个语言构造带有不同的关键字，它们通常满足 LL(1) 的约束。比如，如果我们有如下产生式

$$stmt \rightarrow \textbf{if}\ (expr)\ stmt\ \textbf{else}\ stmt$$
$$\mid \textbf{while}\ (expr)\ stmt$$
$$\mid \{stmt\_list\}$$

那么关键字 **if**、**while** 和符号 { 告诉我们：如果在输入中找到一个语句，哪个产生式是唯一可能匹配成功的。

接下来给出的算法把 FIRST 和 FOLLOW 集合中的信息放到一个预测分析表 $M[A, a]$ 中。这是一个二维数组，其中 A 是一个非终结符号，a 是一个终结符号或特殊符号 \$，即输入的结束标记。该算法基于如下的思想：只有当下一个输入符号 a 在 FIRST(α) 中时才选择产生式 $A \rightarrow \alpha$。只有当 $\alpha = \epsilon$ 时，或更加一般化的 $\alpha \overset{*}{\Rightarrow} \epsilon$ 时，情况才有些复杂。在这种情况下，如果当前输入符号在 FOLLOW(A) 中，或者已经到达输入中的 \$ 符号且 \$ 在 FOLLOW(A) 中，那么我们仍应该选择 $A \rightarrow \alpha$。

算法 4.17 构造一个预测分析表。

输入：文法 G。

输出：预测分析表 M。

方法：对于文法 G 的每个产生式 $A \to \alpha$，进行如下处理：

1) 对于 FIRST(α) 中的每个终结符号 a，将 $A \to \alpha$ 加入到 $M[A, a]$ 中。

2) 如果 ϵ 在 FIRST(α) 中，那么对于 FOLLOW(A) 中的每个终结符号 b，将 $A \to \alpha$ 加入到 $M[A, b]$ 中。如果 ϵ 在 FIRST(α) 中，且 \$ 在 FOLLOW(A) 中，也将 $A \to \alpha$ 加入到 $M[A, \$]$ 中。

在完成上面的操作之后，如果 $M[A, a]$ 中没有产生式，那么将 $M[A, a]$ 设置为 **error**（我们通常在表中用一个空条目表示）。

例 4.18 对于表达式文法(4.14)，算法 4.17 生成了图 4-17 中的预测分析表。空白条目表示错误条目；非空白的条目中指明了应该用其中的产生式来扩展相应的非终结符号。

非终结符号	输入符号					
	id	+	*	(	)	\$
E	$E \to TE'$			$E \to TE'$		
E'		$E' \to +TE'$			$E' \to \epsilon$	$E' \to \epsilon$
T	$T \to FT'$			$T \to FT'$		
T'		$T' \to \epsilon$	$T' \to *FT'$		$T' \to \epsilon$	$T' \to \epsilon$
F	$F \to \mathbf{id}$			$F \to (E)$		

图 4-17 例 4.18 的预测分析表 M

考虑产生式 $E \to TE'$。因为
$$\text{FIRST}(TE') = \text{FIRST}(T) = \{(, \mathbf{id}\}$$
这个产生式被加到 $M[E, (]$ 和 $M[E, \mathbf{id}]$ 中。因为 FIRST($+TE'$) = $\{+\}$，产生式 $E' \to +TE'$ 被加入到 $M[E', +]$ 中。因为 FOLLOW(E') = $\{), \$\}$，产生式 $E' \to \epsilon$ 被加入到 $M[E',)]$ 和 $M[E', \$]$ 中。

算法 4.17 可以应用于任何文法 G，生成该文法的语法分析表 M。对于每个 LL(1) 文法，分析表中的每个条目都唯一地指定了一个产生式，或者标明一个语法错误。然而，对于某些文法，M 中可能会有一些多重定义的条目。比如，如果 G 是左递归的或二义性的，那么 M 至少会包含一个多重定义的条目。虽然可以轻松对其进行消除左递归和提取左公因子的操作，但是仍然存在一些这样的文法，它们不存在等价的 LL(1) 文法。

下面例子中的语言根本没有相应的 LL(1) 文法。

例 4.19 下面重复一下例子 4.11 中的文法。该文法抽象地表示了悬空-else 的问题。
$$S \to iEtSS' \mid a$$
$$S' \to eS \mid \epsilon$$
$$E \to b$$

这个文法的语法分析表显示在图 4-18 中。$M[S', e]$ 的条目同时包含了 $S' \to eS$ 和 $S' \to \epsilon$。

非终结符号	输入符号					
	a	b	e	i	t	\$
S	$S \to a$			$S \to iEtSS'$		
S'			$S' \to \epsilon$ $S' \to eS$			$S' \to \epsilon$
E		$E \to b$				

图 4-18 例 4.19 的分析表 M

这个文法是二义性的。当在输入中看到 e(代表 else)时,解决选择使用哪个产生式的问题就会显露出此文法的二义性。解决这个二义性问题时,我们可以选择产生式 S'→eS。这个选择就相当于把 **else** 和前面最近的 **then** 关联起来。请注意,选择 S'→ϵ 将使得 e 永远不可能被放到栈中或者从输入中被消除,因此选择这个产生式一定是错误的。 □

4.4.4 非递归的预测分析

我们可以构造出一个非递归的预测分析器,它显式地维护一个栈结构,而不是通过递归调用的方式隐式地维护栈。这样的语法分析器可以模拟最左推导的过程。如果 w 是至今为止已经匹配完成的输入部分,那么栈中保存的文法符号序列 α 满足

$$S \underset{lm}{\overset{*}{\Rightarrow}} w\alpha$$

图 4-19 中的由分析表驱动的语法分析器有一个输入缓冲区,一个包含了文法符号序列的栈,一个由算法 4.17 构造得到的分析表,以及一个输出流。它的输入缓冲区中包含要进行语法分析的串,串后面跟有结束标记 $。我们复用符号 $ 来标记栈底。在开始时刻,栈中 $ 的上方是开始符号 S。

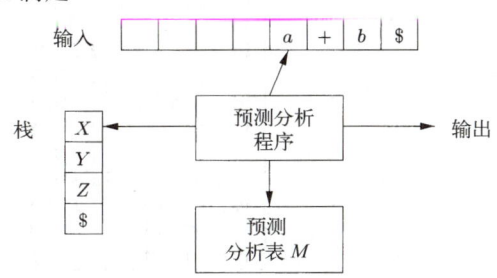

图 4-19 一个分析表驱动的预测分析器的模型

语法分析器由一个程序控制。该程序考虑栈顶符号 X 和当前输入符号 a。如果 X 是一个非终结符号,该分析器查询分析表 M 中的条目 $M[X, a]$ 来选择一个 X 产生式。(这里可以执行一些附加的代码,比如构造一个语法分析树结点的代码。)否则,它检查终结符号 X 和当前输入符号 a 是否匹配。

这个语法分析器的行为可以使用它的格局(configuration)来描述。格局描述了栈中的内容和余下的输入。下面的算法描述了如何处理格局。

算法 4.20 表驱动的预测语法分析。

输入:一个串 w,文法 G 的预测分析表 M。

输出:如果 w 在 $L(G)$ 中,输出 w 的一个最左推导;否则给出一个错误指示。

方法:最初,语法分析器的格局如下:输入缓冲区中是 $w\$$,而 G 的开始符号 S 位于栈顶,它的下面是 $。图 4-20 中的程序使用预测分析表 M 生成了处理这个输入的预测分析过程。 □

```
设置 ip 使它指向 w 的第一个符号, 其中 ip 是输入指针;
令 X = 栈顶符号;
while ( X ≠ $ ) { /* 栈非空 */
    if ( X 等于 ip 所指向的符号 a ) 执行栈的弹出操作, 将 ip 向前移动一个位置;
    else if ( X 是一个终结符号 ) error();
    else if ( M[X, a] 是一个报错条目 ) error();
    else if ( M[X, a] = X → Y₁Y₂···Yₖ ) {
        输出产生式 X → Y₁Y₂···Yₖ;
        弹出栈顶符号;
        将 Yₖ, Yₖ₋₁, ..., Y₁ 压入栈中, 其中 Y₁ 位于栈顶。
    }
    令 X = 栈顶符号;
}
```

图 4-20 预测分析算法

例 4.21 考虑文法(4.14)。我们已经在图 4-17 中看到了它的预测分析表。处理输入 **id** + **id** * **id**

时，算法 4.20 的非递归预测分析器顺序执行图 4-21 中显示的各个步骤。这些步骤对应于一个最左推导（完整的推导过程见图 4-12）：

已匹配	栈	输入	动作
	$E\$$	$id + id * id\$$	
	$TE'\$$	$id + id * id\$$	输出 $E \to TE'$
	$FT'E'\$$	$id + id * id\$$	输出 $T \to FT'$
	$id\, T'E'\$$	$id + id * id\$$	输出 $F \to id$
id	$T'E'\$$	$+ id * id\$$	匹配 id
id	$E'\$$	$+ id * id\$$	输出 $T' \to \epsilon$
id	$+ TE'\$$	$+ id * id\$$	输出 $E' \to +TE'$
id +	$TE'\$$	$id * id\$$	匹配 +
id +	$FT'E'\$$	$id * id\$$	输出 $T \to FT'$
id +	$id\, T'E'\$$	$id * id\$$	输出 $F \to id$
id + id	$T'E'\$$	$* id\$$	匹配 id
id + id	$* FT'E'\$$	$* id\$$	输出 $T' \to *FT'$
id + id *	$FT'E'\$$	$id\$$	匹配 *
id + id *	$id\, T'E'\$$	$id\$$	输出 $F \to id$
id + id * id	$T'E'\$$	$\$$	匹配 id
id + id * id	$E'\$$	$\$$	输出 $T' \to \epsilon$
id + id * id	$\$$	$\$$	输出 $E' \to \epsilon$

图 4-21　对输入 **id + id * id** 进行预测分析时执行的步骤

$$E \underset{lm}{\Rightarrow} TE' \underset{lm}{\Rightarrow} FT'E' \underset{lm}{\Rightarrow} id\, T'\, E' \underset{lm}{\Rightarrow} id\, E' \underset{lm}{\Rightarrow} id\ +\ TE' \underset{lm}{\Rightarrow} \cdots$$

请注意，这个推导中的各个句型对应于已经被匹配的输入部分（见图中的已匹配列）加上栈中的内容。我们显示已匹配输入就是为了强调这种对应关系。因为同样的原因，在图中将栈顶显示在左边。当我们考虑自底向上语法分析时，将栈顶显示在右边会更加自然。分析器的输入指针指向"输入"列中的串的最左边的符号。□

4.4.5　预测分析中的错误恢复

在讨论错误恢复时要考虑一个由分析表驱动的预测分析器的栈，因为这个栈明确地显示了语法分析器期望用哪些终结符号及非终结符号来匹配余下的输入。这个技术也可以在递归下降语法分析过程中使用。

当栈顶的终结符号和下一个输入符号不匹配时，或者当非终结符号 A 处于栈顶，a 是下一个输入符号，且 $M[A, a]$ 为 **error**（即相应的语法分析表条目为空）时，预测语法分析过程就可以检测到语法错误。

恐慌模式

恐慌模式的错误恢复是基于下面的思想。语法分析器忽略输入中的一些符号，直到输入中出现由设计者选定的同步词法单元集合中的某个词法单元。它的有效性依赖于同步集合的选取。选取这个集合的原则是应该使得语法分析器能够从实践中可能遇到的错误中快速恢复。下面是一些启发式规则：

1）首先将 FOLLOW(A) 中的所有符号都放到非终结符号 A 的同步集合中。如果我们不断忽略一些词法单元，直到碰到了 FOLLOW(A) 中的某个元素，然后再将 A 从栈中弹出，那么很可能语法分析过程就能够继续进行。

2）只使用 FOLLOW(A) 作为 A 的同步集合是不够的。比如，C 语言用分号表示一个语句结束，那么语句开头的关键字可能不会出现在代表表达式的非终结符号的 FOLLOW 集合中。因此，在一个赋值语句之后遗漏分号可能会使得语法分析器忽略下一个语句开头的关键字。一个语言的各个构造之间常常存在某个层次结构。比如，表达式出现在语句内部，而语句出现在块内部，等等。我们可以把较高层构造的开始符号加入到较低层构造的同步集合中去。比如，我们可以把语句开头的关键字加入到生成表达式的非终结符号的同步集合中去。

3）如果我们把 FIRST(A) 中的符号加入到非终结符号 A 的同步集合中，那么当 FIRST(A) 中的某个符号出现在输入中时，我们就有可能可以根据 A 继续进行语法分析。

4）如果一个非终结符号可以生成空串，那么可以把推导出 ϵ 的产生式当作默认值使用。这么做可能会延迟对某些错误的检测，但是不会使错误被漏检。这个方法可以减少我们在处理错误恢复时需要考虑的非终结符号的数量。

5）如果栈顶的一个终结符号不能和输入匹配，一个简单的想法是将该终结符号弹出栈，并发出一个消息称已经插入了这个终结符号，同时继续进行语法分析。从效果上看，这个方法是将所有其他词法单元的集合作为一个词法单元的同步集合。

例 4.22 当按照常用的表达式文法（4.14）对表达式进行语法分析时，使用 FIRST 和 FOLLOW 符号作为同步集合就能够很好地完成任务。图 4-17 中此文法的语法分析表在图 4-22 中再次给出。图 4-22 中使用"synch"来表示根据相应非终结符号的 FOLLOW 集合得到的同步词法单元。各个非终结符号的 FOLLOW 集合是从例子 4.16 中得到的。

图 4-22 中的分析表将按照如下方式使用。如果语法分析器查看 $M[A, a]$ 并发现它是空的，那么输入符号 a 就被忽略。如果该条目是"synch"，那么在试图继续分析时，栈顶的非终结符号被弹出。如果栈顶的词法单元和输入符号不匹配，那么我们就按上述方式从栈中弹出这个单元。

非终结符号	输入符号					
	id	**+**	*****	**(**	**)**	**$**
E	$E \to TE'$			$E \to TE'$	synch	synch
E'		$E' \to +TE'$			$E' \to \epsilon$	$E' \to \epsilon$
T	$T \to FT'$	synch		$T \to FT'$	synch	synch
T'		$T' \to \epsilon$	$T' \to *FT'$		$T' \to \epsilon$	$T' \to \epsilon$
F	$F \to \mathbf{id}$	synch	synch	$F \to (E)$	synch	synch

图 4-22 加入到图 4-17 的预测分析表中的同步词法单元

对于错误输入 $+\mathbf{id} * +\mathbf{id}$，语法分析器以及图 4-22 中的错误恢复机制的工作过程如图 4-23 所示。□

上面的关于恐慌模式错误恢复的讨论没有考虑有关错误消息的重要问题。编译器的设计者必须提供足够的包含有用信息的错误消息，它不仅描述相应的错误，还必须引导人们注意错误被发现的地方。

短语层次的恢复

短语层次错误恢复的实现方法是在预测语法分析表的空白条目中填写指向处理例程的指针。这些例程可以改变、插入或删除输入中的符号，并发出适当的错误消息。它们也可能执行一些出栈操作。改变栈中符号或将新符号压入栈中可能会引起一些问题，其原因有多个。首先，由语法

栈	输入	说明
$E \$$	$+\mathbf{id} * +\mathbf{id} \$$	错误，略过)
$E \$$	$\mathbf{id} * +\mathbf{id} \$$	$\mathbf{id}$ 在 FIRST(E) 中
$TE' \$$	$\mathbf{id} * +\mathbf{id} \$$	
$FT'E' \$$	$\mathbf{id} * +\mathbf{id} \$$	
$\mathbf{id}\, T'E' \$$	$\mathbf{id} * +\mathbf{id} \$$	
$T'E' \$$	$* +\mathbf{id} \$$	
$*FT'E' \$$	$* +\mathbf{id} \$$	
$FT'E' \$$	$+\mathbf{id} \$$	错误，$M[F, +] = $ synch
$T'E' \$$	$+\mathbf{id} \$$	F 已经被弹出栈
$E' \$$	$+\mathbf{id} \$$	
$+TE' \$$	$+\mathbf{id} \$$	
$TE' \$$	$\mathbf{id} \$$	
$FT'E' \$$	$\mathbf{id} \$$	
$\mathbf{id}\, T'E' \$$	$\mathbf{id} \$$	
$T'E' \$$	$\$$	
$E' \$$	$\$$	
$\$$	$\$$	

图 4-23 一个预测分析器所做的
语法分析和错误恢复步骤

分析器执行的动作可能根本不对应于语言中任何句子的推导过程。第二，我们必须保证分析器不会陷入无限循环。防止出现无限循环的一个好办法是保证任何恢复动作最终都会消耗掉某个输入符号(当到达输入结尾处时，则需要保证栈中的内容会变少)。

4.4.6　4.4节的练习

练习4.4.1：为下面的每一个文法设计一个预测分析器，并给出预测分析表。你可能先要对文法进行提取左公因子或消除左递归的操作。

1) 练习4.2.2(1)中的文法。
2) 练习4.2.2(2)中的文法。
3) 练习4.2.2(3)中的文法。
4) 练习4.2.2(4)中的文法。
5) 练习4.2.2(5)中的文法。
6) 练习4.2.2(7)中的文法。

!! **练习4.4.2**：有没有可能通过某种方法修改练习4.2.1中的文法，构造出一个与该练习中的语言(运算分量为 a 的后缀表达式)对应的预测分析器？

练习4.4.3：计算练习4.2.1的文法的 FIRST 和 FOLLOW 集合。

练习4.4.4：计算练习4.2.2中各个文法的 FIRST 和 FOLLOW 集合。

练习4.4.5：文法 $S \rightarrow aSa \mid aa$ 生成了所有由 a 组成的长度为偶数的串。我们可以为这个文法设计一个带回溯的递归下降分析器。如果我们选择先用产生式 $S \rightarrow aa$ 展开，那么我们只能识别到串 aa。因此，任何合理的递归下降分析器将首先尝试 $S \rightarrow aSa$。

1) 说明这个递归下降分析器识别输入 aa、$aaaa$ 和 $aaaaaaaa$，但是识别不了 $aaaaaa$。

!! 2) 这个递归下降分析器识别什么样的语言？

下面的练习是构造任意文法的"Chomsky 范式"的有用步骤。Chomsky 范式将在练习4.4.8中定义。

! **练习4.4.6**：如果一个文法没有产生式体为 ϵ 的产生式(称为 ϵ 产生式)，那么这个文法就是无 ϵ 产生式的。

1) 给出一个算法，它的功能是把任何文法转变成一个无 ϵ 产生式的生成相同语言的文法(唯一可能的例外是空串——没有哪个无 ϵ 产生式的文法能生成 ϵ)。提示：首先找出所有可能为空的非终结符号。非终结符号可能为空是指它(可能通过很长的推导)生成 ϵ。

2) 将你的算法应用于文法 $S \rightarrow aSbS \mid bSaS \mid \epsilon$。

! **练习4.4.7**：单产生式(single production)是指其产生式体为单个非终结符号的产生式，即形如 $A \rightarrow B$ 的产生式，其中 A、B 为任意的非终结符号。

1) 给出一个算法，它可以把任何文法转变成一个生成相同语言(唯一可能的例外是空串)的、无 ϵ 产生式、无单产生式的文法。提示：首先消除 ϵ-产生式，然后找出所有满足下列条件的非终结符号对 A 和 B：存在一系列单产生式使得 $A \stackrel{*}{\Rightarrow} B$。

2) 将你的算法应用于4.1.2节的算法(4.1)。

3) 说明作为(1)的一个结果，我们可以把一个文法转变为一个没有环(即对某个非终结符号 A 存在一步或多步的推导 $A \stackrel{+}{\Rightarrow} A$)的等价文法。

!! **练习4.4.8**：如果一个文法的每个产生式要么形如 $A \rightarrow BC$，要么形如 $A \rightarrow a$，其中 A、B 和 C 是非终结符号，而 a 是终结符号，那么这个文法就称为 Chomsky 范式(Chomsky Normal Form, CNF)文法。说明如何将任意文法转变成一个生成相同语言(唯一可能的例外是空串——没有CNF文法可以生成 ϵ)的 CNF 文法。

! **练习 4.4.9**：对于每个具有上下文无关文法的语言，其长度为 n 的串可以在 $O(n^3)$ 的时间内完成识别。完成这种识别工作的一个简单方法称为 Cocke-Younger-Kasami (CYK) 算法。该算法基于动态规划技术。也就是说，给定一个串 $a_1a_2\cdots a_n$，我们构造出一个 $n \times n$ 的表 T 使得 T_{ij} 是可以生成子串 $a_ia_{i+1}\cdots a_j$ 的非终结符号的集合。如果基础文法是 CNF 的（见练习 4.4.8），那么只要我们按照正确的顺序来填表：先填 $j-i$ 值最小的条目，则表中的每一个条目都可以在 $O(n)$ 时间内填写完毕。给出一个能够正确填写这个表的条目的算法，并说明你的算法的时间复杂度为 $O(n^3)$。填完这个表之后，你如何判断 $a_1a_2\cdots a_n$ 是否在这个语言中？

! **练习 4.4.10**：说明我们如何能够在填好练习 4.4.9 中的表之后，在 $O(n)$ 时间内获得 $a_1a_2\cdots a_n$ 对应的一棵语法分析树？提示：修改练习 4.4.9 中的表 T，使得对于表的每个条目 T_{ij} 中的每个非终结符号 A，这个表同时记录了其他条目中的哪两个非终结符号组成的对偶使得我们将 A 放到 T_{ij} 中。

! **练习 4.4.11**：修改练习 4.4.9 中的算法，使得对于任意符号串，它可以找出至少需要执行多少次插入、删除和修改错误（每个错误是一个字符）的操作才能将这个串变成基础文法的语言的句子。

! **练习 4.4.12**：图 4-24 中给出了对应于某些语句的文法。你可以将 e 和 s 当作分别代表条件表达式和 "其他语句" 的终结符号。如果我们按照下列方法来解决因为展开可选 "else"（非终结符号 stmtTail）而引起的冲突：当我们从输入中看到一个 **else** 时就选择消耗掉这个 **else**。使用 4.4.5 节中描述的同步符号的思想：

1）为这个文法构造一个带有错误纠正信息的预测分析表。

2）给出你的语法分析器在处理下列输入时的行为：

ⓐ **if** e **then** s ; **if** e **then** s **end**

ⓑ **while** e **do begin** s ; **if** e **then** s ; **end**

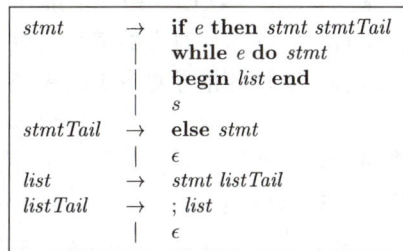

图 4-24 某种类型语句的文法

4.5 自底向上的语法分析

一个自底向上的语法分析过程对应于为一个输入串构造语法分析树的过程，它从叶子结点（底部）开始逐渐向上到达根结点（顶部）。将语法分析描述为语法分析树的构造过程会比较方便，虽然编译器前端实际上不会显式地构造出语法分析树，而是直接进行翻译。图 4-25 中显示的分析树的快照序列演示了按照表达式文法(4.1)对词法单元序列 **id** * **id** 进行的自底向上语法分析的过程。

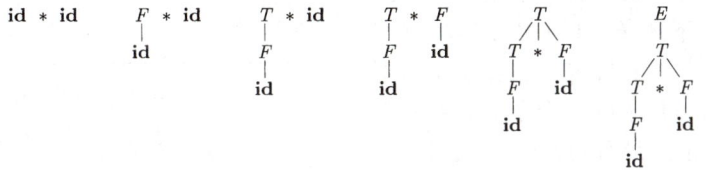

图 4-25 **id** * **id** 的自底向上分析过程

本节将介绍一个被称为移入-归约语法分析的自底向上语法分析的通用框架。我们将在 4.6 节和 4.7 节中讨论 LR 文法类，它是最大的、可以构造出相应移入-归约语法分析器的文法类。虽然手工构造一个 LR 语法分析器的工作量非常大，但借助语法分析器自动生成工具可以使人们轻松地根据适当的文法构造出高效的 LR 分析器。本节中的概念有助于写出合适的文法，从而有效利用 LR 分析器生成工具。实现语法分析器生成工具的算法将在 4.7 节中给出。

4.5.1 归约

我们可以将自底向上语法分析过程看成将一个串 w "归约"为文法开始符号的过程。在每个归约（reduction）步骤中，一个与某产生式体相匹配的特定子串被替换为该产生式头部的非终结符号。

在自底向上语法分析过程中，关键问题是何时进行归约以及应用哪个产生式进行归约。

例 4.23 图 4-25 中的快照演示了一个归约序列，相应的文法是表达式文法 (4.1)。我们将使用如下的符号串序列来讨论这个归约过程：

$$\mathbf{id} * \mathbf{id}, F * \mathbf{id}, T * \mathbf{id}, T * F, T, E$$

这个序列中的符号串由快照中各相应子树的根结点组成。这个序列从输入串 $\mathbf{id} * \mathbf{id}$ 开始。第一次归约使用产生式 $F \rightarrow \mathbf{id}$，将最左边的 $\mathbf{id}$ 归约为 F，得到串 $F * \mathbf{id}$。第二次归约将 F 归约为 T，生成 $T * \mathbf{id}$。

现在我们可以选择是对串 T 还是对由第二个 $\mathbf{id}$ 组成的串进行归约，其中 T 是 $E \rightarrow T$ 的体，而第二个 $\mathbf{id}$ 是 $F \rightarrow \mathbf{id}$ 的体。我们没有将 T 归约为 E，而是将第二个 $\mathbf{id}$ 归约为 F，得到串 $T * F$。然后这个串被归约为 T。最后将 T 归约为开始符号 E，从而结束整个语法分析过程。 □

根据定义，一次归约是一个推导步骤的反向操作（回顾一下，一次推导步骤将句型中的一个非终结符号替换为该符号的某个产生式的体）。因此，自底向上语法分析的目标是反向构造一个推导过程。下面的推导对应于图 4-25 中的分析过程：

$$E \Rightarrow T \Rightarrow T * F \Rightarrow T * \mathbf{id} \Rightarrow F * \mathbf{id} \Rightarrow \mathbf{id} * \mathbf{id}$$

这个推导过程实际上是一个最右推导。

4.5.2 句柄剪枝

对输入进行从左到右的扫描，并在扫描过程中进行自底向上语法分析，就可以反向构造出一个最右推导。非正式地讲，"句柄"是和某个产生式体匹配的子串，对它的归约代表了相应的最右推导中的一个反向步骤。

比如，在按照表达式文法 (4.1) 对 $\mathbf{id}_1 * \mathbf{id}_2$ 进行语法分析时，各个句柄如图 4-26 所示。为了表示得更清楚，我们为其中的词法单元 $\mathbf{id}$ 加上了下标。虽然 T 是产生式 $E \rightarrow T$ 的体，但符号 T 并不是句型 $T * \mathbf{id}_2$ 的一个句柄。假如 T 真的被替换为 E，我们将得到串 $E * \mathbf{id}_2$，而这个串不能从开始符号 E 推导得到。因此，和某个产生式体匹配的最左子串不一定是句柄。

正式地讲，如果有 $S \underset{rm}{\overset{*}{\Rightarrow}} \alpha A w \underset{rm}{\Rightarrow} \alpha\beta w$（如图 4-27 所示），那么紧跟 α 的产生式 $A \rightarrow \beta$ 是 $\alpha\beta w$ 的一个句柄（handle）。换句话说，最右句型 γ 的一个句柄是满足下述条件的产生式 $A \rightarrow \beta$ 及串 β 在 γ 中出现的位置：将这个位置上的 β 替换为 A 之后得到的串是 γ 的某个最右推导序列中出现在位于 γ 之前的最右句型。

最右句型	句柄	归约用的产生式
$\mathbf{id}_1 * \mathbf{id}_2$	$\mathbf{id}_1$	$F \rightarrow \mathbf{id}$
$F * \mathbf{id}_2$	F	$T \rightarrow F$
$T * \mathbf{id}_2$	$\mathbf{id}_2$	$F \rightarrow \mathbf{id}$
$T * F$	$T * F$	$T \rightarrow T * F$
T	T	$E \rightarrow T$

图 4-26 $\mathbf{id}_1 * \mathbf{id}_2$ 的语法分析过程中出现的句柄

请注意，句柄右边的串 w 一定只包含终结符号。为方便起见，我们把产生式体 β（而不是 $A \rightarrow \beta$）称为一个句柄。注意，我们说的是"一个句柄"，而不是"唯一句柄"。这是因为文法可能是二义性的，$\alpha\beta w$ 可能存在多个最右推导。如果一个文法是无二义性的，那么该文法的每个右句型都有且只有一个句柄。

通过"句柄剪枝"可以得到一个反向的最右推导。也就是说，我们从被分析的终结符号串 w

开始。如果 w 是当前文法的句子,那么令 $w = \gamma_n$,其中 γ_n 是某个未知最右推导的第 n 个最右句型。

$$S = \gamma_0 \underset{rm}{\Rightarrow} \gamma_1 \underset{rm}{\Rightarrow} \gamma_2 \underset{rm}{\Rightarrow} \cdots \underset{rm}{\Rightarrow} \gamma_{n-1} \underset{rm}{\Rightarrow} \gamma_n = w$$

为了以相反顺序重构这个推导,我们在 γ_n 中寻找句柄 β_n,并将 β_n 替换为相关产生式 $A_n \rightarrow \beta_n$ 的头部,得到前一个最右句型 γ_{n-1}。请注意,我们现在还不知道如何发现句柄,但是我们很快就会介绍多个寻找句柄的方法。

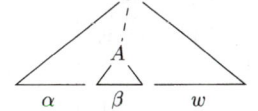

图 4-27 $\alpha\beta w$ 的语法分析树中的一个句柄 $A \rightarrow \beta$

然后我们重复这个过程。也就是说,我们在 γ_{n-1} 中寻找句柄 β_{n-1},并对这个句柄进行归约,得到最右句型 γ_{n-2}。如果我们按照这个过程得到了一个只包含开始符号 S 的最右句型,那么就可以停止分析并宣称语法分析过程成功完成。将归约过程中用到的产生式反向排序,就得到了输入串的一个最右推导过程。

4.5.3 移入-归约语法分析技术

移入-归约语法分析是自底向上语法分析的一种形式。它使用一个栈来保存文法符号,并用一个输入缓冲区来存放将要进行语法分析的其余符号。我们将看到,句柄在被识别之前,总是出现在栈的顶部。

我们使用 $ 来标记栈的底部以及输入的右端。按照惯例,在讨论自底向上语法分析的时候,我们将栈顶显示在右侧,而不是像在自顶向下语法分析中那样显示在左侧。如下所示,开始的时候栈是空的,并且输入串 w 存放在输入缓冲区中。

栈	输入
$	w $

在对输入串的一次从左到右扫描过程中,语法分析器将零个或多个输入符号移到栈的顶端,直到它可以对栈顶的一个文法符号串 β 进行归约为止。它将 β 归约为某个产生式的头。语法分析器不断地重复这个循环,直到它检测到一个语法错误,或者栈中包含了开始符号且输入缓冲区为空为止:

栈	输入
$$S$	$

当进入这样的格局时,语法分析器停止运行,并宣称成功完成了语法分析。图 4-28 显示了一个移入-归约语法分析器在按照表达式文法(4.1)对输入串 $\text{id}_1 * \text{id}_2$ 进行语法分析时可能采取的动作。

虽然主要的语法分析操作是移入和归约,但实际上一个移入-归约语法分析器可采取如下四种可能的动作:①移入,②归约,③接受,④报错。

1) 移入(shift):将下一个输入符号移到栈的顶端。

2) 归约(reduce):被归约的符号串的右端必然是栈顶。语法分析器在栈中确定这个串的左端,并决定用哪个非终结符号来替换这个串。

3) 接受(accept):宣布语法分析过程成功完成。

4) 报错(error):发现一个语法错误,并调用一个错误恢复子例程。

我们之所以能够在移入-归约语法分析中使用

栈	输入	动作
$	$\text{id}_1 * \text{id}_2$ $	移入
$$\text{id}_1$	$* \text{id}_2$ $	按照 $F \rightarrow \text{id}$ 归约
$$F$	$* \text{id}_2$ $	按照 $T \rightarrow F$ 归约
$$T$	$* \text{id}_2$ $	移入
$$T *$	id_2 $	移入
$$T * \text{id}_2$	$	按照 $F \rightarrow \text{id}$ 归约
$$T * F$	$	按照 $T \rightarrow T * F$ 归约
$$T$	$	按照 $E \rightarrow T$ 归约
$$E$	$	接受

图 4-28 一个移入-归约语法分析器在处理输入 $\text{id}_1 * \text{id}_2$ 时经历的格局

栈,是因为这个分析过程具有如下重要性质:句柄总是出现在栈的顶端,绝不会出现在栈的中间。要证明这个性质,我们只需要考虑任意最右推导中的两个连续步骤可能具有的形式。图4-29演示了两种可能的情况。在情况(1)中,A 被替换为 βBy,然后产生式体 βBy 中最右非终结符号 B 被替换为 γ。在情况(2)中,A 仍然首先被展开,但这次使用的产生式体 y 中只包含终结符号。下一个最右非终结符号 B 将位于 y 左侧的某个地方。

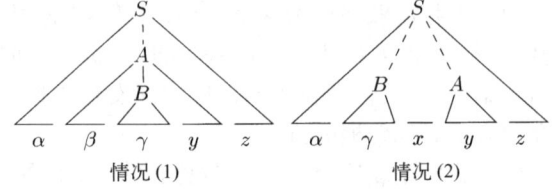

换句话说:

1) $S \underset{rm}{\overset{*}{\Rightarrow}} \alpha Az \underset{rm}{\Rightarrow} \alpha\beta Byz \underset{rm}{\Rightarrow} \alpha\beta\gamma yz$

2) $S \underset{rm}{\overset{*}{\Rightarrow}} \alpha BxAz \underset{rm}{\Rightarrow} \alpha Bxyz \underset{rm}{\Rightarrow} \alpha\gamma xyz$

图 4-29　一个最右推导中两个连续步骤的两种情况

反向考虑情况(1),即一个移入 – 归约语法分析器刚刚到达如下格局的情况:

栈	输入
$\$\alpha\beta\gamma$	$yz\$$

语法分析器将句柄 γ 归约为 B,从而到达如下格局:

| $\$\alpha\beta B$ | $yz\$$ |

现在,语法分析器可以通过零次或多次移入动作,把串 y 移入到栈的上方,得到如下格局:

| $\$\alpha\beta By$ | $z\$$ |

其中,句柄 βBy 位于栈顶,它将被归约为 A。

现在考虑情况(2)。在格局

| $\$\alpha\gamma$ | $xyz\$$ |

中,句柄 γ 位于栈顶。将句柄 γ 归约为 B 之后,语法分析器可以把串 xy 移入栈中,得到位于栈顶的下一个句柄 y。该句柄可以被归约为 A:

| $\$\alpha Bxy$ | $z\$$ |

在这两种情况下,语法分析器在进行一次归约之后,都必须接着移入零个或多个符号才能在栈顶找到下一个句柄。因此它从不需要到栈中间去寻找句柄。

4.5.4　移入 – 归约语法分析中的冲突

有些上下文无关文法不能使用移入 – 归约语法分析技术。对于这样的文法,每个移入 – 归约语法分析器都会得到如下的格局:即使知道了栈中的所有内容以及接下来的 k 个输入符号,我们仍然无法判断应该进行移入还是归约操作(移入/归约冲突),或者无法在多个可能的归约方法中选择正确的归约动作(归约/归约冲突)。现在我们给出一些语法构造的例子,这些构造的文法可能会出现这样的冲突。从技术上来讲,这些文法不在 4.7 节定义的 LR(k) 文法类中,我们把它们称为非 LR 文法。LR(k) 中的 k 表示在输入中向前看 k 个符号。在编译中使用的文法通常属于 LR(1) 文法类,即最多只需要向前看一个符号。

例 4.24　一个二义性文法不可能是 LR 的。比如,考虑 4.3 节中的悬空-else 文法(4.9):

$$stmt \rightarrow \textbf{if } expr \textbf{ then } stmt$$
$$| \textbf{ if } expr \textbf{ then } stmt \textbf{ else } stmt$$
$$| \textbf{ other}$$

如果我们有一个移入 – 归约语法分析器处于格局

	栈	输入
	··· **if** *expr* **then** *stmt*	**else** ··· $

中,那么不管栈中 **if** *expr* **then** *stmt* 之下是什么内容,我们都不能确定它是否是句柄。这里就出现了一个移入/归约冲突。根据输入中 **else** 之后的内容的不同,可能应该将 **if** *expr* **then** *stmt* 归约为 *stmt*,也可能应该将 **else** 移入然后再寻找另一个 *stmt*,从而找到完整的 *stmt* 产生式体 **if** *expr* **then** *stmt* **else** *stmt*。

请注意,经过修正的移入-归约语法分析技术可以对某些二义性文法进行语法分析,比如上面的 if-then-else 文法。如果我们在碰到 **else** 时选择移入来解决移入/归约冲突,语法分析器就会按照我们的期望运行,也就是将每个 **else** 和前一个尚未匹配的 **then** 相关联。我们将在 4.8 节讨论能够处理这种二义性文法的语法分析器。 □

另一个常见的冲突情况发生在我们确认已经找到句柄的时候。在这种情况下我们不能够根据栈中内容和下一个输入符号确定应该使用哪个产生式进行归约。下面的例子说明了这种情况。

例 4.25 假设我们有这样一个词法分析器,它不考虑各个名字的类型,而是对所有的名字都返回词法单元名 **id**。假设我们的语言在调用过程时会给出过程名字,并把调用参数放在括号内。并且假设引用数组的语法与此相同。因为在数组引用中对下标的翻译不同于过程调用中对参数的翻译,我们希望使用不同的产生式分别生成实在参数列表和下标列表。因此,我们的文法包含了图 4-30 中所示的产生式(还包含其他产生式)。

一个以 p(i,j) 开头的语句将以词法单元流 **id**(**id**, **id**) 的方式输入到语法分析器中。在将前三个词法单元移入到栈中后,移入-归约语法分析器将处于如下格局中:

	栈	输入
	··· **id** (**id**	, **id**) ···

(1)	*stmt*	→	**id** (*parameter_list*)
(2)	*stmt*	→	*expr* := *expr*
(3)	*parameter_list*	→	*parameter_list* , *parameter*
(4)	*parameter_list*	→	*parameter*
(5)	*parameter*	→	**id**
(6)	*expr*	→	**id** (*expr_list*)
(7)	*expr*	→	**id**
(8)	*expr_list*	→	*expr_list* , *expr*
(9)	*expr_list*	→	*expr*

图 4-30 有关过程调用和数组引用的产生式

显然,栈顶的 **id** 必须被归约,但使用哪个产生式呢?如果 p 是一个过程,那么正确的选择是产生式(5);但如果 p 是一个数组,就该选择产生式(7)。栈中的内容并没有指出 p 是什么,必须使用从 p 的声明中获得的符号表中的信息来确定。

解决方法之一是将产生式(1)中的词法单元 **id** 改成 **procid**,并使用一个更加复杂的词法分析器。该词法分析器在识别到一个过程名字的词素时返回词法单元名 **procid**。这就要求词法分析器在返回一个词法单元之前先查询符号表。

如果我们做了这样的修改,那么在处理 p(i,j) 的时候,语法分析器要么进入格局

	栈	输入
	··· **procid** (**id**	, **id**) ···

要么进入前面描述的格局。在前一种情况下,我们选择产生式(5)进行归约;在后一种情况下,则选择产生式(7)进行归约。请注意,在这个例子里,栈顶之下的第三个符号决定了应该执行什么归约,虽然它本身并没有被归约。移入-归约的语法分析技术可以使用栈中离栈顶很远的信息来引导语法分析过程。 □

4.5.5 4.5 节的练习

练习 4.5.1:对于练习 4.2.2(a)中的文法 $S \to 0\,S\,1 \mid 0\,1$,指出下面各个最右句型的句柄:

1) 000111
2) 00S11

练习4.5.2：对于练习4.2.1的文法 $S \rightarrow SS+\ |\ SS*\ |\ a$ 和下面各个最右句型，重复练习4.5.1。

1) $SSS+a*+$
2) $SS+a*a+$
3) $aaa*a++$

练习4.5.3：对于下面的输入符号串和文法，说明相应的自底向上语法分析过程。

1) 练习4.5.1的文法的串000111。
2) 练习4.5.2的文法的串 $aaa*a++$。

4.6 LR 语法分析技术介绍：简单 LR 技术

目前最流行的自底向上语法分析器都基于所谓的 LR(k) 语法分析的概念。其中，"L"表示对输入进行从左到右的扫描，"R"表示反向构造出一个最右推导序列，而 k 表示在做出语法分析决定时向前看 k 个输入符号。$k=0$ 和 $k=1$ 这两种情况具有实践意义，因此这里我们将只考虑 $k \leq 1$ 的情况。当省略(k)时，我们假设 $k=1$。

本节将介绍 LR 语法分析的基本概念，同时还将介绍最简单的构造移入-归约语法分析器的方法。这个方法称为"简单 LR 技术"（或简称为 SLR）。虽然 LR 语法分析器本身是使用语法分析器自动生成工具构造得到的，但对基本概念有所了解仍然是有益的。我们首先介绍"项"和"语法分析器状态"的概念，一个 LR 语法分析器生成工具给出的诊断信息通常会包含语法分析器状态。我们可以使用这些状态分离出语法分析冲突的源头。

4.7 节将介绍两个更加复杂的方法——规范 LR 和 LALR。它们被用于大多数 LR 语法分析器中。

4.6.1 为什么使用 LR 语法分析器

LR 语法分析器是表格驱动的，在这一点上它和 4.4.4 节中提到的非递归 LL 语法分析器很相似。如果我们可以使用本节和下一节中的某个方法为一个文法构造出语法分析表，那么这个文法就称为 **LR 文法**（LR grammar）。直观地讲，只要存在这样一个从左到右扫描的移入-归约语法分析器，它总是能够在某文法的最右句型的句柄出现在栈顶时识别出这个句柄，那么这个文法就是 LR 的。

LR 语法分析技术很有吸引力，原因如下：

- 对于几乎所有的程序设计语言构造，只要能够写出该构造的上下文无关文法，就能够构造出识别该构造的 LR 语法分析器。确实存在非 LR 的上下文无关文法，但一般来说，常见的程序设计语言构造都可以避免使用这样的文法。
- LR 语法分析方法是已知的最通用的无回溯移入-归约分析技术，并且它的实现可以和其他更原始的移入-归约方法（见参考文献）一样高效。
- 一个 LR 语法分析器可以在对输入进行从左到右扫描时尽可能早地检测到错误。
- 可以使用 LR 方法进行语法分析的文法类是可以使用预测方法或 LL 方法进行语法分析的文法类的真超集。一个文法是 LR(k) 的条件是当我们在一个最右句型中看到某个产生式的右部时，我们再向前看 k 个符号就可以决定是否使用这个产生式进行归约。这个要求比 LL(k) 文法的要求宽松很多。对于 LL(k) 文法，我们在决定是否使用某个产生式时，只能向前看该产生式右部推导出的串的前 k 个符号。因此，LR 文法能够比 LL 文法描述更多的语言就一点也不奇怪了。

LR 方法的主要缺点是为一个典型的程序设计语言文法手工构造 LR 分析器的工作量非常大。我们需要一个特殊的工具，即一个 LR 语法分析器生成工具。幸运的是，有很多这样的生成工具可用，我们将在 4.9 节讨论其中最常用的工具 Yacc。这种生成工具将一个上下文无关文法作为输入，自动生成一个该文法的语法分析器。如果该文法含有二义性的构造，或者含有其他难以在从左到右扫描时进行语法分析的构造，那么语法分析器生成工具将对这些构造进行定位，并给出详细的诊断消息。

4.6.2 项和 LR(0) 自动机

一个移入-归约语法分析器怎么知道何时进行移入、何时进行归约呢？比如，当图 4-28 中栈的内容为 $ T 而下一个输入符号是 * 时，语法分析器是怎么知道位于栈顶的 T 不是句柄，因此正确的动作是移入而不是将 T 归约到 E 呢？

一个 LR 语法分析器通过维护一些状态，用这些状态来表明我们在语法分析过程中所处的位置，从而做出移入-归约决定。这些状态代表了 "项" (item) 的集合。一个文法 G 的一个 LR(0) 项（简称为项）是 G 的一个产生式再加上一个位于它的体中某处的点。因此，产生式 A→XYZ 产生了四个项：

$$A \to \cdot XYZ$$
$$A \to X \cdot YZ$$
$$A \to XY \cdot Z$$
$$A \to XYZ \cdot$$

产生式 A→ϵ 只生成一个项 A→·。

项集的表示

一个生成自底向上语法分析器的生成工具可能需要便利地表示项和项集。请注意，一个项可以表示为一对整数，第一个整数是基础文法的产生式编号，第二个整数是点的位置。项集可以用这些数对的列表来表示。然而，如我们将看到的，需要用到的项集通常包含 "闭包" 项，这些项的点位于产生式体的开始处。这些项总是可以根据项集中的其他项重新构造出来，因此我们不必将它们包含在这个列表中。

直观地讲，项指明了在语法分析过程中的给定点上，我们已经看到了一个产生式的哪些部分。比如，项 A→·XYZ 表明我们希望接下来在输入中看到一个从 XYZ 推导得到的串。项 A→X·YZ 说明我们刚刚在输入中看到了一个可以由 X 推导得到的串，并且我们希望接下来看到一个能从 YZ 推导得到的串。项 A→XYZ· 表示我们已经看到了产生式体 XYZ，已经是时候把 XYZ 归约为 A 了。

一个称为规范 LR(0) 项集族 (canonical LR(0) collection) 的一组项集提供了构建一个确定有穷自动机的基础。该自动机可用于做出语法分析决定。这样的有穷自动机称为 LR(0) 自动机[⊖]。更明确地说，这个 LR(0) 自动机的每个状态代表了规范 LR(0) 项集族中的一个项集。表达式文法 (4.1) 的对应的自动机显示在图 4-31 中。我们将把它用做讨论规范 LR(0) 项集族的连续使用的例子。

为了构造一个文法的规范 LR(0) 项集族，我们定义了一个增广文法 (augmented grammar) 和

⊖ 从技术上讲，根据 3.5.4 节的定义，这个自动机并不是确定自动机，因为我们没有对应于空项集的死状态。结果是有一些状态-输入对没有后继状态。

两个函数：CLOSURE 和 GOTO。如果 G 是一个以 S 为开始符号的文法，那么 G 的增广文法 G' 就是在 G 中加上新开始符号 S' 和产生式 $S'{\rightarrow}S$ 而得到的文法。引入这个新的开始产生式的目的是告诉语法分析器何时应该停止语法分析并宣称接受输入符号串。也就是说，当且仅当语法分析器要使用规则 $S'{\rightarrow}S$ 进行归约时，输入符号串被接受。

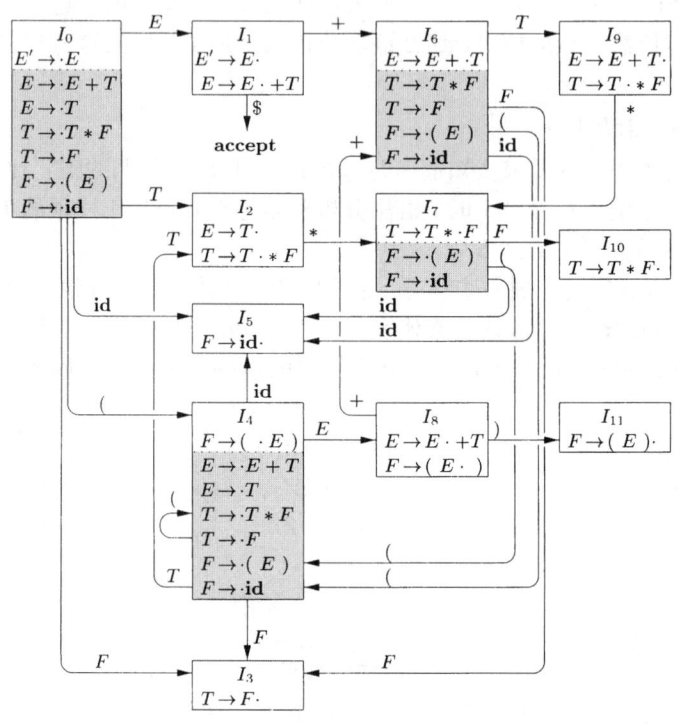

图 4-31 表达式文法(4.1)的 LR(0) 自动机

项集的闭包

如果 I 是文法 G 的一个项集，那么 CLOSURE(I) 就是根据下面的两个规则从 I 构造得到的项集：

1) 一开始，将 I 中的各个项加入到 CLOSURE(I) 中。

2) 如果 $A{\rightarrow}\alpha \cdot B\beta$ 在 CLOSURE(I) 中，$B{\rightarrow}\gamma$ 是一个产生式，并且项 $B{\rightarrow}\cdot\gamma$ 不在 CLOSURE(I) 中，就将这个项加入其中。不断应用这个规则，直到没有新项可以加入到 CLOSURE(I) 中为止。

直观地讲，CLOSURE(I) 中的项 $A{\rightarrow}\alpha \cdot B\beta$ 表明在语法分析过程的某点上，我们认为接下来可能会在输入中看到一个能够从 $B\beta$ 推导得到的子串。这个可从 $B\beta$ 推导得到的子串的某个前缀可以从 B 推导得到，而推导时必然要应用某个 B 产生式。因此我们加入了各个 B 产生式对应的项，也就是说，如果 $B{\rightarrow}\gamma$ 是一个产生式，那么我们把 $B{\rightarrow}\cdot\gamma$ 加入到 CLOSURE(I) 中。

例 4.26 考虑增广的表达式文法：

$$E'{\rightarrow}E$$
$$E{\rightarrow}E+T \mid T$$
$$T{\rightarrow}T*F \mid F$$
$$F{\rightarrow}(E) \mid \mathbf{id}$$

如果 I 是由一个项组成的项集 $\{[E'\rightarrow .E]\}$，那么 CLOSURE(I) 包含了图 4-31 中的项集 I_0。

下面说明一下如何计算这个闭包。根据规则(1)，$E'\rightarrow \cdot E$ 被放到 CLOSURE(I) 中。因为点的右边有一个 E，我们加入如下的 E 产生式，点位于产生式体的左端：$E\rightarrow \cdot E+T$ 和 $E\rightarrow \cdot T$。现在，后一个项中有一个 T 在点的右边，因此我们加入 $T\rightarrow \cdot T*F$ 和 $T\rightarrow \cdot F$。接下来，位于点右边的 F 令我们加入 $F\rightarrow \cdot (E)$ 和 $F\rightarrow \cdot \mathbf{id}$，然后就不再需要加入任何新的项。 □

闭包可以按照图 4-32 中的方法计算。实现函数 closure 的一个便利方法是设置一个布尔数组 added，该数组的下标是 G 的非终结符号。当我们为各个 B 产生式 $B\rightarrow \gamma$ 加入对应的项 $B\rightarrow \cdot \gamma$ 时，added[B] 被设置为 **true**。

请注意，如果点在最左端的某个 B 产生式被加入到 I 的闭包中，那么所有 B 产生式都会被加入到这个闭包中。因此在某些情况下，不需要真的将那些被 CLOSURE 函数加入

```
SetOfItems CLOSURE(I) {
    J = I;
    repeat
        for ( J 中的每个项 A → α·Bβ )
            for ( G 的每个产生式 B → γ )
                if ( 项 B → ·γ 不在 J 中 )
                    将 B → ·γ 加入 J 中;
    until 在某一轮中没有新的项被加入到 J 中;
    return J;
}
```

图 4-32 CLOSURE 的计算

到 I 中的项 $B\rightarrow \cdot \gamma$ 列出来，只需要列出这些被加入的产生式的左部非终结符号就足够了。我们将感兴趣的各个项分为如下两类：

1) 内核项：包括初始项 $S'\rightarrow \cdot S$ 以及点不在最左端的所有项。
2) 非内核项：除了 $S'\rightarrow \cdot S$ 之外的点在最左端的所有项。

不仅如此，我们感兴趣的每一个项集都是某个内核项集合的闭包，当然，在求闭包时加入的项不可能是内核项。因此，如果我们抛弃所有非内核项，就可以用很少的内存来表示真正感兴趣的项的集合，因为我们已知这些非内核项可以通过闭包运算重新生成。在图 4-31 中，非内核项位于表示状态的方框的阴影部分中。

GOTO 函数

第二个有用的函数是 GOTO(I, X)，其中 I 是一个项集而 X 是一个文法符号。GOTO(I, X) 被定义为 I 中所有形如 $[A\rightarrow \alpha \cdot X\beta]$ 的项所对应的项 $[A\rightarrow \alpha X \cdot \beta]$ 的集合的闭包。直观地讲，GOTO 函数用于定义一个文法的 LR(0) 自动机中的转换。这个自动机的状态对应于项集，而 GOTO(I, X) 描述了当输入为 X 时离开状态 I 的转换。

例 4.27 如果 I 是两个项的集合 $\{[E'\rightarrow E \cdot], [E\rightarrow E \cdot +T]\}$，那么 GOTO($I, +$) 包含如下项：

$$E\rightarrow E+\cdot T$$
$$T\rightarrow \cdot T*F$$
$$T\rightarrow \cdot F$$
$$F\rightarrow \cdot (E)$$
$$F\rightarrow \cdot \mathbf{id}$$

我们查找 I 中点的右边紧跟 + 的项，就可以计算得到 GOTO($I, +$)。$E'\rightarrow E\cdot$ 不是这样的项，但 $E\rightarrow E\cdot +T$ 是这样的项。我们将点移过 + 号得到 $E\rightarrow E+\cdot T$，然后求出这个单元素集合的闭包。 □

现在我们可以给出构造一个增广文法 G' 的规范 LR(0) 项集族 C 的算法。这个算法如图 4-33 所示。

例 4.28 文法(4.1)的规范 LR(0)项集族和 GOTO 函数如图 4-31 所示。其中,GOTO 函数用图中的转换表示。□

LR(0)自动机的用法

"简单 LR 语法分析技术"(即 SLR 分析技术)的中心思想是根据文法构造出 LR(0)自动机。这个自动机的状态是规范 LR(0)项集族中的元素,而它的转换由 GOTO 函数给出。表达式文法(4.1)的 LR(0)自动机已经在前面的图 4-31 中显示过了。

```
void items(G') {
    C = {CLOSURE({[S' → ·S]})};
    repeat
        for (C中的每个项集I)
            for (每个文法符号X)
                if (GOTO(I, X)非空且不在C中)
                    将GOTO(I, X)加入C中;
    until 在某一轮中没有新的项集被加入到C中;
}
```

图 4-33 规范 LR(0)项集族的计算

这个 LR(0)自动机的开始状态是 CLOSURE($\{[S' \to \cdot S]\}$),其中 S' 是增广文法的开始符号。所有的状态都是接受状态。我们说的"状态 j"指的是对应于项集 I_j 的状态。

LR(0)自动机是如何帮助做出移入 – 归约决定的呢?移入 – 规约决定可以按照如下方式做出。假设文法符号串 γ 使 LR(0)自动机从开始状态 0 运行到某个状态 j。那么如果下一个输入符号为 a 且状态 j 有一个在 a 上的转换,就移入 a。否则我们就选择归约动作。状态 j 的项将告诉我们使用哪个产生式进行归约。

将在 4.6.3 节中介绍的 LR 语法分析算法用它的栈来跟踪状态及文法符号。实际上,文法符号可以从相应状态中获取,因此它的栈只保存状态。下面的例子将展示如何使用一个 LR(0)自动机和一个状态栈来做出移入 – 归约语法分析决定。

例 4.29 图 4-34 给出了一个使用图 4-31 中的 LR(0)自动机的移入 – 归约语法分析器在分析 **id** ∗ **id** 时采取的动作。我们使用一个栈来保存状态。为清晰起见,栈中状态所对应的文法符号显示在"符号"列中。在第 1 行,栈中存放了自动机的开始状态 0,相应的符号是栈底标记 $。

行号	栈	符号	输入	动作
(1)	0	$	**id** ∗ **id** $	移入到 5
(2)	0 5	$ **id**	∗ **id** $	按照 $F \to$ **id** 归约
(3)	0 3	$ F	∗ **id** $	按照 $T \to F$ 归约
(4)	0 2	$ T	∗ **id** $	移入到 7
(5)	0 2 7	$ T ∗	**id** $	移入到 5
(6)	0 2 7 5	$ T ∗ **id**	$	按照 $F \to$ **id** 归约
(7)	0 2 7 10	$ T ∗ F	$	按照 $T \to T ∗ F$ 归约
(8)	0 2	$ T	$	按照 $E \to T$ 归约
(9)	0 1	$ E	$	接受

图 4-34 **id** ∗ **id** 的语法分析

下一个输入符号是 **id**,而状态 0 在 **id** 上有一个到达状态 5 的转换。因此我们选择移入。在第 2 行,状态 5(符号 **id**)已经被压入到栈中。从状态 5 出发没有输入 ∗ 上的转换,因此我们选择归约。根据状态 5 中的项 [$F \to$ **id** ·],这次归约应用产生式 $F \to$ **id**。

如果栈中保存的是文法符号,那么归约就是通过将相应产生式的体(在第 2 行中,产生式的体是 **id**)弹出栈并将产生式头(在这个例子中是 F)压入栈中来实现的。现在栈中保存的是状态,我们弹出和符号 **id** 对应的状态 5,使得状态 0 成为栈顶。然后我们寻找一个 F(即该产生式的头部)上的转换。在图 4-31 中,状态 0 有一个 F 上的到达状态 3 的转换,因此我们压入状态 3。这个状态对应的符号是 F,见第 3 行。

我们看另一个例子,考虑第 5 行,状态 7(符号 ∗)位于栈顶。这个状态有一个 **id** 上的到达状态 5 的转换,因此我们将状态 5(符号 **id**)压入栈中。状态 5 没有转换,因此我们按照 $F \to$ **id** 进行归约。当我们弹出对应于产生式体 **id** 的状态 5 后,状态 7 到达栈顶。因为状态 7 有一个 F 上的转换到达状态 10,我们压入状态 10(符号 F)。□

4.6.3 LR 语法分析算法

图 4-35 中显示了一个 LR 语法分析器的示意图。它由一个输入、一个输出、一个栈、一个驱动程序和一个语法分析表组成。这个分析表包括两个部分（ACTION 和 GOTO）。所有 LR 语法分析器的驱动程序都是相同的，而语法分析表是随语法分析器的不同而变化的。语法分析器从输入缓冲区逐个读入符号。当一个移入-归约语法分析器移入一个符号时，LR 语法分析器移入的是一个对应的状态。每个状态都是对栈中该状态之下的内容所含信息的摘要。

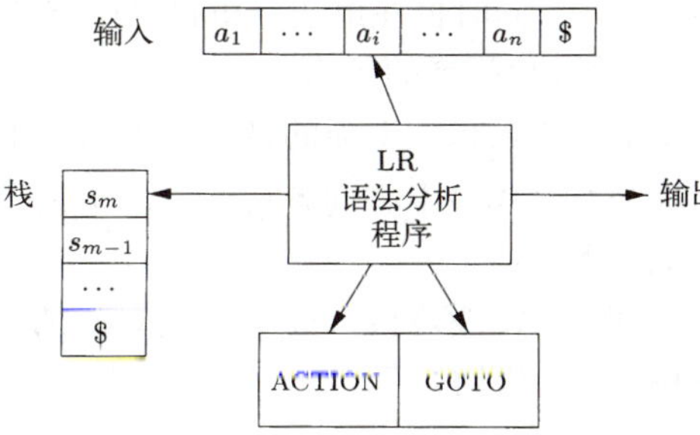

分析器的栈存放了一个状态序列 $s_0 s_1 \cdots s_m$，其中 s_m 位于栈顶。在 SLR 方法中，栈中保存的是 LR(0) 自动机中的状态，规范 LR 和 LALR 方法和 SLR 方法类似。根据构造方法，每个状态都有一个对应的文法符号。回顾一下，各个状态都和某个项集对应，并且有一个从状态 i 到状态 j 的转换当且仅当 GOTO$(I_i, X) = I_j$。所有到达状态 j 的转换一定对应于同一个文法符号 X。因此，除了开始状态 0 之外，每个状态都和唯一的文法符号相关联^㊀。

图 4-35 一个 LR 语法分析器的模型

LR 语法分析表的结构

语法分析表由两个部分组成：一个语法分析动作函数 ACTION 和一个转换函数 GOTO。

1) ACTION 函数有两个参数：一个是状态 i，另一个是终结符号 a（或者是输入结束标记 \$）。ACTION$[i, a]$ 的取值可以有下列四种形式：

① 移入 j，其中 j 是一个状态。语法分析器采取的动作是把输入符号 a 高效地移入栈中，但是使用状态 j 来代表 a。

② 归约 $A \rightarrow \beta$。语法分析器的动作是把栈顶的 β 高效地归约为产生式头 A。

③ 接受。语法分析器接受输入并完成语法分析过程。

④ 报错。语法分析器在它的输入中发现了一个错误并执行某个纠正动作。我们将在 4.8.3 节和 4.9.4 节中进一步讨论这样的错误恢复例程是如何工作的。

2) 我们把定义在项集上的 GOTO 函数扩展为定义在状态集上的函数：如果 GOTO$[I_i, A] = I_j$，那么 GOTO 也把状态 i 和一个非终结符号 A 映射到状态 j。

LR 语法分析器的格局

描述 LR 语法分析器的行为时，我们需要一个能够表示 LR 语法分析器的完整状态的方法。语法分析器的完整状态包括：它的栈和余下的输入。LR 语法分析器的格局（configuration）是一个形如：

$$(s_0 s_1 \cdots s_m, a_i a_{i+1} \cdots a_n \$)$$

的对。其中，第一个分量是栈中的内容（右侧是栈顶），第二个分量是余下的输入。这个格局表示了如下的最右句型：

$$X_1 X_2 \cdots X_m a_i a_{i+1} \cdots a_n$$

它表示最右句型的方法本质上和一个移入-归约语法分析器的表示方法相同。唯一的不同之处

㊀ 其逆命题不一定成立。也就是说，多个状态可能对应于同一个文法符号。例如，图 4-31 中的 LR(0) 自动机的状态 1 和 8，进入它们的都是 E 上的转换；而对于状态 2 和 9，它们都是通过 T 上的转换进入。

在于栈中存放的是状态而不是文法符号,从这些状态能够复原出相应的文法符号。也就是说,X_i 是状态 s_i 所代表的文法符号。请注意,s_0(即分析器的开始状态)不代表任何文法符号,它只是作为栈底标记,同时也在语法分析过程中担负了重要的角色。

LR 语法分析器的行为

语法分析器根据上面的格局决定下一个动作时,首先读入当前输入符号 a_i 和栈顶的状态 s_m,然后在分析动作表中查询条目 ACTOIN$[s_m, a_i]$。对于前面提到的四种动作,每个动作结束之后的格局如下:

1) 如果 ACTION$[s_m, a_i]$ = 移入 s,那么语法分析器执行一次移入动作;它将下一个状态 s 移入栈中,进入格局

$$(s_0 s_1 \cdots s_m s, a_{i+1} \cdots a_n \$)$$

符号 a_i 不需要存放在栈中,因为在需要时(在实践中从不需要 a_i)可以根据 s 恢复出 a_i。现在,当前的输入符号是 a_{i+1}。

2) 如果 ACTION$[s_m, a_i]$ = 规约 $A \rightarrow \beta$,那么语法分析器执行一次归约动作,进入格局

$$(s_0 s_1 \cdots s_{m-r} s, a_i a_{i+1} \cdots a_n \$)$$

其中,r 是 β 的长度,且 $s = $ GOTO$[s_{m-r}, A]$。在这里,语法分析器首先将 r 个状态符号弹出栈,使状态 s_{m-r} 位于栈顶。然后,语法分析器将 s(即条目 GOTO$[s_{m-r}, A]$ 的值)压入栈中。在一个归约动作中,当前的输入符号不会改变。对于我们将构造的 LR 语法分析器,对应于被弹出栈的状态的文法符号序列 $X_{m-r+1} \cdots X_m$ 总是等于 β,即归约使用的产生式的右部。

在一次归约动作之后,LR 语法分析器将执行和归约所用产生式关联的语义动作,生成相应的输出。我们暂时假设输出的内容仅仅包括打印出归约产生式。

3) 如果 ACTION$[s_m, a_i]$ = 接受,那么语法分析过程完成。

4) 如果 ACTION$[s_m, a_i]$ = 报错,则说明语法分析器发现了一个语法错误,并调用一个错误恢复例程。

LR 语法分析算法总结如下。所有的 LR 语法分析器都按照这个方式执行,两个 LR 语法分析器之间的唯一区别是它们的语法分析表的 ACTION 表项和 GOTO 表项中包含的信息不同。

算法 4.30　　LR 语法分析算法。

输入:一个输入串 w 和一个 LR 语法分析表,这个表描述了文法 G 的 ACTION 函数和 GOTO 函数。

输出:如果 w 在 $L(G)$ 中,则输出 w 的自底向上语法分析过程中的归约步骤;否则给出一个错误指示。

方法:最初,语法分析器栈中的内容为初始状态 s_0,输入缓冲区中的内容为 $w\$$。然后,语法分析器执行图 4-36 中的程序。　　□

例 4.31　　图 4-37 显示了表达式文法(4.1)的一个 LR 语法分析表中的 ACTION 和 GOTO 函数。下面再次给出文法(4.1),并对它们的产生式进行编号:

(1) $E \rightarrow E + T$　　　　(4) $T \rightarrow F$
(2) $E \rightarrow T$　　　　　　(5) $F \rightarrow (E)$
(3) $T \rightarrow T * F$　　　　(6) $F \rightarrow \mathbf{id}$

各种动作在此图中的编码方法如下:

1) si 表示移入并将状态 i 压栈。

2) rj 表示按照编号为 j 的产生式进行归约。

语法分析

```
令 a 为 w$ 的第一个符号;
while(1) { /* 永远重复 */
    令 s 是栈顶的状态;
    if ( ACTION[s,a] = 移入 t ) {
        将 t 压入栈中;
        令 a 为下一个输入符号;
    } else if ( ACTION[s,a] = 归约 A → β ) {
        从栈中弹出 |β| 个符号;
        令 t 为当前的栈顶状态;
        将 GOTO[t,A] 压入栈中;
        输出产生式 A → β;
    } else if ( ACTION[s,a] = 接受 ) break; /* 语法分析完成 */
    else 调用错误恢复例程;
}
```

图 4-36 LR 语法分析程序

3) acc 表示接受。
4) 空白表示报错。

请注意,对于终结符号 a,GOTO$[s,a]$ 的值在 ACTION 表项中给出,这个值和在输入 a 上对应于状态 s 的移入动作一起给出。GOTO 条目给出了对应于非终结符号 A 的 GOTO$[s,A]$ 的值。我们还没有解释图 4-37 的表中各个条目是如何得到的,但很快就会来处理这个问题。

在处理输入 **id** ∗ **id** + **id** 时,栈和输入内容的序列显示在图 4-38 中。为清晰起见,图中还显示了与栈中状态对应的文法符号的序列。比如,在第 1 行中,LR 语法分析器位于状态 0 上。这是初始状态,没有对应的文法符号,而第一个输入符号是 **id**。图 4-37 中的动作部分第 0 行、id 列中的动作是 s5,表示应该移入,将状态 5 压栈。在第 2 行,状态符号 5 被压入到栈中,而 **id** 从输入中被删除。

状态	ACTION					GOTO		
	id	+	∗	(	)	$	E	T	F
0	s5			s4			1	2	3
1		s6				acc			
2		r2	s7		r2	r2			
3		r4	r4		r4	r4			
4	s5			s4			8	2	3
5		r6	r6		r6	r6			
6	s5			s4				9	3
7	s5			s4					10
8		s6			s11				
9		r1	s7		r1	r1			
10		r3	r3		r3	r3			
11		r5	r5		r5	r5			

图 4-37 表达式文法的语法分析表

	栈	符号	输入	动作
(1)	0		id ∗ id + id $	移入
(2)	0 5	id	∗ id + id $	根据 $F → \mathbf{id}$ 归约
(3)	0 3	F	∗ id + id $	根据 $T → F$ 归约
(4)	0 2	T	∗ id + id $	移入
(5)	0 2 7	T ∗	id + id $	移入
(6)	0 2 7 5	T ∗ id	+ id $	根据 $F → \mathbf{id}$ 归约
(7)	0 2 7 10	T ∗ F	+ id $	根据 $T → T ∗ F$ 归约
(8)	0 2	T	+ id $	根据 $E → T$ 归约
(9)	0 1	E	+ id $	移入
(10)	0 1 6	E +	id $	移入
(11)	0 1 6 5	E + id	$	根据 $F → \mathbf{id}$ 归约
(12)	0 1 6 3	E + F	$	根据 $T → F$ 归约
(13)	0 1 6 9	E + T	$	根据 $E → E + T$ 归约
(14)	0 1	E	$	接受

图 4-38 一个 LR 语法分析器处理输入 **id** ∗ **id** + **id** 的各个步骤

然后，*变成了当前的输入符号，而状态5在输入为*时的动作是根据产生式$F \rightarrow \mathbf{id}$进行归约。一个状态符号被弹出栈。然后，状态0成为栈顶。因为状态0对于F的GOTO值是3，因此状态3被压到栈中。现在我们得到第3行中的格局。下面的各个动作的执行方式与此类似。□

4.6.4 构造 SLR 语法分析表

构造语法分析表的 SLR 构造方法是研究 LR 语法分析技术的很好的起点。我们把使用这种方法构造得到的语法分析表称为 SLR 语法分析表，并把使用 SLR 语法分析表的 LR 语法分析器称为 SLR 语法分析器。另外两种 SLR 方法通过向前看信息来增强分析能力。

SLR 方法以 4.5 节介绍的 LR(0) 项和 LR(0) 自动机为基础。也就是说，给定一个文法 G，我们通过添加新的开始符号 S' 得到增广文法 G'。我们根据 G' 构造出 G' 的规范项集族 C 以及 GOTO 函数。

然后，使用下面的算法就可以构造出这个语法分析表中的 ACTION 和 GOTO 条目。它要求我们知道输入文法的每个非终结符号 A 的 FOLLOW(A)（见 4.4 节）。

算法 4.32 构造一个 SLR 语法分析表。

输入：一个增广文法 G'。

输出：G' 的 SLR 语法分析表函数 ACTION 和 GOTO。

方法：

1) 构造 G' 的规范 LR(0) 项集族 $C = \{I_0, I_1, \cdots, I_n\}$。

2) 根据 I_i 构造得到状态 i。状态 i 的语法分析动作按照下面的方法决定：

① 如果 $[A \rightarrow \alpha \cdot a\beta]$ 在 I_i 中并且 GOTO(I_i, a) = I_j，那么将 ACTION[i, a] 设置为"移入 j"。这里 a 必须是一个终结符号。

② 如果 $[A \rightarrow \alpha \cdot]$ 在 I_i 中，那么对于 FOLLOW(A) 中的所有 a，将 ACTION[i, a] 设置为"归约 $A \rightarrow \alpha$"。这里 A 不等于 S'。

③ 如果 $[S' \rightarrow S \cdot]$ 在 I_i 中，那么将 ACTION[$i, \$$] 设置为"接受"。

如果根据上面的规则生成了任何冲突动作，我们就说这个文法不是 SLR(1) 的。在这种情况下，这个算法无法生成一个语法分析器。

3) 状态 i 对于各个非终结符号 A 的 GOTO 转换使用下面的规则构造得到：如果 GOTO(I_i, A) = I_j，那么 GOTO[i, A] = j。

4) 规则(2) 和(3) 没有定义的所有条目都设置为"报错"。

5) 语法分析器的初始状态就是根据 $[S' \rightarrow \cdot S]$ 所在项集构造得到的状态。□

由算法 4.46 得到的由 ACTION 函数和 GOTO 函数组成的语法分析表被称为文法 G 的 SLR(1) 分析表。使用 G 的 SLR(1) 分析表的 LR 语法分析器称为 G 的 SLR(1) 语法分析器。一个具有 SLR(1) 语法分析表的文法被称为是 SLR(1) 的。我们常常省略"SLR"后面的"(1)"，因为我们不会在这里处理向前看多个符号的语法分析器。

例 4.33 让我们为增广表达式文法构造 SLR 分析表。这个文法的规范 LR(0) 项集族如图 4-31 所示。首先考虑项集 I_0：

$$E' \rightarrow \cdot E$$
$$E \rightarrow \cdot E + T$$
$$E \rightarrow \cdot T$$
$$T \rightarrow \cdot T * F$$
$$T \rightarrow \cdot F$$

语法分析

$$F \to \cdot (E)$$
$$F \to \cdot \mathbf{id}$$

其中的项 $F \to \cdot (E)$ 使得条目 ACTION[0, (] = 移入 4，项 $F \to \cdot \mathbf{id}$ 使得条目 ACTION[0, $\mathbf{id}$] = 移入 5。I_0 中的其他项没有生成动作。现在考虑 I_1：

$$E' \to E \cdot$$
$$E \to E \cdot + T$$

第一个项使得 ACTION[1, \$] = 接受，第二个项使得 ACTION[1, +] = 移入 6。下一步考虑 I_2：

$$E \to T \cdot$$
$$T \to T \cdot * F$$

因为 FOLLOW(E) = {\$, +,)}，第一个项使得

$$\text{ACTION}[2, \$] = \text{ACTION}[2, +] = \text{ACTION}[2,)] = 归约 E \to T$$

第二个项使得 ACTION[2, *] = 移入 7。按照这个方式继续推导，我们就得到了图 4-37 所示的 ACTION 和 GOTO 表。在该图中，归约动作中的产生式编号和它们在原文法(4.1)中的出现顺序相同。也就是说，$E \to E + T$ 的编号为 1，$E \to T$ 的编号为 2，依此类推。 □

例 4.34 每个 SLR(1) 文法都是无二义性的，但是存在很多不是 SLR(1) 的无二义性文法。考虑包含下列产生式的文法：

$$\begin{aligned} S &\to L = R \mid R \\ L &\to * R \mid \mathbf{id} \\ R &\to L \end{aligned} \quad (4.15)$$

将 L 和 R 分别看作代表左值和右值的文法符号，将 * 看作是代表"左值所指向的内容"的运算符[○]。文法 4.15 对应的规范 LR(0) 项集族显示在图 4-39 中。

```
I₀:  S' → ·S                    I₅:  L → id·
     S → ·L = R
     S → ·R                     I₆:  S → L = ·R
     L → ·*R                         R → ·L
     L → ·id                         L → ·*R
     R → ·L                          L → ·id

I₁:  S' → S·                    I₇:  L → *R·

I₂:  S → L· = R                 I₈:  R → L·
     R → L·
                                I₉:  S → L = R·
I₃:  S → R·

I₄:  L → *·R
     R → ·L
     L → ·*R
     L → ·id
```

图 4-39 文法(4.15)对应的规范 LR(0) 项集族

○ 2.8.3 节介绍过，一个左值表示了一个内存位置，而右值是一个可以存放在某个位置上的值。

考虑项集 I_2。这个项集中的第一个项使得 ACTION[2，=]是"移入6"。因为 FOLLOW(R) 包含 =（考虑推导过程 $S \Rightarrow L = R \Rightarrow *R = R$ 即可知原因），第二个项将 ACTION[2，=]设置为"归约 $R \to L$"。因为在 ACTION[2，=]中既存在移入条目又存在归约条目，所以状态2在输入符号 = 上存在移入/归约冲突。

文法(4.15)不是二义性的。产生移入/归约冲突的原因是构造 SLR 分析器的方法功能不够强大，不能记住足够多的上下文信息。因此当它看到一个可归约为 L 的串时，不能确定语法分析器应该对输入 = 采取什么动作。接下来讨论的规范 LR 方法和 LALR 方法将可以成功地处理更大的文法类型，包括文法(4.15)。然而请注意，存在一些无二义性的文法使得每种 LR 语法分析器构造方法都会产生带有语法分析动作冲突的语法分析动作表。幸运的是，在处理程序设计语言时，一般都可以避免使用这样的文法。 □

4.6.5 可行前缀

为什么可以使用 LR(0) 自动机来做出移入-归约决定？对于一个文法的移入-归约语法分析器，该文法的 LR(0) 自动机可以刻画出可能出现在分析器栈中的文法符号串。栈中内容一定是某个最右句型的前缀。如果栈中的内容是 α 而余下的输入是 x，那么存在一个将 αx 归约到开始符号 S 的归约序列。用推导的方式表示就是 $S \underset{rm}{\overset{*}{\Rightarrow}} \alpha x$。

然而，不是所有的最右句型的前缀都可以出现在栈中，因为语法分析器在移入时不能越过句柄。比如，假设

$$E \underset{rm}{\overset{*}{\Rightarrow}} F * \mathbf{id} \underset{rm}{\Rightarrow} (E) * \mathbf{id}$$

那么在语法分析的不同时刻，栈中存放的内容可以是(、(E 和(E)，但不会是(E)*，因为(E)是句柄，语法分析器必须在移入 * 之前将它归约为 F。

可以出现在一个移入-归约语法分析器的栈中的最右句型前缀被称为可行前缀(viable prefix)。它们的定义如下：一个可行前缀是一个最右句型的前缀，并且它没有越过该最右句型的最右句柄的右端。根据这个定义，我们总是可以在一个可行前缀之后增加一些终结符号来得到一个最右句型。

SLR 分析技术基于 LR(0) 自动机能够识别可行前缀这一事实。如果存在一个推导过程 $S \underset{rm}{\overset{*}{\Rightarrow}} \alpha A w \underset{rm}{\Rightarrow} \alpha \beta_1 \beta_2 w$，我们就说项 $A \to \beta_1 \cdot \beta_2$ 对于可行前缀 $\alpha \beta_1$ 有效。一般来说，一个项可以对多个可行前缀有效。

项 $A \to \beta_1 \cdot \beta_2$ 对 $\alpha \beta_1$ 有效的事实可以告诉我们很多信息。当我们在语法分析栈中发现 $\alpha \beta_1$ 时，这些信息可以帮助我们决定是进行归约还是移入。特别是，如果 $\beta_2 \neq \epsilon$，那么它告诉我们句柄还没有被全部移入到栈中，因此我们应该选择移入。如果 $\beta_2 = \epsilon$，那么看起来 $A \to \beta_1$ 就是句柄，我们应该按照这个产生式进行归约。当然，可能会有两个有效项要求我们对同一个可行前缀做不同的事情。有些这样的冲突可以通过查看下一个输入符号来解决，还有一些冲突可以通过 4.8 节中的方法来解决，但是我们不应该认为将 LR 方法应用于任意文法所产生的语法分析动作冲突都可以得到解决。

对于可能出现在 LR 语法分析栈中的各个可行前缀，我们可以很容易地计算出对应于这些可行前缀的有效项的集合。实际上，LR 语法分析理论的核心定理是：如果我们在某个文法的 LR(0) 自动机中从初始状态开始沿着标号为某个可行前缀 γ 的路径到达一个状态，那么该状态对应的项集就是 γ 的有效项集。实质上，有效项集包含了所有能够从栈中收集到的有用信息。我们不会在这里证明这个定理，但我们将给出一个例子。

> **将项看作一个 NFA 的状态**
>
> 如果将项本身看作状态,我们就可以构造出一个识别可行前缀的不确定有穷自动机 N。从 $A\to\alpha\cdot X\beta$ 到 $A\to\alpha X\cdot\beta$ 有一个标号为 X 的转换,并且从 $A\to\alpha\cdot B\beta$ 到 $B\to\cdot\gamma$ 有一个标号为 ϵ 的转换。那么项(N 的状态)的集合 I 的 CLOSURE(I) 恰恰就是 3.6.1 节中定义的一个 NFA 状态集合的 ϵ 闭包。由 NFA N 通过子集构造法可以得到一个 DFA。GOTO(I,X) 给出了这个 DFA 中状态 I 在符号 X 上的转换。从这个角度看,图 4-33 中的过程 items(G') 就是将子集构造方法应用于以项作为状态的 NFA N 并构造出 DFA 的过程。

例 4.35 让我们再次考虑增广表达式文法。该文法的项集和 GOTO 函数如图 4-31 所示。显然,串 $E+T*$ 是该文法的一个可行前缀。图 4-31 中的自动机在读入 $E+T*$ 之后将位于状态 7 上。状态 7 中包含了项

$$T\to T*\cdot F$$
$$F\to\cdot(E)$$
$$F\to\cdot\mathbf{id}$$

它们恰恰就是 $E+T*$ 的有效项。为了说明原因,考虑如下三个最右推导:

$$E'\underset{rm}{\Rightarrow}E \qquad\qquad E'\underset{rm}{\Rightarrow}E \qquad\qquad E'\underset{rm}{\Rightarrow}E$$
$$\underset{rm}{\Rightarrow}E+T \qquad\quad \underset{rm}{\Rightarrow}E+T \qquad\quad \underset{rm}{\Rightarrow}E+T$$
$$\underset{rm}{\Rightarrow}E+T*F \qquad \underset{rm}{\Rightarrow}E+T*F \qquad \underset{rm}{\Rightarrow}E+T*F$$
$$\qquad\qquad\qquad\qquad \underset{rm}{\Rightarrow}E+T*(E) \quad \underset{rm}{\Rightarrow}E+T*\mathbf{id}$$

第一个推导说明 $T\to T*\cdot F$ 是有效的,第二个推导说明 $F\to\cdot(E)$ 是有效的,第三个推导说明了 $F\to\cdot\mathbf{id}$ 是有效的。可以证明 $E+T*$ 没有其他的有效项,但我们并不会在这里证明这个事实。 □

4.6.6 4.6 节的练习

练习 4.6.1:描述下列文法的所有可行前缀:

1) 练习 4.2.2(1)的文法 $S\to 0\,S\,1\mid 0\,1$。
! 2) 练习 4.2.1 的文法 $S\to S\,S+\mid S\,S*\mid a$。
! 3) 练习 4.2.2(3)的文法 $S\to S\,(\,S\,)\mid\epsilon$。

练习 4.6.2:为练习 4.2.1 中的(增广)文法构造 SLR 项集。计算这些项集的 GOTO 函数。给出这个文法的语法分析表。这个文法是 SLR 文法吗?

练习 4.6.3:利用练习 4.6.2 得到的语法分析表,给出处理输入 $aa*a+$ 时的各个动作。

练习 4.6.4:对于练习 4.2.2(1)~(7)中的各个(增广)文法:

1) 构造 SLR 项集和它们的 GOTO 函数。
2) 指出你的项集中的所有动作冲突。
3) 如果存在 SLR 语法分析表,构造出这个语法分析表。

练习 4.6.5:说明下面的文法

$$S\to A\,a\,A\,b\mid B\,b\,B\,a$$
$$A\to\epsilon$$
$$B\to\epsilon$$

是 LL(1)的,但不是 SLR(1)的。

练习 4.6.6：说明下面的文法

$$S \to S\,A \mid A$$
$$A \to a$$

是 SLR(1) 的，但不是 LL(1) 的。

!! **练习 4.6.7**：考虑按照下面方式定义的文法族 G_n：

$$S \to A_i\,b_i \qquad \text{其中 } 1 \leq i \leq n$$
$$A_i \to a_j\,A_i \mid a_j \qquad \text{其中 } 1 \leq i, j \leq n \text{ 且 } i \neq j$$

说明：

1) G_n 有 $2n^2 - n$ 个产生式。
2) G_n 有 $2^n + n^2 + n$ 个 LR(0) 项集。
3) G_n 是 SLR(1) 的。

关于 LR 语法分析器的大小，这个分析结果说明了什么？

! **练习 4.6.8**：我们说单个项可以看作一个不确定有穷自动机的状态，而有效项的集合就是一个确定有穷自动机的状态（见 4.6.5 节中的"将项看作一个 NFA 的状态"部分）。对于练习 4.2.1 的文法 $S \to SS + \mid SS * \mid a$：

1) 根据"将项看作一个 NFA 的状态"部分中的规则，画出这个文法的有效项的转换图（NFA）。

2) 将子集构造算法（算法 3.20）应用于在(1)部分构造得到的 NFA。得到的 DFA 和这个文法的 LR(0) 项集相比有什么关系？

!! 3) 说明在任何情况下，将子集构造算法应用于一个文法的有效项的 NFA 所得到的就是该文法的 LR(0) 项集。

! **练习 4.6.9**：下面是一个二义性文法：

$$S \to A\,S \mid b$$
$$A \to S\,A \mid a$$

构造出这个文法的规范 LR(0) 项集族。如果我们试图为这个文法构造出一个 LR 语法分析表，必然会存在某些冲突动作。都有哪些冲突动作？假设我们使用这个语法分析表，并且在出现冲突时不确定地选择一个可能的动作。给出处理输入 $abab$ 时的所有可能的动作序列。

4.7 更强大的 LR 语法分析器

在本节中，我们将扩展前面的 LR 语法分析技术，在输入中向前看一个符号。有两种不同的方法：

1)"规范 LR"方法，或直接称为"LR"方法。它充分地利用了向前看符号。这个方法使用了一个很大的项集，称为 LR(1) 项集。

2)"向前看 LR"，或称为"LALR"方法。它基于 LR(0) 项集族。和基于 LR(1) 项的典型语法分析器相比，它的状态要少很多。通过向 LR(0) 项中小心地引入向前看符号，我们使用 LALR 方法处理的文法比使用 SLR 方法时处理的文法更多，同时构造得到的语法分析表却不比 SLR 分析表大。在很多情况下，LALR 方法是最合适的选择。

在介绍了这两种方法之后，我们将在本节的结尾讨论如何在一个内存有限的环境中建立简洁的 LR 语法分析表。

4.7.1 规范 LR(1) 项

现在我们将给出最通用的为文法构造 LR 语法分析表的技术。回顾一下，在 SLR 方法中，如

语法分析

果项集 I_i 包含项 $[A\to\alpha\cdot]$，且当前输入符号 a 在 FOLLOW(A) 中，那么状态 i 就要按照 $A\to\alpha$ 进行归约。然而在某些情况下，当状态 i 出现在栈顶时，栈中的可行前缀是 $\beta\alpha$ 且在任何最右句型中 a 都不可能跟在 βA 之后，那么当输入为 a 时不应该按照 $A\to\alpha$ 进行归约。

例 4.36 让我们重新考虑例子 4.34，其中的状态 2 包含项 $R\to L\cdot$。这个项对应于上面讨论的 $A\to\alpha$，而和 a 对应的是 FOLLOW(R) 中的符号 $=$。因此，SLR 语法分析器在下一个输入为 $=$ 且状态为 2 时要求按照 $R\to L$ 进行归约（因为状态 2 中还包含项 $S\to L\cdot=R$，它同时还要求执行移入动作）。然而，例 4.34 的文法没有以 $R=\cdots$ 开头的最右句型。因此状态 2 只和可行前缀 L 对应，它实际上不应该执行从 L 到 R 的归约。 □

如果在状态中包含更多的信息，我们就可能排除掉一些这样的不正确的 $A\to\alpha$ 归约。在必要时，我们可以通过分裂某些状态，设法让 LR 语法分析器的每个状态精确地指明哪些输入符号可以跟在句柄 α 的后面，从而使 α 可能被归约成为 A。

将这个额外的信息加入状态中的方法是对项进行精化，使它包含第二个分量，这个分量的值为一个终结符号。项的一般形式变成了 $[A\to\alpha\cdot\beta, a]$，其中 $A\to\alpha\beta$ 是一个产生式，而 a 是一个终结符号或右端结束标记 \$。我们称这样的对象为 LR(1) 项。其中的 1 指的是第二个分量的长度。第二个分量称为这个项的向前看符号[○]。在形如 $[A\to\alpha\cdot\beta, a]$ 且 $\beta\ne\epsilon$ 的项中，向前看符号没有任何作用，但是一个形如 $[A\to\alpha\cdot, a]$ 的项只有在下一个输入符号等于 a 时才要求按照 $A\to\alpha$ 进行归约。因此，只有当栈顶状态中包含一个 LR(1) 项 $[A\to\alpha\cdot, a]$，我们才会在输入为 a 时按照 $A\to\alpha$ 进行归约。这样的 a 的集合总是 FOLLOW(A) 的子集，而且如例 4.36 所示，它很可能是一个真子集。

正式地讲，我们说 LR(1) 项 $[A\to\alpha\cdot\beta, a]$ 对于一个可行前缀 γ 有效的条件是存在一个推导 $S\underset{rm}{\overset{*}{\Rightarrow}}\delta Aw\underset{rm}{\Rightarrow}\delta\alpha\beta w$，其中

1) $\gamma = \delta\alpha$，且
2) 要么 a 是 w 的第一个符号，要么 w 为 ϵ 且 a 等于 \$。

例 4.37 让我们考虑文法

$$S\to B\ B$$
$$B\to a\ B\ |\ b$$

该文法有一个最右推导 $S\underset{rm}{\overset{*}{\Rightarrow}}aaBab\underset{rm}{\Rightarrow}aaaBab$。在上面的定义中，令 $\delta=aa, A=B, w=ab, \alpha=a$ 且 $\beta=B$，我们可知项 $[B\to\alpha\cdot B, a]$ 对于可行前缀 $\gamma=aaa$ 是有效的。另外还有一个最右推导 $S\underset{rm}{\overset{*}{\Rightarrow}}BaB\underset{rm}{\Rightarrow}BaaB$。根据这个推导，我们知道项 $[B\to\alpha\cdot B,\ \$]$ 是可行前缀 Baa 的有效项。 □

4.7.2 构造 LR(1) 项集

构造有效 LR(1) 项集族的方法实质上和构造规范 LR(0) 项集族的方法相同。我们只需要修改两个过程：CLOSURE 和 GOTO。

为了理解 CLOSURE 操作的新定义，特别是理解为什么 b 必须在 FIRST(βa) 中，我们考虑对某些可行前缀 γ 有效的项集合中的一个形如 $[A\to\alpha\cdot B\beta, a]$ 的项，那么必然存在一个最右推导 $S\underset{rm}{\overset{*}{\Rightarrow}}\delta Aax\underset{rm}{\Rightarrow}\delta\alpha B\beta ax$，其中 $\gamma=\delta\alpha$。假设 βax 推导出终结符号串 by，那么对于某个形如 $B\to\eta$ 的产生式，我们有推导 $S\underset{rm}{\overset{*}{\Rightarrow}}\gamma Bby\underset{rm}{\Rightarrow}\gamma\eta by$。因此，$[B\to\cdot\eta, b]$ 是 γ 的有效项。请注意，b 可能是从 β 推导

[○] 当然可以使用长度大于 1 的向前看符号串。但是这里我们不考虑这样的向前看符号串。

得到的第一个终结符号,也可能在 $\beta ax \underset{rm}{\Rightarrow} by$ 的推导过程中 β 推导出了 ϵ,因此 b 也可能是 a。总结这两种情况,我们说 b 可以是 FIRST(βax) 中的任意终结符号,其中 FIRST 是在 4.4 节中定义的函数。请注意,x 不可能包含 by 的第一个终结符号,因此 FIRST(βax) = FIRST(βa)。现在我们给出 LR(1) 项集的构造方法。

算法 4.38 LR(1) 项集族的构造方法。

输入:一个增广文法 G'。

输出:LR(1) 项集族,其中的每个项集对文法 G' 的一个或多个可行前缀有效。

方法:过程 CLOSURE 和 GOTO,以及用于构造项集的主例程 items 见图 4-40。 □

```
SetOfItems CLOSURE(I) {
    repeat
        for ( I 中的每个项 [A → α·Bβ, a] )
            for ( G' 中的每个产生式 B → γ )
                for ( FIRST(βa) 中的每个终结符号 b )
                    将 [B → ·γ, b] 加入到集合 I 中;
    until 不能向 I 中加入更多的项;
    return I;
}

SetOfItems GOTO(I, X) {
    将 J 初始化为空集;
    for ( I 中的每个项 [A → α·Xβ, a] )
        将项 [A → αX·β, a] 加入到集合 J 中;
    return CLOSURE(J);
}

void items(G') {
    将 C 初始化为 {CLOSURE({[S' → ·S, $]})};
    repeat
        for ( C 中的每个项集 I )
            for ( 每个文法符号 X )
                if ( GOTO(I, X) 非空且不在 C 中 )
                    将 GOTO(I, X) 加入 C 中;
    until 不再有新的项集加入到 C 中;
}
```

图 4-40 为文法 G' 构造 LR(1) 项集族的算法

例 4.39 考虑下面的增广文法:

$$\begin{aligned} S' &\to S \\ S &\to C\ C \\ C &\to c\ C\ |\ d \end{aligned} \tag{4.16}$$

我们首先计算 $\{[S' \to \cdot S, \$]\}$ 的闭包。在求闭包时,我们将项 $[S' \to \cdot S, \$]$ 和过程 CLOSURE 中的项 $[A \to \alpha \cdot B\beta, a]$ 相匹配。也就是说,$A = S'$,$\alpha = \epsilon$,$B = S$,$\beta = \epsilon$ 和 $a = \$$。函数 CLOSURE 告诉我们,对于每个产生式 $B \to \gamma$ 和 FIRST(βa) 中的终结符号 b,将项 $[B \to \cdot \gamma, b]$ 加入到闭包中。对于当前的文法,$B \to \gamma$ 就是 $S \to CC$,并且因为 β 是 ϵ 且 a 是 $\$$,b 只能是 $\$$。因此,我们增加 $[S \to \cdot CC, \$]$。

我们继续计算闭包,对于在 FIRST($C\ \$$) 中的 b,加入所有的项 $[C \to \cdot \gamma, b]$。也就是说,将 $[S \to \cdot CC, \$]$ 和 $[A \to \alpha \cdot B\beta, a]$ 相匹配,我们有 $A = S$,$\alpha = \epsilon$,$B = C$,$\beta = C$ 且 $a = \$$。因为 C 不会推导出空串,所以 FIRST($C\ \$$) = FIRST(C)。因为 FIRST(C) 包含终结符号 c 和 d,所以我们

加入项$[C\to\cdot cC, c]$、$[C\to\cdot cC, d]$、$[C\to\cdot d, c]$和$[C\to\cdot d, d]$。在这些项中,紧靠在点右边的都不是非终结符号,因此我们已经完成了第一个LR(1)项集。这个初始项集是:

$$I_0: S'\to\cdot S, \$$$
$$S\to\cdot CC, \$$$
$$C\to\cdot cC, c/d$$
$$C\to\cdot d, c/d$$

为表示方便,我们省略了方括号,并且使用$[C\to\cdot cC, c/d]$作为两个项$[C\to\cdot cC, c]$和$[C\to\cdot cC, d]$的缩写。

现在我们对不同的X值计算$\text{GOTO}(I_0, X)$。对于$X=S$,我们必须求$[S'\to S\cdot, \$]$的闭包。因为点在最右端,所以无法加入新的项。因此我们得到下一个项集

$$I_1: S'\to S\cdot, \$$$

对于$X=C$,我们求$[S\to C\cdot C, \$]$闭包。我们以$\$$作为第二个分量加入C产生式,之后不能再加入新的项,得到:

$$I_2: S\to C\cdot C, \$$$
$$C\to\cdot cC, \$$$
$$C\to\cdot d, \$$$

接下来,令$X=c$。我们必须求$\{[C\to c\cdot C, c/d]\}$的闭包。我们将c/d作为第二个分量加入C产生式,得到:

$$I_3: C\to c\cdot C, c/d$$
$$C\to\cdot cC, c/d$$
$$C\to\cdot d, c/d$$

最后,令$X=d$,我们得到项集:

$$I_4: C\to d\cdot, c/d$$

我们已经完成了I_0上的GOTO函数。我们没有从I_1得到新的项集,但是I_2有相对于C、c和d的GOTO后继。对于$\text{GOTO}(I_2, C)$,我们有

$$I_5: S\to CC\cdot, \$$$

它不需要进行闭包运算。为了计算$\text{GOTO}(I_2, c)$,我们对$\{[C\to c\cdot C, \$]\}$求闭包,得到

$$I_6: C\to c\cdot C, \$$$
$$C\to\cdot cC, \$$$
$$C\to\cdot d, \$$$

请注意,I_6和I_3只在第二个分量上有所不同。我们会经常看到一个文法的多个LR(1)项集具有相同的第一分量,但第二分量不同。当我们为同一个文法构造规范LR(0)项集族时,每一个LR(0)项集将和一个或多个LR(1)项集的第一分量集合完全一致。我们将在讨论LALR语法分析技术的时候更加深入地讨论这个现象。

继续计算I_2的GOTO函数,$\text{GOTO}(I_2, d)$就是

$$I_7: C\to d\cdot, \$$$

现在转而处理I_3,I_3在c和d上的GOTO值分别是I_3和I_4。$\text{GOTO}(I_3, C)$是

$$I_8: C\to cC\cdot, c/d$$

I_4和I_5没有GOTO值,因为它们的项中的点都在最右端。I_6在c和d上的GOTO值分别是I_6和I_7,而$\text{GOTO}(I_6, C)$是

$$I_9: C\to cC\cdot, \$$$

其余的各个项集都没有 GOTO 值，因此我们完成了所有项集的计算。图 4-41 显示了这 10 个项集和它们之间的 goto 关系。

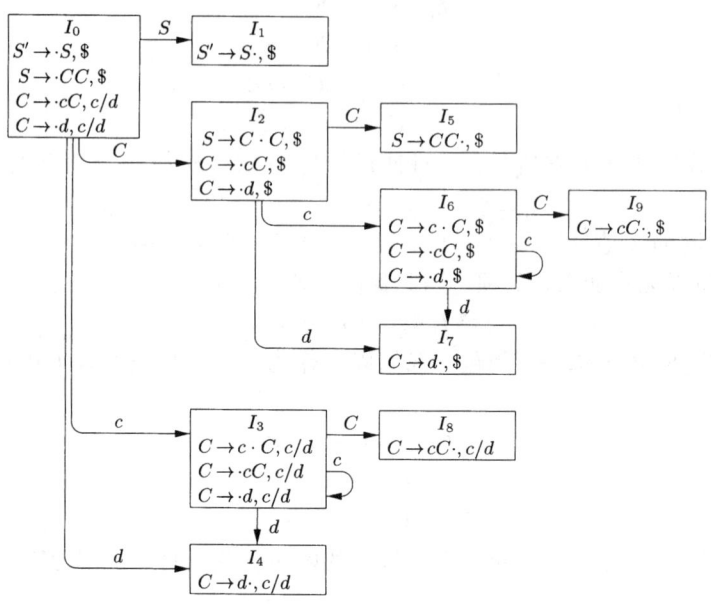

图 4-41 文法(4.16)的 GOTO 图

4.7.3 规范 LR(1) 语法分析表

现在我们给出根据 LR(1) 项集构造 LR(1) 的 ACTION 和 GOTO 函数的规则。和前面一样，这些函数将用一个表来表示，只是表格条目中的值有所不同。

算法 4.40 规范 LR 语法分析表的构造。

输入：一个增广文法 G'。

输出：G' 的规范 LR 语法分析表的函数 ACTION 和 GOTO。

方法：

1）构造 G' 的 LR(1) 项集族 $C' = \{I_0, I_1, \cdots, I_n\}$。

2）语法分析器的状态 i 根据 I_i 构造得到。状态 i 的语法分析动作按照下面的规则确定：

① 如果 $[A \rightarrow \alpha \cdot a\beta, b]$ 在 I_i 中，并且 $GOTO(I_i, a) = I_j$，那么将 ACTION$[i, a]$ 设置为 "移入 j"。这里 a 必须是一个终结符号。

② 如果 $[A \rightarrow \alpha \cdot, a]$ 在 I_i 中且 $A \neq S'$，那么将 ACTION$[i, a]$ 设置为 "规约 $A \rightarrow \alpha$"。

③ 如果 $[S' \rightarrow S \cdot, \$]$ 在 I_i 中，那么将 ACTION$[i, \$]$ 设置为 "接受"。

如果根据上述规则会产生任何冲突动作，我们就说这个文法不是 LR(1) 的。在这种情况下，这个算法无法为该文法生成一个语法分析器。

3）状态 i 相对于各个非终结符号 A 的 goto 转换按照下面的规则构造得到：如果 $GOTO(I_i, A) = I_j$，那么 GOTO$[i, A] = j$。

4）所有没有按照规则(2)和(3)定义的分析表条目都设为"报错"。

5）语法分析器的初始状态是由包含 $[S' \rightarrow \cdot S, \$]$ 的项集构造得到的状态。

由算法 4.40 生成的语法分析动作和 GOTO 函数组成的表称为规范 LR(1) 语法分析表。使用这个表的 LR 语法分析器称为规范 LR(1) 语法分析器。如果语法分析动作函数中不包含多重定义的条目,那么给定的文法就称为 LR(1) 文法。和前面一样,在大家都了解的情况下我们将省略"(1)"。

例 4.41   文法(4.16)的规范语法分析表如图 4-42 所示。产生式 1、2 和 3 分别是 $S \to CC$,$C \to cC$ 和 $C \to d$。□

每个 SLR(1) 文法都是 LR(1) 文法。但是对于一个 SLR(1) 文法而言,规范 LR(1) 语法分析器的状态要比同一文法对应的 SLR 语法分析器的状态多。前一个例子中的文法是 SLR 的,它的 SLR 语法分析器有七个状态;相比之下,图 4-42 中有十个状态。

4.7.4 构造 LALR 语法分析表

现在我们介绍最后一种语法分析器构造方法,即 LALR(向前看-LR)技术。这个方法经常在实践中使用,因为用这种方法得到的分析表比规范 LR 分析表小很多,而且大部分常见的程序设计语言构造都可以方便地使用一个 LALR 文法表示。对于 SLR 文法,这一点也基本成立,只是仍然存在少量构造不能够方便地使用 SLR 技术来处理(例如,见例 4.34)。

状态	ACTION			GOTO	
	c	d	$\$$	S	C
0	s3	s4		1	2
1			acc		
2	s6	s7			5
3	s3	s4			8
4	r3	r3			
5			r1		
6	s6	s7			9
7			r3		
8	r2	r2			
9			r2		

图 4-42   文法(4.16)的
规范 LR 语法分析表

我们对语法分析器的大小做一下比较。一个文法的 SLR 和 LALR 分析表总是具有相同数量的状态,对于像 C 这样的语言来说,通常有几百个状态。对于同样大小的语言,规范 LR 分析表通常有几千个状态。因此,构造 SLR 和 LALR 分析表要比构造规范 LR 分析表更容易,而且更经济。

为了介绍 LALR 技术,让我们再次考虑文法(4.16)。该文法的 LR(1) 项集如图 4-41 所示。让我们查看两个看起来差不多的状态,比如 I_4 和 I_7。它们都只有一个项,其第一个分量都是 $C \to d \cdot$ 。在 I_4 中,向前看符号是 c 或 d;在 I_7 中,$\$$ 是唯一的向前看符号。

为了了解 I_4 和 I_7 在语法分析器中担负的不同角色,请注意这个文法生成了正则语言 $c^* dc^* d$。当读入输入 $cc \cdots cdcc \cdots cd$ 的时候,语法分析器首先将第一组 c 以及跟在它们后面的 d 移入栈中。语法分析器在读入 d 之后进入状态 4。然后,当下一个输入符号是 c 或 d 时,语法分析器按照产生式 $C \to d$ 进行一次归约。要求 c 或 d 跟在后面是有道理的,因为它们可能是 $c^* d$ 中的串的开始符号。如果 $\$$ 跟在第一个 d 后面,我们就有形如 ccd 的输入,而它们不在这个语言中。如果 $\$$ 是下一个输入符号,状态 4 就会正确地报告一个错误。

语法分析器在读入第二个 d 之后进入状态 7。然后,语法分析器必须在输入中看到 $\$$,否则输入开头的符号串就不具有 $c^* dc^* d$ 的形式。因此状态 7 应该在输入为 $\$$ 时按照 $C \to d$ 进行归约,而在输入为 c 或 d 的时候报告错误。

现在,我们将 I_4 和 I_7 替换为 I_{47},即 I_4 和 I_7 的并集。这个项集包含了 $[C \to d \cdot, c/d/\$]$ 所代表的三个项。原来在输入 d 上从 I_0、I_2、I_3 到达 I_4 或 I_7 的 goto 关系现在都到达 I_{47}。状态 47 在所有输入上的动作都是归约。这个经过修改的语法分析器行为在本质上和原分析器一样。虽然在有些情况下,原分析器会报告错误,而新分析器却将 d 归约为 C。比如,在处理 ccd 或 $cdcdc$ 这样的输入时就会出现这样的情况。新的分析器最终能够找到这个错误,实际上这个错误会在移入任何新的输入符号之前就被发现。

更一般地说,我们可以寻找具有相同核心(core)的 LR(1) 项集,并将这些项集合并为一个项集。所谓项集的核心就是其第一分量的集合。比如在图 4-41 中,I_4 和 I_7 就是这样一对项集,它们的核心是 $\{C \to d \cdot\}$。类似地,I_3 和 I_6 是另一对这样的项集,它们的核心是 $\{C \to c \cdot C, C \to \cdot cC, C \to \cdot d\}$。另外,还有一对项集 I_8 和 I_9,它们的公共核心是 $\{C \to cC \cdot\}$。请注意,一般而言,一个核心就是当前正处理的文法的 LR(0) 项集,一个 LR(1) 文法可能产生多个具有相同核心的项集。

因为 GOTO(I, X) 的核心只由 I 的核心决定,一组被合并的项集的 GOTO 目标也可以被合并。因此,当我们合并项集时可以相应地修改 GOTO 函数。动作函数也需要加以修改,以反映出被合并的所有项集的非报错动作。

假设我们有一个 LR(1) 文法,也就是说,这个文法的 LR(1) 项集没有产生语法分析动作冲突。如果我们将所有具有相同核心的状态替换为它们的并集,那么得到的并集有可能产生冲突。但是因为下面的原因,这种情况不大可能发生:假设在并集中有一个项 $[A \to \alpha \cdot, a]$ 要求按照 $A \to \alpha$ 进行归约,同时另一个项 $[B \to \beta \cdot a\gamma, b]$ 要求进行移入,那么就会出现在向前看符号 a 上的冲突。此时必然存在某个被合并进来的项集中包含项 $[A \to \alpha \cdot, a]$,同时因为所有这些状态的核心都是相同的,所以这个被合并进来的项集中必然还包含项 $[B \to \beta \cdot a\gamma, c]$,其中 c 是某个终结符号。如果这样的话,这个状态中同样也有在输入 a 上的移入/归约冲突,因此这个文法不是我们假设的 LR(1) 文法。因此,合并具有相同核心的状态不会产生出原有状态中没有出现的移入/归约冲突,因为移入动作仅由核心决定,不考虑向前看符号。

然而,如下面的例子所示,合并项集可能会产生归约/归约冲突。

例 4.42 考虑文法

$$S' \to S$$
$$S \to a A d \mid b B d \mid a B e \mid b A e$$
$$A \to c$$
$$B \to c$$

该文法产生四个串 acd、ace、bcd 和 bce。读者可以构造出这个文法的 LR(1) 项集,以验证该文法是 LR(1) 的。完成这些工作之后,我们发现项集 $\{[A \to c \cdot, d], [B \to c \cdot, e]\}$ 是可行前缀 ac 的有效项,$\{[A \to c \cdot, e], [B \to c \cdot, d]\}$ 是 bc 的有效项。这两个项集都没有冲突,并且它们的核心是相同的。然而,它们的并集,即

$$A \to c \cdot, d/e$$
$$B \to c \cdot, d/e$$

产生了一个归约/归约冲突,因为当输入为 d 或 e 的时候,这个合并项集既要求按照 $A \to c$ 进行归约,又要求按照 $B \to c$ 进行归约。 □

我们将给出两个 LALR 分析表构造算法,现在来介绍其中的第一个。这个算法的基本思想是构造出 LR(1) 项集,如果没有出现冲突,就将具有相同核心的项集合并。然后我们根据合并后得到的项集族构造语法分析表。我们将要描述的方法的主要用途是定义 LRLA(1) 文法。构造整个 LR(1) 项集族需要的空间和时间太多,因此很少在实践中使用。

算法 4.43 一个简单,但空间需求大的 LALR 分析表的构造方法。

输入:一个增广文法 G'。

输出:文法 G' 的 LALR 语法分析表函数 ACTION 和 GOTO。

方法:

1) 构造 LR(1) 项集族 $C = \{I_0, I_1, \cdots, I_n\}$。

2) 对于 LR(1) 项集中的每个核心,找出所有具有这个核心的项集,并将这些项集替换为它们的并集。

3) 令 $C' = \{J_0, J_1, \cdots, J_m\}$ 是得到的 LR(1) 项集族。状态 i 的语法分析动作是按照和算法 4.40 中的方法根据 J_i 构造得到的。如果存在一个分析动作冲突,这个算法就不能生成语法分析

语法分析

器,这个文法就不是 LALR(1) 的。

4) GOTO 表的构造方法如下。如果 J 是一个或多个 LR(1) 项集的并集,也就是说 $J = I_1 \cup I_2 \cup \cdots \cup I_k$,那么 GOTO($I_1, X$), GOTO($I_2, X$), $\cdots$, GOTO(I_k, X) 的核心是相同的,因为 I_1、I_2、$\cdots$、I_k 具有相同的核心。令 K 是所有和 GOTO(I_1, X) 具有相同核心的项集的并集,那么 GOTO(J, X) = K。 □

算法 4.43 生成的分析表称为 G 的 *LALR* 语法分析表。如果没有语法分析动作冲突,那么给定的文法就称为 *LALR*(1) 文法。在第(3)步中构造得到的项集族被称为 *LALR*(1) 项集族。

例 4.44 再次考虑文法(4.16)。该文法的 GOTO 图已经显示在图 4-41 中。我们前面提到过,有三对可以合并的项集。I_3 和 I_6 被替换为它们的并集:

$$I_{36}: C \to c \cdot C, \ c/d/\$$$
$$C \to \cdot cC, \ c/d/\$$$
$$C \to \cdot d, \ c/d/\$$$

I_4 和 I_7 被替换为它们的并集:

$$I_{47}: C \to d \cdot, \ c/d/\$$$

I_8 和 I_9 被替换为它们的并集:

$$I_{89}: C \to cC \cdot, \ c/d/\$$$

这些压缩过的项集的 LALR 动作和 GOTO 函数显示在图 4-43 中。

要了解如何计算 GOTO 关系,考虑 GOTO(I_{36}, C)。在原来的 LR(1) 项集中,GOTO(I_3, C) = I_8,而现在 I_8 是 I_{89} 的一部分,因此我们令 GOTO(I_{36}, C) 为 I_{89}。如果我们考虑 I_6,即 I_{36} 的另一部分,我们仍然可以得到相同的结论。也就是说,GOTO(I_6, C) = I_9,I_9 现在是 I_{89} 的一部分。再举一个例子。考虑 GOTO(I_2, c),即在状态 I_2 上输入为 c 时执行移入之后的状态。在原来的 LR(1) 项集中,GOTO(I_2, C) = I_6。因为 I_6 现在是 I_{36} 的一部分,所以 GOTO(I_2, c) 变成了 I_{36}。因此,图 4-43 中对应于状态 2 和输入 c 的条目被设置为 s36,表示移入并将状态 36 压入栈中。 □

状态	ACTION			GOTO	
	c	d	$\$$	S	C
0	s36	s47		1	2
1			acc		
2	s36	s47			5
36	s36	s47			89
47	r3	r3	r3		
5			r1		
89	r2	r2	r2		

图 4-43 例子 4.39 的文法的 LALR 分析表

当处理语言 **c** * **dc** * **d** 中的一个串时,图 4-42 的 LR 语法分析器和图 4-43 的 LALR 语法分析器执行完全相同的移入和归约动作序列,尽管栈中状态的名字有所不同。比如,在 LR 语法分析器将 I_3 或 I_6 压入栈中时,LALR 语法分析器将 I_{36} 压入栈中。这个关系对于所有的 LALR 文法都成立。在处理正确的输入时,LR 语法分析器和 LALR 语法分析器将相互模拟。

在处理错误的输入时,LALR 语法分析器可能在 LR 语法分析器报错之后继续执行一些归约动作。然而,LALR 语法分析器决不会在 LR 语法分析器报错之后移入任何符号。比如,在输入为 ccd 且后面跟有 $ 时,图 4-42 的 LR 语法分析器将

$$0\ 3\ 3\ 4$$

压入栈中,并且在状态 4 上发现一个错误,因为下一个输入符号是 $ 而状态 4 在 $ 上的动作为报错。相应地,图 4-43 中的 LALR 语法分析器将执行对应的操作,将

$$0\ 36\ 36\ 47$$

压入栈中。但是状态 47 在输入为 $ 时的动作为归约 $C \to d$。因此,LALR 语法分析器将把栈中内容改为

现在,状态 89 在输入 $ 上的动作为归约 $C \to cC$。栈中内容变为

0 36 36 89

0 36 89

此时仍要求进行一个类似的归约,得到栈

0 2

最后,状态 2 在输入 $ 上的动作为报错,因此现在发现了这个错误。

4.7.5 高效构造 LALR 语法分析表的方法

我们可以对算法 4.43 进行多处修改,使得在创建 LALR(1)语法分析表的过程中不需要构造出完整的规范 LR(1)项集族。

- 首先,我们可以只使用内核项来表示任意的 LR(0)或 LR(1)项集。也就是说,只使用初始项$[S' \to \cdot S]$或$[S' \to \cdot S, \$]$以及那些点不在产生式体左端的项来表示项集。
- 我们可以使用一个"传播和自发生成"的过程(我们稍后将描述这个方法)来生成向前看符号,根据 LR(0)项的内核生成 LALR(1)项的内核。
- 如果我们有了 LALR(1)内核,我们可以使用图 4-40 中的 CLOSURE 函数对各个内核求闭包,然后再把这些 LALR(1)项集当作规范 LR(1)项集族,使用算法 4.40 来计算分析表条目,从而得到 LALR(1)语法分析表。

例 4.45 我们将使用例子 4.34 中的非 SLR 文法作为一个例子,说明高效的 LALR(1)语法分析表构造方法。下面我们重新给出这个文法的增广形式:

$$S' \to S$$
$$S \to L = R \mid R$$
$$L \to *R \mid \mathbf{id}$$
$$R \to L$$

这个文法的完整 LR(0)项集显示在图 4-39 中。这些项集的内核显示在图 4-44 中。

现在我们必须给这些用内核表示的 LR(0)项加上正确的向前看符号,创建出 LALR(1)项集的内核。在两种情况下,向前看符号 b 可以添加到某个 LALR(1)项集 J 中的 LR(0)项 $B \to \gamma \cdot \delta$ 之上:

1) 存在一个包含内核项$[A \to \alpha \cdot \beta, a]$的项集 I,并且 $J = \text{GOTO}(I, X)$。不管 a 为何值,在按照图 4-40 的算法构造

GOTO(CLOSURE($\{[A \to \alpha \cdot \beta, a]\}$), X)

I_0:	$S' \to \cdot S$	I_5:	$L \to \mathbf{id} \cdot$
I_1:	$S' \to S \cdot$	I_6:	$S \to L = \cdot R$
I_2:	$S \to L \cdot = R$	I_7:	$L \to *\cdot R$
	$R \to L \cdot$		
I_3:	$S \to R \cdot$	I_8:	$R \to L \cdot$
I_4:	$L \to *\cdot R$	I_9:	$S \to L = R \cdot$

图 4-44 文法(4.15)的 LR(0)项集的内核

时得到的结果中总是包含$[B \to \gamma \cdot \delta, b]$。对于 $B \to \gamma \cdot \delta$ 而言,这个向前看符号 b 被称为自发生成的。作为一个特殊情况,向前看符号 $ 对于初始项集中的项$[S' \to \cdot S]$而言是自发生成的。

2) 其余条件和(1)相同,但是 $a = b$,且按照图 4-40 所示计算 GOTO(CLOSURE($\{[A \to \alpha \cdot \beta, b]\}$), X) 得到的结果中包含$[B \to \gamma \cdot \delta, b]$的原因是项 $A \to \alpha \cdot \beta$ 有一个向前看符号 b。在这种情况下,我们说向前看符号从 I 的内核中的 $A \to \alpha \cdot \beta$ 传播到了 J 的内核中的 $B \to \gamma \cdot \delta$ 上。请注意,传播关系并不取决于某个特定的向前看符号,要么所有的向前看符号都从一个项传播到另一个项,要么都不传播。

我们需要确定每个 LR(0)项集中自发生成的向前看符号,同时也要确定向前看符号从哪些

项传播到了哪些项。这个检测实际上相当简单。令#为一个不在当前文法中的符号。令 $A \to \alpha \cdot \beta$ 为项集 I 中的一个内核 LR(0) 项。对每个 X 计算 $J = \text{GOTO}(\text{CLOSURE}(\{[A \to \alpha \cdot \beta, \#]\}), X)$。对于 J 中的每个内核项，我们检查它的向前看符号集合。如果#是它的向前看符号，那么向前看符号就从 $A \to \alpha \cdot \beta$ 传播到了这个项。所有其他的向前看符号都是自发生成的。这个思想在下面的算法中被精确地表达了出来。这个算法还用到了一个性质：J 中的所有内核项中点的左边都是 X，也就是说，它们必然是形如 $B \to \gamma X \cdot \delta$ 的项。

算法 4.46　确定向前看符号。

输入：一个 LR(0) 项集 I 的内核 K 以及一个文法符号 X。

输出：由 I 中的项为 $\text{GOTO}(I, X)$ 中内核项自发生成的向前看符号，以及 I 中将其向前看符号传播到 $\text{GOTO}(I, X)$ 中内核项的项。

方法：算法在图 4-45 中给出。　□

```
for ( K 中的每个项 A → α·β ) {
    J := CLOSURE({[A → α·β,#]} );
    if ( [B → γ·Xδ,a] 在 J 中，并且 a 不等于 # )
        断定 GOTO(I, X) 中的项 B → γX·δ 的向前看符号 a
        是自发生成的；
    if ( [B → γ·Xδ,#] 在 J 中 )
        断定向前看符号从 I 中的项 A → α·β 传播到了 GOTO(I, X) 中的项
        B → γX·δ 之上；
}
```

图 4-45　发现传播的和自发生成的向前看符号

现在我们可以把向前看符号附加到 LR(0) 项集的内核上，从而得到 LALR(1) 项集。首先，我们知道 $ 是初始 LR(0) 项集中的 $S' \to \cdot S$ 的向前看符号。算法 4.46 给出了所有自发生成的向前看符号。将所有这些向前看符号列出之后，我们必须让它们不断传播，直到不能继续传播为止。有很多方法可以实现这个传播过程。从某种意义上说，所有这些方法都跟踪已经传播到某个项但是尚未传播出去的"新"向前看符号。下面的算法描述了一个将向前看符号传播到所有项中的技术。

算法 4.47　LALR(1) 项集族的内核的高效计算方法。

输入：一个增广文法 G'。

输出：文法 G' 的 LALR(1) 项集族的内核。

方法：

1）构造 G 的 LR(0) 项集族的内核。如果空间资源不紧张，最简单的方法是像 4.6.2 节那样构造 LR(0) 项集，然后再删除其中的非内核项。如果内存空间非常紧张，我们可以只保存各个项集的内核项，并在计算一个项集 I 的 GOTO 之前先计算 I 的闭包。

2）将算法 4.46 应用于每个 LR(0) 项集的内核和每个文法符号 X，确定 $\text{GOTO}(I, X)$ 中各内核项的哪些向前看符号是自发生成的，并确定向前看符号从 I 中的哪个项被传播到 $\text{GOTO}(I, X)$ 中的内核项上。

3）初始化一个表格，表中给出了每个项集中的每个内核项相关的向前看符号。最初，每个项的向前看符号只包括那些被我们在步骤(2)中确定为自发生成的符号。

4）不断扫描所有项集的内核项。当我们访问一个项 i 时，使用步骤(2)得到的、用表格表示的信息，确定 i 将它的向前看符号传播到了哪些内核项中。项 i 的当前向前看符号集合被加到

和这些被传播的内核项相关联的向前看符号集合中。我们继续在内核项上进行扫描，直到没有新的向前看符号被传播为止。□

例4.48 我们为例子4.45的文法构造 LALR(1) 项集的内核。这个文法的 LR(0) 项集的内核如图 4-44 所示。当我们将算法 4.46 应用于项集 I_0 的内核时，我们首先计算 CLOSURE($\{[S' \to \cdot S, \#]\}$)，即

$$S' \to \cdot S, \# \qquad\qquad L \to \cdot *R, \#/=$$
$$S \to \cdot L = R, \# \qquad\qquad L \to \cdot \textbf{id}, \#/=$$
$$S \to \cdot R, \# \qquad\qquad R \to \cdot L, \#$$

在这个闭包的项中，我们看到两个项中的向前看符号 = 是自发生成的。第一个项是 $L \to \cdot *R$。这个项中点的右边是 *，它生成了 $[L \to * \cdot R, =]$。也就是说，= 是 I_4 中 $L \to * \cdot R$ 的自发生成的向前看符号。类似地，$[L \to \cdot \textbf{id}, =]$ 告诉我们 = 是 I_5 中 $L \to \textbf{id} \cdot$ 的自发生成的向前看符号。

因为 # 是这个闭包中六个项的向前看符号，所以我们确定 I_0 中的项 $S' \to \cdot S$ 将它的向前看符号传播到下面的六个项中：

$$I_1 \text{ 中的 } S' \to S \cdot \qquad\qquad I_4 \text{ 中的 } L \to * \cdot R$$
$$I_2 \text{ 中的 } S \to L \cdot = R \qquad\qquad I_5 \text{ 中的 } L \to \textbf{id} \cdot$$
$$I_3 \text{ 中的 } S \to R \cdot \qquad\qquad I_2 \text{ 中的 } R \to L \cdot$$

在图 4-47 中，我们说明了算法 4.47 的步骤(3)和(4)。标号为 INIT 的列给出了各个内核项的自发生成的向前看符号。这些符号中只包括前面讨论过的 = 的两次出现，以及初始项 $S' \to \cdot S$ 的自发生成的向前看符号 $。

在第一趟扫描中，向前看符号 $ 从 I_0 中的 $S' \to \cdot S$ 传播到图 4-46 中列出的六个项上。向前看符号 = 从 I_4 中的 $L \to * \cdot R$ 传播到 I_7 中的 $L \to *R \cdot$ 和 I_8 中的 $R \to L \cdot$ 上。它还传递到它自身以及 I_5 中的 $L \to \textbf{id} \cdot$ 上，但是这些向前看符号本来就已经存在了。在第二和第三趟扫描时，唯一被传播的新向前看符号是 $，它在第二趟扫描时被传播到 I_2 和 I_4 的后继中，并在第三趟扫描时到达 I_6 的后继中。在第四趟扫描时没有新的向前看符号被传播，因此最终的向前看符号集合如图 4-47 最右边的列所示。

自		到	
I_0:	$S' \to \cdot S$	I_1:	$S' \to S \cdot$
		I_2:	$S \to L \cdot = R$
		I_2:	$R \to L \cdot$
		I_3:	$S \to R \cdot$
		I_4:	$L \to *\cdot R$
		I_5:	$L \to \textbf{id} \cdot$
I_2:	$S \to L \cdot = R$	I_6:	$S \to L = \cdot R$
I_4:	$L \to *\cdot R$	I_4:	$L \to *\cdot R$
		I_5:	$L \to \textbf{id} \cdot$
		I_7:	$L \to *R \cdot$
		I_8:	$R \to L \cdot$
I_6:	$S \to L = \cdot R$	I_4:	$L \to *\cdot R$
		I_5:	$L \to \textbf{id} \cdot$
		I_8:	$R \to L \cdot$
		I_9:	$S \to L = R \cdot$

图 4-46 向前看符号的传播

项集	项	向前看符号			
		初始值	第一趟	第二趟	第三趟
I_0:	$S' \to \cdot S$	$	$	$	$
I_1:	$S' \to S \cdot$		$	$	$
I_2:	$S \to L \cdot = R$		$	$	$
	$R \to L \cdot$		$	$	$
I_3:	$S \to R \cdot$		$	$	$
I_4:	$L \to *\cdot R$	=	=/$	=/$	=/$
I_5:	$L \to \textbf{id} \cdot$	=	=/$	=/$	=/$
I_6:	$S \to L = \cdot R$			$	$
I_7:	$L \to *R \cdot$		=	=/$	=/$
I_8:	$R \to L \cdot$		=	=/$	=/$
I_9:	$S \to L = R \cdot$				$

图 4-47 向前看符号的计算

语法分析

请注意,在例 4-34 中,使用 SLR 方法时发现的移入/归约冲突在使用 LALR 技术时消失了。虽然 I_2 中的 $S \to L \cdot = R$ 生成了在输入 = 上的移入动作,但是 I_2 中 $R \to L \cdot$ 的向前看符号只包括 $, 因此两者之间不再有冲突。 □

4.7.6 4.7 节的练习

练习 4.7.1:为练习 4.2.1 的文法 $S \to S\ S + \mid S\ S * \mid a$ 构造

1) 规范 LR 项集族。
2) LALR 项集族。

练习 4.7.2:对练习 4.2.2(1) ~ (7) 的各个 (增广) 文法重复练习 4.7.1。

!**练习 4.7.3**:对练习 4.7.1 的文法,使用算法 4.63,根据该文法的 LR(0) 项集的内核构造出它的 LALR 项集族。

!**练习 4.7.4**:说明下面的文法

$$S \to A\ a \mid b\ A\ c \mid d\ c \mid b\ d\ a$$
$$A \to d$$

是 LALR(1) 的,但不是 SLR(1) 的。

!**练习 4.7.5**:说明下面的文法

$$S \to A\ a \mid b\ A\ c \mid B\ c \mid b\ B\ a$$
$$A \to d$$
$$B \to d$$

是 LR(1) 的,但不是 LALR(1) 的。

4.8 使用二义性文法

实际上,每个二义性文法都不是 LR 的,因此它们不在前面两节讨论的任何文法类之内。然而,某些类型的二义性文法在语言的规约和实现中很有用。对于像表达式这样的语言构造,二义性文法能提供比任何等价的无二义性文法更短、更自然的规约。二义性文法的另一个用途是隔离经常出现的语法构造,以对其进行特殊的优化。使用二义性文法,我们可以向文法中精心加入新的产生式来描述特殊情况的构造。

虽然使用的文法是二义性的,但我们在所有的情况下都会给出消除二义性的规则,使得每个句子只有一棵语法分析树。通过这个方法,语言的规约在整体上是无二义性的,有时还可以构造出遵循这个二义性解决方法的 LR 语法分析器。我们强调应该保守地使用二义性构造,并且必须在严格控制之下使用,否则无法保证一个语法分析器识别的到底是什么样的语言。

4.8.1 用优先级和结合性解决冲突

考虑带有运算符 + 和 * 的有二义性的表达式文法(4.3)。为方便起见,这里再次给出此文法:

$$E \to E + E \mid E * E \mid (E) \mid \mathbf{id}$$

这个文法是二义性的,因为它没有指明运算符 + 和 * 的优先级和结合性。无二义性的文法(4.1)(包含产生式 $E \to E + T$ 和 $T \to T * F$)生成同样的语言,但是指定 + 的优先级低于 *,并且两个运算符都是左结合的。出于两个原因,我们愿意使用这个二义性文法。第一,我们将会看到的,可以很容易地改变运算符 + 和 * 的优先级和结合性,既不需要修改文法(4.3)的产生式,也不需要改变相应语法分析器的状态数目。第二,相应无二义性文法的语法分析器将把部分时间用于归约产生式 $E \to T$ 和 $T \to F$。这两个产生式的功能就是保证结合性和优先级。二义性文法(4.3)的语法分析器不会把时间浪费在对这些单产生式(即产生式体中只包含一个非终结符号的产生式)的归约上。

使用 $E'\to E$ 增广之后的二义性表达式文法(4.3)的 LR(0) 项集显示在图 4-48 中。因为文法 (4.3) 是二义性的，在我们试图用这些项集生成一个 LR 语法分析表时会出现分析动作冲突。对应于项集 I_7 和 I_8 的两个状态就产生了这样的冲突。假设我们使用 SLR 方法来构造语法分析动作表。I_7 在输入 + 或 * 上产生了冲突，不能确定应该按照 $E\to E+E$ 归约还是应该移入。这个冲突无法解决，因为 + 和 * 都在 FOLLOW(E) 中。因此在输入为 * 或 + 时，这两种动作都被要求执行。I_8 也产生了类似的冲突，即在输入为 + 或 * 时，不能确定应该按照 $E\to E*E$ 归约还是应该移入。实际上，任意一种 LR 语法分析表构造方法都会产生这样的冲突。

然而，这些问题可以使用 + 和 * 的优先级和结合性信息来解决。考虑输入 **id** + **id** * **id**。它使得基于图 4-48 的语法分析器在处理完 **id** + **id** 之后进入状态 7。更明确地说，语法分析器进入如下的格局：

前缀	栈	输入
$E+E$	0 1 4 7	* **id** $

I_0:	$E'\to \cdot E$	I_5:	$E\to E*\cdot E$
	$E\to \cdot E+E$		$E\to \cdot E+E$
	$E\to \cdot E*E$		$E\to \cdot E*E$
	$E\to \cdot (E)$		$E\to \cdot (E)$
	$E\to \cdot \text{id}$		$E\to \cdot \text{id}$
I_1:	$E'\to E\cdot$	I_6:	$E\to (E\cdot)$
	$E\to E\cdot +E$		$E\to E\cdot +E$
	$E\to E\cdot *E$		$E\to E\cdot *E$
I_2:	$E\to (\cdot E)$	I_7:	$E\to E+E\cdot$
	$E\to \cdot E+E$		$E\to E\cdot +E$
	$E\to \cdot E*E$		$E\to E\cdot *E$
	$E\to \cdot (E)$		
	$E\to \cdot \text{id}$	I_8:	$E\to E*E\cdot$
			$E\to E\cdot +E$
I_3:	$E\to \text{id}\cdot$		$E\to E\cdot *E$
I_4:	$E\to E+\cdot E$	I_9:	$E\to (E)\cdot$
	$E\to \cdot E+E$		
	$E\to \cdot E*E$		
	$E\to \cdot (E)$		
	$E\to \cdot \text{id}$		

图 4-48　一个增广表达式文法的 LR(0) 项集

为方便起见，我们同时将对应于状态 1、4 和 7 的符号显示在"前缀"列中。

如果 * 的优先级高于 +，我们知道语法分析器应该将 * 移入栈中，准备将这个 * 和它两边的 **id** 符号归约为一个表达式。图 4-37 显示了根据等价的无二义性文法得到的 SLR 语法分析器。这个分析器也做出同样的选择。另一方面，如果 + 的优先级高于 *，我们知道语法分析器应该将 $E+E$ 归约为 E。因此，+ 和 * 之间的相对优先关系可以被用于解决状态 7 上的冲突，确定在输入 * 上应该按照 $E\to E+E$ 归约还是应该移入。

假如输入是 **id** + **id** + **id**，语法分析器在处理了输入 **id** + **id** 之后，仍然能获得栈内容为 0 1 4 7 的格局。在输入为 + 时，状态 7 中仍然有一个移入/归约冲突。然而，现在运算符 + 的结合性可以决定如何解决这个冲突。如果 + 是左结合的，正确的动作是按照 $E\to E+E$ 进行归约。也就是说，第一个 + 号两边的 **id** 必须被分在一组。这个选择仍然和相应无二义性文法的 SLR 语法分析器的做法一致。

概括地讲，假设 + 是左结合的，状态 7 在输入 + 时的动作应该是按照 $E\to E+E$ 进行归约。假设 * 的优先级高于 +，状态 7 在输入 * 上的动作应该是移入。类似地，假设 * 是左结合的，并且它的优先级高于 +。因为只有当栈中最上端的三个符号是 $E*E$ 时，状态 8 才能出现在栈顶。我们可以认为状态 8 在输入 * 和 + 上的动作都是按照 $E\to E*E$ 归约。对于输入为 + 的情况，理由是 * 的优先级高于 +；而对于输入为 * 的情况，理由是 * 是左结合的。

按照这个方式进行处理，我们可以得到图 4-49 所示的 LR 语法分析表。产生式 1～4 分别是

状态	ACTION					GOTO
	id	+	*	(	)	$	E
0	s3			s2			1
1		s4	s5			acc	
2	s3			s2			6
3		r4	r4		r4	r4	
4	s3			s2			7
5	s3			s2			8
6		s4	s5		s9		
7		r1	s5		r1	r1	
8		r2	r2		r2	r2	
9		r3	r3		r3	r3	

图 4-49　文法(4.3)的语法分析表

$E \to E+E$、$E \to E*E$、$E \to (E)$ 和 $E \to \mathbf{id}$。很有意思的是,如果从图 4-37 所示的无二义性表达式文法(4.1)的 SLR 分析表中删除单产生式 $E \to T$ 和 $T \to F$ 的归约动作,我们可以得到一个相似的语法动作表。在使用 LALR 和规范 LR 语法分析技术时,我们也可以使用类似的方法来处理这种二义性文法。

4.8.2 "悬空-else"的二义性

再次考虑下面的条件语句文法:

$$stmt \to \mathbf{if}\ expr\ \mathbf{then}\ stmt\ \mathbf{else}\ stmt$$
$$|\ \mathbf{if}\ expr\ \mathbf{then}\ stmt$$
$$|\ other$$

如我们在 4.3.2 节中指出的,这个文法是二义性的,因为它没有解决悬空-else 的二义性问题。为了简化这个讨论,我们考虑这个文法的一个抽象表示,其中 i 表示 **if** $expr$ **then**,e 表示 **else**,a 表示"所有其他的产生式"。那么我可以用增广产生式 $S' \to S$ 重写这个文法:

$$S' \to S$$
$$S \to iSeS\ |\ iS\ |\ a \quad (4.17)$$

文法(4.17)的 LR(0)项集显示在图 4-50 中。因为文法(4.17)的二义性,在 I_4 中有一个移入/归约冲突。在该项集中,$S \to iS \cdot eS$ 要求将 e 移入,又因为 FOLLOW(S) = $\{e, \$\}$,项 $S \to iS \cdot$ 要求在输入为 e 的时候用 $S \to iS$ 进行归约。

把这些讨论翻译回 **if-then-else** 的术语,假设栈中内容为

if $expr$ **then** $stmt$

且 **else** 是第一个输入符号,我们应该将 **else** 移入栈中(即移入 e)呢?还是应该将 **if** $expr$ **then** $stmt$ 归约(即按照 $S \to iS$ 归约)呢?答案

I_0:	$S' \to \cdot S$		I_3:	$S \to a\cdot$
	$S \to \cdot iSeS$			
	$S \to \cdot iS$		I_4:	$S \to iS\cdot eS$
	$S \to \cdot a$			$S \to iS\cdot$
			I_5:	$S \to iSe\cdot S$
I_1:	$S' \to S\cdot$			$S \to \cdot iSeS$
				$S \to \cdot iS$
I_2:	$S \to i\cdot SeS$			$S \to \cdot a$
	$S \to i\cdot S$			
	$S \to \cdot iSeS$		I_6:	$S \to iSeS\cdot$
	$S \to \cdot iS$			
	$S \to \cdot a$			

图 4-50 增广文法(4.17)的 LR(0)状态

是我们应该移入 **else**,因为它是和前一个 **then** "相关"的。按照文法(4.17)的术语,输入中代表 **else** 的 e 只能作为以 iS 开头的产生式体的一部分,而现在栈顶内容就是 iS。如果输入中跟在 e 后面的符号不能被归约为 S,使得分析器无法归约得到完整的产生式体 $iSeS$,那么可以证明别的语法分析过程也不可能得到这个产生式体。

我们可以确定在解决 I_4 中的移入/归约冲突时应该在输入为 e 时执行移入动作。使用这个方式解决了 I_4 在输入 e 上的语法分析动作冲突之后,根据图 4-50 的项集构造得到的 SLR 语法分析表显示在图 4-51 中。产生式 1~3 分别是 $S \to iSeS$、$S \to iS$ 和 $S \to a$。

比如,在处理输入 $iiaea$ 时,根据正确的"悬空-else"冲突的解决方法,语法分析器执行了图 4-52 中所示的步骤。在第 5 行,状态 4 在输入 e 上选择了移入动作;而在第 9 行,状态 4 在输入 $ 上要求按照 $S \to iS$ 进行归约。

我们做一个比较,如果我们不能使用二义性文法来描述条件语句,那么我们将不得不使用例 4.6 中给出的笨拙的文法来描述。

状态	ACTION				GOTO
	i	e	a	$\$$	S
0	s2		s3		1
1				acc	
2	s2		s3		4
3		r3		r3	
4		s5		r2	
5	s2		s3		6
6		r1		r1	

图 4-51 悬空 else 文法的 LR 分析表

	栈	符号	输入	动作
(1)	0		$iiaea\$$	移入
(2)	0 2	i	$iaea\$$	移入
(3)	0 2 2	ii	$aea\$$	移入
(4)	0 2 2 3	iia	$ea\$$	根据 $S \to a$ 归约
(5)	0 2 2 4	iiS	$ea\$$	移入
(6)	0 2 2 4 5	$iiSe$	$a\$$	移入
(7)	0 2 2 4 5 3	$iiSea$	$\$$	根据 $S \to a$ 归约
(8)	0 2 2 4 5 6	$iiSeS$	$\$$	根据 $S \to iSeS$ 归约
(9)	0 2 4	iS	$\$$	根据 $S \to iS$ 归约
(10)	0 1	S	$\$$	接受

图 4-52 处理输入 $iiaea$ 时的语法分析动作

4.8.3 LR 语法分析中的错误恢复

当 LR 语法分析器在查询语法分析动作表并发现一个报错条目时,它就检测到了一个语法错误。在查询 GOTO 表时不会发现语法错误。如果当前已扫描的输入部分不可能存在正确的后续符号串,LR 语法分析器就会立刻报错。规范 LR 语法分析器不会做任何多余的归约动作,会立刻报告错误。SLR 和 LALR 语法分析器可能会在报错之前执行几次归约动作,但是它们决不会把一个错误的输入符号移入到栈中。

在 LR 语法分析过程中,我们可以按照如下方式实现恐慌模式的错误恢复策略。我们从栈顶向下扫描,直到发现某个状态 s,它有一个对应于某个非终结符号 A 的 GOTO 目标。然后我们丢弃零个或多个输入符号,直到发现一个可能合法地跟在 A 之后的符号 a 为止。之后语法分析器将 GOTO(s,A) 压入栈中,继续进行正常的语法分析。在实践中可能会选择多个这样的非终结符号 A。通常这些非终结符号代表了主要的程序段,比如表达式、语句或块。比如,如果 A 是非终结符号 $stmt$,a 就可能是分号或者}。其中,}标记了一个语句序列的结束。

这个错误恢复方法试图消除包含语法错误的短语。语法分析器确定一个从 A 推导出的串中包含错误。这个串的一部分已经被处理,并形成了栈顶部的一个状态序列。这个串的其余部分还在输入中,语法分析器则在输入中查找可以合法地跟在 A 后面的符号,从而试图跳过这个串的其余部分。通过从栈中删除状态,跳过一部分输入,并将 GOTO(s,A) 压入栈中,语法分析器假装它已经找到了 A 的一个实例,并继续进行正常的语法分析。

实现短语层次错误恢复的方法如下:检查 LR 语法分析表中的每个报错条目,并根据语言的使用方法来决定程序员所犯的何种错误最有可能引起这个语法错误。然后构造出适当的恢复过程,通常会根据各个报错条目来确定适当的修改方法,修改栈顶状态和/或第一个输入符号。

在为一个 LR 语法分析器设计专门的错误处理例程时,我们可以在表的动作字段的每个空条目中填写一个指向错误处理例程的指针。该例程将执行编译器设计者所选定的恢复动作。这些动作包括在栈和/或输入中删除或插入符号,也包含替换输入符号或将输入符号换位。我们必须谨慎地做出选择,避免 LR 语法分析器陷入无限循环。一个安全的策略是保证最终至少有一个输入符号被删除或移入,并且如果到达输入结束位置时要保证栈会缩小。应该避免从栈中弹出一个和某非终结符号对应的状态,因为这样的修改相当于从栈中消除了一个已经被成功分析的语言构造。

例 4.49 再次考虑表达式文法

$$E \to E + E \mid E * E \mid (E) \mid \mathbf{id}$$

图 4-49 中显示了这个文法的 LR 分析表。图 4-53 中显示的是对这个分析表进行修改后得到的语法分析表。修改后的表添加了错误检测和恢复的动作。对于那些在某些输入上执行特定归约动作的状态,我们将这个状态中的报错条目替换为这个归约动作。这种修改可能会使得报错延后至一次或多次归约动作之后,但是错误仍然会在任何移入动作发生之前被发现。图 4-49 中剩余的空白项已经被替换为对错误处理子过程的调用。

状态	ACTION					GOTO
	id	+	*	(	)	$	E
0	s3	e1	e1	s2	e2	e1	1
1	e3	s4	s5	e3	e2	acc	
2	s3	e1	e1	s2	e2	e1	6
3	r4	r4	r4	r4	r4	r4	
4	s3	e1	e1	s2	e2	e1	7
5	s3	e1	e1	s2	e2	e1	8
6	e3	s4	s5	e3	s9	e4	
7	r1	r1	s5	r1	r1	r1	
8	r2	r2	r2	r2	r2	r2	
9	r3	r3	r3	r3	r3	r3	

图 4-53 带有错误处理子程序的 LR 语法分析表

错误处理例程如下:

e1:这个例程在状态 0、2、4 和 5 上被调用。所有这些状态都期望读入一个运算分量的第一个符号,这个符号可能是 **id** 或左括号,但是实际读入的却是 +、* 或输入结束标记。

将状态 3(状态 0、2、4 和 5 在输入 **id** 上的 GOTO 目标)压入栈中;
发出诊断信息"缺少运算分量。"

e2:在状态 0、1、2、4 和 5 上发现输入为右括号时调用这个过程。
从输入中删除右括号;
发出诊断信息"不匹配的右括号。"

e3:当在状态 1 和 6 上,期待读入一个运算符却发现了一个 **id** 或左括号时调用。
将状态 4(对应于符号 + 的状态)压入栈中。
发出诊断信息"缺少运算符。"

e4:当在状态 6 上发现输入结束标记时调用。

将状态 9(对应于右括号)压入栈中;
发出诊断信息"缺少右括号。"

在处理错误的输入 **id** +)时,语法分析器进入的格局序列显示在图 4-54 中。□

栈	符号	输入	动作
0		id+)$	
0 3	id	+)$	
0 1	E	+)$	
0 1 4	E+	)$	"不匹配的右括号" e2 删除了右括号 "缺少运算分量" e1 将状态 3 压入栈中
0 1 4	E+	$	
0 1 4 3	E+id	$	
0 1 4 7	E+E	$	
0 1	E	$	

图 4-54 一个 LR 语法分析器所做的语法分析和错误恢复步骤

4.8.4 4.8 节的练习

! **练习 4.8.1**:下面是一个二义性文法,它描述了包含 n 个二目中缀运算符且具有 n 个不同优先级的表达式:

$$E \rightarrow E\,\theta_1\,E \mid E\,\theta_2\,E \mid \cdots \mid E\,\theta_n\,E \mid (E) \mid \mathbf{id}$$

1)将 SLR 项集表示为 n 的函数。

2)要使得所有的运算符都是左结合的,并且 θ_1 的优先级高于 θ_2,θ_2 的优先级高于 θ_3,依次类推,我们应该如何解决 SLR 项之间的冲突?

3)根据你在(2)中的决定,给出相应的 SLR 语法分析表。

4)图 4-55 中的无二义性文法定义了相同的表达式集合。对这个文法重复(1)和(3)部分。

E_1	$\rightarrow$	$E_1\,\theta_n\,E_2 \mid E_2$
E_2	$\rightarrow$	$E_2\,\theta_{n-1}\,E_3 \mid E_3$
		...
E_n	$\rightarrow$	$E_n\,\theta_1\,E_{n+1} \mid E_{n+1}$
E_{n+1}	$\rightarrow$	$(E_1) \mid \mathbf{id}$

图 4-55 含有 n 个运算符的表达式的无二义性文法

5)比较这两个(二义性和无二义性)文法的项集总数以

及它们的语法分析表的大小,你能得出什么结论?关于二义性表达式文法的使用,这个比较结果告诉我们什么信息?

! **练习 4.8.2**:图 4-56 给出了某种语句的文法。这些语句和练习 4.4.12 中讨论的语句类似。在这里,*e* 和 *s* 仍然是分别代表条件表达式和"其他语句"的终结符号。

1) 为这个文法构造一个 LR 语法分析表,并用解决悬空-else问题的常用方法来解决其中的冲突。

2) 在这个语法分析表中填入额外的归约动作或适当的错误恢复例程,实现语法分析中的错误恢复。

3) 给出你的语法分析器在处理下列输入时的行为:
ⓐ **if** *e* **then** *s* ; **if** *e* **then** *s* **end**
ⓑ **while** *e* **do begin** *s* ; **if** *e* **then** *s* ; **end**

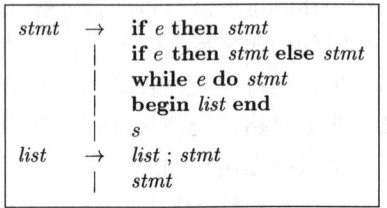

图 4-56 某类语句的文法

4.9 语法分析器生成工具

本节将介绍如何使用语法分析器生成工具来帮助构造一个编译器的前端。我们将使用 LALR 语法分析器生成工具 Yacc 作为我们讨论的基础,因为它实现了我们在前两节中讨论的很多概念,并且这个工具很容易获得。Yacc 表示"yet another compiler-compiler",即"又一个编译器的编译器"。这个名字反映出当 S. C. Johnson 在 20 世纪 70 年代早期创建出 Yacc 的第一个版本时,语法分析器生成工具非常流行。Yacc 在 UNIX 系统中是以命令的方式出现的,它已经用于实现多个编译器产品。

4.9.1 语法分析器生成工具 Yacc

按照图 4-57 中演示的方法就可以使用 Yacc 来构造一个翻译器。首先要准备好一个文件,比如 translate.y,文件中包含了对将要构造的翻译器的规约。UNIX 系统命令

```
yacc translate.y
```

使用算法 4.47 中给出的 LALR 方法将文件 translate.y 转换成为一个名为 y.tab.c 的 C 程序。程序 y.tab.c 是一个用 C 语言编写的 LALR 语法分析器,另外还包括由用户准备的 C 语言例程。其中的 LALR 分析表是按照 4.7 节中描述的方法压缩的。使用命令

```
cc y.tab.c -ly⊖
```

图 4-57 用 Yacc 创建一个输入/输出翻译器

对 y.tab.c 进行编译,并和包含 LR 语法分析程序的库 ly 连接,我们就得到了想要的目标程序 *a.out*。这个程序执行了由最初的 Yacc 程序 translate.y 所描述的翻译工作。如果需要其他过程,它们可以和其他的 C 程序一样,和 y.tab.c 一起编译并加载。

一个 Yacc 源程序由三个部分组成:

声明
%%
翻译规则
%%
辅助性 C 语言例程

⊖ 函数库的名字 ly 和具体系统相关。

例4.50 为了说明如何编写一个 Yacc 源程序，我们构造一个简单的桌上计算器。该计算器读入一个算术表达式，对表达式求值，然后打印出表达式的结果。我们将从下面的算术表达式文法开始构造这个桌上计算器：

$$E \rightarrow E + T \mid T$$
$$T \rightarrow T * F \mid F$$
$$F \rightarrow (E) \mid \textbf{digit}$$

其中的词法单元 **digit** 是一个 0～9 之间的数字。根据这个文法得到的 Yacc 桌上计算器程序显示在图 4-58 中。 □

声明部分

一个 Yacc 程序的声明部分分为两节，它们都是可选的。在第一节中放置通常的 C 声明，这个声明用 %{ 和 }% 括起来。那些由第二和第三部分中的翻译规则及过程使用的临时变量都在这里声明。在图 4-58 中，这一节只包含 include 语句

```
#include <ctype.h>
```

这个语句使得 C 语言的预处理器将标准头文件 <ctype.h> 包含进来，这个头文件中包含了断言 isdigit。

在声明部分中还包括对词法单元的声明。在图 4-58 中，语句

```
%token DIGIT
```

声明 DIGIT 是一个词法单元。在这一节中声明的词法单元可以在 Yacc 规约的第二和第三部分中使用。如果向 Yacc 语法分析器传送词法单元的词法分析器是使用 Lex 创建的，那么如 3.5.2 节中讨论的，Lex 生成的词法分析器也可以使用这里声明的词法单元。

```
%{
#include <ctype.h>
%}
%token DIGIT
%%
line    : expr '\n'        { printf("%d\n", $1); }
        ;
expr    : expr '+' term    { $$ = $1 + $3; }
        | term
        ;
term    : term '*' factor  { $$ = $1 * $3; }
        | factor
        ;
factor  : '(' expr ')'     { $$ = $2; }
        | DIGIT
        ;
%%
yylex() {
    int c;
    c = getchar();
    if (isdigit(c)) {
        yylval = c-'0';
        return DIGIT;
    }
    return c;
}
```

图 4-58 一个简单的桌上计算器的 Yacc 规约

翻译规则部分

我们将翻译规则放置在 Yacc 规约中第一个 %% 对之后的部分。每个规则由一个文法产生式和一个相关联的语义动作组成。我们前面写作

$$<产生式头> \to <产生式体>_1 \mid <产生式体>_2 \mid \cdots \mid <产生式体>_n$$

的一组产生式在 Yacc 中被写成：

$$<产生式头>: <产生式体>_1 \{<语义动作>_1\}$$
$$\mid <产生式体>_2 \{<语义动作>_2\}$$
$$\cdots$$
$$\mid <产生式体>_n \{<语义动作>_n\}$$
$$;$$

在一个 Yacc 产生式中，如果一个由字母和数位组成的字符串没有加引号且未被声明为词法单元，它就会被当作非终结符号处理。带引号的单个字符，比如 'c'，会被当作终结符号 c 以及它所代表的词法单元所对应的整数编码(即 Lex 将把 'c' 的字符编码当作整数返回给语法分析器)。不同的产生式体用竖线分开，每个产生式头以及它的可选产生式体及语义动作之后跟一个分号。第一个产生式的头符号被看作开始符号。

一个 Yacc 语义动作是一个 C 语句的序列。在一个语义动作中，符号 $\$\$$ 表示和相应产生式头的非终结符号关联的属性值，而 $\$i$ 表示和相应产生式体中第 i 个文法符号(终结符号或非终结符号)关联的属性值。当我们按照一个产生式进行归约时就会执行和该产生式相关联的语义动作，因此语义动作通常根据 $\$i$ 的值来计算 $\$\$$ 的值。在上面的 Yacc 规范中，我们将两个 E 产生式

$$E \to E + T \mid T$$

和它们的相关语义动作写作：

```
expr : expr '+' term    { $$ = $1 + $3; }
     | term
     ;
```

请注意，第一个产生式中的非终结符号 term 是该产生式体中的第三个文法符号，而 + 是第二个文法符号。与第一个产生式关联的语义动作将产生式体中的 expr 和 term 的值相加，并把结果赋给产生式头上的非终结符号 expr。我们省略了第二个产生式的语义动作，因为对于体中只包含一个文法符号的产生式，默认的语义动作就是复制属性值。总的来说，默认动作是 { $\$\$$ = $\$1$; }。

请注意，我们向这个 Yacc 规范中加入了一个新的开始符号产生式

```
line : expr '\n'    { printf("%d\n", $1); }
```

这个产生式说明桌面计算器的输入是一个跟着换行符的表达式。和这个产生式相关的语义动作打印出了输入表达式的十进制取值和一个换行符。

辅助性 C 语言例程部分

一个 Yacc 规约的第三部分由辅助性 C 语言例程组成。这里必须提供一个名为 yylex( ) 的词法分析器。用 Lex 来生成 yylex( ) 是一个常用的选择，见 4.9.3 节。在需要时可以添加错误恢复例程这样的过程。

词法分析器 yylex( ) 返回一个由词法单元名和相关属性值组成的词法单元。如果要返回一个词法单元名字，比如 DIGIT，那么这个名字必须先在 Yacc 规约的第一部分进行声明。一个词法单元的相关属性值通过一个 Yacc 定义的变量 yylval 传送给语法分析器。

图 4-58 中的词法分析器是非常原始的。它使用 C 函数 getchar( ) 逐个读入字符。如果字符是一个数位，这个数位的值就存放在变量 yylval 中，返回词法单元的名字 DIGIT。否则，字

符本身被当作词法单元名返回。

4.9.2 使用带有二义性文法的 Yacc 规约

现在让我们修改这个 Yacc 规约，使得这个桌面计算器更加有用。首先，我们将允许桌面计算器对一个表达式序列进行求值，其中每个表达式占一行。我们还将允许表达式之间出现空行。我们将第一个规则修改为：

```
lines : lines expr '\n'    { printf("%g\n", $2); }
      | lines '\n'
      | /* empty */
      ;
```

在 Yacc 中，像第三行那样的空白产生式表示 ϵ。

其次，我们将扩展表达式的种类，使得它的语言可以包含数字，而不是单个数位，并且包含算术运算符 +、-（包括双目和单目）、* 和 /。描述这类表达式的最容易的方式是使用下面的二义性文法：

$$E \rightarrow E + E \mid E - E \mid E * E \mid E / E \mid - E \mid (E) \mid \textbf{number}$$

得到的 Yacc 规约如图 4-59 所示。

```
%{
#include <ctype.h>
#include <stdio.h>
#define YYSTYPE double   /* double type for Yacc stack */
%}
%token NUMBER
%left '+' '-'
%left '*' '/'
%right UMINUS
%%
lines : lines expr '\n'    { printf("%g\n", $2); }
      | lines '\n'
      | /* empty */
      ;
expr  : expr '+' expr      { $$ = $1 + $3; }
      | expr '-' expr      { $$ = $1 - $3; }
      | expr '*' expr      { $$ = $1 * $3; }
      | expr '/' expr      { $$ = $1 / $3; }
      | '(' expr ')'       { $$ = $2; }
      | '-' expr %prec UMINUS { $$ = - $2; }
      | NUMBER
      ;
%%
yylex() {
    int c;
    while ( ( c = getchar() ) == ' ' );
    if ( ((c == '.') || (isdigit(c)) ) {
        ungetc(c, stdin);
        scanf("%lf", &yylval);
        return NUMBER;
    }
    return c;
}
```

图 4-59 一个更加先进的桌上计算器的 Yacc 规约

因为图 4-59 中 Yacc 规约的文法是二义性的，LALR 算法将会出现语法分析动作冲突。Yacc 会报告产生的语法分析动作冲突的数量。使用 -v 选项调用 Yacc 可以得到关于项集和语法分析动作冲突的描述。这个选项会产生一个附加的文件 y.output，它包含文法的项集的内核，对 LALR 算法产生的语法分析动作冲突的描述，以及 LR 语法分析表的一个可读表示形式。这个可读表示形式显示了 Yacc 是如何解决这些语法分析动作冲突的。只要 Yacc 报告发现了语法分析动作冲突，那么最好创建并查阅 y.output 文件，了解为什么会产生这些语法分析动作冲突，并检查 Yacc 是否已经正确解决了它们。

除非另行指定，否则 Yacc 会使用下面的两个规则来解决所有的语法分析动作冲突：

1）解决一个归约/归约冲突时，选择在 Yacc 规约中列在前面的那个冲突产生式。

2）解决移入/归约冲突时总是选择移入。这个规则正确地解决了因为悬空 else 二义性而产生的移入/归约冲突。

因为这些默认规则不可能总是编译器作者需要的，所以 Yacc 提供了一个通用的机制来解决移入/归约冲突。在声明部分，我们可以给终结符号赋予优先级和结合性。声明

```
%left '+' '-'
```

使得 + 和 - 具有相同的优先级，并且都是左结合的。我们可以把一个运算符声明为右结合的，比如：

```
%right '^'
```

我们可以声明一个运算符是非结合性的二目运算符（即这个运算符的两次出现不能合并到一起），方法如下：

```
%nonassoc '<'
```

词法单元的优先级是根据它们在声明部分的出现顺序而定的。优先级最低的词法单元最先出现。同一个声明中的词法单元具有相同的优先级。因此，图 4-59 中的声明

```
%right UMINUS
```

赋予词法单元 UMINUS 的优先级要高于前面五个终结符号的优先级。

除了给各个终结符号赋予优先级，Yacc 也可以给和某个冲突相关的各个产生式赋予优先级和结合性，来解决移入/归约冲突。如果它必须在移入一个输入符号 a 和按照 $A \rightarrow \alpha$ 进行归约之间进行选择，那么当这个产生式的优先级高于 a 的优先级时，或者当两者的优先级相同但产生式是左结合时，Yacc 就选择归约；否则就选择移入动作。

通常，一个产生式的优先级被设定为它的最右终结符号的优先级。在大多数情况下，这是一个明智的选择。比如，给定产生式

$$E \rightarrow E + E \mid E * E$$

我们将在向前看符号为 + 时按照 $E \rightarrow E + E$ 进行归约，因为产生式体中的 + 和这个向前看符号具有相同的优先级，且它是左结合的。在向前看符号为 * 时，我们将选择移入，因为这个向前看符号的优先级高于产生式体中 + 的优先级。

在那些最右终结符号不能为产生式提供正确优先级的情况下，我们可以在产生式后增加一个标记

```
%prec 〈终结符号〉
```

来指明该产生式的优先级。此时这个产生式的优先级和结合性将和这个终结符号相同，而这个终结符号的优先级和结合性应该在声明部分定义。Yacc 不会报告那些已经使用这个优先级/结合性机制解决了的移入/归约冲突。

这里的"终结符号"可以仅仅作为一个占位符，就像图 4-59 中的 UMINUS 那样。这个终结符号不会被词法分析器返回，声明它的目的仅仅是为了定义一个产生式的优先级。在图 4-59 中，声明

```
%right UMINUS
```

赋予词法单元 UMINUS 一个高于 * 和 / 的优先级。在翻译规则部分，产生式

```
expr : '-' expr
```
后面的标记
```
%prec UMINUS
```
使得这个产生式中的单目减运算符具有比其他运算符更高的优先级。

4.9.3 用 Lex 创建 Yacc 的词法分析器

Lex 的作用是生成可以和 Yacc 一起使用的词法分析器。Lex 库 ll 将提供一个名为 `yylex( )` 的驱动程序。Yacc 要求它的词法分析器的名字为 `yylex( )`。如果用 Lex 来生成词法分析器,那么我们可以将 Yacc 规约的第三部分的例程 `yylex( )` 替换为语句

```
#include "lex.yy.c"
```

并令每个 Lex 动作都返回 Yacc 已知的终结符号。通过使用语句 `#include "lex.yy.c"`,程序 `yylex` 能够访问 Yacc 定义的词法单元名字,因为 Lex 的输出文件是作为 Yacc 的输出文件 `y.tab.c` 的一部分被编译的。

在 UNIX 系统中,如果 Lex 规约存放在文件 `first.l` 中,且 Yacc 规约在 `second.y` 中,我们可以使用命令

```
lex first.l
yacc second.y
cc y.tab.c -ly -ll
```

来得到想要的翻译器。

图 4-60 中的 Lex 规约可以用在图 4-59 中需要词法分析器的地方。最后的表示"任意字符"的模式必须被写作 `\n|.`,因为在 Lex 中,点(.)表示除了换行符之外的任意字符。

```
number   [0-9]+\.?|[0-9]*\.[0-9]+
%%
[ ]      { /* skip blanks */ }
{number} { sscanf(yytext,"%lf", &yylval);
           return NUMBER; }
\n|.     { return yytext[0]; }
```

图 4-60 图 4-59 中的 yylex 的 Lex 规约

4.9.4 Yacc 中的错误恢复

Yacc 的错误恢复使用了错误产生式的形式。首先,用户定义了哪些"主要"非终结符号将具有相关的错误恢复动作。通常的选择是非终结符号的某个子集,包括那些用于生成表达式、语句、块和函数的非终结符号。然后,用户在文法中加入形如 $A \to \text{error } \alpha$ 的错误产生式,其中 A 是一个主要非终结符号,α 是一个可能为空的文法符号串;**error** 是 Yacc 的一个保留字。Yacc 把这样的错误产生式当作普通产生式,根据这个规约生成一个语法分析器。

然而,当 Yacc 生成的语法分析器碰到一个错误时,它就以一种特殊的方法来处理那些对应项集包含错误产生式的状态。当碰到一个错误时,Yacc 就会从它的栈中不断弹出符号,直到它碰到一个满足如下条件的状态:该状态对应的项集包含一个形如 $A \to \cdot \text{error } \alpha$ 的项。然后语法分析器就好像在输入中看到了 **error**,将虚构的词法单元 **error** 移入栈中。

当 α 为 ϵ 时,语法分析器立刻就执行一次归约到 A 的动作,并调用和产生式 $A \to \text{error}$ 相关的语义动作(这可能是一个用户定义的错误恢复例程)。然后语法分析器抛弃一些输入符号,直到它找到某个使它可以继续进行正常的语法分析的符号为止。

如果 α 不为空,Yacc 将向前跳过一些输入符号,寻找可以被归约为 α 的子串。如果 α 全部由终结符号组成,那么它就在输入中寻找这个终结符号串,并将它们移入到栈中进行"归约"。此时,语法分析器栈的顶部是 **error** α。然后语法分析器将把 **error** α 归约为 A,并继续进行正常的语法分析。

比如,一个形如

$$stmt \to \text{error} \ ;$$

的错误产生式规定语法分析器在碰到一个错误的时候要跳到下一个分号之后,并假装已经找到了一个语句。这个错误产生式的语义例程不需要处理输入,而是可以直接生成诊断消息并做出

一些处理，比如设置一个标志来禁止生成目标代码。

例 4.51 图 4-61 在图 4-59 所示的 Yacc 桌上计算器中增加了错误产生式

```
lines : error '\n'
```

```
%{
#include <ctype.h>
#include <stdio.h>
#define YYSTYPE double   /* double type for Yacc stack */
%}
%token NUMBER

%left '+' '-'
%left '*' '/'
%right UMINUS
%%
lines : lines expr '\n'    { printf("%g\n", $2); }
      | lines '\n'
      | /* empty */
      | error '\n' { yyerror("reenter previous line:");
                     yyerrok; }
      ;
expr  : expr '+' expr      { $$ = $1 + $3; }
      | expr '-' expr      { $$ = $1 - $3; }
      | expr '*' expr      { $$ = $1 * $3; }
      | expr '/' expr      { $$ = $1 / $3; }
      | '(' expr ')'       { $$ = $2; }
      | '-' expr  %prec UMINUS { $$ = - $2; }
      | NUMBER
      ;
%%
#include "lex.yy.c"
```

图 4-61 带有错误恢复的桌面计算器

这个错误产生式使得这个桌上计算器在输入中发现一个语法错误时停止正常的语法分析工作。当碰到错误时，桌上计算器的语法分析器开始从它的栈中弹出符号，直到它在栈中发现一个在输入为 **error** 时执行移入动作的状态。状态 0 就是这样的一个状态（在这个例子里面，它是唯一一个这样的状态），因为它的项包括了

$$\texttt{lines} \rightarrow \cdot \texttt{error '\textbackslash n'}$$

同时，状态 0 总是在栈的底部。语法分析器将词法单元 **error** 移入栈中，然后向前跳过输入符号，直到它发现一个换行符为止。此时，语法分析器将换行符移入到栈中，将 **error '\n'** 归约为 *lines*，并发出诊断消息"请重新输入前一行"。专门的 Yacc 例程 yyerrok 将语法分析器的状态重新设置为正常操作模式。 □

4.9.5　4.9 节的练习

! 练习 4.9.1：编写一个 Yacc 程序。它以布尔表达式（如练习 4.2.2(7) 中的文法所描述的）作为输入，并计算出这个表达式的值。

! 练习 4.9.2：编写一个 Yacc 程序。它以列表（如练习 4.2.2(5) 中的文法所定义的，但是其元素可以是任意的单个字符，而不仅仅是 *a*）作为输入，并输出这个列表的线性表示，即这些元素的单一列表，并且元素顺序和它们在输入中的顺序相同。

! 练习 4.9.3：编写一个 Yacc 程序。它的功能是说明输入是否一个回文（即向前和向后读都一样的字符序列）。

!! **练习4.9.4**：编写一个Yacc程序。它以正则表达式(如练习4.2.2(4)中文法的定义的,但是参数可以是任意字符,而不仅仅是a)作为输入,并输出一个能够识别相同语言的不确定有穷自动机的转换表。

4.10 第4章总结

- **语法分析器**。语法分析器的输入是来自词法分析器的词法单元序列。它将词法单元的名字作为一个上下文无关文法的终结符号。然后,语法分析器为它的词法单元输入序列构造出一棵语法分析树。可以象征性地构造这棵语法分析树(即仅仅遍历相应的推导步骤),也可以显式生成分析树。

- **上下文无关文法**。一个文法描述了一个终结符号集合(输入),另一个非终结符号集合(表示语法构造的符号)和一组产生式。每个产生式说明了如何从一些部件构造出某个非终结符号所代表的符号串。这些部件可以是终结符号,也可以是另外一些非终结符号所代表的串。一个产生式由头部(将被替换的非终结符号)和产生式体(用来替换的文法符号串)组成。

- **推导**。从文法的开始非终结符号出发,不断将某个非终结符号替换为它的某个产生式体的过程称为推导。如果总是替换最左(最右)的非终结符号,那么这个推导就称为最左推导(最右推导)。

- **语法分析树**。一棵语法分析树是一个推导的图形表示。在推导中出现的每一个非终结符号都在树中有一个对应结点。一个结点的子结点就是在推导中用来替换该结点对应的非终结符号的文法符号串。在同一终结符号串的语法分析树、最左推导、最右推导之间存在一一对应关系。

- **二义性**。如果一个文法的某些终结符号串有两棵或多棵语法分析树,或者等价地说有两个或多个最左推导/最右推导,那么这个文法就称为二义性文法。在实践中的大多数情况下,我们可以对一个二义性文法进行重新设计,使它变成一个描述相同语言的无二义性文法。然而,有时使用二义性文法并应用一些技巧可以得到更加高效的语法分析器。

- **自顶向下和自底向上语法分析**。语法分析器通常可以按照它们的工作方式分为自顶向下的(从文法的开始符号出发,从顶部开始构造语法分析树)和自底向上的(从构成语法分析树叶子结点的终结符号串开始,从底部开始构造语法分析树)。自顶向下的语法分析器包括递归下降语法分析器和LL语法分析器,而最常见的自底向上语法分析器是LR语法分析器。

- **文法的设计**。和自底向上语法分析器使用的文法相比,适合进行自顶向下语法分析的文法通常较难设计。我们必须要消除文法的左递归,即一个非终结符号推导出以这个非终结符号开头的符号串的情况。我们还必须提取左公因子——也就是对同一个非终结符号的具有相同的产生式体前缀的多个产生式进行分组。

- **递归下降语法分析器**。这些分析器对每个非终结符号使用一个过程。这个过程查看它的输入并确定应该对它的非终结符号应用哪个产生式。相应产生式体中的终结符号在适当的时候和输入中的符号进行匹配,而产生式体中的非终结符号则引发对它们的过程的调用。当选择了错误的产生式时,有可能需要进行回溯。

- **LL(1)语法分析器**。对于一个文法,如果只需要查看下一个输入符号就可以选择正确的产生式来扩展一个给定的非终结符号,那么这个文法就称为是LL(1)的。这类文法允许我们构造出一个预测语法分析表。对于每个非终结符号和每个向前看符号,这个表指明了应该选择哪个产生式。在某些或所有没有合法产生式的空条目中放置错误处理例程有助于实现错误恢复。

- **移入-归约语法分析技术**。自底向上语法分析器一般按照如下方式运行:根据下一个输入符号(向前看符号)和栈中的内容,选择是将下一个输入移入栈中,还是将栈顶部的某些符号进行归约。归约步骤将栈顶部的一个产生式体替换为这个产生式的头。

- 可行前缀。在移入-归约语法分析过程中，栈中的内容总是一个可行前缀——也就是某个最右句型的前缀，且这个前缀的结尾不会比这个句型的句柄的结尾更靠右。句柄是在这个句型的最右推导过程中在最后一步加入此句型中的子串。
- 有效项。在一个产生式的体中某处加上一个点就得到一个项。一个项对某个可行前缀有效的条件是该项的产生式被用来生成该可行前缀对应的句型的句柄，且这个可行前缀中包括项中位于点左边的所有符号，但是不包含点右边的任何符号。
- LR 语法分析器。每一种 LR 语法分析器都首先构造出各个可行前缀的有效项的项集（称为 LR 状态），并且在栈中跟踪每个可行前缀的状态。有效项集合引导语法分析器做出移入-归约决定。如果项集中某个有效项的点在产生式体的最右端，那么我们就进行归约；如果下一个输入符号出现在某个有效项的点的右边，我们就会把向前看符号移入栈中。
- 简单 LR 语法分析器。在一个 SLR 语法分析器中，我们按照某个点在最右端的有效项进行归约的条件是：向前看符号能够在某个句型中跟在该有效项对应的产生式的头符号的后面。如果没有语法分析动作冲突，那么这个文法就是 SLR 的，就可以应用这个方法。所谓没有语法分析动作冲突，就是说对于任意项集和任意向前看符号，都不存在两个要归约的产生式，也不会同时存在归约或移入的可选动作。
- 规范 LR 语法分析器。这是一种更复杂的 LR 语法分析器。它使用的项中增加了一个向前看符号集合。当应用这个产生式进行归约时，下一个输入符号必须在这个集合中。只有当存在一个点在最右端的有效项，并且当前的向前看符号是这个项允许的向前看符号之一时，我们才可以决定按照这个项的产生式进行归约。一个规范 LR 语法分析器可以避免某些在 SLR 语法分析器中出现的分析动作冲突，但是它的状态常常会比同一个文法的 SLR 语法分析器的状态更多。
- 向前看 LR 语法分析器。LALR 语法分析器同时具有 SLR 语法分析器和规范 LR 语法分析器的很多优点。它将具有相同核心（忽略了相关向前看符号集合之后的项的集合）的状态合并到一起。因此，它的状态数量和 SLR 语法分析器的状态数量相同，但是在 SLR 语法分析器中出现的某些语法分析动作冲突不会出现在 LALR 语法分析器中。LALR 语法分析器是实践中经常选择的方法。
- 二义性文法的自底向上语法分析。在很多重要的场合下，比如对算术表达式进行语法分析时，我们可以使用二义性文法，并利用一些附加的信息，比如运算符的优先级，来解决移入和归约之间的冲突，或者两个不同产生式之间的归约冲突。这样，LR 语法分析技术就被扩展应用于很多二义性文法中。
- Yacc。语法分析器生成工具 Yacc 以一个（可能的）二义性文法以及冲突解决信息作为输入，构造出 LALR 状态集合。然后，它生成一个使用这些状态来进行自底向上语法分析的函数。该函数在执行每一个归约动作时都会调用和相应产生式关联的函数。

4.11 第 4 章参考文献

上下文无关文法的形式化表示是作为自然语言研究的一部分由 Chomsky[5] 提出的。在两个早期语言的语法描述中也使用了这种思想。这两个语言是 Backus 的 Fortran[2] 和 Naur 的 Algol 60[26]。学者 Panini 也在公元前 400 到 200 年之间发明了一种等价的语法表示方法，用来描述梵语文法的规则。

文法二义性现象最早是由 Cantor[4] 和 Floyd[13] 观察到的。Chomsky 范式（练习 4.4.8）的思想来自[6]。[17]中总结了上下文无关文法的理论。

递归下降语法分析技术是早期编译器（比如[16]）和编译器编写系统（比如 META[28] 和

TMG[25]）所选择的方法。LL 文法由 Lewis 和 Stearns[24]引入。练习 4.4.5 中的递归下降方法的线性时间模拟方法来自[3]。

由 Floyd[14]提出的最早的一种语法分析技术考虑了运算符的优先级问题。Wirth 和 Weber[29]将这个思想推广到了语言中不包含运算符的部分。现在已经很少使用这些技术了，但是它们可以被看作是使 LR 分析技术取得进展的先驱技术。

LR 语法分析器是由 Knuth[22]引入的，该著作首先给出了规范-LR 语法分析表。因为这个语法分析表要比当时常用计算机的主存大，所以这个方法被认为不可行的，直到 Korenjak[23]给出了一个方法来为典型的程序设计语言生成适当大小的语法分析表。DeRemer 发明了现在使用的 LALR[8]和 SLR[9]方法。为二义性文法构造 LR 语法分析表的方法来自[1]和[12]。

Jonhson 的 Yacc 很快证明了使用 LALR 语法分析器生成工具来为编译器产品生成语法分析器的可行性。Yacc 语法分析器生成工具的使用手册可以在[20]中找到。在[10]中描述了 Yacc 的开源版本 Bison。一个类似的基于 LALR 技术的语法分析器生成工具被称为 CUP[18]，它支持用 Java 编写的语义动作。自顶向下语法分析器生成工具包括 Antlr[27]和 LLGen。Antlr 是一个递归下降语法分析器生成工具，它接受以 C++、Java 或 C#编写的语义动作。LLGen 是一个基于 LL[1]的生成工具。

Dain[7]给出了一个关于语法错误处理的文献列表。

练习 4.4.9 中描述的通用动态规划语法分析算法是由 J. Cocke（未发表）和 Younger[30]以及 Kasami[21]各自独立发明的，因此被命名为"CYK 算法"。Earley[11]还发明了一种更加复杂的通用算法，它以表格的方式给出一个给定输入的各个子串的 LR-项。虽然这个算法在一般情况下的复杂度是 $O(n^3)$，但是对于无二义性文法，它的复杂度只有 $O(n^2)$。

1. Aho, A. V., S. C. Johnson, and J. D. Ullman, "Deterministic parsing of ambiguous grammars," *Comm. ACM* **18**:8 (Aug., 1975), pp. 441–452.

2. Backus, J.W, "The syntax and semantics of the proposed international algebraic language of the Zurich-ACM-GAMM Conference," *Proc. Intl. Conf. Information Processing*, UNESCO, Paris, (1959) pp. 125–132.

3. Birman, A. and J. D. Ullman, "Parsing algorithms with backtrack," *Information and Control* **23**:1 (1973), pp. 1–34.

4. Cantor, D. C., "On the ambiguity problem of Backus systems," *J. ACM* **9**:4 (1962), pp. 477–479.

5. Chomsky, N., "Three models for the description of language," *IRE Trans. on Information Theory* **IT-2**:3 (1956), pp. 113–124.

6. Chomsky, N., "On certain formal properties of grammars," *Information and Control* **2**:2 (1959), pp. 137–167.

7. Dain, J., "Bibliography on Syntax Error Handling in Language Translation Systems," 1991. Available from the `comp.compilers` newsgroup; see `http://compilers.iecc.com/comparch/article/91-04-050`.

8. DeRemer, F., "Practical Translators for LR(k) Languages," Ph.D. thesis, MIT, Cambridge, MA, 1969.

9. DeRemer, F., "Simple LR(k) grammars," *Comm. ACM* **14**:7 (July, 1971), pp. 453–460.

10. Donnelly, C. and R. Stallman, "Bison: The YACC-compatible Parser Generator," http://www.gnu.org/software/bison/manual/ .

11. Earley, J., "An efficient context-free parsing algorithm," *Comm. ACM* **13**:2 (Feb., 1970), pp. 94–102.

12. Earley, J., "Ambiguity and precedence in syntax description," *Acta Informatica* **4**:2 (1975), pp. 183–192.

13. Floyd, R. W., "On ambiguity in phrase-structure languages," *Comm. ACM* **5**:10 (Oct., 1962), pp. 526–534.

14. Floyd, R. W., "Syntactic analysis and operator precedence," *J. ACM* **10**:3 (1963), pp. 316–333.

15. Grune, D and C. J. H. Jacobs, "A programmer-friendly LL(1) parser generator," *Software Practice and Experience* **18**:1 (Jan., 1988), pp. 29–38. See also http://www.cs.vu.nl/~ceriel/LLgen.html .

16. Hoare, C. A. R., "Report on the Elliott Algol translator," *Computer J.* **5**:2 (1962), pp. 127–129.

17. Hopcroft, J. E., R. Motwani, and J. D. Ullman, *Introduction to Automata Theory, Languages, and Computation*, Addison-Wesley, Boston MA, 2001.

18. Hudson, S. E. et al., "CUP LALR Parser Generator in Java," Available at http://www2.cs.tum.edu/projects/cup/ .

19. Ingerman, P. Z., "Panini-Backus form suggested," *Comm. ACM* **10**:3 (March 1967), p. 137.

20. Johnson, S. C., "Yacc — Yet Another Compiler Compiler," Computing Science Technical Report 32, Bell Laboratories, Murray Hill, NJ, 1975. Available at http://dinosaur.compilertools.net/yacc/ .

21. Kasami, T., "An efficient recognition and syntax analysis algorithm for context-free languages," AFCRL-65-758, Air Force Cambridge Research Laboratory, Bedford, MA, 1965.

22. Knuth, D. E., "On the translation of languages from left to right," *Information and Control* **8**:6 (1965), pp. 607–639.

23. Korenjak, A. J., "A practical method for constructing LR(k) processors," *Comm. ACM* **12**:11 (Nov., 1969), pp. 613–623.

24. Lewis, P. M. II and R. E. Stearns, "Syntax-directed transduction," *J. ACM* **15**:3 (1968), pp. 465–488.

25. McClure, R. M., "TMG — a syntax-directed compiler," *PROO. 20th ACM Natl. Conf.* (1965), pp. 262–274.

26. Naur, P. et al., "Report on the algorithmic language ALGOL 60," *Comm. ACM* **3**:5 (May, 1960), pp. 299–314. See also *Comm. ACM* **6**:1 (Jan., 1963), pp. 1–17.

27. Parr, T., "ANTLR," http://www.antlr.org/ .

28. Schorre, D. V., "Meta-II: a syntax-oriented compiler writing language," *Proc. 19th ACM Natl. Conf.* (1964) pp. D1.3-1–D1.3-11.

29. Wirth, N. and H. Weber, "Euler: a generalization of Algol and its formal definition: Part I," *Comm. ACM* 9:1 (Jan., 1966), pp. 13–23.

30. Younger, D.H., "Recognition and parsing of context-free languages in time n^3," *Information and Control* **10**:2 (1967), pp. 189–208.

第 5 章 语法制导的翻译

本章继续 2.3 节的主题：使用上下文无关文法来引导对语言的翻译。本章讨论的翻译技术将在第 6 章中用于类型检查和中间代码生成。这些技术也可以用于实现那些完成特殊任务的小型语言。本章包含了一个有关排版的例子。

如 2.3.2 节所讨论的，我们把一些属性附加到代表语言构造的文法符号上，从而把信息和一个语言构造联系起来。语法制导定义通过与文法产生式相关的语义规则来描述属性的值。比如，一个从中缀表达式到后缀表达式的翻译器可能包含如下产生式和规则：

$$\begin{array}{cc} \text{产生式} & \text{语义规则} \\ E \to E_1 + T & E.code = E_1.code \parallel T.code \parallel '+' \end{array} \tag{5.1}$$

这个产生式有两个非终结符号 E 和 T，E_1 的下标用于区分 E 在产生式体中的出现和 E 在产生式头部的出现。E 和 T 都有一个字符串类型的属性 $code$。上面的语义规则指明字符串 $E.code$ 是通过将 $E_1.code$、$T.code$ 和字符 + 连接起来而得到的。虽然这个规则明确指出对 E 的翻译结果是根据 E_1、T 的翻译结果和"+"构造得到的，但直接通过字符串操作来实现这个翻译过程是很低效的。

根据 2.3.5 节的介绍可知，语法制导的翻译方案在产生式体中嵌入了称为语义动作的程序片段。比如

$$E \to E_1 + T \quad \{\ \text{print}\ '+'\ \} \tag{5.2}$$

按照惯例，语义动作放在花括号之内。（对于作为文法符号出现的花括号，我们将用单引号把它们括起来，比如'{'和'}'。）一个语义动作在产生式体中的位置决定了这个动作的执行顺序。在产生式(5.2)中，语义动作出现在所有文法符号之后。一般情况下，语义动作可以出现在产生式体中的任何位置。

对于这两种标记方法，语法制导定义更加易读，因此更适合作为对翻译的规约。而翻译方案更加高效，因此更适合用于翻译的实现。

最通用的完成语法制导翻译的方法是先构造一棵语法分析树，然后通过访问这棵树的各个结点来计算结点的属性值。在很多情况下，翻译可以在扫描分析过程中完成，不需要构造出明确的语法分析树。因此，我们将研究一类称为"L 属性翻译"（L 代表从左到右）的语法制导翻译方案，这一类方案实际上包含了所有可以在语法分析过程中完成的翻译方案。我们还将研究一个较小的类别，称为"S 属性翻译方案"（S 代表综合），这类方案可以很容易地和自底向上语法分析过程联系起来。

5.1 语法制导定义

语法制导定义（Syntax-Directed Definition, SDD）是一个上下文无关文法和属性及规则的结合。属性和文法符号相关联，而规则和产生式相关联。如果 X 是一个符号而 a 是 X 的一个属性，那么我们用 $X.a$ 来表示 a 在某个标号为 X 的分析树结点上的值。如果我们使用记录或对象来实现这个语法分析树的结点，那么 X 的属性可以被实现为代表 X 的结点的记录的数据字段。属性可以有多种类型，比如数字、类型、表格引用或串。这些串甚至可能是很长的代码序列，比如编译器使用的中间语言的代码。

5.1.1 继承属性和综合属性

我们将处理非终结符号的两种属性：

1）综合属性（synthesized attribute）：在分析树结点 N 上的非终结符号 A 的综合属性是由 N 上的产生式所关联的语义规则来定义的。请注意，这个产生式的头一定是 A。结点 N 上的综合属性只能通过 N 的子结点或 N 本身的属性值来定义。

2）继承属性（inherited attribute）：在分析树结点 N 上的非终结符号 B 的继承属性是由 N 的父结点上的产生式所关联的语义规则来定义的。请注意，这个产生式的体中必然包含符号 B。结点 N 上的继承属性只能通过 N 的父结点、N 本身和 N 的兄弟结点上的属性值来定义。

另一种定义继承属性的方法

即使我们允许结点 N 上的一个继承属性 $B.c$ 通过 N 的子结点、N 本身、N 的父结点和兄弟结点上的属性值来定义，我们可以定义的翻译的种类并不会增加。这样的规则可以通过创建附加的 B 的属性，比如 $B.c_1$、$B.c_2$、…来模拟。这些都是综合属性，用于把标号为 B 的结点的子结点上的属性复制过来。然后，我们使用属性 $B.c_1$、$B.c_2$、…来替换子结点属性，按照继承属性的方法计算得到 $B.c$。在实践中很少需要这种属性。

我们不允许结点 N 上的继承属性通过 N 的子结点上的属性值来定义，但是我们允许结点 N 上的一个综合属性通过结点 N 本身的继承属性来定义。

终结符号可以具有综合属性，但是不能有继承属性。终结符号的属性值是由词法分析器提供的词法值，在 SDD 中没有计算终结符号的属性值的语义规则。

例 5.1 图 5-1 中的 SDD 基于我们熟悉的带有运算符 * 和 + 的算术表达式文法。它对一个以 **n** 作为结尾标记的表达式求值。在这个 SDD 中，每个非终结符号具有唯一的被称为 *val* 的综合属性。我们同时假设终结符号 **digit** 具有一个综合属性 **lexval**，它是由词法分析器返回的整数值。

产生式 1 $L \rightarrow E$ **n** 的规则将 $L.val$ 设置为 $E.val$。我们将看到，它就是整个表达式的值。

产生式 2 $E \rightarrow E_1 + T$ 也有一个规则。它计算出 E_1 和 T 的值的和，作为产生式头 E 的 *val* 属性的值。在任何标号为 E 的语法分析树结点 N 上，E 的 *val* 值是 N 的两个子结点（标号分别为 E 和 T）上的 *val* 值的和。

产生式	语义规则
1) $L \rightarrow E$ **n**	$L.val = E.val$
2) $E \rightarrow E_1 + T$	$E.val = E_1.val + T.val$
3) $E \rightarrow T$	$E.val = T.val$
4) $T \rightarrow T_1 * F$	$T.val = T_1.val \times F.val$
5) $T \rightarrow F$	$T.val = F.val$
6) $F \rightarrow (E)$	$F.val = E.val$
7) $F \rightarrow$ **digit**	$F.val =$ **digit**.lexval

图 5-1 一个简单的桌上计算器的语法制导定义

产生式 3 $E \rightarrow T$ 有唯一的规则，它定义了 E 的 *val* 值和对应于 T 的子结点的 *val* 值相同。产生式 4 和第二个产生式类似，它的规则将子结点的值相乘，而不是相加。产生式 5 和 6 的规则和第三个产生式的规则类似，它们复制子结点的值。产生式 7 给 $F.val$ 赋予一个 digit 的值，即由词法分析器返回的词法单元 **digit** 的数值。

一个只包含综合属性的 SDD 称为 S 属性（S-attribute）的 SDD，图 5-1 中的 SDD 就具有这个性质。在一个 S 属性的 SDD 中，每个规则都根据相应产生式的产生式体中的属性值来计算产生式头部非终结符号的一个属性。

为简单起见，本节中的语义规则没有副作用。在实践中，允许 SDD 具有一些副作用会带来一些方便。比如允许打印桌上计算器计算得到的结果，或者和一个符号表进行交互。等到在 5.2

节中讨论了属性的求值顺序之后,我们将允许语义规则计算任意的函数,这些函数可能会有副作用。

一个 S 属性的 SDD 可以和一个 LR 语法分析器一起自然地实现。实际上,图 5-1 中的 SDD 是图 4-58 中的 Yacc 程序的另一种表示,该程序演示了在 LR 语法分析过程中进行翻译的过程。两者的区别在于,Yacc 程序在产生式 1 的规则中通过副作用打印了 $E.val$ 的值,而不是定义属性 $L.val$。

一个没有副作用的 SDD 有时也称为属性文法(attribute grammar)。一个属性文法的规则仅仅通过其他属性值和常量值来定义一个属性值。

5.1.2 在语法分析树的结点上对 SDD 求值

在语法分析树上进行求值有助于将 SDD 所描述的翻译方案可视化,虽然翻译器实际上不需要构建语法分析树。因此,我们想象一下在应用一个 SDD 的规则之前首先构造出一棵语法分析树,然后再使用这些规则对这棵语法分析树上的各个结点上的所有属性进行求值。一个显示了它的各个属性的值的语法分析树称为注释语法分析树(annotated parse tree)。

我们如何构造一棵注释语法分析树呢?我们按照什么顺序来计算各个属性?在我们对一棵语法分析树的某个结点的一个属性进行求值之前,必须首先求出这个属性值所依赖的所有属性值。比如,如例 5.1 所示,所有的属性都是综合属性,那么在我们对一个结点上的 val 属性求值之前,必须求出该结点的所有子结点的属性 val 的值。

对于综合属性,我们可以按照任何自底向上的顺序计算它们的值,比如对语法分析树进行后序遍历的顺序。对于 S 属性定义的求值将在 5.2.3 节中讨论。

对于同时具有继承属性和综合属性的 SDD,不能保证有一个顺序来对各结点上的属性进行求值。比如,考虑非终结符号 A 和 B,它们分别具有综合属性 $A.s$ 和继承属性 $B.i$。同时它们的产生式和规则如下:

产生式   语义规则
$A \rightarrow B$ $A.s = B.i;$
                    $B.i = A.s + 1$

这些规则是循环定义的。不可能首先求出结点 N 上的 $A.s$ 或 N 的子结点上的 $B.i$ 中的一个的值,然后再求出另一个的值。一棵语法分析树的某个结点对上的 $A.s$ 和 $B.i$ 之间的循环依赖关系如图 5-2 所示。

从计算的角度看,给定一个 SDD,很难确定是否存在某棵语法分析树使得 SDD 的属性值之间具有循环依赖关系[⊖]。幸运的是,存在一个 SDD 的有用子类,它们能够保证对每棵语法分析树都存在一个求值顺序。我们将在 5.2 节中介绍这类 SDD。

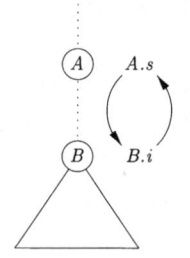

图5-2 $A.s$ 和 $B.i$ 之间的循环依赖

例 5.2 图 5-3 显示了一个对应于输入串 3 * 5 + 4**n** 的注释语法分析树,该分析树是利用图 5-1 的文法和规则构造得到的。我们假定 $lexval$ 的值由词法分析器提供。对应于非终结符号的每个结点都有一个按自底向上顺序计算得到的 val 属性。在图中我们可以看到每个结点都关联了一个结果值。比如,在图中结点 * 的父结点上,当计算得到它的第一和第三个子结点上的 $T.val = 3$ 和 $F.val = 5$ 之后,我们应用了相应的规则,指明 $T.val$ 就是这

⊖ 简单地讲,虽然这个问题是可判定的,但即使 $\mathscr{P} = \mathscr{NP}$ 成立,它也不可能使用多项式时间的算法来求解,因为它具有指数的时间复杂性。

两个值的乘积,即15。

当一棵语法分析树的结构和源代码的抽象语法不"匹配"时,继承属性是很有用的。因为文法不是为了翻译而定义的,而是以语法分析为目的进行定义的,因此可能会产生这种不匹配的情况。下面的例子显示了如何使用继承属性来解决这个问题。

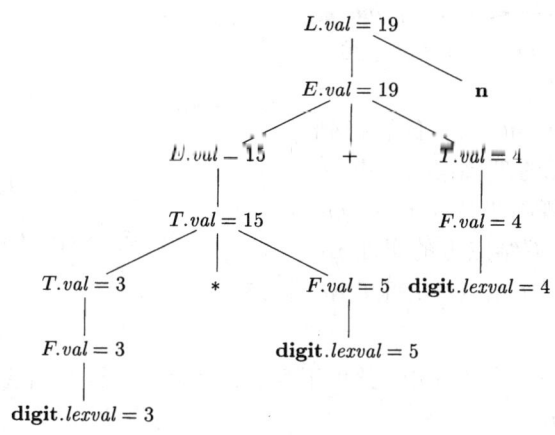

图5-3 $3*5+4\mathbf{n}$ 的注释语法分析树

例5.3 图5-4中的SDD计算诸如 $3*5$ 和 $3*5*7$ 这样的项。处理输入 $3*5$ 的自顶向下语法分析过程首先使用了产生式 $T\to FT'$。这里,F生成了数位3,但是运算符 $*$ 由 T' 生成。因此,左运算分量3和运算符 $*$ 位于不同的子树中。我们将使用一个继承属性来把这个运算分量传递给运算符 $*$。

这个例子中的文法摘自常见的表达式文法的无左递归版本,我们在4.4节中使用这个文法作为说明自顶向下语法分析的例子。

非终结符号 T 和 F 各自有一个综合属性 val,终结符号 **digit** 有一个综合属性 $lexval$。非终结符号 T' 具有两个属性:继承属性 inh 和综合属性 syn。

这些语义规则基于如下思想:运算符 $*$ 的左运算分量是通过继承得到的。更准确地说,产生式 $T'\to *TF_1'$ 的头 T' 继承了产生式体中 $*$ 的左运算分量。给定一个项 $x*y*z$,对应于 $*y*z$ 的子树的根结点继承了 x 的值。对应于 $*z$ 的子树的根结点继承了 $x*y$ 的值。如果项中还有更多的因子,我们可以继续这样的处理过程。当所有的因子都处理完毕后,这个结果就通过综合属性向上传递到树的根部。

产生式	语义规则
1) $T\to FT'$	$T'.inh = F.val$ $T.val = T'.syn$
2) $T'\to *FT_1'$	$T_1'.inh = T'.inh \times F.val$ $T'.syn = T_1'.syn$
3) $T'\to \epsilon$	$T'.syn = T'.inh$
4) $F\to \mathbf{digit}$	$F.val = \mathbf{digit}.lexval$

图5-4 一个基于适用于自顶向下语法分析的文法的SDD

为了了解如何使用这些语义规则,考虑图5-5中对应于 $3*5$ 的注释语法分析树。这棵语法分析树中最左边的标号为 **digit** 的叶子结点具有属性值 $lexval = 3$,其中的3是由词法分析器提供的。它的父结点对应于产生式4,即 $F\to\mathbf{digit}$。和这个产生式相关的唯一语义规则定义 $F.val = \mathbf{digit}.lexval$,等于3。

在根结点的第二个子结点上，继承属性 $T'.inh$ 根据和产生式 1 关联的语义规则 $T'.inh = F.val$ 定义。因此，运算符 $*$ 的左运算分量 3 从根结点的左子结点传递到右子结点。

对应于 T' 的结点的产生式是 $T' \rightarrow *FT_1'$。(我们保留了注释语法分析树中的下标 1，以区分树中的两个 T' 结点。)继承属性 $T_1'.inh$ 是由语义规则 $T_1'.inh = T'.inh \times F.val$ 定义的，这个规则和产生式 2 相关联。

已知 $T'.inh = 3$ 且 $F.val = 5$，我们得到 $T_1'.inh = 15$。在层次较低的 T_1' 结点上的产生式是 $T' \rightarrow \epsilon$。相应的语义规则 $T'.syn = T'.inh$ 定义了 $T_1'.syn = 15$。各个 T' 结点上的属性 syn 将值 15 沿着树向上传递到 T 结点，使得 $T.val = 15$。

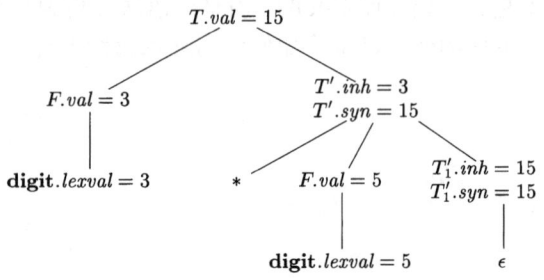

图 5-5　$3*5$ 的注释语法分析树

5.1.3　5.1 节的练习

练习 5.1.1：对于图 5-1 中的 SDD，给出下列表达式对应的注释语法分析树：

1) $(3+4)*(5+6)\mathbf{n}$
2) $1*2*3*(4+5)\mathbf{n}$
3) $(9+8*(7+6)+5)*4\mathbf{n}$

练习 5.1.2：扩展图 5-4 中的 SDD，使它可以像图 5-1 所示的那样处理表达式。

练习 5.1.3：使用你在练习 5.1.2 中得到的 SDD，重复练习 5.1.1。

5.2　SDD 的求值顺序

依赖图 (dependency graph) 是一个有用的工具，它可以确定一棵给定的语法分析树中各个属性实例的求值顺序。注释语法分析树显示了各个属性的值，而依赖图可以帮助我们确定如何计算这些值。

在本节中，除了依赖图，我们还定义了两类重要的 SDD："S 属性"SDD 和更加通用的"L 属性"SDD。使用这两类 SDD 描述的翻译方案可以和我们已经研究过的语法分析方法很好地结合在一起。并且在实践中遇到的大部分翻译方案可以按照这两类 SDD 中的至少一类的要求写出来。

5.2.1　依赖图

依赖图描述了某个语法分析树中的属性实例之间的信息流。从一个属性实例到另一个实例的边表示计算第二个属性实例时需要第一个属性实例的值。图中的边表示语义规则所蕴涵的约束。更详细地说：

- 对于每个语法分析树的结点，比如一个标号为文法符号 X 的结点，和 X 关联的每个属性都在依赖图中有一个结点。
- 假设和产生式 p 关联的语义规则通过 $X.c$ 的值定义了综合属性 $A.b$ 的值 (这个规则定义 $A.b$ 时可能还用到了 $X.c$ 之外的其他属性)。那么，相应的依赖图中有一条从 $X.c$ 到 $A.b$ 的边。更准确地讲，在每个标号为 A 且应用了产生式 p 的结点 N 上，创建一条从该产生式体中的符号 X 的实例所对应的 N 的子结点上的属性 c 到 N 上的属性 b 的边。⊖

⊖ 因为一个结点 N 可能有多个标号为 X 的子结点，我们再次假设使用下标来区分同一个符号在这个产生式的不同位置上的多次使用。

- 假设和产生式 p 关联的一个语义规则通过 $X.a$ 的值定义了继承属性 $B.c$ 的值。那么,在相应的依赖图中有一条从 $X.a$ 到 $B.c$ 的边。对于每个标号为 B、对应于产生式 p 中的这个 B 的结点 N,创建一条从结点 M 上的属性 a 到 N 上的属性 c 的边。这里的 M 对应于这个 X。请注意,M 可以是 N 的父结点或者兄弟结点。

例 5.4 考虑下面的产生式和规则:

产生式	语义规则
$E \to E_1 + T$	$E.val = E_1.val + T.val$

在每个标号为 E、且其子结点对应于这个产生式体的结点 N 上,N 上的综合属性 val 使用两个子结点(标号分别为 E 和 T)上的 val 值计算得到。因此,对于每个使用了这个产生式的语法分析树,该树的依赖图中有一部分如图 5-6 所示。作为惯例,我们将把语法分析树的边显示为虚线,而依赖图的边显示为实线。 □

例 5.5 一个完整的依赖图的例子如图 5-7 所示。这个依赖图的结点用数字 1~9 表示,对应于图 5-5 中的注释语法分析树中的各个属性。

结点 1 和 2 表示和其标号为 **digit** 的两个叶子结点相关联的属性 $lexval$。结点 3 和 4 表示和其标号为 F 的两个结点相关联的属性 val。从结点 1 到结点 3 的边,以及从结点 2 到结点 4

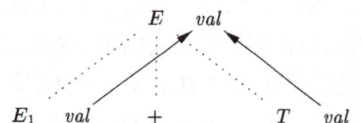

图 5-6 $E.val$ 由 $E_1.val$ 和 $T.val$ 综合得到

的边是根据通过 SDD 中 **digit**.$lexval$ 定义 $F.val$ 的语义规则得到的。实际上,$F.val$ 等于 $digit.lexval$,但依赖图中的边表示的是依赖关系,而不是等于关系。

结点 5 和 6 表示和非终结符号 T' 的各次出现相关联的继承属性 $T'.inh$。从结点 3 到结点 5 的边是根据规则 $T'.inh = F.val$ 得到的,这个规则根据根的左子结点上的 $F.val$ 定义了右子结点上的 $T'.inh$。我们看到了从结点 5 到结点 6 的代表 $T'.inh$ 的边和从结点 4 到结点 5 的代表 $F.val$ 的边,因为这两个值相乘后得到了结点 6 上的属性 inh 的值。

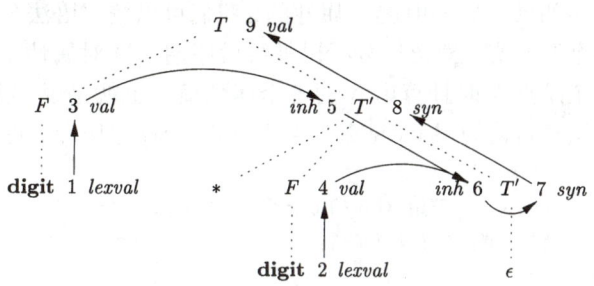

图 5-7 对应于图 5-5 中的注释语法分析树的依赖图

结点 7 和 8 表示了和 T' 的各次出现相关联的综合属性 syn。从结点 6 到结点 7 的边是根据图 5-4 中的产生式 3 所关联的规则 $T'.syn = T'.inh$ 得到的。从结点 7 到结点 8 的边是根据产生式 2 所关联的语义规则得到的。

最后,结点 9 表示属性 $T.val$。从结点 8 到结点 9 的边是根据产生式 1 所关联的语义规则 $T.val = T'.syn$ 而得到的。 □

5.2.2 属性求值的顺序

依赖图刻画了对一棵语法分析树中不同结点上的属性求值时可能采取的顺序。如果依赖图中有一条从结点 M 到结点 N 的边,那么要先对 M 对应的属性求值,再对 N 对应的属性求值。因此,所有的可行求值顺序就是满足下列条件的结点顺序 $N_1, N_2, \cdots, N_k$:如果有一条从结点 N_i 到 N_j 的依赖图的边,那么 $i < j$。这样的排序将一个有向图变成了一个线性排序,这个排序称为这个图的拓扑排序(topological sort)。

如果这个图中存在任意一个环,那么就不存在拓扑排序。也就是说,没有办法在这棵语法分析树上对相应的 SDD 求值。然而,如果图中没有环,那么总是至少存在一个拓扑排序。下面说明一下为什么会存在拓扑排序。因为没有环,所以我们一定能够找到一个没有边进入的结点。假设没有这样的结点,那么我们就可以不断地从一个前驱结点到达另一个前驱结点,直到我们回到某个已经访问过的结点,从而形成了一个环。令这个没有进入边的结点为拓扑排序的第一个结点,从依赖图中删除这个点,并对其余的结点重复上面的过程。(最终就可以得到一个拓扑排序——译者注。)

例 5.6 图 5-7 中的依赖图没有环。它的拓扑排序之一是这些结点的编码的顺序:1、2、…、9。请注意,这个图的每条边都是从编号较低的结点指向编号较高的结点,因此这个排序一定是拓扑排序。还有其他的拓扑排序,比如 1、3、5、2、4、6、7、8、9。 □

5.2.3 S 属性的定义

前面提到过,给定一个 SDD,很难判定是否存在一棵其依赖图包含环的语法分析树。在实践中,翻译过程可以使用某些特定类型的 SDD 来实现。这些类型的 SDD 一定有一个求值顺序,因为它们不允许产生带有环的依赖图。不仅如此,这一节中介绍的两类 SDD 可以和自顶向下及自底向上的语法分析过程一起高效地实现。

第一种 SDD 类型的定义如下:
- 如果一个 SDD 的每个属性都是综合属性,它就是 S 属性的。

例 5.7 图 5-1 中的 SDD 是一个 S 属性定义的例子。其中的每个属性($L.val$、$E.val$、$T.val$ 和 $F.val$)都是综合属性。 □

如果一个 SDD 是 S 属性的,我们可以按照语法分析树结点的任何自底向上顺序来计算它的各个属性值。对语法分析树进行后序遍历并对属性求值常常会非常简单,当遍历最后一次离开某个结点 N 时计算出 N 的各个属性值。也就是说,我们可以把下面定义的函数 *postorder* 应用到语法分析树的根上(见 2.3.4 节中的"前序遍历和后序遍历"部分):

postorder(N)
{**for**(从左边开始,对 N 的每个子结点 C)*postorder*(C);
对 N 关联的各个属性求值;
}

S 属性的定义可以在自底向上语法分析的过程中实现,因为一个自底向上的语法分析过程对应于一次后序遍历。特别地,后序顺序精确地对应于一个 LR 分析器将一个产生式体归约成为它的头的过程。这个性质将在 5.4.2 节中用于 LR 语法分析过程中的综合属性求值工作,这些值将存放在分析栈中。这个过程不会显式地创建语法分析树的结点。

5.2.4 L 属性的定义

第二种 SDD 称为 L 属性定义(L-attributed definition)。这类 SDD 的思想是在一个产生式体所关联的各个属性之间,依赖图的边总是从左到右,而不能从右到左(因此称为 L 属性的)。更准确地讲,每个属性必须要么是
- 一个综合属性,要么是
- 一个继承属性,但是它的规则具有如下限制。假设存在一个产生式 $A \rightarrow X_1 X_2 \ldots X_n$,并且有一个通过这个产生式所关联的规则计算得到的继承属性 $Xi.a$。那么这个规则只能使用:

1) 和产生式头 A 关联的继承属性。

2) 位于 X_i 左边的文法符号实例 X_1、X_2、$\cdots$、X_{i-1} 相关的继承属性或者综合属性。

3) 和这个 X_i 的实例本身相关的继承属性或综合属性，但是在由这个 X_i 的全部属性组成的依赖图中不存在环。

例 5.8 图 5-4 中的 SDD 是 L 属性的。要知道为什么，考虑对应于继承属性的语义规则。为方便起见，我们在这里再重复一下这些规则：

产生式	语义规则
$T \to F T'$	$T'.inh = F.val$
$T' \to * F T_1'$	$T_1'.inh = T'.inh \times F.val$

其中的第一个规则定义继承属性 $T'.inh$ 时只使用了 $F.val$，且 F 在相应产生式体中出现在 T' 的左部，因此满足 L 属性的要求。第二个规则定义 $T_1'.inh$ 时使用了和产生式头相关联的继承属性 $T'.inh$ 及 $F.val$，其中 F 在这个产生式体中出现在 T_1' 的左边。

从语法分析树的角度看，在每一种情况中，当这些规则被应用于某个结点时，它使用的信息"来自于上边或左边"的语法树结点，因此满足这一类 SDD 的要求。其余的属性是综合属性，因此这个 SDD 是 L 属性的。 □

例 5.9 任何包含下列产生式和规则的 SDD 都不是 L 属性的：

产生式	语义规则
$A \to B C$	$A.s = B.b;$
	$B.i = f(C.c, A.s)$

第一个规则 $A.s = B.b$ 在 S 属性 SDD 或 L 属性 SDD 中都是一个合法的规则。它通过一个子结点（也就是产生式体中的一个符号）的属性定义了综合属性 $A.s$。

第二个规则定义了一个继承属性 $B.i$，因此整个 SDD 不可能是 S 属性的。不仅如此，虽然这个规则是合法的，这个 SDD 也不可能是 L 属性的，因为属性 $C.c$ 用来定义 $B.i$，并且 C 在产生式体中位于 B 的右边。虽然在 L 属性的 SDD 中可以使用语法分析树中的兄弟结点的属性，但这些结点必须位于被定义属性的符号的左边。 □

5.2.5 具有受控副作用的语义规则

在实践中，翻译过程会出现一些副作用：一个桌上计算器可能打印出一个结果；一个代码生成器可能把一个标识符的类型加入到符号表中。对于 SDD，我们在属性文法和翻译方案之间找到了一个平衡点。属性文法没有副作用，并支持任何与依赖图一致的求值顺序。翻译方案要求按从左到右的顺序求值，并允许语义动作包含任何程序片段。翻译方案将在 5.4 节中讨论。

我们将按照下面的方法之一来控制 SDD 中的副作用：

- 支持那些不会对属性求值产生约束的附带副作用。换句话说，如果按照依赖图的任何拓扑顺序进行属性求值时都可以产生"正确的"翻译结果，我们就允许副作用存在。这里的"正确"要视具体应用而定。
- 对允许的求值顺序添加约束，使得以任何允许的顺序求值都会产生相同的翻译结果。这些约束可以被看作隐含加入到依赖图中的边。

作为附带副作用的一个例子，让我们修改例 5.1 的桌上计算器，使它打印出计算结果。我们不使用规则 $L.val = E.val$，这个规则将结果保存到综合属性 $L.val$ 中。我们考虑：

产生式	语义规则
1) $L \to \mathbf{E n}$	$print(E.val)$

像 $print(E.val)$ 这样的语义规则的目的就是执行它们的副作用。它们将会被看作与相应产生式头相关的哑综合属性的定义。这个经过修改的 SDD 在任何拓扑顺序下都能产生相同的值，因为这个打印语句在结果被计算到 $E.val$ 中之后才会被执行。

例5.10 图5-8中的SDD处理了简单的声明 D。该声明中包含一个基本类型 T，后跟一个标识符列表 L。T 的类型可以是 **int** 或 **float**。对于列表中的每个标识符，这个类型被录入到标识符的符号表条目中。我们假设录入一个标识符的类型不会影响其他标识符对应的符号表条目。这样，这些条目可以按照任何顺序进行更新。这个SDD不会检查一个标识符是否被声明了多次，我们也可以修改这个SDD，使它能够对标识符声明次数进行检查。

非终结符号 D 表示了一个声明。根据产生式 1 可知，这个声明包含一个类型 T，后跟一个标识符的列表。T 有一个属性 $T.type$，它是声明 D 中的类型。非终结符号 L 也有一个属性，我们称它为 inh，以强调它是一个继承属性。$L.inh$ 的作用是将声明的类型沿着标识符列表向下传递，使得它可以被加入到相应的符号表条目中。

	产生式	语义规则
1)	$D \to T L$	$L.inh = T.type$
2)	$T \to$ **int**	$T.type =$ integer
3)	$T \to$ **float**	$T.type =$ float
4)	$L \to L_1$, **id**	$L_1.inh = L.inh$
		$addType(\mathbf{id}.entry, L.inh)$
5)	$L \to$ **id**	$addType(\mathbf{id}.entry, L.inh)$

图5-8 简单类型声明的语法制导定义

产生式 2 和产生式 3 都计算综合属性 $T.type$，为它赋予正确的值：integer 或 float。这个类型值在产生式 1 的规则中被传递给属性 $L.inh$。产生式 4 将 $L.inh$ 沿着语法分析树向下传递。也就是说，在一个分析树结点上，值 $L_1.inh$ 是通过复制该结点的父结点的 $L.inh$ 值而得到的，这个父结点对应于此产生式的头。

产生式 4 和产生式 5 还包含另一个规则。该规则用如下两个参数调用函数 $addType$：

- $\mathbf{id}.entry$：在词法分析过程中得到的一个指向某个符号表对象的值。
- $L.inh$：被赋给列表中各个标识符的类型值。

我们假设函数 $addType$ 正确地将 **id** 所代表的标识符的类型设置为类型值 $L.inh$。

输入串 **float** $\mathbf{id}_1$, $\mathbf{id}_2$, $\mathbf{id}_3$ 的依赖图如图5-9所示。数字 1~10 表示了这个依赖图中的结点。结点 1、2 和 3 表示了和各个标号为 **id** 的叶子结点相关的属性 $entry$。结点 6、8 和 10 是表示函数 $addType$ 的应用于一个类型和这些 $entry$ 值之一的哑属性。

结点 4 表示属性 $T.type$，它实际上是属性求值过程开始的地方。然后，这个类型被传递到结点 5、7 和 9。这些结点表示和非终结符号 L 的各次出现相关的 $L.inh$。 □

5.2.6 5.2节的练习

练习5.2.1：图5-7中的依赖图的全部拓扑排序有哪些？

练习5.2.2：对于图5-8中的SDD，给出下列表达式对应的注释语法分析树：

1) int a, b, c
2) float w, x, y, z

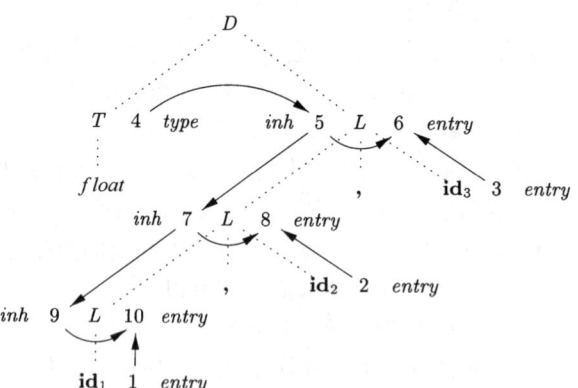

图5-9 声明 **float** $\mathbf{id}_1$, $\mathbf{id}_2$, $\mathbf{id}_3$ 的依赖图

练习5.2.3：假设我们有一个产生式 $A \to BCD$。A、B、C、D 这四个非终结符号都有两个属性：s 是一个综合属性，而 i 是一个继承属性。对于下面的每组规则，指出(i)这些规则是否满足 S 属性定义的要求。(ii)这些规则是否满足 L 属性定义的要求。(iii)是否存在和这些规则一致的求值过程？

1) $A.s = B.i + C.s$
2) $A.s = B.i + C.s$ 和 $D.i = A.i + B.s$

语法制导的翻译

3) $A.s = B.s + D.s$

!4) $A.s = D.i$，$B.i = A.s + C.s$，$C.i = B.s$ 和 $D.i = B.i + C.i$

! **练习 5.2.4**：这个文法生成了含"小数点"的二进制数：

$$S \to L \, . \, L \mid L$$
$$L \to L B \mid B$$
$$B \to 0 \mid 1$$

设计一个 L 属性的 SDD 来计算 $S.val$，即输入串的十进制数值。比如，串 101.11 应该被翻译为十进制数 5.635。提示：使用一个继承属性 $L.side$ 来指明一个二进制位在小数点的哪一边。

!! **练习 5.2.5**：为练习 5.2.4 中描述的文法和翻译设计一个 S 属性的 SDD。

!! **练习 5.2.6**：使用一个自顶向下语法分析文法上的 L 属性 SDD 来实现算法 3.23。这个算法把一个正则表达式转换为一个不确定的有穷自动机。假设有一个表示任意字符的词法单元 **char**，并且 **char**.*lexval* 是它所表示的字符。你可以假设存在一个函数 *new*( )，该函数返回一个新的状态，也就是一个之前尚未被这个函数返回的状态。使用任何方便的表示方式来描述这个 NFA 的翻译。

5.3 语法制导翻译的应用

本章中的语法制导的翻译技术将在第 6 章中用于类型检查和中间代码生成。这里，我们将给出一些例子来解释有代表性的 SDD。

本节中的主要应用是抽象语法树的构造。因为有些编译器使用抽象语法树作为一种中间表示形式，所以一种常见的 SDD 形式将它的输入串转换为一棵树。为了完成到中间代码的翻译，编译器接下来可能使用一组规则来编译这棵语法树。这些规则实际上是一个建立于语法树之上的 SDD，而通常的 SDD 建立于语法分析树之上。（第 6 章将讨论应用一个 SDD 来生成中间代码的方法，这个方法不需要显式地生成树。）

我们考虑两个为表达式构造语法树的 SDD。第一个是一个 S 属性定义，它适合在自底向上语法分析过程中使用。第二个是一个 L 属性定义，它适合在自顶向下的语法分析过程中使用。

本节的最后一个例子是一个处理基本类型和数组类型的 L 属性定义。

5.3.1 抽象语法树的构造

2.8.2 节讨论过，一棵语法树中的每个结点代表一个程序构造，这个结点的子结点代表这个构造的有意义的组成部分。表示表达式 $E_1 + E_2$ 的语法树结点的标号为 +，且两个子结点分别代表子表达式 E_1 和 E_2。

我们将使用具有适当数量的字段的对象来实现一棵语法树的各个结点。每个对象将有一个 *op* 字段，也就是这个结点的标号。这些对象将具有如下所述的其他字段：

- 如果结点是一个叶子，那么对象将有一个附加的域来存放这个叶子结点的词法值。构造函数 *Leaf*(*op*, *val*) 创建一个叶子对象。我们也可以把结点看作记录，那么 *Leaf* 就会返回一个指向与叶子结点对应的新记录的指针。

- 如果结点是内部结点，那么它的附加字段的个数和该结点在语法树中的子结点个数相同。构造函数 *Node* 带有两个或多个参数：$Node(op, c_1, c_2, \cdots, c_k)$，该函数创建一个对象，第一个字段的值为 *op*，其余 k 个字段的值为 $c_1, \cdots, c_k$。

例 5.11 图 5-10 中的 S 属性定义为一个简单的表达式文法构造出语法树。这个文法只包含二目运算符 + 和 -。通常，这两个运算符具有相同的优先级，并且都是左结合的。所有的非终结符号都有一个综合属性 *node*，该属性表示相应的抽象语法树结点。

每当使用第一个产生式 $E \rightarrow E_1 + T$ 时,它的语义规则就创建出一个结点。创建时使用"+"作为 op,使用 $E_1.node$ 和 $T.node$ 作为代表子表达式的两个子结点。第二个产生式也有类似的规则。

产生式	语义规则
1) $E \rightarrow E_1 + T$	$E.node = \text{new } Node('+', E_1.node, T.node)$
2) $E \rightarrow E_1 - T$	$E.node = \text{new } Node('-', E_1.node, T.node)$
3) $E \rightarrow T$	$E.node = T.node$
4) $T \rightarrow (E)$	$T.node = E.node$
5) $T \rightarrow \textbf{id}$	$T.node = \text{new } Leaf(\textbf{id}, \textbf{id}.entry)$
6) $T \rightarrow \textbf{num}$	$T.node = \text{new } Leaf(\textbf{num}, \textbf{num}.val)$

图 5-10 为简单表达式构造语法树

产生式 3,即 $E \rightarrow T$,没有创建任何结点,因为 $E.node$ 和 $T.node$ 是一样的。类似地,产生式 4,即 $T \rightarrow (E)$,也没有创建任何结点。$T.node$ 的值和 $E.node$ 的值相同,因为括号仅仅用于分组。它们会影响语法分析树和抽象语法树的结构,但是一旦分组完成,就不需要在抽象语法树中保留这些括号了。

最后两个 T-产生式的右部是一个终结符号。我们使用构造函数 Leaf 来创建合适的结点。这些结点就成为 $T.node$ 的值。

图 5-11 显示了为输入 $a-4+c$ 构造一棵抽象语法树的过程。这棵抽象语法树的结点被显示为记录。这些记录的第一个字段是 op。现在,抽象语法树的边用实线表示。基础的语法分析树使用点虚线表示边。实际上不需要生成语法分析树。第三种线是虚线,它表示 $E.node$ 和 $T.node$ 的值。每条线都指向适当的抽象语法树结点。

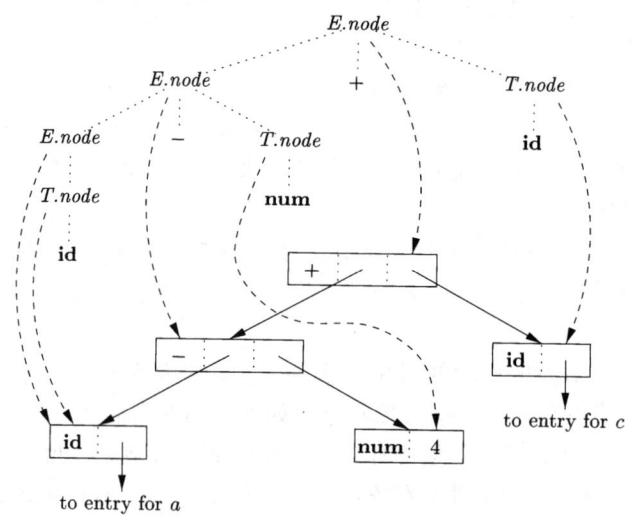

图 5-11 $a-4+c$ 的抽象语法树

在最底端,我们可以看到由 Leaf 构造得到的分别表示 a、4 和 c 的叶子结点。我们假设词法值 $\textbf{id}.entry$ 指向符号表,并且词法值 $\textbf{num}.val$ 是一个常量值。根据规则 5 和 6,这些叶子结点,或指向它们的指针,变成了图中的三个标号为 T 的语法分析树结点上的 $T.node$ 的值。请注意,根据规则 3,指向 a 对应的叶子结点的指针同时也是语法分析树中最左边的 E 的 $E.node$ 值。

我们根据规则 2 创建了一个结点,该结点的 op 字段等于减号,它的指针指向前两个叶子结点。然后，规则1将对应于 – 的结点和第三个叶子组合起来，得到这个抽象语法树的根结点。

如果这些规则是在对语法分析树的后序遍历过程中求值的，或者是在自底向上分析过程中和归约动作一起进行求值的，那么当图5-12中显示的一系列步骤结束时，p_5 指向构造得到的抽象语法树的根结点。□

如果使用一个为自顶向下语法分析而设计的文法，那么得到的抽象语法树仍然相同，其构造的步骤也相同，虽然语法分析树的结构和抽象语法树的结构有极大的不同。

1)	$p_1 =$ **new** $Leaf(\mathbf{id}, entry\text{-}a)$;
2)	$p_2 =$ **new** $Leaf(\mathbf{num}, 4)$;
3)	$p_3 =$ **new** $Node('-', p_1, p_2)$;
4)	$p_4 =$ **new** $Leaf(\mathbf{id}, entry\text{-}c)$;
5)	$p_5 =$ **new** $Node('+', p_3, p_4)$;

图 5-12 $a-4+c$ 的抽象语法树的构造步骤

例 5.12 图 5-13 中的 L 属性定义完成的翻译工作和图 5-10 中的 S 属性定义所完成工作的相同。文法符号 E、T、**id** 和 **num** 的属性和例 5-11 中讨论的相同。

	产生式	语义规则
1)	$E \rightarrow T\ E'$	$E.node = E'.syn$ $E'.inh = T.node$
2)	$E' \rightarrow +\ T\ E'_1$	$E'_1.inh =$ **new** $Node('+', E'.inh, T.node)$ $E'.syn = E'_1.syn$
3)	$E' \rightarrow -\ T\ E'_1$	$E'_1.inh =$ **new** $Node('-', E'.inh, T.node)$ $E'.syn = E'_1.syn$
4)	$E' \rightarrow \epsilon$	$E'.syn = E'.inh$
5)	$T \rightarrow (\ E\ )$	$T.node = E.node$
6)	$T \rightarrow \mathbf{id}$	$T.node =$ **new** $Leaf(\mathbf{id}, \mathbf{id}.entry)$
7)	$T \rightarrow \mathbf{num}$	$T.node =$ **new** $Leaf(\mathbf{num}, \mathbf{num}.val)$

图 5-13 在自顶向下语法分析过程中构造抽象语法树

这个例子中构造抽象语法树的规则和例 5.3 中桌上计算器的规则类似。在桌上计算器的例子中，项 $x * y$ 中的 x 和 $*y$ 位于语法分析树的不同部分，因此在计算 $x * y$ 时 x 是作为继承属性传递的。这里的思想是在构造 $x + y$ 的抽象语法树时将 x 作为一个继承属性传递，因为 x 和 $+y$ 出现在不同的子树中。非终结符号 E' 对应于例 5.3 中的非终结符号 T'。请比较一下图 5-14 中 $a - 4 + c$ 的依赖图和图 5-7 中 $3 * 4$ 的依赖图的相似之处。

非终结符号 E' 有一个继承属性 inh 和一个综合属性 syn。属性 $E'.inh$ 表示至今为止构造得到的部分抽象语法树。明确地说，它表示的是位于 E' 的子树左边的输入串前缀所对应的抽象语法树的根。在图 5-14 中依赖图的结点 5 处，$E'.inh$ 表示对应于 a 的抽象语法树的根，实际上就是对应于 a 的叶子结点。在结点 6 处，$E'.inh$ 表示对应于输入 $a - 4$ 的部分抽象语法树的根。在结点 9 处，$E'.inh$ 表示 $a - 4 + c$ 的抽象语法树。

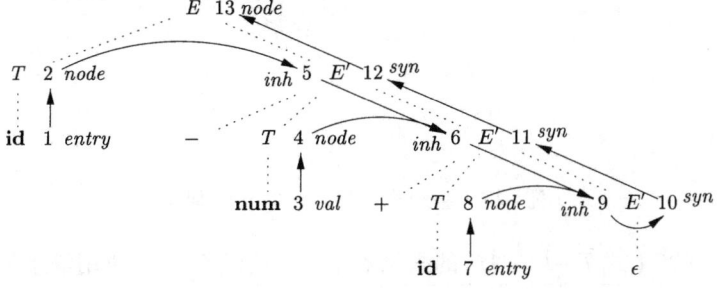

图 5-14 使用图 5-13 中的 SDD 时的 $a-4+c$ 的依赖图

因为没有更多的输入，所以在结点 9 处，$E'.inh$ 指向整个抽象语法树的根。属性 syn 把这个值沿着语法分析树向上传递，直到它成为 $E.node$ 的值。明确地讲，结点 10 上的属性值是通过产生式 $E' \to \epsilon$ 所关联的规则 $E'.syn = E'.inh$ 来定义的。在结点 11 处的属性值是通过图 5-13 中与产生式 2 相关的规则 $E'.syn = E'_1.syn$ 来定义的。类似的规则还定义了结点 12 和 13 处的值。□

5.3.2 类型的结构

当语法分析树的结构和输入的抽象语法树的结构不同时，继承属性是很有用的。在这种情况下，继承属性可以用来将信息从语法分析树的一部分传递到另一部分。下一个例子显示了这种结构上的不匹配可能是由语言设计引起的，而不是由语法分析方法的约束引起的。

例 5.13 在 C 语言中，类型 **int**[2][3] 可以读作："由两个数组组成的数组，子数组中有三个整数"。相应的类型表达式 $array(2, array(3, integer))$ 可以使用图 5-15 中的树来表示。运算符 $array$ 有两个参数，一个是数字，另一个是类型。如果使用树来表示类型，那么这个运算符返回一个标号为 $array$ 的结点，该结点具有两个子结点，分别表示数字和类型。

使用图 5-16 中的 SDD，非终结符号 T 生成的是一个基本类型或一个数组类型。非终结符号 B 生成基本类型 **int** 和 **float** 之一。当 T 推导出 BC 且 C 推导出 ϵ 时，T 生成一个基本类型。否则，C 就生成由一个整数序列组成的数组描述分量，其中的每个整数用方括号括起。

非终结符号 B 和 T 有一个表示类型的综合属性 t。非终结符号 C 有两个属性：一个继承属性 b 和一个综合属性 t。继承属性 b 将一个基本类型沿着树向下传播，而综合属性 t 则收集最终得到的结果。

输入串 **int**[2][3] 的注释语法分析树如图 5-17 所示。图 5-15 中的相应类型表达式的构造过程如下：首先类型 $integer$ 从 B 开始，沿着 C 组成的链通过继承属性 b 向下传递。最后的数组类型是沿着 C 组成的链、通过属性 t 不断向上传递并综合而得到的。

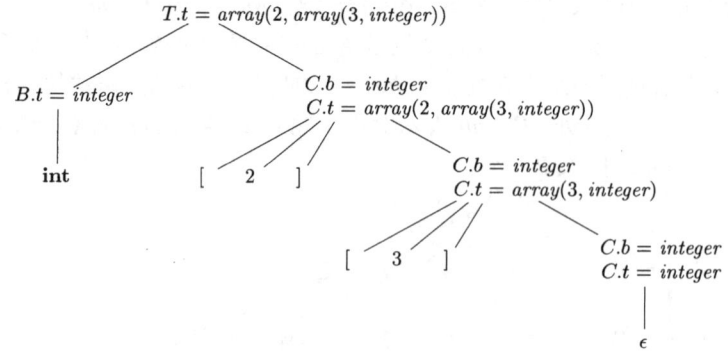

图 5-15 **int**[2][3] 的类型表达式

产生式	语义规则
$T \to B\ C$	$T.t = C.t$
	$C.b = B.t$
$B \to$ **int**	$B.t = integer$
$B \to$ **float**	$B.t = float$
$C \to [\ \mathbf{num}\ ]\ C_1$	$C.t = array(\mathbf{num}.val, C_1.t)$
	$C_1.b = C.b$
$C \to \epsilon$	$C.t = C.b$

图 5-16 T 生成一个基本类型或一个数组类型

图 5-17 数组类型的语法制导的翻译

更详细地讲，在产生式 $T \to BC$ 对应的根结点上，非终结符号 C 使用继承属性 $C.b$ 从 B 那里继承类型。在最右边的 C 结点上的产生式是 $C \to \epsilon$，因此 $C.t$ 等于 $C.b$。产生式 $C \to [\mathbf{num}]C_1$ 的语义规则将运算符 $array$ 作用到运算分量 $\mathbf{num}.val$ 和 $C_1.t$ 上，得到 $C.t$ 的值。□

5.3.3 5.3 节的练习

练习 5.3.1：下面是涉及运算符 + 和整数或浮点运算分量的表达式的文法。区分浮点数的方法是看它有无小数点。

$$E \to E + T \mid T$$
$$T \to \text{num} \,.\, \text{num} \mid \text{num}$$

1）给出一个 SDD 来确定每个项 T 和表达式 E 的类型。

2）扩展（a）中得到的 SDD，使得它可以把表达式转换成为后缀表达式。使用一个单目运算符 **intToFloat** 把一个整数转换为相等的浮点数。

! **练习 5.3.2**：给出一个 SDD，将一个带有 + 和 * 的中缀表达式翻译成没有冗余括号的表达式。比如，因为两个运算符都是左结合的，并且 * 的优先级高于 +，所以 $((a*(b+c))*(d))$ 可翻译为 $a*(b+c)*d$。

! **练习 5.3.3**：给出一个 SDD 对 $x*(3*x+x*x)$ 这样的表达式求微分。表达式中涉及运算符 + 和 *、变量 x 和常量。假设不进行任何简化，也就是说，比如 $3*x$ 将被翻译为 $3*1+0*x$。

5.4 语法制导的翻译方案

语法制导的翻译方案是语法制导定义的一种补充。5.3 节中的所有语法制导定义的应用都可以使用语法制导的翻译方案来实现。

根据 2.3.5 节的介绍可知，**语法制导的翻译方案**（syntax-directed translation scheme，SDT）是在其产生式体中嵌入了程序片段的一个上下文无关文法。这些程序片段称为语义动作，它们可以出现在产生式体中的任何地方。按照惯例，我们在这些动作两边加上花括号。如果花括号要作为文法符号出现，则要给它们加上引号。

任何 SDT 都可以通过下面的方法实现：首先建立一棵语法分析树，然后按照从左到右的深度优先顺序来执行这些动作，也就是说在一个前序遍历过程中执行。5.4.3 节将给出一个这样的例子。

通常情况下，SDT 是在语法分析过程中实现的，不会真的构造一棵语法分析树。在本节中，我们主要关注如何使用 SDT 来实现两类重要的 SDD：

1）基本文法可以用 LR 技术分析，且 SDD 是 S 属性的。

2）基本文法可以用 LL 技术分析，且 SDD 是 L 属性的。

我们将会看到，在这两种情况下，一个 SDD 中的语义规则是如何被转换成为一个带有语义动作的 SDT 的。这些动作将在适当的时候执行。在语法分析过程中，产生式体中的一个动作在它左边的所有文法符号都被匹配之后立刻执行。

可以在语法分析过程中实现的 SDT 可以按照如下的方式识别：将每个内嵌的语义动作替换为一个独有的标记非终结符号（marker nonterminal）。每个标记非终结符号 M 只有一个产生式 $M \to \epsilon$。如果带有标记非终结符号的文法可以使用某个方法进行语法分析，那么这个 SDT 就可以在语法分析过程中实现。

5.4.1 后缀翻译方案

至今为止，最简单的实现 SDD 的情况是文法可以用自底向上方法来分析且该 SDD 是 S 属性定义。在这种情况下，我们可以构造出一个 SDT，其中的每个动作都放在产生式的最后，并且在按照这个产生式将产生式体归约为产生式头的时候执行这个动作。所有动作都在产生式最右端的 SDT 称为后缀翻译方案。

例 5.14 图 5-18 中的后缀 SDT 实现了图 5-1 中的桌上计算器的 SDD。其中只有一处改动：第一个产生式的动作是打印出结果值。其余的语义动作和原来的语义规则对应的动作完全一样。因为此 SDD 的基本文法是 LR 的,并且这个 SDD 是 S 属性的,所以这些动作可以和语法分析器的归约步骤一起正确地执行。

5.4.2 后缀 SDT 的语法分析栈实现

后缀 SDT 可以在 LR 语法分析的过程中实现,当归约发生时执行相应的语义动作。各个文法符号的属性值可以放到栈中的某个位置,使得执行归约的时候可以找到它们。最好的方法是将属性和文法符号(或者表示文法符号的 LR 状态)一起放在栈中的记录里。

L	$\to$	E **n**	{ print($E.val$); }
E	$\to$	$E_1 + T$	{ $E.val = E_1.val + T.val$; }
E	$\to$	T	{ $E.val = T.val$; }
T	$\to$	$T_1 * F$	{ $T.val = T_1.val \times F.val$; }
T	$\to$	F	{ $T.val = F.val$; }
F	$\to$	(E)	{ $F.val = E.val$; }
F	$\to$	**digit**	{ $F.val = $ **digit**.$lexval$; }

图 5-18 实现桌上计算器的后缀 SDT

在图 5-19 中,语法分析栈包含的记录中有一个字段,该字段用于存放文法符号(或语法分析器的状态),并且在这个字段之下有一个字段用于存放属性。三个文法符号 $X Y Z$ 位于栈的顶部,可能它们即将按照一个产生式,比如 $A \to X Y Z$,进行归约。这里,我们用 $X.x$ 表示 X 的一个属性,等等。一般来说,我们可以支持多个属性,方法是使记录变得足够大,或者在栈中的记录里放上指针。对于小型的属性,将记录变得足够大可能是比较简单的方法,即使有些时候有些字段不会被用到也没有太大关系。然而,如果一个或多个属性的大小没有限制,比如它们是字符串,那么最好把一个指针放到栈记录的属性值中,并把实际的值存放在栈之外的某个比较大的共享存储区域中。

如果所有属性都是综合属性,并且所有动作都位于产生式的末端,那么我们可以在把产生式体归约成产生式头的时候计算各个属性的值。如果我们使用 $A \to XYZ$ 这样的产生式进行归约,那么此时 X、Y 和 Z 的所有属性值都是可用的,并且都位于已知的位置上,如图 5-19 所示。在这个动作之后,A 和它的属性都位于栈的顶端,即现在存放 X 的记录的位置上。

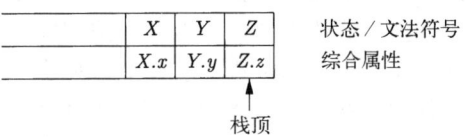

图 5-19 带有用于存放综合属性的字段的语法分析栈

例 5.15 让我们重写例 5.14 中桌上计算器 SDT 中的动作,使它们显式地操作语法分析栈。这样的栈操作通常是由语法分析器自动完成的。

假设语法分析栈存放在一个被称为 *stack* 的记录数组中,而 *top* 是指向栈顶的游标。这样,*stack*[*top*]指向这个栈的栈顶记录,*stack*[*top* − 1]指向栈顶记录的下一个记录,依此类推。我们还假设每个记录有一个被称为 *val* 的字段,该字段存放了这个记录所代表的文法符号的属性值。这样,我们可以使用 *stack*[*top* − 2].*val* 来指向出现在栈中第三个位置上的属性 $E.val$。完整的 SDT 显示在图 5-20 中。

比如,在第二个产生式 $E \to E_1 + T$ 中,我们在栈顶之下两个位置上找到 E_1 的值,在栈顶找到 T 的值。求和的结果放在归约之后产生式头 E 将出现的位置上,也就是当前栈顶之下两个位置处。这是因为在归约之后,最上面的三个符号将被替换为一个符号。在计算完 $E.val$ 之后,我们将两个符号弹出栈,现在我们放置 $E.val$ 的记录将变成栈顶。

在第三个产生式 $E \to T$ 中不需要任何语义动作,因为栈的长度没有改变,栈顶的 $T.val$ 值直接变成了 $E.val$ 的值。产生式 $T \to F$ 和 $F \to$ **digit** 的情况与此类似。产生式 $F \to (E)$ 稍有不同。虽然值没有改变,但是在归约过程中消除了栈中的两个位置,因此这个值必须移动到归约之后的位置上。

产生式	语义动作
$L \to E\ \mathbf{n}$	{ print(stack[top − 1].val); top = top − 1; }
$E \to E_1 + T$	{ stack[top − 2].val = stack[top − 2].val + stack[top].val; top = top − 2; }
$E \to T$	
$T \to T_1 * F$	{ stack[top − 2].val = stack[top − 2].val × stack[top].val; top = top − 2; }
$T \to F$	
$F \to (E)$	{ stack[top − 2].val = stack[top − 1].val; top = top − 2; }
$F \to \mathbf{digit}$	

图 5-20 在一个自底向上语法分析栈中实现桌上计算器

请注意，我们省略了针对栈中记录的第一个字段的操作步骤。这个字段保存了 LR 状态或文法符号。如果我们执行 LR 语法分析过程，语法分析表将给出每次归约之后的新状态，见算法 4.30。因此，我们可以直接把这个新状态放到新的栈顶记录中。

5.4.3 产生式内部带有语义动作的 SDT

动作可以放置在产生式体中的任何位置上。当一个动作左边的所有符号都被处理过后，该动作立刻执行。因此，如果我们有一个产生式 $B \to X\{a\}Y$，那么当我们识别到 X（如果 X 是终结符号）或者所有从 X 推导出的终结符号（如果 X 是非终结符号）之后，动作 a 就会执行。更准确地讲，

- 如果语法分析过程是自底向上的，那么我们在 X 的此次出现位于语法分析栈的栈顶时，我们立刻执行动作 a。
- 如果语法分析过程是自顶向下的，那么我们在试图展开 Y 的本次出现（如果 Y 是非终结符号）或者在输入中检测 Y（如果 Y 是终结符号）之前执行语义动作 a。

可以在语法分析过程中实现的 SDT 包括后缀 SDT 和即将在 5.5 节中讨论的一类 SDT，这类 SDT 实现了 L 属性定义。不是所有的 SDT 都可以在语法分析过程中实现，下面我们就给出一个例子。

例 5.16 作为一个有问题的 SDT 的极端例子，假设我们将桌上计算器的例子改成一个可以打印输入表达式的前缀表示方式的 SDT，而不再对表达式进行求值。新 SDT 的产生式和动作显示在图 5-21 中。

遗憾的是，不可能在自顶向下或自底向上的语法分析过程中实现这个 SDT，因为语法分析程序必须在它还不知道出现在输入中的运算符号是 * 还是 + 的时候，就执行打印这些符号的操作。

1)	L	$\to$	$E\ \mathbf{n}$
2)	E	$\to$	{ print('+'); } $E_1 + T$
3)	E	$\to$	T
4)	T	$\to$	{ print('*'); } $T_1 * F$
5)	T	$\to$	F
6)	F	$\to$	(E)
7)	F	$\to$	$\mathbf{digit}$ { print(**digit**.lexval); }

图 5-21 在语法分析过程中完成中缀到前缀翻译的有问题的 SDT

在产生式 2 和 4 中分别使用标记非终结符号 M_2 和 M_4 来替代相应的动作，一个移入-归约语法分析器（见 4.5.3 节）在处理输入 **digit**（比如 3）的时候会因为不能确定是使用 $M_2 \to \epsilon$ 归约，使用 $M_4 \to \epsilon$ 归约，还是移入输入数字而产生一个冲突。

任何 SDT 都可以按照下列方法实现：

1) 忽略语义动作，对输入进行语法分析，并产生一棵语法分析树。

2) 然后检查每个内部结点 N，假设它的产生式是 $A\to\alpha$。将 α 中的各个动作当作 N 的附加子结点加入，使得 N 的子结点从左到右和 α 中的符号及动作完全一致。

3) 对这棵语法树进行前序遍历（见 2.3.4 节），并且当访问到一个以某个动作为标号的结点时立刻执行这个动作。

比如，图 5-22 显示了带有插入动作的表达式 $3*5+4$ 的语法分析树。如果我们按照前序次序来访问结点，我们就得到了这个表达式的前缀形式：$+*354$。

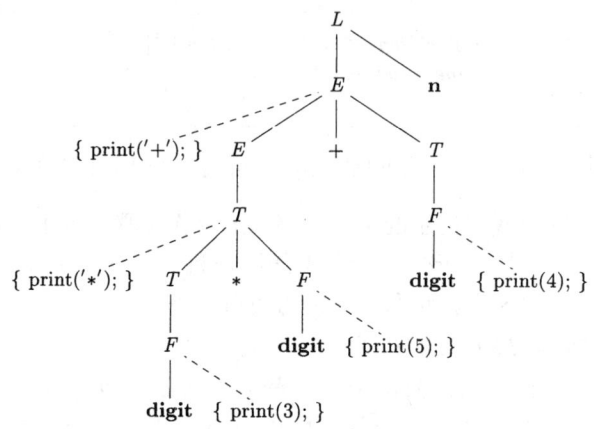

图 5-22 嵌入了动作的语法分析树

5.4.4 从 SDT 中消除左递归

因为带有左递归的文法不能按照自顶向下的方式确定地进行语法分析，所以在 4.3.3 节中介绍了左递归的消除。当文法是 SDT 的一部分时，我们还需要考虑如何处理其中的动作。

首先考虑简单的情况，即我们只需要关心一个 SDT 中的动作的执行顺序的情况。比如，如果每个动作只打印一个字符串，我们就只关心这些字符串的打印顺序。在这种情况下，可以应用下面的原则完成这个转化：

- 当转换文法的时候，将动作当成终结符号处理。

这个原则基于下面的思想：文法转换保持了由文法生成的符号串中终结符号的顺序。因此，这些动作在任何从左到右的语法分析过程中都按照相同的顺序执行，不管这个分析是自顶向下的还是自底向上的。

消除左递归的"技巧"是对两个产生式

$$A \to A\alpha \mid \beta$$

进行替换。这两个产生式生成的串包含一个 β 和任意数量的 α。它们将被替换为下面的产生式。新的产生式使用了一个新非终结符号 R（代表"其余部分"）来生成同样的串。

$$A \to \beta R$$
$$R \to \alpha R \mid \epsilon$$

如果 β 不以 A 开头，那么 A 就不再有左递归的产生式。按照正则定义的表示法，在两组产生式中 A 都被定义为 $\beta(\alpha)*$。在 4.3.3 节中可以看到如何处理 A 有多个递归或非递归产生式的情况。

例 5.17 考虑下面的 E 产生式。它们来自一个将中缀表达式翻译成后缀表达式的 SDT：

$$E \to E_1 + T \quad \{\ \text{print}('+');\ \}$$
$$E \to T$$

如果我们对 E 应用标准的左递归消除转换，左递归产生式的余部为
$$\alpha = + T \{ \text{print}('+'); \}$$
而 β（即另一个产生式的体）是 T。如果我们引入 R 来表示 E 的余部，我们就得到如下的产生式集合：
$$\begin{aligned} E &\to T R \\ R &\to + T \{ \text{print}('+'); \} R \\ R &\to \epsilon \end{aligned}$$

□

当一个 SDD 的动作是计算属性的值，而不是仅仅是打印输出时，我们必须更加小心地考虑如何消除文法中的左递归。然而，如果这个 SDD 是 S 属性的，那么我们总是可以通过将计算属性值的动作放在新产生式中的适当位置上来构造出一个 SDT。

我们将给出一个通用的解决方案，以解决只有单个递归产生式、单个非递归产生式并且该左递归非终结符号只有单个属性的情况。将这个方案推广到多个递归/非递归产生式的情况并不困难，但是写起来非常麻烦。假设这两个产生式是：
$$\begin{aligned} A &\to A_1\, Y\; \{A.a = g(A_1.a, Y.y)\} \\ A &\to X\; \{A.a = f(X.x)\} \end{aligned}$$

这里 $A.a$ 是左递归非终结符号 A 的综合属性，而 X 和 Y 是单个文法符号，分别有综合属性 $X.x$ 和 $Y.y$。因为这个方案在递归的产生式中用任意的函数 g 来计算 $A.a$，而在第二个产生式中用任意函数 f 来计算 $A.a$ 的值，所以这两个符号可以代表由多个文法符号组成的串，每个符号都有自己的属性。在每种情况下，f 和 g 可以把它们能够访问的属性当作它们的参数，只要这个 SDD 是 S 属性的。

我们要把基础文法改成
$$\begin{aligned} A &\to X R \\ R &\to Y R \mid \epsilon \end{aligned}$$

图 5-23 指出了在新文法上的 SDT 必须做的事情。在图 5-23a 中，我们看到的是原文法之上的后缀 SDT 的运行效果。我们将 f 应用一次，该次应用对应于产生式 $A \to X$ 的使用。然后我们应用函数 g，应用的次数和我们使用产生式 $A \to AY$ 的次数一样。因为 R 生成了 Y 的一个余部，它的翻译依赖于它左边的串，即一个形如 $XYY\cdots Y$ 的串。对产生式 $R \to YR$ 的每次使用都导致对 g 的一次应用。对于 R，我们使用一个继承属性 $R.i$ 来累计从 $A.a$ 的值开始不断应用 g 所得到的结果。

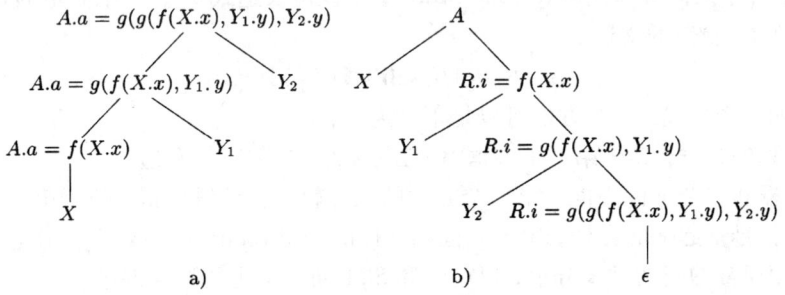

图 5-23 消除一个后缀 SDT 中的左递归

除此之外，R 还有一个没有在图 5-23 中显示的综合属性 $R.s$。当 R 不再生成文法符号 Y 时才开始计算这个属性的值，这个时间点是以产生式 $R \to \epsilon$ 的使用为标志。然后 $R.s$ 沿着树向上复制，最后它就可以变成对应于整个表达式 $XYY\cdots Y$ 的 $A.a$ 的值。从 A 生成 XYY 的情况显示在图 5-23 中，我们看到在图 5-23a 中的根结点上的 $A.a$ 的值使用了两次 g，而在图 5-23b 的底部的 $R.i$

也使用了两次 g，而正是这个结点上的 R.s 的值被沿着树向上复制。

为了完成这个翻译，我们使用下列 SDT：

$$A \rightarrow X \ \{R.i = f(X.x)\} \ R \ \{A.a = R.s\}$$
$$R \rightarrow Y \ \{R_1.i = g(R.i, Y.y)\} \ R_1 \ \{R.s = R_1.s\}$$
$$R \rightarrow \epsilon \ \{R.s = R.i\}$$

请注意，继承属性 R.i 在产生式体中 R 的一次使用之前完成求值，而综合属性 A.a 和 R.s 在产生式的结尾完成求值。因此，计算这些属性时需要的任何值都已经在左边计算完成，变成了可用的值。

5.4.5 L 属性定义的 SDT

在 5.4.1 节，我们将 S 属性的 SDD 转换成为后缀 SDT，它的动作位于产生式的右端。只要基础文法是 LR 的，后缀 SDT 就可以按照自底向上的方式进行语法分析和翻译。

现在，我们考虑更加一般化的情况，即 L 属性的 SDD。我们假设基础文法将以自顶向下的方式进行语法分析，因为如果不是这样，那么翻译过程常常无法和一个 LL 或 LR 语法分析器一起完成。对于任何文法，我们只需要将动作附加到一棵语法分析树中，并在对这棵树进行前序遍历时执行这些动作，便可以实现下面的技术。

将一个 L 属性的 SDD 转换为一个 SDT 的规则如下：

1) 把计算某个非终结符号 A 的继承属性的动作插入到产生式体中紧靠在 A 的本次出现之前的位置上。如果 A 的多个继承属性以无环的方式相互依赖，就需要对这些属性的求值动作进行排序，以便先计算需要的属性。

2) 将计算一个产生式头的综合属性的动作放置在这个产生式体的最右端。

我们将使用两个例子来说明这些原则。第一个例子是关于排版的。它说明了如何将编译技术应用于其他的语言处理应用，编译技术的应用范围并不限于我们通常认为的程序设计语言。第二个例子是关于一个典型程序设计语言构造的中间代码生成的，这个构造是某种形式的 *while* 语句。

例 5.18 这个例子来自于数学公式排版语言。Eqn 是这种语言的早期例子，来自 Eqn 的思想仍然可以在 Tex 排版系统中找到，本书就是用 Tex 排版系统排版的。

我们将关注定义下标、下标的下标等排版能力，而忽略了上标、叠加的分数以及其他数学功能。在 Eqn 语言中，人们可以使用 a sub i sub j 来设定表达式 a_{i_j}。一个简单的 *boxes*（即由一个方框括起来的文本元素）的文法是：

$$B \rightarrow B_1 B_2 \ | \ B_1 \textbf{sub} B_2 \ | \ (B_1) \ | \ \textbf{text}$$

对应于这四个产生式，一个方框可以是下列之一：

1) 两个并列的方框，其中第一个方框 B_1 在另一个方框 B_2 的左边。

2) 一个方框和一个下标方框。第二个方框的尺寸较小且位置较低，位于第一个方框的右边。

3) 一个用括号括起来的方框，用于方框和下标的分组。Eqn 和 Tex 都使用花括号进行分组，但是我们将使用通常的圆括号来分组，以避免和 SDT 动作两边的括号混淆。

4) 一个文本串，也就是任何字符串。

这个文法是二义性的，但是如果我们令下标和并列关系都是右结合的，并且令 **sub** 的优先级高于并列，那么我们仍然可以使用它来完成自底向上的语法分析。

表达式的排版过程就是由较小的方框构造出较大的方框的过程。在图 5-24 中，E_1 的方框和 .height 将被并列放置形成方框 E_1.height。而 E_1 的左边方框本身又是从 E 的方框和下标 1 的方框构造得到的。下标 1 的处理方法是将它的方框缩小大约 30%，并放在较低的位置上，然后把它

放在 E 的方框之后。虽然我们将把 .height 作为一个文本串进行处理,但它的方框中的长方形会说明它是如何从各个字母对应的方框构造得到的。

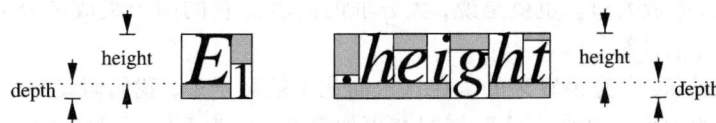

图 5-24　从较小的方框构造较大的方框

在这个例子中,我们只考虑这些方框的垂直方向的几何性质。水平方向的几何性质,即方框的宽度,也很有意思,当不同字符具有不同宽度时更是如此。可能看起来不是那么明显,但是图 5-24 中的各个字符确实具有不同的宽度。

和这些方框的垂直方向几何性质相关的值如下:

1) 字体大小(point size)。它被用于在一个方框中设置文本。我们将假设不在下标中的字符被设置为 10 点,也就是一般书籍的字体大小。进一步,我们假设如果一个方框的字体大小是 p,那么它的下标方框的字体大小就是 $0.7p$。继承属性 $B.ps$ 表示块 B 的字体大小点数。这个属性必须是继承属性,因为一个给定的块的上下文决定了这个块在哪个下标层次,从而决定需要缩小多少。

2) 每个方框有一个基线(baseline),它是对应于文本行的底部的垂直位置,它不考虑像 g 这样的伸展到正常基线之下的字符。在图 5-24 中,点虚线就表示了方框 E、.height 以及整个表达式的基线。包含了下标 1 的方框的基线经过了调整,以便把这个下标放在较低位置。

3) 每个方框有一个高度(height),它是从方框顶部到方框基线的距离。综合属性 $B.ht$ 给出了方框 B 的高度。

4) 每个方框有一个深度(depth),它是从基线到达方框底部的距离。综合属性 $B.dp$ 给出了方框 B 的深度。

图 5-25 中的 SDD 给出了计算字体大小、高度和深度的规则。产生式 1 的功能是把初始值 10 赋给 $B.ps$。

产生式	语义规则
1) $S \to B$	$B.ps = 10$
2) $B \to B_1 \; B_2$	$B_1.ps = B.ps$ $B_2.ps = B.ps$ $B.ht = \max(B_1.ht, B_2.ht)$ $B.dp = \max(B_1.dp, B_2.dp)$
3) $B \to B_1 \; \mathbf{sub} \; B_2$	$B_1.ps = B.ps$ $B_2.ps = 0.7 \times B.ps$ $B.ht = \max(B_1.ht, B_2.ht - 0.25 \times B.ps)$ $B.dp = \max(B_1.dp, B_2.dp + 0.25 \times B.ps)$
4) $B \to (\; B_1 \;)$	$B_1.ps = B.ps$ $B.ht = B_1.ht$ $B.dp = B_1.dp$
5) $B \to \mathbf{text}$	$B.ht = getHt(B.ps, \mathbf{text}.lexval)$ $B.dp = getDp(B.ps, \mathbf{text}.lexval)$

图 5-25　方框排版的 SDD

产生式 2 处理并列的情况。字体大小被沿着语法分析树向下复制，也就是说，一个方框的两个子方框从这个较大的方框中继承了同样的字体大小点数。高度和深度是沿着语法分析树向上计算的，总是取两者的最大值。也就是说，大方框的高度是它的两个组成部分的高度的最大值，深度也按照类似的方法计算。

产生式 3 处理下标，它是最复杂的。在这个简化了的例子中，我们假设一个下标方框的字体大小是它的父方框的大小的 70%。实际情况会更加复杂，因为下标不可能无限缩小。在实践中，在几层下标之后，下标的大小就几乎不再缩小。另外我们还假设一个下标方框的基线向下移动了父方框的字体点数大小的 25%，同样，实际情况要更加复杂。

产生式 4 在使用括号的时候正确地复制各个属性。最后，产生式 5 处理表示文本方框的叶子结点。在这里，实际情况也是很复杂的，因此我们只显示了两个未定义的函数 *getHt* 和 *getDp*。它们检查各个字体的表格，以确定文本串中的全部字符的最大高度和最大深度。我们假设这个文本串中的字符是由终结符号 **text** 的属性 *lexval* 提供的。

最后一个任务是按照图 5-25 中处理 L 属性 SDD 的规则，将这个 SDD 转换为 SDT。正确的 SDT 显示在图 5-26 中。因为产生式的体比较长，为了增加可读性，我们把它们分割到多行中，并把动作对齐排列。因此，产生式体包含了到下一个产生式的头为止的多行内容。□

	产生式			语义动作
1)	S	$\to$		$\{\ B.ps = 10;\ \}$
			B	
2)	B	$\to$		
			B_1	$\{\ B_1.ps = B.ps;\ \}$
			B_2	$\{\ B_2.ps = B.ps;\ \}$
				$\{\ B.ht = \max(B_1.ht, B_2.ht);$
				$\ \ \ B.dp = \max(B_1.dp, B_2.dp);\ \}$
3)	B	$\to$		
			B_1 **sub**	$\{\ B_1.ps = B.ps;\ \}$
			B_2	$\{\ B_2.ps = 0.7 \times B.ps;\ \}$
				$\{\ B.ht = \max(B_1.ht, B_2.ht - 0.25 \times B.ps);$
				$\ \ \ B.dp = \max(B_1.dp, B_2.dp + 0.25 \times B.ps);\ \}$
4)	B	$\to$	(	$\{\ B_1.ps = B.ps;\ \}$
			B_1)	$\{\ B.ht = B_1.ht;$
				$\ \ \ B.dp = B_1.dp;\ \}$
5)	B	$\to$	**text**	$\{\ B.ht = getHt(B.ps, \textbf{text}.lexval);$
				$\ \ \ B.dp = getDp(B.ps, \textbf{text}.lexval);\ \}$

图 5-26 方框排版的 SDT

我们的下一个例子是考虑一个简单的 while 语句，考虑如何为这种类型的语句生成中间代码。中间代码将被当作一个值为字符串的属性。稍后我们将探究一些高效的技术。这些技术在我们进行语法分析的时候顺序输出一个取值为字符串的属性的各个部分，从而避免了通过长字符串的复制来构造出更长的字符串。这个技术在例 5.17 中已经介绍过。在那个例子中，我们以"边扫描边生成"的方式生成了一个中缀表达式的后缀形式，而不是把表达式的后缀形式当作一个属性来计算。然而，在我们第一次表示中间代码生成时，我们通过字符串的连接来创建一个值为字符串的属性。

例 5.19 在这个例子中，我们只需要一个产生式：

$$S \to \textbf{while}\,(C)\,S_1$$

这里，S 是生成各种语句的非终结符号，我们假设这些语句包括 if 语句、赋值语句和其他类型的语句。在这个例子中，C 表示一个条件表达式——一个值为真或假的布尔表达式。

在这个关于语句控制流的例子中，我们只需要生成多个标号。我们假设其他的中间代码指令都由这个 SDT 的未显示部分生成。更明确地讲，我们生成显式的形如 **label** L 的指令，其中 L 是一个标识符。这个指令表明后一条指令的标号是 L。我们假设中间代码和 2.8.4 节中介绍的代码类似。

这个 while 语句的含义是首先对条件表达式 C 求值。如果它为真，控制就转向 S_1 的代码的开始处。如果 C 的值为假，那么控制就转向跟在这个 while 语句的代码之后的代码。我们必须设计 S_1 的代码，使得它在结束的时候能够跳转到这个 while 语句的代码的开始处。图 5-27 没有显示出跳转到对 C 求值的代码的开始处的指令。

我们使用下面的属性来生成正确的中间代码：

1）继承属性 S.next 是必须在 S 执行结束之后执行的代码的开始处的标号。
2）综合属性 S.code 是中间代码的序列，它实现了语句 S，并在最后有一条跳转到 S.next 的指令。
3）继承属性 C.true 是必须在 C 为真时执行的代码的开始处的标号。
4）继承属性 C.false 是必须在 C 为假时执行的代码的开始处的标号。
5）综合属性 C.code 是一个中间代码的序列，它实现了条件表达式 C，并根据 C 的值为真或假跳转到 C.true 或者 C.false。

计算 while 语句的这些属性的 SDD 显示在图 5-27 中。有几个要点需要解释一下：

```
S → while ( C ) S₁    L1 = new();
                      L2 = new();
                      S₁.next = L1;
                      C.false = S.next;
                      C.true = L2;
                      S.code = label ‖ L1 ‖ C.code ‖ label ‖ L2 ‖ S₁.code
```

图 5-27 while 语句的 SDD

- 函数 new 生成了新的标号。
- 变量 L1 和 L2 存放了在代码中需要的标号。L1 表示这个 while 语句的代码的开始处，我们必须安排 S_1 在执行完毕之后跳转到这里。这就是我们把 S_1.next 设置为 L1 的原因。L2 是 S_1 的代码的开始处，它变成了 C.true 的值，因为在 C 为真时会跳转到那里。
- 请注意 C.false 被设置为 S.next，因为当条件为假时，就会执行 S 的代码之后的代码。
- 我们使用 ‖ 作为连接各个中间代码片段的符号。因此，S.code 的值的以标号 L1 开始，然后是条件表达式 C 的代码，然后是另一个标号 L2，然后是 S_1 的代码。

这个 SDD 是 L 属性的。当我们把它转换为 SDT 时，还需要考虑如何处理标号 L1 和 L2，它们是变量而不是属性。如果我们把语义动作当作哑非终结符号来处理，那么这样的变量可以当作哑非终结符号的综合属性来处理。因为 L1 和 L2 不依赖于其他属性，它们可以被分配到产生式的第一个语义动作中。实现这个 L 属性定义的带有内嵌语义动作的 SDT 显示在图 5-28 中。 □

```
S → while (      { L1 = new(); L2 = new(); C.false = S.next; C.true = L2; }
    C )          { S₁.next = L1; }
    S₁           { S.code = label ‖ L1 ‖ C.code ‖ label ‖ L2 ‖ S₁.code; }
```

图 5-28 while 语句的 SDT

5.4.6 5.4 节的练习

练习 5.4.1：我们在 5.4.2 节中提到可能根据语法分析栈中的 LR 状态来推导出这个状态表示了什么文法符号。我们如何推导出这个信息？

练习 5.4.2：改写下面的 SDT：

$$A \rightarrow A \{a\} \ B \ | \ A \ B \ \{b\} \ | \ 0$$
$$B \rightarrow B \ \{c\} \ A \ | \ B \ A \ \{d\} \ | \ 1$$

使得基础文法变成非左递归的。这里，a、b、c 和 d 是语义动作，0 和 1 是终结符号。

! 练习 5.4.3：下面的 SDT 计算了一个由 0 和 1 组成的串的值。它把输入的符号串当作按照正二进制数来解释。

$$\begin{aligned} B \quad \rightarrow \quad & B_1 \ 0 \ \{B.val = 2 \times B_1.val\} \\ | \quad & B_1 \ 1 \ \{B.val = 2 \times B_1.val + 1\} \\ | \quad & 1 \ \{B.val = 1\} \end{aligned}$$

改写这个 SDT，使得基础文法不再是左递归的，但仍然可以计算出整个输入串的相同的 $B.val$ 的值。

! 练习 5.4.4：为下面的产生式写出一个和例 5.10 类似的 L 属性 SDD。这里的每个产生式表示一个常见的 C 语言中那样的控制流结构。你可能需要生成一个三地址语句来跳转到某个标号 L，此时你可以生成语句 **goto** L。

1) $S \rightarrow \textbf{if} \ (\ C \ ) \ S_1 \ \textbf{else} \ S_2$
2) $S \rightarrow \textbf{do} \ S_1 \ \textbf{while} \ (\ C \ )$
3) $S \rightarrow \text{'}\{\text{'} \ L \ \text{'}\}\text{'}; \ L \rightarrow L \ S \ | \ \epsilon$

请注意，列表中的任何语句都可能包含一条从它的内部跳转到下一个语句的跳转指令，因此简单地为各个语句按顺序生成代码是不够的。

练习 5.4.5：按照例 5.19 的方法，把在练习 5.4.4 中得到的各个 SDD 转换成一个 SDT。

练习 5.4.6：修改图 5-25 中的 SDD，使它包含一个综合属性 $B.le$，即一个方框的长度。两个方框并列后得到的方框的长度是这两个方框的长度和。然后把你的新规则加入到图 5-26 中 SDT 的合适位置上。

练习 5.4.7：修改图 5-25 中的 SDD，使得它包含上标，用方框之间的运算符 **sup** 表示。如果方框 B_2 是方框 B_1 的一个上标，那么将 B_2 的基线放在 B_1 的基线上方，两条基线的距离是 0.6 乘以 B_1 的大小。把新的产生式和规则加入到图 5-26 的 SDT 中去。

5.5 实现 L 属性的 SDD

因为很多翻译应用可以用 L 属性定义来解决，所以我们将在这一节中详细地考虑它们的实现。下面的方法通过遍历语法分析树来完成翻译工作。

1) 建立语法分析树并注释。这个方法对于任何非循环定义的 SDD 都有效。我们已经在 5.1.2 节中介绍了注释语法分析树。

2) 构造语法分析树，加入动作，并按照前序顺序执行这些动作。这个方法可以处理任何 L 属性定义。我们在 5.4.5 节中讨论了如何把一个 L 属性 SDD 转变成为 SDT，还特别讨论了如何根据这样的 SDD 的语义规则把语义动作嵌入到产生式中。

在这一节，我们讨论下面的在语法分析过程中进行翻译的方法：

3) 使用一个递归下降的语法分析器，它为每个非终结符号都建立一个函数。对应非终结符号 A 的函数以参数的方式接收 A 的继承属性，并返回 A 的综合属性。

4) 使用一个递归下降的语法分析器,以边扫描边生成的方式生成代码。

5) 与 LL 语法分析器结合,实现一个 SDT。属性的值存放在语法分析栈中,而各个规则从栈中的已知位置获取需要的属性值。

6) 与 LR 语法分析器结合,实现一个 SDT。这个方法会让人觉得惊讶,因为一个 L 属性 SDD 的 SDT 通常有一些动作位于产生式的中间,而在一个 LR 语法分析过程中,我们只有在构造出一个产生式体的全部符号之后才能肯定我们确实可以使用这个产生式。然而,我们将看到,如果基础文法是 LL 的,我们总是可以按照自底向上的方式来处理语法分析和翻译过程。

5.5.1 在递归下降语法分析过程中进行翻译

4.4.1 节讨论过,一个递归下降的语法分析器对每个非终结符号 A 都有一个函数 A。我们可以按照如下方法把这个语法分析器扩展为一个翻译器:

1) 函数 A 的参数是非终结符号 A 的继承属性。

2) 函数 A 的返回值是非终结符号 A 的综合属性的集合。

在函数 A 的函数体中,我们要进行语法分析并处理属性:

1) 决定用哪一个产生式来展开 A。

2) 当需要读入一个终结符号时,在输入中检查这些符号是否出现。我们假设分析过程不需要进行回溯,但是只要在出现语法错误时恢复输入位置,就可以把这个方法扩展到带回溯的递归下降语法分析技术,见 4.4.1 节中的讨论。

3) 在局部变量中保存所有必要的属性值,这些值将用于计算产生式体中非终结符号的继承属性,或产生式头部的非终结符号的综合属性。

4) 调用对应于被选定产生式体中的非终结符号的函数,向它们提供正确的参数。因为基础的 SDD 是 L 属性的,所以我们必然已经计算出了这些属性并且把它们存放到了局部变量中。

例 5.20 让我们考虑例 5.19 中 while 语句的 SDD 和 SDT。图 5-29 显示了函数 S 的相关部分的伪代码说明。

我们显示的这个函数 S 需要存储并返回很长的字符串。在实践中,更有效率的做法是让像 S 和 C 这样的函数返回一个指针,指向表示这些字符串的记录。那么,函数 S 中的返回语句将不会真的把各个组成部分连接起来,而是构造出一个记录或记录树。这个记录或记录树表示了将 $Scode$、$Ccode$、标号 $L1$ 和 $L2$ 以及文字串"label"的两次出现全部连接起来而得到的串。 □

```
string S(label next) {
    string Scode, Ccode; /* 存放代码片段的局部变量 */
    label L1, L2; /* 局部标号 */
    if ( 当前输入 == 词法单元 while ) {
        读取输入;
        检查 '(' 是下一个输入符号,并读取输入;
        L1 = new();
        L2 = new();
        Ccode = C(next, L2);
        检查 ')' 是下一个输入符号,并读取输入;
        Scode = S(L1);
        return("label" || L1 || Ccode || "label" || L2 || Scode);
    }
    else /* 其他语句类型 */
}
```

图 5-29 用一个递归下降语法分析器实现 while 语句的翻译

例 5.21 现在我们将处理图 5-26 中用于方框排版的 SDT。我们首先处理语法分析问题，因为图 5-26 中的基础文法是二义性的。下面经过转换的文法使得并列运算和下标运算都是右结合的，而 **sub** 的优先级高于并列：

$$
\begin{aligned}
S &\to B \\
B &\to T\,B_1 \mid T \\
T &\to F\,\textbf{sub}\,T_1 \mid F \\
F &\to (\,B\,) \mid \textbf{text}
\end{aligned}
$$

引入两个非终结符号 T 和 F 的灵感来自于表达式中的项和因子。这里，由 F 生成的一个"因子"要么是一个括号中的方框，要么是一个文本串。由 T 生成的一个"项"是一个带有一系列下标的"因子"，而由 B 生成的一个方框是一个并列的"项"的序列。

T 和 F 的属性和 B 的属性一样，因为新的非终结符号也表示方框。引入它们的目的仅仅是为了帮助进行语法分析。因此，T 和 F 都有一个继承属性 ps 和综合属性 ht 及 dp。它们的语义动作可以从图 5-26 的 SDT 中修改得到。

这个文法还不可以直接进行自顶向下的语法分析，因为 B、T 的产生式都有相同的前缀。比如，考虑 T。一个自顶向下的语法分析器不能仅在输入中向前看一个符号就在 T 的两个产生式间做出决定。幸运的是，我们可以使用 4.3.4 节中讨论的提取左公因子的方法，使得这个文法可以进行自顶向下语法分析。处理 SDT 时，公共前缀的概念也被应用到语义动作中。T 的两个产生式都以非终结符号 F 开头，这个符号从 T 中继承了属性 ps。

图 5-30 中 $T(ps)$ 的伪代码中加入了 $F(ps)$ 的代码。对产生式 $T \to F\,\textbf{sub}\,T_1 \mid F$ 应用提取左公因子的操作之后，只需要对 F 调用一次。这个伪代码显示了将该次调用替换为 F 的代码之后的结果。

```
(float, float) T(float ps) {
    float h1, h2, d1, d2; /*用于存放高度和深度的局部变量*/
    /* F(ps) 代码开始 */
    if (当前输入 == '(' ) {
        读取下一个输入;
        (h1, d1) = B(ps);
        if (当前输入 != ')') 语法错误：期待 ')';
        读取下一个输入;
    }
    else if ( 当前输入 == text ) {
        令 t 等于词法值 text.lexval;
        读取下一个输入;
        h1 = getHt(ps, t);
        d1 = getDp(ps, t);
    }
    else 语法错误：期待 text 或者 '(';
    /* F(ps) 代码结束 */
    if ( 当前输入 == sub ) {
        读取下一个输入;
        (h2, d2) = T(0.7 * ps);
        return (max(h1, h2 − 0.25 * ps),  max(d1, d2 + 0.25 * ps));
    }
    return (h1, d1);
}
```

图 5-30 递归下降的方框排板

B 的函数以 $T(10.0)$ 的方式调用函数 T，我们没有在这里显示这个调用。该次调用返回一个二元组，包括由非终结符号 T 生成的方框的高度和深度。在实践中，它将返回一个包含高度和深函数 T 首先检查输入是否为左括号。如果是，它就必须处理产生式 F→(B)。它保存了括号中 B 返回的任何值，但是如果 B 后面没有跟着一个右括号，那么就存在语法错误。处理这个语法错误的方式没有在这里显示。

否则，如果当前的输入是 **text**，那么函数 T 使用 *getHt* 和 *getDp* 来确定这个文本的高度和深度。

然后，函数 T 确定下一个方框是否为一个下标，如果是就调整 *point size*。我们使用和图 5-26 的产生式 R→B **sub** B 关联的语义动作来处理较大方框的高度和深度。否则，我们直接返回 F 所返回的值：$(h1, d1)$。 □

5.5.2 边扫描边生成代码

如例 5.20 所示，使用属性来表示代码并构造出很长的串不能满足我们的要求，原因是多方面的，比如复制和移动这些串字符时需要很长的时间。在通常情况下，比如在我们的代码生成例子中，我们可以通过执行一个 SDT 中的语义动作，逐步把各个代码片段添加到一个数组或输出文件中。要保证这项技术能够正确应用，下列要素必不可少：

1) 存在一个（一个或多个非终结符号的）主属性。为方便起见，我们假设主属性都以字符串为值。在例 5.20 中，属性 *S.code* 和 *C.code* 是主属性，而其他属性不是主属性。

2) 主属性是综合属性。

3) 对主属性求值的规则保证：

① 主属性是将相关产生式体中的非终结符号的主属性值连接起来得到的。连接时也可能包括其他非主属性的元素，比如字符串 **label** 和标号 $L1$ 及 $L2$ 的值。

② 各个非终结符号的主属性值在连接运算中出现的顺序和这些非终结符号在产生式体中的出现顺序相同。

上面这些条件使得我们在构造主属性时只需要在适当的时候发出这个连接运算中的非主属性元素。我们可以依靠对一个产生式体中的非终结符号的对应函数的递归调用，以增量方式生成它们的主属性。

例 5.22 我们可以修改图 5-29 中的函数，使得它生成主属性 *S.code* 的各个元素，而不是把它们保存起来，再连接得到 *S.code* 的一个返回值。经过修改的函数 S 显示在图 5-31 中。

```
void S(label next) {
    label L1, L2; /* 局部标号 */
    if (当前输入 == 词法单元 while) {
        读取输入;
        检查 '(' 是下一个输入符号，并读取输入;
        L1 = new();
        L2 = new();
        print("label", L1);
        C(next, L2);
        检查 ')' 是下一个输入符号，并读取输入;
        print("label", L2);
        S(L1);
    }
    else /* 其他语句类型 */
}
```

图 5-31 while 语句的 on-the-fly 的递归下降代码生成

在图 5-31 中，S 和 C 现在不返回任何值，因为它们唯一的综合属性是通过打印生成的。而且这些打印语句的位置很重要。打印输出的顺序是：首先是 label $L1$，然后是 C 的代码（它和图 5-29 中的 $Ccode$ 的值相同），然后是 label $L2$，最后是对 S 的递归调用所生成的代码（它和图 5-29 中的 $Scode$ 的值相同）。这样，对 S 的一次调用所打印的代码和图 5-29 中返回的 $Scode$ 的值相同。□

主属性的类型

我们的简单假设要求主属性具有字符串属性，这个限制实际上太严格了。真实要求是所有主属性的类型的值必须能够通过连接各个元素而构造得到。比如，任何类型的对象列表也可以作为主属性的类型，只要这些列表的表示方法允许我们把元素高效地加入到列表的尾部。因此，如果主属性的目的是表示一个中间代码语句的序列，我们就可以在一个对象数组的尾部不断写入语句，最终生成中间代码。当然，这个列表还需要满足 5.5.2 节中给出的其他要求。比如，一个主属性值必须由其他主属性值按照非终结符号的顺序连接得到。

我们附带地对基础 SDT 进行相同的修改：将一个主属性的构造转变为发出这个属性的元素的语义动作。在图 5-32 中，我们可以看到图 5-28 的 SDT 被修改成边扫描边生成代码的 SDT。

$$
\begin{aligned}
S \quad \rightarrow \quad & \textbf{while (} \quad \{ L1 = new(); L2 = new(); C.false = S.next; \\
& \qquad\qquad\quad C.true = L2; print(\texttt{"label"}, L1); \} \\
& C \,) \quad\quad\ \{ S_1.next = L1; print(\texttt{"label"}, L2); \} \\
& S_1
\end{aligned}
$$

图 5-32 边扫描边生成 while 语句的代码的 SDT

5.5.3 L 属性的 SDD 和 LL 语法分析

假设一个 L 属性 SDD 的基础文法是一个 LL 文法，并且我们已经按照 5.4.5 节中描述的方法把它转换成一个 SDT，其语义动作被嵌入到各个产生式中。然后，我们就可以在 LL 语法分析过程中完成翻译过程，其中的语法分析栈需要进行扩展，以存放语义动作和属性求值所需的某些数据项。一般来说，这些数据项是属性值的复制。

除了那些代表终结符号和非终结符号的记录之外，语法分析栈中还将保存动作记录（action-record）和综合记录（synthesize-record），其中动作记录表示即将被执行的语义动作，而综合记录保存非终结符号的综合属性值。我们使用下列两个原则来管理栈中的属性：

- 非终结符号 A 的继承属性放在表示这个非终结符号的栈记录中。对这些属性求值的代码通常使用紧靠在 A 的栈记录之上的动作记录来表示。实际上，从 L 属性的 SDD 到 SDT 的转换方法保证了动作记录将紧靠在 A 的上面。
- 非终结符号 A 的综合属性放在一个单独的综合记录中，它在栈中紧靠在 A 的记录之下。

这个策略在语法分析栈中放置了多种类型的记录，这些不同的记录类型将被当作"栈记录"的子类进行正确管理。在实践中，我们可能把几个记录组合成一个记录，但是如果要解释这个方法的基本思想，最好还是把用于不同目的的数据分别存放在不同的记录中。

动作记录包含指向将被执行的动作代码的指针。动作也可能出现在综合记录中，这些动作通常把其他记录中的综合属性复制到栈中更低的位置上。在这个综合属性所在的记录被弹出栈之后，语法分析程序需要在这个较低的位置上找到该属性的值。

我们简单地看一下 LL 语法分析技术，以了解为什么需要建立属性的临时复制。根据 4.4.4

节的介绍可知,一个通过分析表驱动的 LL 语法分析器模拟了一个最左推导过程。如果 w 是至今为止已经匹配完成的输入,那么栈中就包含了一个文法符号序列 α,使得 $S \underset{lm}{\overset{*}{\Rightarrow}} w\alpha$,其中 S 是开始符号。当语法分析器按照一个产生式 $A \rightarrow BC$ 展开的时候,它把栈顶的 A 替换为 BC。

假设非终结符号 C 有一个继承属性 $C.i$。对于产生式 $A \rightarrow BC$,继承属性 $C.i$ 可能不仅仅依赖于 A 的继承属性,还可能依赖于 B 的所有属性。因此,我们可能需要在计算 $C.i$ 之前完成对 B 的处理。因此,我们需要计算 $C.i$ 所需的所有属性值的临时复制存放到计算 $C.i$ 的动作记录中。否则,当语法分析器把栈顶的 A 替换为 BC 的时候,A 的继承属性就和它的栈记录一起消失了。

因为基础 SDD 是 L 属性的,我们可以肯定当 A 位于栈顶时,A 的继承属性的值是可用的。因此当需要把这些值复制到对 C 的继承属性求值的动作记录中时,这些值也是可用的。不仅如此,用于存放 A 的综合属性的空间也不成问题,因为这个空间位于 A 的综合记录中,而这个记录在语法分析器使用 $A \rightarrow BC$ 进行展开时还保持在分析栈中(位于 B 和 C 之下)。

当处理 B 时,如果需要,我们可以(通过栈中紧靠在 B 之上的一个记录)执行一个动作,将它的继承属性复制给 C 使用。在处理完 B 之后,如果需要,B 的综合记录也可以复制它的综合属性供 C 使用。类似地,也可能需要一些临时变量来计算 A 的综合属性的值。这些值可以在先后处理 B 和 C 的时候被复制到 A 的综合记录中。所有这些属性的复制工作能够正确进行的原理是:

- 所有复制都发生在对某个非终结符号的一次展开时创建的不同记录之间。因此,这些记录中的每一个都知道其他各个记录在栈中离它有多远,因此可以安全地把值写到它下面的记录中。

下一个例子说明了通过不断地复制属性值,在 LL 语法分析过程中实现继承属性的方法。有可能存在一些捷径或者优化方法,对于那些只把一个属性值复制到另一个属性值的复制规则而言更是如此。我们要到例 5.24 中再说明这个问题,该例子还演示了对综合记录的处理方法。

例 5.23 这个例子实现了图 5-32 中的 SDT,该 SDT 边扫描边为 while 语句生成代码。这个 SDT 中除了表示标号的哑属性之外,没有综合属性。

图 5-33a 显示了我们即将使用 while 产生式来展开 S 的情况。这里假设我们已经知道输入的向前看符号就是 **while**。栈顶的记录对应于 S,它只包含继承属性 $S.next$。我们假设这个属性的值为 x。因为我们现在以自顶向下方式进行语法分析,所以按照惯例把栈顶显示在左边。

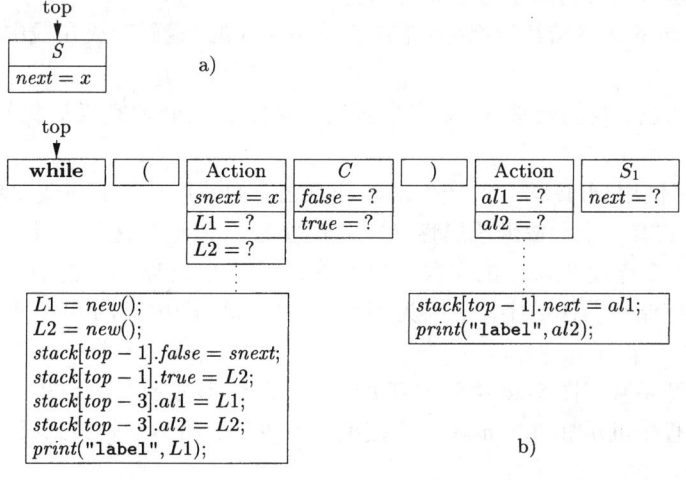

图 5-33 根据 while 语句的产生式扩展 S

图 5-33b 显示了我们展开 S 之后的情况。在非终结符号 C 和 S_1 之前存在动作记录，它们对应于图 5-32 中的基础 SDT 的语义动作。C 的记录包含了存放继承属性 true 和 false 的字段，而 S_1 的记录包含了存放属性 next 的字段。所有的 S 记录都必须包含这个字段。我们将这些字段的值显示为?，因为我们现在还不知道它们的值。

接下来，语法分析器识别了输入中的 **while** 和(，并将它们的记录弹出栈。现在，第一个动作位于栈顶，因此必须执行这个动作。这个动作记录有一个字段 snext，该字段存放了继承属性 S.next 的一个复制。当 S 被弹出栈的时候，S.next 的值被复制到字段 snext 中。在求 C 的继承属性值的时候将用到这个字段。第一个动作的代码生成了 L1 和 L2 的新值，我们分别将这两个值假设为 y 和 z。下一步是令 C.true 的值等于 z。我们把这个赋值语句写作 stack[top−1].true = L2 是因为只有当这个动作记录位于栈顶时这个语句才会被执行，因此 top−1 指向它下面的记录，即 C 的记录。

第一个动作记录将 L1 复制到第二个动作记录的 al1 字段中，在该处它将用于 S_1.next 的求值。它也会将 L2 复制到第二个动作记录中的 al2 字段中，第二个动作需要这个值来正确打印输出。最后，第一个动作记录将 label y 打印到输出设备。

完成了第一个动作并将它的记录弹出栈之后的情形显示在图 5-34 中。在 C 的记录中的继承属性值都已经正确填写好，同时第二个动作记录中的临时变量 al1 和 al2 也已经填写好。此时 C 被展开，我们假设实现条件表达式 C 的包含了正确跳转到 x 和 z 的指令的代码已经生成。当 C 的记录被弹出栈时，)的记录变成了栈顶，使得语法分析器检查输入中的)。

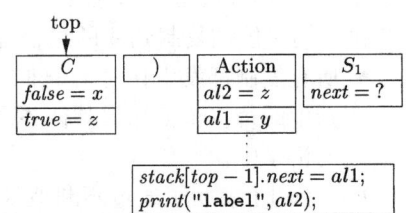

图 5-34 C 之上的动作被执行之后

当 S_1 之上的动作位于栈顶时，它的代码设置 S_1.next，并打印出 label z。上述工作完成之后，S_1 的记录成为栈顶。随着 S_1 被展开，假设它正确地生成了 S_1 的代码。不管 S_1 是什么类型的语句，生成的代码正确地实现了这个语句，随后跳转到 y。 □

例 5.24 现在让我们考虑同样的 while 语句，但是翻译方法把输出 S.code 作为一个综合属性，而不是通过边扫描边处理的方式生成。记住下面的不变式，或者说归纳假设，有助于理解接下来的解释。我们假设这些假设适用于每个非终结符号：

- 每个具有代码的非终结符号都把它的（字符串形式的）代码存放在栈中该符号的记录下方的综合记录中。

假设这个结论为真，我们处理 while 产生式时，将使它在处理完成后仍然成立，成为一个不变式。

图 5-35a 显示了使用 while 语句的产生式展开 S 之前的情形。我们在栈顶看到的是 S 的记录。和例 5.23 中一样，它有一个存放继承属性 S.next 的字段。紧靠在这个记录之下是 S 的本次出现的综合记录，它有一个存放 S.code 的字段。每个 S 的综合记录都包含这个字段。我们还显示了其他一些用于局部存储和动作的字段，因为图 5-28 中 while 产生式的 SDT 实际上是一个更大的 SDT 的一部分。

我们对 S 的展开是基于图 5-28 中的 SDT 的，展开的情形显示在图 5-35b 中。作为一种捷径，我们假设在展开过程中继承属性 S.next 被直接赋给 C.false，而不是先放到第一个动作中，然后再复制到 C 的记录中。

语法制导的翻译

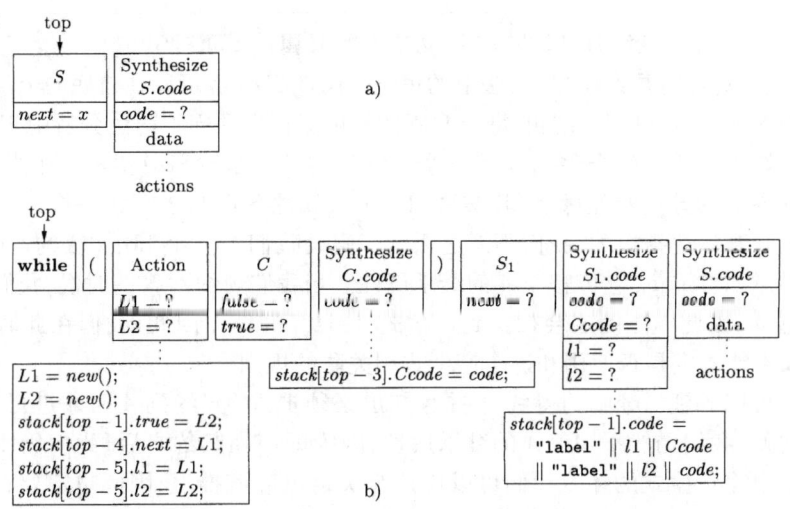

图 5-35 栈中构造的具有综合属性的 S 的扩展

我们看一下各个记录在变成栈顶的时候会做哪些事情。首先，**while** 记录使得词法单元 **while** 和输入匹配。这是一定会匹配的，否则我们就不会用这个产生式来展开 S。在 **while** 和（被弹出栈之后，执行动作记录中的代码。它生成了 $L1$ 和 $L2$ 的值，我们通过捷径直接把它们复制到需要它们的继承属性中，即 $S_1.next$ 和 $C.true$ 中。这个动作的最后两个步骤把 $L1$ 和 $L2$ 复制到被称为 "Synthesize $S_1.code$" 的记录中。

S_1 的综合记录有两个任务：它不仅仅要保存综合属性 $S_1.code$，它还要作为一个动作记录对整个产生式 S→**while**（C）S_1 的属性求值。特别是，当它到达栈顶时，它将计算综合属性 $S.code$，并将这个值放到产生式头 S 的综合记录中。

当 C 成为栈顶的时候，它的两个继承属性都已经计算完成。根据上面给出的归纳假设，我们假设它正确地生成了代码，该代码执行了它的条件判断并跳转到正确的标号。我们同时假设在展开 C 时执行的动作正确地把这个代码放在了栈中下面的记录中，作为综合属性 $C.code$ 的值。

在 C 被弹出栈后，$C.code$ 的综合记录成为栈顶。它的代码要在 $S_1.code$ 的综合记录中使用，因为我们要在那里把所有的代码元素连接起来得到 $S.code$。因此，$C.code$ 的综合记录中有一个语义动作把 $C.code$ 复制到 $S_1.code$ 的综合记录中。完成上述工作之后，词法单元）的记录到达栈顶，使得语法分析器检查输入中的）。假设这个测试成功，S_1 的记录变成栈顶。根据我们的归纳假设，这个非终结符号被展开。这次展开的最终效果是它的代码被正确构造出来，并被放到 S_1 的综合记录中存放 $code$ 的字段中。

现在，S_1 的综合记录的所有数据字段都已经填充完毕，因此当它变成栈顶时，该记录中的动作就可以被执行。这个动作使得标号和来自 $C.code$ 和 $S_1.code$ 的代码按照正确的顺序被连接到一起。得到的串放在栈中下面的记录中，也就是 S 的综合记录中。我们现在已经正确地计算出了 $S.code$，并且当 S 的综合记录变成栈顶时，该代码可以被放置到栈中更低层的另一个记录中，在那里它最终会被组装到一个更大的代码串中，用于实现了包含这个 S 的更大的程序元素。□

> **我们可以处理 LR 文法上的 L 属性 SDD 吗？**
>
> 在 5.4.1 节中，我们看到在 LR 文法上的每个 S 属性 SDD 都可以在自底向上语法分析过程中实现。根据 5.3.5 节，LL 文法上的每个 L 属性都可以在自顶向下语法分析中实现。因为 LL 文法类是 LR 文法类的一个真子集，并且 S 属性 SDD 类是 L 属性 SDD 类的一个真子集，那么我们能否以自底向上的方式处理每个 LR 文法和每个 L 属性 SDD 呢？
>
> 如下面的直观论述指出的，我们不能这么做。假设我们有一个 LR 文法的产生式 $A \rightarrow BC$，并且有一个继承属性 $B.i$，它依赖于 A 的继承属性。当我们规约到 B 的时候，我们还没有看到由 C 生成的输入，因此不能确定会扫描到产生式 $A \rightarrow BC$ 的体。因此，我们在此时还不能计算 $B.i$，因为我们不能确定是否使用和这个产生式相关联的规则。
>
> 也许我们可以等到已经归约得到 C，并且知道必须把 BC 归约到 A 时才进行计算。然而，即使到那个时候，我们仍然不知道 A 的继承属性，因为即使在归约之后，我们仍然不能确定包含这个 A 的是哪个产生式的体。我们可以说这个决定也应该推迟，因此也需要将 $B.i$ 的计算进一步推迟。如果我们继续这样推迟，我们很快会发现必须把所有的决定推迟到对整个输入的语法分析完成之后再进行。实质上，这就是"先构造语法分析树，再执行翻译"的策略。

5.5.4 L 属性的 SDD 的自底向上语法分析

我们可以使用自底向上的方法来完成任何可以用自顶向下方式完成的翻译过程。更准确地说，给定一个以 LL 文法为基础的 L 属性 SDD，我们可以修改这个文法，并在 LR 语法分析过程中计算这个新文法之上的 SDD。这个"技巧"包括三个部分：

1）以按照 5.4.5 节中的方法构造得到的 SDT 为起点。这样的 SDT 在各个非终结符号之前放置语义动作来计算它的继承属性，并且在产生式后端放置一个动作来计算综合属性。

2）对每个内嵌的语义动作，向这个文法中引入一个标记非终结符号来替换它。每个这样的位置都有一个不同的标记，并且对于任意一个标记 M 都有一个产生式 $M \rightarrow \epsilon$。

3）如果标记非终结符号 M 在某个产生式 $A \rightarrow \alpha\{a\}\beta$ 中替换了语义动作 a，对 a 进行修改得到 a'，并且将 a' 关联到 $M \rightarrow \epsilon$ 上。这个动作 a'

① 将动作 a 需要的 A 或 α 中符号的任何属性作为 M 的继承属性进行复制。

② 按照 a 中的方法计算各个属性，但是将计算得到的这些属性作为 M 的综合属性。

这个变换看起来是非法的，因为通常和产生式 $M \rightarrow \epsilon$ 相关的动作将不得不访问某些没有出现在这个产生式中的文法符号的属性。然而，我们将在 LR 语法分析栈上实现各个语义动作。因此必要的属性总是可用的，它们位于栈顶之下的已知位置上。

例 5.25 假设一个 LL 文法中存在一个产生式 $A \rightarrow B\ C$，而继承属性 $B.i$ 是根据继承属性 $A.i$ 按照某个公式 $B.i = f(A.i)$ 计算得到的。也就是说，我们关心的 SDT 片段是

$$A \rightarrow \{B.i = f(A.i);\}\ B\ C$$

我们引入标记 M，M 有继承属性 $M.i$ 和综合属性 $M.s$。前者是 $A.i$ 的一个复制，而后者将成为 $B.i$。这个 SDT 将被写作

$$A \rightarrow M\ B\ C$$
$$M \rightarrow \{M.i = A.i;\ M.s = f(M.i);\}$$

请注意，M 的规则中不可以使用 $A.i$，但是实际上我们将设法安排分析栈，使得如果即将进行一个到 A 的归约，那么 A 的每个继承属性都将出现在栈中执行这个归约的位置下方，从该处就可以读到这些继承属性。因此，当我们将 ϵ 归约为 M 时，我们直接在它的下方找到 $A.i$，在那里

读取到它的值。另外，$M.s$ 的值和 M 一起存放在栈中，它实际上是 $B.i$，以后在进行到 B 的归约时可以在下方找到这个值。 □

为什么标记能够正确工作？

标记是只能推导出 ϵ 的非终结符号，每个标记在所有产生式体中只出现一次。我们将正式证明如果一个文法是 LL 的，那么标记非终结符号可以被插入到产生式体中的任何位置，并且结果文法是 LR 的。如果文法是 LL 的，那么我们只需要看输入符号串 w 的第一个符号（如果 w 为空则是下一个符号），就可以确定 w 是否可以从 A 开始，经过一个以产生式 $A \to \alpha$ 开头的推导序列得到。因此，如果我们用自底向上的方式对 w 进行语法分析，那么只要 w 的开头出现在输入中，我们就可以确定 w 的一个前缀首先必须被归约成为 α，然后再归约到 S。特别是，如果我们在 α 的任何位置插入标记，相应的 LR 状态将隐含地表明这个标记必定存在，并将在输入的正确位置上把 ϵ 归约为标记。

例 5.26 本例中我们把图 5-28 的 SDT 修改成基于经过修改的 LR 文法的 SDT，新的 SDT 可以和 LR 语法分析器一起完成翻译。我们在 C 之前引入标记 M，在 S_1 之前引入标记 N，因此基础文法变成

$$S \to \text{while} \ (\ M \ C \ ) \ N \ S_1$$
$$M \to \epsilon$$
$$N \to \epsilon$$

在我们讨论标记 M 及 N 的关联动作之前，先给出有关属性存放位置的"归纳假设"。

1）在 while 产生式的整个产生式体之下（就是说在栈中的 **while** 之下）将是继承属性 $S.next$。我们可能不知道这个栈记录与哪个非终结符号或语法分析器状态相关，但是我们肯定该记录有一个字段存放了 $S.next$。这个字段位于该记录中的固定位置上，并且在我们知道 S 推导出什么短语之前就已经计算得到了 $S.next$。

2）继承属性 $C.true$ 和 $C.false$ 将紧靠在 C 的栈记录的下方。因为假设这个文法是 LL 的，输入中出现的 **while** 告诉我们 while 产生式是唯一可能被识别的产生式，因此我们可以肯定 M 将出现在栈中紧靠 C 的下方，而 M 的记录将保存 C 的这些继承属性。

3）类似地，继承属性 $S_1.next$ 必定出现在栈中紧靠 S_1 的下方，因此我们把该属性放在 N 的记录中。

4）综合属性 $C.code$ 将出现在 C 的记录中。我们期望在实践中这个记录中出现的是一个指向这个字符串（对象）的指针，而该字符串本身位于栈外。当有一个属性的值是很长的字符串时，我们总是这样处理。

5）类似地，综合属性 $S_1.code$ 将出现在 S_1 的记录中。

现在我们跟踪一个 while 语句的语法分析过程。假设一个保存 $S.next$ 的记录出现在栈顶，并且下一个输入是终结符号 **while**。我们把这个终结符号移入栈中。此时识别出的产生式肯定是 while 产生式，因此 LR 语法分析器可以移入"("并确定下一步把 ϵ 归约为 M。此时的栈显示在图 5-36 中。我们同时还在该图中显示了和 M 的归约相关联的动作。我们创建出 $L1$ 和 $L2$ 的值，它们被存放在 M 的记录的域中。同处这个记录还有 $C.true$ 和 $C.false$ 的域。这些属性必定在这个记录的第二和第三个域中。这是为了和可能在不同上下文中出现于 C 之下，且需要为 C 提供这些属性的其他栈记录保持一致。这个动作最后把两个值赋给 $C.true$ 和 $C.false$。其中的第一个值来自于刚刚生成的 $L2$，另一个则从栈下方存放 $S.next$ 的地方获取。

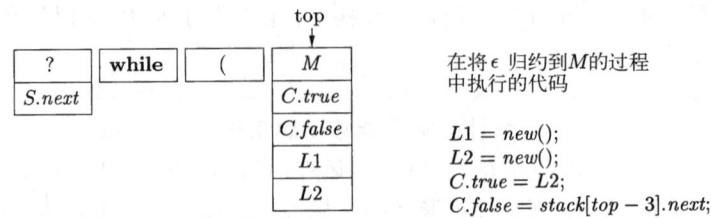

图 5-36 在将 ϵ 归约为 M 之后的 LR 语法分析栈

我们假设后面的输入被正确地归约为 C。因此，综合属性 $C.code$ 存放在 C 的记录中。这一次对栈的改变显示在图 5-37 中。该图还显示了接下来将被放到栈中的多个记录，它们将被放到 C 的记录之上。

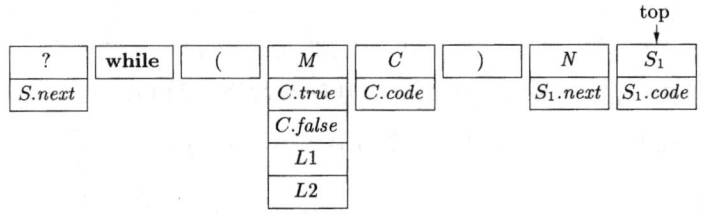

图 5-37 即将把 while 产生式的体归约为 S 之前的栈

继续识别 while 语句，语法分析器下一步将在输入中发现 ")"，把它放在该符号自己的记录中，并压入栈中。因为文法是 LL 的，因此语法分析器在该点上已经知道它在处理一个 while 语句。语法分析器将把 ϵ 归约为 N。和 N 相关联的唯一数据是继承属性 $S_1.next$。请注意，需要将这个属性存放在此记录中的原因是这个记录将恰好位于 S_1 的记录之下。计算 $S_1.next$ 的值的代码是

$$S_1.next = stack[top - 3].L1;$$

这个动作从 N 之下三个记录的地方获取了 $L1$ 的值。当这个代码执行的时候，N 的记录位于栈顶。

接下来，语法分析器将其余输入的某个前缀归约成为 S。我们一直把它称为 S_1，以便和产生式头的 S 区分开。$S_1.code$ 的值计算完成并放在 S_1 的栈记录中。这个步骤对应于图 5-37 所示的情形。

此时，语法分析器将把从 **while** 到 S_1 的全部内容归约为 S。在这一次归约中，执行的代码是：

$$tempCode = \textbf{label} \parallel stack[top - 4].L1 \parallel stack[top - 3].code \parallel$$
$$\textbf{label} \parallel stack[top - 4].L2 \parallel stack[top].code;$$
$$top = top - 6;$$
$$stack[top].code = tempCode;$$

也就是说，我们在变量 $tempCode$ 中构造出 $S.code$ 的值。该代码也是由两个标号 $L1$ 和 $L2$、C 的代码和 S_1 的代码组成。这个栈执行了一些弹出操作，因此 S 出现在 **while** 原来出现的地方。S 的代码值存放在该记录的 $code$ 字段中。它在那里被解释为综合属性 $S.code$。请注意，我们在这次讨论中没有显示对 LR 状态的操作，实际上这些状态必须出现在栈中，其所在的字段就是存放文法符号的字段。 □

5.5.5 5.5 节的练习

练习 5.5.1：按照 5.5.1 节的风格，将练习 5.4.4 中得到的每个 SDD 实现为递归下降的语法

分析器。

练习5.5.2：按照5.5.2节的风格，将练习5.4.4中得到的每个SDD实现为递归下降的语法分析器。

练习5.5.3：按照5.5.3节的风格，将练习5.4.4中得到的每个SDD和一个LL语法分析器一起实现。它们应该边扫描输入边生成代码。

练习5.5.4：按照5.5.3节的风格，将练习5.4.4中得到的每个SDD和一个LL语法分析器一起实现，但是代码(或者指向代码的指针)存放在栈中。

练习5.5.5：按照5.5.4节的风格，将练习5.4.4中得到的每个SDD和一个LR语法分析器一起实现。

练习5.5.6：按照5.5.1节的风格实现练习5.2.4中得到的SDD。按照5.5.2节的风格得到的实现和这个实现相比有什么不同吗？

5.6 第5章总结

- **继承属性和综合属性**：语法制导的定义可以使用的两种属性。一棵语法分析树结点上的综合属性根据该结点的子结点的属性计算得到。一个结点上的继承属性根据它的父结点和/或兄弟结点的属性计算得到。

- **依赖图**：给定一棵语法分析树和一个SDD，我们在各个语法分析树结点所关联的属性实例之间画上边，以指明位于边的头部的属性值要根据位于边的尾部的属性值计算得到。

- **循环定义**：在一个有问题的SDD中，我们发现存在一些语法分析树，无法找到一个顺序来计算所有结点上的所有属性的值。这些语法分析树关联的依赖图中存在环。确定一个SDD是否存在这种带环的依赖图是非常困难的。

- **S属性定义**：在一个S属性的SDD中，所有的属性都是综合的。

- **L属性定义**：在一个L属性的SDD中，属性可能是继承的，也可能是综合的。然而，一个语法分析树结点上的继承属性只能依赖于它的父结点的继承属性和位于它左边的兄弟结点的(任意)属性。

- **抽象语法树**：一棵抽象语法树中的每个结点代表一个构造；某个结点的子结点表示该结点所对应的构造的有意义的组成部分。

- **实现S属性的SDD**：一个S属性定义可以通过一个所有动作都在产生式尾部的SDT(后缀SDT)来实现。这些动作通过产生式体中的各个符号的综合属性来计算产生式头的综合属性。如果基础文法是LR的，那么这个SDT可以在一个LR语法分析器的栈上实现。

- **从SDT中消除左递归**：如果一个SDT只有副作用(即不计算属性值)，那么消除文法左递归的标准方法允许我们把语义动作当作终结符号移动到新文法中去。在计算属性时，如果这个SDT是后缀SDT，那么我们仍然能够消除左递归。

- **用递归下降语法分析实现L属性的SDD**：如果我们有一个L属性定义，且其基础文法可以用自顶向下的方法进行语法分析，我们就可以构造出一个不带回溯的递归下降语法分析器来实现这个翻译。继承属性变成了非终结符号对应的函数的参数，而综合属性由该函数返回。

- **实现LL文法之上的L属性的SDD**：每个以LL文法为基础文法的L属性定义可以在语法分析过程中实现。用于存放一个非终结符号的综合属性的记录被放在栈中这个非终结符号之下，而一个非终结符号的继承属性和这个非终结符号存放在一起。栈中还放置了动作记录，以便在适当的时候计算属性值。

- 以自底向上的方式实现一个在 LL 文法之上的 L 属性 SDD：一个以 LL 文法为基础文法的 L 属性定义可以转换成一个以 LR 文法为基础文法的翻译方案，且这个翻译可以和自底向上的语法分析过程一起执行。文法的转换过程中引入了"标记"非终结符号。这些符号出现在自底向上语法分析栈中，并保存了栈中位于它上方的非终结符号的继承属性。在栈中，综合属性和它的非终结符号放在一起。

5.7 第 5 章参考文献

语法制导定义是归纳定义的一种形式，它在语法结构上进行归纳。作为归纳定义，它们很早以前就已经在数学中非正式地使用了。它们在程序设计语言中的应用是和 Algol 60 中对文法的使用一起出现的。

调用语义动作的语法分析器的基本思想可以在 Samelson 和 Bauer[8] 以及 Brooker 和 Morris[1] 的工作中找到。Irons[2] 使用综合属性构造出了一个最早的语法制导编译器。L 属性定义的分类来自于[6]。

继承属性、依赖图以及对 SDD 的循环依赖的测试（也就是说，是否存在一棵语法分析树使得不存在计算各个属性值的可行顺序）来自于 Knuth[5]。Jazayeri、Ogden 和 Rounds[3] 说明了检测循环所需要的时间和 SDD 的大小呈指数关系。

语法分析器的生成器，比如 Yacc[4]（也可见第 4 章中的文献目录），支持语法分析过程中的属性求值。

Paakki 的研究成果[7]是阅读关于语法制导定义和翻译的大量文献的好起点。

1. Brooker, R. A. and D. Morris, "A general translation program for phrase structure languages," *J. ACM* **9**:1 (1962), pp. 1–10.

2. Irons, E. T., "A syntax directed compiler for Algol 60," *Comm. ACM* **4**:1 (1961), pp. 51–55.

3. Jazayeri, M., W. F. Ogden, and W. C. Rounds, "The intrinsic exponential complexity of the circularity problem for attribute grammars," *Comm. ACM* **18**:12 (1975), pp. 697–706.

4. Johnson, S. C., "Yacc — Yet Another Compiler Compiler," Computing Science Technical Report 32, Bell Laboratories, Murray Hill, NJ, 1975. Available at http://dinosaur.compilertools.net/yacc/.

5. Knuth, D.E., "Semantics of context-free languages," *Mathematical Systems Theory* **2**:2 (1968), pp. 127–145. See also *Mathematical Systems Theory* **5**:1 (1971), pp. 95–96.

6. Lewis, P. M. II, D. J. Rosenkrantz, and R. E. Stearns, "Attributed translations," *J. Computer and System Sciences* **9**:3 (1974), pp. 279–307.

7. Paakki, J., "Attribute grammar paradigms — a high-level methodology in language implementation," *Computing Surveys* **27**:2 (1995) pp. 196–255.

8. Samelson, K. and F. L. Bauer, "Sequential formula translation," *Comm. ACM* **3**:2 (1960), pp. 76–83.

第 6 章 中间代码生成

在编译器的分析-综合模型中,前端对源程序进行分析并产生中间表示,后端在此基础上生成目标代码。理想情况下,和源语言相关的细节在前端分析中处理,而关于目标机器的细节则在后端处理。基于一个适当定义的中间表示形式,可以把针对源语言 i 的前端和针对目标机器 j 的后端组合起来,构造得到源语言 i 在目标机器 j 上的一个编译器。这种创建编译器组合的方法可以大大减少工作量:只要写出 m 种前端和 n 种后端处理程序,就可以得到 $m \times n$ 种编译程序。

本章的内容涉及中间代码表示、静态类型检查和中间代码生成。为简单起见,我们假设一个编译程序的前端处理按照图 6-1 所示方式进行组织,顺序地进行语法分析、静态检查和中间代码生成。有时候这几个过程也可以组合起来,在语法分析中一并完成。我们将使用第 2 章和第 5 章中的语法制导定义来描述类型检查和翻译过程。大部分的翻译方案可以基于第 5 章中给出的自顶向下或自底向上的语法分析技术来实现。所有的方案都可以通过生成并遍历抽象语法树来实现。

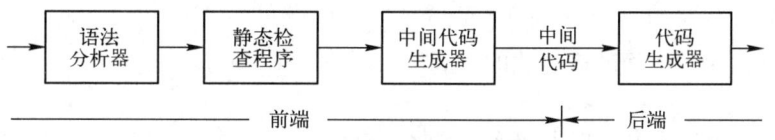

图 6-1 一个编译器前端的逻辑结构

静态检查包括类型检查(type checking),类型检查保证运算符被应用到兼容的运算分量。静态检查还包括在语法分析之后进行的所有语法检查。例如,静态检查保证了 C 语言中的一条 break 指令必然位于一个 while/for/switch 语句之内。如果不存在这样的语句,静态检查将报告一个错误。

本章介绍的方法可以用于多种中间表示,包括抽象语法树和三地址代码。这两种中间表示方法都在 2.8 节中介绍过。之所以名为"三地址代码",是因为这些指令的一般形式 $x = y\ op\ z$ 具有三个地址:两个运算分量 y 和 z,一个结果变量 x。

在将给定源语言的一个程序翻译成特定的目标机器代码的过程中,一个编译器可能构造出一系列中间表示,如图 6-2 所示。高层的表示接近于源语言,而低层的表示接近于目标机器。语法树是高层的表示,它刻画了源程序的自然的层次性结构,并且适用于静态类型检查这样的处理。

源程序 → 高层中间表示形式 → ⋯ → 低层中间表示形式 → 目标代码

图 6-2 编译器可能使用一系列的中间表示

低层的表示形式适用于机器相关的处理任务,比如寄存器分配、指令选择等。通过选择不同的运算符,三地址代码既可以是高层的表示方式,也可以是低层的表示方式。在 6.2.3 节将看到,对表达式而言,语法树和三地址代码只是在表面上有所不同。对于循环语句,语法树表示了语句的各个组成部分,而三地址代码包含标号和跳转指令,用来表示目标语言的控制流。

不同的编译器对中间表示的选择和设计各有不同。中间表示可以是一种真正的语言,也可以由编译器的各个处理阶段共享的多个内部数据结构组成。C 语言是一种程序设计语言。它具有很好的灵活性和通用性,可以很方便地把 C 程序编译成高效的机器代码,并且有很多 C 的编译器可用,因此 C 语言也常常被用作中间表示。早期的 C++ 编译器的前端生成 C 代码,而把 C 编译器作为其后端。

6.1 语法树的变体

语法树中的各个结点代表了源程序中的构造,一个结点的所有子结点反映了该结点对应构造的有意义的组成成分。为表达式构建的无环有向图(Directed Acyclic Graph,以后简称 DAG)指出了表达式中的公共子表达式(多次出现的子表达式)。在本节我们将看到,可以用构造语法树的技术去构造 DAG。

6.1.1 表达式的有向无环图

和表达式的语法树类似,一个 DAG 的叶子结点对应于原子运算分量,而内部结点对应于运算符。与语法树不同的是,如果 DAG 中的一个结点 N 表示一个公共子表达式,则 N 可能有多个父结点。在语法树中,公共子表达式每出现一次,代表该公共子表达式的子树就会被复制一次。因此,DAG 不仅更简洁地表示了表达式,而且可以为最终生成表达式的高效代码提供重要的信息。

例 6.1 图 6-3 给出了下面的表达式的 DAG

a + a * (b – c) + (b – c) * d

叶子结点 a 在表达式中出现了两次,因此 a 有两个父结点。值得注意的是,结点"–"代表公共子表达式 b-c 的两次出现。该结点同样有两个父结点,表明该子表达式在子表达式 a * (b – c) 和 (b – c) * d 中两次被使用。尽管 b 和 c 在整个表达式中出现了两次,但它们对应的结点只有一个父结点,因为对它们的使用都出现在同样的公共子表达式 b – c 中。 □

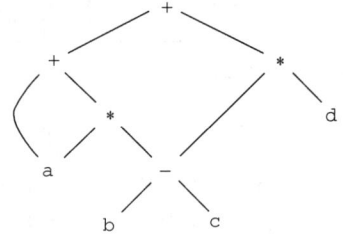

图 6-3　表达式 a + a * (b – c) + (b – c) * d 的 DAG

图 6-4 给出的 SDD(语法制导定义)既可以用来构造语法树,也可以用来构造 DAG。它在例 5.11 中曾用于构造语法树。在那里,函数 Leaf 和 Node 每次被调用都会构造出一个新结点。要构造得到 DAG,这些函数就要在每次构造新结点之前首先检查是否已存在这样的结点。如果存在一个已被创建的结点,就返回这个已有的结点。例如,在构造一个新结点 $Node(op, left, right)$ 之前,我们首先检查是否已存在一个结点,该结点的标号为 op,且其两个子结点为 $left$ 和 $right$。如果存在这样的结点,Node 函数返回这个已存在的结点,否则它创建一个新结点。

	产生式	语义规则
1)	$E \rightarrow E_1 + T$	$E.node = \text{new } Node('+', E_1.node, T.node)$
2)	$E \rightarrow E_1 - T$	$E.node = \text{new } Node('-', E_1.node, T.node)$
3)	$E \rightarrow T$	$E.node = T.node$
4)	$T \rightarrow T_1 * F$	$T.node = \text{new } Node('*', T_1.node, F.node)$
	$T \rightarrow (E)$	$T.node = E.node$
5)	$T \rightarrow \textbf{id}$	$T.node = \text{new } Leaf(\textbf{id}, \textbf{id}.entry)$
6)	$T \rightarrow \textbf{num}$	$T.node = \text{new } Leaf(\textbf{num}, \textbf{num}.val)$

图 6-4　生成语法树或 DAG 的语法制导定义

例 6.2

图 6-5 给出了构造图 6-3 所示 DAG 的各个步骤。如上所述，函数 Node 和 Leaf 尽可能地返回已存在的结点。我们假设 entry-a 指向符号表中与 a 对应的项，其他标识符的处理方式与此类似。

当在第 2 步再次调用 Leaf(**id**, entry-a)时，函数返回的是之前调用生成的结点，因此 $p_2 = p_1$。类似地，第 8 步和第 9 步返回的结点分别和第 3 步及第 4 步返回的结果相同（即 $p_8 = p_3$，$p_9 = p_4$）。同样，第 10 步返回的结点必然和第 5 步中返回的结点相同，即 $p_{10} = p_5$。 □

1) $p_1 = Leaf(\mathbf{id}, entry\text{-}a)$
2) $p_2 = Leaf(\mathbf{id}, entry\text{-}a) = p_1$
3) $p_3 = Leaf(\mathbf{id}, entry\text{-}b)$
4) $p_4 = Leaf(\mathbf{id}, entry\text{-}c)$
5) $p_5 = Node('-', p_3, p_4)$
6) $p_6 = Node('*', p_1, p_5)$
7) $p_7 = Node('+', p_1, p_6)$
8) $p_8 = Leaf(\mathbf{id}, entry\text{-}b) = p_3$
9) $p_9 = Leaf(\mathbf{id}, entry\text{-}c) = p_4$
10) $p_{10} = Node('-', p_3, p_4) = p_5$
11) $p_{11} = Leaf(\mathbf{id}, entry\text{-}d)$
12) $p_{12} = Node('*', p_5, p_{11})$
13) $p_{13} = Node('+', p_7, p_{12})$

图 6-5　图 6-3 所示的 DAG 的构造过程

6.1.2　构造 DAG 的值编码方法

语法树或 DAG 图中的结点通常存放在一个记录数组中，如图 6-6 所示。数组的每一行表示一个记录，也就是一个结点。在每个记录中，第一个字段是一个运算符代码，也是该结点的标号。在图 6-6b 中，各个叶子结点还有一个附加的字段，它存放了标识符的词法值（在这里，它是一个指向符号表的指针或一个常量）。内部结点则有两个附加的字段，分别指明其左右子结点。

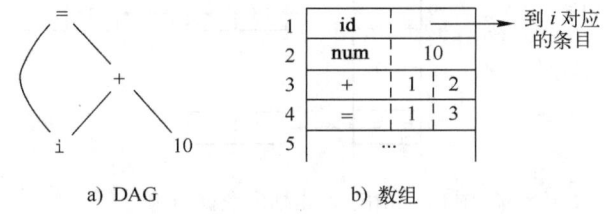

图 6-6　$i = i + 10$ 的 DAG 的结点在数组中的表示

在这个数组中，我们只需要给出一个结点对应的记录在此数组中的整数下标就可以引用该结点。在历史上，这个整数称为相应结点或该结点所表示的表达式的值编码（value number）。例如，在图 6-6 中，标号为"+"的结点的值编码为 3，其左右子结点的值编码分别为 1 和 2。在实践中，我们可以用记录指针或对象引用来代替整数下标，但是我们仍然把一个结点的引用称为该结点的"值编码"。如果使用适当的数据结构，值编码可以帮助我们高效地构造出表达式的 DAG。下一个算法将给出构造的方法。

假定结点按照如图 6-6 所示的方式存放在一个数组中，每个结点通过其值编码引用。设每个内部结点的范型为三元组 $<op, l, r>$，其中 op 是标号，l 是其左子结点对应的值编码，r 是其右子结点对应的值编码。假设单目运算符对应的结点有 $r = 0$。

算法 6.3　构造 DAG 的结点的值编码方法。

输入：标号 op、结点 l 和结点 r。

输出：数组中具有三元组 $<op, l, r>$ 形式的结点的值编码。

方法：在数组中搜索标号为 op、左子结点为 l 且右子结点为 r 的结点 M。如果存在这样的结点，则返回 M 结点的值编码。若不存在这样的结点，则在数组中添加一个结点 N，其标号为 op，左右子结点分别为 l 和 r，返回新建结点对应的值编码。 □

虽然算法 6.3 可以产生我们期待的输出结果，但是每次定位一个结点时都要搜索整个数组，这个开销是很大的，当数组中存放了整个程序的所有表达式时尤其如此。更高效的方法是使用散列表，将结点放入若干"桶"中，每个桶通常只包含少量结点。散列表是能够高效支持词典（dictionary）功能的少数几个数据结构之一[⊖]。词典是一种抽象的数据类型，它可以插入或删除一个集合中的元素，可以确定一个给定元素当前是否在集合中。类似于散列表这样为词典设计的优秀数据结构可以在常数或接近常数的时间内完成上述的操作，所需时间和集合的大小无关。

要给 DAG 中的结点构造散列表，首先需要建立散列函数（hash function）h。这个函数为形如 $<op, l, r>$ 的三元组计算"桶"的索引。它通过计算索引把三元组分配到各个桶中，并使得不大可能存在某个"桶"的元组数量大大超过平均数很多。通过对 op、l、r 的计算，可以确定地得到桶索引 $h(op, l, r)$。因而我们可以多次重复这个计算过程，总是得到结点 $<op, l, r>$ 的相同的桶索引。

桶可以通过链表来实现，如图 6-7 所示。一个由散列值索引的数组保存桶的头（bucket header）。每个头指向列表中的第一个单元。在一个桶的链表中，链表的各个单元记录了某个被散列函数分配到此桶中的某个结点的值编码。也就是说，在以数组的第 $h(op, l, r)$ 个元素为头的链表中可以找到结点 $<op, l, r>$。

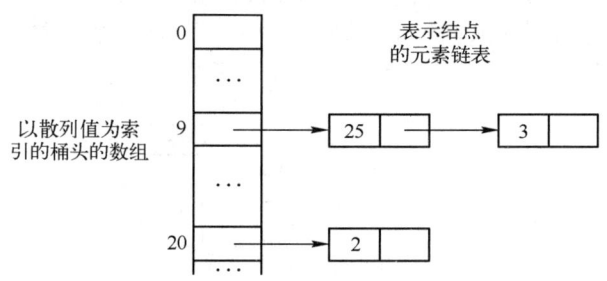

图 6-7 用于搜索桶的数据结构

因此，给定一个输入结点 (op, l, r)，我们首先计算桶索引 $h(op, l, r)$，然后在该桶的单元中搜索这个结点。通常情况下有足够多的桶，因此链表中不会有很多单元。然而，我们必须查看一个桶中的所有单元，并且对于每一个单元中的值编码 v，我们必须检查输入结点的三元组 $<op, l, r>$ 是否和单元列表中值编码为 v 的结点相匹配（如图 6-7 所示）。如果我们找到了匹配的结点，就返回 v。如果没有找到匹配的结点，我们知道其他桶中也不会有这样的结点。因此，我们就创建一个新的单元，添加到"桶"索引为 $h(op, l, r)$ 的单元链表中，并返回新建结点对应的值编码。

6.1.3 6.1 节的练习

练习 6.1.1：为下面的表达式构造 DAG
$$((x+y)-((x+y)*(x-y)))+((x+y)*(x-y))$$

练习 6.1.2：为下列表达式构造 DAG，且指出它们的每个子表达式的值编码。假定 + 是左结合的。

1) $a+b+(a+b)$

2) $a+b+a+b$

3) $a+a+(a+a+a+(a+a+a+a))$

[⊖] 参见 Aho, A. V.、J. E. Hopcroft 和 J. D. Ullman 所著的《数据结构与算法》（Data Structures and Algorithms，Addison-Wesley 出版社 1983 年出版）。其中有关于支持词典功能的数据结构的讨论。

6.2 三地址代码

在三地址代码中,一条指令的右侧最多有一个运算符。也就是说,不允许出现组合的算术表达式。因此,像 x + y * z 这样的源语言表达式要被翻译成如下的三地址指令序列。

```
t₁ = y * z
t₂ = x + t₁
```

其中 t_1 和 t_2 是编译器产生的临时名字。因为三地址代码拆分了多运算符算术表达式以及控制流语句的嵌套结构,所以适用于目标代码的生成和优化。具体的过程将在第 8、9 章中详细介绍。因为可以用名字来表示程序计算得到的中间结果,所以三地址代码可以方便地进行重排。

例 6.4 三地址代码是一棵语法树或一个 DAG 的线性表示形式。三地址代码中的名字对应于图中的内部结点。图 6-8 中再次给出了图 6-3 中的 DAG,以及该图对应的三地址代码序列。 □

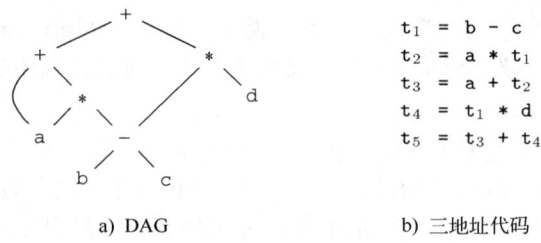

a) DAG 　　　　　　　b) 三地址代码

图 6-8 一个 DAG 及其对应的三地址代码

6.2.1 地址和指令

三地址代码基于两个基本概念:地址和指令。按照面向对象的说法,这两个概念对应于两个类,而各种类型的地址和指令对应于相应的子类。另一种方法是用记录的方式来实现三地址代码,记录中的字段用来保存地址。6.2.2 节将简要介绍被称为四元式和三元式的记录表示方式。

地址可以具有如下形式之一:

- 名字。为方便起见,我们允许源程序的名字作为三地址代码中的地址。在实现中,源程序名字被替换为指向符号表条目的指针。关于该名字的所有信息均存放在该条目中。
- 常量。在实践中,编译器往往要处理很多不同类型的常量和变量。6.5.2 节将考虑表达式中的类型转换问题。
- 编译器生成的临时变量。在每次需要临时变量时产生一个新名字是必要的,在优化编译器中更是如此。当为变量分配寄存器的时候,我们可以尽可能地合并这些临时变量。

下面我们介绍本书的其余部分常用的几种三地址指令。改变控制流的指令将使用符号化标号。每个符号化标号表示指令序列中的一条三地址指令的序号。通过一次扫描,或者通过回填技术就可以把符号化标号替换为实际的指令位置。回填技术将在 6.7 节中讨论。下面给出几种常见的三地址指令形式:

1) 形如 $x = y$ op z 的赋值指令,其中 op 是一个双目算术符或逻辑运算符。x、y、z 是地址。
2) 形如 $x = op$ y 的赋值指令,其中 op 是单目运算符。基本的单目运算符包括单目减、逻辑非和转换运算。将整数转换成浮点数的运算就是转换运算的一个例子。
3) 形如 $x = y$ 的复制指令,它把 y 的值赋给 x。
4) 无条件转移指令 $goto$ L,下一步要执行的指令是带有标号 L 的三地址指令。
5) 形如 if x goto L 或 if False x goto L 的条件转移指令。分别当 x 为真或为假时,这

两个指令的下一步将执行带有标号 L 的指令。否则下一步将照常执行序列中的后一条指令。

6）形如 if x relop y goto L 的条件转移指令。它对 x 和 y 应用一个关系运算符（<、==、>= 等）。如果 x 和 y 之间满足 relop 关系，那么下一步将执行带有标号 L 的指令，否则将执行指令序列中跟在这个指令之后的指令。

7）过程调用和返回通过下列指令来实现：param x 进行参数传递，call p, n 和 y = call p, n 分别进行过程调用和函数调用；return y 是返回指令，其中 y 表示返回值，该指令是可选的。这些三地址指令的常见用法见下面的三地址指令序列

```
param x₁
param x₂
...
param xₙ
call p, n
```

它是过程 $p(x_1, x_2, \cdots, x_n)$ 的调用的一部分。"call p, n"中的 n 是实在参数的个数。这个 n 并不是冗余的，因为存在嵌套调用的情况。也就是说，前面的一些 param 语句可能是 p 返回之后才执行的某个函数调用的参数，而 p 的返回值又成为这个后续函数调用的另一个参数。过程调用的实现将在 6.9 节中加以介绍。

8）带下标的复制指令 x = y[i] 和 x[i] = y。x = y[i] 指令将把距离位置 y 处 i 个内存单元的位置中存放的值赋给 x。指令 x[i] = y 将距离位置 x 处 i 个内存单元的位置中的内容设置为 y 的值。

9）形如 x = &y、x = *y 或 *x = y 的地址及指针赋值指令。指令 x = &y 将 x 的右值设置为 y 的地址（左值）⊖。这个 y 通常是一个名字，也可能是一个临时变量。它表示一个诸如 A[i][j] 这样具有左值的表达式。x 是一个指针名字或临时变量。在指令 x = *y 中，假定 y 是一个指针，或是一个其右值表示内存位置的临时变量。这个指令使得 x 的右值等于存储在这个位置中的值。最后，指令 *x = y 则把 y 的右值赋给由 x 指向的目标的右值。

例 6.5 考虑语句

```
do i = i+1; while (a[i] < v);
```

图 6-9 给出了这个语句的两种可能的翻译。在图 6-9a 的翻译中，第一条指令上附加了一个符号化标号 L。图 6-9b 中的翻译显示了每条指令的位置号，我们在图中选择以 100 作为开始位置。在两种翻译中，最后一条指令都是目标为第一条指令的条件转移指令。乘法运算 i * 8 适用于每个元素占 8 个存储单元的数组。 □

```
L:   t₁ = i + 1
     i = t₁
     t₂ = i * 8
     t₃ = a [ t₂ ]
     if t₃ < v goto L
```

```
100:  t₁ = i + 1
101:  i = t₁
102:  t₂ = i * 8
103:  t₃ = a [ t₂ ]
104:  if t₃ < v goto 100
```

a) 符号标号   b) 位置号

图 6-9 给三地址指令指定标号的两种方法

选择使用哪些运算符是中间表示形式设计的一个重要问题。显然，这个运算符集合中的运算符要足够丰富，以便实现源语言中的所有运算。接近机器指令的运算符可以使在目标机器上实现中间表示形式更加容易。然而，如果前端必须为某些源语言运算生成很长的指令序列，那么优

⊖ 2.8.3 节曾经提出，左值和右值分别表示赋值左/右部。

中间代码生成　　　　　　　　　　　　　　　　　　　　　　　　　　　　　223

化器和代码生成器就需要花费更多的时间去重新发现程序的结构，然后才能为这些运算生成高质量的目标代码。

6.2.2　四元式表示

上面对三地址指令的描述详细说明了各类指令的组成部分，但是并没有描述这些指令在某个数据结构中的表示方法。在编译器中，这些指令可以实现为对象，或者是带有运算符字段和运算分量字段的记录。四元式、三元式和间接三元式是三种这样的描述方式。

一个四元式（quadruple）有四个字段，我们分别称为 op、arg_1、arg_2、$result$。字段 op 包含一个运算符的内部编码。举例来说，在三地址指令 $x = y + z$ 相应的四元式中，op 字段中存放 +，arg_1 中为 y，arg_2 中为 z，$result$ 中为 x。下面是这个规则的一些特例：

1）形如 $x = \text{minus } y$ 的单目运算符指令和赋值指令 $x = y$ 不使用 arg_2。注意，对于像 $x = y$ 这样的赋值语句，op 是 =，而对大部分其他运算而言，赋值运算符是隐含表示的。

2）像 param 这样的运算既不使用 arg_2，也不使用 $result$。

3）条件或非条件转移指令将目标标号放入 $result$ 字段。

例6.6　赋值语句 $a = b * -c + b * -c$ 的三地址代码如图6-10a所示。这里我们使用特殊的 minus 运算符来表示"$-c$"中的单目减运算符"$-$"，以区别于"$b-c$"中的双目减运算符"$-$"。请注意，单目减的三地址语句中只有两个地址，复制语句 $a = t_5$ 也是如此。

图6-10b 描述了实现图6-10a中三地址代码的四元式序列。　　　　　　　　　　　□

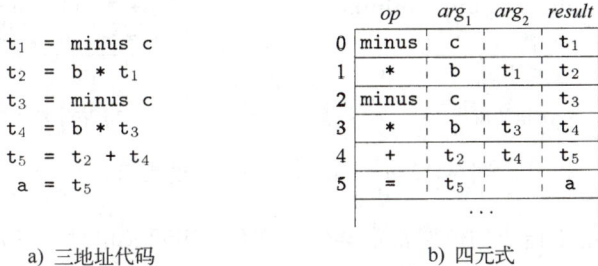

　　　a）三地址代码　　　　　　　　b）四元式

图6-10　三地址代码及其四元式表示

为了提高可读性，我们在图6-10b中直接用实际标识符，比如用 a、b、c 来描述 arg_1、arg_2 以及 $result$ 字段，而没有使用指向相应符号表条目的指针。临时名字可以像程序员定义的名字一样被加入到符号表中，也可以实现为 Temp 类的对象，这个 Temp 类有自己的方法。

6.2.3　三元式表示

一个三元式（triple）只有三个字段，我们分别称之为 op、arg_1 和 arg_2。请注意，图6-10b 中的 $result$ 字段主要被用于临时变量名。使用三元式时，我们将用运算 $x \; op \; y$ 的位置来表示它的结果，而不是用一个显式的临时名字表示。例如，在三元式表示中将直接用位置(0)，而不是像图6-10b 中那样用临时名字 t_1 来表示对相应运算结果的引用。带有括号的数字表示指向相应三元式结构的指针。在6.1.2节中，位置或指向位置的编码被称为值编码。

三元式基本上和算法6.3中的结点范型等价。因此，表达式的 DAG 表示和三元式表示是等价的。当然这种等价关系仅对表达式成立，因为语法树的变体和三地址代码分别以完全不同的方式来表示控制流。

例6.7　图6-11中给出的语法树和三元式表示对应于图6-10中的三地址代码及四元式序列。

在图 6-11b 给出的三元式表示中，复制语句 $a = t_5$ 按照下列方式表示为一个三元式：在字段 arg_1 中放置 a，而在字段 arg_2 中放置三元式位置的值编码(4)。□

像 $x[i] = y$ 这样的三元运算在三元式结构中需要两个条目。例如，我们可以把 x 和 i 置于一个三元式中，并把 y 置于另一个三元式中。类似的，我们可以把 $x = y[i]$ 看成是两条指令 $t = y[i]$ 和 $x = t$，从而用三元式实现这个语句。其中的 t 是编译器生成的临时变量。请注意，实际上 t 是不会出现在三元式中的，因为在三元式结构中是通过相应三元式结构的位置来引用临时值的。

为什么我们需要复制指令？

如图 6-10a 所示，一个简单的翻译表达式的算法往往会为赋值运算生成复制指令。在该图中，我们将 t_5 复制给 a，而不是直接将 $t_2 + t_4$ 赋给 a。通常，每个子表达式都会有一个它自己的新临时变量来存放运算结果。只有当处理赋值运算符 = 时，我们才知道将把整个表达式的结果赋到哪里。一个代码优化过程将会发现 t_5 可以被替换为 a。这个优化过程可能使用 6.1.1 节中描述的 DAG 作为中间表示形式。

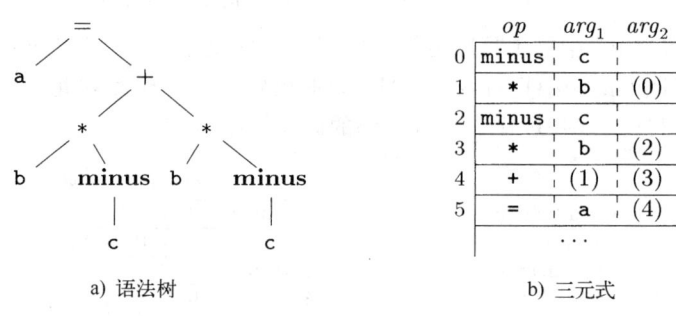

图 6-11 $a = b * -c + b * -c$ 的表示

在优化编译器中，由于指令的位置常常会发生变化，四元式相对于三元式的优势就体现出来了。使用四元式时，如果我们移动了一个计算临时变量 t 的指令，那些使用 t 的指令不需要做任何改变。而使用三元式时，对于运算结果的引用是通过位置完成的，因此如果改变一条指令的位置，则引用该指令的结果的所有指令都要做相应的修改。使用下面将要介绍的间接三元式时就不会出现这个问题。

间接三元式 (indirect triple) 包含了一个指向三元式的指针的列表，而不是列出三元式序列本身。例如，我们可以使用数组 *instruction* 按照适当的顺序列出指向三元式的指针。这样，图 6-11b 中的三元式序列就可以表示成为图 6-12 所示的形式。

instruction			*op*	arg_1	arg_2
35	(0)	0	minus	c	
36	(1)	1	*	b	(0)
37	(2)	2	minus	c	
38	(3)	3	*	b	(2)
39	(4)	4	+	(1)	(3)
40	(5)	5	=	a	(4)
...			...		

图 6-12 三地址代码的间接三元式表示

使用间接三元式表示方法时，优化编译器可以通过对 instruction 列表的重新排序来移动指令的位置，但不影响三元式本身。在用 Java 实现时，一个指令对象的数组和间接三元式表示类似，因为 Java 将数组元素作为对象引用来处理。

6.2.4　静态单赋值形式

静态单赋值形式（SSA）是另一种中间表示形式，它有利于实现某些类型的代码优化。SSA 和三地址代码的区别主要体现在两个方面。首先，SSA 中的所有赋值都是针对具有不同名字的变量的，这也是“静态单赋值”这名字的由来。图 6-13 给出了分别以三地址代码形式和静态单赋值形式表示的中间程序。注意，SSA 表示中对变量 p 和 q 的每次定值都以不同的下标加以区分。

```
p = a + b
q = p - c
p = q * d
p = e - p
q = p + q
```

a) 三地址代码

$$
\begin{aligned}
p_1 &= a + b\\
q_1 &= p_1 - c\\
p_2 &= q_1 * d\\
p_3 &= e - p_2\\
q_2 &= p_3 + q_1
\end{aligned}
$$

b) 静态单赋值形式

图 6-13　三地址代码形式和 SSA 形式的中间程序

在一个程序中，同一个变量可能在两个不同的控制流路径中被定值。例如，下列源程序

```
if ( flag ) x = -1; else x = 1;
y = x * a;
```

中，x 在两个不同的控制流路径中被定值。如果我们对条件语句的真分支和假分支中的 x 使用不同的变量名，那么我们应该在赋值运算 y = x * a 中使用哪个名字？这也是 SSA 的第二个特别之处。SSA 使用一种被称为 φ 函数的表示规则将 x 的两处定值合并起来：

$$
\begin{aligned}
&\texttt{if (flag) } x_1 = -1\texttt{; else } x_2 = 1;\\
&x_3 = \phi(x_1, x_2);
\end{aligned}
$$

如果控制流经过这个条件语句的真分支，$\phi(x_1, x_2)$ 的值为 x_1；否则，如果控制流经过假分支，ϕ 函数的值为 x_2。也就是说，根据到达包含 ϕ 函数的赋值语句的不同控制流路径，ϕ 函数返回不同的参数值。

6.2.5　6.2 节的练习

练习 6.2.1： 将算术表达式 a + -(b + c) 翻译成

1）抽象语法树

2）四元式序列

3）三元式序列

4）间接三元式序列

练习 6.2.2： 对下列赋值语句重复练习 6.2.1。

1）`a = b[i] + c[j]`

2）`a[i] = b*c - b*d`

3）`x = f(y+1) + 2`

4）`x = *p + &y`

! **练习 6.2.3：** 说明如何对一个三地址代码序列进行转换，使得每个被定值的变量都有唯一的变量名。

6.3　类型和声明

可以把类型的应用划分为类型检查和翻译：

- 类型检查（type checking）。类型检查利用一组逻辑规则来推理一个程序在运行时刻的行

为。更明确地讲，类型检查保证运算分量的类型和运算符的预期类型相匹配。例如，Java 要求 && 运算符的两个运算分量必须是 boolean 型。如果满足这个条件，结果也具有 boolean 类型。

- **翻译时的应用**（translation application）。根据一个名字的类型，编译器可以确定这个名字在运行时刻需要多大的存储空间。类型信息还会在其他很多地方被用到，包括计算一个数组引用所指示的地址，插入显式的类型转换，选择正确版本的算术运算符，等等。

在这一节中，我们将考虑在某个过程或类中声明的名字的类型及存储空间布局问题。一个过程调用或对象的实际存储空间是在运行时刻（当该过程被调用或该对象被创建时）进行分配的。然而，当我们在编译时刻检查局部声明时，可以进行相对地址（relative address）的布局，一个名字或某个数据结构分量的相对地址是指它相对于数据区域开始位置的偏移量。

6.3.1 类型表达式

类型自身也有结构，我们使用类型表达式（type expression）来表示这种结构：类型表达式可能是基本类型，也可能通过把被称为类型构造算子的运算符作用于类型表达式而得到。基本类型的集合和类型构造算子根据被检查的具体语言而定。

例 6.8 数组类型 `int[2][3]` 表示"由两个数组组成的数组，其中的每个数组各包含 3 个整数"。它的类型表达式可以写成 $array(2, array(3, integer))$。该类型可以用如图 6-14 所示的树来描述。array 运算符有两个参数：一个数字和一个类型。□

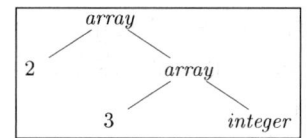

图 6-14 `int[2][3]` 的类型表达式

我们将使用如下的类型表达式的定义：

- 基本类型是一个类型表达式。一种语言的基本类型通常包括 *boolean*、*char*、*integer*、*float* 和 *void*。最后一个类型表示"没有值"。
- 类名是一个类型表达式。
- 将类型构造算子 *array* 作用于一个数字和一个类型表达式可以得到一个类型表达式。
- 一个记录是包含有名字段的数据结构。将 *record* 类型构造算子应用于字段名和相应的类型可以构造得到一个类型表达式。在 6.3.6 节中，记录类型的实现方法是把构造算子 *record* 应用于包含了各个字段对应条目的符号表。
- 使用类型构造算子 → 可以构造得到函数类型的类型表达式。我们把"从类型 *s* 到类型 *t* 的函数"写成 *s*→*t*。在 6.5 节中讨论类型检查时，函数类型是有用的。
- 如果 *s* 和 *t* 是类型表达式，则其笛卡儿积 *s* × *t* 也是类型表达式。引入笛卡儿积主要是为了保证定义的完整性。它可以用于描述类型的列表或元组（例如，用于表示函数参数）。我们假定 × 具有左结合性，并且其优先级高于 →。
- 类型表达式可以包含取值为类型表达式的变量。在 6.5.4 节中将用到编译器产生的类型变量。

图是表示类型表达式的一种比较方便的方法。可以修改 6.1.2 节中给出的值编码方法，以构造一个类型表达式的 DAG。图的内部结点表示类型构造算子，而叶子结点是基本类型、类型名或类型变量。6.1.4 给出了一棵树的实例⊖。

⊖ 类型名代表类型表达式，因此可能形成隐式的环，见"类型名和递归类型"部分。如果到达类型名的边被重定向到该名字对应的类型表达式，那么得到的图中就可能因为存在递归类型而出现环。

> **类型名和递归类型**
>
> 在 C++ 和 Java 中，类一旦被定义，其名字就可以被用来表示类型名。例如，考虑下列程序片段中的 Node 类。
>
> ```
> public class Node { ... }
> ...
> public Node n;
> ```
>
> 类型名还可以用来定义递归类型，在像链表这样的数据结构中要用到递归类型。一个列表元素的伪代码如下：
>
> ```
> class Cell { int info; Cell next; ... }
> ```
>
> 它定义了一个递归类型 Cell。这个类包括一个 info 字段和另一个 Cell 类型的字段 next。在 C 中可以通过记录和指针来定义类似的递归类型。本章介绍的技术也适用于递归类型。

6.3.2 类型等价

两个类型表达式什么时候等价呢？很多类型检查规则具有这样的形式，"**如果**两个类型表达式相等，**那么**返回某种类型，**否则**出错"。当给一些类型表达式命名，并且这些名字在之后的其他类型表达式中使用时就可能会产生歧义。关键问题在于一个类型表达式中的名字是代表它自身呢，还是被看作另一个类型表达式的一种缩写形式。

当用图来表示类型表达式的时候，两种类型之间结构等价（structurally equivalent）当且仅当下面的某个条件为真：

- 它们是相同的基本类型。
- 它们是将相同的类型构造算子应用于结构等价的类型而构造得到。
- 一个类型是另一个类型表达式的名字。

如果类型名仅仅代表它自身，那么上述定义中的前两个条件定义了类型表达式的名等价（name equivalence）关系。

如果我们使用算法 6.3，那么名等价表达式将被赋予相同的值编码。结构等价关系可以使用 6.5.5 节中给出的合一算法进行检验。

6.3.3 声明

我们在研究类型及其声明时将使用一个经过简化的文法，在这个文法中一次只声明一个名字。一次声明多个名字的情况可以像例 5.10 中讨论的那样进行处理。我们使用的文法如下：

```
D  →  T id ; D | ϵ
T  →  B C | record '{' D '}'
B  →  int | float
C  →  ϵ | [ num ] C
```

上述处理基本类型和数组类型的文法，可以用来演示 5.3.2 节中描述的继承属性。本节的不同之处在于我们不仅考虑类型本身，还考虑各个类型的存储布局。

非终结符号 D 生成一系列声明。非终结符号 T 生成基本类型、数组类型或记录类型。非终结符号 B 生成基本类型 int 和 float 之一。非终结符号 C（表示"分量"）产生零个或多个整数，每个整数用方括号括起来。一个数组类型包含一个由 B 指定的基本类型，后面跟一个由非终结符号 C 指定的数组分量。一个记录类型（T 的第二个产生式）由各个记录字段的声明序列构成，并被花括号括起来。

6.3.4 局部变量名的存储布局

从变量类型我们可以知道该变量在运行时刻需要的内存数量。在编译时刻，我们可以使用这些数量为每个名字分配一个相对地址。名字的类型和相对地址信息保存在相应的符号表条目中。对于字符串这样的变长数据，以及动态数组这样的只有在运行时刻才能够确定其大小的数据，处理的方法是为指向这些数据的指针保留一个已知的固定大小的存储区域。运行时刻的存储管理问题将在第 7 章中讨论。

地址对齐

数据对象的存储布局受目标机器的寻址约束的影响。比如，将整数相加的指令往往希望整数能够对齐(aligned)，也就是说，希望它们被放在内存中的特定位置上，比如地址能够被 4 整除的位置上。虽然一个有 10 个字符的数组只需要足以存放 10 个字符的字节空间，但编译器常常会给它分配 12 个字节，即下一个 4 的倍数，这样会有 2 个字节没有使用。因为对齐的要求而分配的无用空间被称为"补白"(padding)。当空间比较宝贵时，编译器需要对数据进行压缩(pack)，此时不存在"补白"空间，但可能需要在运行时刻执行额外的指令把被压缩的数据重新定位，以便这些数据看上去仍然是对齐的，从而进行相关运算。

假设存储区域是连续的字节块，其中字节是可寻址的最小内存单位。一个字节通常有 8 个二进制位，若干字节组成一个机器字。多字节数据对象往往被存储在一段连续的字节中，并以初始字节的地址作为该数据对象的地址。

类型的宽度(width)是指该类型的一个对象所需的存储单元的数量。一个基本类型，比如字符型、整型和浮点型，需要整数多个的字节。为方便访问，为数组和类这样的组合类型数据分配的内存是一个连续的存储字节块⊖。

图 6-15 中给出的翻译方案(SDT)计算了基本类型和数组类型以及它们的宽度。记录类型将在 6.3.6 节中讨论。这个 SDT 为每个非终结符号使用综合属性 $type$ 和 $width$。它还使用了两个变量 t 和 w，变量的用途是将类型和宽度信息从语法分析树中的 B 结点传递到对应于产生式 $C\rightarrow\epsilon$ 的结点。在语法制导定义中，t 和 w 将是 C 的继承属性。

$$
\begin{array}{ll}
T \rightarrow B & \{\, t = B.type;\ w = B.width;\,\} \\
\quad\ \ C & \{\, T.type = C.type;\ T.width = C.width\,\} \\
B \rightarrow \textbf{int} & \{\, B.type = integer;\ B.width = 4;\,\} \\
B \rightarrow \textbf{float} & \{\, B.type = float;\ B.width = 8;\,\} \\
C \rightarrow \epsilon & \{\, C.type = t;\ C.width = w;\,\} \\
C \rightarrow [\ \textbf{num}\ ]\ C_1 & \{\, C.type = array(\textbf{num}.value,\ C_1.type); \\
& \quad C.width = \textbf{num}.value \times C_1.width;\,\}
\end{array}
$$

图 6-15 计算类型及其宽度

T 产生式的产生式体包含一个非终结符号 B、一个动作和一个非终结符号 C，其中 C 显示在下一行上。B 和 C 之间的动作是将 t 设置为 $B.type$，并将 w 设置为 $B.width$。如果 $B\rightarrow\textbf{int}$，则 $B.type$ 被设置为 $integer$，$B.width$ 被设置为 4，即一个整型数的宽度。类似的，如果 $B\rightarrow\textbf{float}$，则 $B.type$ 和 $B.width$ 分别被设置为 $float$ 和 8，即宽度为一个浮点数的宽度。

C 的产生式决定了 T 生成的是一个基本类型还是一个数组类型。如果 $C\rightarrow\epsilon$，则 t 变成 $C.type$，且 w 变成 $C.width$。

否则，C 就描述了一个数组分量。$C\rightarrow[\textbf{num}]C_1$ 的动作将类型构造算子 $array$ 应用于运算分量 $\textbf{num}.value$ 和 $C_1.type$，构造得到 $C.type$。例如，应用 $array$ 的结果可能是图 6-14 所示的树形结构。

⊖ 在 C 或 C++ 中，如果所有的指针具有相同的宽度，那么指针的存储分配就比较简单。其原因是我们可以在知道它所指向对象的类型之前就为它分配存储空间。

数组的宽度是将数组元素的个数乘以单个数组元素的宽度而得到的。如果连续存放的整数的地址之间的差距为 4，那么一个整数数组的地址计算将包含乘 4 运算。这样的乘法运算为优化提供了机会，因此让前端程序在其输出中明确描述这些运算将有助于优化。在这一章中，我们将忽略其他与机器相关特性，比如数据对象的地址必须和机器字的边界对齐。

例6.9 类型 int[2][3] 的语法分析树用图 6-16 中的虚线描述。图中的实线描述了 *type* 和 *width* 是如何从 *B* 结点开始，通过变量 *t* 和 *w*，沿着多个 *C* 组成的链下传，然后又作为综合属性 *type* 和 *width* 沿此链返回的。在访问包含 *C* 结点的子树之前，变量 *t* 和 *w* 被赋予 *B.type* 和 *B.width* 的值。变量 *t* 和 *w* 的值在 *C*→t 对应的结点上使用，然后开始沿着多个 *C* 结点组成的链向上对综合属性求值。 □

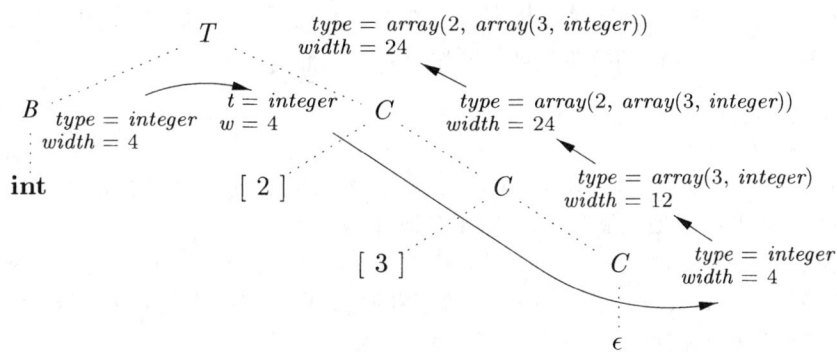

图 6-16 数组类型的语法制导翻译

6.3.5 声明的序列

像 C 和 Java 这样的语言支持将单个过程中的所有声明作为一个组进行处理。这些声明可能分布在一个 Java 过程中，但是仍然能够在分析该过程时处理它们。因此，我们可以使用一个变量，比如 *offset*，来跟踪下一个可用的相对地址。

图 6-17 中的翻译方案处理形如 *T* **id** 的声明的序列，其中的 *T* 如图 6-15 所示产生一个类型。在考虑第一个声明之前，*offset* 被设置为 0。每处理一个变量 *x* 时，*x* 被加入符号表，它的相对地址被设置为 *offset* 的当前值。随后，*x* 的类型的宽度被加到 *offset* 上。

产生式 *D*→*T* **id** ; *D*₁ 中的语义动作首先执行 *top.put*(**id**.*lexeme*, *T.type*, *offset*)，创建一个符号表条目。这里的 *top* 指向当前的符号表。方法 *top.put* 为 **id**.*lexeme* 创建一个符号表条目，该条目的数据区中存放了类型 *T.type* 和相对地址 *offset*。

```
P  →              { offset = 0; }
     D
D  →  T id ;      { top.put(id.lexeme, T.type, offset);
                    offset = offset + T.width; }
     D₁
D  →  ε
```

图 6-17 计算被声明变量的相对地址

如果我们把第一个产生式写在同一行中：

$$P \rightarrow \{\textit{offset} = 0;\}\ D \tag{6.1}$$

则图 6-17 中对 *offset* 的初始化处理就变得更容易理解。生成 ε 的非终结符号称为标记非终结符号，其作用是重写产生式，使得所有的语义动作都出现在产生式右部的尾端，具体方法见 5.5.4 节。使用标记非终结符号 *M*, (6.1) 可以被改写为：

$$P \rightarrow M\ D$$
$$M \rightarrow \epsilon\ \{\textit{offset} = 0;\}$$

6.3.6 记录和类中的字段

图 6-17 中对声明的翻译方案还可以用于处理记录和类中的字段。要把记录类型加入到图 6-15 所示的文法中，只需要加上下面的产生式：

$$T \rightarrow \textbf{record } '\{' \ D \ '\}'$$

这个记录类型中的字段由 D 生成的声明序列描述。图 6-17 中的方法可以用来确定这些字段的类型和相对地址，当然我们需要小心地处理下面两件事：

- 一个记录中各个字段的名字必须是互不相同的。也就是说，在由 D 生成的声明中，同一个名字最多出现一次。
- 字段名的偏移量，或者说相对地址，是相对于该记录的数据区字段而言的。

例 6.10 在一个记录中，把名字 x 用作字段名并不会和记录外对该名字的其他使用产生冲突。因此下列声明中对 x 的三次使用是不同的，互相之间并不冲突。

```
float x;
record { float x; float y; } p;
record { int tag; float x; float y; } q;
```

这些声明之后的一个赋值语句 x = p.x + q.x; 把变量 x 的值设置为记录 p 和 q 中 x 字段的值的和。请注意，p 中 x 的相对地址和 q 中 x 的相对地址是不同的。 □

为方便起见，记录类型将使用一个专用的符号表，对它们的各个字段的类型和相对地址进行编码。记录类型形如 *record*(t)，其中 *record* 是类型构造算子，t 是一个符号表对象，它保存了有关该记录类型的各个字段的信息。

图 6-18 中的翻译方案包含一个产生式，该产生式将加入到图 6-15 中关于 T 的产生式中。这个产生式有两个语义动作。在 D 之前嵌入的动作首先保存 *top* 指向的已有符号表，然后让 *top* 指向新的符号表。该动作还保存了当前 *offset* 值，并将 *offset* 重置为 0。D 生成的声明会使类型和相对地址被保存到新的符号表中。D 之后的语义动作使用 *top* 创建一个记录类型，然后恢复早先保存好的符号表和偏移值。

$$
\begin{aligned}
T \rightarrow \ \textbf{record } '\{' \quad & \{ \textit{Env.push}(\textit{top});\ \textit{top} = \textbf{new } \textit{Env}(); \\
& \ \textit{Stack.push}(\textit{offset});\ \textit{offset} = 0;\ \} \\
D \ '\}' \quad & \{ \textit{T.type} = \textit{record}(\textit{top});\ \textit{T.width} = \textit{offset}; \\
& \ \textit{top} = \textit{Env.pop}();\ \textit{offset} = \textit{Stack.pop}();\ \}
\end{aligned}
$$

图 6-18 处理记录中的字段名

为了使翻译方案更加具体，图 6-18 中的动作给出了某个实现的伪代码。令 *Env* 类实现符号表。对 *Env.push*(*top*) 的调用将 *top* 所指的当前符号表压入一个栈中。然后，变量 *top* 被设置为指向一个新的符号表。类似的，*offset* 被推入名为 *Stack* 的栈中，*offset* 变量被重置为 0。

在 D 中的声明被翻译之后，符号表 *top* 保存了这个记录中所有字段的类型和相对地址。而且，*offset* 还给出了存放所有字段所需的存储空间。第二个动作将 *T.type* 设为 *record*(*top*)，并将 *T.width* 设为 *offset*。然后，变量 *top* 和 *offset* 将被恢复为原先被压入栈中的值，以完成这个记录类型的翻译。

有关记录类型存储方式的讨论还可以被推广到类，因为我们无需为类中的方法保留存储空间。见练习 6.3.2。

6.3.7 6.3 节的练习

练习 6.3.1：确定下列声明序列中各个标识符的类型和相对地址。

```
float x;
record { float x; float y; } p;
record { int tag; float x; float y; } q;
```

! **练习6.3.2**：将图 6-18 对字段名的处理方法扩展到类和单继承的类层次结构。

1) 给出类 *Env* 的一个实现。该实现支持符号表链，使得子类可以重定义一个字段名，也可以直接引用某个超类中的字段名。

2) 给出一个翻译方案，该方案能够为类中的字段分配连续的数据区域，这些字段中包含继承而来的域。继承而来的字段必须保持在对超类进行存储分配时获得的相对地址。

6.4 表达式的翻译

本章剩下的部分将介绍在翻译表达式和语句时出现的问题。在本节中，我们首先考虑从表达式到三地址代码的翻译。一个带有多个运算符的表达式（比如 $a+b*c$）将被翻译成为每条指令最多包含一个运算符的指令序列。一个数组引用 $A[i][j]$ 将被扩展成一个计算该引用的地址的三地址指令序列。我们将在 6.5 节中考虑表达式的类型检查，并在 6.6 节介绍如何使用布尔表达式来处理程序的控制流。

6.4.1 表达式中的运算

图 6-19 中的语法制导定义使用 S 的属性 *code* 以及表达式 E 的属性 *addr* 和 *code*，为一个赋值语句 S 生成三地址代码。属性 *S.code* 和 *E.code* 分别表示 S 和 E 对应的三地址代码。属性 *E.addr* 则表示存放 E 的值的地址。回忆一下 6.2.1 节，一个地址可以是变量名字、常量或编译器产生的临时量。

产生式	语义规则
$S \rightarrow \textbf{id} = E \ ;$	$S.code = E.code \ \| \\ \qquad gen(top.get(\textbf{id}.lexeme) \ '=' \ E.addr)$
$E \rightarrow E_1 + E_2$	$E.addr = \textbf{new} \ Temp() \\ E.code = E_1.code \ \| \ E_2.code \ \| \\ \qquad gen(E.addr \ '=' \ E_1.addr \ '+' \ E_2.addr)$
$\quad \| \ -E_1$	$E.addr = \textbf{new} \ Temp() \\ E.code = E_1.code \ \| \\ \qquad gen(E.addr \ '=' \ '\textbf{minus}' \ E_1.addr)$
$\quad \| \ (E_1)$	$E.addr = E_1.addr \\ E.code = E_1.code$
$\quad \| \ \textbf{id}$	$E.addr = top.get(\textbf{id}.lexeme) \\ E.code = \ ''$

图 6-19 表达式的三地址代码

考虑图 6-19 中语法制导定义的最后一个产生式 $E \rightarrow \textbf{id}$。若表达式只是一个标识符，比如说 x，那么 x 本身就保存了这个表达式的值。这个产生式对应的语义规则把 *E.addr* 定义为指向该 **id** 的实例对应的符号表条目的指针。令 *top* 表示当前的符号表。当函数 *top.get* 被应用于 **id** 的这个实例的字符串表示 **id**.*lexeme* 时，它返回对应的符号表条目。*E.code* 被设置为空串。

当规则为 $E \rightarrow (E_1)$ 时，对 E 的翻译与对子表达式 E_1 的翻译相同。因此，*E.addr* 等于 $E_1.addr$，*E.code* 等于 $E_1.code$。

图 6-19 中的运算符 + 和单目 - 是典型语言中的运算符的代表。$E \rightarrow E_1 + E_2$ 的语义规则生成了根据 E_1 和 E_2 的值计算 E 的值的代码。计算得到的值存放在新生成的临时变量中。如果 E_1 的

值计算后被放入 $E_1.addr$，E_2 的值被放到 $E_2.addr$ 中，那么 $E_1 + E_2$ 就可以被翻译为 $t = E_1.addr + E_2.addr$，其中 t 是一个新的临时变量。$E.addr$ 被设为 t。连续执行 **new** $Temp(\ )$ 会产生一系列互不相同的临时变量 $t_1, t_2, \cdots$。

为方便起见，我们使用记号 $gen(x\ '='\ y\ '+'\ z)$ 来表示三地址指令 $x = y + z$。当被传递给 gen 时，变量 x、y、z 的位置上出现的表达式将首先被求值，而像 $'='$ 这样的引号内的字符串则按照字面值传递⊖。其他的三地址指令的生成方法类似，也是将 gen 作用于表达式和字符串的组合。

当我们翻译产生式 $E \to E_1 + E_2$ 时，图 6-19 中的语义规则首先将 $E_1.code$ 和 $E_2.code$ 连接起来，然后再加上一条将 E_1 和 E_2 的值相加的指令，从而生成 $E.code$。新增加的这条指令将求和的结果放入一个为 E 生成的临时变量中，用 $E.addr$ 表示。

产生式 $E \to -E_1$ 的翻译过程与此类似。这个规则首先为 E 创建一个新的临时变量，并生成一条指令来执行单目 $-$ 运算。

最终，产生式 $S \to \mathbf{id} = E$; 所生成的指令将表达式 E 的值赋给标识符 **id**。和规则 $E \to \mathbf{id}$ 中一样，这个产生式的语义规则使用函数 $top.get$ 来确定 **id** 所代表的标识符的地址。$S.code$ 包含的指令首先计算 E 的值并将其保存到由 $E.addr$ 指定的地址中，然后再将这个值赋给这个 **id** 实例的地址 $top.get(\mathbf{id}.lexeme)$。

例 6.11 图 6-19 中的语法制导定义将赋值语句 a = b + -c; 翻译成如下的三地址代码序列：

```
t₁ = minus c
t₂ = b + t₁
a  = t₂
```

□

6.4.2 增量翻译

code 属性可能是很长的字符串，因此就像 5.5.2 节中讨论的那样，它们通常是用增量的方式生成的。因此，我们不会像图 6-19 所示的那样构造 $E.code$，我们可以设法像图 6-20 中那样只生成新的三地址指令。在这个增量方式中，gen 不仅要构造出一个新的三地址指令，还要将它添加到至今为止已生成的指令序列之后。指令序列可以暂时放在内存中以便进一步处理，也可以增量地输出。

图 6-20 中的翻译方案和图 6-19 中的语法制导定义产生相同的代码。采用增量方式时不需再用到 code 属性，因为对 gen 的连续调用将生成一个指令序列。例如，图 6-20 中对应于 $E \to E_1 + E_2$ 的语义规则直接调用 gen 产生一条加法指令。在此之前，翻译方案已经生成了计算 E_1 的值并放入 $E_1.addr$、计算 E_2 的值并放入 $E_2.addr$ 的指令序列。

图 6-20 的方法也可以用来构造语法

$S \to \mathbf{id} = E$;	{ $gen(\ top.get(\mathbf{id}.lexeme)\ '='\ E.addr$); }
$E \to E_1 + E_2$	{ $E.addr = \mathbf{new}\ Temp(\ )$; $gen(E.addr\ '='\ E_1.addr\ '+'\ E_2.addr$); }
$\mid\ -E_1$	{ $E.addr = \mathbf{new}\ Temp(\ )$; $gen(E.addr\ '='\ '\mathbf{minus}'\ E_1.addr$); }
$\mid\ (E_1)$	{ $E.addr = E_1.addr$; }
$\mid\ \mathbf{id}$	{ $E.addr = top.get(\mathbf{id}.lexeme)$; }

图 6-20 增量生成表达式的三地址代码

树，对应于 $E \to E_1 + E_2$ 的语义动作使用构造算子生成新的结点。规则如下：

$$E \to E_1 + E_2 \{E.addr = \mathbf{new}\ Node('+', E_1.addr, E_2.addr)\ ;\ \}$$

这里，属性 $addr$ 表示的是一个结点的地址，而不是某个变量或常量。

⊖ 在语法制导定义中，gen 构造出一条指令并返回它。在翻译方案中，gen 构造出一条指令，并增量地将它添加到指令流中去。

6.4.3 数组元素的寻址

将数组元素存储在一块连续的存储空间里就可以快速地访问它们。在 C 和 Java 中，一个具有 n 个元素的数组中的元素是按照 $0, 1, \cdots, n-1$ 编号的。假设每个数组元素的宽度是 w，那么数组 A 的第 i 个元素的开始地址为

$$base + i \times w \tag{6.2}$$

其中 $base$ 是分配给数组 A 的内存块的相对地址。也就是说，$base$ 是 $A[0]$ 的相对地址。

式(6.2)可以被推广到 C 语言中的二维或多维数组上。对于二维数组，我们在 C 中用 $A[i_1][i_2]$ 来表示第 i_1 行的第 i_2 个元素。假设一行的宽度是 w_1，同一行中每个元素的宽度是 w_2。$A[i_1][i_2]$ 的相对地址可以使用下面的公式计算

$$base + i_1 \times w_1 + i_2 \times w_2 \tag{6.3}$$

对于 k 维数组，相应的公式为

$$base + i_1 \times w_1 + i_2 \times w_2 + \cdots + i_k \times w_k \tag{6.4}$$

其中，$w_j (1 \leq j \leq k)$ 是对式(6.3)中的 w_1 和 w_2 的推广。

另一种计算数组引用的相对地址的方法是根据第 j 维上的数组元素的个数 n_j 和该数组的每个元素的宽度 $w = w_k$ 进行计算。在二维数组中(即 $k = 2$，$w = w_2$)，$A[i_1][i_2]$ 的地址为

$$base + (i_1 \times n_2 + i_2) \times w \tag{6.5}$$

对于 k 维数组，下列公式计算得到的地址和公式(6.4)所得到的地址相同：

$$base + ((\cdots((i_1 \times n_2 + i_2) \times n_3 + i_3)\cdots) \times n_k + i_k) \times w \tag{6.6}$$

在更一般的情况下，数组元素下标并不一定是从 0 开始的。在一个一维数组中，数组元素的编号方式如下：low，$low + 1, \cdots, high$，而 $base$ 是 $A[low]$ 的相对地址。计算 $A[i]$ 的地址的式(6.2)就变成：

$$base + (i - low) \times w \tag{6.7}$$

式(6.2)和式(6.7)都可以改写成 $i \times w + c$ 的形式，其中的子表达式 $c = base - low \times w$ 可以在编译时刻预先计算出来。请注意，当 low 为 0 时 $c = base$。我们假定 c 被存放在 A 对应的符号表条目中，那么只要把 $i \times w$ 加到 c 上就可以计算得到 $A[i]$ 的相对地址。

编译时刻的预先计算同样可以应用于多维数组元素的地址计算，见练习 6.4.5。然而，有一种情况下我们不能使用编译时刻预先计算的技术：当数组大小是动态变化的时候。如果我们在编译时刻无法知道 low 和 $high$ (或者它们在多维数组情况下的泛化)的值，我们就无法提前计算出像 c 这样的常量。因此在程序运行时，像(6.7)这样的公式就需要按照公式所写进行求值。

上面的地址计算是基于数组的按行存放方式的，C 语言都使用这种数据布局方式。一个二维数组通常有两种存储方式，即按行存放(一行行地存放)和按列存放(一列列地存放)。图 6-21 显示了一个 2×3 的数组 A 的两种存储布局方式，图 6-21a 中是按行存放方式，图 6-21b 中是按列存放方式。Fortran 系列语言使用按列存放方式。

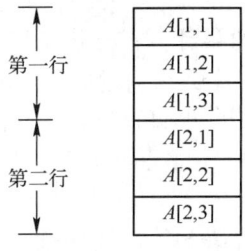   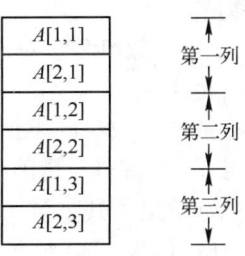

　　　　a) 按行存放　　　　　　　　　　b) 按列存放

图 6-21　二维数组的存储布局

我们可以把按行存放策略和按列存放策略推广到多维数组中。按行存放方式的推广形式按照如下方式来存储元素：当我们扫描一块存储区域时，就像汽车里程表中的数字一样，最右边的下标变化最为频繁。而按列存放方式则被推广为相反的布局方式，最左边的下标变化最频繁。

6.4.4 数组引用的翻译

为数组引用生成代码时要解决的主要问题是将 6.4.3 节中给出的地址计算公式和数组引用的文法关联起来。令非终结符号 L 生成一个数组名字再加上一个下标表达式的序列：

$$L \to L[E] \mid \mathbf{id}[E]$$

与 C 和 Java 中一样，我们假定数组元素的最小编号是 0。我们使用式(6.4)，基于宽度来计算相对地址，而不是像式(6.6)中那样使用元素的数量来计算地址。图 6-22 所示的翻译方案为带有数组引用的表达式生成三地址代码。它包括了图 6-20 中给出的产生式和语义动作，同时还包括了涉及非终结符号 L 的产生式。

$$
\begin{aligned}
S \to\ & \mathbf{id} = E\ ; & \{\ gen(\ top.get(\mathbf{id}.lexeme)\ '='\ E.addr);\ \} \\
\mid\ & L = E\ ; & \{\ gen(L.array.base\ '['\ L.addr\ ']'\ '='\ E.addr);\ \} \\
E \to\ & E_1 + E_2 & \{\ E.addr = \mathbf{new}\ Temp(); \\
& & gen(E.addr\ '='\ E_1.addr\ '+'\ E_2.addr);\ \} \\
\mid\ & \mathbf{id} & \{\ E.addr = top.get(\mathbf{id}.lexeme);\ \} \\
\mid\ & L & \{\ E.addr = \mathbf{new}\ Temp(); \\
& & gen(E.addr\ '='\ L.array.base\ '['\ L.addr\ ']');\ \} \\
L \to\ & \mathbf{id}\ [\ E\ ] & \{\ L.array = top.get(\mathbf{id}.lexeme); \\
& & L.type = L.array.type.elem; \\
& & L.addr = \mathbf{new}\ Temp(); \\
& & gen(L.addr\ '='\ E.addr\ '*'\ L.type.width);\ \} \\
\mid\ & L_1\ [\ E\ ] & \{\ L.array = L_1.array; \\
& & L.type = L_1.type.elem; \\
& & t = \mathbf{new}\ Temp(); \\
& & L.addr = \mathbf{new}\ Temp(); \\
& & gen(t\ '='\ E.addr\ '*'\ L.type.width); \\
& & gen(L.addr\ '='\ L_1.addr\ '+'\ t);\ \}
\end{aligned}
$$

图 6-22 处理数组引用的语义动作

非终结符号 L 有三个综合属性：

1) $L.addr$ 指示一个临时变量。这个临时变量将被用于累加公式(6.4)中的 $i_j \times w_j$ 项，从而计算数组引用的偏移量。

2) $L.array$ 是一个指向数组名字对应的符号表条目的指针。在分析了所有的下标表达式之后，该数组的基地址，也就是 $L.array.base$，被用于确定一个数组引用的实际左值。

3) $L.type$ 是 L 生成的子数组的类型。对于任何类型 t，我们假定其宽度由 $t.width$ 给出。我们把类型（而不是宽度）作为属性，是因为无论如何类型检查总是需要这个类型信息。对于任何数组类型 t，假设 $t.elem$ 给出了其数组元素的类型。

产生式 $S \to \mathbf{id} = E$; 代表一个对非数组变量的赋值语句，它按照通常的方法进行处理。$S \to L = E$; 的语义动作产生了一个带下标的复制指令，它将表达式 E 的值存放到数组引用 L 所指的内存位置。回顾一下，属性 $L.array$ 给出了数组的符号表条目。数组的基地址（即 0 号元素的地址）由 $L.array.base$ 给出。属性 $L.addr$ 表示一个临时变量，它保存了 L 生成的数组引用的偏移量。因此，这个数组引用的位置是 L.array.base[L.addr]。这个指令将地址 E.addr 中的右值放入 L 的内存位置中。

产生式 $E \to E_1 + E_2$ 和 $E \to \textbf{id}$ 与以前相同。新的产生式 $E \to L$ 的语义动作生成的代码将 L 所指位置上的值复制到一个新的临时变量中。和前面对产生式 $S \to L = E$; 的讨论一样，L 所指的地址就是 L.array.base[L.addr]。其中，属性 L.array 仍然给出了数组名，L.array.base 给出了数组的基地址。属性 L.addr 表示保存偏移量的临时变量。数组引用的代码将存放在由基地址和偏移量给出的位置中的右值放入 E.addr 所指的临时变量中。

例 6.12 令 a 表示一个 2×3 的整数数组，c、i、j 都是整数。那么 a 的类型就是 $array(2, array(3, integer))$。假定一个整数的宽度为 4，那么 a 的类型的宽度就是 24。a[i] 的类型是 $array(3, integer)$，宽度 w_1 为 12。a[i][j] 的类型是整型。

图 6-23 给出了表达式 c + a[i][j] 的注释语法分析树。该表达式被翻译成图 6-24 中给出的三地址代码序列。这里我们仍然使用每个标识符的名字来表示它们的符号表条目。 □

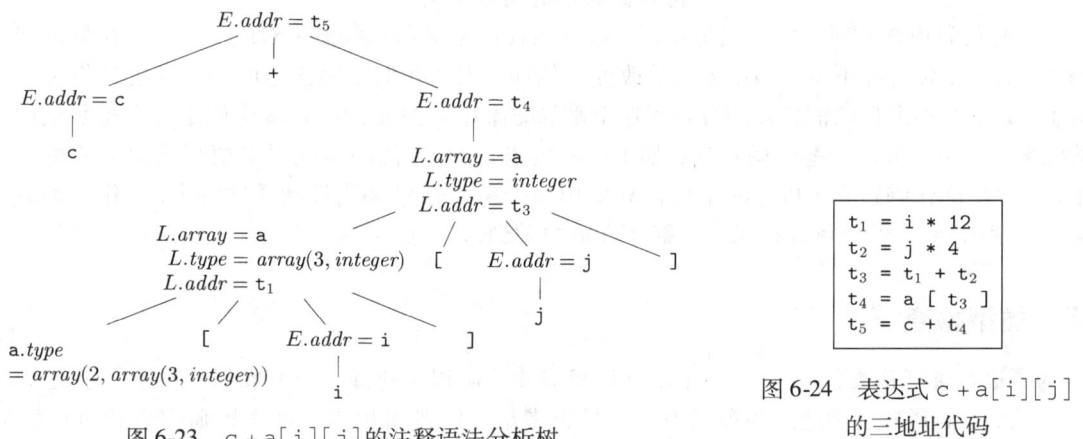

图 6-23 c + a[i][j] 的注释语法分析树

图 6-24 表达式 c + a[i][j] 的三地址代码

6.4.5 6.4 节的练习

练习 6.4.1：向图 6-19 的翻译方案中加入对应于下列产生式的规则：

1) $E \to E_1 * E_2$

2) $E \to + E_1$（单目加）

练习 6.4.2：使用图 6-20 中的增量式翻译方案重复练习 6.4.1。

练习 6.4.3：使用图 6-22 所示的翻译方案来翻译下列赋值语句：

1) x = a[i] + b[j]

2) x = a[i][j] + b[i][j]

!3) x = a[b[i][j]][c[k]]

! **练习 6.4.4**：修改图 6-22 中的翻译方案，使之适合 Fortran 风格的数组引用，也就是说，n 维数组的引用为 $\textbf{id}[E_1, E_2, \cdots, E_n]$。

练习 6.4.5：将公式 (6.7) 推广到多维数组上，并指出哪些值可以被存放到符号表中并用来计算偏移量。考虑下列情况：

1) 一个二维数组 A，按行存放。第一维的下标从 l_1 到 h_1，第二维的下标从 l_2 到 h_2。单个数组元素的宽度为 w。

2) 其他条件和 1 相同，但是采用按列存放方式。

! 3) 一个 k 维的数组 A，按行存放，元素宽度为 w，第 j 维的下标从 l_j 到 h_j。

! 4) 其他条件和 3 相同，但是采用按列存放方式。

练习 6.4.6：一个按行存放的整数数组 $A[i, j]$ 的下标 i 的范围为 1~10，下标 j 的范围为 1~20。每个整数占 4 个字节。假设数组 A 从 0 字节开始存放，请给出下列元素的位置：

1) $A[4, 5]$ 2) $A[10, 8]$ 3) $A[3, 17]$

练习 6.4.7：假定 A 是按列存放的，重复练习 6.4.6。

练习 6.4.8：一个按行存放的实数型数组 $A[i, j, k]$ 的下标 i 的范围为 1~4，下标 j 的范围为 0~4，且下标 k 的范围为 5~10。每个实数占 8 个字节。假设数组 A 从 0 字节开始存放。计算下列元素的位置。

1) $A[3, 4, 5]$ 2) $A[1, 2, 7]$ 3) $A[4, 3, 9]$

练习 6.4.9：假定 A 是按列存放的，重复练习 6.4.8。

符号化表示的类型宽度

中间代码应该相对独立于目标机器，这样当代码生成器被替换为对应于另一台机器的代码生成器时，优化器不需要做出太大的改变。然而，正如我们刚刚描述的类型宽度计算方法所示，关于基本类型的信息被融合到了这个翻译方案中。例如，例 6.12 中假定每个整数数组的元素占 4 个字节。一些中间代码，如 Pascal 的 P-code，让代码生成器来填写数组元素的大小，因此中间代码独立于机器的字长。只要用一个符号常量来代替翻译方案中的（作为整数类型宽度的）4，我们就可以在我们的翻译方案中做到这一点。

6.5 类型检查

为了进行类型检查（type checking），编译器需要给源程序的每一个组成部分赋予一个类型表达式。然后，编译器要确定这些类型表达式是否满足一组逻辑规则。这些规则称为源语言的类型系统（type system）。

类型检查具有发现程序中的错误的潜能。原则上，如果目标代码在保存元素值的同时保存了元素类型的信息，那么任何检查都可以动态地进行。一个健全（sound）的类型系统可以消除对动态类型错误检查的需要，因为它可以帮助我们静态地确定这些错误不会在目标程序运行的时候发生。如果编译器可以保证它接受的程序在运行时刻不会发生类型错误，那么该语言的这个实现就被称为强类型的。

除了用于编译，类型检查的思想还可以用于提高系统的安全性，使得人们安全地导入和执行软件模块。Java 程序被编译成为机器无关的字节码，在字节码中包含了有关字节码中的运算的详细类型信息。导入的代码在被执行之前首先要进行类型检查，以防止因疏忽造成的错误和恶意攻击。

6.5.1 类型检查规则

类型检查有两种形式：综合和推导。类型综合（type synthesis）根据子表达式的类型构造出表达式的类型。它要求名字先声明再使用。表达式 $E_1 + E_2$ 的类型是根据 E_1 和 E_2 的类型定义的。一个典型的类型综合规则具有如下形式：

$$\begin{aligned}&\textbf{if}\quad f\text{ 的类型为 } s \rightarrow t \text{ 且 } x \text{ 的类型为 } s\\&\textbf{then}\quad \text{表达式 } f(x) \text{ 的类型为 } t\end{aligned} \quad (6.8)$$

这里，f 和 x 表示表达式，而 $s \rightarrow t$ 表示从 s 到 t 的函数。这个针对单参数函数的规则可以推广到带

中间代码生成   237

有多个参数的函数。只要稍做修改,规则(6.8)就可以用于 $E_1 + E_2$,我们只需要把它看作一个函数应用 $add(E_1, E_2)$ 就可以了⊖。

类型推导(type inference)根据一个语言结构的使用方式来确定该结构的类型。先看一下6.5.4 节中的例子,令 null 是一个测试列表是否为空的函数。那么,根据这个函数的使用 $null(x)$,我们可以指出 x 必须是一个列表类型。列表 x 中的元素类型是未知的,我们所知道的全部信息是:x 是一个列表类型,其元素类型当前未知。

代表类型表达式的变量使得我们可以考虑未知类型。我们可以用希腊字母 α、β 等作为类型表达式中的类型变量。

一个典型的类型推导规则具有下面的形式:

if $f(x)$ 是一个表达式,   (6.9)
then   对某些 α 和 β,f 的类型为 $\alpha \to \beta$ 且 x 的类型为 α

在类似 ML 这样的语言中需要进行类型推导。ML 语言会检查类型,但是不需要对名字进行声明。

在本节中,我们考虑表达式的类型检查。检查语句的规则和检查表达式类型的规则类似。例如,我们可以把条件语句"**if** (E) S;"看作是对 E 和 S 应用 *if* 函数。令特殊类型 *void* 表示没有值的类型,那么 *if* 函数将被应用在一个布尔型和一个 *void* 型的对象上。此函数的结果类型是 *void*。

6.5.2 类型转换

考虑类似于 $x+i$ 的表达式,其中 x 是浮点数类型而 i 是整型。因为整数和浮点数在计算机中有不同的表示形式,而且使用不同的机器指令来完成整数和浮点数运算。编译器需要把 + 的某个运算分量进行转换,以保证在进行加法运算时两个运算分量具有相同的类型。

假定在必要的时候可以使用一个单目运算符(`float`)将整数转换成浮点数。例如,整数 2 在表达式 2 * 3.14 对应的代码中被转换成浮点数:

```
t₁ = (float) 2
t₂ = t₁ * 3.14
```

我们可以扩展这样例子,考虑运算符的整型和浮点型版本。比如,`int *` 表示作用于整型运算分量的运算符,而 `float *` 表示作用于浮点型运算分量的运算符。

我们将扩展 6.4.2 节中的用于表达式翻译的翻译方案,以说明如何进行类型综合。我们引入另一个属性 *E.type*,该属性的值可以是 *integer* 或 *float*。和 $E \to E_1 + E_2$ 相关的规则可用如下的伪代码给出:

if ($E_1.type = integer$ **and** $E_2.type = integer$) $E.type = integer;$
else if ($E_1.type = float$ **and** $E_2.type = integer$)   ...
...

随着需要转换的类型的增多,需要处理的不同情况也急剧增多。因此,在处理大量的类型时,精心组织用于类型转换的语义动作就变得非常重要。

不同语言具有不同的类型转换规则。图 6-25 中的 Java 的转换规则区分了拓宽(widening)转换和窄化(narrowing)转换。拓宽转换可以保持原有的信息,而窄化转换则可能丢失信息。拓宽规则通过图 6-25a 中的层次结构给出:在该层次结构中位于较低层的类型可以

⊖ 即使我们在确定类型时需要某些上下文信息,我们仍将使用"综合"这个术语。使用重载函数时(多个函数可能被赋予同一个名字),在某些语言中,我们还需要考虑 $E_1 + E_2$ 的上下文才能确定其类型规则。

被拓宽为较高层的类型。因此，char 类型可以被拓宽为 int 型和 float 型，但是不可以被拓宽为 short 类型。窄化转换的规则如图 6-25b 所示：如果存在一条从 s 到 t 的路径，则可以将类型 s 窄化为类型 t。可以看出，char、short、byte 之间可以两两相互转换。

如果类型转换由编译器自动完成，那么这样的转换就称为隐式转换。隐式转换也称为自动类型转换（coercion）。在很多语言中，自动类型转换仅仅限于拓宽转换。如果程序员必须写出某些代码来引发类型转换运算，那么这个转换就称为显式的。显式转换也称为强制类型转换（cast）。

检查 $E \rightarrow E_1 + E_2$ 的语义动作使用了两个函数：

1）$max(t_1, t_2)$ 接受 t_1 和 t_2 两个类型的参数，并返回拓宽层次结构中这两个类型中的最大者（或者最小上界）。如果 t_1 或 t_2 之一没有出现在这个层次结构中，比如有个类型是数组类型或指针类型，那么该函数返回一个错误信息。

2）如果需要将类型为 t 的地址 a 中的内容转换成 w 类型的值，则函数 $widen(a, t, w)$ 将生成类型转换的代码。如果 t 和 w 是相同的类型，则该函数返回 a 本身。否则，它会生成一条指令来完成转换工作并将转换结果放置到临时变量 $temp$ 中。这个临时变量将作为结果返回。函数 widen 的伪代码如图 6-26 所示，这里假设只有 integer 和 float 两种类型。

图 6-27 中 $E \rightarrow E_1 + E_2$ 的语义动作说明了如何把类型转换加入到图 6-20 所示的翻译表达式的方案中。

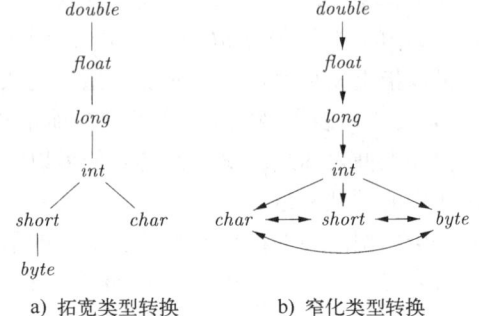

a) 拓宽类型转换　　b) 窄化类型转换

图 6-25　Java 中简单类型的转换

```
Addr widen(Addr a, Type t, Type w)
    if ( t = w ) return a;
    else if ( t = integer and w = float ) {
        temp = new Temp();
        gen(temp '=' '(float)' a);
        return temp;
    }
    else error;
}
```

图 6-26　widen 函数的伪代码

在这个语义动作中，如果 E_1 的类型不需要被转换成 E 的类型，那么临时变量 a_1 就是 $E_1.addr$。如果需要进行这样的转换，则 a_1 就是 widen 函数返回的一个新的临时变量。类似地，a_2 可能是 $E_2.addr$，也可能是一个新临时变量，用于存放转换后的 E_2 的值。如果两个变量都是整型或者都是浮点型，就不需要进行任何转换。我们会发现，将两个不同类型的值相加的唯一方法是把它们都转换成为第三种类型。

```
E → E₁ + E₂   { E.type = max(E₁.type, E₂.type);
                a₁ = widen(E₁.addr, E₁.type, E.type);
                a₂ = widen(E₂.addr, E₂.type, E.type);
                E.addr = new Temp();
                gen(E.addr '=' a₁ '+' a₂); }
```

图 6-27　在表达式求值中引入类型转换

6.5.3　函数和运算符的重载

依据符号所在的上下文不同，被重载（overloaded）的符号会有不同的含义。如果能够为一个名字的每次出现确定其唯一的含义，该名字的重载问题就得到了解决。在本节中，我们仅考虑那些只需要查看函数参数就能解决的函数重载。Java 中的重载即是如此。

例 6.13　根据其运算分量的类型，Java 中的 + 运算符既可以表示字符串的连接运算，也可以表

示加法运算。用户自定义的函数同样可以重载,例如
```
void err() { … }
void err(String s) { … }
```
请注意,我们可以根据函数 err 的参数来确定选择该函数的哪一个版本。 □

以下是针对重载函数的类型综合规则:

$$
\begin{aligned}
&\textbf{if } \quad f \text{ 可能的类型为 } s_i \to t_i (1 \leq i \leq n), \text{ 其中}, s_i \neq s_j (i \neq j) \\
&\textbf{and } x \text{ 的类型为 } s_k (1 \leq k \leq n) \\
&\textbf{then } \text{ 表达式 } f(x) \text{ 的类型为 } t_k
\end{aligned}
\qquad (6.10)
$$

6.1.2 节中的值编码方法同样可以用于类型表达式,以便根据参数类型高效地解决重载问题。在表示类型表达式的一个 DAG 上,我们给每个结点赋予一个被称为值编码的整数序号。使用算法 6.3,我们可以构造出每个结点的范型,该范型由该结点的标号及其从左到右的子结点的值编码组成。一个函数的范型由其函数名和它的参数的类型组成。根据函数的参数类型解决重载的问题就等价于基于范型解决重载的问题。

仅仅通过查看一个函数的参数类型不一定能够解决重载问题。在 Ada 中,一个子表达式会有一组可能的类型,而不是只有一个确定的类型。它所在的上下文必须提供足够的信息来缩小可选范围,最终得到唯一的可选类型(见练习 6.5.2)。

6.5.4 6.5 节的练习

练习 6.5.1:假定图 6-26 中的函数 *widen* 可以处理图 6-25a 的层次结构中的所有类型,翻译下列表达式。假定 c 和 d 是字符型,s 和 t 是短整型,i 和 j 为整型,x 是浮点型。

1) x = s + c

2) i = s + c

3) x = (s + c) * (t + d)

练习 6.5.2:像 Ada 中那样,我们假设每个表达式必须具有唯一的类型,但是我们根据一个子表达式本身只能推导出一个可能类型的集合。也就是说,将函数 E_1 应用于参数 E_2(其文法产生式为 $E \to E_1(E_2)$)有如下规则:

$$E.type = \{t \mid \text{对 } E_2.type \text{ 中的某个 } s, s \to t \text{ 在 } E_1.type \text{ 中}\}$$

描述一个可以确定每个子表达式的唯一类型的语法制导定义(SDD)。它首先使用属性 *type*,按照自底向上的方式综合得到一个可能类型的集合。在确定了整个表达式的唯一类型之后,自顶向下地确定属性 *unique* 的值,这个属性表示各个子表达式的类型。

6.6 控制流

if-else 语句、while 语句这类语句的翻译和对布尔表达式的翻译是结合在一起的。在程序设计语言中,布尔表达式经常用来:

1)改变控制流。布尔表达式被用作语句中改变控制流的条件表达式。这些布尔表达式的值由程序到达的某个位置隐含地指出。例如,在 **if**(E) S 中,如果运行到语句 S,就意味着表达式 E 的取值为真。

2)计算逻辑值。一个布尔表达式的值可以表示 *true* 或 *false*。这样的布尔表达式也可以像算术表达式一样,使用带有逻辑运算符的三地址指令进行求值。

布尔表达式的使用意图要根据其语法上下文来确定。例如,跟在关键字 **if** 后面的布尔表达式用来改变控制流,而一个赋值语句右部的表达式用来表示一个逻辑值。有多种方式可以描述这样的上下文:我们可以使用两个不同的非终结符号,也可以使用继承属性,还可以在语法分析

过程中设置一个标记。此外，我们还可以建立一棵语法分析树并调用不同的过程来处理布尔表达式的两种不同的使用。

本节将介绍用于改变控制流的布尔表达式。更清楚地说，我们为此引入一个新的非终结符号 B。在 6.6.6 节中，我们将考虑编译器如何使得布尔表达式表示逻辑值。

6.6.1 布尔表达式

布尔表达式是由作用于布尔变量或关系表达式的布尔运算符构成的。我们使用 C 语言的方法，用 &&、||、! 分别表示 AND、OR、NOT 运算符。关系表达式的形式为 E_1 **rel** E_2。其中，E_1 和 E_2 为算术表达式。在本节中，我们考虑的是由如下文法生成的布尔表达式：

$$B \rightarrow B \parallel B \mid B \ \&\& \ B \mid ! B \mid (B) \mid E \text{ rel } E \mid \textbf{true} \mid \textbf{false}$$

我们通过属性 **rel**.*op* 来指明 **rel** 究竟表示 6 种比较运算符 <、<=、=、!=、> 和 >= 中的哪一种。按照惯例，假设 || 和 && 是左结合的，|| 的优先级最低，其次为 &&，再其次为 !。

给定表达式 $B_1 \parallel B_2$，如果我们已经确定 B_1 为真，那么不用再计算 B_2 就可以断定整个表达式为真。同样的，给定 $B_1 \&\& B_2$，如果 B_1 为假，则整个表达式为假。

程序设计语言的语义定义决定了是否需要对一个布尔表达式的各个部分都进行求值。如果语言的定义允许（或要求）不对布尔表达式的某个部分求值，那么编译器就可以优化布尔表达式的求值过程，只要已经求值的部分足以确定整个表达式值就可以了。因此，在表达式 $B_1 \parallel B_2$ 中，B_1 和 B_2 都不一定要完全地求值。如果 B_1 或 B_2 是具有副作用的表达式（比如它包含了改变一个全局变量的函数），那么这么做就可能会得到意料之外的结果。

6.6.2 短路代码

在短路（跳转）代码中，布尔运算符 &&、|| 和 ! 被翻译成跳转指令。运算符本身不出现在代码中，布尔表达式的值是通过代码序列中的位置来表示的。

例 6.14 语句

```
if (x<100 || x>200 && x!=y) x=0;
```

可以被翻译成图 6-28 所示的代码。在这个翻译中，如果程序的控制流到达 L_2，就表示这个布尔表达式为真。如果表达式为假，则程序控制流将跳过 L_2 和赋值语句 $x=0$，直接转到 L_1。 □

```
        if x < 100 goto L₂
        ifFalse x > 200 goto L₁
        ifFalse x != y goto L₁
L₂:     x = 0
L₁:
```

图 6-28 跳转代码

6.6.3 控制流语句

现在我们考虑在按下列文法生成的语句的上下文中，如何把布尔表达式翻译成为三地址代码。

$$S \rightarrow \textbf{if} \ (B) \ S_1$$
$$S \rightarrow \textbf{if} \ (B) \ S_1 \ \textbf{else} \ S_2$$
$$S \rightarrow \textbf{while} \ (B) \ S_1$$

在这些产生式中，非终结符号 B 表示一个布尔表达式，非终结符号 S 表示一个语句。

这个文法将例 5.19 中介绍的关于 while 表达式的连续使用的例子进行了推广。和那个例子一样，B 和 S 有综合属性 *code*，该属性给出了翻译得到的三地址指令。为简单起见，我们使用语法制导定义来构造得到翻译结果 $B.code$ 和 $S.code$，结果值是字符串。定义了 *code* 属性的语义规则还可以按照下面的方法实现：首先构造语法树，并在遍历树的过程中产生目标代码。这些规则还可以通过 5.5 节中列出的任何方法来实现。

如图 6-29a 所示，对 **if**(B) S_1 的翻译结果中包含了 $B.code$，其后是 $S_1.code$。$B.code$ 中存在基于 B 值的跳转。如果 B 为真，控制流转向 $S_1.code$ 的第一条指令；如果 B 为假，控制流立即转向

紧跟在 $S_1.code$ 之后的指令。

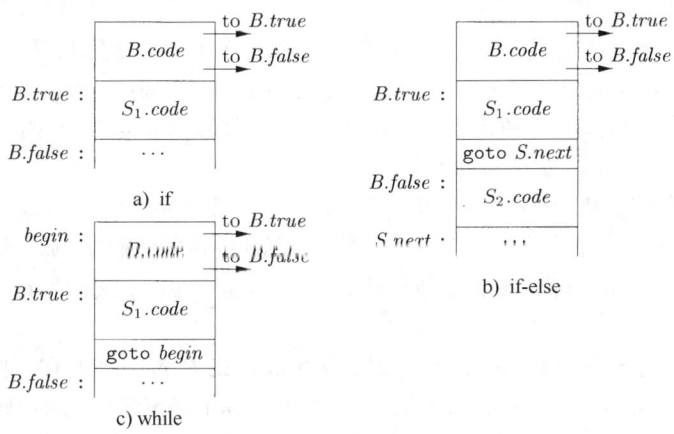

图 6-29 if、if-else、while 语句的代码

$B.code$ 和 $S.code$ 中的跳转标号使用继承属性来处理。我们将布尔表达式 B 和两个标号：$B.true$ 和 $B.false$ 相关联。当 B 为真时控制流转到 $B.true$；当 B 为假时控制流转到 $B.false$。我们将语句 S 和继承属性 $S.next$ 相关联，这个属性表示紧跟在 S 代码之后的指令的标号。在某些情况下，紧跟在 $S.code$ 之后的指令是一个跳转到某个标号 L 的跳转指令。使用 $S.next$ 可以避免在 $S.code$ 中出现这样的一个跳转指令，它的目标又是一个以 L 为目标的跳转指令。

图 6-30 和图 6-31 给出的语法制导定义可以为在 if、if-else 及 while 语句的上下文中的布尔表达式生成三地址代码。

产生式	语义规则
$P \rightarrow S$	$S.next = newlabel()$ $P.code = S.code \parallel label(S.next)$
$S \rightarrow \textbf{assign}$	$S.code = \textbf{assign}.code$
$S \rightarrow \textbf{if} \ (\ B \ ) \ S_1$	$B.true = newlabel()$ $B.false = S_1.next = S.next$ $S.code = B.code \parallel label(B.true) \parallel S_1.code$
$S \rightarrow \textbf{if} \ (\ B \ ) \ S_1 \ \textbf{else} \ S_2$	$B.true = newlabel()$ $B.false = newlabel()$ $S_1.next = S_2.next = S.next$ $S.code = B.code$ $\quad \parallel label(B.true) \parallel S_1.code$ $\quad \parallel gen(\text{'goto'} \ S.next)$ $\quad \parallel label(B.false) \parallel S_2.code$
$S \rightarrow \textbf{while} \ (\ B \ ) \ S_1$	$begin = newlabel()$ $B.true = newlabel()$ $B.false = S.next$ $S_1.next = begin$ $S.code = label(begin) \parallel B.code$ $\quad \parallel label(B.true) \parallel S_1.code$ $\quad \parallel gen(\text{'goto'} \ begin)$
$S \rightarrow S_1 \ S_2$	$S_1.next = newlabel()$ $S_2.next = S.next$ $S.code = S_1.code \parallel label(S_1.next) \parallel S_2.code$

图 6-30 控制流语句的语法制导定义

我们假定每次调用 $newlabel(\ )$ 都会产生一个新的标号，并假设 $label(L)$ 将标号 L 附加到即将生成的下一条三地址指令上[⊖]。

一个程序包含一条由产生式 $P \rightarrow S$ 生成的语句。和这个产生式关联的语义规则将 $S.next$ 初始化为一个新标号。$P.code$ 包含 $S.code$，$S.code$ 之后是新标号 $S.next$。产生式 $S \rightarrow \mathbf{assign}$ 中的词法单元 $\mathbf{assign}$ 是一个表示赋值语句的占位符。赋值语句的翻译和 6.4 节中讨论的方法相同。在这里对控制流的讨论中，$S.code$ 就是 $\mathbf{assign}.code$。

在翻译 $S \rightarrow \mathbf{if}\ (B)\ S_1$ 时，图 6-30 中的语义规则创建一个新的标号 $B.true$，并将其关联到为语句 S_1 生成的第一条三地址指令中，如图 6-29a 所示。因此，B 的代码中跳转到 $B.true$ 的指令将跳转到语句 S_1 对应的代码处。不仅如此，通过将 $B.false$ 设为 $S.next$，我们保证了当 B 的值为假时，控制流将跳过 S_1 的代码。

在翻译 if-else 语句 $S \rightarrow \mathbf{if}\ (B)\ S_1\ \mathbf{else}\ S_2$ 时，布尔表达式 B 的代码中有一些向外跳转的指令，它们在 B 为真时跳转到 S_1 的代码的第一条指令；在 B 为假时跳转到 S_2 的代码的第一条指令，如图 6-29b 所示。然后，控制流从 S_1 或 S_2 转到紧跟在 S 的代码之后的三地址指令——该指令的标号由继承属性 $S.next$ 指定。在 S_1 的代码之后有一条 goto $S.next$ 指令，使得控制流越过 S_2 的代码。S_2 的代码之后不需要 goto 语句，因为 $S_2.next$ 就是 $S.next$。

如图 6-29c 所示，$S \rightarrow \mathbf{while}(B)S_1$ 的代码由 $B.code$ 和 $S_1.code$ 组成。我们使用一个局部变量 $begin$ 来存放附加在这个 while 语句的第一条指令上的标号。这个 while 语句的第一条指令也是 B 的第一条指令。我们在这里使用变量而不是属性，是因为 $begin$ 对于这个产生式的语义规则而言是局部的。继承属性 $S.next$ 标记了当 B 为假时控制流必须转向的标号。因此，$B.false$ 被设置为 $S.next$。在 S_1 的第一条指令上附加了一个新标号 $B.true$。B 的指令中的跳转指令在 B 为真时跳转到这个标号。我们在 S_1 的代码之后放置了一条指令 goto $begin$，它跳回到布尔表达式的代码的开始处。请注意，$S_1.next$ 被设置为标号 $begin$，因此从 $S_1.code$ 中跳出的指令可以直接跳转到 $begin$。

$S \rightarrow S_1 S_2$ 的代码包含了 S_1 的代码，然后是 S_2 的代码。相应的语义规则主要处理标号。S_1 的代码之后的第一条指令就是 S_2 的代码的起始指令。紧跟在 S_2 的代码之后的指令也是跟在 S 的代码之后的指令。

我们将在 6.7 节中进一步讨论控制流语句的翻译。在那里我们将使用另一种被称为回填的方法，它可以在一次扫描中生成各个语句的代码。

6.6.4 布尔表达式的控制流翻译

图 6-31 中针对布尔表达式的语义规则是图 6-30 中语句的语义规则的一个补充。如图 6-29 中的代码布局方案所示，一个布尔表达式 B 被翻译为一个三地址指令，它将使用条件或无条件跳转指令来对 B 求值。这些跳转指令的目标是两个标号之一：当 B 为真时是 $B.true$；当 B 为假时是 $B.false$。

图 6-31 中的第四个产生式，即 $B \rightarrow E_1\ \mathbf{rel}\ E_2$，直接被翻译成三地址比较指令，跳转到正确的位置。例如，$a < b$ 被翻译成：

```
if a < b goto B.true
goto B.false
```

⊖ 如果严格地按照上面的语义规则来实现，这些语义规则将产生很多标号，并可能在一个三地址指令上附加多个标号。6.7 节中介绍的回填技术只在必要的时候创建标号。处理这个问题的另一种方法是在后续的优化步骤中消除不必要的标号。

中间代码生成

产生式	语义规则
$B \to B_1 \parallel B_2$	$B_1.true = B.true$ $B_1.false = newlabel()$ $B_2.true = B.true$ $B_2.false = B.false$ $B.code = B_1.code \parallel label(B_1.false) \parallel B_2.code$
$B \to B_1 \text{ \&\& } B_2$	$B_1.true = newlabel()$ $B_1.false = B.false$ $B_2.true = B.true$ $B_2.false = B.false$ $B.code = B_1.code \parallel label(B_1.true) \parallel B_2.code$
$B \to \,! B_1$	$B_1.true = B.false$ $B_1.false = B.true$ $B.code = B_1.code$
$B \to E_1 \text{ rel } E_2$	$B.code = E_1.code \parallel E_2.code$ $\parallel gen(\text{'if'}\ E_1.addr\ \textbf{rel}.op\ E_2.addr\ \text{'goto'}\ B.true)$ $\parallel gen(\text{'goto'}\ B.false)$
$B \to \textbf{true}$	$B.code = gen(\text{'goto'}\ B.true)$
$B \to \textbf{false}$	$B.code = gen(\text{'goto'}\ B.false)$

图 6-31 为布尔表达式生成三地址代码

B 的其余产生式按照下面的方法翻译：

1）假定 B 形如 $B_1 \parallel B_2$。如果 B_1 为真，那么我们立刻知道 B 本身也为真，因此 $B_1.true$ 和 $B.true$ 相同。如果 B_1 为假，那么就必须对 B_2 求值，因此我们将 $B_1.false$ 设置为 B_2 的代码的第一条指令的标号。B_2 的真假出口分别等于 B 的真假出口。

2）$B_1 \text{\&\&} B_1$ 的翻译方法类似于 1。

3）不需要为 $B \to \,! B_1$ 产生新的代码，只需要将 B 中的真假出口对换，就可分别得到 B_1 的真假出口。

4）将常量 **true** 和 **false** 分别翻译成目标为 $B.true$ 和 $B.false$ 的跳转指令。

例 6.15 重新考虑例 6.14 中的下列语句：

$$\text{if (x<100 }\parallel\text{ x>200 \&\& x!=y) x=0;} \qquad (6.11)$$

使用图 6-30 和图 6-31 中的语法制导定义，我们可以得到图 6-32 中的代码。

语句 (6.11) 是图 6-30 中的产生式 $P \to S$ 生成的一个程序。这个产生式的语义规则生成了 S 的代码之后的第一条指令的新标号 L_1。语句 S 的形式为 **if**$(B)\ S_1$，其中 S_1 是 x=0。因此，图 6-30 中的规则生成了一个新标号 L_2，并将它附加到 $S_1.code$ 的第一条（在这个例子中也是唯一的）指令，即 x=0 处。

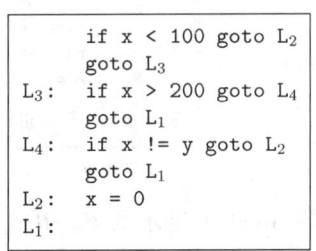

图 6-32 一个简单的 if 语句的控制流翻译结果

因为 $\parallel$ 的优先级低于 &&，所以式 (6.11) 中的布尔表达式的形式为 $B_1 \parallel B_2$，其中 B_1 是 x<100。按照图 6-31 中的规则，$B_1.true$ 是 L_2，即语句 x=0 的标号；$B_1.false$ 是一个新的标号 L_3，它附加在 B_2 的代码的第一条指令上。

值得注意的是，生成的代码不是最优的，因为这个翻译结果比例 6.14 中的代码多三条 (goto) 指令。指令 goto L_3 是冗余的，因为 L_3 恰巧就是下一条指令的标号。如果像例 6.14 中那样使用

ifFalse 指令,而不使用 if 指令,那么两条 goto L_1 指令也可以被消除。

6.6.5 避免生成冗余的 goto 指令

在例 6.15 中,比较表达式 $x > 200$ 被翻译成如下代码片段:

```
        if x > 200 goto L₄
        goto L₁
L₄:     ...
```

可以将上面的指令替换为如下指令:

```
        ifFalse x > 200 goto L₁
L₄:     ...
```

ifFlase 指令利用了控制流在指令序列中会从一个指令自然流动到下一个指令的性质,因此当 $x > 200$ 时,控制流直接"穿越"到标号 L_4,从而减少了一个跳转指令。

在图 6-29 中所示的 if 和 while 语句的代码布局中,S_1 的代码紧跟在布尔表达式 B 的代码之后。通过使用一个特殊标号"fall"(即"不要生成任何跳转指令"),我们可以修改图 6-30 和图 6-31 中的语义规则,支持控制流从 B 的代码直接穿越到 S_1 的代码。图 6-30 中的产生式 $S \rightarrow \textbf{if}(B)S_1$;的新语义规则将 $B.true$ 设为 $fall$:

$B.true = fall$
$B.false = S_1.next = S.next$
$S.code = B.code \parallel S_1.code$

类似地,if-else 和 while 语句的规则也将 $B.true$ 设为 $fall$。

现在我们将修改布尔表达式的语义规则,使之尽可能地允许控制流穿越。在 $B.true$ 和 $B.false$ 都是显式的标号时,也就是说它们都不等于 $fall$ 时,图 6-33 中的 $B \rightarrow E_1$ **rel** E_2 的新规则将产生两条指令(和图 6-31 一样)。否则,如果 $B.true$ 是显式的标号,那么 $B.false$ 一定是 $fall$,因此它们产生一条 if 指令,使得当条件为假时控制流穿越到下一条指令。反过来,如果 $B.false$ 是显式的标号,那么它们产生一条 ifFalse 指令。在其余情况中,$B.true$ 和 $B.false$ 都是 $fall$,因此不产生任何跳转指令⊖。

> $test = E_1.addr$ **rel**$.op$ $E_2.addr$
> $s =$ **if** $B.true \neq fall$ **and** $B.false \neq fall$ **then**
> $gen(\text{'if'}\ test\ \text{'goto'}\ B.true) \parallel gen(\text{'goto'}\ B.false)$
>   **else if** $B.true \neq fall$ **then** $gen(\text{'if'}\ test\ \text{'goto'}\ B.true)$
>   **else if** $B.false \neq fall$ **then** $gen(\text{'ifFalse'}\ test\ \text{'goto'}\ B.false)$
>   **else** $''$
> $B.code = E_1.code \parallel E_2.code \parallel s$

图 6-33 $B \rightarrow E_1$ **rel** E_2 的语义规则

在图 6-34 中显示的 $B \rightarrow B_1 \parallel B_2$ 的新规则中,请注意 B 的 $fall$ 标号和 B_1 的 $fall$ 标号具有不同的含义。假定 $B.true$ 为 $fall$,即如果 B 为真时控制流穿越 B。虽然当 B_1 为真时 B 的值必然为真,但 $B_1.true$ 必须保证控制流跳过 B_2 的代码,直接到达 B 之后的下一条指令。

> $B_1.true =$ **if** $B.true \neq fall$ **then** $B.true$ **else** $newlabel()$
> $B_1.false = fall$
> $B_2.true = B.true$
> $B_2.false = B.false$
> $B.code =$ **if** $B.true \neq fall$ **then** $B_1.code \parallel B_2.code$
>   **else** $B_1.code \parallel B_2.code \parallel label(B_1.true)$

图 6-34 $B \rightarrow B_1 \parallel B_2$ 的语义规则

另一方面,如果 B_1 的值为假,B 的真假值就由 B_2 的值决定。因此,图 6-34 中的规则保证

⊖ 在 C 和 Java 中,表达式中可能包含赋值语句,因此即使 $B.true$ 和 $B.false$ 都为 $fall$,也必须为子表达式 E_1 和 E_2 生成代码。如果必要,无用代码可以在优化阶段被清除。

$B_1.false$ 对应于控制流穿越 B_1 直接到达 B_2 的代码的情况。

$B \to B_1 \&\& B_2$ 的语义规则和图 6-34 中的语义规则类似,我们将其留作练习。

例 6.16 使用了特殊标号 *fall* 的语义规则将例 6.15 中的程序(6.11)

    if (x < 100 ‖ x > 200 && x != y) x = 0;

翻译成图 6-35 所示的代码。

和例 6.15 一样,产生式 $P \to S$ 的语义规则创建标号 L_1。和例 6.15 不同的是,当应用 $B \to B_1 \| B_2$ 的语义规则时,继承属性 $B.true$ 是 $fall$($B.false$ 为 L_1)。图 6-34 中的规则创建一个新标号 L_2,使得当 B_1 为真时有一个跳转指令可以跳过 B_2 的代码。因此,$B_1.true$ 为 L_2 而 $B_1.false$ 为 $fall$,因为 B_1 为假时必须计算 B_2 的值。

```
        if x < 100 goto L₂
        ifFalse x > 200 goto L₁
        ifFalse x != y goto L₁
L₂:     x = 0
L₁:
```

图 6-35 使用控制流穿越技术翻译的 if 语句

当开始处理生成了表达式 x<100 的产生式 $B \to E_1$ **rel** E_2 时,$B.true = L_2$ 且 $B.false = fall$。图 6-33 中的规则使用这些继承到的标号生成了一条指令 if x<100 goto L_2。 □

6.6.6 布尔值和跳转代码

本节讨论的重点是用于改变语句中控制流的布尔表达式。一个布尔表达式的目的可能就是要求出它的值,如 x = true; 或 x = a < b; 的语句中的布尔表达式就是这样。

处理布尔表达式的这两种角色的一种简单思路是首先建立表达式的抽象语法树,可以使用下面的两种方法之一:

1) 使用两趟处理的方法。为输入构造出完整的抽象语法树,然后以深度优先顺序遍历这棵抽象语法树,依据语义规则的描述计算得到翻译结果。

2) 对语句进行一趟处理,但对表达式进行两趟处理。使用这种方法时,我们将首先翻译语句 **while** (E) S_1 中的 E,然后再处理 S_1。然而,要对 E 进行翻译,需要首先建立它的抽象语法树,然后再遍历它。

在下列文法中,用单个非终结符号 E 来代表表达式:

    $S \to$ **id** $= E$; | **if** (E) S | **while** (E) S | S S
    $E \to E \| E$ | $E \&\& E$ | **rel** E | $E + E$ | (E) | **id** | **true** | **false**

非终结符号 E 支配了 $S \to$ **while** (E) S_1 的控制流。同一个非终结符号 E 在 $S \to$ **id** $= E$ 和 $E \to E + E$ 中则表示一个值。

我们可以使用不同的代码生成函数处理表达式的这两种角色。假定属性 $E.n$ 表示对应于表达式 E 的抽象语法树结点,并且抽象语法树中的结点都是对象。令方法 *jump* 产生一个表达式结点的跳转代码,并令方法 *rvalue* 产生计算结点的值的代码,该代码还把得到的值存储在一个临时变量中。

对于出现在 $S \to$ **while** (E) S_1 中的 E,在结点 $E.n$ 上调用方法 *jump*。方法 *jump* 的实现是基于图 6-31 给出的关于布尔表达式的语义规则。确切地说,跳转代码是通过调用 $E.n.jump(t, f)$ 生成的,其中 t 是指向 $S_1.code$ 的第一条指令的新标号,而 f 就是标号 $S.next$。

对于出现在 $S \to$ **id** $= E$; 中的 E,在结点 $E.n$ 上调用方法 *rvalue*。如果 E 形如 $E_1 + E_2$,方法调用 $E.n.rvalue()$ 按照 6.4 节中讨论的方法生成代码。如果 E 形如 $E_1 \&\& E_2$,我们首先为 E 生成跳转代码,然后在跳转代码的真假出口分别将 true 和 false 赋给一个新的临时变量 t。

例如,赋值语句 x = a < b && c < d 可以用图 6-36 中的代码来实现。

```
        ifFalse a < b goto L₁
        ifFalse c < d goto L₁
        t = true
        goto L₂
L₁:     t = false
L₂:     x = t
```

图 6-36 通过计算一个临时变量的值来翻译一个布尔类型的赋值语句

6.6.7 6.6 节的练习

练习 6.6.1：在图 6-30 的语法制导定义中添加处理下列控制流构造的规则：

1) 一个 repeat 语句，**repeat** S **while** B。

! 2) 一个 for 循环语句，**for** $(S_1; B; S_2) S_3$。

练习 6.6.2：现代计算机试图在同一时刻执行多条指令，其中包括各种分支指令。因此，当计算机投机性地预先执行某个分支，但实际控制流却进入另一分支时（此时所有预先执行的投机工作将被抛弃），付出的代价是很大的。因此我们希望尽可能地减少分支数量。请注意，在图 6-29c 中 while 循环语句的实现中，每个迭代有两个分支：一个是从条件 B 进入到循环体中，另一个分支跳转回 B 的代码。基于尽量减少分支的考虑，我们通常更倾向于将 **while**$(B) S$ 当作 **if** (B) {**repeat** S **until** !(B)} 来实现。给出这种翻译方法的代码布局，并修改图 6-30 中 while 循环语句的规则。

! **练习 6.6.3**：假设 C 中存在一个异或运算（当且仅当两个分量恰有一个为真时，表达式为真）。按照图 6-31 的风格写出这个运算符的代码生成规则。

练习 6.6.4：使用 6.6.5 节中介绍的避免 goto 语句的翻译方案，翻译下列表达式：

1) `if (a==b && c==d || e==f) x == 1;`
2) `if (a==b || c==d || e==f) x == 1;`
3) `if (a==b && c==d && e==f) x == 1;`

练习 6.6.5：基于图 6-30 和图 6-31 中给出的语法制导定义，给出一个翻译方案。

练习 6.6.6：使用类似于图 6-33 和图 6-34 中的规则，修改图 6-30 和图 6-31 的语义规则，使之允许控制流穿越。

! **练习 6.6.7**：练习 6.6.6 中的语句的语义规则产生了一些不必要的标号。修改图 6-30 中语句的规则，使之只创建必要的标号。你可以使用特殊标号 *deferred* 来表示还没有创建一个标号。你的语义规则必须能够生成类似于例 6.14 的代码。

!! **练习 6.6.8**：6.6.5 节中讨论了如何使用穿越代码来尽可能减少生成的中间代码中跳转指令的数目。然而，它并没有充分考虑将一个条件替换为它的补的方法，例如将 `if a < b goto L₁; goto L₂;` 替换为 `if a >= b goto L₂; goto L₁`。给出一个语法制导定义，它在需要时可以利用这种替换方法。

6.7 回填

为布尔表达式和控制流语句生成目标代码时，关键问题之一是将一个跳转指令和该指令的目标匹配起来。例如，对 `if (B) S` 中的布尔表达式 B 的翻译结果中包含一条跳转指令。当 B 为假时，该指令将跳转到紧跟在 S 的代码之后的指令处。在一趟式的翻译中，B 必须在处理 S 之前就翻译完毕。那么跳过 S 的 goto 指令的目标是什么呢？在 6.6 节中，我们解决这个问题的方法是将标号作为继承属性传递到生成相关跳转指令的地方。但是，这样的做法要求再进行一趟处理，将标号和具体地址绑定起来。

本节将介绍一种被称为回填（backpatching）的补充性技术，它把一个由跳转指令组成的列表以综合属性的形式进行传递。明确地讲，生成一个跳转指令时暂时不指定该跳转指令的目标。这样的指令都被放入一个由跳转指令组成的列表中。等到能够确定正确的目标标号时才去填充这些指令的目标标号。同一个列表中的所有跳转指令具有相同的目标标号。

6.7.1 使用回填技术的一趟式目标代码生成

回填技术可以用来在一趟扫描中完成对布尔表达式或控制流语句的目标代码生成。我们生

中间代码生成

成的目标代码的形式和 6.6 节中的代码的形式相同，但是处理标号的方法不同。

在本节中，非终结符号 B 的综合属性 *truelist* 和 *falselist* 将用来管理布尔表达式的跳转代码中的标号。特别的，B.*truelist* 将是一个包含跳转或条件跳转指令的列表，我们必须向这些指令中插入适当的标号，也就是当 B 为真时控制流应该转向的标号。类似地，B.*falselist* 也是一个包含跳转指令的列表，这些指令最终获得的标号就是当 B 为假时控制流应该转向的标号。在生成 B 的代码时，跳转到真或假出口的跳转指令是不完整的，标号字段尚未填写。这些不完整的跳转指令被保存在 B.*truelist* 和 B.*falselist* 所指的列表中。类似地，语句 S 的综合属性 S.*nextlist* 也是一个跳转指令列表，这些指令应该跳转到紧跟在 S 的代码之后的指令。

更明确地讲，我们将生成的指令放入一个指令数组中，而标号就是这个数组的下标。为了处理跳转指令的列表，我们使用下面三个函数：

1) *makelist*(i) 创建一个只包含 i 的列表。这里 i 是指令数组的下标。函数 *makelist* 返回一个指向新创建的列表的指针。

2) *merge*(p_1, p_2) 将 p_1 和 p_2 指向的列表进行合并，它返回的指针指向合并后的列表。

3) *backpatch*(p, i) 将 i 作为目标标号插入到 p 所指列表中的各指令中。

6.7.2 布尔表达式的回填

现在我们构造一个可以在自底向上语法分析过程中为布尔表达式生成目标代码的翻译方案。这个文法中有一个标记非终结符号 M。它引发的语义动作在适当的时刻获取将要生成的下一条指令的下标。该文法如下：

$B \rightarrow B_1 \parallel M\ B_2 \mid B_1\ \&\&\ M\ B_2 \mid !\ B_1 \mid (\ B_1\ ) \mid E_1\ \mathbf{rel}\ E_2 \mid \mathbf{true} \mid \mathbf{false}$
$M \rightarrow \epsilon$

翻译方案如图 6-37 所示。

1) $B \rightarrow B_1 \parallel M\ B_2$ { *backpatch*(B_1.*falselist*, M.*instr*);
                                B.*truelist* = *merge*(B_1.*truelist*, B_2.*truelist*);
                                B.*falselist* = B_2.*falselist*; }

2) $B \rightarrow B_1\ \&\&\ M\ B_2$ { *backpatch*(B_1.*truelist*, M.*instr*);
                                  B.*truelist* = B_2.*truelist*;
                                  B.*falselist* = *merge*(B_1.*falselist*, B_2.*falselist*); }

3) $B \rightarrow !\ B_1$ { B.*truelist* = B_1.*falselist*;
                      B.*falselist* = B_1.*truelist*; }

4) $B \rightarrow (\ B_1\ )$ { B.*truelist* = B_1.*truelist*;
                       B.*falselist* = B_1.*falselist*; }

5) $B \rightarrow E_1\ \mathbf{rel}\ E_2$ { B.*truelist* = *makelist*(*nextinstr*);
                             B.*falselist* = *makelist*(*nextinstr* + 1);
                             gen('if' E_1.*addr* **rel**.*op* E_2.*addr* 'goto _');
                             gen('goto _'); }

6) $B \rightarrow \mathbf{true}$ { B.*truelist* = *makelist*(*nextinstr*);
                    gen('goto _'); }

7) $B \rightarrow \mathbf{false}$ { B.*falselist* = *makelist*(*nextinstr*);
                    gen('goto _'); }

8) $M \rightarrow \epsilon$ { M.*instr* = *nextinstr*; }

图 6-37 布尔表达式的翻译方案

考虑上述文法中对应于规则 $B \rightarrow B_1 \parallel MB_2$ 的语义动作(1)。如果 B_1 为真，那么 B 也为真，这样 B_1.*truelist* 中的跳转指令就成为 B.*truelist* 的一部分。然而，如果 B_1 为假，我们下一步必须测试 B_2。因此 B_1.*falselist* 中的跳转指令的目标必定是 B_2 的代码的起始位置。这个位置使用标记非

终结符号 M 获得。在即将生成 B_2 代码之前，M 生成了下一条指令的序号，存放在综合属性 $M.instr$ 中。

为了获得指令序号，我们将产生式 $M\rightarrow \epsilon$ 和语义动作
$$\{ M.instr = nextinstr; \}$$
关联起来。变量 $nextinstr$ 保存了紧跟着的下一条指令的序号。当我们已经看到了产生式 $B\rightarrow B_1 \parallel M B_2$ 的余下部分时，这个值将被回填到 $B_1.falselist$ 中的指令上（即 $B_1.falselist$ 中的每条指令都把 $M.instr$ 当作目标标号）。

$B\rightarrow B_1\ \&\&\ M B_2$ 的语义动作(2)和动作(1)类似。$B\rightarrow !B$ 的语义动作(3)对换真假列表。动作(4)只是忽略括号。

为简单起见，语义动作(5)生成了两条指令：一个条件转移指令 goto 和一个无条件转移指令。它们的目标标号都未填写。这两个指令被放入新的分别由 $B.truelist$ 和 $B.falselist$ 指向的列表中。

例 6.17 再次考虑表达式
$$x < 100 \parallel x > 200\ \&\&\ x != y$$
它的一棵注释语法分析树如图 6-38 所示。为了增加可读性，属性 $truelist$、$falselist$ 和 $instr$ 分别用它们的第一个字母表示。在对这棵语法树进行深度优先遍历时执行语义动作。因为所有的动作都出现在规则右部的最后，因此它们可以和自底向上语法分析过程中的归约动作同时进行。在根据产生式(5)将 $x<100$ 归约为 B 时，语义动作相应地产生两条指令：

```
100:  if x < 100 goto _
101:  goto _
```

我们任意地从 100 开始为指令编号。产生式
$$B \rightarrow B_1 \parallel M B_2$$
中的标记非终结符号 M 记录了 $nextinstr$ 的值，此时这个值为 102。使用产生式(5)将 $x>200$ 归约为 B 产生下面两条指令

```
102:  if x > 200 goto _
103:  goto _
```

子表达式 $x>200$ 对应于下面产生式中的 B_1：
$$B \rightarrow B_1\ \&\&\ M B_2$$
标记非终结符号 M 记录了 $nextinstr$ 的当前值，现在是 104。使用产生式(5)将 $x != y$ 归约为 B 产生下列指令

```
104:  if x != y goto _
105:  goto _
```

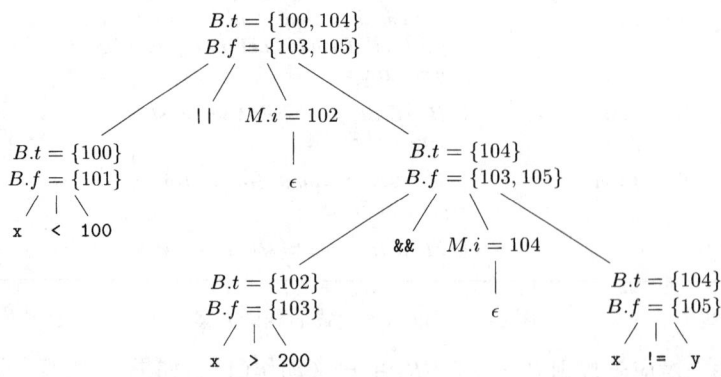

图 6-38 $x<100\ \parallel\ x>200\ \&\&\ x!=y$ 的注释语法分析树

我们现在使用 $B \to B_1$ &&M B_2 进行归约。相应的语义动作调用 $backpatch(B_1.truelist, M.instr)$ 将 B_1 的真值出口绑定到 B_2 的第一条指令处。因为 $B_1.truelist$ 是 $\{102\}$,$M.instr$ 是 104,这次对 $backpatch$ 的调用将序号 104 填写到 102 指令中。至今为止产生的六条指令如图 6-39a 所示。

和最后一次归约使用的产生式 $B \to B_1 \parallel M B_2$ 相关联的语义动作调用 $backpatch(\{101\}, 102)$,得到的指令如图 6-39b 所示。

整个表达式为真当且仅当控制流到达 100 和 104 位置上的跳转指令;表达式为假当且仅当控制流到达 103 和 105 位置上的跳转指令。在后续的编译过程中,当已知表达式为真或假时分别应该做什么的时候,这些指令的目标将会被填写完整。 □

```
100:  if x < 100 goto _
101:  goto _
102:  if x > 200 goto 104
103:  goto _
104:  if x != y goto _
105:  goto _
```
a) 将 104 回填到指令 102 中之后

```
100:  if x < 100 goto _
101:  goto 102
102:  if x > 200 goto 104
103:  goto _
104:  if x != y goto _
105:  goto _
```
b) 将 102 回填到指令 101 中之后

图 6-39 回填的步骤

6.7.3 控制转移语句

现在我们使用回填技术在一趟扫描中完成控制流语句的翻译。考虑由下列文法产生的语句:

$$S \to \textbf{if}(B)S \mid \textbf{if}(B)S \textbf{ else } S \mid \textbf{while}(B)S \mid \{L\} \mid A;$$
$$L \to LS \mid S$$

这里 S 表示一个语句,L 是一个语句的列表,A 是一个赋值语句,B 是一个布尔表达式。请注意,一定还存在一些其他的产生式,比如那些关于赋值语句的产生式。然而,这里给出的这些产生式已经足以用来说明在控制流语句的翻译中用到的技术。

语句 if、if-else 和 while 的代码布局和 6.6 节中的描述一样。我们给出一个隐含的假设,即指令数组中的代码顺序反映了控制流的自然流动,即控制从一条语句到达下一条语句。假如没有这个假设,那么我们就必须明确插入跳转指令来实现自然的顺序控制流。

图 6-40 中的翻译方案保留了多个跳转指令的列表,当确定了这些跳转指令的目标序号后就会回填列表。如图 6-37 所示,由非终结符号 B 生成的布尔表达式有两个跳转指令列表:$B.truelist$ 和 $B.falselist$。它们分别对应于 B 的代码的真假出口。由非终结符号 S 和 L 生成的语句也有一个待回填的跳转指令列表,由属性 $nextlist$ 表示。列表 $S.nextlist$ 中包含了所有跳转到按照运行顺序紧跟在 S 代码之后的指令的条件或无条件转移指令。$L.nextlist$ 的定义与此类似。

考虑图 6-40 中的语义动作(3)。产生式 $S \to \textbf{while }(B)S_1$ 的代码布局如图 6-29c 所示。标记非终结符号 M 在产生式

$$S \to \textbf{while } M_1(B) M_2 S_1$$

中的两次出现分别记录了 B 的代码和 S_1 的代码的开始处的指令编号。它们分别对应于图 6-29c 中的标号 $begin$ 和 $B.true$。

M 还是只有唯一的产生式 $M \to \epsilon$。图 6-40 中的动作(6)将属性 $M.instr$ 的值设为下一条指令的序号。在 while 语句的循环体 S_1 执行之后,控制流回到此语句的起始位置。因此,在将 **while** $M_1(B) M_2 S_1$ 归约为 S 的时候,我们对 $S_1.nextlist$ 中的所有跳转指令进行回填,使得该列表中所有指令的目标为序号 $M_1.instr$。在 S_1 的代码之后显式地插入了一条跳转到 B 的代码的开始处的指令,这是因为控制流也有可能"穿越底部"。通过将 $B.truelist$ 中的指令设置为转向 $M_2.instr$,我们将 $B.truelist$ 回填为 S_1 代码的起始位置。

在为条件语句 **if**(B) S_1 **else** S_2 生成代码时,我们可以看到更加有说服力的使用 $S.nextlist$ 和 $L.nextlist$ 的理由。如果控制流"穿越"了 S_1 的代码的底部,比如当 S_1 是一个赋值语句时就会发生

这样的事情，我们必须在 S_1 的代码之后增加一条越过 S_2 代码的跳转指令。我们使用位于 S_1 之后的另一个标记非终结符号来生成这个跳转指令。假定这个标记非终结符号为 N，且其产生式为 $N \rightarrow \epsilon$。N 有属性 $N.nextlist$，它是一个由 N 的语义动作(7)生成的跳转指令 goto _ 的序号组成的列表。

1) $S \rightarrow \textbf{if}\,(\,B\,)\,M\,S_1$ { $backpatch(B.truelist,\ M.instr)$;
   $S.nextlist = merge(B.falselist,\ S_1.nextlist)$; }

2) $S \rightarrow \textbf{if}\,(\,B\,)\,M_1\,S_1\,N\,\textbf{else}\,M_2\,S_2$
   { $backpatch(B.truelist,\ M_1.instr)$;
   $backpatch(B.falselist,\ M_2.instr)$;
   $temp = merge(S_1.nextlist,\ N.nextlist)$;
   $S.nextlist = merge(temp,\ S_2.nextlist)$; }

3) $S \rightarrow \textbf{while}\,M_1\,(\,B\,)\,M_2\,S_1$
   { $backpatch(S_1.nextlist,\ M_1.instr)$;
   $backpatch(B.truelist,\ M_2.instr)$;
   $S.nextlist = B.falselist$;
   $gen('\textbf{goto}'\ M_1.instr)$; }

4) $S \rightarrow \{\,L\,\}$ { $S.nextlist = L.nextlist$; }

5) $S \rightarrow A\,;$ { $S.nextlist = \textbf{null}$; }

6) $M \rightarrow \epsilon$ { $M.instr = nextinstr$; }

7) $N \rightarrow \epsilon$ { $N.nextlist = makelist(nextinstr)$;
   $gen('\textbf{goto}\ \_')$; }

8) $L \rightarrow L_1\,M\,S$ { $backpatch(L_1.nextlist,\ M.instr)$;
   $L.nextlist = S.nextlist$; }

9) $L \rightarrow S$ { $L.nextlist = S.nextlist$; }

图 6-40 语句的翻译

图 6-40 中的语义动作(2)处理满足下列语法的 if-else 语句：
$$S \rightarrow \textbf{if}\,(\,B\,)\,M_1\,S_1\,N\,\textbf{else}\,M_2\,S_2$$

我们将对应于 B 为真的跳转指令回填为 $M_1.instr$，也就是 S_1 的代码的开始位置。类似地，我们将回填那些对应于 B 为假的跳转指令，使它们跳转到 S_2 的代码的开始位置。列表 $S.nextlist$ 包含了所有从 S_1 和 S_2 中跳出的指令，也包括由 N 产生的跳转指令。（变量 $temp$ 是仅用于合并列表的临时变量。）

语义动作(8)和(9)处理语句序列。在
$$L \rightarrow L_1\,M\,S$$
中，按照执行顺序紧跟在 L_1 的代码之后的是 S 的开始指令。因此，列表 $L_1.nextlist$ 被回填为 S 代码的开始位置，该位置由 $M.instr$ 给出。在 $L \rightarrow S$ 中，$L.nextlist$ 和 $S.nextlist$ 相同。

请注意，除了语义规则(3)和(7)之外，这些语义规则中的任何地方都没有产生新的指令。其他所有的代码都是由赋值语句和表达式相关的语义动作产生的。我们根据控制流进行了正确的回填，因此赋值语句和布尔表达式的求值过程被正确地连接了起来。

6.7.4 break 语句、continue 语句和 goto 语句

用于改变程序控制流的最基本的程序设计语言结构是 goto 语句。在 C 语言中，像 goto L 这

中间代码生成

样的语句将控制流转到标号为 L 的指令——在相应作用域内必须恰好存在一条标号为 L 的语句。在实现 goto 语句时，可以为每个标号维护一个未完成跳转指令的列表，然后在知道这些指令的目标之后进行回填。

Java 废除了 goto 语句。但是 Java 支持一种规范化的跳转语句，即 break 语句。它使控制流跳出外围的语言结构。Java 中还可以使用 continue 语句。这个语句的作用是触发外围循环的下一轮迭代。下面的代码摘自一个语法分析器，它说明了简单的 break 语句和 continue 语句。

```
1)    for ( ; ; readch() ) {
2)        if( peek == ' ' || peek == '\t' ) continue;
3)        else if( peek == '\n' ) line = line + 1;
4)        else break;
5)    }
```

控制流会从第 4 行中的 break 语句跳出到外围 for-循环之后的下一个语句。控制流也会从第 2 行中的 continue 语句跳转到计算 reach() 的代码，然后再转到第 2 行中的 if 语句。

如果 S 表示外围的循环结构，那么一条 break 语句就是跳转到 S 代码之后第一条指令处的跳转指令。我们可以按照下面的步骤为 break 生成代码：①跟踪外围循环语句 S，②为该 break 语句生成未完成的跳转指令，③将这些指令放到 S.nextlist 中，其中 nextlist 就是 6.7.3 节中讨论的列表。

在一个通过两趟扫描构建抽象语法树的编译器前端中，S.nextlist 可以被实现为对应于语句 S 的结点的一个字段。我们可以在符号表中将一个特殊的标识符 **break** 映射为表示外围循环语句 S 的结点，以此来跟踪 S。这种方法同样可以处理 java 中带标号的 break 语句，因为同样可以用符号表来将这个标号映射为对应于标号所指的结构的语法树结点。

如果不使用符号表来访问 S 的结点，我们还可以在符号表中设置一个指向 S.nextlist 的指针。现在当遇到一个 break 语句时，我们生成一个未完成的跳转指令，并通过符号表查找到 nextlist，然后把这个跳转指令加入到这个列表中。这个 nextlist 将按照 6.7.3 节中讨论的方法进行回填。

continue 语句的处理方法和 break 语句的处理方法类似。两者之间的主要区别在于生成的跳转指令的目标不同。

6.7.5　6.7 节的练习

练习 6.7.1：使用图 6-37 中的翻译方案翻译下列表达式。给出每个子表达式的 *truelist* 和 *falselist*。你可以假设第一条被生成的指令的地址是 100。

1) a==b && (c==d || e==f)
2) (a==b || c==d) || e==f
3) (a==b && c==d) && e==f

练习 6.7.2：图 6-41a 中给出了一个程序的摘要。6-41b 概述了使用图 6-40 中的回填翻译方案生成的三地址代码的结构。这里，$i_1 \sim i_8$ 是每个 code 区域的第一条被生成指令的标号。当我们实现这个翻译时，我们为每个布尔表达式 E 维护了两个列表，表中给出 E 的代码中的一些位置。我们分别用 E.true 和 E.false 来表示这两个列表。对于 E.true 列表中的那些指令位置，我们最终要加入当 E 为真时控制流应该到达的语句的标号。E.false 是类似的存放特定位置号的列表，我们要在这些位置上加入当发现 E 为假时控制流应该到达的标号。同时，我们还为语句 S 维护了一个位置的列表。我们必须在这些位置上加入当 S 执行完毕之后控制流应该到达的标号。请给出最终将代替下列各个列表中的位置的值（即 $i_1 \sim i_8$ 中的某个标号）。

（1）$E_3.false$　（2）$S_2.next$　（3）$E_4.false$　（4）$S_1.next$　（5）$E_2.true$

练习 6.7.3：当使用图 6-40 中的翻译方案对图 6-41 进行翻译时，我们为每条语句创建 S.next 列表。一开始是赋值语句 S_1、S_2、S_3，然后逐步处理越来越大的 if 语句、if-else 语句、while 语句和语句块。在图 6-41 中有 5 个这种类型的结构语句：

S_4: **while**(E_3) S_1。

S_5：**if**(E_4) S_2。
S_6：包含 S_5 和 S_3 的语句块。
S_7：语句 **if** $(E_2)S_4$ **else** S_6。
S_8：整个程序。

```
while (E₁) {
    if (E₂)
        while (E₃)
            S₁;
    else {
        if (E₄)
            S₂;
        S₃
    }
}
```

a)

```
i₁: Code for E₁
i₂: Code for E₂
i₃: Code for E₃
i₄: Code for S₁
i₅: Code for E₄
i₆: Code for S₂
i₇: Code for S₃
i₈: ⋯
```

b)

图 6-41 练习 6.7.2 的程序的控制流结构

对于这些结构语句，我们可以通过一个规则用其他 S_j. next 列表以及程序中的表达式的列表 E_k. true 和 E_k. false 构造出 S_i. next。给出计算下列 next 列表的规则：

（1） S_4. next　（2） S_5. next　（3） S_6. next　（4） S_7. next　（5） S_8. next

6.8 switch 语句

很多语言都使用"switch"或"case"语句。我们的 switch 语句的语法如图 6-42 所示。语句中包含一个待求值的选择表达式 E，后面是该表达式可能取的 n 个常量值 $V_1, V_2, \cdots, V_n$。语句中也可能包含一个默认"值"，当其他值都不和选择表达式的值匹配时，就用这个默认值来匹配。

6.8.1 switch 语句的翻译

一个 switch 语句的预期翻译结果是完成如下工作的代码：

1）计算表达式 E 的值。

2）在 case 列表中寻找与表达式值相同的值 V_j。回顾一下，当在 case 列表中明确列出的值都不和表达式匹配时，就用默认值和表达式匹配。

3）执行和匹配值关联的语句 S_j。

```
switch ( E ) {
    case V₁: S₁
    case V₂: S₂
        ⋯
    case Vₙ₋₁: Sₙ₋₁
    default: Sₙ
}
```

图 6-42 Switch 语句的语法

步骤（2）是一个 n 路分支，它可以采取多种方法实现。如果 case 的数目较少，比如不多于 10 个，那么可以使用一个条件跳转指令序列来实现。每一个条件跳转指令都测试一个常量值，并跳转到这个值对应的语句的代码。

实现这个条件跳转指令序列的一个简洁的方法是创建一个对照关系表。表中的每一个关系都包含了一个常量值和相应语句代码的标号。在运行时刻，表达式自身的值以及默认语句的标号被放在对照表的末端。编译器生成一个简单循环，把表达式的值和表中的每个值进行比较。我们已经保证了当找不到其他匹配时，最后一个条目（默认值条目）一定会匹配。

如果值的个数超过 10 个或更多，那么更高效的方式是为这些值构造一个散列表。这个表的条目是各个分支语句的标号。如果没有找到对应于 switch 表达式的值的条目，就会有一条跳转指令转到默认语句。

还有一种常见的特殊情况，它的实现可以比 n 路分支更加高效。如果表达式的值位于某个较小的范围内，比如从 min 到 max，并且不同常量值的总数接近 max − min。那么我们可以构造一个包含 max − min 个"桶"的数组，其中桶 j − min 包含了对应于值 j 的语句的标号；任何没有被填入对应标号的"桶"中包含了默认标号。

执行 switch 语句时，首先计算表达式并获得值 j；检查它是否在 min 到 max 的范围之内，如是则间接跳转到偏移量为 j − min 的条目中的标号。例如，如果表达式的类型是字符型，我们可以创建一个包含 128 个条目（根据具体的字符集，条目个数可有不同）的表，并且不进行范围检查直接进行控制流跳转。

6.8.2 switch 语句的语法制导翻译

图 6-43 中的中间代码是图 6-42 中的 switch 语句的一个近似翻译结果。所有的测试都出现在代码的末端，因此一个简单的代码生成器就可以识别出多路分支，并使用本节开始时介绍的多种实现方法中最合适的实现方法来生成高效的代码。

图 6-44 中显示的是一个更直接的代码序列。它要求编译器进行更加深入的分析，才能找到最高效的实现。值得注意的是，在一趟式编译器中，将分支语句放在开始的位置会造成不便，因为编译器此时还没有碰到各个语句 S_i，无法生成转向各个语句的代码。

为了翻译成如图 6-43 所示的形式，当我们看到关键字 **switch** 的时候，我们生成两个新标号 test 和 next 以及一个临时变量 t。然后，当我们对表达式 E 进行语法分析的时候，生成计算 E 值并将其保存到 t 的代码。处理完 E 之后，产生跳转指令 goto test。

当我们看见各个 **case** 关键字时，就创建一个新的标号 L_i，并将其加入符号表。我们将在一个仅用于存放 case 分支的队列中放入一个值 − 标号对。这个值 − 标号对由常量值 V_i 和 L_i（或者是指向符号表中 L_i 的条目的指针）组成。我们逐个处理语句 **case** $V_i: S_i$，生成附加于 S_i 的代码上的标号 L_i。最后生成跳转指令 goto next。

```
          code to evaluate E into t
          goto test
L₁:       code for S₁
          goto next
L₂:       code for S₂
          goto next
          ...
Lₙ₋₁:     code for Sₙ₋₁
          goto next
Lₙ:       code for Sₙ
          goto next
test:     if t = V₁ goto L₁
          if t = V₂ goto L₂
          ...
          if t = Vₙ₋₁ goto Lₙ₋₁
          goto Lₙ
next:
```

图 6-43 一个 switch 语句的翻译结果

```
          code to evaluate E into t
          if t != V₁ goto L₁
          code for S₁
          goto next
L₁:       if t != V₂ goto L₂
          code for S₂
          goto next
L₂:
          ...
Lₙ₋₂:     if t != Vₙ₋₁ goto Lₙ₋₁
          code for Sₙ₋₁
          goto next
Lₙ₋₁:     code for Sₙ
next:
```

图 6-44 一个 switch 语句的另一种翻译

当编译器到达 switch 语句的末端时，我们已经可以生成 n 路分支的代码了。读取值 − 标号对的队列，我们就可以生成形如图 6-45 所示的三地址语句序列。其中 t 是一个保存选择表达式 E 的值的临时变量，L_n 为默认语句的标号。

指令 case t V_i L_i 和图 6-43 中的 if t = V_i goto L_i 含义相同，但是 case 指令更加容易被最终的代码生成器探测到，从而对这些指令进行某种特殊处理。在代码生成阶段，

```
case t V₁ L₁
case t V₂ L₂
...
case t Vₙ₋₁ Lₙ₋₁
case t t Lₙ
next:
```

图 6-45 用来翻译 switch 语句的 case 三地址代码指令

6.8.3 6.8 节的练习

! **练习 6.8.1**：为将 switch 语句翻译成一个如图 6-45 所示的 case 语句序列，翻译器需要在处理 switch 语句的源代码时创建一个由值－标号对组成的列表。我们可以使用一个附加的翻译方案来做到这一点，这个方案只搜集这些值－标号对。给出一个语法制导定义的概要描述。该 SDD 可以生成值－标号对照表，同时还为各个语句 S_i 生成代码。这里的 S_i 是各个 case 对应的动作。

6.9 过程的中间代码

过程及其实现将在第 7 章中与运行时刻的变量存储管理一并详细地讨论。本节我们使用术语"函数"来表示带有返回值的过程。我们将简单讨论函数声明以及函数调用的三地址代码。在三地址代码中，函数调用被拆分为准备进行调用时的参数求值，然后是调用本身。为简单起见，我们假定参数使用值传递的方式。1.6.6 节中曾讨论过参数传递方法。

例 6.18 假定 a 是一个整数数组，并且 f 是一个从整数到整数的函数。那么赋值语句

$$n = f(a[i]);$$

可以被翻译成如下的三地址代码。

```
1)   t₁ = i * 4
2)   t₂ = a [ t₁ ]
3)   param t₂
4)   t₃ = call f, 1
5)   n = t₃
```

如 6.4 节中讨论的，前两行计算表达式 a[i] 的值，并将结果存放到临时变量 t_2 中。第 3 行将 t_2 作为实在参数用于第 4 行中对 f 的调用。这个调用只带有一个参数。第 4 行中函数调用的返回值被赋给 t_3。第 5 行将返回值赋给 n。□

图 6-46 中的产生式可以生成函数定义和函数调用。(这个文法会在最后一个参数之后生成一个不必要的逗号，但是它已经足以说明翻译的方法了。)如 6.3 节所述，非终结符号 D 和 T 分别生成声明和类型。由 D 生成的函数定义包含了关键字 **define**、返回类型、函数名、括号中的形式参数以及由一个位于花括号中的语句组成的函数体。非终结符号 F 生成 0 个或多个形式参数，每个形式参数包括一个类型和一个标识符。

D	$\rightarrow$	**define** T **id** $(\ F\ )\ \{\ S\ \}$
F	$\rightarrow$	$\epsilon\ \mid\ T$ **id** $,\ F$
S	$\rightarrow$	**return** E ;
E	$\rightarrow$	**id** $(\ A\ )$
A	$\rightarrow$	$\epsilon\ \mid\ E\ ,\ A$

图 6-46 在源语言中加入函数

非终结符号 S 和 E 分别生成语句和表达式。S 的产生式增加了一条返回表达式值的语句。E 的产生式中增加了函数调用，调用中的实在参数由 A 生成。一个实在参数就是一个表达式。

函数定义和函数调用可以用本章中已经介绍过的概念进行翻译。

- **函数类型**。一个函数类型必须包含它的返回值类型和形式参数类型。令 *void* 是一个表示没有参数或没有返回值的特殊类型。因此，返回一个整数的函数 *pop*( ) 的类型是"从 *void* 到 *integer* 的函数"。函数类型可以在返回值类型和有序的参数类型列表上应用构造算子 *fun* 来表示。

- **符号表**。设编译器处理到一个函数定义时，最上层的符号表为 s。函数名被放入 s，以便在程序的其他部分使用。函数的形式参数可以用类似于记录字段名的方式来处理(见图 6-18)。在 D 的产生式中，在看到关键字 **define** 和函数名之后，我们将 s 压栈并建立新的符号表

$$Env.push(top); \quad top = \text{new } Env(top);$$

这个新符号表被称为 t。注意，top 被作为参数传递到 **new** $Env(top)$，因此新的符号表 t 可以被链接到先前的符号表 s。新的符号表 t 用于这个函数的函数体的翻译。在这个函数体被翻译完成之后，我们恢复到先前的符号表 s。

- 类型检查。在表达式中，一个函数和运算符的处理方法相同。因此在 6.5.2 节中讨论的类型检查规则（包括自动类型转换）仍然可用。例如，如果 f 是一个带有一个实数型参数的函数，那么在函数调用 $f(2)$ 时，整数 2 将被转换成实型数。
- 函数调用。当为一个函数调用 **id**$(E, E, \cdots, E)$ 生成三地址指令的时候，只需要生成对各个参数 E 求值的三地址指令，或者生成将各个参数 E 归约为地址的三地址指令，然后再为每个参数生成一条 param 指令即可。如果我们不愿将参数计算指令和 param 指令混在一起，可以将每个表达式 E 的属性 $E.addr$ 存放到一个数据结构（比如队列）中。一旦所有的表达式都翻译完成，我们就可以在清空队列的同时生成 param 指令。

过程是程序设计语言中重要且常用的编程结构，因此编译器必须为过程调用和返回生成良好的代码。用于处理过程的参数传递、调用和返回的运行时刻例程是运行时刻支持系统的一部分。运行时刻支持机制将在第 7 章中讨论。

6.10 第 6 章总结

本章中介绍的技术可以被综合起来，构造一个简单的编译器前端，比如附录 A 中的那个编译器前端。编译器的前端可以增量式地进行构造：

- 选择一个中间表示形式：中间表示形式通常是一个图形表示方法和三地址代码的组合。比如在语法树中，图中的结点表示一个程序构造；而各个子结点表示其子构造。三地址代码的名字源于它的 $x = y$ **op** z 的形式。每条指令至多有一个运算符。另外还有一些用于控制流的三地址指令。
- 翻译表达式：通过在各个形如 $E \rightarrow E_1$ **op** E_2 的产生式中加入语义动作，带有复杂运算的表达式可以被分解成一个由单一运算组成的序列。这些动作或者创建一个 E 的结点，此结点的子结点为 E_1 和 E_2；或者生成一条三地址指令，该指令对 E_1 和 E_2 的地址应用运算符 **op**，并将其运算结果放入一个临时变量中。这个临时变量就成了 E 的地址。
- 检查类型：一个表达式 E_1 **op** E_2 的类型是由运算符 **op** 以及 E_1 和 E_2 的类型决定的。自动类型转换（coercion）是指隐式的类型转换，例如从 *integer* 转换到 *float*。中间代码中还包含了显式的类型转换，以保证运算分量的类型和运算符的期待类型精确匹配。
- 使用符号表来实现声明：一个声明指定了一个名字的类型。一个类型的宽度是指存放该类型的变量所需要的存储空间。使用宽度，一个变量在运行时刻的相对地址可以计算为相对于某个数据区域的开始地址的偏移量。每个声明都会将一个名字的类型和相对地址放入符号表，这样当这个名字后来出现在一个表达式中时，翻译器就可以获取这些信息。
- 将数组扁平化：为实现快速访问，数组元素被存放在一段连续的空间内。数组的数组可以被扁平化，当作各个元素的一维数组进行处理。数组的类型用于计算一个数组元素相对于数组基地址的偏移量。
- 为布尔表达式产生跳转代码：在短路（或者说跳转）代码中，布尔表达式的值被隐含在代码所到达的位置中。因为布尔表达式 B 常常被用于决定控制流，例如在 **if**$(B)S$ 中就是这样，因此跳转指令是有用的。只要使得程序正确地跳转到代码 t = true 或 t = flase 处，就可以计算出布尔值，其中的 t 是一个临时变量。使用跳转标号，通过继承对应于一个布尔表达式的真假出口的标号，就可以对布尔表达式进行翻译。常量 *true* 和 *false* 分别被翻译成跳转到真值出口和假值出口的指令。
- 用控制流实现语句：通过继承 next 标号就可以实现语句的翻译，其中 next 标记了这个语句的代码之后的第一条指令。翻译条件语句 $S \to \textbf{if}\,(B)S_1$ 时，只需要将一个标记了 S_1 的代码起始位置的新标号和 $S.next$ 分别作为 B 的真值出口和假值出口传递给其他处理程序。
- 可以选择使用回填技术：回填是一种为布尔表达式和语句进行一趟式代码生成的技术。其基本思想是维护多个由不完整跳转指令组成的列表，在同一列表中的指令具有同样的跳转目标。当目标位置已知时，将为相应列表中的所有指令填入这个目标。
- 实现记录：记录或类中的字段名可以当作声明序列进行处理。一个记录类型包含了关于它的各个域的类型和相对地址的信息。可以使用一个符号表对象来实现这个目的。

6.11 第 6 章参考文献

本章中的大部分技术来自于围绕 Algol60 进行的设计和实现活动。在 Pascal[11] 和 C[6, 9] 产生的时候，生成中间代码的语法制导翻译技术已经很成熟了。

从 20 世纪 50 年代开始，人们就开始寻求一种虚构的中间语言——UNCOL（面向所有编译器的语言）。如果有一个 UNCOL，我们可以把针对一种给定的源语言的前端和针对一种给定目标语言的后端连接起来，构建出一个编译器[10]。报告[10]中的指导性技术常常用于将编译器重定向。

人们用很多种方法来实现 UNCOL 思想，即将多个前端和后端混合并相互匹配。一个可重定目标的编译器包括一个前端，该前端可以和不同的后端结合起来，以便在不同机器上实现同一种给定的语言。Neliac 语言是一个带有重定目标编译器[5]的早期例子，这个编译器是使用 Neliac 本身编写的。另一种方法是为一个新的语言建立一个前端，将其翻译到一个已有的编译器上。Fedman[2]描述了在 C 编译器上加入 Fortran 的前端的方法[6][9]。GCC，即 GNU 的编译器集合[3]，支持包括 C、C++、Objective-C、Fortran、Java、Ada 等语言的前端。

值编码方法及其基于散列技术的实现来自于 Ershov[1]。

在 Java 字节码中使用类型信息来提高安全性的技术由 Gosling[4]描述。

使用合一方法求解方程组的类型推导技术被人们多次重复发现；它在 ML 上的应用由 Milner[7]描述。要对类型进行更全面的处理，可参见 Pierce[8]。

1. Ershov, A. P., "On programming of arithmetic operations," *Comm. ACM* **1**:8 (1958), pp. 3–6. See also *Comm. ACM* **1**:9 (1958), p. 16.

2. Feldman, S. I., "Implementation of a portable Fortran 77 compiler using modern tools," *ACM SIGPLAN Notices* **14**:8 (1979), pp. 98–106

3. GCC home page http://gcc.gnu.org/, Free Software Foundation.

4. Gosling, J., "Java intermediate bytecodes," *Proc. ACM SIGPLAN Workshop on Intermediate Representations* (1995), pp. 111–118.

5. Huskey, H. D., M. H. Halstead, and R. McArthur, "Neliac — a dialect of Algol," *Comm. ACM* **3**:8 (1960), pp. 463–468.

6. Johnson, S. C., "A tour through the portable C compiler," Bell Telephone Laboratories, Inc., Murray Hill, N. J., 1979.

7. Milner, R., "A theory of type polymorphism in programming," *J. Computer and System Sciences* **17**:3 (1978), pp. 348–375.

8. Pierce, B. C., *Types and Programming Languages*, MIT Press, Cambridge, Mass., 2002.

9. Ritchie, D. M., "A tour through the UNIX C compiler," Bell Telephone Laboratories, Inc., Murray Hill, N. J., 1979.

10. Strong, J., J. Wegstein, A. Tritter, J. Olsztyn, O. Mock, and T. Steel, "The problem of programming communication with changing machines: a proposed solution," *Comm. ACM* **1**:8 (1958), pp. 12–18. Part 2: **1**:9 (1958), pp. 9–15. Report of the SHARE Ad-Hoc **Committee** on Universal Languages.

11. Wirth, N. "The design of a Pascal compiler," *Software—Practice and Experience* **1**:4 (1971), pp. 309–333.

第 7 章 运行时刻环境

编译器必须准确地实现源程序语言中包含的各个抽象概念。这些抽象概念通常包括我们在 1.6 节中曾经讨论过的那些概念，如名字、作用域、绑定、数据类型、运算符、过程、参数以及控制流构造。编译器还必须和操作系统以及其他系统软件协作，在目标机上支持这些抽象概念。

为了做到这一点，编译器创建并管理一个运行时刻环境(run-time environment)，它编译得到的目标程序就运行在这个环境中。这个环境处理很多事务，包括为在源程序中命名的对象分配和安排存储位置，确定目标程序访问变量时使用的机制，过程间的连接，参数传递机制，以及与操作系统、输入输出设备及其他程序的接口。

本章的两个主题是存储位置的分配和对变量及数据的访问。我们将详细地讨论存储管理，包括栈分配、堆管理和垃圾回收。我们将在下一章中介绍为多种常见语言构造生成目标代码的技术。

7.1 存储组织

从编译器编写者的角度来看，正在执行的目标程序在它自己的逻辑地址空间内运行，其中每个程序值都在这个空间中有一个地址。对这个逻辑地址空间的管理和组织是由编译器、操作系统和目标机共同完成的。操作系统将逻辑地址映射为物理地址，而物理地址对整个内存空间编址。

一个目标程序在逻辑地址空间的运行时刻映像包含数据区和代码区，如图 7-1 所示。某个语言(比如 C++)在某个操作系统(比如 Linux)上的编译器可能按照这种方式划分存储空间。

在本书中，我们假定运行时刻存储是以多个连续字节块的方式出现的，其中字节是内存的最小编址单元。一个字节包含 8 个二进制位，4 个字节构成一个机器字。多字节数据对象总是存储在一段连续的字节中，并把第一个字节作为它的地址。

第 6 章中讨论过，一个名字所需要的存储空间大小是由它的类型决定的。基本数据类型，比如字符、整数或浮点数，可以存储在整数个字节中。聚合类型(比如数组或结构)的存储空间大小必须足以存放这个类型的所有分量。

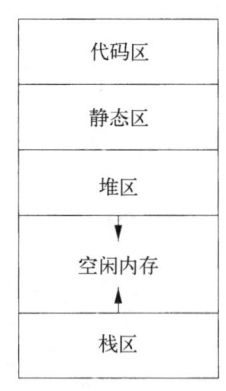

图 7-1 运行时刻内存被划分成代码区和数据区的典型方式

数据对象的存储布局受目标机的寻址约束的影响很大。在很多机器中，执行整数加法的指令可能要求整数是对齐的，也就是说这些数必须被放在一个能够被 4 整除的地址上。尽管在 C 语言或者类似的语言中一个有 10 个字符的数组只需要能够存放 10 个字符的空间，但是编译器可能为了对齐而给它分配 12 个字节，其中的两个字节未使用。因为对齐的原因而产生的闲置空间称为补白(padding)。如果空间比较紧张，编译器可能会压缩数据以消除补白。但是，在运行时刻可能需要额外的指令来定位被压缩数据，使得机器在操作这些数据时就好像它们是对齐的。

生成的目标代码的大小在编译时刻就已经固定下来了，因此编译器可以将可执行目标代码放在一个静态确定的区域：代码区。这个区通常位于存储的低端。类似地，程序的某些数据对象的大小可以在编译时刻知道，它们可以被放置在另一个称为静态区的区域中，该区域可以被静态确定。放置在这个区域的数据对象包括全局常量和编译器产生的数据，比如用于支持垃圾回收的信息等。之所以要将尽可能多的数据对象进行静态分配，是因为这些对象的地址可以被编译到目标代码中。在 Fortran 的早期版本中，所有数据对象都可以进行静态分配。

为了将运行时刻的空间利用率最大化，另外两个区域——栈和堆被放在剩余地址空间的相对两端。这些区域是动态的，它们的大小会随着程序运行而改变。这两个区域根据需要向对方增长。栈区用来存放称为活动记录的数据结构，这些活动记录在函数调用过程中生成。

在实践中，栈向较低地址方向增长，而堆向较高地址方向增长。然而，在本章及下一章中，我们将假定栈向较高地址方向增长，以便我们能够在所有例子中方便地使用正的偏移量。

我们将在下一节看到，一个活动记录用于在一个过程调用发生时记录有关机器状态的信息，例如程序计数器和机器寄存器的值。当控制从该次调用返回时，相关寄存器的值被恢复，程序计数器被设置成指向紧跟在这次调用之后的点，然后调用过程的活动就可以重新开始。如果一个数据对象的生命周期包含在一次活动的生命期中，那么该对象可以和其他关于该活动的信息一起被分配到栈区上。

很多程序设计语言支持程序员通过程序控制人工分配和回收数据对象。例如，C 语言中的 `malloc` 和 `free` 函数可以用来获取及释放任意存储块。堆区被用来管理这种具有长生命周期的数据。7.4 节中将讨论多种可以用来维护堆区的存储管理算法。

静态和动态存储分配

数据在运行时刻环境中的内存位置的布局及分配是存储管理的关键问题。这些问题需要谨慎对待，因为程序文本中的同一个名字可能在运行时刻指向不同的存储位置。两个形容词静态（static）和动态（dynamic）分别表示编译时刻和运行时刻。如果编译器只需要通过观察程序文本即可做出某个存储分配决定，而不需要观察该程序在运行时做了什么，我们就认为这个存储分配决定是静态的。反过来，如果只有在程序运行时才能做出决定，那么这个决定就是动态的。很多编译器使用下列两种策略的某种组合进行动态存储分配：

1）栈式存储。一个过程的局部名字在栈中分配空间。我们将从 7.2 节开始讨论"运行时刻栈"。这种栈支持通常的过程调用/返回策略。

2）堆存储。有些数据的生命周期要比创造它的某次过程调用更长，这些数据通常被分配在一个可复用存储的"堆"中。我们将从 7.4 节开始讨论堆管理。堆是虚拟内存的一个区域，它允许对象或其他数据元素在被创建时获得存储空间，并在数据变得无效时释放该存储空间。

为了支持堆区管理，通过"垃圾回收"使得运行时刻系统能够检测出无用的数据元素，即使程序员没有显式地释放它们的空间，运行时刻系统也能够复用这些存储。尽管自动垃圾回收机制是一个难以高效完成的操作，但它仍是很多现代程序设计语言的一个重要特征。对于某些语言来说，垃圾回收甚至是不可能完成的。

7.2 空间的栈式分配

有些语言使用过程、函数或方法作为用户自定义动作的单元，几乎所有针对这些语言的编译器都把它们的（至少一部分的）运行时刻存储按照一个栈进行管理。每当一个过程⊖被调用时，

⊖ 请回忆一下，"过程"这个词是函数、过程、方法和子例程的统称。

用于存放该过程的局部变量的空间被压入栈；当这个过程结束时，该空间被弹出这个栈。我们将看到，这种安排不仅允许活跃时段不交叠的多个过程调用之间共享空间，而且允许我们以如下方式为一个过程编译代码：它的非局部变量的相对地址总是固定的，和过程调用的序列无关。

7.2.1 活动树

假如过程调用（或者说过程的活动）在时间上不是嵌套的，那么栈式分配就不可行了。下面的例子说明了过程调用的嵌套情形。

例 7.1 图 7-2 给出了一个程序的概要。该程序将 9 个整数读入到一个数组 a，并使用递归的快速排序算法对这些整数排序。

```
int a[11];
void readArray() { /*将9个整数读入到a[1],...,a[9]中。*/
    int i;
    ...
}
int partition(int m, int n) {
    /* 选择一个分割值 v，划分 a[m..n]，
       使得 a[m..p-1] 小于 v, a[p] = v，
       并且 a[p+1..n] 大于等于 v。返回 p. */
    ...
}
void quicksort(int m, int n) {
    int i;
    if (n > m) {
        i = partition(m, n);
        quicksort(m, i-1);
        quicksort(i+1, n);
    }
}
main() {
    readArray();
    a[0] = -9999;
    a[10] = 9999;
    quicksort(1,9);
}
```

图 7-2 一个快速排序程序的概要

程序的主函数有三个任务。它调用 *readArray*，设定上下限值，然后在整个数组之上调用 *quicksort*。图 7-3 给出了可能在程序的某次执行中得到的调用序列。在这次执行中，对 *partition* $(1,9)$ 的调用返回 4，因此 $a[1]$ 到 $a[3]$ 存放了小于被选定的分割值 v 的元素，而较大的元素被存放在 $a[5]$ 到 $a[9]$。□

在这个例子中，过程活动在时间上是嵌套的，在一般情况下也是这样。如果过程 p 的一个活动调用了过程 q，那么 q 的该次活动必定在 p 的活动结束之前结束。有三种常见的情况：

1) q 的该次活动正常结束，那么基本上在任何语言中，控制流从 p 中调用 q 的点之后继续。

2) q 的该次活动（或 q 调用的某个过程）直接或间接地中止了，也就是说不能再继续执行了。在这种情况下，q 和 p 同时结束。

3) q 的该次活动因为 q 不能处理的某个异常而结束。过程 p 可能会处理这个异常。此时 q 的活动已经结束而 p 的活动继续执行，尽管 p 的活动不一定从调用 q 的点开始。如果 p 不能处理这个异常，那么 p 的活动和 q 的活动一起结束。一般来说某个过程的尚未结束的活动将处理这个异常。

因此，我们可以用一棵树来表示在整个程序运行期间的所有过程的活动，这棵树称为**活动树**（activation tree）。树中的每个结点对应于一个活动，根结点是启动程序执行的 main 过程的活动。

在表示过程 p 的某个活动的结点上,其子结点对应于被 p 的这次活动调用的各个过程的活动。我们按照这些活动被调用的顺序,自左向右地显示它们。值得注意的是,一个子结点必须在其右兄弟结点的活动开始之前结束。

一种快速排序

图 7-2 中的快速排序程序概要使用了两个辅助函数 *readArray* 和 *partition*。函数 *readArray* 仅用于将数据加载到数组 *a* 中。数组 *a* 的第一个和最后一个元素没有用于存放输入数据,而是用于存放主函数中设定的"限值"。我们假定 $a[0]$ 被设为小于所有可能输入数据值的值,而 $a[10]$ 被设为大于所有数据值的值。

函数 *partition* 对数组中第 *m* 个元素到第 *n* 个元素的部分进行分割,使得 $a[m]$ 到 $a[n]$ 之间的小元素存放在前面,而大的元素存放在尾部,但是这两组内部不一定是排好序的。我们将不会探究 *partition* 的工作方式,只需要知道这个过程要求前面提到的上下限值必须存在。图 9-1 中的更加详细的代码给出了实现 *partition* 的一种可能的算法。

递归过程 *quicksort* 首先确定它是否需要对多个数组元素进行排序。请注意,单个元素总是"有序的",因此在这种情况下 *quicksort* 不需要做任何事。如果有多个元素需要排序,*quicksort* 首先调用 *partition*。这次调用会返回一个数组下标 *i*,它是小元素和大元素之间的分界线。然后通过递归调用 *quicksort* 对这两组元素排序。

例7.2 图 7-3 给出了一个调用和返回序列,而图 7-4 中显示了一棵完成这个调用/返回序列的可能的活动树。各个函数用它的函数名的第一个字母表示。请记住,这个树只代表了一种可能性,因为后续调用的参数会有不同,并且各个分支上的调用次数会受到 *partition* 的返回值的影响。 □

```
enter main()
    enter readArray()
    leave readArray()
    enter quicksort(1,9)
        enter partition(1,9)
        leave partition(1,9)
        enter quicksort(1,3)
            ...
        leave quicksort(1,3)
        enter quicksort(5,9)
            ...
        leave quicksort(5,9)
    leave quicksort(1,9)
leave main()
```

在活动树和程序行为之间存在下列多种有用的对应关系,正是因为这些关系使我们可以使用运行时刻栈:

1) 过程调用的序列和活动树的前序遍历相对应。
2) 过程返回的序列和活动树的后序遍历相对应。
3) 假定控制流位于某个过程的特定活动中,且该过程活动对应于活动树上的某个结点 *N*。那么当前尚未结束的(即活跃的)活动就是结点 *N* 及其祖先结点

图 7-3 图 7-2 中程序的可能的活动序列

对应的活动。这些活动被调用的顺序就是它们在从根结点到 *N* 的路径上的出现顺序。这些活动将按照这个顺序的反序返回。

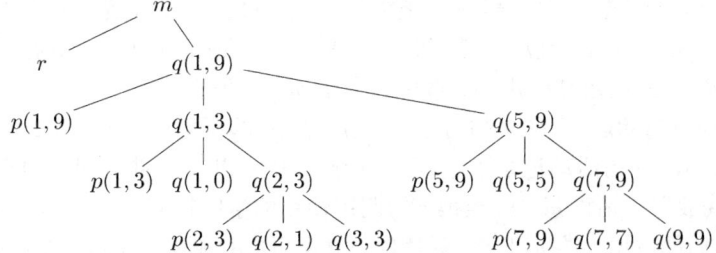

图 7-4 表示 *quicksort* 的某次运行中的调用的活动树

7.2.2 活动记录

过程调用和返回通常由一个称为控制栈(control stack)的运行时刻栈进行管理。每个活跃的活动都有一个位于这个控制栈中的活动记录(activation record，有时也称为帧(frame))。活动树的根位于栈底，栈中全部活动记录的序列对应于在活动树中到达当前控制所在的活动结点的路径。程序控制所在的活动的记录位于栈顶。

例 7.3 如果当前的控制位于图 7-4 的树中的活动 $q(2,3)$ 上，那么 $q(2,3)$ 对应的活动记录在控制栈的顶端。紧跟在下面的是 $q(1,3)$ 的活动记录，即树中 $q(2,3)$ 的父结点。再下面是 $q(1,9)$ 的活动记录。栈的底端是主函数 m 的活动记录，也就是活动树的根。 □

按照惯例，我们在画控制栈的时候将把栈底画在栈顶之上。因此在一个活动记录中出现在页面最下方的元素实际上最靠近栈顶。

根据所实现语言的不同，其活动记录的内容也有所不同。这里列举出可能出现在一个活动记录中的各种类型的数据(图 7-5 列出了这些元素以及它们之间的可能顺序)：

1) 临时值。比如当表达式求值过程中产生的中间结果无法存放在寄存器中时，就会生成这些临时值。

2) 对应于这个活动记录的过程的局部数据。

3) 保存的机器状态，其中包括对此过程的此次调用之前的机器状态信息。这些信息通常包括返回地址(程序计数器的值，被调用过程必须返回到该值所指位置)和一些寄存器中的内容(调用过程会使用这些内容，被调用过程必须在返回时恢复这些内容)。

4) 一个"访问链"。当被调用过程需要其他地方(比如另一个活动记录)的某个数据时需要使用访问链进行定位。访问链将在 7.3.5 节中讨论。

5) 一个控制链(control link)，指向调用者的活动记录。

6) 当被调用函数有返回值时，要有一个用于存放这个返回值的空间。不是所有的被调用过程都有返回值，即使有，我们也可能倾向于将该值放到一个寄存器中以提高效率。

7) 调用过程使用的实在参数(actual parameter)。这些值通常将尽可能地放在寄存器中，而不是放在活动记录中，因为放在寄存器中会得到更好的效率。然而，我们仍然为它们预留了相应的空间，使得我们的活动记录具有完全的通用性。

图 7-5 一个概括性的活动记录

例 7.4 图 7-6 给出了当控制流在图 7-4 所示的活动树中运行时运行时刻栈的多个快照。这些不完整的树中的虚线指向已经结束的活动。程序的执行随着过程 main 的一次活动而开始。因为数组 a 是全局的，在此之前已经为 a 分配了存储空间，如图 7-6a 所示。

当控制到达 main 的函数体中的第一个函数调用时，过程 r 被激活，它的活动记录被压入栈中(参见图 7-6b)。r 的活动记录包含了局部变量 i 的空间。请记住栈顶是在图的下方。当控制从这次活动中返回时，它的记录被弹出栈，栈中只留下 main 的记录。

然后控制到达实在参数为 1 和 9 的对 q(即快速排序)的调用，这次调用的活动记录被放置在栈顶，如图 7-6c 所示。q 的活动记录中包括了参数 m 和 n 以及局部变量 i 的空间。它们按照图 7-5 所示的通用布局放置。请注意，曾经被 r 的调用使用的空间被复用了。函数调用 q(1,9) 没有任何方法找到 r 的局部数据。当 q(1,9) 返回时，栈中再次只剩下了 main 的活动记录。

运行时刻环境   263

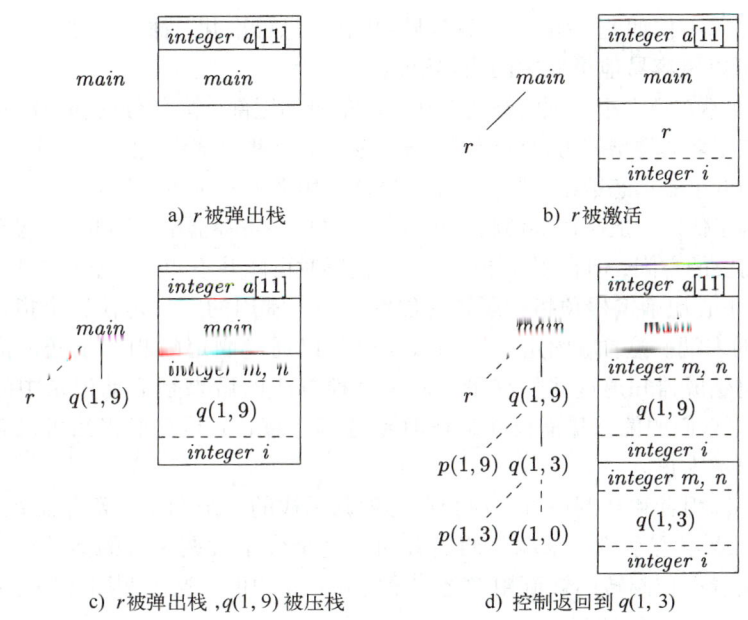

图 7-6 向下增长的活动记录栈

在图 7-6 的最后两个快照之间发生了多个活动。$q(1,9)$ 递归地调用了 $q(1,3)$。在 $q(1,3)$ 的生命期内，活动 $p(1,3)$ 和 $q(1,0)$ 开始执行并结束，栈顶只留下了活动记录 $q(1,3)$（见图 7-6d）。注意，当一个过程是递归的时，常常会有该过程的多个活动记录同时出现在栈中。 □

7.2.3 调用代码序列

实现过程调用的代码段称为调用代码序列（calling sequence）。这个代码序列为一个活动记录在栈中分配空间，并在此记录的字段中填写信息。返回代码序列（return sequence）是一段类似的代码，它恢复机器状态，使得调用过程能够在调用结束之后继续执行。

即使对于同一种语言，不同实现中的调用代码序列和活动记录的布局也可能千差万别。一个调用代码序列中的代码通常被分割到调用过程（调用者）和被调用过程（被调用者）中。在分割运行时刻任务时，调用者和被调用者之间不存在明确界限。源语言、目标机器、操作系统会提出某些要求，使得能够选择出一种较好的分割方案。总的来说，如果一个过程在 n 个不同点上被调用，分配给调用者的那部分调用代码序列会被生成 n 次。然而，分配给被调用者的部分只被生成一次。因此，我们期望把调用代码序列中尽可能多的部分放在被调用者中——能够根据被调用者的信息确定的部分都应该放到被调用者中。不过，我们将看到，被调用者不可能知道所有的事情。

在设计调用代码序列和活动记录的布局时，可以使用下列的设计原则：

1）在调用者和被调用者之间传递的值一般被放在被调用者的活动记录的开始位置，因此它们尽可能地靠近调用者的活动记录。这样做的动机是，调用者能够计算该次调用的实在参数的值并将它放在自身活动记录的顶部，而不用创建整个被调用者的活动记录，甚至不用知道该记录的布局。不仅如此，它还使得语言可以使用参数个数或类型可变的过程，比如 C 语言中的 `printf` 函数。被调用者知道应该把返回值放置在相对于它自己的活动记录的哪个位置。同时，不管有多少个参数，它们都将在栈中顺序地出现在该位置之下。

2）固定长度的项被放置在中间位置。根据图 7-5，这样的项通常包括控制链、访问链和机器状态字段。如果每次调用中保存的机器状态的成分相同，那么可以使用同一段代码来保存和恢复每次调用的数据。不仅如此，如果我们将机器状态信息标准化，那么当错误发生时，诸如调试器这样的程序将可以更容易地将栈中的内容解码。

3）那些在早期不知道大小的项将被放置在活动记录的尾部。大部分局部变量具有固定的长度，编译器通过检查该变量的类型就可以确定其长度。然而，有些局部变量的大小只有在程序运行时才能确定。最常见的例子是动态数组，数组大小根据被调用者的某个参数决定。另外，临时量所需空间的大小通常依赖于代码生成阶段能够将多少临时变量放在寄存器中。因此，虽然编译器最终可以知道临时变量所需要的空间，但在刚开始生成中间代码时可能并不知道该空间的大小。

4）我们必须小心地确定栈顶指针所指的位置。一个常用的方法是让这个指针指向活动记录中固定长度字段的末端。这样，固定长度的数据就可以通过固定的相对于栈顶指针的偏移量来访问，而中间代码生成器知道这些偏移量。使用这种方法的后果是活动记录中的变长域实际上位于栈顶"之上"。它们的偏移量需要在运行时刻进行计算，但是它们仍然可以基于栈顶指针进行访问，但是偏移量为正。

图 7-7 给出了调用者和被调用者如何合作管理调用栈的一个例子。寄存器 top_sp 指向当前的顶层活动记录中机器状态字段的末端。调用者知道这个位于被调用者的活动记录中的位置。因此，调用者可以负责在控制转向被调用者之前设定 top_sp 的值。这个调用代码序列以及它在调用者和被调用者之间的划分描述如下：

1）调用者计算实在参数的值。

2）调用者将返回地址和原来的 top_sp 值存放到被调用者的活动记录中。然后，调用者增加 top_sp 的值，使之指向图 7-7 所示的位置。也就是说，top_sp 越过了调用者的局部数据和临时变量以及被调用者的参数和机器状态字段。

3）被调用者保存寄存器值和其他状态信息。

4）被调用者初始化其局部数据并开始执行。

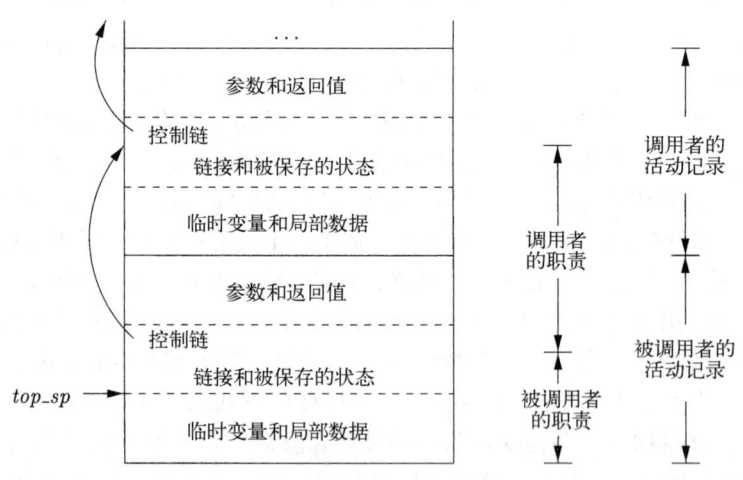

图 7-7 调用者和被调用者之间的任务划分

一个与此匹配的返回代码序列如下：

1）如图 7-5 所示，被调用者将返回值放到与参数相邻的位置。

2）使用机器状态字段中的信息，被调用者恢复 top_sp 和其他寄存器，然后跳转到由调用者放在机器状态字段中的返回地址。

3）尽管 top_sp 已经被减小，但调用者仍然知道返回值相对于当前 top_sp 值的位置。因此，调用者可以使用那个返回值。

上面的调用和返回代码序列支持使用不同数量的参数来调用同一个被调用程序(就像C语言中的printf函数那样)。请注意,在编译时刻,调用者的目标代码知道它向被调用者提供的参数的数量和类型。因此,调用者知道参数区域的大小。然而,被调用者的目标代码必须还能处理其他调用,因此,它要等到被调用时再检查相应的参数字段。使用图 7-7 中的组织方法,描述参数的信息必定放置在状态字段的相邻位置,因此被调用者可以找到这个信息。例如,在C语言的printf函数中,第一个参数描述了其余的参数,因此一旦找到了第一个参数,调用者就可以找到所有的其他参数。

7.2.4 栈中的变长数据

运行时刻存储管理系统必须频繁地处理某些数据对象的空间分配。这些数据对象的大小在编译时刻未知,但是它们是这个过程的局部对象,因而可以被分配在运行时刻栈中。在现代程序设计语言中,在编译时刻不能决定大小的对象将被分配在堆区。堆区的存储结构将在 7.4 节中讨论。不过,也可以将未知大小的对象、数组以及其他结构分配在栈中。我们在这里将讨论如何进行这种分配。尽可能将对象放置在栈区的原因是我们可以避免对它们的空间进行垃圾回收,也就减少了相应的开销。注意,只有一个数据对象局限于某个过程,且当此过程结束时它变得不可访问,才可以使用栈为这个对象分配空间。

为变长数组(即其大小依赖于被调用过程的一个或多个参数值的数组)分配空间的一个常用策略如图 7-8 所示。同样的方案可以用于任何类型的对象的分配,只要它们对被调用的过程而言是局部的,并且其大小依赖于该次调用的参数即可。

在图 7-8 中,过程 p 有三个局部数组,我们假设它们的大小无法在编译时刻确定。尽管这些数组的存储出现在栈中,它们并不是 p 的活动记录的一部分。只有指向各个数组的开始位置的指针存放在活动记录中。因此当 p 执行时,这些指针的位置相对于栈顶指针的偏移量是已知的,因而目标代码可以通过这些指针访问数组元素。

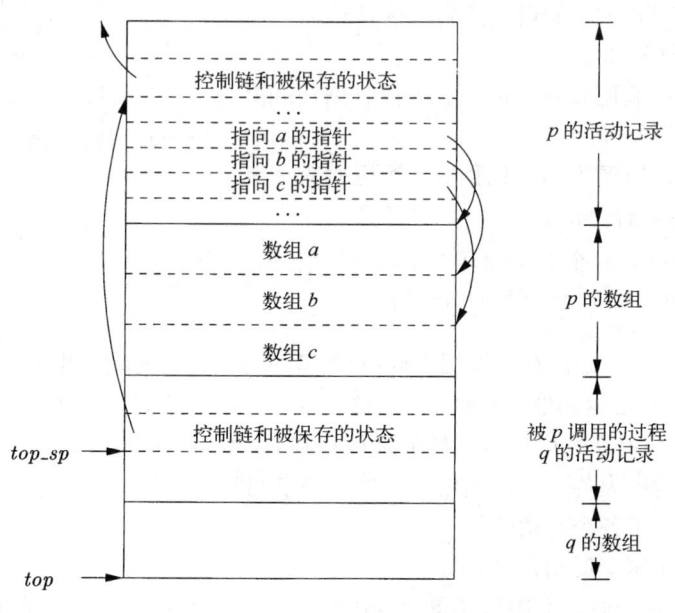

图 7-8 访问动态分配的数组

图 7-8 中还给出了一个被 p 调用的过程 q 的活动记录。q 的这个活动记录从 p 的数组之后开始，q 的所有变长数组被分配在 q 的活动记录之外。

对栈中数据的访问通过指针 top 和 top_sp 完成。这里，top 标记了实际的栈顶位置，它指向下一个活动记录将开始的位置，第二个指针 top_sp 用来找到顶层活动记录的局部的定长字段。为了和图 7-7 保持一致，我们将假定 top_sp 指向机器状态字段的末端。在图 7-8 中，top_sp 指向 q 的活动记录的机器状态字段的末端。从那里，我们可以找到 q 的控制链字段，根据这个字段我们可以知道当 p 位于栈顶时，top_sp 所指的 p 的活动记录中的位置。

重新设置 top 和 top_sp 所指位置的代码可以在编译时刻生成。这些代码将根据在运行时刻获知的记录大小来计算 top 和 top_sp 的新值。当 q 返回时，可以根据 q 的活动记录中的被保存的控制链来恢复 top_sp 的值。top 的新值等于(未经恢复的原来的) top_sp 值减去 q 的活动记录中机器状态、控制链、访问链、返回值、参数字段(如图 7-5 所示)的总长度。调用者可以在编译时刻知道这个长度，尽管当调用参数的个数可变时，它仍取决于调用者(如果调用 q 的参数个数可变)。

7.2.5 7.2 节的练习

练习 7.2.1：假设图 7-2 中的程序使用如下的 *partition* 函数：该函数总是将 $a[m]$ 作为分割值 v。同时假设在对数组 $a[m], \cdots, a[n]$ 重新排序时总是尽量保存原来的顺序。也就是说，首先是以原顺序保持所有小于 v 的元素，然后保存所有等于 v 的元素，最后按原来顺序保存所有大于 v 的元素。

1) 画出对数字 9、8、7、6、5、4、3、2、1 进行排序时的活动树。
2) 同时在栈中出现的活动记录最多有多少个?

练习 7.2.2：当初始顺序为 1、3、5、7、9、2、4、6、8 时，重复练习 7.2.1。

练习 7.2.3：图 7-9 中是递归计算 Fiabonacci 数列的 C 语言代码。假设 f 的活动记录按顺序包含下列元素：(返回值，参数 n，局部变量 s，局部变量 t)。通常在活动记录中还会有其他元素。下面的问题假设初始调用是 f(5)。

1) 给出完整的活动树。
2) 当第 1 个 f(1) 调用即将返回时，运行时刻栈和其中的活动记录是什么样子的?
! 3) 当第 5 个 f(1) 调用即将返回时，运行时刻栈和其中的活动记录是什么样子的?

```
int f(int n) {
    int t, s;
    if (n < 2) return 1;
    s = f(n-1);
    t = f(n-2);
    return s+t;
}
```

图 7-9 练习 7.2.3 的 Fibonacci 程序

练习 7.2.4：下面是两个 C 语言函数 f 和 g 的概述：

```
int f(int x) { int i; ... return i+1; ... }
int g(int y) { int j; ... f(j+1) ... }
```

也就是说，函数 g 调用 f。画出在 g 调用 f 而 f 即将返回时，运行时刻栈中从 g 的活动记录开始的顶端部分。你可以只考虑返回值、参数、控制链以及存放局部数据的空间。你不用考虑存放的机器状态，也不用考虑没有在代码中显示的局部值和临时值。但是你应该指出：

1) 哪个函数在栈中为各个元素创建了所使用的空间?
2) 哪个函数写入了各个元素的值?
3) 这些元素属于哪个活动记录?

练习 7.2.5：在一个通过引用传递参数的语言中，有一个函数 $f(x, y)$ 完成下面的计算：

x = x + 1; y = y + 2; return x+y;

如果将 a 赋值为 3，然后调用 f(a, a)，那么返回值是什么?

练习 7.2.6：C 语言函数 f 的定义如下：
```
int f(int x, *py, **ppz) {
    **ppz += 1; *py += 2; x += 3; return x+*py+**ppz;
}
```
变量 a 是一个指向 b 的指针；变量 b 是一个指向 c 的指针，而 c 是一个当前值为 4 的整数变量。如果我们调用 $f(c, b, a)$，返回值是什么？

7.3 栈中非局部数据的访问

在本节中，我们将探讨过程如何访问它们的数据，尤其重要的是找到在过程 p 中被使用但又不属于 p 的数据的机制。对于那些可以在过程中声明其他过程的语言，这种访问将变得更加复杂。因此，我们首先从 C 函数这种简单情况开始，然后介绍另一种语言 ML，该语言支持嵌套的函数声明，并支持将函数看成"一阶对象"。也就是说，函数可以将函数作为参数，并把函数当做值返回。通过修改运行时刻栈的实现方法就可以支持这种能力。我们将考虑几种可选的修改 7.2 节所述的活动记录的方法。

7.3.1 没有嵌套过程时的数据访问

在 C 系列语言中，各个变量要么在某个函数内定义，要么在所有函数之外（全局地）定义。最重要的是，不可能声明一个过程使其作用域完全位于另一个过程之内。反过来，一个全局变量 v 的作用域包含了在该变量声明之后出现的所有函数，但那些存在标识符 v 的局部定义的地方除外。在一个函数内部声明的变量的作用域就是这个函数，或者像在 1.6.3 节中讨论过的那样，如果该函数具有嵌套的语句块，这个变量的作用域可能是该函数的部分区域。

对于不允许声明嵌套过程的语言而言，变量的存储分配和访问这些变量是比较简单的：

1）全局变量被分配在静态区。这些变量的位置保持不变，并且在编译时刻可知。因此要访问当前正在运行的过程的非局部变量时，我们可以直接使用这些静态确定的地址。

2）其他变量一定是栈顶活动的局部变量。我们可以通过运行时刻栈的 top_sp 指针来访问这些变量。

对于全局变量进行静态分配的一个好处是，被声明的过程可以作为参数传递，也可以作为结果返回（在 C 语言中可以传递指向该函数的指针），实现这样的传递不需要对数据访问策略做出本质的改变。使用 C 语言的静态作用域规则且不允许使用嵌套过程声明时，一个过程的任何非局部变量也是所有过程的非局部变量，不管这些过程是如何被激活的。类似地，如果一个过程作为结果返回，那么任何非局部的变量都指向为该变量静态分配的存储位置。

7.3.2 和嵌套过程相关的问题

当一种语言允许嵌套地声明过程并且仍然遵循通常的静态作用域规则时，数据访问变得比较复杂。也就是说，根据 1.6.3 节中描述的针对语句块的嵌套作用域规则，一个过程能够访问另一个过程的变量，只要后一个过程的声明包含了前一过程的声明即可。其原因在于，即使在编译时刻知道 p 的声明直接嵌套在 q 之内，我们并不能由此确定它们的活动记录在运行时刻的相对位置。实际上，因为 p 或 q 或者两者都可能是递归的，在栈中可能有多个 p 和/或 q 的活动记录。

为一个内嵌过程 p 中的一个非局部名字 x 找出对应的声明是一个静态的决定过程，将块结构的静态作用域规则进行扩展就可以解决这个问题。假定 x 在一个外围过程 q 中声明。根据 p 的一个活动找到相关的 q 的活动则是一个动态的决定过程，它需要额外的有关活动的运行时刻信息。这个问题的可能解决方法之一是使用"访问链"，我们将在 7.3.5 节中介绍这个概念。

7.3.3 一个支持嵌套过程声明的语言

在 C 系列语言中,还有很多常见的语言不支持嵌套的过程,因此我们介绍一种支持嵌套过程的语言。在语言中支持嵌套过程的历史比较长。Alogl 60(C 语言的前身之一)就具备这种能力。Algol 60 语言的后继 Pascal(一个一度很流行的教学语言)也支持嵌套过程。在较晚的支持嵌套过程的语言中,最有影响力的语言之一是 ML。我们将通过这个语言的语法和语义进行相关介绍(要了解 ML 的一些有趣特征,请见"ML 的更多特性"部分)。

- ML 是一种函数式语言(functional language),这意味着变量一旦被声明并初始化就不会再改变。其中只有少数几个例外,比如数组的元素可以通过特殊的函数调用改变。
- 定义变量并设定它们的不可更改的初始值的语句具有如下形式:

$$\text{val } \langle name \rangle = \langle expression \rangle$$

- 函数使用如下语法进行定义:

$$\text{fun } \langle name \rangle \ (\ \langle arguments \rangle \ ) = \langle body \rangle$$

- 我们使用下列形式的 let 语句来定义函数体:

$$\text{let } \langle list \ of \ definitions \rangle \text{ in } \langle statements \rangle \text{ end}$$

其中,定义(definition)通常是 `val` 或 `fun` 语句。每个这样的定义的作用域包括从该定义之后直到 in 为止的所有定义,以及直到 end 为止的所有语句。最重要的是,函数可以嵌套地定义。例如,函数 p 的函数体可能包括一个 let 语句,而该语句又包含了另一个(嵌套的)函数 q 的定义。类似地,q 自身的函数体中也可能有函数定义,这就形成了任意深度的函数嵌套。

7.3.4 嵌套深度

对于不内嵌在任何其他过程中的过程,我们设定其嵌套深度(nesting depth)为 1。例如,所有 C 函数的嵌套深度为 1。然而,如果一个过程 p 在一个嵌套深度为 i 的过程中定义,那么我们设定 p 的嵌套深度为 $i+1$。

例 7.5 图 7-10 给出了我们连续使用的快速排序例子的一个 ML 程序的概要。唯一的嵌套深度为 1 的函数是最外层的函数 *sort*。它读入一个有 9 个整数的数组 a,并使用快速排序算法对它们进行排序。在 *sort* 内部的第二行上定义了数组 a 本身。请注意 ML 声明的形式。`array` 的第一个参数说明我们要求该数组具有 11 个元素。所有的 ML 数组的下标都是从 0 开始的整数,因此这个数组与图 7-2 中的 C 语言数组 a 很相似。`array` 的第二个参数说明数组 a 中的所有元素的初始值都是 0。因为 0 是整数,选择这样的初始值使得 ML 编译器推断出 a 是一个整型数组,因此我们就不需要为 a 声明一个类型。

ML 的更多特性

ML 几乎是纯函数式的语言。除此之外,ML 还具有多个令那些熟悉 C 及 C 系列语言的程序员感到惊奇的特性:

- ML 支持高阶函数(higher-order function)。也就是说,一个函数可以将函数作为参数,并且能够构造并返回其他函数。而这些函数又可以将函数作为参数。从而构造出任何层次的函数。
- ML 本质上没有像 C 中的 for 和 while 语句那样的迭代语句,而是通过递归来达到循环的效果。这种方法在一个函数式语言中是很重要的,因为我们不能改变迭代变量,比如 C 语言中的 "`for (i=0; i<10; i++)`" 的 i 的值。ML 将会把 i 作为一个函数的参数,该函数将用不断增加的 i 值作为参数递归地调用自身,直到到达循环界限为止。

运行时刻环境

- ML 将列表和带标号的树结构作为其基本数据类型。
- ML 不需要声明变量的类型。准确地说,它在编译时刻推导出类型,并且当它不能推导出结果时就将其作为错误处理。例如,val x = 1 显然使得 x 具有整数类型,并且如果我们还看到 val y = 2 * x,那么我们就知道 y 也是一个整数。

在 sort 中声明的函数还有:readArray、exchange 和 quicksort。在第(4)行和第(6)行中,我们说明 readArray 和 exchange 都访问了数组 a。请注意,ML 中的数组访问可能违反这个语言的函数式特性。就像 C 版本的 quicksort 中那样,这两个函数实际上都改变了 a 中元素的值。因为这三个函数都是直接在嵌套深度为 1 的函数中定义的,所以它们的嵌套深度都是 2。

第(7)行到第(11)行给出了 quicksort 的一些细节。局部值 v(即分划算法的分割值)在第 8 行声明。第(9)行则给出了函数 partition 的定义。在第(10)行中我们指出 partition 访问了数组 a 和分割值 v,并且还调用了函数 exchange。因为 partition 直接在嵌套深度为 2 的函数中定义,所以其嵌套深度为 3。第(11)行表明 quicksort 访问变量 a 和 v 以及函数 partition,并递归调用其自身。

第(12)行表明最外层函数 sort 访问 a,并调用两个过程 readArray 和 quicksort。

```
1) fun sort(inputFile, outputFile) =
      let
2)         val a = array(11,0);
3)         fun readArray(inputFile) = ···
4)             ··· a ··· ;
5)         fun exchange(i,j) =
6)             ··· a ··· ;
7)         fun quicksort(m,n) =
              let
8)                val v = ··· ;
9)                fun partition(y,z) =
10)                    ··· a ··· v ··· exchange
                  in
11)                    ··· a ··· v ··· partition ··· quicksort
                  end
       in
12)        ··· a ··· readArray ··· quicksort ···
       end;
```

图 7-10 一个使用嵌套函数声明的 ML 风格的 quicksort 版本

7.3.5 访问链

针对嵌套函数的通常的静态作用域规则的一个直接实现方法是在每个活动记录中增加一个被称为访问链(access link)的指针。如果过程 p 在源代码中直接嵌套在过程 q 中,那么 p 的任何活动中的访问链都指向最近的 q 的活动。请注意,q 的嵌套深度一定比 p 的嵌套深度恰巧少 1。访问链形成了一条链路,它从栈顶活动记录开始,经过嵌套深度逐步递减的活动的序列。沿着这条链路找到的活动就是其数据和对应过程可以被当前正在运行的过程访问的所有活动。

假定栈顶的过程 p 的嵌套深度是 n_p 且 p 需要访问 x,而 x 是在某个包围 p 的嵌套深度为 n_q 的过程 q 中定义的一个元素。注意,$n_q \leq n_p$,且仅当 p 和 q 是同一个过程时两者相等。为了找到 x,我们从位于栈顶的 p 的活动记录开始,沿着访问链进行 $n_p - n_q$ 次从一个活动记录到另一个活动记录的查找,最终我们找到了 q 的活动记录。这一定是当前出现在栈中的最近(即最高)的 q 的活动记录。这个活动记录中包含了我们要找的元素 x。因为编译器知道活动记录的布局,所以我们可以根据最后一个访问链找到 q 的活动记录中的某个位置,而 x 就位于和这个位置具有某个固定偏移量的位置上。

例7.6 图7-11 给出了图7-10 中的函数 sort 在执行时可能得到的栈的序列。同以前一样,我们用函数名的第一个字母来表示函数。我们展示了某些可能在不同活动记录中出现的数据,同时显示了每个活动的访问链。在图7-11a 中,我们看到的是 sort 调用 readArray 将输入加载到数组 a 上后再调用 quicksort(1,9) 对数组进行排序的情形。quicksort(1,9) 中的访问链指向 sort 的活动记录,这不是因为 sort 调用了 quicksort,而是因为在图7-10 的程序中,sort 是 qucksort 外围的最靠近它的嵌套函数。

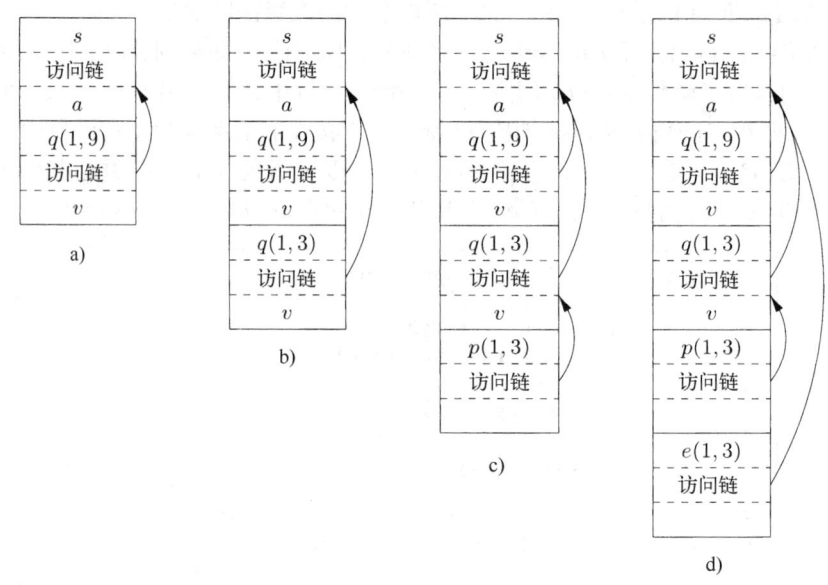

图 7-11　用来查找非局部数据的访问链

在图 7-11 所示的连续步骤中,我们看到对 quicksort(1,3) 的一次递归调用,然后是对 partition 的调用,而 partition 又调用 exchange。请注意,quicksort(1,3) 的访问链指向 sort,其理由和 quicksort(1,9) 的访问链指向 sort 的理由相同。

在图 7-11d 中, exchange 的访问链绕过了 quicksort 和 partition 的活动记录,因为 exchange 直接嵌套在 sort 中。这种安排是合理的,因为 exchange 只需要访问数组 a,而它要对换的两个元素由其参数 i 和 j 指定。 □

7.3.6　处理访问链

如何确定访问链呢?当一个过程调用另一个特定的过程,而被调用过程的名字在此次调用中明确给出,那么处理方法就很简单。更复杂的情况是当调用的对象是一个过程型参数的时候。在那种情况下,要在运行时刻才能知道被调用的是哪个过程,因此在这个调用的不同执行中,被调用过程的嵌套深度可能有所不同。因此,让我们首先考虑当一个过程 q 显式地调用过程 p 时会发生什么事情。有三种情况:

1) 过程 p 的嵌套深度大于 q 的嵌套深度,那么 p 一定是直接在 q 中定义的,否则 q 调用 p 的位置就不可能位于过程名 p 的作用域内。因此,p 的嵌套深度恰好比 q 的嵌套深度大 1,而 p 的访问链一定指向 q。这个问题很简单,只需要在调用代码序列中增加一个步骤,即在 p 的访问链中放置一个指向 q 的活动记录的指针。这样的例子包括 sort 对 quicksort 的调用,该调用生成了

图 7-11a；以及 quicksort 对 partition 的调用，该调用产生了图 7-11c。

2）这个调用是递归的，也就是说 $p=q$ⓐ。那么，新的活动记录的访问链和它下面的活动记录的访问链是相同的。例如 quicksort(1,9) 对 quicksort(1,3) 的调用，该调用形成了图 7-11b。

3）p 的嵌套深度 n_p 小于 q 的嵌套深度 n_q。为了使 q 中的调用位于名字 p 的作用域中，过程 q 必定嵌套在某个过程 r 中，而 p 是一个直接在 r 中定义的过程。因此，从 q 的活动记录开始，沿着访问链经过 $n_q - n_p + 1$ 步就可以找到栈中最高的 r 的活动记录。那么，p 的访问链必须指向 r 的这个活动记录。

例 7.7 作为情况 3 的一个例子，请注意我们是如何从图 7-11c 转变为图 7-11d 的。被调用函数 exchange 的嵌套深度为 2，比调用函数 partition 的嵌套深度 3 少 1。因此，我们从 partition 的活动记录开始，前进 3 − 2 + 1 = 2 个访问链，这使我们从 partition 的活动记录到达 quicksort(1,3) 的活动记录，再到 sort 的活动记录。因此，exchange 的访问链指向 sort 的这个活动记录，这就是我们在图 7-11d 中看到的。

另一种等价的找到这个访问链的方法是沿着访问链前进 $n_q - n_p$ 步，并复制在那个活动记录中找到的访问链。在我们的例子中，我们将经过一步到达 quicksort(1,3) 的活动记录，并复制出它的指向 sort 的访问链。请注意，这个访问链对于 exchange 来说是正确的，尽管 exchange 不在 quicksort 的作用域中，这两个函数是嵌套在 sort 中的兄弟函数。 □

7.3.7 过程型参数的访问链

当一个过程 p 作为参数传递给另一个过程 q，并且 q 随后调用了这个参数（因此也就在 q 的这个活动中调用了 p），有可能 q 并不知道 p 在程序中出现时的上下文。如果是这样，q 就不可能知道如何为 p 设定访问链。这个问题的解决办法如下：当过程被用作参数的时候，调用者除了传递过程参数的名字，同时还需要传递这个参数对应的正确的访问链。

调用者总是知道这个访问链，因为如果 p 被过程 r 当作一个实在参数传递，那么 p 必然是一个可以被 r 访问的名字。因此，r 可以像直接调用 p 那样为 p 确定访问链。也就是说，我们使用 7.3.6 节中给出的有关构造访问链的规则。

例 7.8 在图 7-12 中，我们看到一个 ML 函数 a 的大体描述。函数 a 中嵌套了函数 b 和 c。函数 b 有一个值为函数的参数 f，b 调用了这个参数。函数 c 在它自身中定义了一个函数 d，然后 c 用实在参数 d 调用了 b。

让我们分析一下在执行 a 的时候发生了什么事情。首先，a 调用 c，因此我们在栈中将 c 的活动记录放在 a 的活动记录之上。因为 c 是直接在 a 中定义的，所以 c 的访问链指向 a 的记录。然后 c 调用 $b(d)$。调用代码序列设置了 b 的活动记录，如图 7-13a 所示。

在这个活动记录中有实在参数 d 和它的访问链，两者结合组成了 b 的活动记录中的形式参数 f 的值。请注意，c 了解 d 的信息，因为 d 是在 c 中定义的，因而 c 传递了一个指向它自己的活动记录的指针作为 d 的访问链。不管 d 在哪里定义，如果 c 在该定义的作用域内，那么必然适用 7.3.6 节中的三

```
fun a(x) =
    let
        fun b(f) =
            ··· f ··· ;
        fun c(y) =
            let
                fun d(z) = ···
            in
                ··· b(d) ···
            end
    in
        ··· c(1) ···
    end;
```

图 7-12　使用函数参数的 ML 程序的概要

ⓐ ML 支持相互递归调用的函数，这种情况可以用同样的方式处理。

条规则之一，因此 c 可以给出这个访问链。

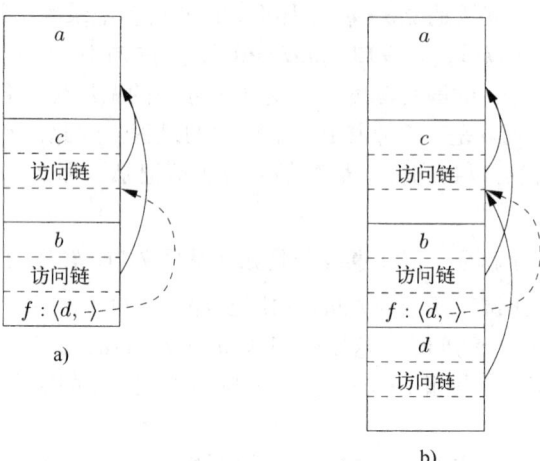

图 7-13　带有它们自己的访问链的实在参数

现在让我们看一下函数 b 所做的工作。我们知道它将在某个点上使用它的参数 f，其效果就是调用了 d。如图 7-13b 所示，d 的一个活动记录出现在栈中。应该放在这个活动记录中的正确的访问链可以在参数 f 的值中找到。该访问链指向 c 的活动记录，因为 c 就在 d 的定义的外围。请注意，b 能够正确地设置这个访问链，尽管 b 不在 c 的定义的作用域内。　□

7.3.8　显示表

使用访问链的方法来访问非局部数据的问题之一是，如果嵌套深度变大，我们就必须沿着一段很长的访问链路才能找到需要的数据。一个更高效的实现方法是使用一个称为显示表（display）的辅助数组 d，它为每个嵌套深度保存了一个指针。我们设法使得在任何时刻，指针 $d[i]$ 指向栈中最高的对应于某个嵌套深度为 i 的过程的活动记录。图 7-14 给出了一个显示表的例子。例如，在图 7-14d 中，我们看到显示表 d 的元素 $d[1]$ 保存了一个指向 sort 的活动记录的指针，该活动记录是最高的（也是唯一的）对应于某个嵌套深度为 1 的函数的活动记录。同时，$d[2]$ 保存了指向 exchange 的活动记录的指针，该记录是嵌套深度为 2 的最高活动记录。$d[3]$ 指向 partition，即嵌套深度为 3 的最高活动记录。

使用显示表的优势在于如果过程 p 正在运行，且它需要访问属于某个过程 q 的元素 x，那么我们只需要查看 $d[i]$ 即可。其中，i 是 q 的嵌套深度。我们沿着指针 $d[i]$ 找到 q 的活动记录，根据已知的偏移量就可以在这个活动记录中找到 x。编译器知道 i 的值，因此它可以产生代码，该代码根据 $d[i]$ 和 x 相对于 q 的活动记录顶部的偏移量来访问 x。因此，该代码不需要经过一段很长的访问链路。

为了正确地维护显示表，我们需要在新的活动记录中保存显示表条目的原来的值。如果嵌套深度为 n_p 的过程 p 被调用，并且它的活动记录不是栈中的对应于某个深度为 n_p 的过程的第一个活动记录，那么 p 的活动记录就需要保存 $d[n_p]$ 原来的值，同时 $d[n_p]$ 本身则被设定指向 p 的这个活动记录。当 p 返回且它的这个活动记录从栈中清除时，我们将 $d[n_p]$ 恢复到对 p 的这次调用之前的值。

例 7.9　图 7-14 给出了操作显示表的若干步骤。在图 7-14a 中，深度为 1 的 sort 调用了深度为 2 的 quicksort(1, 9)。quicksort 的活动记录中有一个用于存放 $d[2]$ 的原值的位置，图中显示为"保

存的 $d[2]$",尽管在这个例子中因为之前没有深度为 2 的活动记录,这个指针为空。

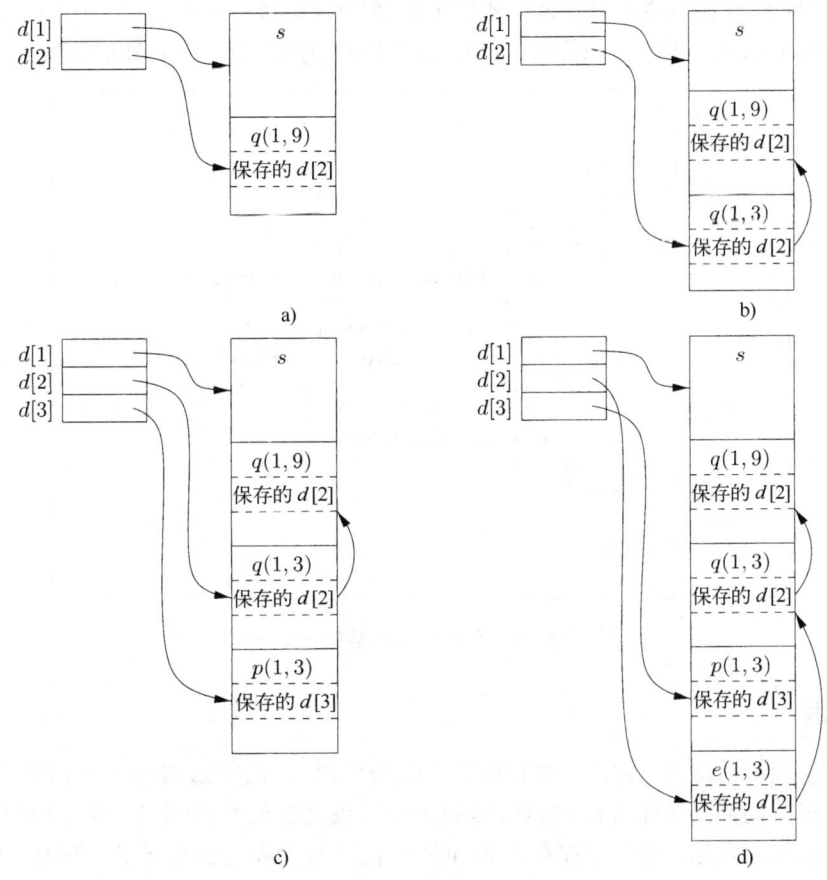

图 7-14 维护显示表

在图 7-14b 中,$quicksort(1,9)$ 调用 $quicksort(1,3)$。因为这两次调用的活动记录的深度都为 2,所以我们必须首先将 $d[2]$ 中指向 $quicksort(1,9)$ 的指针保存到 $quicksort(1,3)$ 的活动记录中去。然后 $d[2]$ 被设置为指向 $quicksort(1,3)$。

下一步调用 partition。这个函数的嵌套深度为 3,因此我们将首次使用显示表中的 $d[3]$ 位置,并使它指向 partition 的活动记录。partition 的记录中有一个存放原来的 $d[3]$ 值的位置。但是在这个例子中,$d[3]$ 原先没有值,因此这个位置上的指针为空。此时的显示表和栈如图 7-14c 所示。

然后,partition 调用 exchange。函数 exchange 的嵌套深度为 2,因此它的活动记录保存了旧的 $d[2]$ 指针,即指向 $quicksort(1,3)$ 的活动记录的指针。请注意,这里出现了多个显示表指针之间相互交叉的情况。也就是说,$d[3]$ 指向的位置比 $d[2]$ 所指位置更低。这是一个正常的情况,因为 exchange 只访问它自己的数据和通过 $d[1]$ 访问的 sort 的数据。 □

7.3.9 7.3 节的练习

练习 7.3.1:图 7-15 中给出了一个按照非标准方式计算 Fibonacci 数的 ML 语言的函数 main。函数 fib0 将计算第 n 个 Fibonacci 数($n \geq 0$)。嵌套在 fib0 中的是 fib1,它假设 $n \geq 2$ 并计算第 n 个 Fibonacci 数。嵌套在 fib1 中的是 fib2,它假设 $n \geq 4$。请注意,fib1 和 fib2 都不需要检查基本情况。我们考虑从对 main 的调用开始,直到(对 fib0(1) 的)第一次调用即将返回的时段，请描述出当时的活动记录栈，并给出栈中的各个活动记录的访问链。

练习 7.3.2：假设我们使用显示表来实现图 7-15 中的函数。请给出对 fib0(1) 的第一次调用即将返回时的显示表。同时指明那时在栈中的各个活动记录中保存的显示表条目。

```
fun main () {
    let
        fun fib0(n) =
            let
                fun fib1(n) =
                    let
                        fun fib2(n) = fib1(n-1) + fib1(n-2)
                    in
                        if n >= 4 then fib2(n)
                        else fib0(n-1) + fib0(n-2)
                    end
            in
                if n >= 2 then fib1(n)
                else 1
            end
    in
        fib0(4)
    end;
```

图 7-15 计算 Fibonacci 数的嵌套函数

7.4 堆管理

堆是存储空间的一部分，它被用来存储那些生命周期不确定，或者将生存到被程序显式删除为止的数据。虽然局部变量通常在它们所属的过程结束之后就变得不可访问，但很多语言支持创建某种对象或其他数据，它们的存在与否和创建它们的过程的活动无关。例如，C++ 和 Java 语言都为程序员提供了 new 语句，该语句创建的对象（或指向对象的指针）可以在过程之间进行传递，因此这些对象在创建它们的过程结束之后仍然可以长期存在。这样的对象被存放在堆区。

在本节中，我们将讨论存储管理器（memory manager），即分配和回收堆区空间的子系统，它是应用程序和操作系统之间的一个接口。对于 C 或 C++ 这样需要手动回收存储块的语言（即通过程序中的显式语句，比如 free 或 delete，进行回收）而言，存储管理器还负责实现空间回收。

我们将在 7.5 节中讨论垃圾回收（garbage collection），即在堆区中找到那些不再被程序使用、因此可以被重新分配以便存放其他数据项的空间的过程。对于 Java 这样的语言，内存的回收是由垃圾回收器完成的。在需要进行垃圾回收时，垃圾回收器是存储管理器的一个重要子系统。

7.4.1 存储管理器

存储管理器总是跟踪堆区中的空闲空间。它具有两个基本的功能：
- 分配。当程序为一个变量或对象请求内存时[⊖]，存储管理器产生一段连续的具有被请求大小的堆空间。如果有可能，它使用堆中的空闲空间来满足分配请求；如果没有被请求大小的空间块可供分配，它试图从操作系统中获得连续的虚拟内存来增加堆区的存储空

⊖ 在后面的内容中，我们将把需要内存空间的事物称为"对象"，尽管它们并不是"面向对象程序设计"意义上的真正对象。

间。如果空间已经用完，存储管理器将空间耗尽的信息传回给应用程序。
- 回收。存储管理器把被回收的空间返还到空闲空间的缓冲池中，这样它可以复用该空间来满足其他的分配请求。存储管理器通常不会将内存返回给操作系统，即使当这个程序不再需要那么多的堆空间时也不会归还给操作系统。

如果下面的(a)、(b)两个条件都成立，内存的管理就会相对简单：(a)所有分配请求都要求相同大小的存储块，(b)存储空间按照可预见的方式被释放，比如先分配先回收。对于有些语言（比如 Lisp）而言条件 a 成立。纯的 Lisp 语言只使用一种数据元素——一个双指针单元，所有的数据结构都在该元素的基础上构建。条件 b 在某些情况下也可能成立，最常见的情况是可以在运行时刻栈中分配的数据。然而，对于大部分的语言而言，这两个条件一般都不成立。相反地，我们需要为不同大小的数据元素分配空间，并且没有好方法可以预测所有已分配对象的生命期。

因此，存储管理器必须准备以任何顺序来处理任何大小的空间分配和回收请求。这些请求小到一个字节，大到该程序的整个地址空间。

下面是我们期望存储管理器具有的特性：
- 空间效率。存储管理器应该能够使一个程序所需的堆区空间的总量达到最小。这样做就可以在一个固定大小的虚拟地址空间中运行更大的程序。空间效率是通过使存储碎片达到最少而得到的，该技术将在7.4.4节中讨论。
- 程序效率。存储管理器应该充分利用存储子系统，使程序可以运行得更快。我们将在7.4.2节中看到，根据数据对象在存储中所处的不同位置，执行一条指令所花费的时间可能相差很大。幸运的是，程序通常会表现出"局部性"，7.4.3节将讨论这种现象，它指的是通常的程序在访问内存时具有的非随机性聚集的特性。通过关注对象在存储中的放置方法，存储管理器可以更好地利用空间，并且有希望使程序运行得更快。
- 低开销。因为存储分配和回收在很多程序中是常用的操作，因此使得这些操作尽可能地高效是非常重要的。也就是说，我们希望最小化开销(overhead)，即花费在分配和回收上的执行时间在总运行时间中所占的比例。请注意，分配的开销由小型请求决定，管理大型对象的开销相对不重要，因为通常会在它上面执行大量的计算，这个开销被分摊了。

7.4.2 一台计算机的存储层次结构

存储管理和编译器优化必须在充分了解存储行为的基础上完成。现代机器的设计使得程序员不需要考虑内存子系统的细节就能够写出正确的程序。然而，程序的效率不仅取决于被执行的指令的数量，还取决于执行其中每条指令所花费的时间。不同情况下执行一条指令所花费的时间可能会有明显的不同，因为访问不同的存储区域所花费的时间从几纳秒到几毫秒不等。因此，数据密集型程序可以从能够充分利用存储子系统的优化技术中得到很大的好处。我们将在7.4.3节看到，这种优化可以利用程序的"局部性"现象，即一般程序的非随机行为。

内存访问时间上的巨大差异源于硬件技术的根本性局限。我们可以制造出一个小而快的存储器件或者大而慢的存储器件，但是无法制造出既大又快的存储器件。现在，制造一个具有纳秒级访问时间的千兆容量的存储器件仍然是不可能的，而纳秒级正是高性能处理器的运行速度。因此，在实践中，现代计算机都以存储层次结构(memory hierarchy)的方式安排它们的存储。如图7-16所示的一个存储层次结构由一系列存储元素组成，较小较快的元素"更加接近"处理器，较大但较慢的元素则离存储器比较远。

一个处理器通常具有少量寄存器，寄存器中的内容由软件控制。然后，它具有一层或多层高速缓存，这些高速缓存通常使用静态 RAM 制造，其大小从几千字节到几兆字节不等。层次结构中的下一层是物理(主)内存，它由数百兆到几千兆的动态 RAM 构成。物理内存由下一层的虚拟内存提供支持,虚拟内存由几千兆字节的磁盘实现。在一次内存访问中,机器首先在最近(最底层的)的存储中寻找数据,如果数据不在那里则到上一层中寻找,以此类推。

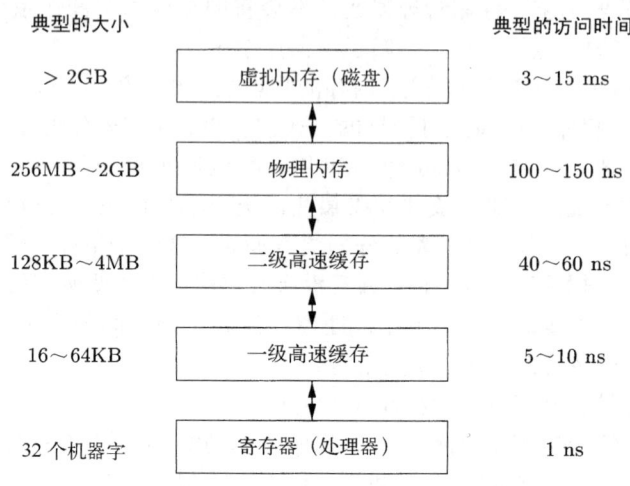

图7-16 典型的内存层次结构的配置

寄存器个数很少,因此寄存器的使用会根据特定应用进行裁剪,并由编译器生成的代码进行管理。存储层次结构中的所有其他层都是自动管理的。这样做不仅简化了编程任务,并且相同的程序可以在具有不同存储配置的机器上高效工作。对于每次存储访问,机器从最低层开始逐层搜索每一层存储,直到找到数据为止。高速缓存是完全通过硬件进行管理的,这么做是为了能够跟上相对较快的 RAM 访问时间。因为磁盘访问速度相对较慢,虚拟内存是由操作系统进行管理的,辅以一个称为"转换旁视缓冲"的硬件结构。

数据以连续存储块的方式进行传输。为了分摊访问的开销,内存层次结构中较慢的层次通常使用较大的块。在主存和高速缓存之间的数据是按照被称为高速缓存线(cache line)的块进行传输的,高速缓存线的长度通常在 32~256 字节之间。在虚拟内存(硬盘)和主内存之间的数据是以被称为"页"(page)的内存块进行传输的,页的大小通常在 4~64 KB 之间。

7.4.3 程序中的局部性

大部分程序表现出高度的局部性(locality),也就是说,程序的大部分运行时间花费在相对较小的一部分代码中,此时它们只涉及少部分数据。如果一个程序访问的存储位置很可能将在一个很短的时间段内被再次访问,我们就说这个程序具有时间局部性(temporal locality)。如果被访问过的存储位置的临近位置很可能在一个很短的时间段内被访问,我们就说这个程序具有空间局部性(spatial locality)。

通常认为程序把 90% 的时间用来执行 10% 的代码。原因如下:

- 程序经常包含很多从来不会被执行的指令。使用组件和库构建得到的程序只使用了它们提供的一小部分功能。同时,随着需求的改变和程序的演化,遗留系统中常常包含很多不再被使用的指令。
- 在程序的一次典型运行中,可能被调用的代码中只有一小部分会被实际执行。例如,虽然处理非法输入和异常情况的指令对于程序的正确性是至关重要的,但是它们在某次运行中很少会被调用。
- 通常的程序往往将大部分时间花费在执行程序中的最内层循环和最紧凑的递归环上。

静态的和动态的 RAM

大部分随机访问内存是*动态的*(dynamic)，这意味着它们是由简单的电子电路构成的。这些电路会在短时间内丢失电位(因此也就会"忘记"它们原本存储的比特值)。这些电路需要定期刷新，即读出然后重新写入它们的比特。另一方面，在*静态*(static) RAM 的设计中，每个比特都需要一个更复杂的电路，结果是存储在其中的比特值可以保持任意长时间，直到它被改写为止。显然，一个芯片使用动态 RAM 电路可以比使用静态 RAM 电路存储更多的比特。因此我们通常会看到动态 RAM 类型的大容量主存，而像高速缓存这样的较小存储则使用静态电路构造。

局部性使得我们可以充分利用如图 7-16 所示的现代计算机的存储层次结构。将最常用的指令和数据放在快而小的存储中，而将其余部分放入慢而大的存储中，我们就可以显著地降低一个程序的平均存储访问时间。

人们已经发现，很多程序在对指令和数据的访问方式上既表现出时间局部性，又表现出空间局部性。然而，数据访问模式通常比指令访问模式表现出更大的多样性。将最近使用的数据放在最快的存储层次中的策略可以在普通程序中发挥很好的作用，但是在某些数据密集型程序中的作用并不明显——循环遍历非常大的数组的程序就是这样的例子。

仅仅通过查看代码，我们一般无法看出哪部分代码会被频繁地用到，针对特定输入指出这一点则更加困难。即使我们知道哪些指令会被频繁执行，最快的高速缓存通常也不能够同时存储这些指令。因此，我们必须动态调整最快的存储中的内容，用它们来保存可能很快会被频繁使用的指令。

利用存储层次结构的优化

将最近使用过的指令放入高速缓存的策略通常很有效。换句话说，过去的情况能够很好地预测将来的存储使用情况。当一条新的指令被执行时，其下一条指令也很有可能将被执行。这种现象是空间局部性的一个例子。提高指令的空间局部性的一个有效技术是让编译器把很可能连续执行的多个基本块(即总是顺序执行的指令序列)连续存放，即放在同一个存储页面中，可能的话甚至放在同一高速缓存线中。属于同一个循环或同一个函数的指令很有可能被一起运行⊖。

我们还可以改变数据布局或计算顺序，从而改进一个程序中的数据访问的时间局部性和空间局部性。例如，一些程序反复地访问大量数据，而每次访问只完成少量的计算，这样的程序的性能不会很好。我们可以每次将一部分数据从存储层次结构的较慢层次加载到较快层次(比如从磁盘移到主存)，并且在这些数据驻留在较快层中时执行所有针对这些数据的运算，那么程序的性能就会变得更好。这个概念可以递归地应用于物理内存、高速缓存以及寄存器中的数据的复用。

高速缓存体系结构

我们如何知道一个高速缓存线在高速缓存中呢？逐个检查高速缓存中的每一条高速缓存线过于费时，因此在实践中常常会限制一条高速缓存线在高速缓存中的放置位置。这个约束

⊖ 当机器从内存中获得一个存储字时，同时预取(prefetch)出其后的多个连续内存字的开销相对较小。因此，一个常见的存储层次结构的特性是在每次访问某层存储的时候会从该层存储中获取一个包含了多个机器字的块。

称为成组相关性（set associativity）。如果在一个高速缓存中，一条缓存线只能被放在 k 个位置上，那么这个高速缓存就称为 k 路成组相关的（k-way set associative）。最简单的高速缓存是 1 路相关高速缓存，它也称为直接映射高速缓存（direct-mapped cache）。在一个直接映射高速缓存中，存储地址为 n 的数据只能够放在缓存地址 $n \bmod s$ 上，其中 s 是这个高速缓存的大小。类似地，一个 k 路成组相关高速缓存被分为 k 个集合，而一个地址为 n 的数据只能映射到各个集合中的位置 $n \bmod (s/k)$ 上。大部分指令和数据高速缓存的相关性在 1～8 之间。如果一条缓存线被调入高速缓存，并且所有可能存放这个高速缓存线的位置都已经被占用，那么通常情况下会将最近最少使用的缓存线清除出高速缓存。

7.4.4 碎片整理

在程序开始执行的时候，堆区就是一个连续的空闲空间单元。随着这个程序分配和回收存储工作的进行，空间被分割成若干空闲存储块和已用存储块，而空闲块不一定位于堆区的某个连续区域中。我们将空闲存储块称为"窗口"（hole）。对于每个分配请求，存储管理器必须将请求的存储块放入一个足够大的"窗口"中。除非找到一个大小恰好相等的"窗口"，否则我们必定会切分某个窗口，结果创建出更小的窗口。

对于每个回收请求，被释放的存储块被放回到空闲空间的缓冲池中。我们把连续的窗口接合（coalesce）成为更大的窗口，否则窗口只会越变越小。如果我们不小心，空闲存储最终会变成碎片，即大量的细小且不连续的窗口。此时，就有可能找不到一个足够大的"窗口"来满足某个将来的请求，尽管总的空闲空间可能仍然充足。

best-fit 和 next-fit 对象放置

我们通过控制存储管理器在堆区中放置新对象的方法来减少碎片。经验表明，使现实中的程序中碎片最少的一个良好策略是将请求的存储分配在满足请求的最小可用窗口中。这个 best-fit 算法趋向于将大的窗口保留下来满足后续的更大请求。另一种策略被称为 first-fit。在这个策略中，对象被放置到第一个（即地址最低的）能够容纳请求对象的窗口中。这种策略在放置对象时花费的时间较少，但是人们发现它在总体性能上要比 best-fit 策略差。

为了更有效地实现 best-fit 放置策略，我们可以根据空闲空间块的大小，将它们分在若干个容器中。一个实际可行的想法是为较小的尺寸设置较多的容器，因为小对象的个数通常比较多。例如，在 GNU 的 C 编译器 gcc 中使用的存储管理器 Lea 将所有的存储块对齐到 8 字节的边界。对于 16 字节到 512 字节之间的、每个大小为 8 字节整数倍的存储块，这个存储管理器都设置了一个容器。更大尺寸的容器按照对数值进行划分（即每个容器的最小尺寸是前一个容器的最小尺寸的两倍）。在每一个容器中，存储块按照它们的大小排列。总是存在这样一个空闲空间块，存储管理器可以向操作系统请求更多的页面来扩展这个块。这个块被称为"荒野块"（wilderness chunk）。因为它的可扩展性，Lea 把这个块当作最大尺寸存储块的容器。

容器机制使得寻找 best-fit 块变得容易。

- 如果被请求的尺寸有一个专有容器，即该容器只包含该尺寸的存储块，我们可以从该容器中任意取出一个存储块。Lea 存储管理器在处理小尺寸请求时就是这样做的。
- 如果被请求的尺寸没有专有的容器，我们可以找出一个能够包含该尺寸的存储块的容器。在这个容器中，我们可以使用 first-fit 或 best-fit 策略。也就是说，我们既可以找到并选择第一个足够大的存储块，也可以花更多的时间去寻找最小的满足需求的存储块。注意，如果选择的空闲存储块的大小不是正好合适，通常将该块的剩余部分放到一个对应于更小尺寸的容器中。
- 不过，这个目标容器可能为空，或者这个容器中的所有存储块都太小，不能满足空间请求。在这种情况下，我们只需要使用对应于下一个较大尺寸的容器重新进行搜索。最后，我们要么找到可以使用的存储块，要么到达"荒野块"。从这个荒野块中我们一定可以得到需要的空间，但有可能需要请求操作系统为堆区增加更多的内存页。

虽然 best-fit 放置策略可以提高空间利用率，但从空间局部性的角度考虑，它可能并不是最好的。程序在同一时间分配的块通常具有类似的访问模式，并具有类似的生命周期。因此将它们放置在一起可以改善程序的空间局部性。对 best-fit 算法的有用改进之一是在找不到恰巧等于请求尺寸的存储块时，使用另一种对象放置方法。在这种情况下，我们使用 next-fit 策略，只要刚刚分割过的存储块中还有足够的空间来容纳这个对象，我们就把这个对象放置在这个存储块中。next-fit 策略还可以提高分配操作的速度。

管理和接合空闲空间

当一个对象通过手工方式回收时，存储管理器必须将该存储块设置为空闲的，以便它可以被再次分配。在某些情况下，还可以将这个块和堆中的相邻块合并（接合）起来，构成一个更大的块。这样做是有好处的。因为我们总能够用一个大的存储块来完成总量相等的多个小存储块所完成的工作，但是不能用很多个小存储块来保存一个大对象，而合并后的存储块就有可能做到。

如果我们为所有具有固定尺寸的存储块保留一个容器，如 Lea 中为小尺寸块所做的那样，那么我们可能倾向于不把相邻的该尺寸的块合并成为双倍大小的块。比较简单的做法是将所有同样大小的块全部按照需要放在多个页中，而不必接合。那么，一个简单的分配/回收方案是维护一个位映射，其中的每个比特对应于容器中的一个块。1 代表该块已被占用，0 表示它是空闲的。当一个块被回收时，我们将它对应的 1 改为 0。当我们需要分配一个存储块时，便找出任意一个相应比特为 0 的块，将这个位改为 1，然后就可以使用该内存块了。如果没有空闲块，我们就获取一个新的页，将其分割成适当大小的存储块，同时扩展用于存储管理的位向量。

在有些情况下问题会变得比较复杂。比如，我们不使用容器而把堆区作为一个整体进行管理；或者我们想要接合相邻的块，并在必要的时候将合并得到的块移动到另一个容器中。有两种数据结构可以用于支持相邻空闲块的接合：

- **边界标记**。在每个（不管是空闲的还是已分配的）存储块的高低两端，我们都存放了重要的信息。在块的两端都设置了一个 free/used 位，用来标识当前该块是已用的（used）还是空闲的（free）。在与每一个 free/used 位相邻的位置上存放了该块中的字节总数。
- **一个双重链接的、嵌入式的空闲列表**。各个空闲块（而不是已分配的块）还使用一个双重链表进行链接。这个链表的指针就存放在这些块中，比如说存放在紧挨着某一端边界标记的位置上。因此，不需要额外的空间来存放这个空闲块列表，尽管它的存在为块的大小设置了一个下界。即使数据对象只有一个字节，存储块也必须提供存放两个边界标记和两个指针的空间。空闲列表中的存储块的顺序没有确定。例如，这个列表可以按块的大小排序，因此可以支持 best-fit 放置策略。

例 7.10 图 7-17 给出堆区的一个部分，其中包含三个相邻的存储块 A、B 和 C。B 块的大小为 100，它刚刚被回收并回到了空闲列表中。因为我们知道 B 的开始位置（左端），也就知道了紧靠在 B 的左边的存储块的末端，在这个例子中就是 A。A 右端的 free/used 位当前为 0，因此 A 也是空闲的。于是我们可以将 A 和 B 接合成一个 300 字节的存储块。

有可能出现这样的情况，即紧靠在 B 的右端的存储块 C 也是空闲的。在这种情况下，我们可以把 A、B 和 C 全部合并起来。请注意，如果我们总是尽可能地把存储块接合起来，那么就不会有两个连续的空闲块。因此我们总是只需要查看与正被回收的块相邻的两个块。在当前例子中，我们按照下面的步骤找到 C 的开始位置。我们从已知的 B 的左端开始，在 B 的左边界标记中知道 B 块的总字节数为 100 字节。根据这个信息，我们可以找到 B 的右端和紧靠在 B 右边的存储块的起始位置。在该点上，我们检查 C 的 free/used 位，发现其值为 1，表明 C 正在被使用，因此 C 不可以被接合。

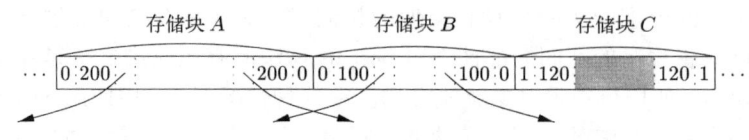

图 7-17 堆的片段和一个双重链接的空闲列表

因为我们必须接合 A 和 B，所以需要从空闲列表中删除它们中的一个。空闲列表的双重链接结构使得我们可以找到 A 和 B 中的前驱和后继结点。请注意，不应该假定在物理上相邻的 A 和 B 在空闲列表中也相邻。知道了 A 和 B 在空闲列表中的前驱和后继的存储块，就可以操作列表中的指针并将 A 和 B 替换为一个接合后的存储块。

如果自动垃圾回收过程将所有已分配的存储块移动到一段连续的存储中，它同时还可以消除所有的碎片。在 7.6.4 节中将更详细地讨论垃圾回收机制和存储管理之间的相互影响。

7.4.5 人工回收请求

我们在本节的最后讨论人工存储管理。此时，程序员必须像在 C 和 C++ 语言中那样显式地安排数据的回收。在理想情况下，任何不会再被访问的存储都应该删除。反过来，任何可能还会被引用的空间都不能删除。遗憾的是，这两个性质都很难保证。除了考虑人工回收的困难之处以外，我们还将描述一些被程序员用于处理这些难点的技术。

人工回收带来的问题

人工存储管理很容易出错。常见的错误有两种形式：一直未能删除不能被引用的数据，这称为内存泄漏（memory-leak）错误；引用已经被删除的数据，这称为悬空指针引用（dangling-pointer-dereference）错误。

程序员不能保证一个程序是否永远不会在将来引用某块存储，因此第一个常见的错误是没有删除那些不会被再次引用的数据。请注意，尽管内存泄漏可能由于占用的存储增多而降低程序运行的速度，但是只要机器没有用完全部存储，它们就不会影响程序的正确性。很多程序可以容忍内存泄漏，当泄漏比较缓慢时尤其如此。然而，对于长期运行的程序，特别是像操作系统和服务器代码这样不间断运行的程序，保证它们没有内存泄漏是非常关键的。

自动垃圾回收通过回收所有的垃圾而消除了内存泄漏问题。即使使用自动垃圾回收机制，程序可能仍然耗费了过多的内存。有时尽管在某处还存在着对某个对象的引用，但程序员可能已经知道该对象不会再被引用。在那种情况下，程序员可以主动地删除指向那些不会再被引用的对象的引用，使得这些对象可以被自动回收。

一个工具实例：Purify

Rational 的 Purify 是帮助程序员寻找程序中的内存访问错误和内存泄漏的最常用的商业工具之一。Purify 对二进制代码进行插装，加入在程序运行时检查程序错误的附加指令。它维护了一个存储的映像图，指明所有空闲的和已用的空间的分布。每个已分配空间的对象都被一段额外空间包围；对未分配空间的访问，或对数据对象之间的间隙空间的访问都被标记

> 为错误。通过这种方法可以找到一些悬空指针引用，但是当该内存已经被重新分配且该位置上已经存在一个有效对象时，这种方法就无能为力了。这种方法还可以找到一些越界的数组访问，前提是它们恰巧落在这些对象之后，由 Purify 插入的空间中。
>
> Purify 也可以在程序运行结束时发现内存泄漏。它搜索所有的已分配的对象中的内容，找出所有可能的指针值。任何没有指针指向的对象都是一块泄漏的存储块。Purify 可以报告泄漏内存的大小和泄漏对象的位置。

过席热束于删除对象可能引起比内存泄漏更严重的问题。第一个常见的错误是删除了一小存储空间，然后又试图去引用该个已回收空间中的数据。指向已回收空间的指针称为悬空指针 (dangling pointer)。一旦这个已释放的空间被重新分配给另一个变量，通过该悬空指针进行的任何读、写或回收操作都可能产生看起来不可捉摸的结果。我们把诸如读、写、回收等沿着一个指针试图使用该指针所指对象的所有操作称为对这个指针的"解引用"(dereferencing)。

注意，通过一个悬空指针读取数据可能会返回不确定的值。通过一个悬空指针进行写操作则可能不确定地改变新变量的值。回收一个悬空指针的存储空间意味着这个新变量的存储空间可能被分配给另一个变量。新旧变量上的动作可能会相互冲突。

和内存泄漏不一样，在释放的空间被重新分配之后再对相应的悬空指针进行解引用总是会带来难以调试的程序错误。因而，当程序员不能确定一个变量是否还会被引用时，他们更倾向于不回收该变量。

另一个相关的编程错误形式是访问非法地址。这种错误的常见例子包括对空指针的解引用和访问一个数组界限之外的元素。探测出这种错误要好过任由程序产生错误结果。实际上，很多安全危害就是利用了这种类型的程序错误。其中，某个程序输入会导致意想不到的数据访问，使得一个黑客取得这个程序和机器的控制权。解决办法之一是让编译器在每次访问中插入检查代码，以保证该次访问在数组界限之内。一些编译器的优化器可以发现并删除那些不必要的检查代码，因为这些优化器能够推导出相应的访问必然在区间之内。

编程规范和工具

现在我们给出几个最流行的编程规范和工具，开发它们的目的是帮助程序员来应对存储管理的复杂性：

- 当一个对象的生命周期能够被静态推导出来时，对象所有者(object ownership)的概念是很有用的。它的基本思想是在任何时候都给每个对象关联上一个所有者(owner)。这个所有者是指向该对象的一个指针，通常属于某个函数调用。所有者(也就是这个函数)负责删除这个对象或者把这个对象传递给另一个所有者。可能会有其他的指针也指向同一个对象，但是这些指针不代表拥有关系。这些指针可在任何时刻被覆盖，但是绝对不应该通过它们进行删除操作。这个规范可以消除内存泄漏，同时也可以避免将同一对象删除两次。然而，它对解决悬空指针引用问题没有帮助，因为有可能沿着一个不代表拥有关系的指针访问一个已经被删除的对象。
- 当一个对象的生命周期需要动态确定时，引用计数(reference counting)会有所帮助。它的基本思想是给每个动态分配的对象附上一个计数。在指向这个对象的引用被创建时，我们将此对象的引用计数加一；当一个引用被删除时，我们将此引用计数减一。当计数变成 0 时，这个对象就不会再被引用，因此可以被删除。然而，这个技术不能发现无用的循环数据结构，其中的一组对象不能再被访问，但是因为它们之间互相引用，导致它们的引用计数不为 0。在例子 7.11 中可以看到这个问题的一个示例。引用计数技术确实可以根除所有的悬空指针引用,因为不存在指向已删除对象的引用。因为引用计数在存储一个指针的每次运算上增加了额外开销,因此引用计数的运行时刻代价很大。
- 对于其生命周期局限于计算过程中的某个特定阶段的一组对象,可以使用基于区域的分配(region-based allocation)方法。当被创建的对象只在一个计算过程的某个步骤中使用时,我们可以把这些对象分配在同一个区域中。一旦这个计算步骤完成,我们就删除整个区域。基于区域的分配方法有一定的局限性。然而当可以使用它时,它又非常高效。因为该技术以成批的方式一次性删除区域中的所有对象,而不是每次回收一个对象。

7.4.6 7.4节的练习

练习7.4.1:假设堆区从0地址开始编址,由几个存储块组成。按照地址顺序,这些存储块的大小分别是80、30、60、50、70、20、40个字节。当我们在一个存储块中放入一个对象时,如果该块中的剩余空间仍然足以形成一个较小的块,我们就将此对象放置在块的高端(这样可以比较容易地把较小的块保存在空闲空间的链表中)。然而,我们不能使用小于8个字节的存储块,因此如果一个对象和被选中的存储块差不多大,我们就把整个块分配给它,并将这个对象放置在这个块的低端。如果我们按顺序为大小分别为32、64、48、16的对象申请空间,在满足了这些请求之后的空闲空间列表是什么样子的?假设选择存储块的方法是:

1) First-fit
2) Best-fit

7.5 垃圾回收概述

不能被引用的数据通常称为垃圾(garbage)。很多高级程序设计语言提供了用以回收不可达数据的自动垃圾回收机制,从而解除了程序员进行手工存储管理的负担。垃圾回收最早出现在1958年的Lisp语言的初次实现中。其他提供垃圾回收机制的主要语言包括Java、Perl、ML、Modula-3、Prolog和Smalltalk。

在本节中,我们将介绍多个和垃圾回收相关的概念。对象"可达"这个概念是很直观的,但是我们仍需要精确地定义,准确的规则将在7.5.2节中讨论。我们将在7.5.3节中讨论一种简单但是有缺陷的自动垃圾回收方法:引用计数。它基于如下的思想:一旦一个程序失去了指向一个对象的所有引用,它就不能并且也不会再引用该对象的存储空间。

7.6节将讨论基于跟踪的回收器。它包含多个算法,用以找出所有仍然有用的对象,然后将堆区中所有的其他存储块变成空闲空间。

7.5.1 垃圾回收器的设计目标

垃圾回收是重新收回那些存放了不能再被程序访问的对象的存储块。我们假定这些对象的类型可以由垃圾回收器在运行时刻确定。基于这个类型信息,我们可以知道该对象有多大,以及该对象的哪些分量包含指向其他对象的引用(指针)。我们还假定对对象的引用总是指向该对象的起始位置,而不会指向该对象中间的位置。因此,对同一个对象的所有引用具有相同的值,可以被很容易地识别。

我们把一个用户程序称为增变者(mutator),它会修改堆区中的对象集合。增变者从存储管理器处获取空间,创建对象,它还可以引入和消除对已有对象的引用。当增变者程序不能"到达"某些对象时,这些对象就变成了垃圾。在7.5.2节中将给出"到达"的准确定义。垃圾回收器找到这些不可达对象,并将这些对象交给跟踪空闲空间的存储管理器,收回它们所占的空间。

一个基本要求:类型安全

不是所有的语言都适合进行自动垃圾回收。为了使垃圾回收器能够工作,它必须知道任何给定的数据元素或一个数据元素的分量是否为(或可否被用作)一个指向某块已分配存储空间的指针。在一种语言中，如果任何数据分量的类型都是可确定的，那么这种语言就称为类型安全(typesafe)的。对于某些类型安全的语言，比如 ML，我们可以在编译时刻确定数据的类型。另外一些类型安全语言，比如 Java，其类型不能在编译时刻确定，但是可以在运行时刻确定。后者称为动态类型(dynamically typed)语言。如果一个语言既不是静态类型安全的，也不是动态类型安全的，它就被称为不安全的(unsafe)。

类型不安全的语言不适合使用自动垃圾回收机制。遗憾的是，有些最重要语言却是类型不安全的，比如 C 和 C++。在不安全语言中，存储地址可以进行任意操作；可以将任意的算术运算应用于指针，创建出一个新的指针，并且任何整数都可以被强制转化为指针。因此，从理论上来说，一个程序可以在任何时候引用内存中的任何位置。这样，没有哪个内存位置可以被认为是不可访问的，也就无法安全地收回任何存储空间。

性能度量

尽管在几十年前就发明了垃圾回收机制，并且它能够完全防止内存泄漏，但是垃圾回收的代价是如此高昂，所以至今没有被很多主流的程序设计语言使用。在多年的研究中，很多不同的回收方法被提出来，但是还没有一种无可争议的最好的垃圾回收算法。在讨论这些方法之前，我们首先列举一些在设计垃圾回收器时必须考虑的性能度量标准。

- 总体运行时间。垃圾回收的速度可能会很慢。使它不会显著增加一个应用程序的总运行时间是很重要的。因为垃圾回收器必须要访问很多数据，它的性能很大程度上决定于它能否充分利用存储子系统。
- 空间使用。重要之处在于垃圾回收机制避免了内存碎片，并最大限度地利用了可用内存。
- 停顿时间。简单的垃圾回收器有一个众所周知的问题，即垃圾回收过程会在没有任何预警的情况下突然启动，导致程序(即增变者)突然长时间停顿。因此，除了最小化总体运行时间之外，人们还希望将最长停顿时间最小化。作为一个重要的特例，实时应用要求某些计算在一个时间界限内完成。我们要么在执行实时任务时压制住垃圾回收过程，要么限定最长停顿时间。因此，垃圾回收机制很少在实时应用中使用。
- 程序局部性。我们不能只通过一个垃圾回收器的运行时间来评价它的速度。垃圾回收器控制了数据的放置，因此影响了增变者程序的数据局部性。它可以通过释放空间并复用该空间来改善增变者程序的时间局部性；它也可以将那些一起使用的数据重新放置在同一个高速缓存线或内存页上，从而改善程序的空间局部性。

这些设计目标中的某些目标可能互相冲突，设计者必须在认真考虑程序的典型行为之后作出权衡。不同特性的对象可能适合使用不同的处理方式，这就要求垃圾回收器使用不同的技术来处理不同类型的对象。

例如，已分配的对象数量中小对象的数量很大比例，那么对小对象的分配不能产生大的开销。另一方面，考虑一下对可达对象进行重定位的垃圾回收器。在处理大对象时重新定位是非常昂贵的，但在处理小对象时代价就比较小。

考虑另一个例子。一般来说，在基于跟踪的回收器中，我们等待垃圾回收的时间越长，可回收对象的比例就越大。原因在于很多对象常常"英年早逝"，因此如果我们等一段时间，很多新分配的对象就会变成不可达的。这样的回收器平均花在每个被回收对象上的开销就会变小。另一方面，降低回收频率会增加程序的内存使用要求，降低数据局部性，并增加停顿时间。

相比之下，一个使用引用计数的回收器给增变者的每次运算引入一个常量开销，从而明显地减慢程序的整体运行速度。但是另一方面，引用计数技术不会产生长时间的停顿，并且能够有效地利用内存，因为它可以在垃圾产生时立刻发现它们（除了 7.5.3 节中将讨论的特定的循环结构）。

语言的设计同样会影响内存使用的特性。有些语言提倡的程序设计风格会产生很多垃圾。比如，函数式（或者几乎函数式）的程序设计语言为了避免改变已存在的对象，会创建出更多的对象。在 Java 中，除了整型和引用这样的基本类型，所有的对象都被分配在堆区而不是栈区。即使这些对象的生命周期被限制在一次函数调用的生命周期内，它们仍然被分到堆区中。这种设计使得程序员不需要关注变量的生命周期，但是其代价是产生更多的垃圾。已经有一些编译器优化技术可以分析变量的生命周期，并尽可能地将它们分配到栈区。

7.5.2 可达性

我们把所有不需要对任何指针解引用就可以被程序直接访问的数据称为根集（root set）。例如，在 Java 中，一个程序的根集由所有的静态字段成员和栈中的所有变量组成。显然，程序可以在任何时候访问根集中的任何成员。递归地，对于任意一个对象，如果指向它的一个引用被保存在任何可达对象的字段成员或数组元素中，那么这个对象本身也是可达的。

当程序被编译器优化之后，可达性问题会变得更加复杂。首先，编译器可能会把引用变量放在寄存器中。这些引用也必须被看做是根集的一部分。其次，尽管在一个类型安全语言中，程序员不能直接操作内存地址，但是编译器常常会为了提高代码速度而这么做。因此，编译得到的代码中的寄存器可能会指向一个对象或数组的中间位置，或者程序可能把一个偏移量加到这些寄存器中的值上，计算得到一个合法地址。为了使得垃圾回收器能够找到正确的根集，优化编译器可以做如下的处理：

- 编译器可以限制垃圾回收机制只能在程序中的某些代码点上被激活。在这些点上没有"隐藏"的引用。
- 编译器可以写出一些信息供垃圾回收器恢复所有的引用。比如，指出哪些寄存器中包含了引用，或者如何根据给定的某个对象的内部地址来计算该对象的基地址。
- 编译器可以确保当垃圾回收器被激活时每个可达对象都有一个引用指向它的基地址。

可达对象的集合随着程序的执行而变化。当新对象被创建时该集合会增长，当某些对象变得不可达时该集合就缩小。重要的是记住一旦某个对象变得不可达，它就不可能再次变得可达。下面是一个增变者程序改变可达对象集合的四种基本操作：

- 对象分配。这些操作由存储管理器完成。它返回一个指向新创建的存储区域的引用。这个操作向可达对象集中添加成员。
- 参数传递和返回值。对象引用从实在输入参数传递到相应的形式参数，也可以从返回结果传回给调用者。这些引用指向的对象仍然是可达的。
- 引用赋值。对于引用 u 和 v，形如 $u = v$ 的赋值语句有两个效果。首先，u 现在是 v 所指对象的一个引用。只要 u 是可达的，那么它指向的对象当然也是可达的。其次，u 中原来的引用丢失了。如果这个引用是指向某一可达对象的最后一个引用，那么那个对象就变成不可达的。当某个对象变得不可达时，所有只能通过这个对象中的引用到达的对象都会变成不可达的。
- 过程返回。当一个过程退出时，保存其局部变量的活动记录将被弹出栈。如果这个活动记录中保存了某个对象的唯一引用，那个对象就变得不可达。同样，如果这个刚刚变得不可达的对象保存了指向其他对象的唯一引用，那么那些对象也将变得不可达，以此类推。

总而言之，新的对象通过对象分配被引入。参数传递和赋值可以传递可达性；赋值和过程结束可能结束对象的可达性。当一个对象变得不可达时，可能会导致更多的对象变得不可达。

栈对象的残存问题

当一个过程被调用时，一个局部变量 v 的对象被分配在栈中。可能会有一些指向 v 的指针被放置在非局部变量中。这些指针将在这个过程返回之后继续存在，但是存放 v 的空间消失了，从而产生了一个悬空指针的情况。我们是否应该像 C 所作的那样将像 v 这样的局部变量分配在栈中呢？答案是很多语言的语义要求局部变量在它们的过程返回后不再存在。保留一个指向这样的变量的引用是一个编程错误，不会要求编译器去改正程序中的这个错误。

有两种寻找不可达对象的基本方法。我们可以捕获可达对象变得不可达的转变时刻，也可以周期性地定位出所有可达对象，然后推出所有其他对象都是不可达的。7.4.5 节中介绍的引用计数技术是一种著名的近似实现第一种方法的技术。我们在增变者执行可能改变可达对象集合的动作时，维护了指向各个对象的引用的计数。当计数器变成 0 时，相应的对象变得不可达。我们将在 7.5.3 节中更详细地讨论这个方法。

第二种方法传递地跟踪所有的引用，从而计算可达性。一个基于跟踪的垃圾回收器首先为根集中的所有对象加上"可达的"标号，然后重复地检查可达对象中的所有引用，找到更多的可达对象，并为它们加上同样的标号。这个方法必须首先跟踪所有的引用，然后才能决定哪些对象是不可达的。但是一旦计算得到可达集合，它就可以立刻找到很多不可达对象，并同时确定大量的空闲存储空间。因为所有的引用都必须在同一时刻进行分析，所以我们还可以选择将可达对象重新定位，从而减少碎片。有很多种不同的基于跟踪的算法，我们将在 7.6 节中讨论这些可选算法。

7.5.3 引用计数垃圾回收器

现在，我们考虑一个简单但有缺陷的基于引用计数的垃圾回收器。当一个对象从可达转变为不可达的时候，该回收器就可以将该对象确认为垃圾；当一个对象的引用计数为 0 时，该对象就会被删除。使用引用计数的垃圾回收器时，每个对象必须有一个用于存放引用计数的字段。引用计数可以按照下面的方法进行维护：

1) 对象分配。新对象的引用计数被设置为 1。
2) 参数传递。被传递给一个过程的每个对象的引用计数加一。
3) 引用赋值。如果 u 和 v 都是引用，对于语句 $u = v$，v 指向的对象的引用计数加 1，u 本来指向的原对象的引用计数减 1。
4) 过程返回。当一个过程退出时，该过程活动记录的局部变量中所指向的对象的引用数必须减一。如果多个局部变量存放了指向同一对象的引用，那么对每个这样的引用，该对象的引用计数都要减 1。
5) 可达性的传递丢失。当一个对象的引用计数变成 0 时，我们必须将该对象中的各个引用所指向的每个对象的引用计数减 1。

引用计数有两个主要的缺点：它不能回收不可达的循环数据结构，并且它的开销较大。循环数据结构的出现都是有理由的：数据结构常常会指回到它们的父结点，也可能相互指向对方，从而形成交叉引用。

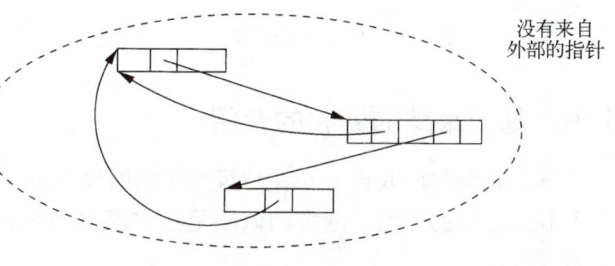

图 7-18 一个不可达的循环数据结构

例 7.11 图 7-18 给出了三个对象以及

它们之间的引用,但是没有来自其他部分的引用。如果这些对象都不是根集的成员,那么它们都是垃圾,但是它们的引用计数都大于0。如果我们在垃圾回收中使用引用计数技术,这个情况就等同于一次内存泄漏,因为这种垃圾以及任何类似的结构永远不会被回收。 □

引用计数的开销比较大,因为每一次引用赋值,以及在每个过程的入口和出口处,都会增加一个额外运算。这个开销和程序中的计算量成正比关系,而不仅仅和系统中的对象数目相关。需要特别考虑的是对一个程序的根集中的引用的更新。局部栈访问会引起引用计数的更新,为了消除因这种更新而引起的时间开销,人们提出了延期引用计数的概念。也就是说,引用计数不包括来自程序根集的引用。除非扫描整个根集仍没有找到指向某一对象的引用,否则这个对象不会被当作垃圾。

另一方面,引用计数的优势在于垃圾回收是以增量方式完成的。尽管总的开销可能很大,但这些运算分布在增变者的整个计算过程中。尽管删除一个引用可能致使大量对象变得不可达,我们可以很容易地延期执行递归地修改引用计数的运算,并在不同的时间点上逐步完成修改。因此,当应用必须满足某个时间期限时,或者对于不能接受长时间突然停顿的交互式系统而言,引用计数是一种特别有吸引力的算法。这个方法的另一种优势是垃圾被及时回收,从而保持了较低的空间使用量。

7.5.4 7.5 节的练习

练习 7.5.1:当下列事件发生时,图 7-19 中的对象的引用计数会发生哪些改变?

1) 从 A 指向 B 的指针被删除。
2) 从 X 指向 A 的指针被删除。
3) 结点 C 被删除。

练习 7.5.2:当图 7-20 中的从 A 到 D 的指针被删除时,引用计数会发生什么样的改变?

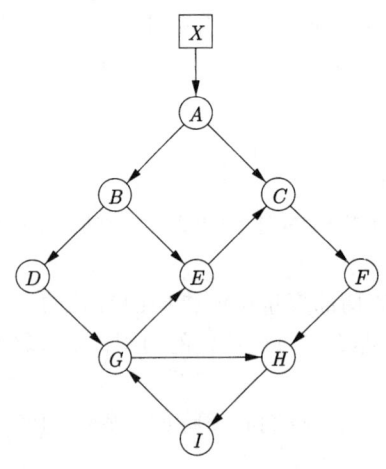

图 7-19 一个对象网络

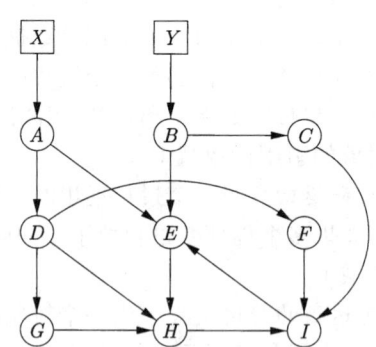

图 7-20 另一个对象网络

7.6 基于跟踪的回收的介绍

基于跟踪的回收器并不在垃圾产生的时候就进行回收,而是会周期性地运行,寻找不可达对象并收回它们的空间。通常的做法是在空闲空间被耗尽或者空闲空间数量低于某个阈值时启动垃圾回收器。

在本节中,我们首先介绍最简单的"标记-清扫式"垃圾回收算法。然后我们将通过存储块

运行时刻环境   287

可能具有的四种状态来描述多个基于跟踪的算法。这一节中还包含了一些对基本算法的改进，
包括那些将对象重定位加入到垃圾回收功能中的算法。

7.6.1 基本的标记-清扫式回收器

标记-清扫式(mark-and-sweep)垃圾回收算法是一种直接的全面停顿的算法。它们找出所有
不可达的对象，并将它们放入空闲空间列表。算法 7.12 在一开始的跟踪步骤中访问并"标记"所
有的可达对象，然后"清扫"整个堆区并释放不可达对象。在介绍了基于跟踪的算法的一个一般
性框架之后，我们将考虑算法 7.14，它是算法 7.12 的一个优化。算法 7.14 使用一个附加的列表
来保存所有已分配对象，使得它对每个可达对象只访问一次。

算法 7.12 标记-清扫式垃圾回收。

输入：一个由对象组成的根集，一个堆和一个被称为 Free 的包含了堆中所有未分配存储块的
空闲空间列表(free list)。和 7.4.4 节中一样，所有空间块都用边界标记进行标识，指明它们的空
闲/已用状态和大小。

输出：在删除了所有垃圾之后的经过修改的 Free 列表。

方法：在图 7-21 中显示的算法使用了几个简单的数据结构。列表 Free 保存了已知的空闲对
象。一个名为 Unscanned 的列表保存了我们已经确定可达的对象，但是我们还没有考虑这些对象
的后继对象的可达性。也就是说，我们还没有扫描这些对象来确定通过它们能够到达哪些对象。
列表 Unscanned 最初为空。另外，每个对象包括一个比特，用来指明该对象是否可达(即 reached
位)。在算法开始之前，所有已分配对象的 reached 位都被设定为 0。

```
        /* 标记阶段 */
1)      /* 把被根集引用的每个对象的 reached 位设置为1，并把它加入
           到 Unscanned 列表中；*/
2)      while (Unscanned ≠ ∅) {
3)          从 Unscanned 列表中删除某个对象 o；
4)          for (在 o 中引用的每个对象 o') {
5)              if (o' 尚未被访问到；即它的 reached 位为0) {
6)                  将 o' 的 reached 位设置为1；
7)                  将 o' 放到 Unscanned 中；
                }
            }
        }
        /* 清扫阶段 */
8)      Free = ∅;
9)      for (堆区中的每个内存块 o) {
10)         if (o 未被访问到，即它的 reached 位为0)将 o 加入到 Free 中；
11)         else 将 o 的 reached 位设置为0；
        }
```

图 7-21 一个标记-清扫式垃圾回收器

在图 7-21 的第(1)行，我们初始化 Unscanned 列表，在其中放入所有被根集引用的对象。同
时这些对象的 reached 位被设置为1。第(2)行到第(7)行是一个循环，在此循环中我们逐个检查
每个已经被放入 Unscanned 列表中的对象 o。

从第(4)行到第(7)行的 for 循环实现了对对象 o 的扫描。我们检查每个在 o 中被引用的对象
o'。如果 o' 已经被访问过(其 reached 位为1)，那么就不需要对 o' 做任何处理；它要么已经在之前
被扫描过，要么已经在 Unscanned 列表中等待扫描。然而，如果 o' 还没有被访问到，那么我们需
要在第(6)行将它的 reached 位设置为1，并在第(7)行中将 o' 加入到 Unscanned 列表中。图 7-22
说明了这个过程。它显示了一个带有四个对象的 Unscanned 列表。列表中的第一个对象对应于上

述讨论中的对象 o。它正在被扫描。虚线对应于可能从 o 到达的三种类型的对象：

1) 之前扫描过的对象，它不需要被再次扫描。
2) 当前在 *Unscanned* 列表中的对象。
3) 一个可达的数据项，但是之前它被认为是未被访问的。

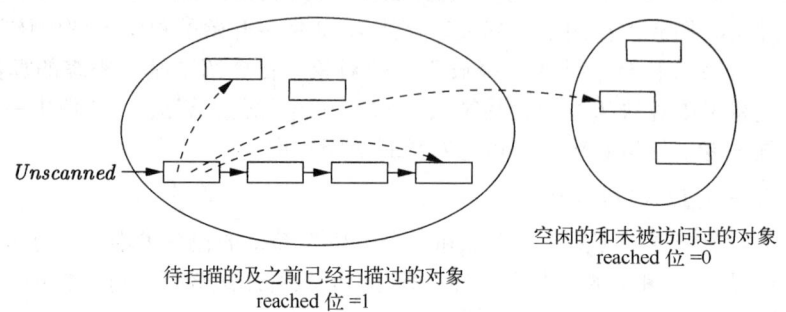

图 7-22　一个标记–清扫式垃圾回收器的标记阶段中对象之间的关系

第(8)行到第(11)行是清扫阶段，它收回所有那些在标记阶段结束之后仍然未被访问到的对象的空间。请注意，这些对象将包括所有原本就在 *Free* 列表中的对象。因为无法直接枚举不可达对象的集合，这个算法将清扫整个堆区。第(10)行将空闲且不可达的对象逐个放入 *Free* 列表。第(11)行处理可达对象。我们将它们的 *reached* 位设为 0，以便在这个垃圾回收算法下一次运行时，其前置条件得到满足。

7.6.2　基本抽象

所有基于跟踪的算法都计算可达对象集合，然后取这个集合的补集。因此，内存是按照下列方式循环使用的：

1) 程序(或者说增变者)运行并发出分配请求。
2) 垃圾回收器通过跟踪揭示可达性。
3) 垃圾回收器收回不可达对象的存储空间。

图 7-23 按照存储块的四种状态 (空闲的、未被访问的、待扫描的和已扫描的) 说明这个循环。一个存储块的状态可以存储在该块内部，也可以使用垃圾回收算法的某个数据结构隐含地表示。

虽然不同的基于跟踪的算法可能在实现方法上有所不同，但是它们都可以通过下列状态进行描述：

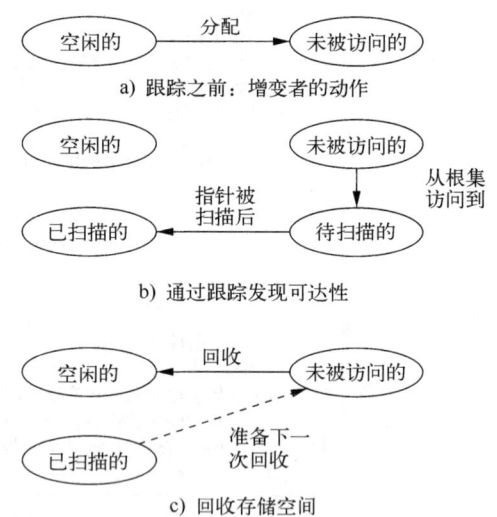

图 7-23　在一个垃圾回收循环中的存储块的状态

1) 空闲的。存储块处于空闲状态表示它可以被分配。因此，一个空闲块内不会存放任何可达对象。
2) 未被访问的。除非通过跟踪证明存储块可达，否则它被默认为是不可达的。在垃圾回收过程中的任何时刻，如果还没有确定一个块的可达性，该块就处于未被访问的状态。如图 7-23a 所示，当一个存储块被存储管理器分配出去时，它的状态就被设置为未被访问的。一轮垃圾回收之后，可达对象的状态仍然会被重置为未被访问状态，以准备下一轮处理，参见图中从已扫描状态到未被访问状态的转换。这个转换用虚线显示，以强调它是为下一轮处理做准备。

3）待扫描的。已知可达的存储块要么处于待扫描状态，要么处于已扫描状态。如果已知一个存储块是可达的，但是该块中的指针还没被扫描，那么该块就处于待扫描状态。当我们发现某个块可达时，就会发生一个从未被访问状态到待扫描状态的转换，如图 7-23b 所示。

4）已扫描的。每个待扫描对象最终都将被扫描并转换到已扫描状态。在扫描一个对象时，我们检查其内部的各个指针，并且沿着这些指针找到它们引用的对象。如果引用指向一个未被访问的对象，那么该对象将被设为待扫描状态。当对一个对象的扫描结束时，这个对象被放入已扫描状态，见 7.23b 中下面的转换。一个已扫描的对象只能包含指向其他已扫描或待扫描对象的引用，决不会包含指向未被访问对象的引用。

当不再有对象处于待扫描状态时，可达性的计算就完成了。到最后仍然处于未被访问状态的对象确实是不可达的。垃圾回收器收回它们占用的空间，并将这些存储块置于空闲的状态，如图 7-23c 中实线转换所示。为了准备下一轮垃圾回收，处于已扫描状态中的对象将回到未被访问状态，见图 7-23c 中的虚线转换。再次提醒大家，这些对象现在确实是可达的。将它们设定为未被访问状态是正确的，因为当下一轮垃圾回收开始时，我们将要求所有对象都从这个状态出发。在那个时候，当前可达的某些对象可能实际上已经被变成了不可达的。

例 7.13 我们看一下算法 7.12 中的数据结构与上面介绍的四种状态有什么关系。使用 reached 位，以及是否在列表 *Free* 和 *Unscanned* 中，我们可以区分全部四种状态。图 7-24 中的表格归纳了用算法 7.12 中的数据结构来刻画四种状态的方式。 □

状态	在列表 *Free* 中	在 *Unscanned* 列表中	Reached 位
空闲	是	否	0
未被访问的	否	否	0
待扫描	否	是	1
已扫描	否	否	1

图 7-24 算法 7.12 中状态的表示方式

7.6.3 标记-清扫式算法的优化

基本的标记-清扫式算法的最后一步的代价很大，因为没有一个容易的方法可以不用检查整个堆区就找到所有不可达对象。由 Baker 提出的一个优化算法用一个列表记录了所有已分配的对象。我们必须将不可达对象的存储返回给空闲空间。为了找出不可达对象的集合，我们可以求已分配对象和可达对象之间的差集。

算法 7.14 Baker 的标记-清扫式回收器。

输入：一个由对象组成的根集，一个堆区，一个空闲列表 *Free*，一个名为 *Unreached* 的已分配对象的列表。

输出：经过修改的 *Free* 列表和 *Unreached* 列表。*Unreached* 列表保存了被分配的对象。

方法：这个算法如图 7-25 所示。算法中用于垃圾回收的数据结构是名字分别为 *Free*、*Unreached*、*Unscanned*、*Scanned* 的四个列表。这些列表分别保存了处于空闲、未被访问、待扫描和已扫描状态上的所有对象。像 7.4.4 节中讨论的那样，这些列表可以通过嵌入式的双重链表来实现。对象中的 reached 位没有被使用，但是我们假定每个对象中都包含了一些二进制位，指明该对象处于上述四个状态的哪一个。最初，*Free* 就是由存储管理器维护的空闲列表，所有已分配的对象都在 *Unreached* 列表中（这个表同时也由存储管理器在为对象分配存储块时维护）。

```
1)  Scanned = ∅;
2)  Unscanned = 在根集中引用的对象的集合；并将这些对象从 Unreached 中删除；
3)  while (Unscanned ≠ ∅) {
4)      将对象从 Unscanned 移动到 Scanned;
5)      for (在 o 中引用的每个对象 o') {
6)          if (o' 在 Unreached 中)
7)              将 o' 从 Unreached 移动到 Unscanned 中;
        }
    }
8)  Free = Free ∪ Unreached;
9)  Unreached = Scanned;
```

图 7-25　Baker 的标记 – 清扫式算法

第(1)、(2)行将 Scanned 列表初始化为空列表，并将 Unscanned 列表初始化为仅包含那些可以从根集访问的对象。值得注意的是，这些对象本来都在列表 Unreached 中，现在它们必须从该列表中删除。第(3)行到第(7)行是一个使用这些列表的基本标记 – 清扫式算法的简单实现。也就是说，第(5)行到第(7)行的 for 循环检查了一个待扫描对象 o 中的所有引用，如果这些引用中的某一个 o' 还没有被访问过，则第(7)行将 o' 改变为待扫描状态。

然后，第(8)行处理所有仍然在 Unreached 列表中的对象，将它们移到 Free 列表中，从而回收它们的存储块。然后，第(9)行处理所有处于已扫描状态的对象，即所有的可达对象，并将 Unreached 列表重新初始化，使之恰好包含这些对象。我们假设，当存储管理器创建新对象时，它们同样会被移出 Free 列表，加入到 Unreached 列表中。□

在本节介绍的两个算法中，我们都假设返回给空闲列表的存储块仍然保持被回收前的样子。然而，如 7.4.4 节中讨论的，将相邻的空闲块合并成较大的块常常会带来好处。如果我们想这样做，那么在图 7-21 的第(10)行或图 7-25 的第(8)行上，每次我们将一个存储块放入空闲列表时，我们检查该块的左端和右端，如果有一端为空闲就进行合并。

7.6.4　标记并压缩的垃圾回收器

进行重新定位(relocating)的垃圾回收器会在堆区内移动可达对象以消除存储碎片。通常，可达对象占用的空间要大大小于空闲空间。因此，在标记出所有的"窗口"之后并不一定要逐个释放这些空间，另一个有吸引力的做法是将所有可达对象重新定位到堆区的一端，使得堆区的所有空闲空间成为一个块。毕竟垃圾回收器已经分析了可达对象中的每个引用，因此更新这些引用使之指向新的存储位置并不需要增加很多工作量。我们需要改变的全部引用包括可达对象中的引用和根集中的引用。

将所有可达对象放在一段连续的位置上可以减少内存空间的碎片，使得它更容易存储较大的对象。同时，通过使数据占用更少的缓存线和内存页，重新定位可以提高程序的时间局部性和空间局部性，因为几乎同时创建的对象将被分配在相邻的存储块中。如果这些相邻的块中的对象一起使用，那么就可以从数据预取中得到好处。不仅如此，用以维护空闲空间的数据结构也可以得到简化。我们不再需要一个空闲空间列表，需要的只是一个指向唯一空闲块的起始位置的指针 free。

存在多种进行重新定位的回收器，其不同之处在于它们是在本地进行重新定位，还是在重新定位之前预留了空间：

- 本节描述的标记并压缩回收器(mark-and-compact collector)在本地压缩对象。在本地重新定位可以降低存储需求。
- 7.6.5 节中给出了更高效、更流行的复制回收器(copying collector)，它把对象从内存的一个区域移到另一个区域。保留额外的空间用于重新定位可以使得一发现可达对象就立刻移动它。

算法 7.15 中的标记并压缩垃圾回收器有 3 个阶段:

1) 首先是标记阶段,它和前面描述的标记-清扫式算法的标记阶段类似。

2) 在第二阶段,算法扫描堆区中的已分配内存段,并为每个可达对象计算新的地址。新地址从堆的最低端开始分配,因此在可达对象之间没有空闲存储窗口。每个对象的新地址记录在一个名为 *NewLocation* 的结构中。

3) 最后,算法将对象复制到它们的新地址,更新对象中的所有引用,使之指向相应的新地址。新的地址可以在 *NewLocation* 中找到。

算法 7.15 一个标记并压缩的垃圾回收器。

输入:一个由对象组成的根集,一个堆,以及一个标记空闲空间的起始位置的指针 *free*。

输出:指针 *free* 的新值。

方法:图 7-26 给出了这个算法,此算法使用下列的数据结构:

1) 一个 *Unscanned* 列表,同算法 7.12 中的 *Unscanned* 列表。

2) 所有对象的 reached 位也和算法 7.12 中相同。为了使我们的描述简单,当我们要说一个对象的 reached 位为 1 或 0 时,我们分别称它们为"已被访问的"或"未被访问的"。在初始时刻,所有的对象都是未被访问的。

3) 指针 *free*,标记了堆区中未分配空间的开始位置。

4) *NewLocation* 表。这个结构可以是任意一个实现了如下两个操作的散列表、搜索树或其他数据结构:

① 将 *NewLocation*(*o*) 设为对象 *o* 的新地址。

② 给定对象 *o*,得到 *NewLocation*(*o*) 的值。

我们不会关心到底使用了什么样的数据结构,虽然你可以假设 *NewLocation* 是一个散列表,因此"set"和"get"操作所需要的平均时间为某个常量,这个时间和堆区内的对象数量无关。

```
        /* 标记 */
1)      Unscanned = 根集引用的对象的集合;
2)      while (Unscanned ≠ ∅) {
3)          从 Unscanned 中移除对象 o;
4)          for (在 o 中引用的每个对象 o') {
5)              if (o' 是未被访问的) {
6)                  将 o' 标记为已被访问的;
7)                  将 o' 加入到列表 Unscanned 中;
                }
            }
        }
        /* 计算新的位置 */
8)      free = 堆区的开始位置;
9)      for (从低端开始,遍历堆区中的每个存储块 o) {
10)         if (o 是已被访问的) {
11)             NewLocation(o) = free;
12)             free = free + sizeof(o);
            }
        }
        /* 重新设置引用目标并移动已被访问的对象 */
13)     for (从低端开始,堆区中的每个存储块 o) {
14)         if (o 是已被访问的) {
15)             for (o 中的每个引用 o.r)
16)                 o.r = NewLocation(o.r);
17)             将 o 复制到 NewLocation(o);
            }
        }
18)     for (根集中的每个引用 r)
19)         r = NewLocation(r);
```

图 7-26 一个标记并压缩回收器

第(1)行到第(7)行的第一(或标记)阶段在本质上和算法 7.12 的第一阶段相同。第二阶段是从第(8)行到第(12)行。该阶段从左边(或者说从低地址端)开始访问堆中的已分配部分的每一个存储块。结果,被分配给存储块的新地址与它们的老地址按照同样的顺序增长。这个顺序很重要,它可以保证我们在重新定位对象时总是将对象向左移,那么在移动时,原来占据目标空间的对象已经被我们移走了。

第(8)行首先将 *free* 指针设定为指向堆区的低端。在这个阶段,我们使用 *free* 来指示第一个可用的新地址。我们只会为标记为已被访问的对象 o 创建新的地址。在第(10)行中,对象 o 被赋予下一个可用地址;在第(11)行,我们根据对象 o 需要的存储数量增加 free 指针,因此 free 仍然指向空闲空间的开始位置。

从第(13)行到第(17)行是最后阶段,此时我们再次按照第二阶段中的自左向右的顺序访问可达对象。第(15)、(16)行将一个已被访问到的对象 o 的所有内部指针替换为它们的新地址,NewLocation 表用来确定这个新的地址。然后,第(17)行将内部引用已被更新的对象 o 移动到新的位置。最后,第(18)和(19)行重新确定根集元素中的指针指向的目标,这些元素本身不是堆区对象,它们可能是静态分配对象或栈分配对象。图 7-27 说明了如何将可达对象(图中无阴影的对象)移动到堆区的底部,同时内部指针被修改,指向已被访问对象的新位置。   □

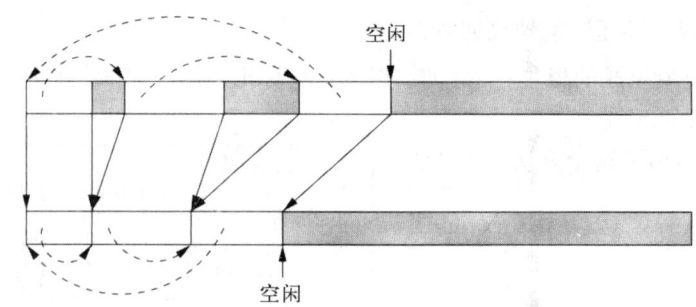

图 7-27 将已被访问对象移动到堆的前部,同时保持内部指针的指向关系

7.6.5 复制回收器

复制回收器预先保留了可以将对象移入的空间,因而解除了跟踪和发现空闲空间之间的依赖关系。整个存储空间被划分为两个半空间(semispace)A 和 B。增变者在半空间之一(比如 A)内分配内存,直到它被填满。此时增变者停止,垃圾回收器将可达对象复制到另一个半空间,比如说 B。当垃圾回收完成时,两个半空间的角色进行对换。增变者可以继续运行,并在半空间 B 中分配对象。下一轮垃圾回收将把可达对象移动到 A。下面的算法是由 C. J. Cheney 提出的。

算法 7.16 Cheney 的复制回收器。

输入:一个由对象组成的根集,一个包含了 From 半空间和 To 半空间的堆区,其中 From 半空间包含了已分配对象,To 半空间全部是空闲的。

输出:最后,To 半空间保存已分配的对象。free 指针指明了 To 半空间中剩余空闲空间的开始位置。From 半空间此时全部空闲。

方法:图 7-28 显示了这个算法。Cheney 算法在 From 半空间中找出可达对象,并且访问到它们时立刻把它们复制到 To 半空间。这种放置方法将相关对象放在一起,从而提高空间局部性。

在探讨算法本身(即图 7-28 中的函数 CopyingCollector)之前,首先考虑第(11)行到第(16)行的辅助函数 LookupNewLocation。该函数的输入是一个对象 o,如果 o 在 To 空间中还没有对应的位置,则为其分配一个 To 空间中的新地址。所有新地址都被记录在一个结构 NewLocation 中,特殊值 Null 用来表示还没有为 o 分配空间⊖。和算法 7.15 一样,NewLocation 结构的具体形式可以变化,但是现在假设它是一个散列表就行了。

如果我们在第(12)行发现 o 没有存储位置,那么在第(13)行上它将被赋予 To 半空间中空闲

⊖ 在一个典型的数据结构中(如散列表),如果 o 没有被赋予一个位置,那么在这个结构中就没有相关信息。

空间的开始位置。第(14)行使 free 指针增加 o 所占的空间数量。在第(15)行，我们将 o 从 From 空间复制到 To 空间。因此，对象从一个半空间到另一个半空间的移动实际上是一个函数的副作用。这个副作用发生在我们第一次为这个对象寻找新地址的时候。不管之前有没有设定对象 o 的位置，第(16)行返回 o 在 To 空间中的位置。

```
1)   CopyingCollector () {
2)       for (From 空间中的所有对象 o) NewLocation(o) = NULL;
3)       unscanned = free = To 空间的开始地址;
4)       for (根集中的每个引用 r)
5)           将 r 替换为 LookupNewLocation(r);
6)       while (unscanned ≠ free) {
7)           o = 在 unscanned 所指位置上的对象;
8)           for (o 中的每个引用 o.r )
9)               o.r = LookupNewLocation(o.r);
10)          unscanned = unscanned + sizeof(o);
         }
     }

     /* 如果一个对象已经被移动过了，查找这个对象的新位置 */
     /* 否则将对象设置为待扫描状态 */
11)  LookupNewLocation(o) {
12)      if (NewLocation(o) = NULL) {
13)          NewLocation(o) = free;
14)          free = free + sizeof(o);
15)          将对象 o 复制到 NewLocation(o);
         }
16)      return NewLocation(o);
     }
```

图 7-28 一个复制垃圾回收器

现在我们可以考虑这个算法本身了。第(2)行确保 From 空间中的所有对象都还没有新地址。在第(3)行中，我们初始化两个指针 unscanned 和 free，使它们都指向 To 半空间的开始位置。指针 free 将总是指向 To 半空间中空闲空间的起始位置。当我们往 To 空间加入对象时，那些地址低于 unscanned 的对象将处于已扫描状态，而那些位于 unscanned 和 free 之间的对象则处于待扫描状态。因此，free 总是在 unscanned 的前面。当后者追上前者时就表示不存在更多的待扫描对象了，我们就完成了垃圾回收工作。请注意，我们是在 To 空间中完成垃圾回收工作的，尽管在第(8)行中检查的对象中的所有引用都是指向 From 空间的。

第(4)行和第(5)行处理可以从根集访问到的对象。请注意，因为函数副作用，在第(5)行中对 LookupNewLocation 的某些调用会在 To 中为这些对象分配存储块，同时增加 free 指针的值。因此，除非没有被根集引用的对象（在这种情况下，整个堆区都是垃圾），当程序第一次运行到这里时将进入第(6)行到第(10)行的循环。然后，这个循环扫描所有已经被加入到 To 空间中并处于待扫描状态的对象。第(7)行处理下一个待扫描的对象 o。在第(8)、(9)行，对于 o 中的每个引用，从它在 From 半空间中的原值被翻译为在 To 半空间中的值。请注意，因为函数副作用，如果 o 内的某个引用所指向的对象之前还没有被访问过，那么第(9)行中对 LookupNewLocation 的调用将在 To 空间中为这个对象分配空间并将它移到该空间中。最后，第(10)行增加指针 unscanned 的值，使之指向下一个对象，即 To 空间中 o 之后的对象。 □

7.6.6 开销的比较

Cheney 算法的优势在于它不会涉及任何不可达对象。另一方面，复制垃圾回收器必须移动所有可达对象的内容。对于大型对象，或者那些经历了多轮垃圾收集过程的生命周期长的对象而言，这个过程的开销特别高。我们对本节给出的四种算法的运行时间进行总结。下面的每个估算都忽略了处理根集的开销。

- 基本的标记-清扫式算法（算法 7.12）：与堆区中存储块的数目成正比。
- Baker 的标记-清扫式算法（算法 7.14）：与可达对象的数目成正比。
- 基本的标记并压缩算法（算法 7.15）：与堆区中存储块的数目和可达对象的总大小成正比。
- Cheney 的复制回收器（算法 7.16）：与可达对象的总大小成正比。

7.6.7 7.6 节的练习

练习 7.6.1：当下列事件发生时，给出标记-清扫式垃圾回收器的处理步骤。

1) 图 7-19 中指针 $A \to B$ 被删除。
2) 图 7-19 中指针 $A \to C$ 被删除。
3) 图 7-20 中指针 $A \to D$ 被删除。
4) 图 7-20 中对象 B 被删除。

练习 7.6.2：Baker 的标记-清扫式算法在四个列表 *Free*、*Unreached*、*Unscanned* 和 *Scanned* 之间移动对象。对于练习 7.6.1 中的每个对象网络中的每个对象，指出从垃圾回收过程刚开始到该过程刚结束的时间段内，该对象所经历的列表的序列。

练习 7.6.3：假设我们在练习 7.6.1 中的各个网络上执行了一个标记并压缩垃圾回收过程。同时假设

1) 每个对象的大小是 100 个字节。
2) 在开始时刻，堆区中的 9 个对象按照字母顺序从堆区的第 0 个字节开始排列。

在垃圾回收过程结束之后，各个对象的地址是什么？

练习 7.6.4：假设我们在练习 7.6.1 中的各个网络上执行了 Cheney 的复制垃圾回收算法。同时假设

1) 每个对象的大小为 100 字节。
2) 待扫描的列表按照队列的方式进行管理，并且当一个对象具有多个指针时，被访问到的对象按照字母顺序被加入到队列中。
3) *From* 半空间从位置 0 开始，*To* 半空间从位置 10 000 开始。

在垃圾回收完成之后，每个保留下来的对象 o 的 *NewLocation*(o) 的值是什么？

7.7 第 7 章总结

- **运行时刻组织**。为了实现源语言中的抽象概念，编译器与操作系统及目标机器协同，创建并管理了一个运行时刻环境。该运行时刻环境有一个静态数据区，用于存放对象代码和在编译时刻创建的静态数据对象。同时它还有动态的栈区和堆区，用来管理在目标代码执行时创建和销毁的对象。
- **控制栈**。过程调用和返回通常由称为控制栈的运行时刻栈管理。我们可以使用栈结构的原因是过程调用（或者说活动）在时间上是嵌套的。也就是说，如果 p 调用 q，那么 q 的活动就嵌套在 p 的活动之内。
- **栈分配**。对于那些允许或要求局部变量在它们的过程结束之后就不可访问的语言而言，局部变量的存储空间可以在运行时刻栈中分配。对于这样的语言，每一个活跃的活动都在控制栈中有一个活动记录（或者说帧）。活动树的根结点位于栈底，而栈中的全部活动记录对应于活动树中到达当前控制所在活动的路径。当前活动的记录位于栈顶。

- 访问栈中的非局部数据。像 C 这样的语言不支持嵌套的过程声明,因此一个变量的位置要么是全局的,要么可以在运行时刻栈顶的活动记录中找到。对于带有嵌套过程的语言而言,我们可以通过访问链来访问栈中的非局部数据。访问链是加在各个活动记录中的指针。可以顺着访问链组成的链路到达正确的活动记录,从而找到期待的非局部数据。显示表是一个和访问链联合使用的辅助数组,它提供了一个不需要使用访问链链路的高效捷径。
- 堆管理。堆是用来存放生命周期不确定的,或者可以生存到被明确删除时刻的数据的存储区域。存储管理器分配和回收堆区中的空间。垃圾回收在堆区中找出不再被使用的空间,这些空间可以回收并用于存放其他数据项。对于要求垃圾回收的语言,垃圾回收器是存储管理器的一个重要子系统。
- 利用局部性。通过更好地利用存储的层次结构,存储管理器可以影响程序的运行时间。访问存储的不同区域所花的时间可能从几纳秒到几毫秒不等。幸运的是,大部分程序将它们的大部分时间用于执行相对较小的一部分代码,并且此时只会访问一小部分数据。如果一个程序很可能在短期内再次访问刚刚访问过的存储位置,该程序就具有时间局部性。如果一个程序很可能访问刚刚访问的存储区域附近的位置,该程序就具有空间局部性。
- 减少碎片。随着程序分配和回收存储,堆区可能会变得破碎,或者说被分割成大量细小且不连续的空闲空间(或称为"窗口")。best-fit 策略(分配能够满足空间请求的最小可用"窗口")经实践证明是有效的。尽管 best-fit 策略提高了空间利用率,但对于空间局部性而言它可能并不是最好的。可以通过合并或者说接合相邻的"窗口"来减少碎片。
- 人工回收。人工存储管理有两个常见的问题:没有删除那些不可能再被引用的数据,这称为内存泄漏错误;引用已经被删除的数据,这称为悬空指针引用错误。
- 可达性。垃圾就是不能被引用或者说到达的数据。有两种寻找不可达对象的基本方法:要么截获一个对象从可达变成不可达的转换,要么周期性地定位所有可达对象,并推导出其余对象都是不可达的。
- 引用计数回收器维护了指向一个对象的引用的计数。当这个计数变为 0 时,该对象就变成不可达。这样的回收器带来了维护引用的开销,并且可能无法找出"循环"的垃圾,即由相互引用的不可达对象组成的垃圾。这些垃圾也可能通过由引用组成的链路相互引用。
- 基于跟踪的垃圾回收器从根集出发,迭代地检查或跟踪所有的引用,找出所有可达对象。根集包括了所有不需要对任何指针解引用就可直接访问的对象。
- 标记-清扫式回收器在一开始的跟踪阶段访问并标记所有可达对象,然后清扫堆区,回收不可达对象。
- 标记并压缩回收器改进了标记并清扫算法。它们把堆区中的可达对象重新定位,从而消除存储碎片。
- 复制回收器将跟踪过程和发现空闲空间过程之间的依赖关系打破。它将存储分为两个半空间 A 和 B。首先使用某个半空间,比如说 A,来满足分配请求,直到它被填满。此时垃圾回收器开始工作,将可达对象复制到另一个半空间,也就是 B,然后对换两个半空间的角色。

7.8 第 7 章参考文献

在数理逻辑中,作用域规则和通过替换进行参数传递最早由 Frege[8]提出。Church 的 lamda

演算[3]使用词法作用域。这个方法曾被用作研究程序设计语言的模型。Algol 60 及其后续语言，包括 C 和 Java，使用词法作用域。动态作用域首先由 Lisp 语言引入，随后成为该语言的一个重要特征。McCarthy[14]介绍了这段历史。

很多与栈分配相关的概念来源于 Algol60 中的块和递归。在词法作用域语言中使用显示表来访问非局部数据的思想来源于 Dijkstra[5]。在 Randell 和 Russell[16]中更具体地描述了栈分配、显示表的使用、数组动态分配等概念。Johnson 和 Ritchie[10]讨论了一个调用代码序列的设计，该设计支持一个过程在不同的调用中使用不同数量的参数。

垃圾回收的研究一直是一个活跃的研究领域，例如 Wilson[17]。引用计数技术可以追溯到 Collin[4]。基于跟踪的回收技术则最早由 McCarthy[13]提出。他描述了一个针对固定长度单元的标记-清扫式算法。管理空闲空间的边界标记由 Knuth 在 1962 年提出并在[11]中出版。

算法 7.14 基于 Baker[1]的算法。算法 7.16 基于 Cheney[2]提出的 Fenichel 和 Yochelson[7]复制算法的非递归版本。

增量式可达性分析由 Dijkstra 等[6]进行了详细研究。Lieberman 和 Hewitt[12]给出了一个世代回收器，它是复制回收方法的一个扩展。列车算法由 Hudson 和 Moss[9]首先提出。

1. Baker, H. G. Jr., "The treadmill: real-time garbage collection without motion sickness," *ACM SIGPLAN Notices* **27**:3 (Mar., 1992), pp. 66–70.

2. Cheney, C. J., "A nonrecursive list compacting algorithm," *Comm. ACM* **13**:11 (Nov., 1970), pp. 677–678.

3. Church, A., *The Calculi of Lambda Conversion*, Annals of Math. Studies, No. 6, Princeton University Press, Princeton, N. J., 1941.

4. Collins, G. E., "A method for overlapping and erasure of lists," *Comm. ACM* **2**:12 (Dec., 1960), pp. 655–657.

5. Dijkstra, E. W., "Recursive programming," *Numerische Math.* **2** (1960), pp. 312–318.

6. Dijkstra, E. W., L. Lamport, A. J. Martin, C. S. Scholten, and E. F. M. Steffens, "On-the-fly garbage collection: an exercise in cooperation," *Comm. ACM* **21**:11 (1978), pp. 966–975.

7. Fenichel, R. R. and J. C. Yochelson, "A Lisp garbage-collector for virtual-memory computer systems", *Comm. ACM* **12**:11 (1969), pp. 611–612.

8. Frege, G., "Begriffsschrift, a formula language, modeled upon that of arithmetic, for pure thought," (1879). In J. van Heijenoort, *From Frege to Gödel*, Harvard Univ. Press, Cambridge MA, 1967.

9. Hudson, R. L. and J. E. B. Moss, "Incremental Collection of Mature Objects", *Proc. Intl. Workshop on Memory Management*, Lecture Notes In Computer Science **637** (1992), pp. 388-403.

10. Johnson, S. C. and D. M. Ritchie, "The C language calling sequence," Computing Science Technical Report 102, Bell Laboratories, Murray Hill NJ, 1981.

11. Knuth, D. E., *Art of Computer Programming, Volume 1: Fundamental Algorithms*, Addison-Wesley, Boston MA, 1968.

12. Lieberman, H. and C. Hewitt, "A real-time garbage collector based on the lifetimes of objects," *Comm. ACM* **26**:6 (June 1983), pp. 419–429.

13. McCarthy, J., "Recursive functions of symbolic expressions and their computation by machine," *Comm. ACM* **3**:4 (Apr., 1960), pp. 184–195.

14. McCarthy, J., "History of Lisp." See pp. 173–185 in R. L. Wexelblat (ed.), *History of Programming Languages*, Academic Press, New York, 1981.

15. Minsky, M., "A LISP garbage collector algorithm using secondary storage," A. I. Memo 58, MIT Project MAC, Cambridge MA, 1963.

16. Randell, B. and L. J. Russell, *Algol 60 Implementation*, Academic Press, New York, 1964.

17. Wilson, P. R., "Uniprocessor garbage collection techniques,"

    `ftp://ftp.cs.utexas.edu/pub/garbage/bigsurv.ps`

第 8 章 代码生成

我们的编译器模型的最后一个步骤是代码生成器。如图 8-1 所示，它以编译器前端生成的中间表示（IR）和相关的符号表信息作为输入，输出语义等价的目标程序。

图 8-1 代码生成器的位置

对代码生成器的要求是很严格的。目标程序必须保持源程序的语义含义，还必须具有很高的质量。也就是说，它必须有效地利用目标机器上的可用资源。此外，代码生成器本身必须能够高效运行。

具有挑战性的是，从数学上讲，为给定源程序生成一个最优的目标程序是不可判定问题，在代码生成中碰到的很多子问题（比如寄存器分配）都具有难以处理的计算复杂性。在实践中，我们必须使用那些能够产生良好但不一定最优的代码的启发性技术。幸运的是，启发性技术已经非常成熟，一个精心设计的代码生成器所产生的代码要比那些由简单的生成器生成的代码快好几倍。

要产生高效目标程序的编译器都会在代码生成之前包含一个优化步骤。优化器把一个 IR 映射为另一个可用于产生高效代码的 IR。编译器的代码优化和代码生成步骤通常被称为编译器的后端（back end）。它们可能在生成目标程序之前对 IR 作多趟处理。代码优化将在第 9 章中详细讨论。不论代码生成之前有没有优化步骤，都可以使用本章所讨论的技术。

代码生成器有三个主要任务：指令选择、寄存器分配和指派、以及指令排序。这些任务的重要性将在 8.1 节中概述。指令选择考虑的问题是选择适当的目标机指令来实现 IR 语句。寄存器分配和指派考虑的问题是把哪个值放在哪个寄存器中。指令排序考虑的问题是按照什么顺序来安排指令的执行。

本章给出了一些和代码生成相关的算法，代码生成器可以使用这些算法把输入的 IR 翻译成简单寄存器机器的目标语言指令序列。这些算法将使用 8.2 节中的机器模型来解释。

在讨论了代码生成器设计中的众多难题之后，我们给出了一个编译器需要生成什么样的目标代码，以支持常见源语言中所包含的抽象机制。在 8.3 节，我们概述了静态和栈式数据区分配的实现方法，并说明如何把 IR 中的名字转换成为目标代码中的地址。

很多代码生成器把 IR 指令分成"基本块"，每个基本块由一组总是一起执行的指令组成。把 IR 划分成基本块是 8.4 节的主题。接下来介绍了针对基本块的一些简单的局部转换方法。从转换得到的基本块出发可以生成更加高效的代码。虽然要到第 9 章才开始考虑更加深入的代码优化理论，但这种转换已经是代码优化的初步形式。一个有用的局部转换的例子是在中间代码的层次上寻找公共子表达式，然后相应地把算术运算替换为更简单的复制运算。

8.6 节给出了一个简单的代码生成算法。它依次为每个语句生成代码，并把运算分量尽可能长时间地保留在寄存器中。这种代码生成器的输出可以很容易地使用窥孔优化技术进行优化。接下来的 8.7 节中将讨论窥孔优化技术。

其余的部分将研究指令选择和寄存器分配。

8.1 代码生成器设计中的问题

虽然代码生成器设计依赖于中间表示形式、目标语言和运行时刻系统的特定细节，但指令选择、寄存器分配和指派以及指令排序等任务会在几乎所有的代码生成器设计中碰到。

代码生成器的最重要的标准是生成正确的代码。正确性问题非常突出的原因是代码生成器会碰到很多种特殊情况。在优先考虑正确性的情况下，另一个重要的设计目标是把代码生成器设计得易于实现、测试和维护。

8.1.1 代码生成器的输入

代码生成器的输入是由前端生成的源程序的中间表示形式以及符号表中的信息组成的。这些信息用来确定 IR 中的名字所指的数据对象的运行时刻地址。

IR 的中间表示形式的选择有很多，包括诸如四元式、三元式、间接三元式等三地址表示方式；也包括诸如字节代码和堆栈机代码的虚拟机表示方式；包括诸如后缀表示的线性表示方式；还包括诸如语法树和 DAG 的图形表示方式。本章中的多个算法都是根据第 6 章中所考虑的表示方法来表示的。这些表示方法包括：三地址代码、树和 DAG。然而，我们讨论的技术也可以用于其他的中间表示形式。

在本章中，我们假设前端已经扫描、分析了源程序，并把它转换成为相对低层次的中间表示形式，因此在 IR 中出现的名字的值可以用能被目标机直接处理的量来表示。这些量可以是整数、浮点数等。我们还假设所有的语法和静态语义错误都已经被检测出来，必要的类型检查都已经完成，而类型转换运算已经被插入到必要的地方。因此，代码生成器可以在工作过程中假设它的输入已经排除了这些错误。

8.1.2 目标程序

构造一个能够产生高质量机器代码的代码生成器的难度会受到目标机器的指令集体系结构的极大影响。最常见的目标机体系结构是 RISC (精简指令集计算机)、CISC (复杂指令集计算机) 和基于堆栈的结构。

RISC 机通常有很多寄存器、三地址指令、简单的寻址方式和一个相对简单的指令集体系结构。相反，CISC 机通常具有较少寄存器、两地址指令、多种寻址方式、多种类型的寄存器、可变长度的指令和具有副作用的指令。

在基于栈的机器中，运算是通过把运算分量压入一个栈，然后再对栈顶的运算分量进行运算而完成的。为了获得高性能，栈顶元素通常保存在寄存器中。因为人们觉得堆栈组织的限制太多，并且需要太多的交换和复制操作，所以基于堆栈的机器几乎已经消失了。

但是，基于堆栈的体系结构随着 Java 虚拟机 (JVM) 的出现又复活了。JVM 是一个 Java 字节码的软件解释器。字节码是由 Java 编译器生成的一种中间语言。这个解释器提供了跨平台的软件兼容性。这是 Java 成功的一个重要因素。

解释执行会引起很高的性能损失，有时可能达到 10 倍的数量级。为了克服这个问题，人们创造了即时 (Just-In-Time, JIT) Java 编译器。这些即时编译器在运行时刻把字节码翻译成目标机上的本地硬件指令集。另一个提高 Java 程序性能的方法是建立一个编译器，把 Java 程序直接编译成目标机器指令，彻底绕过字节码。

输出一个使用绝对地址的机器语言程序的优点是程序可以放在内存中的某个固定位置上，并立即执行。程序可以很快地进行编译和执行。

输出可重定位的机器语言程序 (通常称为目标模块，object module) 可以使各个子程序能够被分别编译。一组可重定位的目标模块可以被一个链接加载器链接到一起并加载运行。如果我们要生成可重定位的目标模块，我们就必须为链接和加载付出代价。但是这样做可以使我们得到很多的灵活性。我们可以把子程序分开编译，并能够从一个目标模块中调用其他已经编译好的程序。如果目标机没有自动处理重定位，编译器就必须向加载器提供明确的重定位信息，以便把分开编译的程序模块链接起来。

输出一个汇编程序使代码生成过程变得稍微容易一些。我们可以生成符号指令，并使用汇编器的宏机制来帮助生成代码。这么做的代价是代码生成之后还需要增加一个汇编步骤。

在本章中，我们将使用一个非常简单的类 RISC 计算机作为目标机。我们在这个机器上加入了一些类 CISC 的寻址方式。这样我们就可以讨论 CISC 机器的代码生成技术了。为了增加可读性，我们把汇编代码用作目标语言。只要变量地址可以通过偏移量和存放于符号表中的其他信息计算出来，代码生成器就可以为源程序中的名字生成可重定位地址或绝对地址。这和生成符号地址一样，都是很简单的事情。

8.1.3 指令选择

代码生成器必须把 IR 程序映射成为可以在目标机上运行的代码序列。完成这个映射的复杂性由如下的因素决定：

- IR 的层次。
- 指令集体系结构本身的特性。
- 想要达到的生成代码的质量。

如果 IR 是高层次的，代码生成器就要使用代码模板把每个 IR 语句翻译成为机器指令序列。但是，这种逐个语句生成代码的方式通常会产生质量不佳的代码。这些代码需要进一步优化。如果 IR 中反映了相关计算机的某些低层次细节，那么代码生成器就可以使用这些信息来生成更加高效的代码序列。

目标机指令集本身的特性对指令选择的难度有很大的影响。比如，指令集的统一性和完整性是两个很重要的因素。如果目标机没有以统一的方式支持每种数据类型，那么总体规则的每个例外都需要进行特别处理。比如，在某些机器上，浮点数运算使用单独的寄存器完成。

指令速度和机器的特有用法是另外一些重要因素。如果我们不考虑目标程序的效率，那么指令选择是很简单的。对于每一种三地址语句，我们可以生成一个代码骨架。此骨架定义了对这个构造生成什么样的目标代码。比如，每一个形如 x = y + z 的三地址语句（其中 x、y 和 z 都是静态分配的）可以被翻译成如下的代码序列：

```
LD  R0, y        // R0 = y          (把 y 装载到寄存器 R0)
ADD R0, R0, z    // R0 = R0 + z     (把 z 加到 R0)
ST  x, R0        // x = R0          (把 R0 保存到 x)
```

这种策略常常会产生冗余的加载和存储运算。比如，下面的三地址语句序列

```
a = b + c
d = a + e
```

会被翻译成

```
LD  R0, b        // R0 = b
ADD R0, R0, c    // R0 = R0 + c
ST  a, R0        // a = R0
LD  R0, a        // R0 = a
ADD R0, R0, e    // R0 = R0 + e
ST  d, R0        // d = R0
```

这里的第四个语句是冗余的，因为它加载了一个刚刚保存到内存的值。并且如果 a 以后不再被使用，那么第三个语句也是冗余的。

生成代码的质量通常是由它的运行速度和大小来确定的。在大多数机器上，一个给定的 IR 程序可以用很多种不同的代码序列来实现。这些不同实现之间在代价上有着显著的差别。因此，对中间代码的简单翻译虽然能产生正确的目标代码，但是这些代码却可能过于低效而让人不可接受。

比如，如果目标机有一个"加一"指令（INC），那么三地址语句 a = a + 1 可以用一个指令 INC a 来实现。这个指令要比如下的代码序列更加高效：把 a 加载进一个寄存器，对寄存器加 1，然后把结果保存回 a。

```
LD   R0, a        // R0 = a
ADD  R0, R0, #1   // R0 = R0 + 1
ST   a, R0        // a = R0
```

要设计出良好的代码序列，我们就必须知道指令的代价。遗憾的是，我们经常难以得到精确的代价信息。对于一个给定的三地址构造，可能还需要有关该构造所在上下文的信息才能决定哪个是最好的机器代码序列。

在 8.9 节，我们将看到指令选择可以用树模式匹配过程来建模。在这个过程中，我们把 IR 和机器指令表示为树结构。然后，我们尝试着用一组对应于机器指令的子树覆盖一棵 IR 树。如果我们把每棵机器指令子树和一个代价值相关联，我们就可以用动态规划的方法来生成最优化的代码序列。动态规划将在 8.11 节中讨论。

8.1.4 寄存器分配

代码生成的关键问题之一是决定哪个值放在哪个寄存器里面。寄存器是目标机上运行速度最快的计算单元，但是我们通常没有足够的寄存器来存放所有的值。没有存放在寄存器中的值必须存放在内存中。使用寄存器运算分量的指令总是要比那些运算分量在内存中的指令短并且快。因此，有效利用寄存器非常重要。

寄存器的使用经常被分解为两个子问题：

1）寄存器分配：对于源程序中的每个点，我们选择一组将被存放在寄存器中的变量。

2）寄存器指派：我们指定一个变量被存放在哪个寄存器中。

即使对于单寄存器机器，找到一个从寄存器到变量的最优指派也是很困难的。从数学上讲，这个问题是 NP 完全的。而且，目标机的硬件和/或操作系统可能要求代码遵守特定的寄存器使用规则，从而使这个问题变得更加复杂。

例 8.1 有些机器要求为某些运算分量和结果使用寄存器对（即一个偶数号寄存器和相邻的奇数号寄存器）。比如，在某些机器上，整数乘法和整数除法就涉及寄存器对。乘法指令的形式如下：

M x, y

其中被乘数 x 是偶数/奇数寄存器对中的奇数号寄存器，而乘数 y 则可以存放在任意位置。乘法结果占据了整个偶数/奇数寄存器对。除法指令的形式如下：

D x, y

其中，被除数占据了整个偶数/奇数寄存器对，x 是其中的偶数号寄存器；而除数是 y。相除之后，偶数号寄存器保存余数，而奇数号寄存器保存商。

现在，考虑图 8-2 中的两个三地址代码序列。图 8-2a 和图 8-2b 之间的唯一差别是第二个语句的运算符。图 8-2a 和图 8-2b 对应的最短汇编代码序列如图 8-3 所示。

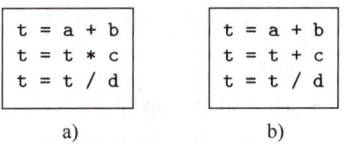

```
t = a + b        t = a + b
t = t * c        t = t + c
t = t / d        t = t / d
   a)              b)
```

图 8-2 两个三地址代码序列

```
L    R1,a        L    R0,a
A    R1,b        A    R0,b
M    R0,c        A    R0,c
D    R0,d        SRDA R0, 32
ST   R1,t        D    R0,d
                 ST   R1,t
   a)              b)
```

图 8-3 最优机器代码序列

Ri 表示第 i 号寄存器。SRDA 表示双算术右移（Shift-Right-Double-Arithmetic），而 SRDA R0 32 把被除数从 R0 中移入 R1 并把 R0 清空，使得所有位都等于被除数的正负号位。L、ST 和 A 分别表示加载、保存和相加。需要注意的是，把 a 加载到哪个寄存器的最优选择依赖于最终会对 t 做什么样的运算。 □

寄存器的分配和指派的策略将在 8.8 节讨论。8.10 节将给出对某些类型的机器，我们可以构造出使用最少的寄存器来完成表达式求值的代码序列。

8.1.5 求值顺序

计算执行的顺序会影响目标代码的效率。我们即将看到，相比其他的计算顺序而言，某些计算顺序对用于存放中间结果的寄存器的需求更少。但是在一般情况下，找到最好的顺序是一个困难的 NP 完全问题。一开始，我们将按照中间代码生成器生成代码的顺序为三地址语句生成代码，从而暂时避开这个问题。

8.2 目标语言

熟悉目标计算机及其指令集是设计一个优秀代码生成器的前提。为了给某个目标机器上的一个完整的源语言生成高质量的代码，我们需要了解该目标机的许多细节。遗憾的是，在对代码生成的一般性讨论中不可能描述出全部的细节。在本章中，我们将使用一个简单计算机的汇编代码作为目标语言。这个计算机是很多寄存器机器的代表。然而，本章中描述的很多代码生成技术也可以用于很多其他类型的机器。

8.2.1 一个简单的目标机模型

我们的目标计算机是一个三地址机器的模型。它具有加载和保存操作、计算操作、跳转操作和条件跳转。这个计算机的内存按照字节寻址，它具有 n 个通用寄存器 R0, R1, $\cdots$, R$n-1$。一个完整的汇编语言具有几十到上百个指令。为了避免因为过多的细节而妨碍对概念的解释，我们将只使用一个很有限的指令集合，并假设所有的运算分量都是整数。大部分指令包含一个运算符，然后是一个目标地址，最后是一个源运算分量的列表。指令之前可能有一个标号。我们假设有如下种类的指令可用：

- **加载运算**：指令 LD dst, $addr$ 把位置 $addr$ 上的值加载到位置 dst。这个指令表示赋值 $dst = addr$。这个指令最常见的形式是 LD r, x。它把位置 x 中的值加载到寄存器 r 中。形如 LD r_1, r_2 的指令是一个寄存器到寄存器的复制运算。它把寄存器 r_2 的内容复制到寄存器 r_1 中。

- **保存运算**：指令 ST x, r 把寄存器 r 中的值保存到位置 x。这个指令表示赋值 $x = r$。

- **计算运算**：形如 OP dst, src_1, src_2，其中 OP 是一个诸如 ADD 或 SUB 的运算符，而 dst、src_1 和 src_2 是内存位置。这些位置不一定要相互不同。这个机器指令的作用是把 OP 所代表的运算作用在位置 src_1 和 src_2 中的值上，然后把这次运算的结果放到位置 dst 中。比如，SUB r_1, r_2, r_3 计算了 $r_1 = r_2 - r_3$。原先存放在 r_1 中的值丢失了，但是如果 r_1 等于 r_2 或者 r_3，计算机会首先读出原来的值。只需要一个运算分量的单目运算符没有 src_2。

- **无条件跳转**：指令 BR L 使得控制流转向标号为 L 的机器指令。（BR 表示产生分支）。

- **条件跳转**：该指令的形式为 B$cond$ r, L，其中 r 是一个寄存器，L 是一个标号，而 $cond$ 代表了对寄存器 r 中的值所做的某个常见测试。比如，当寄存器 r 中的值小于 0 时，BLTZ r, L 使得控制流跳转到标号 L；否则，控制流传递到下一个机器指令。

代 码 生 成

- 我们假设目标机具有多种寻址模式：
- 在指令中，一个位置可以是一个变量名 x，它指向分配给 x 的内存位置（即 x 的左值）。
- 一个位置也可以是一个带有下标的形如 a(r) 的地址，其中 a 是一个变量，而 r 是一个寄存器。a(r) 所表示的内存位置按照如下方式计算得到：a 的左值加上存放在寄存器 r 中的值。比如，指令 LD R1, a(R2) 的效果是 R1 = contents(a + contents(R2))，其中 contents(x) 表示 x 所代表的寄存器或内存位置中存放的内容。这个寻址方式对于数组访问是很有用的，其中 a 是数组的基地址（即第一个元素的地址），而 r 中存放了从基地址到数组 a 的某个元素所要经过的字节数。
- 一个内存位置可以是一个以寄存器作为下标的整数。比如，LD R1, 100(R2) 的效果就是使得 R1 = contents(100 + contents(R2))。也就是说，首先计算寄存器 R2 中的值加上 100 得到的和，然后把这个和所指向的位置中的值加载到 R1 中。正如我们在下面的例子中将看到的那样，这个寻址方式可以用于沿指针取值。
- 我们还支持另外两种间接寻址模式：*r 表示在寄存器 r 的内容所表示的位置上存放的内存位置。而 *100(r) 表示在 r 中内容加上 100 的和所代表的位置上的内容所代表的位置。比如，LD R1, *100(R2) 的效果是把 R1 设置为 contents(contents(100 + contents(R2)))。也就是说，首先计算寄存器 R2 中的内容加上 100 的和，取出和值所指的位置中的内容，再把这个内容代表的位置中的值加载到 R1 中。
- 最后，我们支持一个直接常数寻址模式。在常数前面有一个前缀#。指令 LD R1, #100 把整数 100 加载到 R1 中，而 ADD R1, R1, #100 则把 100 加到寄存器 R1 中去。

在指令之后的注解由//开头。

例 8.2 三地址语句 x = y - z 可以使用下面的机器指令序列实现：

```
LD   R1, y          // R1 = y
LD   R2, z          // R2 = z
SUB  R1, R1, R2     // R1 = R1 - R2
ST   x, R1          // x = R1
```

也许我们能做得更好。一个优秀的代码生成算法的目标之一是尽可能地避免使用上面的全部四个指令。比如，y 和/或 z 可能已经被计算出来并存放在一个寄存器中。如果是这样，我们就可以避免相应的 LD 步骤。类似地，如果 x 的值被使用时都存放在寄存器中，并且之后不会再被用到，我们就不需要把这个值保存回 x。

假设 a 是一个元素为 8 字节值（比如实数）的数组。再假设 a 的元素的下标从 0 开始。我们可以通过下面的指令序列来执行三地址指令 b = a[i]：

```
LD   R1, i          // R1 = i
MUL  R1, R1, 8      // R1 = R1 * 8
LD   R2, a(R1)      // R2 = contents(a + contents(R1))
ST   b, R2          // b = R2
```

这里的第二步计算 $8i$；而第三步把 a 的第 i 个元素的值放到 R2 中，这个元素位于离数组 a 的基地址 $8i$ 个字节的地方。

类似地，三地址指令 a[j] = c 所代表的对数组 a 的赋值可以实现为：

```
LD   R1, c          // R1 = c
LD   R2, j          // R2 = j
MUL  R2, R2, 8      // R2 = R2 * 8
ST   a(R2), R1      // contents(a + contents(R2)) = R1
```

为了实现一个简单的指针间接存取，比如三地址语句 x = *p，我们可以使用如下的机器指令序列：

```
LD   R1, p           // R1 = p
LD   R2, 0(R1)       // R2 = contents(0 + contents(R1))
ST   x, R2           // x = R2
```

通过指针的赋值语句 *p = y 可以类似地用如下的机器代码实现：

```
LD   R1, p           // R1 = p
LD   R2, y           // R2 = y
ST   0(R1), R2       // contents(0 + contents(R1)) = R2
```

最后考虑一个带条件跳转的三地址指令：

```
if x < y goto L
```

它的等价的机器代码如下：

```
LD   R1, x           // R1 = x
LD   R2, y           // R2 = y
SUB  R1, R1, R2      // R1 = R1 - R2
BLTZ R1, M           // if R1 < 0 jump to M
```

这里的 M 是从标号为 L 的三地址指令所产生的机器指令序列中的第一个指令的标号。对于任意一个三地址指令，我们希望可以省略这些指令中的某些指令。省略的原因可能是所需的运算分量已经在寄存器中了，也可能因为结果不需要存放回内存。

8.2.2 程序和指令的代价

我们经常会指出编译及运行一个程序所需的代价。根据我们在优化一个程序时感兴趣的方面，我们会使用不同的度量。常用的度量包括编译时间的长短，以及目标程序的大小、运行时间和能耗。

确定编译和运行一个程序的实际代价是一个复杂的问题。总的来说，为一个给定的源程序找到一个最优的目标程序是一个不可判定问题，而很多相关的子问题都是 NP 困难的。正如我们已经指出的，在代码生成时，我们通常必须满足于那些能够生成优良代码但不一定是最优目标程序的启发式技术。

在本章的其余部分，我们将假设每个目标语言指令都有相应的代价。为简单起见，我们把一个指令的代价设定为 1 加上与运算分量寻址模式相关的代价。这个代价对应于指令中字的长度。寄存器寻址模式具有的附加代价为 0，而涉及内存位置或常数的寻址方式的附加代价为 1。下面是一些例子：

- 指令 LD R0, R1 把寄存器 R1 中的内容复制到寄存器 R0 中。因为不要求附加的内存字，所以这个指令的代价是 1。
- 指令 LD R0, M 把内存位置 M 中的内容加载到寄存器 R0 中。指令的代价是 2，因为内存位置 M 的地址在紧跟着指令的字中。
- 指令 LD R1, *100(R2) 把值 $contents(contents(100 + contents(R2)))$ 加载到寄存器 R1 中。这个指令的代价是 2，因为常数 100 存放在紧跟着指令的内存字中。

在本章中，我们假设对于一个指定的输入，目标语言程序的代价是当此程序在该输入上运行时所执行的所有指令的代价总和。优秀的代码生成算法的目标是使得程序在典型输入上运行时所执行的指令的代价总和最小。我们将会看到，在某些情况下，我们真的能够在某些类型的寄存器机器上为表达式生成最优的代码。

8.2.3 8.2 节的练习

练习 8.2.1：假设所有的变量都存放在内存中，为下面的三地址语句生成代码：

1) x = 1
2) x = a
3) x = a + 1
4) x = a + b
5) 两个语句的序列

代 码 生 成

```
x = b * c
y = a + x
```

练习 8.2.2：假设 a 和 b 是元素为 4 字节值的数组，为下面的三地址语句序列生成代码。

1) 四个语句的序列
```
x = a[i]
y = b[j]
a[i] = y
b[j] = x
```

2) 三个语句的序列
```
x = a[i]
y = b[i]
z = x * y
```

3) 三个语句的序列
```
x = a[i]
y = b[x]
a[i] = y
```

练习 8.2.3：假设 p 和 q 存放在内存位置中，为下面的三地址语句序列生成代码：
```
y = *q
q = q + 4
*p = y
p = p + 4
```

练习 8.2.4：假设 x、y 和 z 存放在内存位置中，为下面的语句序列生成代码：
```
    if x < y goto L1
    z = 0
    goto L2
L1: z = 1
```

练习 8.2.5：假设 n 在一个内存位置中，为下面的语句序列生成代码：
```
    s = 0
    i = 0
L1: if i > n goto L2
    s = s + i
    i = i + 1
    goto L1
L2:
```

练习 8.2.6：确定下列指令序列的代价。

1)
```
LD   R0, y
LD   R1, z
ADD  R0, R0, R1
ST   x, R0
```

2)
```
LD   R0, i
MUL  R0, R0, 8
LD   R1, a(R0)
ST   b, R1
```

3)
```
LD   R0, c
LD   R1, i
MUL  R1, R1, 8
ST   a(R1), R0
```

4)
```
LD R0, p
LD R1, 0(R0)
ST x, R1
```

5)
```
LD R0, p
LD R1, x
ST 0(R0), R1
```

6)
```
LD   R0, x
LD   R1, y
SUB  R0, R0, R1
BLTZ *R3, R0
```

8.3 目标代码中的地址

在本节中，我们将说明如何使用静态和栈式内存分配为简单的过程调用和返回生成代码，以此将 IR 中的名字转换成为目标代码中的地址。在 7.1 节中，我们描述了每个正在执行的程序是如何在它的逻辑地址空间上运行的。这个空间被划分成为四个代码及数据区域：

1）一个静态确定的代码区 *Code*。这个区存放可执行的目标代码。目标代码的大小可以在编译时刻确定。

2）一个静态确定的静态数据区 *Static*。这个区存放全局常量和编译器生成的其他数据。全局常量和编译器数据的大小也可以在编译时刻确定。

3）一个动态管理的堆区 *Heap*。这个区存放程序运行时刻分配和释放的数据对象。*Heap* 的大小不能在编译时刻静态确定。

4）一个动态管理的栈区 *Stack*。这个区存放过程的活动记录。活动记录会随着过程的调用和返回被创建和消除。和堆区一样，栈区的大小也不能在编译时刻确定。

8.3.1 静态分配

为了说明简化的过程调用和返回的代码生成，我们关注下面的三地址语句：

- `call callee`
- `return`
- `halt`
- `action`，这是代表其他三地址语句的占位符。

活动记录的大小和布局是由代码生成器通过存放于符号表中的名字的信息来确定的。我们将首先说明如何在过程调用时在一个活动记录中存放返回地址，以及如何在过程调用结束后把控制返回到这个地址。为方便起见，我们假设活动记录的第一个位置存放返回地址。

我们首先考虑实现最简单情况（即静态分配）时的代码。这里，中间代码中的 `call callee` 语句可以用包含两个目标机指令的序列来实现：

```
ST   callee.staticArea, #here + 20
BR   callee.codeArea
```

ST 指令把返回地址保存到 callee 的活动记录的开始处，而 BR 把控制传递到被调用过程 callee 的目标代码上。属性 *callee.staticArea* 是一个常量，给出了 callee 的活动记录的开始处的地址，而属性 *callee.codeArea* 也是一个常量，指向运行时刻内存中 *Code* 区中被调用过程 callee 的第一个指令的地址。

ST 指令中的运算分量 *#here* + 20 是返回地址的文字表示，它是紧跟在 BR 指令之后的指令的地址。我们假设 *#here* 是当前指令的地址，而调用序列中的三个常量加上两个指令的长度为 5 个字，即 20 个字节。

过程代码的结尾处是一个返回到调用者过程的指令。但是没有调用者的第一个过程例外，它的最后一个指令是 HALT。这个指令把控制返回给操作系统。一个 return 语句可以使用一个简单的跳转语句实现：

```
BR   *callee.staticArea
```

它把控制流转到保存在 callee 的活动记录开始位置的地址上。

例 8.3 假设我们有下面的三地址代码：

```
            // c 的代码
action₁
call p
```

代码生成   307

```
    action₂
    halt
                    // p的代码
    action₃
    return
```

图 8-4 给出了这个三地址代码的目标程序。我们使用伪指令 ACTION 来代表执行语句 action 的机器指令序列。这些 action 语句代表了和本次讨论无关的三地址代码。我们假定过程 c 的代码从地址 100 开始，而过程 p 从地址 200 开始。我们假定每个 ACTION 伪指令占用 20 个字节。我们还假定这些过程的活动记录以静态方式分配，其位置分别是 300 和 364。

```
                        // c 的代码
    100:  ACTION₁
    120:  ST 364, #140   // action₁ 的代码
    132:  BR 200         // 在位置 364 上存放返回地址 140
    140:  ACTION₂        // 调用 p
    160:  HALT
                         // 返回操作系统
          ...
                         // p 的代码
    200:  ACTION₃
    220:  BR *364        // 返回在位置 364 保存的地址处
          ...
                         // 300-363 存放 c 的活动记录
    300:                 // 返回地址
    304:                 // c 的局部数据
          ...
                         // 364-451 存放 p 的活动记录
    364:                 // 返回地址
    368:                 // p 的局部数据
```

图 8-4 静态分配的目标代码

从地址 100 开始的指令实现了过程 c 的语句：

    action₁; call p; action₂; halt

因此程序的运行从地址 100 上的指令 ACTION₁ 开始。在地址 120 上的 ST 指令把返回地址 140 存放在机器状态字段中，也就是 p 的活动记录的第一个字中。在地址 132 上的 BR 指令把控制转移到被调用过程 p 的目标代码的第一个指令。

执行了 ACTION₃ 之后，位于地址 220 的跳转指令被执行。因为上面的调用代码序列把位置 140 存放在地址 364 中，因此当位于地址 220 的 BR 语句执行时，*364 代表 140。所以当过程 p 结束时，控制流返回到地址 140，过程 c 继续执行。   □

8.3.2 栈分配

如果在保存活动记录时使用相对地址，静态分配就可以变成栈分配。但是在栈分配方式中，只有等到运行时刻才能知道一个过程的活动记录的位置。这个位置通常存放在一个寄存器里面，因此活动记录中的字可以通过相对于寄存器中值的偏移量来访问。我们的目标机的下标地址模式可以方便地完成这种访问。

正如我们在第 7 章中已经看到的，活动记录的相对地址可以用相对于活动记录中的任一已知位置的偏移量来表示。为方便起见，我们将在寄存器 SP 中维护一个指向栈顶的活动记录的开始处的指针，这样就可以使所有的偏移量都是正数。当发生过程调用时，调用过程增加 SP 的值，并把控制传递到被调用过程。在控制返回到调用者时，我们减少 SP 的值，从而释放被调用过程的活动记录。

第一个过程的代码把 SP 设置成内存中栈区的开始位置，完成对栈的初始化：

```
LD    SP, #stackStart                    // 初始化栈
code for the first procedure
HALT                                     // 结束执行
```

一个过程调用指令序列增加 SP 的值, 保存返回地址, 并把控制传递到被调用过程:

```
ADD   SP, SP, #caller.recordSize         // 增加栈指针
ST    0(SP), #here + 16                  // 保存返回地址
BR    callee.codeArea                    // 转移到被调用过程
```

运算分量#caller.recordSize 表示一个活动记录的大小, 因此 ADD 指令使得 SP 指向下一个活动记录。在 ST 指令中的运算分量#here + 16 是跟随在 BR 之后的指令的地址, 它被存放在 SP 所指向的地址中。

返回指令序列包含两个部分。被调用过程使用下面的指令把控制传递到返回地址:

```
BR    *0(SP)                             // 返回给调用者
```

在 BR 中使用*0(SP)的原因是我们需要两层间接寻址: 0(SP)是活动记录的第一个字所在的位置, 而*0(SP)是存放在那里的返回地址。

返回指令序列的第二部分在调用者中, 这个序列减少 SP 的值, 因此把 SP 恢复为以前的值。也就是说, 在减法运算之后, SP 指向调用者的活动记录的开始处:

```
SUB   SP, SP, #caller.recordSize         // 栈指针减 1
```

第 7 章中包含了有关调用指令序列以及在调用过程和被调用过程之间进行任务分配的折衷方案的更广泛的讨论。

例 8.4 图 8-5 中的程序是前一章中的快速排序程序的一个抽象。过程 q 是递归的, 因此在同一时刻可能有多个活跃的 q 的活动记录。

```
                        // m 的代码
action₁
call q
action₂
halt
                        // p 的代码
action₃
return
                        // q 的代码
action₄
call p
action₅
call q
action₆
call q
return
```

图 8-5 例 8.4 的代码

假设过程 m、p 和 q 的活动记录的大小已经确定, 分别是 *msize*、*psize* 和 *qsize*。每个活动记录的第一个字存放返回地址。我们随意地假设这些过程的代码分别从地址 100、200 和 300 处开始, 并假设栈区在地址 600 处开始。目标程序在图 8-6 中显示。

```
                                // m 的代码
100:  LD SP, #600               // 初始化栈
108:  ACTION₁                   // action₁ 的代码
128:  ADD SP, SP, #msize        // 调用指令序列的开始
136:  ST 0(SP), #152            // 将返回地址压入栈
144:  BR 300                    // 调用 q
152:  SUB SP, SP, #msize        // 恢复 SP 的值
160:  ACTION₂
180:  HALT
      ...
                                // p 的代码
200:  ACTION₃
220:  BR *0(SP)                 // 返回
      ...
                                // q 的代码
300:  ACTION₄                   // 包含有跳转到 456 的条件转移指令
320:  ADD SP, SP, #qsize
328:  ST 0(SP), #344            // 将返回地址压入栈
336:  BR 200                    // 调用 p
344:  SUB SP, SP, #qsize
352:  ACTION₅
```

图 8-6 栈式分配时的目标代码

```
372:    ADD SP, SP, #qsize
380:    BR 0(SP), #396          // 将返回地址压入栈
388:    BR 300                  // 调用q
396:    SUB SP, SP, #qsize
404:    ACTION₆
424:    ADD SP, SP, #qsize
432:    ST 0(SP), #440          // 将返回地址压入栈
440:    BR 300                  // 调用q
448:    SUB SP, SP, #qsize
456:    BR *0(SP)               // 返回
        ...
600:                            // 栈区的开始处
```

图 8-6 （续）

我们假设 $ACTION_4$ 包含了一个条件跳转指令，跳转到 q 的返回代码序列开始地址 456；否则，递归过程 q 将不得不永远调用自己。

令 msize、psize 和 qsize 分别是 20、40 和 60。在地址 100 处的第一个指令把 SP 初始化为 600，即栈区的开始地址。在控制从 m 转向 q 的前一刻，SP 中的值是 620（因为 msize 为 20）。随后当 q 调用 p 时，在地址 320 处的指令把 SP 增加到 680，即 p 的活动记录的开始处；当控制返回到 q 的时候，SP 回复到 620。如果接下来的两个对 q 的递归调用立刻返回，那么执行过程中 SP 的最大值就是 680。但是请注意，栈区中被使用的最后的位置是 739，因为从位置 680 开始的 q 的活动记录总共有 60 个字节。   □

8.3.3 名字的运行时刻地址

存储分配策略以及过程的活动记录中局部数据的布局决定了如何访问名字对应的内存位置。在第 6 章，我们假设一个三地址语句中的名字实际上是一个指向该名字的符号表条目的指针。这个方法有一个极大的好处，它使得编译器更加易于移植，因为即使当编译器被移植到使用不同运行时刻组织方式的其他机器时，其前端也不需要修改。但是从另一个方面来看，在生成中间代码时生成特定的访问步骤对于一个优化编译器也有极大的好处，因为这使得优化器能够利用原本在简单的三地址语句中不可见的细节。

在任何一种情况下，名字最终必须被替代为访问存储位置的代码。在这里，我们考虑简单的三地址复制语句 x = 0 的一些细节。假设在处理完一个过程的声明部分后，x 的符号表条目包含了 x 的相对地址 12。如果 x 被分配在一个从地址 static 开始的静态分配区域中，那么 x 的实际运行时刻地址是 static + 12。虽然编译器最终可以在编译时刻确定 static + 12 的值，但是在生成访问该名字的中间代码时可能还不知道静态区域的位置。在这种情况下，生成"计算" static + 12 的三地址代码是有意义的。当然我们要理解，这个计算在程序运行之前就会完成：它或者在代码生成阶段完成，或者由加载器完成。那么，赋值语句 x = 0 被翻译成

```
static[12] = 0
```

如果静态区从地址 100 开始，这个语句的目标代码是

```
LD 112, #0
```

8.3.4 8.3 节的练习

练习 8.3.1：假设使用栈式分配而寄存器 SP 指向栈的顶端，为下列的三地址语句生成代码。

```
call p
call q
return
call r
return
return
```

练习 8.3.2：假设使用栈式分配而寄存器 SP 指向栈的顶端，为下列的三地址语句生成代码。
1) x = 1
2) x = a
3) x = a + 1
4) x = a + b
5) 两个语句的序列
   x = b * c
   y = a + x

练习 8.3.3：假设使用栈式分配，且假设 a 和 b 都是元素大小为 4 字节的数组，再次为下面的三地址语句生成代码。

1) 四个语句的序列
   x = a[i]
   y = b[j]
   a[i] = y
   b[j] = x

2) 三个语句的序列
   x = a[i]
   y = b[i]
   z = x * y

3) 三个语句的序列
   x = a[i]
   y = b[x]
   a[i] = y

8.4 基本块和流图

本节介绍一种用图来表示中间代码的方法。即使这个图没有显式地被代码生成算法生成，它对于讨论代码生成也是有帮助的。上下文信息有助于更好地生成代码。正如我们将在 8.8 节看到的，如果我们知道程序中的值是如何被定值和使用的，我们就可以更好地分配寄存器。我们还将在 8.9 节看到，通过检查三地址语句序列，我们可以更好地完成指令选择工作。

这个表示方法可以按照如下方法构造：

1) 把中间代码划分成为基本块（basic block）。每个基本块是满足下列条件的最大的连续三地址指令序列。

① 控制流只能从基本块中的第一个指令进入该块。也就是说，没有跳转到基本块中间的转移指令。

② 除了基本块的最后一个指令，控制流在离开基本块之前不会停机或者跳转。

2) 基本块形成了流图（flow graph）的结点。而流图的边指明了哪些基本块可能紧随一个基本块之后运行。

从第 9 章开始，我们将讨论在流图上的多种转换。这些转换把原有的中间代码转换成为"优化后"的中间代码，而从"优化后"的中间代码可以生成更好的目标代码。将"优化后"的中间代码转换为目标机器代码的工作将使用本章中的代码生成技术完成。

中断的影响

有人认为，只要控制流到达基本块的开始处就必然会继续执行到基本块结束处，但是这个说法需要一些仔细的考虑。有很多原因会导致一个中断使得控制流离开基本块，甚至可能不再返回，但这些中断并没有在代码中显式地反映出来。比如，一个像 x = y/z 这样的指令看起来不影响控制流。但是如果 z 是 0，此指令实际上可能使程序异常中止。

> 我们用不着担心这种可能性。理由如下：构造基本块的目的是优化代码。一般来说，当一个中断发生时，它要么被适当处理然后将控制返回到引起中断的指令，就好像控制流从来没有离开过；要么程序会中止并报错。在后一种情况下，即使我们在优化时假设控制流会一直到达基本块的结尾，优化的结果也不会有错，因为程序本来就不会给出预计的结果。

8.4.1 基本块

我们的第一项工作是把一个三地址指令序列分割成为基本块。我们以第一个指令作为一个新基本块的开始，然后不断把后续的指令加进去，直到我们碰到一个无条件跳转、条件跳转指令或者下一个指令前面的标号为止。当没有跳转和标号时，控制流直接从一个指令到达下一个指令。这个想法在下面的算法中形式化地表示出来。

算法8.5 把三地址指令序列划分成为基本块。

输入：一个三地址指令序列。

输出：输入序列对应的一个基本块列表，其中每个指令恰好被分配给一个基本块。

方法：首先，我们确定中间代码序列中哪些指令是首指令(leader)，即某个基本块的第一个指令。跟在中间程序末端之后的指令不包含在首指令集合中。选择首指令的规则如下：

1）中间代码的第一个三地址指令是一个首指令。

2）任意一个条件或无条件转移指令的目标指令是一个首指令。

3）紧跟在一个条件或无条件转移指令之后的指令是一个首指令。

然后，每个首指令对应的基本块包括了从它自己开始，直到下一个首指令（不含）或者中间程序的结尾指令之间的所有指令。□

例8.6 图8-7中的中间代码把一个 10×10 的矩阵 a 设置成一个单位矩阵。这段代码来自哪里并不重要，它也许是从图8-8的伪代码中翻译得到的。在生成这个中间代码的时候，我们假设每一个实数值的数组元素占8个字节，且矩阵 a 按行存放。

```
1)   i = 1
2)   j = 1
3)   t1 = 10 * i
4)   t2 = t1 + j
5)   t3 = 8 * t2
6)   t4 = t3 - 88
7)   a[t4] = 0.0
8)   j = j + 1
9)   if j <= 10 goto (3)
10)  i = i + 1
11)  if i <= 10 goto (2)
12)  i = 1
13)  t5 = i - 1
14)  t6 = 88 * t5
15)  a[t6] = 1.0
16)  i = i + 1
17)  if i <= 10 goto (13)
```

图8-7 把一个 10×10 的矩阵设置成单位矩阵的中间代码

```
for i from 1 to 10 do
    for j from 1 to 10 do
        a[i, j] = 0.0;
for i from 1 to 10 do
    a[i, i] = 1.0;
```

图8-8 图8-7的源代码

首先，根据算法8.5的规则(1)可知第一个指令是一个首指令。为了找到其他的首指令，我们要找到跳转指令。在这个例子中有三个跳转指令（全部是条件跳转指令），即指令9、11和17。根据规则(2)，这些跳转指令的目标是首指令，它们分别是指令3、2和13。然后，根据规则(3)，跟在一个跳转指令后面的每个指令都是首指令，即指令10和12。注意，在这段代码里没有跟在指令17后面的指令。假如有的话，那么第18个指令也是一个首指令。

我们可以得出结论：指令1、2、3、10、12和13是首指令。每个首指令对应的基本块包括了从它开始直到下一个首指令之前的所有指令。因此，指令1的基本块就是指令1，指令2的基本块是指令2。但首指令3的基本块包含了从指令3到指令9的所有指令。指令10的基本块是10和11；指令12的基本块仅仅包含指令12，而指令13的基本块是指令13到17。 □

8.4.2 后续使用信息

知道一个变量的值接下来会在什么时候使用对于生成良好的代码是非常重要的。如果一个变量的值当前存放在一个寄存器中,且之后一直不会被使用,那么这个寄存器就可以被分派给另一个变量。

在一个三地址语句中对一个名字的使用(use)的定义如下。假设三地址语句 i 给 x 赋了一个值。如果语句 j 的一个运算分量为 x,并且从语句 i 开始可以通过未对 x 进行赋值的路径到达语句 j,那么我们说语句 j 使用了在语句 i 处计算得到的 x 的值。我们可以进一步说 x 在语句 i 处活跃(live)。

对每个类似于 $x = y + z$ 的三地址语句,我们希望确定对 x、y 和 z 的下一次使用是什么。当前我们不考虑在包含本三地址语句的基本块之外的使用。

我们用来确定活跃性和后续使用信息的算法对每个基本块进行一次反向的遍历。我们把得到的信息存放到符号表中。使用算法 8.5 中给出的方法,我们可以很容易地通过扫描一个三地址语句流找到各个基本块的结尾。因为过程可能有副作用,为方便起见,我们假设每一个过程调用指令是一个新的基本块的开始。

算法 8.7 对一个基本块中的每一个语句确定活跃性与后续使用信息。

输入:一个三地址语句的基本块 B,我们假设在开始的时候符号表显示 B 中的所有非临时变量都是活跃的。

输出:对于 B 的每一个语句 $i: x = y + z$,我们将 x、y 及 z 的活跃性信息及后续使用信息关联到 i。

方法:我们从 B 的最后一个语句开始,反向扫描到 B 的开始处。对于每个语句 $i: x = y + z$,我们做下面的处理:

1) 把在符号表中找到的有关 x、y 和 z 的当前后续使用和活跃性信息与语句 i 关联起来。
2) 在符号表中,设置 x 为"不活跃"和"无后续使用"。
3) 在符号表中,设置 y 与 z 为"活跃",并把它们的下一次使用设置为语句 i。

在这里,我们使用 + 作为代表任意运算符的符号。如果三地址语句 i 形如 $x = +y$ 或者 $x = y$,那么处理步骤依然和上面相同,只是忽略了对 z 的处理。注意,步骤(2)和步骤(3)的顺序不能颠倒,因为 x 可能就是 y 或者 z。□

8.4.3 流图

当将一个中间代码程序划分成为基本块之后,我们用一个流图来表示它们之间的控制流。流图的结点就是这些基本块。从基本块 B 到基本块 C 之间有一条边当且仅当基本块 C 的第一个指令可能紧跟在 B 的最后一个指令之后执行。存在这样一条边的原因有两种:

- 有一个从 B 的结尾跳转到 C 的开头的条件或无条件跳转语句。
- 按照原来的三地址语句序列中的顺序,C 紧跟在 B 之后,且 B 的结尾不存在无条件跳转语句。

我们说 B 是 C 的前驱(predecessor),而 C 是 B 的一个后继(successor)。

我们通常会增加两个分别称为"入口"(entry)和"出口"(exit)的结点。它们不和任何可执行的中间指令对应。从入口到流图的第一个可执行结点(即包含了中间代码的第一个指令的基本块)有一条边。从任何包含了可能是程序的最后执行指令的基本块到出口有一条边。如果程序的最后指令不是一个无条件转移指令,那么包含了程序的最后一条指令的基本块是出口结点的一个前驱。但任何包含了跳转到程序之外的跳转指令的基本块也是出口结点的前驱。

例 8.8 从例 8.6 中构造出的基本块可以生成图 8-9 中所示的流图。入口结点指向基本块 B_1，因为 B_1 包含了这个程序的第一个指令。B_1 的唯一后继是 B_2，因为 B_1 的结尾不是一个无条件跳转指令，且 B_2 的首指令紧跟在 B_1 的结尾指令之后。

基本块 B_3 有两个后继。其中的一个是它本身，因为 B_3 的首指令（即指令 3）是 B_3 结尾处的条件跳转指令（即指令 9）的目标。另一个后继是 B_4，因为控制流可能穿越 B_3 结尾处的条件跳转指令而到达 B_4 的首指令。

只有 B_6 指向流图的出口结点，因为到达紧跟在流图对应的程序之后的代码的唯一方式是穿越 B_6 结尾处的条件跳转指令。 □

8.4.4 流图的表示方式

首先，从图 8-9 中可以看出，在流图里面把到达指令的序号或标号的跳转指令替换为到达基本块的跳转，这么做是很正常的。回忆一下，所有条件或无条件跳转指令总是跳转到某些基本块的首指令，而现在这些跳转指令指向了相应的基本块。这么做的原因是，在流图构造完成之后经常会对多个基本块中的指令做出实质性的改变。如果跳转的目标是指令，我们将不得不在每次改变了某个目标指令之后修正跳转指令的目标。

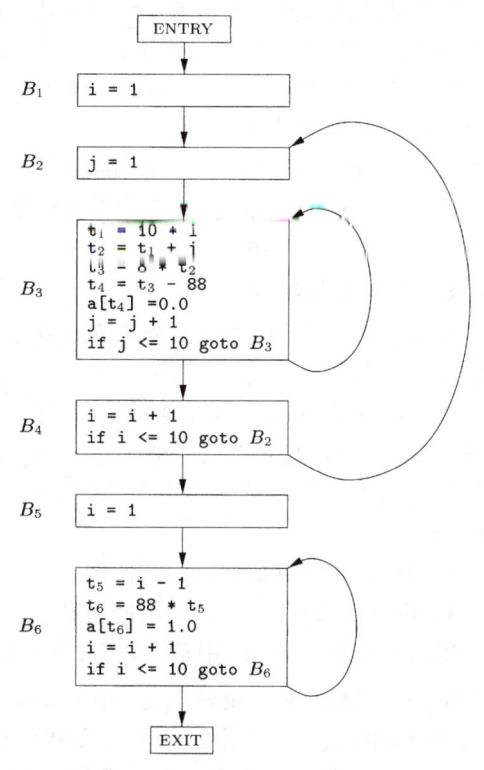

图 8-9　基于图 8-7 构造的流图

流图就是通常的图，它可以用任何适合表示图的数据结构来表示。结点（即基本块）的内容需要有它们自己的表示方式。我们可以用一个指向该基本块在三地址指令数组中的首指令的指针，再加上基本块的指令数量或一个指向结尾指令的指针来表示结点的内容。但是，因为我们可能会频繁改变一个基本块中的指令数量，所以为每个基本块创建一个指令链表是一种高效的表示方法。

8.4.5 循环

像 while 语句、do-while 语句和 for 语句这样的程序设计语言构造自然地把循环引入到程序中。因为事实上每个程序会花很多时间执行循环，所以对于一个编译器来说，为循环生成优良的代码就变得非常重要。很多代码转换依赖于对流图中"循环"的识别。如果下列条件成立，我们就说流图中的一个结点集合 L 是一个循环。

1）在 L 中有一个被称为循环入口（loop entry）的结点，它是唯一的其前驱可能在 L 之外的结点。也就是说，从整个流图的入口结点开始到 L 中的任何结点的路径都必然经过循环入口结点，并且这个循环入口结点不是整个流图的入口结点本身。

2）L 中的每个结点都有一个到达 L 的入口结点的非空路径，并且该路径全部在 L 中。

例 8.9 图 8-9 中的流图有三个循环：

1）B_3 自身
2）B_6 自身

3) $\{B_2, B_3, B_4\}$

其中的前两个循环都由单一结点组成，这些结点都有到其自身的边。比如，B_3 形成一个以 B_3 本身为入口结点的循环。请注意，循环的第二个条件要求有一个从 B_3 到本身的非空路径。因此，像 B_2 这样的单一结点（它没有一条 $B_2 \to B_2$ 的边）不是循环，因为没有从 B_2 到其自身，且在集合 $\{B_2\}$ 中的非空路径。

第三个循环 $L = \{B_2, B_3, B_4\}$ 的循环入口结点是 B_2。请注意，这三个结点中只有 B_2 有一个不在 L 中的前驱 B_1。而且，这三个结点中都有在 L 且到达 B_2 的非空路径。比如，从 B_2 开始就有路径 $B_2 \to B_3 \to B_4 \to B_2$。 □

8.4.6 8.4 节的练习

练习 8.4.1：图 8-10 是一个简单的矩阵乘法程序。

1）假设矩阵的元素是需要 8 个字节的数值，而且矩阵按行存放。把程序翻译成为我们在本节中一直使用的那种三地址语句。

2）为(1)中得到的代码构造流图。

3）找出在(2)中得到的流图的循环。

```
for (i=0; i<n; i++)
    for (j=0; j<n; j++)
        c[i][j] = 0.0;
for (i=0; i<n; i++)
    for (j=0; j<n; j++)
        for (k=0; k<n; k++)
            c[i][j] = c[i][j] + a[i][k]*b[k][j];
```

图 8-10　一个矩阵相乘算法

练习 8.4.2：图 8-11 中是计算从 $2 \sim n$ 之间素数个数的代码。它在一个适当大小的数组 a 上使用筛法来完成计算。也就是说，最后 $a[i]$ 为真仅当没有小于等于 $\sqrt{i}$ 的质数可以整除 i。我们一开始把所有的 $a[i]$ 初始化为 TRUE；如果我们找到了 j 的一个因子，就把 $a[j]$ 设置为 FALSE。

1）把程序翻译成为我们在本节中使用的那种三地址语句序列。这里假设一个整数需要 4 个字节存放。

2）为在(1)中得到的代码构造流图。

3）找出在(2)中得到的流图的循环。

```
for (i=2; i<=n; i++)
    a[i] = TRUE;
count = 0;
s = sqrt(n);
for (i=2; i<=s; i++)
    if (a[i]) /* 已知 i 是一个素数 */ {
        count++;
        for (j=2*i; j<=n; j = j+i)
            a[j] = FALSE; /* i 的倍数都不是素数 */
    }
```

图 8-11　筛法选取素数的代码

8.5 基本块的优化

仅仅通过对各个基本块本身进行局部优化，我们就常常可以实质性地降低代码运行所需的时间。更加彻底的全局优化将从第 9 章开始讨论。全局优化将检查信息是如何在一个程序的多个基本块之间流动的。全局优化是一个很复杂的主题，它将考虑很多不同的技术。

8.5.1 基本块的 DAG 表示

很多重要的局部优化技术首先把一个基本块转换成为一个 DAG（有向无环图）。在 6.11 节中，我们介绍了用于表示简单表达式的 DAG。这个想法被自然地扩展到在一个基本块中创建的表达式的集合。我们按照如下方式为一个基本块构造 DAG：

1）基本块中出现的每个变量有一个对应的 DAG 的结点表示其初始值。

2）基本块中的每个语句 s 都有一个相关的结点 N。N 的子结点是基本块中的其他语句的对应结点。这些语句是在 s 之前、最后一个对 s 所使用的某个运算分量进行定值的语句。⊖

3）结点 N 的标号是 s 中的运算符；同时还有一组变量被关联到 N，表示 s 是在此基本块内最晚对这些变量进行定值的语句。

4）某些结点被指明为输出结点（output node）。这些结点的变量在基本块的出口处活跃。也就是说，这些变量的值可能以后会在流图的另一个基本块中被使用到。计算得到这些"活跃变量"是全局数据流分析的问题，将在 9.2.5 节中讨论。

基本块的 DAG 表示使我们可以对基本块所代表的代码进行一些转换，以改进代码的质量。

1）我们可以消除局部公共子表达式（local common subexpression）。所谓公共子表达式就是重复计算一个已经计算得到的值的指令。

2）我们可以消除死代码（dead code），即计算得到的值不会被使用的指令。

3）我们可以对相互独立的语句进行重新排序，这样的重新排序可以降低一个临时值需要保持在寄存器中的时间。

4）我们可以使用代数规则来重新排列三地址指令的运算分量的顺序。这么做有时可以简化计算过程。

8.5.2 寻找局部公共子表达式

检测公共子表达式的方法是这样的。当一个新的结点 M 将被加入到 DAG 中时，我们检查是否存在一个结点 N，它和 M 具有同样的运算符和子结点，且子结点顺序相同。如果存在这样的结点，N 计算的值和 M 计算的值是一样的，因此可以用 N 替换 M。在 6.1.1 节中，这个技术被称为检测公共子表达式的"值编码"方法。

例 8.10 下面的基本块的 DAG 见图 8-12。

```
a = b + c
b = a - d
c = b + c
d = a - d
```

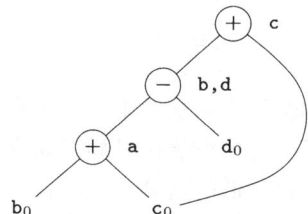

图 8-12 例 8.10 中的基本块的 DAG

当我们为第三个语句 c = b + c 构造结点的时候，我们知道 b + c 中 b 的使用指向图 8-12 中标号为 - 的结点。因为这个结点是 b 的最近的定值。因此，我们不会把语句 1 和语句 3 所计算的值混淆。

然而，对应于第四个语句 d = a - d 的结点的运算符是 -，且它的子结点是标记有变量 a 和 d_0 的结点。因为运算符和子结点都和语句 2 对应的结点相同，我们不需要创建这个结点，而是把 d 加到这个标记为 - 的结点的定值变量表中。□

因为在图 8-12 的 DAG 中只有三个非叶子结点，看起来例 8.10 中的基本块可以替换为一个只有三个语句的基本块。实际上，假如 b 在这个基本块的出口点不活跃，我们不需要计算变量 b，可以使用 d 来存放图 8-12 中标号为 - 的结点所代表的值。这个基本块就变成了：

⊖ 原文如此。如果 s 的某个运算分量在基本块内没有在 s 之前被定值，那么这个运算分量对应的子结点就是代表该运算分量的初始值的结点。——译者注

```
a = b + c
d = a - d
c = d + c
```

但是，如果 b 和 d 都在出口处活跃，我们就必须使用第四个语句把值从一个变量复制到另一个。⊖

例 8.11 当我们寻找公共子表达式的时候，我们实际上是寻找不管如何计算一定能得到相同结果值的表达式。因此，DAG 方法不能看到下面的事实，即下面的语句序列

```
a = b + c
b = b - d
c = c + d
e = b + c
```

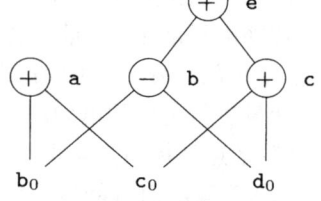

图 8-13 例 8.11 中的基本块的 DAG

中，第一和第四个语句实际上计算的是同一个表达式的值，即 $b_0 + c_0$。也就是说，虽然 b 和 c 在第一个和第四个语句之间改变了，但它们的和仍保持不变，因为 $b + c = (b - d) + (c + d)$。这个序列的 DAG 见图 8-13。它没有显示出任何公共子表达式。但是，如 8.5.4 节中将要讨论的，在 DAG 中应用代数恒等式可以揭示出这样的等值关系。   □

8.5.3 消除死代码

在 DAG 上消除死代码的操作可以按照如下方式实现。我们从一个 DAG 上删除所有没有附加活跃变量的根结点（即没有父结点的结点）。重复应用这样的处理过程就可以从 DAG 中消除所有对应于死代码的结点。

例 8.12 如果图 8-13 中的 a 和 b 是活跃变量，而 c 和 e 不是，我们可以立刻消除标记为 e 的根结点。然后标记为 c 的结点就变成根结点，也可以被删除。标记为 a 和 b 的结点被保留下来，因为它们都附有活跃变量。   □

8.5.4 代数恒等式的使用

代数恒等式表示基本块的另一类重要的优化方法。比如，我们可以使用诸如

$$x + 0 = 0 + x = x \qquad x - 0 = x$$
$$x \times 1 = 1 \times x = x \qquad x/1 = x$$

这样的恒等式来从一个基本块中消除计算步骤。

另一类代数优化是局部强度消减（reduction in strength），就是把一个代价较高的运算替换为一个代价较低的运算。比如：

代价较高的		代价较低的
x^2	=	$x \times x$
$2 \times x$	=	$x + x$
$x/2$	=	$x \times 0.5$

第三种相关的优化是常量合并（constant folding）。使用这种方法时，我们在编译时刻对常量表达式求值，并把此常量表达式替换为求出的值⊖。因此，表达式 $2 * 3.14$ 可以被替换为 6.28。

⊖ 总的来说，在从 DAG 生成代码时我们必须非常小心地处理变量的名字。如果变量 x 被定值两次，或者虽然只赋值一次但初始值 x_0 被使用过，那么必须保证不会在原先存放 x 值的结点被全部使用之前改变 x 的值。

⊖ 在编译时刻对算术表达式求值时，必须使用和运行时刻相同的求值方法。K. Thompson 给出了一个很完美的解决方法：对常量表达式进行编译，在目标机上执行目标代码，然后把表达式替换为执行结果。按照这样的做法，编译器就不需要另带一个解析器了。

在实践中，因为在程序中频繁使用符号常量，所以会出现常量表达式。

DAG 的构造过程可以帮助我们使用这些转换，以及其他的通用代数转换规则，比如交换律和结合律等。比如，假设语言的参考手册确定 * 是可交换的，也就是说，$x*y=y*x$。在创建一个标记为 * 且左右子结点分别是 M 和 N 的新结点时，我们总是检查这样的结点是否已经存在。然而，因为 * 是可交换的，所以我们还应该检查是否存在一个标记为 * 且左右子结点分别是 N 和 M 的结点。

< 和 = 这样的关系运算符有时会产生意料之外的公共子表达式。比如，条件表达式 $x > y$ 也可以通过将参数相减并测试由减法运算设置的条件代码来测试。因此，对 $x-y$ 和 $x>y$，只需要生成一个 DAG 结点⊖。

结合律也可以用于揭示公共子表达式。比如，如果源程序中包含如下的赋值语句：
a = b + c;
e = c + d + b;
则可能生成下面的中间代码：
a = b + c
t = c + d
e = t + b
如果 t 没有在基本块之外使用，通过应用 + 的交换律和结合律，我们可以把这个序列改为：
a = b + c
e = a + d

编译器的设计者应该仔细阅读语言的参考手册，以决定可以重新排列哪些计算。因为计算机算术（因为上溢或下溢等原因）可能不一定遵守数学上的代数恒等式。比如，Fortran 语言标准说，编译器可以通过任意数学上等价的表达式来求值，前提是不能违反原来表达式的括号的一致性⊖。因此，编译器可以用 $x*(y-z)$ 的方式来计算 $x*y - x*z$，但是它不能以 $(a+b) - c$ 的方式计算 $a+(b-c)$。因此，如果一个 Fortran 编译器想按照语言的定义来优化程序，它必须跟踪源语言表达式中哪些地方有括号。

8.5.5 数组引用的表示

初看上去，数组下标指令似乎可以像其他的运算那样处理。比如，考虑下列的三地址指令序列：
x = a[i]
a[j] = y
z = a[i]
如果我们把 a[i] 当作是一个和 $a+i$ 类似的关于 a 和 i 的普通运算，那么 a[i] 的两次使用看起来好像是一个公共子表达式。在这种情况下，我们可能会把第三个指令 z = a[i] 优化为 z = x。然而，因为 j 可能等于 i，中间的语句可能实际上改变了 a[i] 的值。因此，这种优化是不合法的。

在 DAG 中，表示数组访问的正确方法如下。

1) 从一个数组取值并赋给其他变量的运算（比如 x = a[i]）用一个新创建的运算符为 =[ ] 的结点表示。这个结点的左右子结点分别代表数组初始值（本例中是 a_0）和下标 i。变量 x 是这个结点的标号之一。

2) 对数组的赋值（比如 a[j] = y）用一个新创建的运算符为 [ ]= 的结点来表示。这个结点的三个子结点分别表示 a_0、j 和 y。没有变量用这个结点标号。不同之处在于此结点的创建杀

⊖ 然而，减法运算可能引起上溢或下溢，而比较指令不会引起这个问题。

⊖ 即不能跨越括号求值。——译者注

死了所有当前已经建立的,其值依赖于 a_0 的结点。一个被杀死的结点不可能再获得任何标号。也就是说,它不可能成为一个公共子表达式。

例 8.13 基本块

```
x = a[i]
a[j] = y
z = a[i]
```

的 DAG 见图 8-14。对应于 x 的结点 N 首先被创建,但是当标号为 [ ]= 的结点被创建时,N 就被杀死了。因此当 z 的结点被建立时,它不会被认为和 N 等同,而是必须创建一个具有同样的运算分量 a_0 和 i_0 的新结点。 □

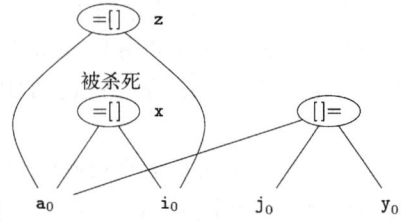

图 8-14 一个数组赋值序列的 DAG

例 8.14 有时即使某个结点的所有子结点都没有像例 8.13 中的 a_0 那样的附加数组变量,它也必须被杀死。类似地,如果一个结点具有数组后代,即使它的子结点都不是数组结点,它也可以杀死别的结点。例如考虑下面的三地址代码

```
b = 12 + a
x = b[i]
b[j] = y
```

这里的情况是,为了效率方面的原因,b 被定值为数组 a 中的一个位置。例如,如果 a 的元素长度是 4 个字节,那么 b 代表了 a 的第四个元素。如果 j 和 i 表示同一个值,那么 b[i] 和 b[j] 代表了同一个位置。因此,很重要的一件事情就是让第三个指令 b[j]=y 杀死带有附加变量 x 的结点。然而,正如我们在图 8-15 中看到的,被杀的结点和杀死被杀结点的结点都把 a_0 作为孙结点,而不是子结点。 □

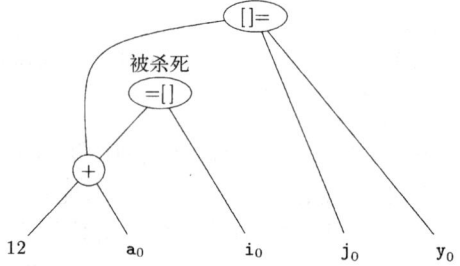

图 8-15 即使没有把一个数组作为子结点,一个结点也可能杀死对该数组的使用

8.5.6 指针赋值和过程调用

当我们像下面的赋值语句

```
x = *p
*q = y
```

那样,通过指针进行间接赋值时,我们并不知道 p 和 q 指向哪里。从效果看,x = *p 是对任意变量的使用,而 *q=y 可能对任意一个变量赋值。其结果是,运算符 =* 必须把当前所有带有附加标识符的结点当作其参数。但是这么做会影响死代码的消除过程。更加重要的是,*= 运算符会把至今为止构造出来的 DAG 中的其他结点全部杀死。

我们可以进行一些全局指针分析,以便把一个指针在代码中某个位置上可能指向的变量限制在一个较小的子集内。即使是局部分析也可以限制一个指针指向的范围。比如,对于下面的序列

```
p = &x
*p = y
```

我们知道是 x(而不是其他变量)被赋予 y 的值。因此,我们只需要杀死以 x 为附加变量的结点,不需要杀死其他结点。

过程调用和通过指针赋值很相似。在缺乏全局数据流信息的情况下,我们必须假设一个过程调用使用和改变了它访问的所有数据。因此,如果变量 x 在一个过程 P 的访问范围之内,对 P 的调用不仅使用了以 x 为附加变量的结点,还杀死了这个结点。

8.5.7 从 DAG 到基本块的重组

对 DAG 的各种优化处理可以在生成 DAG 图时进行，也可以在 DAG 构造完成后通过对 DAG 的运算完成。在完成这些优化处理之后，我们就可以根据优化得到的 DAG 重组生成相应基本块的三地址代码。对每个具有一个或多个附加变量的结点，我们构造一个三地址语句来计算其中某个变量的值。我们倾向于把计算得到的结果赋给一个在基本块出口处活跃的变量。但是，如果我们没有全局活跃变量的信息作为依据，就要假设程序的所有变量都在基本块出口处活跃（但是不包含编译器为了处理表达式而生成的临时变量）。

如果结点有多个附加的活跃变量，我们就必须引入复制语句，以便给每一个变量都赋予正确的值。有时我们可以通过全局优化技术，设法用其中的一两个变量来替代其他变量，从而消除这些复制语句。

例 8.15 回顾一下图 8-12 中的 DAG。在例 8.10 后面的讨论中，我们确定如果 b 在基本块的出口处不活跃，那么下面的三个语句

```
a = b + c
d = a - d
c = d + c
```

就足以重建那个基本块了。第三个指令 c = d + c 必须使用 d 而不是 b 作为运算分量，因为经过优化的基本块不会计算 b 的值。

如果 b 和 d 都在出口处活跃，或者我们不能够确定它们是否在出口处活跃，那么我们还是需要计算 d 和 b 的值。我们可以用下面的序列来完成这个计算：

```
a = b + c
d = a - d
b = d
c = d + c
```

这个基本块仍然比原来的基本块高效。虽然指令数目相同，但我们已经把一个减法替换为一个复制运算。在大多数机器上，复制运算要比减法更加高效。不仅如此，我们还有可能通过全局分析把此基本块外对 b 的使用全部替换为对 d 的使用，从而消除在基本块外对 b 的使用。在这种情况下，我们就可以再次回到这个基本块并消除 b = d。直观地讲，如果在任何使用 b 的这个值的时刻，d 中的值仍然和 b 一样，那么我们就可以消除这个复制运算。这种情况是否成立依赖于程序如何重新计算 d 的值。 □

当从 DAG 重构基本块时，我们不仅要关心用哪些变量来存放 DAG 中的结点的值，还要关心计算不同结点值的指令的顺序。应记住如下规则：

1) 指令的顺序必须遵守 DAG 中的结点的顺序。也就是说，只有在计算出一个结点的各个子结点的值之后，才可以计算这个结点的值。

2) 对数组的赋值必须跟在所有（按照原基本块中的指令顺序）在它之前的对同一数组的赋值或求值运算之后。

3) 对数组元素的求值必须跟在所有（在原基本块中）在它之前的对同一数组的赋值指令之后。对同一数组的两个求值运算可以交换顺序，只要在交换时它们都没有越过某个对同一数组的赋值运算即可。

4) 一个变量的使用必须跟在所有（在原基本块中）在它之前的过程调用和指针间接赋值运算之后。

5) 任何过程调用或者指针间接赋值都必须跟在所有（在原基本块中）在它之前的对任何变量的求值运算之后。

也就是说，当重组代码的时候，没有一个语句可以跨越过程调用或指针间接赋值运算。只有在两个使用同一个数组的指令都是数组访问而不是对数组元素赋值时，它们才可以交换顺序。

8.5.8　8.5 节的练习

练习 8.5.1：为下面的基本块构造 DAG。
```
d = b * c
e = a + b
b = b * c
a = e - d
```

练习 8.5.2：分别按照下列两种假设简化练习 8.5.1 的三地址代码。

1）只有 a 在基本块的出口处活跃。

2）a、b、c 在基本块的出口处活跃。

练习 8.5.3：为图 8-9 中的块 B_6 的代码构造 DAG。请不要忘记包含比较指令 $i \leqslant 10$。

练习 8.5.4：为图 8-9 中的块 B_3 的代码构造 DAG。

练习 8.5.5：扩展算法 8.7，使之可以处理如下的三地址语句(原文为 three-statements——译者注)

1）a[i] = b
2）a = b[i]
3）a = *b
4）*a = b

练习 8.5.6：分别按照下面的两个假设，为基本块
```
a[i] = b
*p = c
d = a[j]
e = *p
*p = a[i]
```
构造 DAG 图。假设如下：

1）p 可以指向任何地方。

2）p 只能指向 b 或 d。

！练习 8.5.7：如果一个指针或数组表达式(比如 a[i] 或者 *p)被赋值之后又被使用，且赋值和使用之间没有做任何修改，我们就可以利用这种情况来简化 DAG。比如，在练习 8.5.6 的代码中，因为 p 可能指向的所有位置在第二个和第四个语句之间没有被赋值，所以不管 p 指向哪里，语句 e = *p 都可以被替换为 e = c。请修正 DAG 构造算法以利用这种情况带来的好处，并把你的算法应用到练习 8.5.6 的代码中。

练习 8.5.8：假设一个基本块由下面的 C 语言赋值语句生成：
```
x = a + b + c + d + e + f;
y = a + c + e;
```

1）给出这个基本块的三地址语句(每个语句只做一次加法)。

2）假设 x 和 y 都在基本块的出口处活跃，利用加法的结合律和交换律来修改这个基本块，使得指令个数最少。

8.6　一个简单的代码生成器

在本节中，我们将考虑一个为单个基本块生成代码的算法。它依次考虑各个三地址指令，并跟踪记录哪个值存放在哪个寄存器中。这样可以避免生成不必要的加载和保存指令。

在代码生成中的主要问题之一是决定如何最大限度地利用寄存器。寄存器有如下四种主要使用方法：

- 在大部分机器的体系结构中，执行一个运算时该运算的部分或全部运算分量必须存放在寄存器中。

- 寄存器很适合做临时变量,即在计算一个大表达式时存放其子表达式的值。或者更一般地讲,寄存器适合用于存放只在单个基本块内使用的变量的值。
- 寄存器用来存放在一个基本块中计算而在另一个基本块中使用的(全局)值。比如,循环下标的值,每次循环都对该值作增量运算,并在循环体中多次被使用。
- 寄存器经常用来帮助进行运行时刻的存储管理。比如,管理运行时刻栈包括栈指针的维护,栈顶元素也可能被存放在寄存器中。

因为可用寄存器的数量是有限的,这些需求之间有相互竞争的关系。

本节的算法假设有一组寄存器可以用来存放在基本块内使用的值。通常情况下,这个寄存器集合不包括机器的所有寄存器,因为有些寄存器专门用于存放全局变量或者用于对栈进行管理。我们假设基本块已经通过诸如公共子表达式合并这样的转换而变成了我们希望的三地址指令序列。我们进一步假设对每个运算符有且只有一个对应的机器指令。这个指令对存放在寄存器中的所需的运算分量进行运算,并把结果存放在一个寄存器中。机器指令的形式如下:

- LD *reg*, *mem*
- ST *mem*, *reg*
- OP *reg*, *reg*, *reg*

8.6.1 寄存器和地址描述符

我们的代码生成算法依次考虑了各个三地址指令,并决定需要哪些加载指令来把必需的运算分量加载进寄存器。在生成加载指令之后,它开始生成运算代码。然后,如果有必要把结果存放入一个内存位置,它还会生成相应的保存指令。

为了做出这些必要的决定,我们需要一个数据结构来说明哪些程序变量的值当前被存放在哪个或哪些寄存器里面。我们还需要知道当前存放在一个给定变量的内存位置上的值是否就是这个变量的正确值。因为变量的新值可能已经在寄存器中计算出来但还没有存放到内存中。这个数据结构具有下列描述符:

1)每个可用的寄存器都有一个寄存器描述符(register descriptor)。它用来跟踪有哪些变量的当前值存放在此寄存器内。因为我们仅仅考虑那些用于存放一个基本块内的局部值的寄存器,我们可以假设在开始时所有的寄存器描述符都是空的。随着代码生成过程的进行,每个寄存器将存放零个或多个变量名字的值。

2)每一个程序变量都有一个地址描述符(address descriptor)。它用来跟踪记录在哪个或哪些位置上可以找到该变量的当前值。这个位置可以是一个寄存器、一个内存地址、一个栈中的位置,也可以是由这些位置组成的一个集合。这个信息可以存放在这个变量名字对应的符号表条目中。

8.6.2 代码生成算法

这个算法的一个重要部分是函数 *getReg*(*I*)。这个函数为每个与三地址指令 *I* 有关的内存位置选择寄存器。函数 *getReg* 可以访问这个基本块的所有变量对应的寄存器和地址描述符。这个函数还可能需要获取一些有用的数据流信息,比如哪些变量在基本块出口处活跃。我们将首先给出基本算法,然后再讨论 *getReg* 函数。我们不知道总共有多少个寄存器可用于存放基本块的局部数据,因此假设有足够的寄存器使得在把值存放回内存,释放了所有的可用寄存器之后,空闲的寄存器足以完成任何三地址运算。

在一个形如 x = y + z 的三地址指令中,我们将把 + 当作一般的运算符,而 ADD 当作等价的机器指令。因此,我们没有利用 + 的交换性。这样,当我们实现这个运算时,y 的值必须在 ADD 指令中给出的第二个寄存器中,而绝不会是第三个寄存器。可以按照下面的方法来改进算法:只

要 + 是一个满足交换律的运算符，算法同时为 x = y + z 和 x = z + y 生成代码；随后再选择一个比较好的代码序列。

运算的机器指令

对每个形如 $x = y + z$ 的三地址指令，完成下列步骤：

1) 使用 $getReg(x = y + z)$ 来为 x、y、z 选择寄存器。我们把这些寄存器称为 R_x、R_y 和 R_z。
2) 如果（根据 R_y 的寄存器描述符）y 不在 R_y 中，那么生成一个指令 "LD R_y, y'"，其中 y' 是存放 y 的内存位置之一（y' 可以根据 y 的地址描述符得到）。
3) 类似地，如果 z 不在 R_z 内，生成一个指令 "LD R_z, z'"，其中 z' 是存放 z 的位置之一。
4) 生成指令 "ADD R_x, R_y, R_z"。

复制语句的机器指令

形如 $x = y$ 的三地址指令是一个重要的特例。我们假设 $getReg$ 总是为 x 和 y 选择同一个寄存器。如果 y 没有在寄存器 R_y 中，那么生成机器指令 LD R_y, y。如果 y 已经在 R_y 中，我们不需要做任何事情。我们只需要修改 R_y 的寄存器描述符，表明 R_y 中也存放了 x 的值。

基本块的收尾处理

我们描述算法时表明，在代码结束的时候，基本块中使用的变量可能仅存放在某个寄存器中。如果这个变量是一个只在基本块内部使用的临时变量，那就没有问题；当基本块结束时，我们可以忘记这些临时变量的值并假设这些寄存器是空的。但如果一个变量在基本块的出口处活跃，或者我们不知道哪些变量在出口处活跃，那么就必须假设这个变量的值会在以后被用到。在那种情况下，对于每个变量 x，如果它的地址描述符表明它的值没有存放在 x 的内存位置上，我们必须生成指令 ST x, R，其中 R 是在基本块的结尾处存放 x 值的寄存器。

管理寄存器和地址描述符

当代码生成算法生成加载、保存和其他机器指令时，它必须同时更新寄存器和地址描述符。修改的规则如下：

1) 对于指令 "LD R, x"：
① 修改寄存器 R 的寄存器描述符，使之只包含 x。
② 修改 x 的地址描述符，把寄存器 R 作为新增位置加入到 x 的位置集合中。
③ 从任何不同于 x 的变量的地址描述符中删除 R。（原文缺一条——译者注）。
2) 对于指令 ST x, R，修改 x 的地址描述符，使之包含自己的内存位置。
3) 对于实现三地址指令 $x = y + z$ 的 "ADD R_x, R_y, R_z" 这样的运算而言：
① 改变 R_x 的寄存器描述符，使之只包含 x。
② 改变 x 的地址描述符使得它只包含位置 R_x。注意，现在 x 的地址描述符中不包含 x 的内存位置。
③ 从任何不同于 x 的变量的地址描述符中删除 R_x。
4) 当我们处理复制语句 $x = y$ 时，如果有必要生成把 y 加载入 R_y 的加载指令，那么在生成加载指令并（按照规则1）像处理所有的加载指令那样处理完各个描述符之后，再进行下面的处理：
① 把 x 加入到 R_y 的寄存器描述符中。
② 修改 x 的地址描述符，使得它只包含唯一的位置 R_y。

例 8.16 让我们把由下列三地址语句组成的基本块翻译成代码。

```
t = a - b
u = a - c
v = t + u
a = d
d = v + u
```

这里，我们假设 t、u、v 都是基本块的局部临时变量，而变量 a、b、c、d 在基本块出口处活跃。因为我们还没有讨论函数 *getReg* 是如何工作的，所以将简单地假设当需要时总有足够的寄存器可用。但是当一个寄存器中存放的值不再有用时（比如，它只存放了一个临时变量的值，且对这个临时变量的所有使用都已经处理完了），我们就复用这个寄存器。

图 8-16 显示了算法生成的所有机器代码指令。该图还显示了在翻译每个三地址指令之前和之后的寄存器和地址描述符的情况。

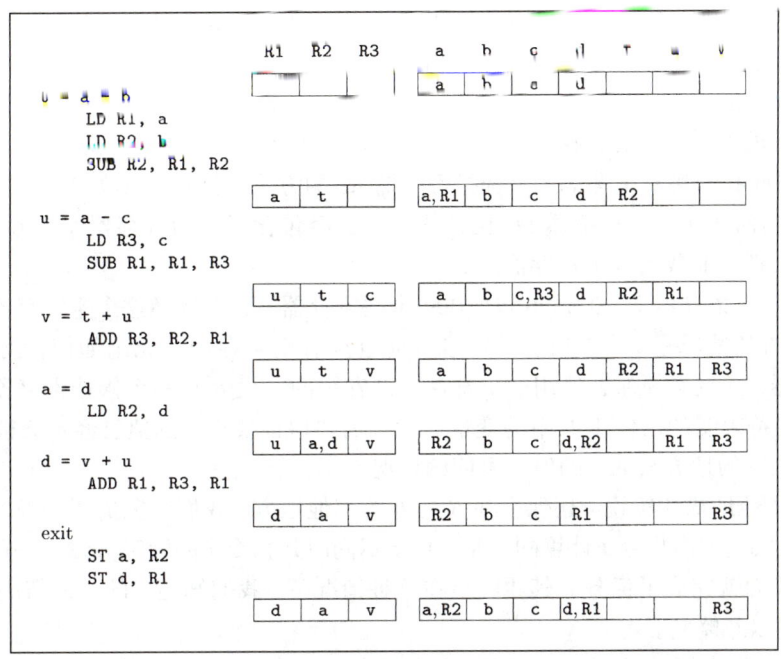

图 8-16 生成的指令以及寄存器和地址描述符的改变过程

因为最初寄存器中不保存任何值，我们需要为第一个三地址指令 t = a − b 生成三个指令。因此，我们看到 a 和 b 被加载到寄存器 R1 和 R2 中，而 t 的值生成后存放于寄存器 R2 中。注意，我们可以使用 R2 来存放 t 是因为原先存放于 R2 中的 b 的值在该基本块内不再被使用。因为预设了 b 在基本块的出口处活跃，假如（b 的地址描述符表明）b 不在它自己的内存位置上，那么我们将不得不先把 R2 中的值保存到 b。假如我们需要 R2，那么生成指令 ST b R2 的决定将由 *getReg* 做出。

第二个指令 u = a − c 不需要加载 a 的指令，因为 a 已经存放在寄存器 R1 中。原来存放在寄存器 R1 中的 a 的值在该基本块中不再被用到，而且如果在基本块之外需要使用 a 的值，可以从 a 的内存位置上获取（因为 a 的值也在它自己的内存位置上）。因此，我们还可以复用 R1 来存放结果 u。请注意，我们改变了 a 的地址描述符，以表明它已经不在 R1 中，但是还在称为 a 的内存位置中。

第三个指令 v = t + u 只需要一个加法指令。而且，我们可以用 R3 来存放结果 v，因为原先存放在该寄存器中的 c 的值在该基本块内不再使用，且 c 在自己的内存位置上也存放了这个值。

复制指令 a = d 需要一个指令来加载 d，因为 d 不在寄存器中。图中显示寄存器 R2 的描述符包含了 a 和 b。把 a 加入到寄存器描述符是我们处理这个复制语句的结果，而不是任何机器指令的结果。

第五个指令 d = v + u 使用两个存放在寄存器中的值。因为 u 是一个临时变量且它的值不再被使用，所以我们选择复用它的寄存器 R1 来存放 d 的新值。请注意，d 现在只存放在 R1 中，不在它自己的内存位置上。对于 a 也是同样的情况，a 的值只存放在 R2 中，而不在被称为 a 的内存位置上。因为这个原因，我们需要为基本块的机器代码增加一个"尾声"：它把在出口处活跃的变量 a 和 d 的值保存回它们的内存位置。这就是图中的最后两个指令的工作。 □

8.6.3 函数 getReg 的设计

最后，让我们考虑如何针对一个三地址指令 I 实现函数 $getReg(I)$。实现这个函数可以选择很多种方法，当然也存在一些绝对不可以选择的方法。这些错误方法会因丢失一个或多个活跃变量的值而导致生成错误代码。我们用处理一个运算指令的步骤来开始我们的讨论，还是用 x = y + z 作为一般性的例子。首先，我们必须为 y 和 z 分别选择一个寄存器。这两次选择所面临的问题是相同的，因此我们将集中考虑为 y 选择寄存器 R_y 的方法。选择规则如下：

1) 如果 y 当前就在一个寄存器中，则选择一个已经包含了 y 的寄存器作为 R_y。不需要生成一个机器指令来把 y 加载到这个寄存器。

2) 如果 y 不在寄存器中，但是当前存在一个空寄存器，那么选择这个空寄存器作为 R_y。

3) 比较困难的情况是 y 不在寄存器中且当前也没有空寄存器。无论如何，我们需要选择一个可行的寄存器，并且必须保证复用这个寄存器是安全的。设 R 是一个候选寄存器，且假设 v 是 R 的寄存器描述符表明的已位于 R 中的变量。我们需要保证要么 v 的值已经不会被再次使用，要么我们还可以到别的地方获取 v 的值。可能的情况包括：

① 如果 v 的地址描述符说 v 还保存在 R 之外的其他地方，我们就完成了任务。

② 如果 v 是 x，即由指令 I 计算的变量，且 x 不同时是指令 I 的运算分量之一（比如这个例子中的 z），那么我们就完成了任务。其原因是在这种情况下，我们知道 x 的当前值决不会再次被使用，因此我们可以忽略它。

③ 否则，如果 v 不会在此之后被使用（即在指令 I 之后不会再次使用 v，且如果 v 在基本块的出口处活跃，那么 v 的值必然在基本块中被重新计算），那么我们就完成了任务。

④ 如果前面的三个条件都不满足，我们就需要生成保存指令 ST v, R 来把 v 的值复制到它自己的内存位置上去。这个操作称为溢出操作（spill）。

因为在那个时刻 R 可能存放了多个变量的值，所以我们需要对每个这样的变量 v 重复上述步骤。最后，R 的"得分"是我们需要生成的保存指令的个数。选择一个具有最低得分的寄存器（或之一）。

现在考虑寄存器 R_x 的选择。其中的难点和可选项几乎和选择 R_y 时的一样，因此我们只给出其中的区别。

1) 因为 x 的一个新值正在被计算，因此只存放了 x 的值的寄存器对 R_x 来说总是可接受。即使 x 就是 y 或 z 之一，这个语句仍然成立，因为我们的机器指令允许一个指令中的两个寄存器相同。

2) 如果（像上面对变量 v 的描述那样）y 在指令 I 之后不再使用，且（在必要时加载 y 之后）R_y 仅仅保存了 y 的值，那么 R_y 同时也可以用作 R_x。对 z 和 R_z 也有类似选择。

需要特别考虑的最后一个问题是当 I 是复制指令 x = y 时的情况。我们用上面描述的方法选择 R_y，然后后是让 $R_x = R_y$。

8.6.4 8.6 节的练习

练习 8.6.1：为下面的每个 C 语言赋值语句生成三地址代码

1) x = a + b*c;
2) x = a/(b+c) - d*(e+f);
3) x = a[i] + 1;
4) a[i] = b[c[i]];
5) a[i][j] = b[i][k] + c[k][j];
6) *p++ = *q++;

假设其中的所有数组元素都是整数,每个元素占四个字节。在4和5部分,假设a、b、c是常数。和在本章之前有关数组访问的例子中一样,它们给出了同名数组的第0个元素的位置。

! **练习8.6.2**:假设数组a、b、c分别通过指针pa、pb和pc定位。这些指针指向各自数组的首元素(第0个元素)。重复练习8.6.1的4和5部分。

练习8.6.3:把在练习8.6.1中得到的三地址代码转换为本节给出的机器模型的机器代码。假设你有任意多个寄存器可用。

练习8.6.4:假设有三个可用的寄存器,使用本节中的简单代码生成算法,把在练习8.6.1中得到的三地址代码转换为机器代码。请给出每一个步骤之后的寄存器和地址描述符。

练习8.6.5:重复练习8.6.4,但是假设只有两个可用的寄存器。

8.7 窥孔优化

虽然大部分编译器产品通过仔细的指令选择和寄存器分配来生成优质代码,但还有一些编译器使用另一种策略:它们先生成原始的代码,然后对目标代码进行"优化"转换,提高目标代码的质量。这里使用术语"优化"具有一定的误导性,因为不能保证得到的代码在任何数学度量之下都是最优的。不管怎么说,很多简单的转换可以有效地改善目标程序的运行时间和空间需求。

一个简单却有效的、用于局部改进目标代码的技术是窥孔优化(peephole optimization)。它在优化的时候检查目标指令的一个滑动窗口(即窥孔),并且只要有可能就在窥孔内用更快或更短的指令来替换窗口中的指令序列。也可以在中间代码生成之后直接应用窥孔优化来提高中间表示形式的质量。

窥孔是程序上的一个小的滑动窗口。窥孔优化技术并不要求在窥孔中的代码一定是连续的,尽管有些实现要求代码连续。窥孔优化的特点是每一次改进又可能产生出新的优化机会。一般来说,为了获得最大的好处就需要多次扫描目标代码。在本节中,我们将给出下列具有窥孔优化特点的程序变换的例子。

- 冗余指令消除
- 控制流优化
- 代数化简
- 机器特有指令的使用

8.7.1 消除冗余的加载和保存指令

如果我们在目标程序中看到指令序列

```
LD R0, a
ST a, R0
```

我们就可以删除其中的保存指令,因为不管这个保存指令何时执行,第一个指令将保证a的值已经被加载到寄存器R0中。请注意,假如保存指令有一个标号,我们就不能保证第一个指令总是在第二个指令之前执行,因此不能删除这个保存指令。换句话说,为了保证这样的转换是安全的,这两个指令必须在同一个基本块内。

这种类型的冗余加载/保存指令不会由前一节中的简单代码生成算法生成。但是,一个类似于 8.1.3 节中的原始的代码生成器可能生成类似的冗余代码序列。

8.7.2 消除不可达代码

另一个窥孔优化的机会是消除不可达的指令。一个紧跟在无条件跳转之后的不带标号的指令可以被删除。通过重复这个运算，就可以删除一个指令序列。比如，为了调试的目的，一个大型程序中可能含有一些只有当变量 debug 等于 1 时才运行的代码片断。在中间表示形式中，这个代码看起来可能就像

```
    if debug == 1 goto L1
    goto L2
L1: print debugging information
L2:
```

一个显而易见的窥孔优化方法是消除级联跳转指令。因此，不管 debug 的值是什么，上面的代码序列可以被替换为：

```
    if debug != 1 goto L2
    print debugging information
L2:
```

如果 debug 在程序开始的时候被设置为 0，常量传播优化将把这个序列转换为

```
    if 0 != 1 goto L2
    print debugging information
L2:
```

现在，第一个语句的条件值总是 true，因此这个语句可以被替换为 goto L2。替换之后，打印调试信息的所有语句都变成了不可达语句，因此可以被逐一消除。

8.7.3 控制流优化

简单的中间代码生成算法经常生成目标为无条件跳转指令的无条件跳转指令，到达条件跳转指令的无条件跳转指令，或者到达无条件跳转指令的条件跳转指令。这些不必要的跳转指令可以通过下面几种窥孔优化技术从中间代码或者目标代码中消除。我们可以把序列

```
    goto L1
    ...
L1: goto L2
```

替换为

```
    goto L2
    ...
L1: goto L2
```

如果没有跳转到 L1 的指令，并且语句 L1: goto L2 之前是一个无条件跳转指令，所以可以消除这个语句。

类似地，序列

```
    if a < b goto L1
    ...
L1: goto L2
```

可以被替换为序列

```
    if a < b goto L2
    ...
L1: goto L2
```

最后，假设只有一个到达 L1 的跳转指令，且 L1 之前是一个无条件跳转指令，那么序列

```
    goto L1
    ...
L1: if a < b goto L2
L3:
```

可以被替换为序列

```
        if a < b goto L2
        goto L3
        ...
L3:
```
虽然两个序列中的指令个数相同,但是在第二个序列中我们有时可以跳过无条件跳转指令,而在第一个序列中却不可能。因此,第二个序列的运行时间要优于第一个序列的运行时间。

8.7.4 代数化简和强度消减

在 8.5 节,我们讨论了可以用于简化 DAG 的代数恒等式。这些代数恒等式也可以被窥孔优化器用于消除窥孔中类似于

```
        x = x + 0
```

或者

```
        x = x * 1
```

的三地址语句。

类似地,强度消减转换也可以应用到窥孔中,把代价比较高的运算替换为目标机器上代价较低的等价运算。有些机器指令和另一些指令相比其代价低很多,它们经常被当作相应的高代价运算的特殊情况来使用。比如,用 $x*x$ 实现 x^2 的代价总是比通过调用求幂函数实现 x^2 的代价要低。对于乘数(除数)为 2 的幂的定点数乘法(除法),用移位运算实现的代价要低一些。除数为常数的浮点除法可以通过乘数为该常量倒数的乘法来求近似值。后一种做法的代价要小一点。

8.7.5 使用机器特有的指令

目标机可能会有一些能够高效实现某些特定运算的硬件指令。检测允许使用这些指令的情况可以显著地降低运行时间。比如,有些机器具有自动增量和自动减量的寻址模式。这些指令在使用一个运算分量的值之前或之后,将运算分量的值自动加一或减一。在参数传递时的压栈或出栈运算中使用这个模式可以大大提高代码的质量。这个模式也可以在类似于 x = x + 1 的语句的代码中使用。

8.7.6 8.7 节的练习

练习 8.7.1:构造一个算法,它可以在目标机器代码上的滑动窥孔中进行冗余指令消除。

练习 8.7.2:构造一个算法,它可以在目标机器代码上的滑动窥孔中进行控制流优化。

练习 8.7.3:构造一个算法,它可以在目标机器代码上的滑动窥孔中进行简单的代数简化和强度消减。

8.8 寄存器分配和指派

只涉及寄存器运算分量的指令要比那些涉及内存运算分量的指令运行得快。在现代的机器上,处理器速度要比内存速度快一个数量级以上。因此,寄存器的有效利用对生成优质代码是非常重要的。本节将给出不同的策略,用于确定在程序的每个点上,哪些值应该存放在寄存器中(寄存器分配)以及各个值应该存放在哪个寄存器中(寄存器指派)。

寄存器分配和指派的方法之一是把目标程序中的特定值分配给特定的寄存器。比如,我们可以确定把基地址指派给一组寄存器,算术计算则使用另一组寄存器,栈顶指针指派给一个固定的寄存器,等等。

这个方法的优点是使代码生成器的设计变得简单。但因为它的应用有太多限制,所以寄存器的使用效率较低:有些被占用的寄存器在相当数量的代码运行中没有被使用到,同时却不得不生成很多不必要的其他寄存器的加载和保存运算指令。虽然如此,在大多数计算环境中还是要

保留一些寄存器。这些被保留的寄存器可以被用作基址寄存器、栈顶指针寄存器或其他类似的用途。其他寄存器则由代码生成器在它认为适当的时候使用。

8.8.1 全局寄存器分配

8.6 节中的代码生成算法在单个基本块的运行期间使用寄存器来存放值。但是,在每个基本块的结尾处,所有活跃变量的值都被保存到内存中。为了省略一部分这样的保存及相应的加载指令,我们可以把一些寄存器指派给频繁使用的变量,并且使得这些寄存器在不同基本块中的(即全局的)指派保持一致。因为程序的大部分时间花在它的内部循环上,所以一个自然的全局寄存器指派方法是试图在整个循环中把频繁使用的值存放在固定的寄存器中。从现在开始,假设我们知道一个流图的循环结构,并且我们知道在一个基本块中计算的哪些值会在该基本块外使用。下一章将介绍用于计算这些信息的技术。

全局寄存器分配的策略之一是分配固定多个寄存器来存放每个内部循环中最活跃的值。在不同循环中所选择的值也有所不同。没有被分配的寄存器可以如 8.6 节中说的那样用于存放一个基本块的局部值。这个方法的缺点是固定的寄存器个数并不总是恰好等于用于全局寄存器分配的最佳数量。但是这个方法实现起来很简单,它曾经被用在 Fortran H 中。这是 IBM 在 20 世纪 60 年代后期为 360 系列计算机开发的 Fortran 优化编译器。

在早期的 C 编译器中,程序员可以明确地参与某些寄存器分配过程。他们使用寄存器声明来使得某些值在一个过程运行期间都保存在寄存器中。明智地使用寄存器声明确实可以提高很多程序的运行速度,但是应该鼓励程序员在分配寄存器之前先获取程序的运行时刻特征并确定程序运行的热点代码。

8.8.2 使用计数

通过在循环 L 运行时把一个变量 x 保存在寄存器里面,我们可以节省从内存中加载 x 的开销。在本节我们假设,如果把 x 分配在寄存器中,对 x 的每一次引用可以节省一个单位的(用于加载的)成本。然而,如果 x 在一个基本块中被计算之后又在同一个基本块中被使用,那么当使用 8.6 节中的算法来生成基本块代码时,x 有很大的机会被仍然保存在寄存器中。(因此对 x 的使用很可能本来就不需要从内存中加载。——译者注)因此,只有当 x 在循环 L 的某个基本块内被使用,且在同一基本块中 x 没有被先行赋值时,我们才认为这次使用节约了一个单位的开销。如果我们能够避免在某个基本块的结尾把 x 保存回内存,我们也可以省略 2 个单位的开销:保存指令和之后的加载指令。因此,如果 x 被分配在某个寄存器中,对于每一个向 x 赋值且 x 在其出口处活跃的基本块,我们节省了两个单位的开销。

在支出方面,如果 x 在循环头部的入口处活跃,我们必须在进入循环 L 之前把 x 加载到它的寄存器中。这个加载的成本是两个成本单元。类似地,对于循环 L 的每个出口基本块 B,如果 x 在 B 的某个 L 之外的后继的入口处活跃,我们必须以 2 个单位的代价把 x 保存起来。然而,假设循环将迭代多次,我们可以忽略这些支出。因为每次进入循环时,这些指令只会运行一次。因此,在循环 L 中把一个寄存器分配给 x 所得到的好处的一个估算公式是

$$\sum_{L\text{中的全部基本块}B} use(x,B) + 2 * live(x,B) \tag{8.1}$$

其中,$use(x, B)$ 是 x 在 B 中被定值之前被使用的次数。如果 x 在 B 的出口处活跃并在 B 中被赋予一个值,则 $live(x, B)$ 的取值为 1,否则 $live(x, B)$ 为 0。请注意,式 8.1 只是一个估算公式。这是因为一个循环中的各基本块的运行频率实际是不同的,也因为式(8.1)是基于循环被多次迭代的假设之上的。因此在特定的机器上,有可能需要设计一个与式(8.1)类似,但具有一定差异的公式。

例 8.17 考虑图 8-17 中所示的内部循环中的基本块。图中的跳转指令和条件跳转指令都被省略了。假设寄存器 R0、R1 和 R2 用于存放整个循环范围内的值。为方便起见，在图 8-17 中，各个基本块的入口处/出口处的活跃变量分别显示在基本块的上方和下方。我们将在下一章中讨论关于活跃变量的复杂问题。比如，请注意 e 和 f 都在 B_1 的结尾处活跃，但是只有 e 在 D_2 的入口处活跃，只有 f 在 B_3 的入口处活跃。一般来说，在一个基本块的结尾处活跃的变量集合是那些在该基本块的后继基本块的入口处活跃的变量的并集。

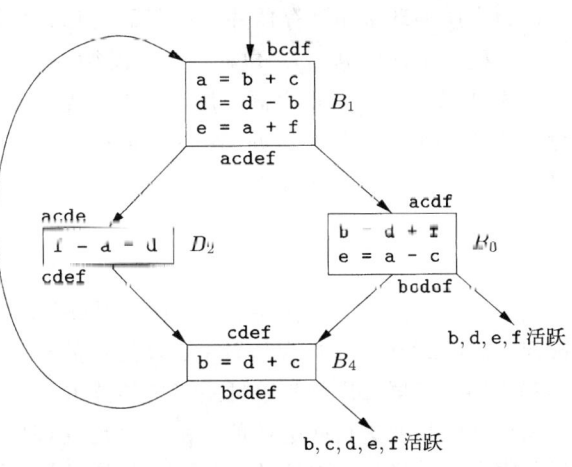

图 8-17 一个内层循环的流图

为了计算当 $x=a$ 时式 (8.1) 的值，我们观察到 a 在 B_1 的出口处活跃且在 B_1 中被赋值，但是它不在 B_2、B_3、B_4 的出口处活跃。因此，$\sum_{B\text{在循环}L\text{中}} use(a,B) = 2$。当 $x=a$ 时，式 (8.1) 的值是 4。也就是说，如果选择某个全局寄存器来存放 a 的值，可以节约的 4 个成本单位。对 b、c、d、e 和 f，式 (8.1) 的值分别是 5、3、6、4 和 4。因此，我们可以为 R0、R1、R2 分别选择 a、b、d。把 R0 用于存放 e 或 f 是另一种选择，显然这样做具有同样的收益。假设 8.6 节中介绍的策略用于生成各个基本块的代码，图 8-18 显示了根据图 8-17 生成的汇编代码。在图 8-17 中，我们没有为略去的各个基本块结尾处的条件或无条件跳转指令生成代码，因此我们没有像通常那样把代码显示成为一个序列。 □

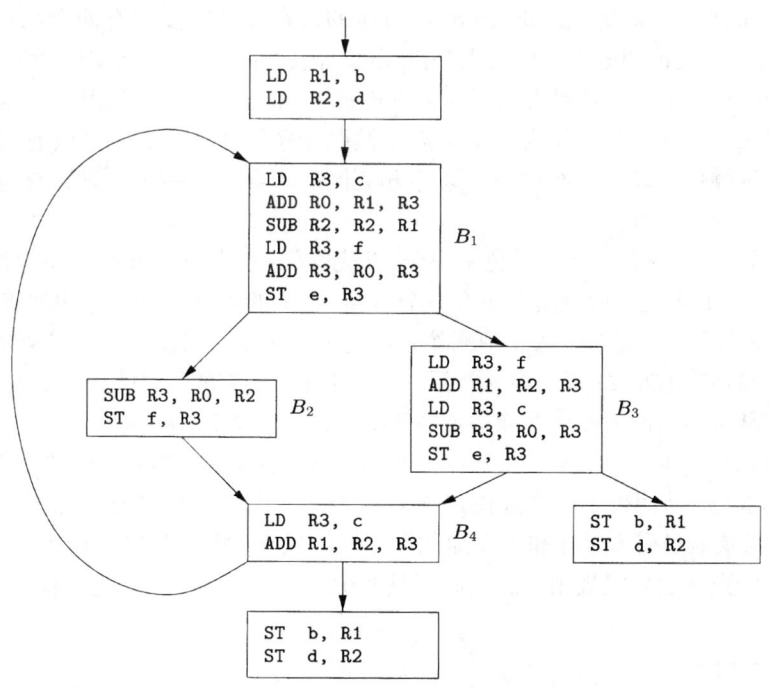

图 8-18 使用全局寄存器指派的代码序列

8.8.3 外层循环的寄存器指派

在为内层循环指派寄存器并生成代码之后，我们可以把同样的想法应用到更大的外围循环上去。如果一个外层循环 L_1 包含一个内层循环 L_2，在 L_2 中分配的寄存器的名字不一定要在 $L_1 - L_2$ 部分也分配到一个寄存器。然而，如果我们决定在 L_2 中（而不是在 L_1 中）为 x 分配一个寄存器，我们必须在 L_2 的入口处加载 x，而在 L_2 的出口处保存 x。我们把在外层循环 L 中选择为哪些名字分配寄存器的标准留作练习，在选择时假设已经为所有嵌套在 L 内部的循环完成了名字选择。

8.8.4 通过图着色方法进行寄存器分配

当计算中需要一个寄存器，但所有可用寄存器都在使用时，某个正被使用的寄存器的内容必须被保存（溢出）到一个内存位置上，以便释放出一个寄存器。图着色方法是一个可用于分配寄存器和管理寄存器溢出的简单且系统化的技术。

这个方法需要进行两趟处理。在第一趟处理中选择目标机器指令，处理时假设有无穷多个符号化寄存器。经过这次处理，中间代码中使用的名字变成了寄存器的名字，而三地址指令变成了机器指令。如果对变量的访问要求一些指令使用栈指针、显示表指针、基址寄存器或其他的量来辅助访问，我们就假设这些量存放在那些为相应目的而保留的寄存器中。通常情况下，它们的使用可以直接翻译成为机器指令中的一个地址所使用的某种访问模式。如果访问方式更加复杂，这个访问就必须被分解成为多个机器指令，并且需要创建一个或多个临时的符号化寄存器。

在选择好了指令之后，第二趟处理把物理寄存器指派给符号化寄存器。这一次处理的目标是寻找到一个溢出代价最小的指派方法。

在第二趟处理中，对每个过程都构造了一个寄存器冲突图（register-interference graph）。图中的结点是符号化寄存器。对于任意两个结点，如果一个结点在另一个被定值的地方是活跃的，那么这两个结点之间就有一条边。比如，图 8-17 对应的寄存器冲突图中有两个结点 a 和 b。在基本块 B_1 中，a 在对 b 定值的第二个语句上是活跃的，因此在图中结点 a 和 b 之间有一条边。

然后就可以尝试用 k 种颜色对寄存器冲突图进行着色，其中 k 是可指派的寄存器的个数。一个图被称为已着色（colored）当且仅当每个结点都被赋予了一个颜色，并且没有两个相邻的结点的颜色相同。一种颜色代表一个寄存器。着色方案保证不会把同一个物理寄存器指派给两个可能相互冲突的符号化寄存器。

一般来说，确定一个图是否 k-可着色是一个 NP 完全问题，但在实践中我们常常可以使用下面的启发式技术进行快速着色。假设图 G 中有一个结点 n，其邻居（即通过一条边连接到 n 的结点）个数少于 k 个。把 n 及和 n 相连的边从 G 中删除后得到一个图 G'。对图 G' 的一个 k-着色方案可以扩展成为一个对 G 的 k-着色方案：只要给 n 指派一个尚未指派给它的邻居的颜色就可以了。

通过不断地从寄存器冲突图中删除边数少于 k 的结点，要么最终我们得到一个空图，要么得到的图中每个结点都至少有 k 个相邻的结点。在第一种情况下，我们可以依照结点被删除的相反顺序对结点进行着色，从而得到一个原图的 k-着色方案。在第二种情况下已经不存在 k-着色方案了⊖。此时就需要通过引入保存和重新加载寄存器的代码，将某个结点溢出。Chaitin 设计了多个用来选择溢出结点的启发式规则。总的原则是避免在内部循环中引入溢出代码。

⊖ 实际并非如此，例如由 4 个结点组成的圈中，每个结点都有两条边，但是却存在 2-着色方案：奇数点为白色，而偶数点为黑色。作者的意思可能是指难以在适当的时间内找出 k-着色方案。——译者注

8.8.5 8.8节的练习

练习 8.8.1：为图 8-17 中的程序构造寄存器冲突图。

练习 8.8.2：假设我们在每个过程调用前在栈中自动保存所有的寄存器，并在该过程返回后重新从栈中恢复它们，请设计一个寄存器分配策略。

8.9 通过树重写来选择指令

指令选择可能是一个大型的排列组合任务。对于像 CISC 这样的具有丰富寻址模式的机器，或者具有某些特殊目的指令(比如信号处理指令)的机器尤其如此。即使我们假设求值的顺序已经给定，并且假设寄存器通过另一个独立的机制进行分配，指令选择——为实现中间表示形式中出现的运算符而选择目标语言指令的问题——仍然是一个规模很大的排列组合任务。

在本节中，我们把指令选择当作一个树重写问题来处理。目标指令的树形表示已经在代码生成器的生成器中得到有效使用。这种生成器可以依据目标机器的高层规约自动构造出一个代码生成器的指令选择阶段。对于某些机器，相对于使用树表示方法而言，使用 DAG 表示方法能够生成更好的代码。但是 DAG 匹配比树匹配更加复杂。

8.9.1 树翻译方案

在这一节中，代码生成过程的输入是一个由目标机器的语义层次上的树组成的序列。像 8.3 节讨论的那样在中间代码中插入运行时刻地址之后就可以得到这些树。另外，这些树的叶子包含有关它们的标号的存储类型的信息。

例 8.18 图 8-19 包含了一个对应于赋值语句 a[i] = b + 1 的树，其中数组 a 存放在运行时刻栈中，而 b 是一个存放在内存位置 M_b 的全局变量。局部变量 a 和 i 的运行时刻地址是以相对于 SP 的常数偏移量 C_a 和 C_i 的方式给出的，其中 SP 是存放当前活动记录的起始位置的寄存器。

对 a[i] 的赋值是一个间接赋值，其中 a[i] 的位置上的右值被设置成表达式 b+1 的右值。

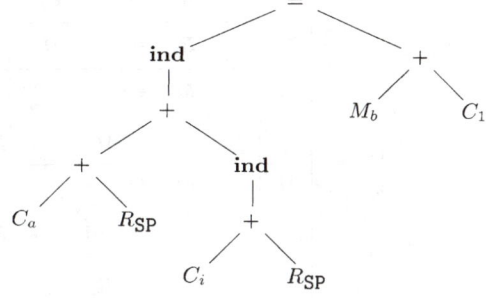

图 8-19 a[i] = b + i 的中间代码树

数组 a 和变量 i 的地址是通过分别把常量 C_a 和 C_i 的值加上寄存器 SP 的内容而得到的。为了简化数组地址的计算，我们假设每个元素值都是一个字节的字符(某些指令集中提供了特殊指令用于在地址计算中进行乘数为某些常数(比如 2、4、8 等)的乘法运算)。

在这棵树中，运算符 **ind** 把它的参数作为内存地址处理。作为一个赋值运算符的左子结点，**ind** 结点指出了一个内存位置，该位置用来存放赋值运算符右部的右值。如果一个 + 或者 **ind** 运算符的某个参数是内存位置或寄存器，那么该内存位置或寄存器中的内容就是参数的值。这棵树的叶子结点的标号为属性，而下标表示属性的值。 □

目标代码是通过应用一个树重写规则序列来生成的，这些规则最终会把输入的树归约为单个结点。各个树重写规则形如

$$replacement \leftarrow template \ \{action\}$$

其中，*replacement*(被替换结点)是一个结点，*template*(模板)是一棵树，*action*(动作)是一个像语法制导翻译方案中那样的代码片断。

一组树重写规则被称为一个树翻译方案(tree-translation scheme)。

每个树重写规则表示了如何翻译由模板给出的输入树的一个片段。翻译中包含了一组可能为空的机器指令序列，该序列由与模板关联的动作发出。和输入树一样，模板的叶子是带有下标的属性。有时，会存在一些对于模板中的下标值的约束，这些约束通过语义断言来表示。只有满足这些约束才可以匹配模板。比如，一个断言可能规定某个常数的值必须位于某个区间内。

树翻译方案可以很方便地表示代码生成器的指令选择阶段。作为树重写规则的例子，考虑关于寄存器到寄存器加法指令的规则：

$$R_i \leftarrow \quad + \qquad\qquad \{\ \text{ADD}\ R_i, R_i, R_j\ \}$$
$$\qquad\quad R_i\quad R_j$$

这个规则按照如下方法使用。如果输入树包含一个和上面的模板匹配的子树，也就是说，有一个子树的根结点的标号是运算符 +，且其左右子结点是寄存器 i 和 j 中的量，那么我们可以把这个子树替换为标号为 R_i 的单一结点，同时输出指令 ADD R_i, R_i, R_j。我们把这次替换称为对该子树的一次覆盖(tiling)。在一个给定时刻可能有多个模板与某个子树匹配，我们将简要描述在冲突情况下决定应用哪个规则的一些机制。

例 8.19 图 8-20 包含了我们的目标机上的一部分指令的树重写规则。这些规则将被用于一个贯穿本节的例子中。前面的两个规则对应于加载指令，接下来的两个规则对应于保存指令，其余的规则对应于带有下标的加载与加法运算。请注意，规则(8)要求常量的值必须是 1。这个条件将用一个语义断言来描述。 □

1)	$R_i \leftarrow C_a$	{ LD Ri, #a }
2)	$R_i \leftarrow M_x$	{ LD Ri, x }
3)	$M \leftarrow = \atop M_x\ \ R_i$	{ ST x, Ri }
4)	$M \leftarrow = \atop \text{ind}\ \ R_j \atop R_i$	{ ST *Ri, Rj }
5)	$R_i \leftarrow \text{ind} \atop + \atop C_a\ \ R_j$	{ LD Ri, a(Rj) }
6)	$R_i \leftarrow + \atop R_i\ \ \text{ind} \atop + \atop C_a\ \ R_j$	{ ADD Ri, Ri, a(Rj) }
7)	$R_i \leftarrow + \atop R_i\ \ R_j$	{ ADD Ri, Ri, Rj }
8)	$R_i \leftarrow + \atop R_i\ \ C_1$	{ INC Ri }

图 8-20 一些目标机指令的树重写规则

8.9.2 通过覆盖一个输入树来生成代码

一个树翻译方案按照下面的方式工作。给定一个输入树，在这些树重写规则中的模板被用来覆盖输入树的子树。如果找到一个匹配的模板，那么输入树中匹配的子树将被替换为相应规则中的替换结点，并且执行规则的相关动作。如果这个动作包含了一个机器指令序列，那么就会生成这些指令。这个过程将一直重复，直到这个树被归约成单个结点，或找不到匹配的模板为止。在将一个输入树归约成单个结点的过程中生成的机器指令代码序列就是树翻译方案作用于给定输入树而得到的输出。

这样，描述一个代码生成器的过程就变得和使用语法制导翻译方案来描述翻译器的过程类似。我们写出一个树翻译方案来描述目标机的指令集合。在实践中，我们将试图找到一个能够对每个输入树生成代价最小的指令序列的树翻译方案。现在有很多工具可以帮助我们根据一个树翻译方案自动生成代码生成器。

例 8.20 让我们用图 8-20 的树翻译方案来为图 8-19 中的输入树生成代码。假设第一个规则用于把常量 C_a 加载到寄存器 R_0 中：

1) $R_0 \leftarrow C_a$ { LD R0, #a }

最左边叶子结点的标号就由 C_a 变成 R_0，同时生成了指令 LD R0, #a。现在，第七个规则和最左边的根标号为 + 的子树匹配：

7) $R_0 \leftarrow +$ { ADD R0, R0, SP }
                R_0 R_{SP}

使用这个规则，我们把这棵子树重写为一个标号为 R_0 的单一结点，同时生成指令 ADD R0, R0, SP。现在这棵树如下所示：

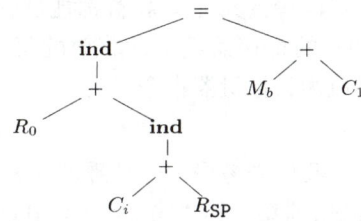

此时，我们可以应用规则(5)来把子树

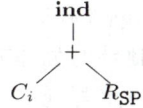

归约为单个结点，设其标号为 R_1。我们也可以使用规则(6)把较大的子树

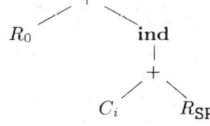

归约为单个结点 R_0，并生成指令 ADD R0, R0, i(SP)。假设用一个指令来计算较大的子树要比计算较小的子树更加高效，我们选择规则(6)得到下面的树：

在右边的子树中，可将规则(2)可应用于叶子结点 M_b，并产生一个把 b 加载到某个寄存器(比方说 R1)的指令。现在，使用规则(8)我们可以匹配子树并生成增量指令 INC R1。至此，输入树已经被归约成为：

$$\begin{array}{c} = \\ \text{ind} \quad R_1 \\ R_0 \end{array}$$

剩下的这棵树和规则(4)匹配，从而把这棵树归约为单个结点，并生成指令 ST *R0,R1。在把树归约成为单一结点的过程中，我们生成了下列代码序列：

```
LD   R0, #a
ADD  R0, R0, SP
ADD  R0, R0, i(SP)
LD   R1, b
INC  R1
ST   *R0, R1
```

为了实现对例8.18中的树的归约过程，我们必须解决一些和树模式匹配相关的问题：

- 如何完成树模式匹配？代码生成过程(在编译时刻)的效率依赖于树匹配算法的效率。
- 如果在某个给定时刻有多个模板可以匹配，我们该做什么？生成的代码(在运行时刻)的效率依赖于模板被匹配的顺序，因为不同的匹配序列通常将产生不同的目标机代码，这些代码之间的效率是不同的。

如果没有匹配的模板，那么代码生成过程就无法继续了。在另一种极端情况下，我们要防止出现某个单个结点被重写无穷多次的可能性。这种情况会产生无穷多个寄存器之间的移动指令，或者无穷多个加载、保存指令。

为了避免阻塞，我们假设中间代码中的每个运算符都能够使用一个或多个目标机器的指令来实现。我们进一步假设存在足够多的寄存器用于计算树的每个结点。那么，不管树匹配过程如何进行，剩下的树总能够被翻译成为目标机器指令序列。

8.9.3 通过扫描进行模式匹配

在考虑通用的树匹配方法之前，我们先考虑一个特殊的匹配方法。这个方法使用 LR 语法分析器来完成模式匹配。输入树可以用前缀方式表示为一个串。比如，图 8-19 中的树的前缀表示为：

$$= \text{ind} + + C_a \ R_{SP} \ \text{ind} + C_i \ R_{SP} + M_b \ C_1$$

一个树翻译方案可以转换为一个语法制导的翻译方案，方法是把每个树重写规则替换为相应的上下文无关文法的产生式。对于一个树重写规则，相应的产生式的右部就是其指令模板的前缀表示方式。

例 8.21 图 8-21 中的语法制导翻译方案是基于图 8-20 中的树翻译方案构造的。

相应文法的非终结符号是 R 和 M。终结符号 **m** 表示特定的内存位置，比如例 8.18 中全局变量 b 的位置。可以这么理解规则(10)中的产生式 $M \to \mathbf{m}$：在使用涉及 M 的某个模板之前首先要把 M 和 **m** 匹配。类似地，我们为寄存器 SP 引入终结符 **sp**，并增加产生式 $R \to$ **sp**。最后，终结符 **c** 表示常量。

1)	$R_i \to \mathbf{c}_a$		{ LD R_i, #a }
2)	$R_i \to M_x$		{ LD R_i, x }
3)	$M \to = M_x \ R_i$		{ ST x, R_i }
4)	$M \to = \text{ind} \ R_i \ R_j$		{ ST *R_i, R_j }
5)	$R_i \to \text{ind} + \mathbf{c}_a \ R_j$		{ LD R_i, a(R_j) }
6)	$R_i \to + R_i \text{ ind} + \mathbf{c}_a \ R_j$		{ ADD R_i, R_i, a(R_j) }
7)	$R_i \to + R_i \ R_j$		{ ADD R_i, R_i, R_j }
8)	$R_i \to + R_i \ \mathbf{c}_1$		{ INC R_i }
9)	$R \to \mathbf{sp}$		
10)	$M \to \mathbf{m}$		

图 8-21 由图 8-20 构造得到的语法制导翻译方案

使用这些终结符,图 8-19 中的输入树对应的串是:
$$= \text{ind} + + c_a \text{ sp ind} + c_i \text{ sp} + m_b c_1$$

根据这个翻译方案的产生式,我们可以使用第 4 章中的某个 LR 语法分析器构造技术来构建一个 LR 语法分析器。目标代码通过每一步归约中发出的机器指令来生成。

一个用于代码生成的语法具有很大的二义性。在构造语法分析器的时候,对于如何处理语法分析动作冲突的问题要多加小心。在没有指令代价信息的时候,总体处理规则是偏向于执行较大的归约,而不是较小的规约。这意味着在一个归约 - 归约冲突中,优先选择较长的归约;在一个移入 - 归约冲突中,优先选择移入动作。这种"贪吃"的做法使得多个运算由一条机器指令完成。

在代码生成中使用 LR 语法分析方法有多个好处。第一,语法分析方法是高效的,并且容易被人们理解。因此,使用第 4 章中描述的算法可以构造出可靠和高效的代码生成器。第二,比较容易为所得代码生成器重新确定目标。只要写出描述新机器的指令集合的语法,就可以构造得到一个针对新机器的代码选择器。第三,可以通过增加特殊产生式来利用机器特有的指令,从而生成高效的代码。

但使用这个方法也存在着一些挑战。语法分析方法确定了求值过程必须是从左到右的。另外,对于某些具有很多种寻址模式的机器来说,描述机器的文法和由此得到的语法分析器可能变得异常庞大。其结果是人们不得不使用特殊技术对描述机器的文法进行编码和处理。我们还必须注意不要让得到的语法分析器在对表达式树进行语法分析的时候被阻塞(即无法进行下一步动作)。造成阻塞的原因可能是该文法不能处理某些运算符的模式,也可能是语法分析器在解决某些语法分析动作冲突的时候做出了错误的选择。我们必须保证语法分析器不会进入无限循环,不停地使用右部只有单个符号的产生式进行归约。无限循环问题可以在生成语法分析器表的时候通过状态分裂技术来解决。

8.9.4 用于语义检查的例程

在一个代码生成翻译方案中出现的属性和输入树中的属性是一样的。但是翻译方案中的属性常常带有关于该属性下标的取值的限制。比如,一个机器指令可能要求某个属性的值位于特定范围之内,或者两个属性的取值之间有一定关系。

这些关于属性值的限制可以用断言来描述。在进行归约之前需要判断相应的断言是否被满足。实际上,相对于纯文法描述的方式而言,语义动作和断言的普遍使用能够更加灵活、更加容易地对代码生成器加以描述。可以使用通用模板来描述各类指令,然后使用语义动作来为特定情况选择指令。比如,两种不同的加法指令可以用同一个模板来表示:

$$R_i \leftarrow \begin{array}{c} + \\ / \backslash \\ R_i \quad C_a \end{array} \qquad \{ \text{ if } (a = 1) \\ \quad \text{INC } Ri \\ \text{else} \\ \quad \text{ADD } Ri, Ri, \#a \}$$

可以通过特定的断言来消除二义性,解决语法分析 - 动作的冲突问题。这些断言允许在不同的上下文中使用不同的选择策略。因为目标机体系结构的某些方面(比如寻址模式)可以用属性值来描述,所以对目标机器的描述可以变得更小。这种方法的复杂之处在于人们难以验证该翻译方案是否可靠地描述了目标机器。当然,所有的代码生成器都会或多或少地碰到这个问题。

8.9.5 通用的树匹配方法

基于前缀表示的用于模式匹配的 LR 语法分析方法优先处理双目运算符的左运算分量。在一个前缀表示 op E_1 E_2 中,有限向前看的 LR 语法分析方法中有关扫描动作的决定必须依据 E_1 的某个前缀做出。这是因为 E_1 可能具有任意长度。右运算分量可能会带来一些能够在目标指令集中选择较好指令的机会。但是模式匹配方法可能会错失这些机会。

我们也可以弃用前缀表示方式而使用后缀表示。但是,一个用于模式匹配的 LR 语法分析方法会优先处理右运算分量。

对于一个手写的代码生成器,我们可以使用图 8-20 中所示的树模板作为指南,编写一个专门的匹配程序。比如,如果输入树的根的标号是 **ind**,那么唯一能够匹配的是规则 5 的模式;否则如果根的标号是 +,那么可能匹配的是规则 6~8 的模式。

对于一个可以生成代码生成器的生成器,我们需要一个通用的树匹配算法。通过扩展第 3 章中介绍的串模式匹配技术,我们可以开发出一个高效的自顶向下算法。其基本思想是把每个模板表示成一个串的集合,其中每个串对应于模板中的一条从根到某个叶结点的路径。通过在串中(从左到右地)为每个子结点加入位置编号,我们平等地处理每个运算分量。

例 8.22 在为一个指令集构建串集合的时候,我们将去掉下标。因为进行模式匹配时只考虑属性,而不考虑它们的值。

图 8-22 中的模板有如下的从根到叶子结点的串集合:
C
$+ 1 R$
$+ 2 \text{ ind } 1 + 1 C$
$+ 2 \text{ ind } 1 + 2 R$
$+ 2 R$

串 C 表示以 C 为根的模板。串 $+ 1 R$ 表示以 $+$ 为根的两个模板中的 $+$ 号和它的左运算分量 R。

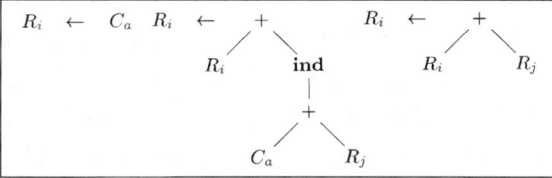

图 8-22 一个用于树匹配的指令集

使用例 8.22 中的串集合可以构造出一个树模式匹配程序。该程序使用了可以高效地并行匹配多个串的技术。

在实践中,树重写过程可以按照如下方法实现:对输入树进行深度优先遍历的同时运行树模式匹配程序,并且在最后一次访问这个结点的时候进行归约。

如果要考虑指令代价的问题,可以给每个树重写规则关联一个代价值。这个值等于应用这个规则时所产生的代码序列的总代价。在 8.11 节中,我们将讨论一个可以和树模式匹配算法联合使用的动态规划算法。

通过并发地运行该动态规划算法,我们可以使用各个规则相关的代价信息来选择一个最优的匹配序列。我们要在各个候选序列的代价值都确定之后再决定使用哪个匹配序列。使用这个方法,可以根据一个树重写方案快速地构造出一个小而高效的代码生成器。不仅如此,动态规划算法使得代码生成器的设计者不需要再去解决匹配冲突的问题,或者决定求值的顺序。

8.9.6 8.9 节的练习

练习 8.9.1:为下面的语句构造抽象语法树。假设所有不是常量的运算分量都存放在内存中。

1) `x = a * b + c * d;`

2) `x[i] = y[j] * z[k];`

3) `x = x + 1;`

使用图 8-20 中的树重写方案来为每个语句生成代码。

练习 8.9.2:使用图 8-21 中的语法制导翻译方案来替代树翻译方案,重复练习 8.9.1。

! 练习 8.9.3:扩展图 8-20 中的树重写方案,使之可应用于 while 语句。

! 练习 8.9.4:扩展树重写技术使之应用于 DAG。

8.10 表达式的优化代码的生成

当一个基本块仅包含单一的表达式求值时，或者我们认为以逐次处理各个表达式的方式为基本块生成代码就已经足够了，那么我们就可以最佳地选择寄存器。在下面的算法中，我们引入对一个表达式树(即一个表达式的语法树)的结点添加数字标号的方案。在使用固定个数的寄存器来对一个表达式求值的情况下，该方案允许我们为表达式生成最优的代码。

8.10.1 Ershov 数

一开始，我们给一个表达式树的每个结点各赋予一个数值。该数表示如果我们不把任何临时值存放回内存的话，计算该表达式需要多少个寄存器。这些数有时被称为 *Ershov* 数(Ershov number)。这是根据 A. Ershov 命名的，他为只有一个算术寄存器的机器使用了类似的方案。对我们的机器模型而言，计算 Ershov 数的规则如下：

1) 所有叶子结点的标号为 1。
2) 只有一个子结点的内部结点的标号和其子结点的标号相同。
3) 具有两个子结点的内部结点的标号按照如下方式确定：
   ① 如果两个子结点的标号不同，那么选择较大的标号。
   ② 如果两个子结点的标号相同，那么它的标号就是子结点的标号值加一。

例 8.23 在图 8-23 中，我们可以看到一个表达式树(其中的运算符已经被省略)。这个树可能是表达式 $(a-b)+e\times(c+d)$ 的树，或者说是下面的三地址代码的树：

```
t1 = a - b
t2 = c + d
t3 = e * t2
t4 = t1 + t3
```

根据规则(1)，该树的五个叶子结点的标号都是 1。然后，我们可以给对应于 t1 = a - b 的内部结点加上标号，因为它的两个子结点都已经被加上了标号。应用规则 3，该结点的标号是它的子结点的标号加上 1，也就是 2。对应于 t2 = c + d 的结点的标号的计算方式与此类似。

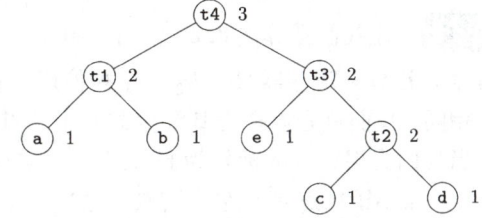

图 8-23 一个用 Ershov 数标号的树

现在我们可以计算对应于 t3 = e * t2 的结点的标号。它的子结点的标号是 1 和 2，因此根据规则 3，t3 对应结点的标号是其中的较大值，即 2。最后计算根结点，即对应于 t4 = t1 + t3 的结点。它的两个子结点的标号都是 2，因此它的标号是 3。 □

8.10.2 从带标号的表达式树生成代码

假设在我们的机器模型中，所有的运算分量都必须在寄存器中，且寄存器可以同时用于存放某个运算的运算分量和结果。可以证明，如果在计算表达式的过程中不允许把中间结果保存回内存，那么一个结点的标号就等于计算该结点对应的表达式时需要的最少的寄存器个数。因为在这个机器模型中，我们必须把每个运算分量加载到寄存器中，且必须计算每个内部结点所对应的中间结果，所以，造成生成代码不是最优代码的唯一可能是我们使用了不必要的将临时结果存回内存的指令。对这个断言的证明包含在下面的算法中。这个算法生成的代码不包含将临时结果存回内存的指令，而这个代码所使用的寄存器数目就是根结点的标号。

算法 8.24 根据一个带标号的表达式树生成代码。

输入：一个带有标号的表达式树，其中的每个运算分量只出现一次(即没有公共子表达式)。

输出：计算根结点对应的值并将该值存放在一个寄存器中的最优的机器指令序列。

方法：下面是一个用来生成机器代码的递归算法。从树的根结点开始应用下面的步骤。如果算法被应用于一个标号为 k 的结点，那么得到的代码只使用 k 个寄存器。然而，这些代码从某个基线 $b(b \geqslant 1)$ 开始使用寄存器，实际使用的寄存器是 $R_b, R_{b+1}, \cdots, R_{b+k-1}$。计算结果总是存放在 R_{b+k-1} 中。

1) 为一个标号为 k 且两个子结点的标号相同（它们的标号必然是 $k-1$）的内部结点生成代码时，做如下处理：

① 使用基线 $b+1$ 递归地为它的右子树生成代码。其右子树的结果将存放在寄存器 R_{b+k-1} 中。
② 使用基线 b，递归地为它的左子树生成代码。其左子树的结果将存放在寄存器 R_{b+k-2} 中。
③ 生成指令"OP $R_{b+k-1}, R_{b+k-2}, R_{b+k-1}$"，其中 OP 是标号为 k 的结点对应的运算。

2) 假设我们有一个标号为 k 的内部结点，其子结点的标号不相等。那么，它必然有一个子结点的标号为 k，我们称之为"大子结点"；而另一个子结点的标号为某个 $m < k$，它被称为"小子结点"。使用基线 b，通过下列步骤为这个内部结点生成代码：

① 使用基线 b，递归地为大子结点生成代码，其结果存放在寄存器 R_{b+k-1} 中。
② 使用基线 b，递归地为小子结点生成代码，其结果存放在寄存器 R_{b+m-1} 中。请注意，因为 $m < k$，寄存器 R_{b+k-1} 和编号更高的寄存器都没有被使用。
③ 根据大子结点是该内部结点的右子结点还是左子结点，分别生成指令"OP $R_{b+k-1}, R_{b+m-1}, R_{b+k-1}$"或者"OP $R_{b+k-1}, R_{b+k-1}, R_{b+m-1}$"。

3) 对于代表运算分量 x 的叶子结点，当基线为 b 时生成指令"LD R_b, x"。 □

例 8.25 让我们把算法 8.24 应用于图 8-23 中的树。因为根结点的标号是 3，其结果将存放在 R_3 中，并且只有寄存器 R_1、R_2、R_3 被使用。根结点的基线是 $b=1$。因为根结点的两个子结点的标号相同，我们首先以 2 为基线生成右子结点的代码。

当我们为根结点的标号为 $t3$ 的右子结点生成代码时，我们发现该子结点的大子结点是其右子结点，而小子结点是其左子结点。这样，我们首先以 2 为基线生成右子结点的代码。应用针对具有相同标号子结点和叶子结点的规则，我们为标号 $t2$ 的结点生成下列代码：

```
LD   R3, d
LD   R2, c
ADD  R3, R2, R3
```

接下来，我们为根结点的右子结点的左子结点生成代码。这是一个标号为 e 的叶子结点。因为 $b=2$，正确的指令是

```
LD   R2, e
```

现在我们加上指令

```
MUL  R3, R2, R3
```

```
LD   R3, d
LD   R2, c
ADD  R3, R2, R3
LD   R2, e
MUL  R3, R2, R3
LD   R2, b
LD   R1, a
SUB  R2, R1, R2
ADD  R3, R2, R3
```

图 8-24 图 8-23 中的树的最优的三地址代码

就完整地生成了根结点的右子结点的代码。算法继续以 1 为基线生成根结点的左子结点的代码，并把结果放在 R_2 中。图 8-24 中显示了生成的全部指令序列。 □

8.10.3 寄存器数量不足时的表达式求值

当可用寄存器的数量少于树的根结点的标号时，我们不能直接应用算法 8.24。此时需要引入一些保存指令，把某些子树的值溢出到内存中，然后在必要的时候生成加载指令把那些值再加载到寄存器中。下面是一个经过修改的代码生成算法，它考虑了寄存器数量的限制。

算法 8.26 根据一个带标号的表达式树生成代码。

输入：一个带有标号的表达式树和寄存器的数量 $r \geq 2$。表达式树的每个运算分量只出现一次(即没有公共子表达式)。

输出：计算根结点对应的值并将其存放到一个寄存器中的最优的机器指令序列。代码使用的寄存器的数量不大于 r。我们假设这些寄存器为 $R_1, R_2, \cdots, R_r$。

方法：令基线 $b=1$，从根结点开始应用下面的递归算法。对于标号为 r 或者更小的结点 N，本算法和算法 8.24 完全一样，这里不再重复。但是，对于标号 $k>r$ 的内部结点，我们要分别处理该内部节点的各个子结点，并把较大子树的结果保存到内存中。该结果在对结点 N 求值之前才从内存重新加载，而最后的求值步骤将在 R_{r-1} 和 R_r 内进行。对于基本算法的改动如下：

1) 结点 N 至少有一个子结点的标号为 r 或者大于 r。选择较大的子结点(如果子结点标号相同则选择任意一个)作为"大"子结点，并把另外一个子结点作为"小"子结点。

2) 令基线 $b=1$，递归地为大子结点生成代码。这个求值的结果将存放在寄存器 R_r 中。

3) 生成机器指令"ST t_k, R_r"，其中 t_k 是一个用于存放中间结果的临时变量。这个变量用于对标号为 k 的结点求值。

4) 按照如下方式为小子结点生成代码。如果小子结点的标号大于或等于 r，选取基线 $b=1$。如果小子结点的标号为 $j<r$，选取基线 $b=r-j$。然后递归地把本算法应用于小子结点，其结果存放在 R_r 中。

5) 生成指令"LD R_{r-1}, t_k"。

6) 如果大子结点是 N 的右子结点，生成指令"OP R_r, R_r, R_{r-1}"。如果大子结点是 N 的左子结点，生成代码"OP R_r, R_{r-1}, R_r"。 □

例 8.27 现在假设 $r=2$，让我们重新回顾一下图 8-23 所代表的表达式。也就是说，只有寄存器 R1 和 R2 可以用来存放表达式求值过程中产生的临时结果。当我们把算法 8.26 应用到图 8-23 中时，我们看到根结点的标号(3)大于 $r=2$。这样，我们需要选择其中的一个子结点作为大子结点。因为子结点的标号相同，我们可以任选其中的一个。假设我们选择了右子结点作为大子结点。

因为根结点的大子结点的标号为 2，因此寄存器是够用的。我们把算法 8.24 应用到这个子树，其中基线 $b=1$，而寄存器个数为 2。最终的结果和我们在图 8-24 中生成的代码很相似，但原来的寄存器 R2 和 R3 被替换为 R1 和 R2。代码如下：

```
LD   R2, d
LD   R1, c
ADD  R2, R1, R2
LD   R1, e
MUL  R2, R1, R2
```

现在，因为我们要把这两个寄存器都用于根结点的左子树，我们需要生成指令

```
ST   t3, R2
```

接下来处理根结点的左子结点。同样，寄存器的数量足以处理这个子结点，代码如下：

```
LD   R2, b
LD   R1, a
SUB  R2, R1, R2
```

最后，我们用指令

```
LD   R1, t3
```

把存放了根结点的右子结点的值的临时变量重新加载到寄存器中，并使用指令

```
ADD R2, R2, R1
```

执行树的根结点上的运算。完整的指令序列显示在图 8-25 中。 □

```
LD   R2, d
LD   R1, c
ADD  R2, R1, R2
LD   R1, e
MUL  R2, R1, R2
ST   t3, R2
LD   R2, b
LD   R1, a
SUB  R2, R1, R2
LD   R1, t3
ADD  R2, R2, R1
```

图 8-25 图 8-23 中的树的最优的三寄存器代码(只使用两个寄存器)

8.10.4 8.10 节的练习

练习 8.10.1：计算下列表达式的 Ershov 数。
1) $a/(b+c) - d * (e+f)$
2) $a + b * (c * (d+e))$
3) $(-a + *p) * ((b - *q)/(-c + *r))$

练习 8.10.2：使用两个寄存器为练习 8.10.1 中的各个表达式生成最优的代码。

练习 8.10.3：使用三个寄存器为练习 8.10.1 中的各个表达式生成最优的代码。

! **练习 8.10.4**：将 Ershov 数的计算方法一般化，使之能够处理其中某些内部结点具有三个或更多的子结点的表达式树。

! **练习 8.10.5**：类似于 a[i]=x 的对数组元素的赋值看起来像一个具有三个运算分量(a、i 和 x)的运算符。你将如何修改给表达式树添加标号的方案，以便为这种机器模型生成最优的代码？

! **练习 8.10.6**：最初的 Ershov 数技术所应用的机器模型和书中的模型有所不同。该模型允许一个表达式的右运算分量存放在内存中，而不一定要存放在寄存器中。你将如何修改为表达式树添加标号的方案，使得它可以为这种机器模型生成最优代码？

! **练习 8.10.7**：某些机器要求使用两个寄存器来存放某些单精度值。假设单寄存器值的乘法的结果需要两个连续的寄存器，而当我们计算 a/b 时，a 的值必须存放在两个连续的寄存器中。你将如何修改为表达式树添加标号的方案，使得它可以为这种机器模型生成最优代码？

8.11 使用动态规划的代码生成

8.10 节中的算法 8.26 根据一个表达式树生成最优代码所需的时间是树的大小的线性函数。适合使用这个过程的机器要满足以下假设：所有的计算都在寄存器中完成，而指令中包含的运算符要么作用于两个寄存器，要么作用于一个寄存器和一个内存位置。

基于动态规划原理的算法可以应用到更多类型的机器上，使得人们可以在线性时间内为一个表达式树生成最优代码。动态规划算法可以被应用到具有复杂指令集的多种计算机上。

只要一个机器具有 r 个可互换的寄存器 R0, R1, $\cdots$, R$r-1$ 以及加载、保存和运算指令，就可以应用基于动态规划的算法为这个机器生成代码。为简单起见，我们假设每个指令的代价是一个成本单位。然而，即使每个指令具有不同的代价值，人们也可以很容易地修改这个算法来处理这种情况。

8.11.1 连续求值

动态规划算法把为一个表达式生成最优代码的问题分解成为多个为该表达式的子表达式生成最优代码的子问题。作为一个简单的例子，考虑一个形如 $E_1 + E_2$ 的表达式 E。E 的一个最优程序由 E_1 和 E_2 的最优程序以某种顺序组合而成，然后是对 + 求值的代码。为 E_1 和 E_2 生成最优程序的子问题也以类似的方式解决。

由动态规划算法产生的最优程序有一个重要的性质。该代码以"连续"的方式计算表达式 $E = E_1 \text{ op } E_2$。我们可以通过查看 E 的语法树 T 来理解这句话的含义。

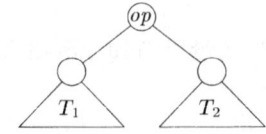

这里，T_1 和 T_2 分别是 E_1 和 E_2 的语法树。

我们说一个程序 P 连续计算一棵树 T，如果它首先计算那些需要计算值并将其存放到内存中的 T 的子树。然后，它再计算 T 的其余部分，计算的顺序可以是 T_1，T_2，根结点，或者 T_2，T_1，根结点。无论在哪种情况下，作为非连续计算的一个例子，程序 P 可能先计算 T_1 的一部分并把结果存放在一个寄存器中（而不是内存中），然后计算 T_2，然后再回过来计算 T_1 的其余部分。

对于本节中的寄存器机器，我们可以证明对于任何一个计算表达式树 T 的机器语言程序 P，我们都可以找到一个等价的程序 P'，使得

1) P' 的代价不高于 P 的代价。

2) P' 使用的寄存器个数不多于 P 使用的寄存器，而且

3) P' 连续地对该树求值。

这个结果表明，每个表达式树可以用一个连续程序最优地求值。

相对而言，使用偶数 – 奇数寄存器对的计算机不一定总是具有最优的连续求值过程。x86 体系结构在乘法和除法中使用寄存器对。对于这样的机器，我们可以给出一些表达式树的例子。这些树的最优机器语言程序必须首先对根的左子树的一部分进行求值并把结果存放到寄存器中，然后处理右子树的一部分，再处理左子树的另一部分，如此往复。使用本节中的机器对任意一个表达式树进行最优求值时，没有必要进行这种类型的摆动。

上面定义的连续求值的性质保证了对于任何表达式树 T，总是存在一个最优程序。这个程序由根结点的子树的最优程序组成，最后是计算根结点值的指令。这个性质支持我们使用一个动态规划算法为 T 生成一个最优程序。

8.11.2 动态规划的算法

动态规划算法有三个步骤（假设目标机器具有 r 个寄存器）：

1) 对表达式树 T 的每个结点 n 自底向上地计算得到一个代价数组 C，其中 C 的第 i 个元素 $C[i]$ 是在假设有 $i(1 \leq i \leq r)$ 个可用寄存器的情况下对以 n 为根的子树 S 求值并将结果存放在一个寄存器中的最优代价。

2) 遍历 T，使用代价向量（数组）来决定 T 的哪棵子树应该被计算并保存到内存中。

3) 使用每个结点的代价向量和相关指令来遍历各棵子树并生成最终的目标代码。在这个过程中，首先为那些需要把结果值保存到内存的子树生成代码。

上述每一个步骤都可以高效地实现，运行所需时间与表达式树的大小成线性关系。

计算一个结点 n 的代价包括在给定寄存器数量的情况下对 S 求值时所需要的全部加载和保存运算，也包括了计算 S 的根结点处的运算符所需要的代价。代价向量的第 0 个元素存放的是把子树 S 的值计算出来并保存到内存的最优代价。只需要考虑 S 的根结点的各子树的最优程序的不同组合，就可以生成 S 的最优程序。这是由连续求值的性质来确保的。这个限制减少了需要考虑的情况。

为了计算结点 n 的代价 $C[i]$，我们像 8.9 节中那样把指令看作是树重写规则。考虑和结点 n 处的输入树相匹配的各个模板 E。只要检查 n 的相应后代的代价向量，就可以确定对 E 的叶子结点所代表的运算分量进行求值时所需要的代价。对于 E 的寄存器运算分量，考虑对 T 的相应子树求值并放到寄存器中的各种可能的顺序。在每个顺序中，第一个对应于某个寄存器运算分量的子树可以使用 i 个寄存器，而第二个则使用 $i-1$ 个寄存器，以此类推。考虑结点 n 时，需要加上和模板 E 相关的指令的代价。$C[i]$ 的值就是所有这些可能的顺序所对应的代价值中的最小者。

整棵树 T 的代价向量可以用自底向上的方式计算。计算所需时间和 T 中结点的个数呈线性正比关系。在每个结点上为各个 i 值保存用于获得最优代价 $C[i]$ 所使用的指令可以带来方便。T 的根结点的代价向量中的最小值给出了对 T 求值所需的最小代价。

例 8.28 考虑有两个寄存器 R0、R1 及下列的指令的机器。每个指令的代价是一个成本单位：

```
LD   Ri, Mj          // Ri = Mj
op   Ri, Ri, Rj      // Ri = Ri op Rj
op   Ri, Ri, Mj      // Ri = Ri op Mj
LD   Ri, Rj          // Ri = Rj
ST   Mi, Rj          // Mi = Rj
```

在这些指令中，Ri 可以是 R0 或者 R1，而 Mj 则是一个内存位置。运算符 op 对应于某个算术运算符。

让我们应用动态规划算法为图 8-26 中的语法树生成最优的代码。在第一步中，我们计算每个结点的代价向量。这些向量在图中各个结点的旁边显示。为了说明代价计算方法，考虑在叶子结点 a 处的代价向量。$C[0]$（即计算 a 并保存到内存的代价）是 0，因为它已经在内存中了。$C[1]$（即计算 a 并保存到一个寄存器的代价）是 1，因为我们可以使用指令 LD R0, a 把它加载到一个寄存器中。$C[2]$（即在有两个可用寄存器的情况下把 a 加载到一个寄存器中的代价）和只有一个可用寄存器的情况下的代价是一样的。因此，在叶子结点 a 上的代价向量是 $(0,1,1)$。

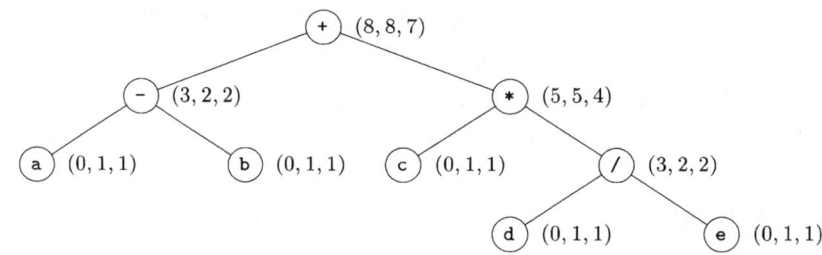

图 8-26 表达式 (a-b)+c*(d/e) 的语法树，每个结点都标有代价向量

考虑一下根结点处的代价向量。我们首先确定在有一个及两个可用寄存器的情况下计算根结点所需的最小代价。因为根结点的标号是 +，所以机器指令 ADD R0, R0, M 和根结点匹配。使用这个指令，在只有一个可用寄存器的情况下对根结点求值的最小代价的计算方法如下：对其右子树求值并存放到内存的最小代价，加上计算其左子树并保存到寄存器的最小代价，再加上该指令的代价 1。不存在其他的最小代价的计算方式。在根结点的左右结点上的代价向量说明在只有一个可用寄存器的情况下对根结点求值的最小代价是 $5+2+1=8$。

现在考虑有两个可用寄存器时对根结点求值的最小代价。根据用于计算根结点的不同指令，以及对根结点的左右子树求值的不同顺序，需要考虑三种情况。

1) 使用两个可用寄存器计算左子树的值并放到寄存器 R0 中，使用一个可用寄存器计算右子树的值并放到寄存器 R1 中，并使用指令 ADD R0, R0, R1 来计算根结点。这个指令序列的代价是 $5+2+1=8$。

2) 使用两个可用寄存器计算右子树的值并存放到 R1 中，使用一个可用寄存器计算左子树的值并存放到 R0 中，并使用指令 ADD R0, R0, R1 计算根结点。这个指令序列的代价为 $4+2+1=7$。

3) 计算右子树的值并保存到内存位置 M 中，使用两个可用寄存器计算左子树的值并保存到寄存器 R0 中，并使用指令 ADD R0, R0, M 计算根结点的值。这个指令序列的代价是 $5+2+1=8$。

可见，第二种选择给出了最小的代价 7。

计算根结点的值并保存到内存中的代价等于使用所有可用寄存器计算根结点的值的最小代价再加上 1。也就是说，我们首先计算根结点并将其存放到一个寄存器中，然后保存结果。因此，在根结点处的代价向量是 $(8,8,7)$。

代码生成   343

根据代价向量,我们可以很容易地通过对树的遍历构造出代码序列。假设有两个可用寄存器,图 8-26 的树的最优代码序列是:

```
LD  R0, c          // R0 = c
LD  R1, d          // R1 = d
DIV R1, R1, e      // R1 = R1 / e
MUL R0, R0, R1     // R0 = R0 * R1
LD  R1, a          // R1 = a
SUB R1, R1, b      // R1 = R1 - b
ADD R1, R1, R0     // R1 = R1 + R0
```
□

动态规划技术已经在很多编译器中使用,这些编译器包括可移植 C 编译器版本 2,即 PCC2。因为动态规划技术可以用到很多类型的机器上,这个技术促进了编译器的可重定向特性的发展。

8.11.3　8.11 节的练习

练习 8.11.1:在图 8-20 中的树重写方案中增加代价信息,并用动态规划和树匹配技术来为练习 8.9.1 中的语句生成代码。

!! 练习 8.11.2:你将如何扩展动态规划技术,以便在 DAG 的基础上生成最优代码?

8.12　第 8 章总结

- 代码生成是编译器的最后一个步骤。代码生成器把前端生成的中间表示形式映射为目标程序。如果存在一个代码优化阶段,那么代码生成器的输入就是代码优化器生成的中间表示形式。
- 指令选择是为每个中间表示语句选择目标语言指令的过程。
- 寄存器分配是决定哪些 IR 值将会保存在寄存器中的过程。图着色算法是一个在编译器中完成寄存器分配的有效技术。
- 寄存器指派是决定用哪个寄存器来存放一个给定的 IR 值的过程。
- 可重定向编译器是能够为多个指令集生成代码的编译器。
- 虚拟机是一些字节代码中间语言的解释程序,这些字节代码是为诸如 Java 和 C#这样的语言生成。
- CISC 机器通常是一个二地址机器。它的寄存器相对较少,有几种寄存器类型,并具有复杂寻址模式的可变长指令。
- RISC 机器通常是一个三地址机器。它拥有很多寄存器,且运算都在寄存器中进行。
- 基本块是一个三地址语句的最大连续序列。控制流只能从它的第一个语句进入,并从最后一个语句离开,中间没有停顿,且除了基本块的最后一个语句之外没有分支语句。
- 流图是程序的一种图形化表示方式。其中图的结点是基本块,而图的边显示了控制流如何在基本块之间流动。
- 流图中的循环是一个强连通的区域。这个区域只有一个被称为循环首结点的入口。
- 基本块的 DAG 表示是一个有向无环图。DAG 中的结点表示基本块中的语句,而一个结点的各个子结点所对应的语句是最晚对该结点对应语句的某个运算分量进行定值的语句。
- 窥孔优化是一种提高代码质量的局部变换。它通常通过一个滑动窗口作用于一个程序。
- 指令选择可以通过一个树重写过程完成。在这个过程中,对应于机器指令的树模式被用来逐步覆盖一棵语法树。我们可以把树重写规则和相应的指令代价关联起来,并应用动态规划技术来为多种类型的机器和表达式生成最优的覆盖方式。
- Ershov 数指出了如果不把任何临时值保存回内存中,对一个表达式求值需要多少个寄存器。

- 溢出代码是一个把某个寄存器中的值保存到内存中的指令序列。这些指令的目的是在寄存器中腾出空间，以保存另一个值。

8.13 第 8 章参考文献

本章中讨论的很多技术在最早的编译器中就出现了。Ershov 的加标号算法出现在 1958 年[7]。Sethi 和 Ullman[16] 在一个算法中使用了这种标号方法。他们还证明了这种算法可以为算术表达式生成最优代码。Aho 和 Johnson[1] 使用动态规划技术来为 CISC 机器上的表达式树生成最优代码。Hennessy 和 Patterson[12] 对 CISC 和 RISC 机器体系结构的发展，以及在设计一个好的指令集时需要做出的权衡进行了很好的讨论。

虽然 RISC 的历史可以追溯到更早的计算机中，比如最先在 1964 年交付的 CDC6600，但 RISC 体系结构在 1990 年之后才流行起来。在 1990 年之前设计的很多计算机都是 CISC 机器，然而大多数在 1990 年之后安装的通用计算机仍然是 CISC 机器，因为它们都基于 Intel 80x86 或其后代（比如 Pentium 芯片）的体系结构。在 1963 年交付的 Burroughs B5000 是一个早期的栈计算机。

本章中给出的很多关于代码生成的启发式规则已经被用到不同的编译器中。我们描述了在循环执行时用固定数量寄存器存放变量的策略。这个策略被 Lowry 和 Medlock 用在 Fortran H 的实现中[13]。

高效的寄存器分配技术在编译器出现的最早时代就开始研究了。把图着色算法作为一种寄存器分配技术是由 Cocke、Ershov[8] 和 Schwartz[15] 提出的。针对寄存器分配，人们提出了很多种图着色算法的变体。我们处理图着色的方法来自于 Chaitin[3][4]。Chow 和 Hennessy 在[5]中描述了他们的可用于寄存器分配的基于优先级的着色算法。在[6]中可以见到针对最新的用于寄存器分配的图分划和重写技术的讨论。

词法分析器和语法分析器的自动生成工具刺激了模式制导的指令选择技术的发展。Glanville 和 Graham[11] 使用 LR 语法分析器生成技术来处理指令的自动选择。表格驱动的代码生成器发展成为多个基于树模式匹配的代码生成工具[14]。在代码生成工具 twig 中，Aho、Ganapathi 和 Tjiang[2] 把高效的树模式匹配技术和动态规划技术结合起来。Fraser、Hanson 和 Proebsting[10] 在他们的简单有效的代码生成器的生成器中进一步精化了这些思想。

1. Aho, A. V. and S. C. Johnson, "Optimal code generation for expression trees," *J. ACM* **23**:3, pp. 488–501.

2. Aho, A. V., M. Ganapathi, and S. W. K. Tjiang, "Code generation using tree matching and dynamic programming," *ACM Trans. Programming Languages and Systems* **11**:4 (1989), pp. 491–516.

3. Chaitin, G. J., M. A. Auslander, A. K. Chandra, J. Cocke, M. E. Hopkins, and P. W. Markstein, "Register allocation via coloring," *Computer Languages* **6**:1 (1981), pp. 47–57.

4. Chaitin, G. J., "Register allocation and spilling via graph coloring," *ACM SIGPLAN Notices* **17**:6 (1982), pp. 201–207.

5. Chow, F. and J. L. Hennessy, "The priority-based coloring approach to register allocation," *ACM Trans. Programming Languages and Systems* **12**:4 (1990), pp. 501–536.

6. Cooper, K. D. and L. Torczon, *Engineering a Compiler*, Morgan Kaufmann, San Francisco CA, 2004.

7. Ershov, A. P., "On programming of arithmetic operations," *Comm. ACM* **1**:8 (1958), pp. 3–6. Also, *Comm. ACM* **1**:9 (1958), p. 16.

8. Ershov, A. P., *The Alpha Automatic Programming System*, Academic Press, New York, 1971.

9. Fischer, C. N. and R. J. LeBlanc, *Crafting a Compiler with C*, Benjamin-Cummings, Redwood City, CA, 1991.

10. Fraser, C. W., D. R. Hanson, and T. A. Proebsting, "Engineering a simple, efficient code generator generator," *ACM Letters on Programming Languages and Systems* **1**:3 (1992), pp. 213–226.

11. Glanville, R. S. and S. L. Graham, "A new method for compiler code generation," *Conf. Rec. Fifth ACM Symposium on Principles of Programming Languages* (1978), pp. 231–240.

12. Hennessy, J. L. and D. A. Patterson, *Computer Architecture: A Quantitative Approach*, Third Edition, Morgan Kaufman, San Francisco, 2003.

13. Lowry, E. S. and C. W. Medlock, "Object code optimization," *Comm. ACM* **12**:1 (1969), pp. 13–22.

14. Pelegri-Llopart, E. and S. L. Graham, "Optimal code generation for expressions trees: an application of BURS theory," *Conf. Rec. Fifteenth Annual ACM Symposium on Principles of Programming Languages* (1988), pp. 294–308.

15. Schwartz, J. T., *On Programming: An Interim Report on the SETL Project*, Technical Report, Courant Institute of Mathematical Sciences, New York, 1973.

16. Sethi, R. and J. D. Ullman, "The generation of optimal code for arithmetic expressions," *J. ACM* **17**:4 (1970), pp. 715–728.

第 9 章 机器无关优化

如果我们简单地把每个高级语言结构独立地翻译成为机器代码，那么会带来相当大的运行时刻的开销。本章讨论如何消除这样的低效率因素。在目标代码中消除不必要的指令，或者把一个指令序列替换为一个完成同样功能的较快的指令序列，通常被称为"代码改进"或者"代码优化"。

局部代码优化（在一个基本块内改进代码）的相关知识已经在 8.5 节介绍过了。本章将处理全局代码优化问题。在全局优化中，代码的改进将考虑在多个基本块内发生的事情。我们将在 9.1 节中讨论一些主要的代码改进机会。

大部分全局优化是基于数据流分析（data-flow analyse）技术实现的。数据流分析技术是一组用以收集程序相关信息的算法。所有数据流分析的结果都具有相同的形式：对于程序中的每个指令，它们描述了该指令每次执行时必然成立的一些性质。不同性质的分析方法各不相同。比如，对于常量传播分析而言，要判断在程序的每个点上，程序使用的各个变量是否在该点上具有唯一的常量值。比如，这个信息可以用于把变量引用替换为常量值。另一个例子是，活跃性分析确定在程序的每个点上，在某个变量中存放的值是否一定会在被读取之前被覆盖掉。如果是，我们就不需要在寄存器或内存位置上保留这个值。

我们将在 9.2 节介绍数据流分析技术。其中还包括几个重要的例子，说明我们如何使用在全局范围内收集到的信息来改进代码。9.3 节将介绍一个数据流框架的总体思想，9.2 节中的数据流分析技术是这个框架的特例。我们实际上可以使用同一个算法来解决这些数据流分析的实例。我们还能够度量这些算法的性能，并且证明它们对所有分析技术的实例而言都是正确的。9.4 节是总体框架的一个例子，它的分析功能比前面的例子更强大。

最后，在 9.6 节，我们将讨论程序中循环的发现和分析。对循环的识别引出了另一个用来解决数据流问题的算法族。这些算法基于一个结构良好的（即可归约的）程序中的循环的层次结构。

9.1 优化的主要来源

编译器的优化必须保持源程序的语义。除了一些非常特殊的场合之外，一旦程序员选择并实现了某种算法，编译器不可能完全理解这个程序并把它替换为一个全然不同且更加高效的等价算法。编译器只知道如何应用一些相对低层的语义转换。在进行转换时，编译器用到一些常见的性质，比如像 $i+0=i$ 这样的代数恒等式或使用一些程序语义（如在同样的值上进行同样的运算必然得到同样的结果）。

9.1.1 冗余的原因

在一个典型的程序中会存在很多冗余的运算。有时，在源代码中会用到冗余。比如，程序员可能发现重新计算某些结果会更为直接和方便，而让编译器去发现实际上只需要进行一次这样的计算。但更多的时候，冗余性是使用高级程序设计语言编程的副产品。在大部分程序设计语言（不包含 C 或者 C++，它们允许对指针进行算术运算）中，程序员别无选择，只能使用类似于 $A[i][j]$ 或 $X \to f1$ 的方式来访问一个数组的元素或一个结构的字段。

当一个程序被编译后，每一个这样的高层数据结构访问都会被扩展成为多个低层次的算术运算，比如计算一个矩阵 A 的第 (i,j) 个元素的位置的运算。对同一个数据结构的访问通常共享了很多公共的低层运算。程序员不知道这些低层运算，因此不能自己去消除这些冗余。实际上，

机器无关优化   347

从软件工程的角度看，程序员只通过数据元素的高层名字来访问它们是比较好的做法。这样，程序容易书写，并且更重要的是，程序更容易理解和演化。通过让一个编译器来消除这些冗余，我们在两个方面都得到了最好的结果：程序不仅高效而且易于维护。

9.1.2 一个贯穿本章的例子：快速排序

接下来，我们将使用被称为快速排序（quicksort）的排序程序的片断来说明几个重要的可以改进代码的转换。在图 9-1 中的 C 程序是从 Sedgewick[⊖]那里拿来的，它讨论了如何对这样一个程序进行手工优化。我们将不会在这里讨论这个程序在算法方面的所有精妙细节，比如，$a[0]$ 必然存放着已经排好序的元素的最小者，而 $a[max]$ 则存放最大的元素。

```
void quicksort(int m, int n)
    /* 递归地对 a[m]和a[n]之间的元素排序 */
{
    int i, j;
    int v, x;
    if (n <= m) return;
    /* 片断由此开始 */
    i = m-1; j = n; v = a[n];
    while (1) {
        do i = i+1; while (a[i] < v);
        do j = j-1; while (a[j] > v);
        if (i >= j) break;
        x = a[i]; a[i] = a[j]; a[j] = x; /* 对换a[i]和a[j]*/
    }
    x = a[i]; a[i] = a[n]; a[n] = x; /* 对换a[i]和a[n] */
    /* 片断在此结束 */
    quicksort(m,j); quicksort(i+1,n);
}
```

图 9-1　快速排序算法的 C 代码

在我们可以优化掉地址计算中的冗余之前，程序中的地址运算首先必须被分解成为低层次的算术运算，这样才能暴露出冗余之处。在本章的其余部分，我们假设中间表示形式由三地址语句组成，其中所有的中间表达式的结果都由临时变量来存放。在图 9-1 中标记出的程序片断的中间代码显示在图 9-2 中。

在这个例子中，我们假设整数占用 4 个字节。赋值运算 x = a[i] 按照 6.4.4 节中的方法被翻译成为图 9-2 中(14)、(15)步所示的两个三地址语句，即

    t6 = 4*i
    x = a[t6]

类似地，a[j] = x 变成了第(20)和(21)步，即

    t10 = 4*j
    a[t10] = x

请注意，在原程序中的每个数组访问都被翻译成为一对语句，其中包含一个乘法和一个数组下标运算。结果，这个短短的程序片断被翻译成为一个相当长的三地址运算序列。

图 9-3 是图 9-2 中的程序的流图。基本块 B_1 是其入口结点。8.4 节介绍过，图 9-2 中所有的条件和无条件跳转语句的目标在图 9-3 中都被替换为以它们的目标语句为首语句的基本块。在图 9-3 中有三个循环。基本块 B_2 和 B_3 本身就是循环。基本块 B_2、B_3、B_4、B_5 一起组成了一个循环，其中 B_2 是唯一的入口结点。

⊖　R. Sedgewick, "Implementing Quicksort Programs", *Comm. ACM*, 21, 1978, pp. 847-857.

(1)	i = m-1	(16)	t7 = 4*i
(2)	j = n	(17)	t8 = 4*j
(3)	t1 = 4*n	(18)	t9 = a[t8]
(4)	v = a[t1]	(19)	a[t7] = t9
(5)	i = i+1	(20)	t10 = 4*j
(6)	t2 = 4*i	(21)	a[t10] = x
(7)	t3 = a[t2]	(22)	goto (5)
(8)	if t3<v goto (5)	(23)	t11 = 4*i
(9)	j = j-1	(24)	x = a[t11]
(10)	t4 = 4*j	(25)	t12 = 4*i
(11)	t5 = a[t4]	(26)	t13 = 4*n
(12)	if t5>v goto (9)	(27)	t14 = a[t13]
(13)	if i>=j goto (23)	(28)	a[t12] = t14
(14)	t6 = 4*i	(29)	t15 = 4*n
(15)	x = a[t6]	(30)	a[t15] = x

图 9-2　图 9-1 中程序片断的三地址代码

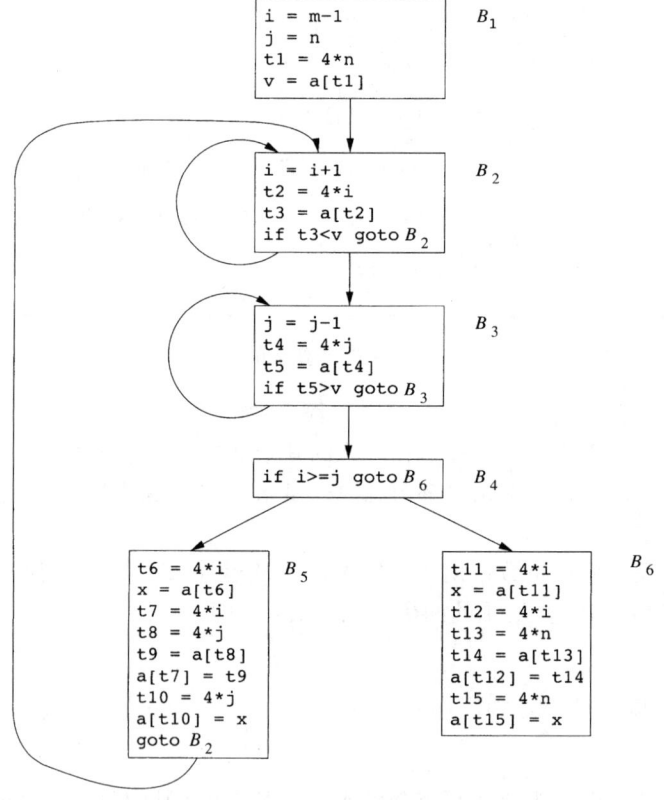

图 9-3　快速排序代码片断的流图

9.1.3　保持语义不变的转换

编译器可以使用很多种方法改进一个程序，但不改变程序所计算的函数。公共子表达式消除、复制传播、死代码消除和常量折叠都是这样的函数不变（或者说语义不变）转换的常见例子。我们将逐一介绍这些方法。

一个程序中经常包含对同一个值的多次计算，比如计算数组中的偏移量。9.1.2 节提到过，某些这样的重复计算不可能由程序员来避免，因为这些计算过程处于可在源语言中处理的细节

机器无关优化

的更下层。比如，在图9-4a中显示的基本块B_5中对$4*i$和$4*j$进行了重复计算，尽管这些计算全都不是程序员显式要求的。

9.1.4 全局公共子表达式

如果表达式E在某次出现之前已经被计算过，并且E中变量的值从那次计算之后就一直没被改变，那么E的该次出现就称为一个公共子表达式(common subexpression)。如果将E的上一次计算结果赋予变量x，且x的值在中间没有被改变⊖，那么我们就可以使用前面计算得到的值，从而避免重新计算E。

例9.1 在图9-4a中对$t7$和$t10$的赋值分别计算了公共子表达式$4*i$和$4*j$。这些步骤已经在图9-4b中被消除了。消除后的代码使用$t6$来替代$t7$，使用$t8$来替代$t10$。 □

例9.2 图9-5显示了从图9-3中流图的基本块B_5和B_6中消除全局和局部公共子表达式之后的结果。我们首先讨论对B_5的转换，然后再讨论一些和数组相关的精妙之处。

如图9-4b所示，在消除局部公共子表达式之后，B_5仍然对$4*i$和$4*j$进行求值。它们都是公共子表达式。更明确地讲，使用在B_3中计算得到的$t4$的值，B_5中的三个语句

```
t8 = 4*j
t9 = a[t8]
a[t8] = x
```

可以替换为

```
t9 = a[t4]
a[t4] = x
```

```
t6 = 4*i
x = a[t6]
t7 = 4*i
t8 = 4*j
t9 = a[t8]
a[t7] = t9
t10 = 4*j
a[t10] = x
goto $B_2$
```
a) 消除之前

```
t6 = 4*i
x = a[t6]
t8 = 4*j
t9 = a[t8]
a[t6] = t9
a[t8] = x
goto $B_2$
```
B_5

b) 消除之后

图9-4 局部公共子表达式消除

观察一下图9-5，我们会发现当控制流从B_3中计算$4*j$的点传递到B_5中时，j和$t4$的值都没有改变。因此，当需要$4*j$时可以使用$t4$来替代。

在用$t4$替换$t8$之后，B_5中的另一个公共子表达式就显露出来了。新的子表达式是$a[t4]$，对应于源代码层次上的值$a[j]$。当控制流离开B_3进入B_5时，不仅仅j保留了它的值，$a[j]$也保留了原来的值。这个值在计算出来之后保存到临时变量$t5$中。因为中间没有对数组a中元素的赋值，因此$a[j]$的值不变。B_5中的语句

```
t9 = a[t4]
a[t6] = t9
```

可以被替换为

```
a[t6] = t5
```

类似地，可以看出图9-4b的基本块B_5中赋给x的值和B_2中赋给$t3$的值相同。图9-5中的B_5是从图9-4b的B_5中消除了与源代码级表达式$a[i]$和$a[j]$值对应的公共子表达式之后的结果。对于图9-5中的B_6也进行了一系列类似的转换。

图9-5的B_1和B_6中的表达式$a[t1]$不被认为是公共子表达式，虽然在这两个地方都可以使用$t1$。在控制流离开B_1到达B_6之前，它还可能经过B_5，而B_5中存在对a的赋值。因此，$a[t1]$到达B_6时的值可能和它离开B_1时的值有所不同。把$a[t1]$作为一个公共子表达式是不安全的。 □

⊖ 即使x被改变，如果我们把E的计算结果同时赋值给变量x和另一个新的变量y，我们仍然可以用y来替代对E的计算，从而复用该计算过程。

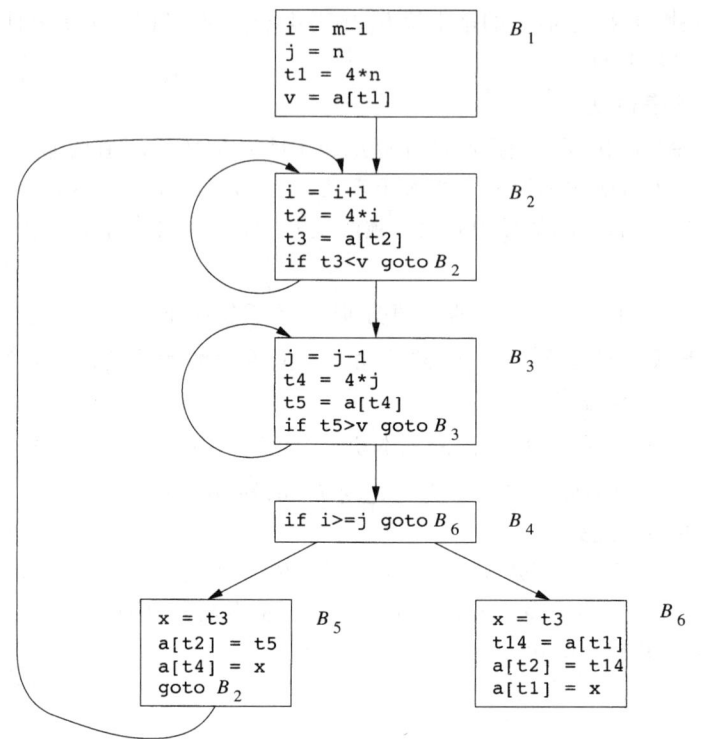

图 9-5 经过公共子表达式消除之后的 B_5 和 B_6

9.1.5 复制传播

图 9-5 中的基本块 B_5 可以通过使用两个新转换来消除 x，从而得到进一步改进。其中的一个转换考虑形如 u = v 的赋值表达式，这种表达式被称为复制语句（copy statement），或者简称复制。只要我们更加细致地考虑例 9.2，很快就会发现一些复制语句。因为常用的公共子表达式消除算法会引入这些复制语句，其他一些优化算法也会引入这样的语句。

例 9.3 为了消除图 9-6a 中的公共子表达式语句 c = d + e，我们必须使用新的变量 t 来存放 d + e 的值。在图 9-6b 中，赋给变量 c 的是变量 t 的值，而不是表达式 d + e 的值。因为控制流可能经过对 a 的赋值到达语句 c = b + e 处，也可能经过对 b 的赋值到达这里，因此把 c = d + e 替换为 c = a 或 c = b 都是不正确的。 □

隐藏在复制传播转换之后的基本思想是在复制语句 u = v 之后尽可能地用 v 来替代 u。比如，图 9-5 的基本块 B_5 中的赋值语句 x = t3 是一个复制语句。把复制传播应用于 B_5 会生成图 9-7 中的代码。这个改变看起来可能不像是一个改进，但是，正如我们将在 9.1.6 节看到的，它给了我们消除对 x 赋值的语句的机会。

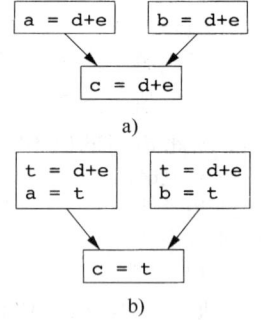

图 9-6 在公共子表达式消除过程中引入的复制语句

图 9-7 进行复制传播转换后的基本块 B_5

9.1.6 死代码消除

如果一个变量在某一程序点上的值可能会在以后被使用，那么我们就说这个变量在该点上活跃（live）。否则，它在该点上就是死的

(dead)。与此相关的一个想法就是死(或者说无用)代码。所谓死代码就是其计算结果永远不会被使用的语句。程序员不大可能有意引入死代码,死代码多半是因为前面执行过的某些转换而造成的。

例 9.4 假设变量 `debug` 在程序的不同点上被设置为 `TRUE` 或者 `FALSE`,并在如下的语句中使用:

```
if (debug) print ...
```

编译器可能能够推导出这样的结果:每次程序运行到这个语句时,`debug` 的值都是 `FALSE`。通常,出现这种情况的原因是不管程序实际上沿着什么分支运行,在测试 `debug` 的取值之前的最后一个对 `debug` 赋值的语句总是:

```
debug = FALSE
```

如果复制传播把 `debug` 替换为 `FALSE`,那么因为 `print` 语句不可能被运行到,所以它就成为死代码。我们可以把这个测试和 `print` 语句从目标代码中全部消除。更加一般地讲,如果在编译时刻推导出一个表达式的值是常量,就可以使用该常量来替代这个表达式。这个技术被称为常量折叠。 □

复制传播的好处之一就是它经常把一些复制语句变成死代码。比如,先进行复制传播再进行死代码消除就可以去掉图 9-7 的代码中对 x 的赋值,并将其转换成为

```
a[t2] = t5
a[t4] = t3
goto B₂
```

这个代码是对图 9-5 中的基本块 B_5 的进一步改进。

9.1.7 代码移动

对于优化工作而言,循环(尤其内部循环)是一个重要的地方。因为程序往往会将它们的大部分运行时间花费在循环上。如果我们减少一个内部循环中的指令个数,即使因此增加了该循环外的代码,程序的运行时间也可以减少。

减少循环内部代码数量的一个重要改动是代码移动(code motion)。这个转换处理的是那些不管循环执行多少次都得到相同结果的表达式(即循环不变计算),在进入循环之前就对它们求值。请注意,"在循环之前"的说法假设了存在一个循环入口。所谓循环入口就是一个基本块,所有循环外部到循环的跳转指令都以它为目标(见 8.4.5 节)。

例 9.5 在下面的 while 语句中,对 $limit - 2$ 的求值是一个循环不变计算:

```
while (i <= limit-2) /* 不改变limit值的语句*/
```

进行代码移动之后将得到如下的等价代码:

```
t = limit-2
while (i <= t)  /* 不改变limit或t值的语句 */
```

现在,$limit - 2$ 的计算只在进入循环之前被执行一次。之前,如果我们重复循环体 n 次,就会对 $limit - 2$ 计算 $n + 1$ 次。 □

9.1.8 归纳变量和强度消减

另一个重要的优化是在循环中找到归纳变量并优化它们的计算。对于一个变量 x,如果存在一个正的或负的常数 c 使得每次 x 被赋值时它的值总是增加 c,那么 x 就称为"归纳变量"。比如,在图 9-5 中,i 和 $t2$ 都是 B_2 组成的循环中的归纳变量。归纳变量可以通过每次迭代进行一次简单的增量运算(加法或减法)来计算。把一个高代价的运算(比如乘法)替换为一个代价较低的运算(比如加法)的转换被称为强度消减(strength reduction)。但是归纳变量不仅允许我们在适当的时候进行强度消减优化;在我们沿着循环运行时,如果有一组归纳变量的值的变化保持步调一致,我们常常可以将这组变量删剩一个。

在处理循环时，按照"从里到外"的方式进行工作是很有用的。也就是说，我们应该从内部循环开始，然后逐步处理较大的外围循环。这样，我们将看到这个优化是如何从最内层的循环之一（即 B_3）开始被应用到我们的快速排序例子中的。请注意，j 和 $t4$ 的值的步调保持一致；因为 $4*j$ 被赋给 $t4$，每次 j 的值减少 1 时 $t4$ 的值就减少 4。变量 j 和 $t4$ 就形成了一个很好的归纳变量对的例子。

当一个循环中存在两个或更多的归纳变量时，有可能只留下一个而删除其他的变量。对于图 9-5 中的内层循环 B_3，我们不能把 j 或 $t4$ 完全删除。$t4$ 在 B_3 中使用，而 j 在 B_4 中使用。但是，我们可以用这个例子来说明强度消减优化以及归纳变量消除的部分过程。当考虑由 B_2、B_3、B_4、B_5 组成的外层循环时，j 最终会被消除。

例 9.6 在图 9-5 中，关系 $t4 = 4*j$ 在对 $t4$ 赋值之后一定成立，并且 $t4$ 没有在内层循环 B_3 中的其他地方被改变，这意味着关系 $t4 = 4*j + 4$ 在紧跟语句 $j = j-1$ 之后必然成立。因此我们可以用 $t4 = t4-4$ 来替代赋值语句 $t4 = 4*j$。唯一的问题是在我们第一次进入基本块 B_3 时，$t4$ 还没有值。

因为我们必须在进入基本块 B_3 的时候保证关系 $t4 = 4*j$ 成立，所以在初始化 j 本身的基本块的尾部放置了一个对 $t4$ 的初始化语句。这个语句在图 9-8 中以附加在基本块 B_1 上的虚线框表示。虽然我们增加了一个指令，但是它只会在基本块 B_1 中执行一次。只要乘法运算比加法或者减法需要更多的时间，那么把一个乘法运算替换为减法运算就能加快目标代码的执行速度。而这个结论在很多机器上都成立。 □

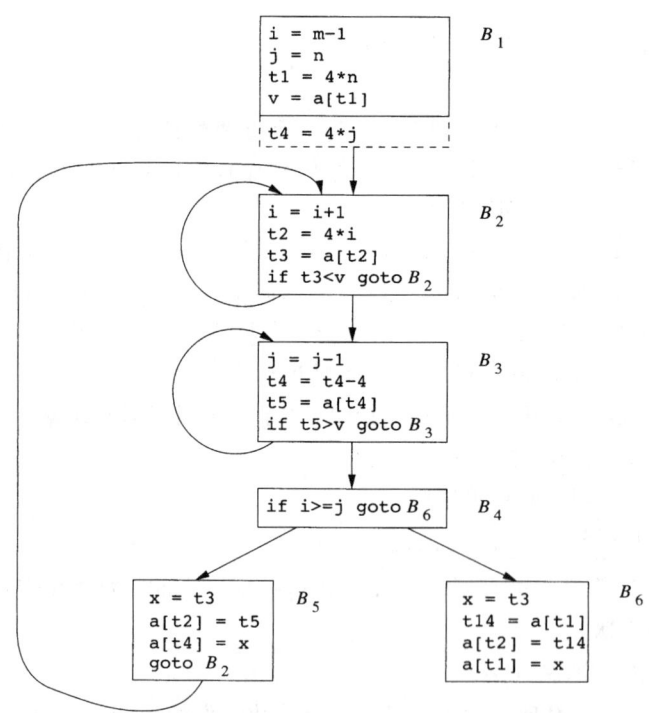

图 9-8 对基本块 B_3 中的 $4*j$ 应用强度消减优化

我们用另一个归纳变量消除的例子来结束本节。在这个例子中，我们将在包含了 B_2、B_3、B_4 和 B_5 的外层循环中处理 i 和 j。

例 9.7 在强度消减优化被应用到分别环绕 B_2、B_3 的两个内部循环之后，i 和 j 的唯一用途是计算基本块 B_4 中的测试的结果。我们知道 i 和 $t2$ 的值满足关系 $t2 = 4*i$，而 j 和 $t4$ 的值满足关

系 $t4 = 4*j$。因此，测试 $i \geq j$ 可以被替换为 $t2 \geq t4$。一旦进行这个替换，B_2 中的 i 和 B_3 中的 j 就变成了死变量，而在这些基本块中对它们的赋值就变成了可以删除的死代码。最后得到的流图如图 9-9 所示。

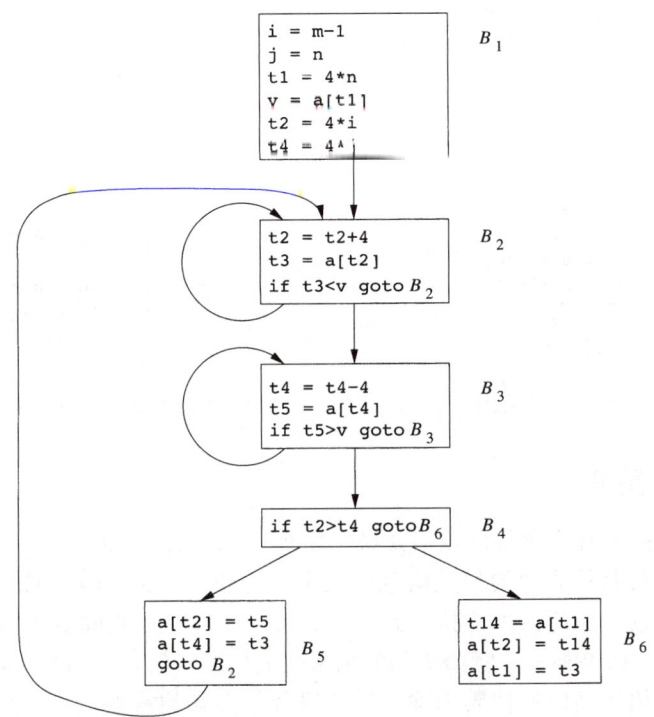

图 9-9 归纳变量消除之后的流图

我们已经讨论的代码改进转换都是很有效的。和图 9-3 中原来的流图相比，图 9-9 中基本块 B_2 和 B_3 中的指令数由 4 条减少为 3 条。B_5 中的指令数目由 9 条减少到 3 条，而 B_6 中的指令数目由 8 条减少到 3 条。确实，B_1 中的指令从 4 条指令增长为 6 条指令，但是在这个代码片断中 B_1 只被执行一次，因此总的运行时间几乎不会受到 B_1 的大小的影响。

9.1.9 9.1 节的练习

练习 9.1.1：对于图 9-10 中的流图：

1）找出流图中的循环。

2）B_1 中的语句(1)和(2)都是复制语句。其中 a 和 b 都被赋予了常量值。我们可以对 a 和 b 的哪些使用进行复制传播，并把对它们的使用替换为对一个常量的使用？在所有可能的地方进行这种替换。

3）对每个循环，找出所有的全局公共子表达式。

4）寻找每个循环中的归纳变量。同时要考虑在(2)中引入的所有常量。

5）寻找每个循环的全部循环不变计算。

练习 9.1.2：把本节中的转换技术应用到图 8-9 中的流图上。

练习 9.1.3：把本节中的转换应用到练习 8.4.1 和练习 8.4.2 中得到的流图中去。

练习 9.1.4：图 9-11 中是用来计算两个向量 A 和 B 的点积的中间代码。尽你所能，通过下列方式优化这个代码：消除公共子表达式，对归纳变量进行强度消减，消除归纳变量。

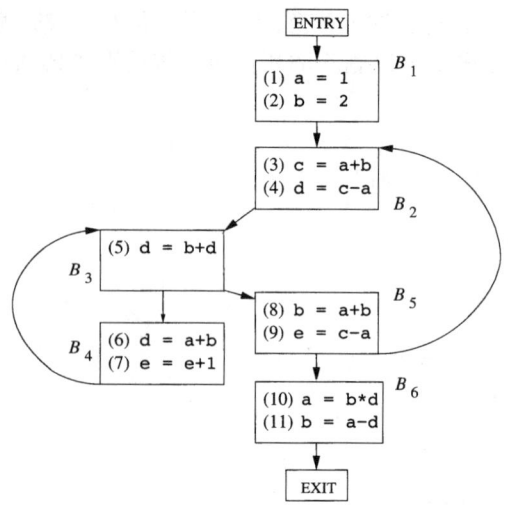

图 9-10 练习 9.1.1 的流图

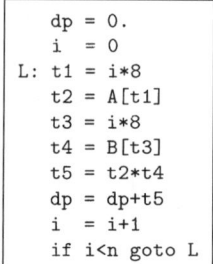

图 9-11 计算点积的中间代码

9.2 数据流分析简介

在 9.1 节中介绍的所有优化都依赖于数据流分析。"数据流分析"指的是一组用来获取有关数据如何沿着程序执行路径流动的相关信息的技术。比如，实现全局公共子表达式消除的方法之一要求我们确定在程序的任何可能执行路径上，两个在文字上相同的表达式是否会给出相同的值。另一个例子是，如果某一个赋值语句的结果在任何后续的执行路径中都没有被使用，那么我们可以把这个赋值语句当作死代码消除。这些以及很多其他重要问题，都可以通过数据流分析来回答。

9.2.1 数据流抽象

从 1.6.2 节中可知，程序的执行可以看作是对程序状态的一系列转换。程序状态由程序中的所有变量的值组成，同时包括运行时刻栈的栈顶之下各个栈帧的相关值。一个中间代码语句的每次执行都会把一个输入状态转换成一个新的输出状态。这个输入状态和处于该语句之前的程序点相关联，而输出状态和该语句之后的程序点相关联。

当我们分析一个程序的行为时，我们必须考虑程序执行时可能采取的各种通过程序的流图的程序点序列（"路径"）。然后我们从各个程序点上可能的程序状态中抽取出需要的信息，用以解决特定数据流分析问题。在更加复杂的分析中，我们必须考虑调用和返回执行时会形成在不同过程的流图之间跳转的路径。但是，在我们刚开始研究的时候，我们将关注穿越单个过程的单个流图的路径。

让我们看一下流图会给出哪些关于可能执行路径的信息。

- 在一个基本块内部，一个语句之后的程序点和它的下一个语句之前的程序点相同。
- 如果有一个从基本块 B_1 到基本块 B_2 的边，那么 B_2 的第一个语句之前的程序点可能紧跟在 B_1 的最后一个语句后的程序点之后。

这样，我们可以把从点 p_1 到点 p_n 的一个执行路径（excution path，简称路径）定义为满足下列条件的点的序列 $p_1, p_2, \cdots, p_n$：对于每个 $i = 1, 2, \cdots, n-1$：

1) 要么 p_i 是紧靠在一个语句前面的点，且 p_{i+1} 是紧跟在该语句后面的点。
2) 要么 p_i 是某个基本块的结尾，且 p_{i+1} 是该基本块的一个后继基本块的开头。

机器无关优化

一般来说，一个程序有无穷多条可能的执行路径，执行路径的长度并没有上界。程序分析把可能出现在某个程序点上的所有程序状态总结为有穷的特性集合。不同的分析技术可以选择抽象掉不同的信息，并且一般来说，没有哪个分析会给出状态的完全表示。

例 9.8 即使是图 9-12 中的简单程序也描述了无限多个执行路径。最短的完全执行路径由程序点(1,2,3,4,9)组成，它不进入任何循环。次短的路径执行一次循环，它由程序点(1,2,3,4,5,6,7,8,3,4,9)组成。在这个例子中，我们知道在第一次执行程序点(5)时，因为 d_1 的定值，a 的值必然是1。我们说 d_1 在第一次迭代的时候到达了点(5)。在其后的迭代中，d_3 到达了点(5)，a 的值是243。 □

一般来说，跟踪所有路径上的所有程序状态是不可能的。在数据流分析中，我们并不区分到达一个程序点的路径之间的差异。此外，我们并不跟踪整个状态，而是抽象掉某些细节，只保留进行分析所需要的数据。下面的两个例子将说明一个程序点上的同一个状态可以导出不同的抽象信息。

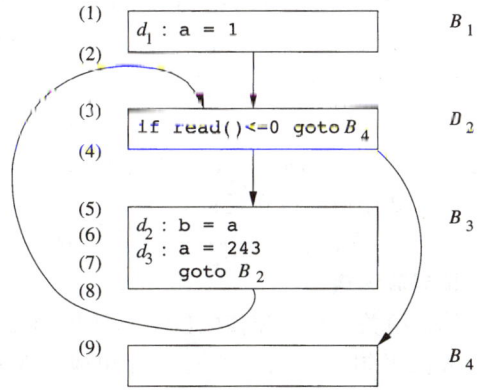

图 9-12 说明数据流抽象的例子程序

1) 为了帮助用户调试他们的程序，我们可能希望找出在某个程序点上一个变量可能有哪些值，以及这些值可能在哪里定值。比如，我们可能对在程序点(5)上的所有程序状态进行如下总结：a 的值总是 $\{1, 243\}$ 中的一个，而它由 $\{d_1, d_2\}$ 中的一个定值。可能沿着某条路径到达某个程序点的定值称为**到达定值**(reaching definition)。

2) 假设我们感兴趣的不是到达定值，而是常量折叠的实现。如果对变量 x 的某次使用只有一个定值可以到达，并且该定值把一个常量赋给 x，那么我们可以简单地把 x 替换为该常量。另一方面，如果有多个对 x 的定值可以到达某一个程序点，我们就不能对 x 进行常量折叠转换。因此，为了进行常量折叠，我们希望找到这样的定值：对于某个给定的程序点，不管执行哪条路径，它们都是唯一到达该点的对相应变量的定值。对于图 9-12 中的点(5)，没有哪个定值是到达该点的对 a 的唯一定值，因此对于点(5)上的 a 来说，这个集合是空的。即使一个变量在某个点上被唯一定值，该定值必须把一个常量值赋给该变量，才可能进行常量折叠转换。这样，我们可以简单地把某些变量描述成"非常量"，而不是记录它们所有可能的取值，或者所有可能的定值。

因此，我们看到，根据分析的目的，同样的信息可以通过不同的方式进行概括。 □

9.2.2 数据流分析模式

在所有的数据流分析应用中，我们都会把每个程序点和一个**数据流值**(data-flow value)关联起来。这个值是在该点可能观察到的所有程序状态的集合的抽象表示。所有可能的数据流值的集合称为这个数据流应用的**域**(domain)。比如，到达定值的数据流值的域是程序的定值集合的所有子集的集合。某个数据流值是一个定值的集合，而我们希望把程序中的每个点和可能到达该点的定值的精确集合关联起来。如上面讨论的，对于抽象方式的选择依赖于分析的目标。考虑到效率问题，我们只跟踪相关的信息。

我们把每个语句 s 之前和之后的数据流值分别记为 $IN[s]$ 和 $OUT[s]$。**数据流问题**(data-flow problem)就是要对一组约束求解。这组约束对所有的语句 s 限定了 $IN[s]$ 和 $OUT[s]$ 之间的关系。约束分为两种：基于语句语义(传递函数)的约束和基于控制流的约束。

传递函数

在一个语句之前和之后的数据流值受该语句的语义的约束。比如,假设我们的数据流分析涉及确定各个程序点上各变量的常量值。如果变量 a 在执行语句 b = a 之前的值为 v,那么在该语句之后 a 和 b 的值都是 v。一个赋值语句之前和之后的数据流值的关系被称为传递函数(transfer function)。

传递函数有两种风格:信息可能沿着执行路径向前传播,或者沿着执行路径逆向流动。在一个前向数据流问题中,一个语句 s 的传递函数(通常被记为 f_s)以语句前的数据流值作为输入,并产生语句之后的新数据流值。也就是

$$\text{OUT}[s] = f_s(\text{IN}[s])$$

反过来,在一个逆向流问题中,语句 s 的传递函数 f_s 把一个语句之后的数据流值转变成为语句之前的新数据流值。也就是:

$$\text{IN}[s] = f_s(\text{OUT}[s])$$

控制流约束

第二组关于数据流值的约束是从控制流中得到的。基本块中的控制流很简单。如果一个基本块 B 由语句 $s_1, s_2, \cdots, s_n$ 顺序组成,那么 s_i 输出的控制流值[⊖]和输入 s_{i+1} 的控制流值相同。也就是

$$\text{IN}[s_{i+1}] = \text{OUT}[s_i] \quad i = 1, 2, \cdots, n-1$$

基本块之间的控制流边会生成一个基本块的最后一个语句和后继基本块的第一个语句之间的约束,这些约束更加复杂。比如,如果对可能到达一个程序点的所有定值感兴趣,那么到达一个基本块的首语句的定值的集合就是到达它的各个前驱基本块的最后一个语句之后的定值集合的并集。下一节将给出基本块之间数据流的细节。

9.2.3 基本块上的数据流模式

从技术上讲,数据流模式涉及程序中每个点上的数据流值。但是如果我们认识到基本块内部的数据流处理通常很简单,就可以节约数据流分析所需的时间和空间。控制流从基本块的开始流动到结尾,中间没有中断或者分支。这样,我们就可以用进入和离开基本块的数据流值的方式来重新描述这个模式。对于每个基本块 B,我们把紧靠其前和紧随其后的数据流值分别记为 IN[B] 和 OUT[B]。关于 IN[B] 和 OUT[B] 的约束可以按照下面的方法,根据关于 B 中的各个语句 s 的 IN[s] 和 OUT[s] 的约束得到。

假设基本块由语句 $s_1, s_2, \cdots, s_n$ 顺序组成。如果 s_1 是基本块 B 的第一个语句,那么 IN[B] = IN[s_1]。类似地,如果 s_n 是基本块 B 的最后一个语句,那么 OUT[B] = OUT[s_n]。基本块 B 的传递函数记为 f_B,它可以通过将该基本块中各语句的传递函数组合起来获得该传递函数。也就是说,设 f_{s_i} 是语句 s_i 的传递函数,那么 $f_B = f_{s_n} \circ \cdots \circ f_{s_2} \circ f_{s_1}$。该基本块的开头和结尾处的数据流值的关系是

$$\text{OUT}[B] = f_B(\text{IN}[B])$$

因基本块之间的控制流而产生的约束可以很容易地通过重写得到,把原来约束中的 IN[s_1] 和 OUT[s_n] 分别替换为 IN[B] 和 OUT[B] 即可。比如,如果一个数据流值表示的是可能被赋予某个变量的常量集合,那么我们就得到一个前向流问题,其中

$$\text{IN}[B] = \bigcup_{P \text{是}B\text{的一个前驱}} \text{OUT}[P]$$

⊖ 原文如此,但是似乎应该是"数据流值"。——译者注

我们很快就会在处理活跃变量分析时看到逆向数据流问题。逆向数据流问题的方程是类似的,但是 IN 和 OUT 值的角色被调换了。也就是说:

$$\text{IN}[B] = f_B(\text{OUT}[B])$$
$$\text{OUT}[B] = \bigcup_{S \text{是} B \text{的一个后继}} \text{IN}[S]$$

和线性算术方程不同,数据流方程通常没有唯一解。我们的目标是寻找一个最"精确的"满足这两组约束(即控制流和传递的约束)的解。也就是说,我们需要一个解,它能够支持有效的代码改进,但是又不会导致不安全的转换。这些不安全的转换改变了程序计算的内容。在后面数据流分析中的"保守主义"部分对这个问题进行了简短的讨论,在 9.3.4 节中给出了更加深入的讨论。在下面的小节中,我们将讨论可通过数据流分析解决的问题的某些最重要的例子。

9.2.4 到达定值

"到达定值"是最常见和有用的数据流模式之一。只要知道当控制到达程序中每个点的时候,每个变量 x 可能在程序中的哪些地方被定值,我们就可以确定很多有关 x 的性质。下面仅仅给出两个例子:一个编译器能够根据到达定值信息知道 x 在点 p 上的值是否为常量,而如果 x 在点 p 上被使用,则调试器可以指出 x 是否未经定值就被使用。

如果存在一条从紧随在定值 d 后面的程序点到达某一个程序点 p 的路径,并且在这条路径上 d 没有被"杀死",我们就说定值 d 到达程序点 p。如果在这条路径上有对变量 x 的其他定值,我们就说变量 x 的这个定值被"杀死"了⊖。直观地讲,如果某个变量 x 的一个定值 d 到达点 p,在点 p 处使用的 x 的值可能就是由 d 最后定值的。

探测未定值先使用

下面介绍我们如何使用到达定值问题的解来探测未定值先使用的情况。其窍门是在流图的入口处对每个变量 x 引入一个哑定值。如果 x 的哑定值到达了一个可能使用 x 的程序点 p,那么 x 就可能在定值之前被使用。请注意,我们永远不能绝对肯定这个程序包含一个错误。因为有可能存在某种原因使得到达 p 点而没有真正对 x 赋值的路径实际上并不存在。这个原因可能涉及复杂的逻辑问题。

变量 x 的一个定值是(可能)将一个值赋给 x 的语句。过程参数、数组访问和间接引用都可以有别名,因此指出一个语句是否向特定程序变量 x 赋值并不是件容易的事情。程序分析必须是保守的。如果我们不知道一个语句是否给 x 赋了一个值,我们必须假设它可能对 x 赋值。也就是说,在语句 s 之后,变量 x 的值可能还是 s 执行之前的原值,但也可能变成了 s 所产生的新值。为简单起见,在本章的其余部分我们假设仅仅处理没有别名的程序变量。这类变量包括大多数语言中的局部标量变量。在处理 C 或者 C++语言时,有些局部变量的地址会被计算出来,这种局部变量不属于这类变量。

例 9.9 图 9-13 中显示的是一个具有 7 个定值的流图。让我们注意观察所有到达基本块 B_2 的定值。所有在 B_1 中的定值都到达了基本块 B_2 的开头。因为在转回基本块 B_2 的循环中找不到其他的对 j 的定值,基本块 B_2 中的定值 d_5: j=j-1 也可以到达基本块 B_2 的开头。但是,这个定值杀死了定值 d_2: j=n,使得 d_2 不能到达 B_3 和 B_4。B_2 中的语句 d_4: i=i+1 却不能到达 B_2

⊖ 注意,路径中可能包含循环,因此我们可能沿着这条路径到达 d 的另一次出现。这种情况下,d 没有被"杀死"。

的开头，这是因为变量 i 总是被 d_7：i = u3 重新定值。最后，定值 d_6：a = u2 也能够到达 B_2 的开头。 □

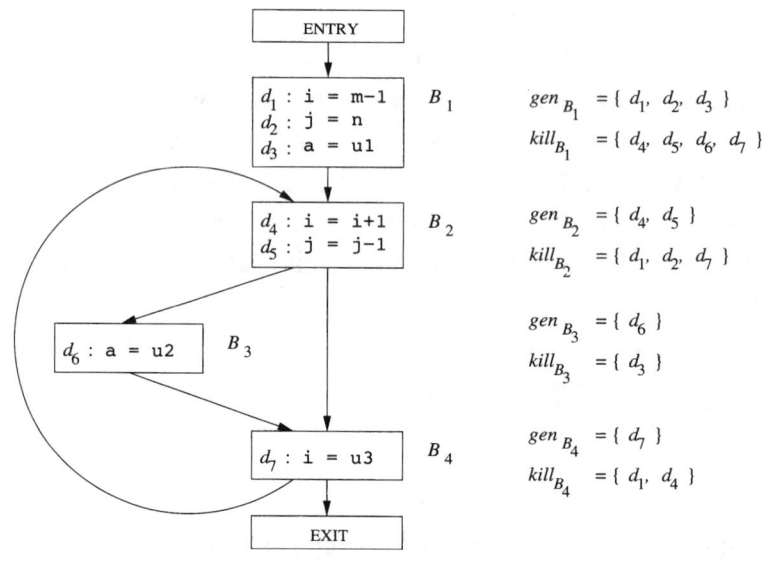

图 9-13　演示到达定值的流图

我们在前面定义到达定值时，有时允许一定的不精确性。但是它们都是在"安全"或者说"保守"的方向上不精确。比如，请注意我们假设一个流图的所有边都可以通过。在实践中这个假设可能是不正确的。再比如，在下面的程序片断中，没有哪个 a 和 b 的取值可以使得控制流真的能够到达 *statement* 2：

　　if (a == b) *statement* 1; else if (a == b) *statement* 2;

在一般情况下，决定一个流图的每条路径是否都可以被执行是一个不可判定问题。因此，我们简单地假设流图中的每条路径都可能在程序的某次执行时通过。在大部分到达定值的应用中，在一个定值不可能到达某点的情况下假设其能够到达是保守的。因此，我们可以允许那些在程序实际执行中根本不会被遍历的路径，我们也可以安全地允许定值穿越某个对同一变量的不明确定值。

数据流分析中的保守主义

实际数据流值是通过程序的所有可能执行路径来定义的。所有的数据流模式计算得到的都是对实际数据流值的估算。我们必须保证所有的估算误差都在"安全"的方向上。如果一个策略性决定不允许我们改变程序计算出的内容，它就被认为是"安全的"（或者说"保守的"）。遗憾的是，安全的策略会让我们错失一些能够保持程序含义的代码改进机会。但实际上对所有的代码优化技术而言，没有哪个安全的策略可以不错失任何机会。使用不安全策略就是以改变程序含义的代价来加快代码速度。一般来说，这是不可接受的。

因此在设计一个数据流模式的时候，我们必须知道这些信息将如何被使用，并保证我们做出的任何估算都是在"保守"或者说"安全"的方向上。每个模式和应用都要单独考虑。比如，如果我们把到达定值信息用于常量折叠，那么把一个实际不可到达的定值当作可到达就是安全的（我们可能在 x 实际是一个常量且可以被折叠的情况下认为 x 不是一个常量），但是把一个实际可到达的定值当作不可到达就是不安全的（我们可能把 x 替换为一个常量，但是实际上程序有时会赋予 x 一个不同于该常量的值）。

到达定值的传递方程

现在我们为到达定值问题设置约束。我们首先检查单个语句的细节。考虑一个定值

$$d: u = v+w$$

在这里,+号代表了一个一般性的二元运算符。以后我们经常会这么做。

这个语句"生成"了一个变量 u 的定值 d,并"杀死"了程序中其他对 u 的定值,而进入这个语句的其他定值都没有受到影响。因此,定值 d 的传递函数可以被表示为

$$f_d(x) = gen_d \cup (x - kill_d) \tag{9.1}$$

其中 $gen_d = \{d\}$,即由这个语句生成的定值的集合,而 $kill_d$ 是程序中所有其他对 u 的定值。

我们在 9.22 节讨论过,一个基本块的传递函数可以通过把它包含的所有语句的传递函数组合起来而构造得到。下面我们会看到,形如(9.1)的函数的组合仍然是这种形式。我们把这种形式称为"生成-杀死形式"。假设有两个函数 $f_1(x) = gen_1 \cup (x - kill_1)$ 和 $f_2(x) = gen_2 \cup (x - kill_2)$。那么

$$f_2(f_1(x)) = gen_2 \cup (gen_1 \cup (x - kill_1) - kill_2)$$
$$= (gen_2 \cup (gen_1 - kill_2)) \cup (x - (kill_1 \cup kill_2))$$

这个规则可以扩展到由任意多个语句组成的基本块。假设基本块 B 有 n 个语句,而第 i 个语句的传递函数为 $f_i(x) = gen_i \cup (x - kill_i)$,$i = 1, 2, \cdots, n$,那么基本块 B 的传递函数可以写成:

$$f_B(x) = gen_B \cup (x - kill_B)$$

其中

$$kill_B = kill_1 \cup kill_2 \cup \cdots \cup kill_n$$

而

$$gen_B = gen_n \cup (gen_{n-1} - kill_n) \cup (gen_{n-2} - kill_{n-1} - kill_n) \cup$$
$$\cdots \cup (gen_1 - kill_2 - kill_3 - \cdots - kill_n)$$

因此,和单个语句一样,一个基本块也会生成一个定值集合并杀死一个定值集合。集合 gen 中包含了所有在紧靠基本块之后的点上"可见"的该基本块中的定值——我们把它们称为"向下可见"(downwards exposed)的。在一个基本块中,一个定值是向下可见的,仅当它没有被同一个基本块中较后的对同一变量的定值"杀死"。一个基本块的 $kill$ 集就是所有被块中各个语句杀死的定值的集合。请注意,一个定值可能同时出现在基本块的 gen 集和 $kill$ 集中。在这种情况下,该定值会被这个基本块生成,即优先考虑该定值是否在 gen 集中。这是因为在 gen-kill 形式中,$kill$ 集会在 gen 集之前被使用。

例 9.10 基本块

$$d_1: \quad a = 3$$
$$d_2: \quad a = 4$$

的 gen 集是 $\{d_2\}$,因为 d_1 不是向下可见的。基本块的 $kill$ 集包括了 d_1 和 d_2,因为 d_1 杀死了 d_2,d_2 杀死了 d_1。虽然如此,因为减去 $kill$ 集的运算先于和 gen 集的并集运算,这个基本块的传递函数的结果中总是包含定值 d_2。 □

控制流方程

下面我们考虑根据基本块之间的控制流得到的约束集合。因为只有一个定值能够沿着至少一条路径到达某个程序点,那么这个定值就到达该程序点,所以只要从 P 到 B 有一条控制流边,$OUT[P] \subseteq IN[B]$ 就成立。然而,一个定值到达某个程序点的必要条件是它能够沿着某条路径到达这个程序点,因此 $IN[B]$ 不应该大于 B 的所有前驱基本块出口点的到达定值的并集。也就是说,可以安全地假设如下的方程式成立:

$$\text{IN}[B] = \bigcup\nolimits_{P\text{是}B\text{的一个前驱基本块}} \text{OUT}[P]$$

我们把并集运算称为到达定值的交汇运算(meet operator)。在任何数据流模式中，我们用交运算来汇总各条路径会合点上不同路径所作的贡献。

到达定值的迭代算法

我们假设每个控制流图都有两个空基本块，包括代表了这个图的开始点的 ENTRY 结点以及 EXIT 结点，所有离开这个图的控制流都流向它。因为没有定值到达这个图的开始，所以基本块 ENTRY 的传递函数是一个简单的返回空集 $\emptyset$ 的常函数，即 $\text{OUT}[\text{ENTRY}] = \emptyset$。

到达定值问题使用下面的方程定义：

$$\text{OUT}[\text{ENTRY}] = \emptyset$$

且对于所有的不等于 ENTRY 的基本块 B，有

$$\text{OUT}[B] = gen_B \cup (\text{IN}[B] - kill_B)$$

$$\text{IN}[B] = \bigcup\nolimits_{P\text{是}B\text{的一个前驱基本块}} \text{OUT}[P]$$

可以使用下面的算法来求这个方程组的解。这个算法的结果是这个方程组的最小不动点(least fixedpoint)，即对于各个 IN 和 OUT，这个解给出的值总是此方程组的其他解所给出的值的子集。下面这个算法的结果是可接受的，因为在某个 IN 或 OUT 集中的定值确实可以到达该 IN 或 OUT 所描述的程序点。这个解也是我们所期望的，因为它没有包含任何我们确定不会到达的定值。

算法 9.11 到达定值。

输入：一个流图，其中每个基本块 B 的 $kill_B$ 集和 gen_B 集都已经计算出来。

输出：到达流图中各个基本块 B 的入口点和出口点的定值的集合，即 $\text{IN}[B]$ 和 $\text{OUT}[B]$。

方法：我们使用迭代的方法来求解。一开始，我们"估计"对于所有基本块 B 都有 $\text{OUT}[B] = \emptyset$，并逐步逼近想要的 IN 和 OUT 的值。因为我们必须不停迭代直到各个 IN 值(因此各个 OUT 值也)收敛，所以我们可以使用一个布尔变量 *change* 来记录每次扫描各基本块时是否有 OUT 值发生改变。但是，在此算法及以后描述的类似算法中，我们假设用来跟踪变更情况的确切机制是可理解的，因此我们删除了这些细节。

图 9-14 中粗略地给出了这个算法。前两行对某些数据流值进行了初始化⊖。从第(3)行开始是一个循环。在循环中我们不停地迭代直到各个值收敛。第(4)行到第(6)行组成的内层循环对入口结点之外的所有基本块应用数据流方程。 □

直观地讲，算法 9.11 尽量向前传播各个定值，直到该定值被杀死，这样做模拟了程序的所有可能的执行情况。算法 9.11 最终必然会终止，因为对于每个 B，$\text{OUT}[B]$ 绝对不会变小。一旦某个定值被加入到 OUT 值中，它会一直待在那里。(见练习 9.2.6。)因为所有定值的集合是有限的，最终必然有一趟 while 循环的执行没有向任何 OUT 加入任何内容。此时算法就终止了。在此时终止迭代是安全的，因为如果各个 OUT 值没有改变，下一趟中各个 IN 值也不会改变。而如果各个 IN 值没有改变，OUT 值也不会改变，如此下去，所有后续的迭代都不会改变 IN 和 OUT 的值。

流图中的结点个数是 while 循环的迭代次数的上界。其理由是如果一个定值能够到达某个程序点，它必然可以通过无环的路径到达该点，而一个流图中的结点个数是无环路径中结点数的上

⊖ 细心的读者可能会注意到，可以很容易把(1)、(2)两行合并。但是，在类似的数据流算法中，初始化入口结点或出口结点时用的方法可能和初始化其他结点的方法不同。因此我们依照所有的迭代算法的模式，即像行(1)那样应用"边界条件"的动作，与行(2)中的初始化动作分开进行。

界。在 while 循环的每次迭代中，每个定值至少沿着问题中的路径前进一个结点。而且，根据各个结点在内层循环中被访问的顺序，它经常一次前进多个结点。

实际上，如果我们适当地安排第(4)行中 for 循环访问基本块的顺序，经验表明 while 循环的平均迭代次数小于 5(见 9.5.7 节)。因为定值的集合可以使用位向量表示，而这些集合的运算可以使用位向量上的逻辑运算来实现，算法 9.11 在实际应用中出奇地高效。

例 9.12 我们将使用位向量来表示图 9-13 中的七个定值 $d_1, d_2, \cdots, d_7$。其中左起第 i 个位表示 d_i。集合的并运算通过相应的位向量的逻辑 OR 运算实现。两个集合的差 $S-T$ 的计算方法是首先计算 T 的位向量的补，然后再将这个补和 S 的位向量进行逻辑 AND 运算。

图 9-15 中显示的是算法 9.11 中的 IN 和 OUT 集的取值。其初始值用上标 0 表示，如 $\text{OUT}[B]^0$。它们由图 9-14 中的第(2)行的循环赋值。它们都是空集，用比特向量 000 0000 表示。算法的后续迭代中的取值也使用上标表示，第一趟迭代的值标记为 $\text{IN}[B]^1$ 和 $\text{OUT}[B]^1$，第二趟迭代的值标记为 $\text{IN}[B]^2$ 和 $\text{OUT}[B]^2$。

```
1)   OUT[ENTRY] = ∅;
2)   for (除 ENTRY 之外的每个基本块 B) OUT[B] = ∅;
3)   while (某个 OUT 值发生了改变)
4)       for (除 ENTRY 之外的每个基本块 B) {
5)           IN[B] = ∪_{P 是 B 的一个前驱} OUT[P];
6)           OUT[B] = gen_B ∪ (IN[B] − kill_B);
         }
```

图 9-14 计算到达定值的迭代算法

假设第(4)行到第(6)行的 for 循环在执行时，B 依次取值

$$B_1, B_2, B_3, B_4, \text{EXIT}$$

当 $B = B_1$ 时，因为 $\text{OUT}[\text{ENTRY}] = \emptyset$，所以 $\text{IN}[B_1]^1$ 是空集，而 $\text{OUT}[B_1]^1$ 等于 gen_{B_1}。这个值和前面的值 $\text{OUT}[B_1]^0$ 不同，因此我们知道在第一轮中有些值发生了变化(因此会继续进行第二次循环)

然后我们考虑 $B = B_2$，并计算

$$\text{IN}[B_2]^1 = \text{OUT}[B_1]^1 \cup \text{OUT}[B_4]^0$$
$$= 111\,000 + 000\,0000 = 111\,0000$$
$$\text{OUT}[B_2]^1 = gen_{B_2} \cup (\text{IN}[B_2]^1 - kill_{B_2})$$
$$= 000\,1100 + (111\,0000 - 110\,0001) = 001\,1100$$

这个计算过程在图 9-15 中做了概括。比如，在第一趟循环的最后，$\text{OUT}[B_2]^1 = 001\,1100$，反应了 d_4 和 d_5 在 B_2 中生成的事实，而 d_3 到达了 B_2 的开头但是没有在 B_2 中被杀死。

请注意，在第二轮之后，$\text{OUT}[B_2]$ 的值有所改变，反映了 d_6 也到达 B_2 的开头且没有被 B_2 杀死。在第一趟中我们没有了解到这个事实，因为从 d_6 到 B_2 结尾的路径(即 $B_3 \rightarrow B_4 \rightarrow B_2$)没有在一趟中被顺序经过。也就是说，当我们知道 d_6 到达 B_4 的结尾时，我们已经在第一趟中计算了 $\text{IN}[B_2]$ 和 $\text{OUT}[B_2]$。

在第二趟之后，OUT 集合中的所有值都没有改变。因此，算法在第三趟之后终止。此时，各个 IN 和 OUT 的值如图 9-15 中最后两列所示。 □

Block B	$\text{OUT}[B]^0$	$\text{IN}[B]^1$	$\text{OUT}[B]^1$	$\text{IN}[B]^2$	$\text{OUT}[B]^2$
B_1	000 0000	000 0000	111 0000	000 0000	111 0000
B_2	000 0000	111 0000	001 1100	111 0111	001 1110
B_3	000 0000	001 1100	000 1110	001 1110	000 1110
B_4	000 0000	001 1110	001 0111	001 1110	001 0111
EXIT	000 0000	001 0111	001 0111	001 0111	001 0111

图 9-15 IN 和 OUT 的计算过程

9.2.5 活跃变量分析

有些代码改进转换所依赖的信息是按照程序控制流的相反方向进行计算的,我们现在将要研究这样的一个例子。在活跃变量分析(live-variable analysis)中,我们希望知道对于变量 x 和程序点 p,x 在点 p 上的值是否会在流图中的某条从点 p 出发的路径中使用。如果是,我们就说 x 在 p 上活跃;否则就说 x 在 p 上是死的。

活跃变量信息的重要用途之一是为基本块进行寄存器分配。在 8.6 节和 8.8 节中已经介绍了这个问题的某些方面。在一个值被计算并保存到一个寄存器中后,它很可能会在基本块中使用。如果它在基本块的结尾处是死的,就不必在结尾处保存这个值。另外,在所有寄存器都被占用时,如果我们还需要申请一个寄存器的话,那么应该考虑使用一个存放了已死亡的值的寄存器,因为这个值不需要保存到内存。

这里我们直接以 IN[B] 和 OUT[B] 的方式定义数据流方程。IN[B] 和 OUT[B] 分别表示在紧靠基本块 B 之前和紧随 B 之后的点上的活跃变量集合。这些方程可以通过以下的方法得到:首先定义各个语句的传递函数,然后再把它们组合起来得到一个基本块的传递函数。我们给出下面的定义:

1) def_B 是指如下变量的集合,这些变量在 B 中的定值(即被明确地赋值)先于任何对它们的使用。

2) use_B 是指如下变量的集合,它们的值可能在 B 中先于任何对它们的定值被使用。

例 9.13 比如,图 9-13 中的基本块 B_2 一定使用了 i。除非 i 和 j 互为对方的别名,否则会在对 j 的任何重新定值之前使用 j。假设图 9-13 中的变量之间没有别名关系,那么 $use_{B_2} = \{i, j\}$。另外,B_2 显然对 i 和 j 定值。假设没有别名问题,因为 B_2 在定值之前使用了 i 和 j,所以 $def_{B_2} = \{\}$。 □

根据这些定义,use_B 中的任何变量都必然被认为在基本块 B 的入口处活跃,而 def_B 中的变量在 B 的开头一定是死的。实际上,def_B 中的成员"杀死"了某个变量可能因从 B 开始的某条路径而成为活跃变量的任何机会。

这样,把 def 和 use 与未知的 IN 和 OUT 值联系起来的方程定义如下:

$$\text{IN}[\text{EXIT}] = \emptyset$$

且对于所有的不等于 EXIT 的基本块 B 来说:

$$\text{IN}[B] = use_B \cup (\text{OUT}[B] - def_B)$$
$$\text{OUT}[B] = \bigcup_{S\text{是}B\text{的一个后继}} \text{IN}[S]$$

第一个方程描述了边界条件,即在程序的出口处没有变量是活跃的。第二个方程说明一个变量要在进入一个基本块时活跃,必须满足下面两个条件中的一个:要么它在基本块中被重新定值之前就被使用;要么它在离开基本块时活跃且在基本块中没有对它重新定值。第三个方程说一个变量在离开一个基本块时活跃当且仅当它在进入该基本块的某个后继时活跃。

应该注意一下活跃性方程和到达定值方程之间的关系:

- 两组方程都以并集运算作为交汇运算。其原因是在各个数据流模式中,我们都沿着路径传播信息,并且我们只关心是否存在任何路径具有我们想要的性质,而不是关心某些结论是否在所有的路径上都成立。

- 但是,活跃性的信息流逆向遍历,这和控制流的方向相反。其中的原因是在这个问题中,我们试图保证在一个程序点 p 上对变量 x 的使用可以被传递到在某个执行路径中 p 之前的所有程序点,这样我们才知道在前面的这些点上 x 的值会被使用。

为了解决一个逆向传播的数据流问题,我们对 IN[EXIT](而不是 OUT[ENTRY])进行初始化。IN 和 OUT 集合的角色相互对调了,use 和 def 分别替代了 gen 和 $kill$。和到达定值问题一样,

机器无关优化

活跃性方程的解不必是唯一的,且我们希望得到具有最小活跃变量集合的解。解方程时使用的算法本质上是算法 9.11 的逆向传播版本。

算法 9.14 活跃变量分析。

输入:一个流图,其中每个基本块的 use 和 def 已经计算出来。

输出:该流图的各个基本块 B 的入口和出口处的活跃变量集合,即 $IN[B]$ 和 $OUT[B]$。

方法:执行图 9-16 中的程序。 □

```
IN[EXIT] = ∅;
for (除 EXIT 之外的每个基本块 B) IN[B] = ∅;
while (某个 IN 值发生了改变)
    for (除 EXIT 之外的每个基本块 B) {
        OUT[B] = ∪_{S 是 B 的一个后继} IN[S];
        IN[B] = use_B ∪ (OUT[B] − def_B);
    }
```

图 9-16 计算活跃变量的迭代算法

9.2.6 可用表达式

如果从流图入口结点到达程序点 p 的每条路径都对表达式 $x+y$ 求值,且从最后一个这样的求值之后到 p 点的路径上没有再次对 x 或 y 赋值⊖,那么 $x+y$ 在点 p 上可用(available)。对于可用表达式数据流模式而言,如果一个基本块对 x 或 y 赋值(或可能对它们赋值),并且之后没有再重新计算 $x+y$,我们就说该基本块"杀死"了表达式 $x+y$。如果一个基本块一定对 $x+y$ 求值,并且之后没有再对 x 或 y 定值,那么这个基本块生成表达式 $x+y$。

请注意,"杀死"或"生成"一个可用表达式的概念和达到定值中的概念并不完全相同。尽管如此,这些"杀死"或"生成"的概念在行为上和到达定值中的相应概念在本质上是一致的。

可用表达式信息的主要用途是寻找全局公共子表达式。比如,在图 9-17a 中,如果 $4*i$ 在基本块 B_3 的入口点可用,那么基本块 B_3 中的表达式 $4*i$ 就是一个公共子表达式。它在该处可用的条件是 i 在基本块 B_2 中没有被赋予一个新值,或者像图 9-17b 所示的那样在 B_2 中对 i 赋值后又重新计算了 $4*i$。

我们可以从头到尾地处理基本块内的各个语句,计算一个基本块内各个点上生成的表达式的集合。在基本块前面的点上没有任何生成的表达式。如果在点 p 处可用表达式的集合是 S,而 q 是 p 之后的点,且它们之间是语句 $x = y + z$,那么通过下面的两个步骤可得到点 q 上的可用表达式集合。

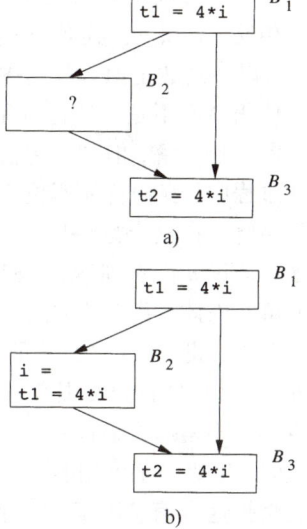

图 9-17 跨越多个基本块的潜在的公共子表达式

1) 把表达式 $y+z$ 添加到 S 中。
2) 从 S 中删除任何涉及变量 x 的表达式。

请注意,因为 x 可能和 y 或 z 相同,所以上面的步骤必须按照正确的顺序执行。在我们到达基本块的结尾处时,S 就是该基本块生成的表达式集合。而被杀死的表达式的集合就是所有类似于 $y+z$ 的表达式,其中 y 或 z 在基本块中被定值,并且这个基本块没有生成 $y+z$。

例 9.15 考虑图 9-18 中的四个语句。在第一个语句之后 $b+c$ 可用。在第二个语句之后 $a-d$ 变得可用,但是因为 b 被重新定值,$b+c$ 变得不再可用。第三个语句并没有使 $b+c$ 可用,因为 c 的值立刻就被改变了。在最后一个语句之后,因为 d 的值已经改变,$a-d$ 不再可用。因此这个基本块没有生成任何可用表达式,所有涉及 a、b、c、d 的表达式都被杀死了。 □

⊖ 请注意,如在本章中通常使用的,我们使用运算符 + 来代表一个一般性的运算符,不是一定指加法运算。

我们可以用类似于计算到达定值的方法来寻找可用表达式。假设 U 是所有出现在程序中一个或多个语句的右部的表达式的全集。对于每个基本块 B，令 IN[B] 表示在 B 的开始处可用的 U 中的表达式的集合。令 OUT[B] 表示在 B 的结尾处可用的表达式集合。定义 e_gen_B 为 B 生成的表达式的集合，而 e_kill_B 为被 B 杀死的 U 中的表达式的集合。请注意，IN、OUT、e_gen 和 e_kill 都可以使用位向量表示。下面的方程给出了未知的 IN 和 OUT 值之间，以及它们和已知量 e_gen 与 e_kill 之间的关系：

语　　句	可用表达式
a = b + c	∅
	{b + c}
b = a - d	
	{a - d}
c = b + c	
	{a - d}
d = a - d	
	∅

图 9-18　可用表达式的计算

$$\text{OUT}[\text{ENTRY}] = \emptyset$$

并且对于除 ENTRY 之外的所有基本块 B，有

$$\text{OUT}[B] = e\_gen_B \cup (\text{IN}[B] - e\_kill_B)$$
$$\text{IN}[B] = \bigcap_{P \text{是} B \text{的一个前驱}} \text{OUT}[P]$$

上面的方程和到达定值方程组看起来几乎一样。和到达定值类似，这个方程组的边界条件也是 OUT[ENTRY] = ∅，这是因为在 ENTRY 的出口处没有任何可用表达式。其中最重要的不同之处在于这个方程组的交汇运算是交集运算，而不是并集运算。因为只有当一个表达式在一个基本块的所有前驱的结尾处都可用，它才会在该基本块的开头可用，因此使用交集运算是正确的。相反，只要一个定值到达了一个基本块的任何一个前驱的结尾处，它就到达了该基本块的开头，所以在到达定值方程组中使用并集运算作为交汇运算。

使用 ∩ 而不是 ∪ 使得可用表达式方程组的表现和到达定值方程组的表现不同。虽然两组方程都没有唯一解，但到达定值方程组的解是符合"到达"的定义的最小集合。在求解到达定值方程的过程中，我们首先假设任何地方都没有定值到达，然后逐渐增大到达定值的集合，最终构建得到该解。在这个方法里，除非找到一条能把某个定值 d 传播到某个点 p 的实际路径，否则我们从来不假设 d 能够到达 p。相反，对于可用表达式方程组，我们希望得到具有最大可用表达式集合的解。因此，我们首先给出较大的近似值，然后逐步消减。

首先，我们假设"在除了入口基本块结尾处之外的所有地方，所有表达式（即集合 U）都是可用的"。只有当我们发现有一条路径使得某个表达式不可用时，我们才删除这个表达式。这种方法看起来不是那么显而易见，但是我们可以得到一个真正的可用表达式的集合。在处理可用表达式时，生成一个可用表达式的精确集合的子集是保守的。之所以说使用子集是保守的，是因为我们将把这个信息用于把一个可用表达式的计算替换为之前计算得到的值。不知道一个表达式是可用的只会使我们失去改进代码的机会，而把一个不可用的表达式认为可用则会使我们改变程序的计算结果。

例 9.16　我们将把注意力集中在图 9-19 中的基本块 B_2 上，说明 OUT[B_2] 的初始近似值对 IN[B_2] 的影响。令 G 和 K 分别为 $e\_gen_{B_2}$ 和 $e\_kill_{B_2}$ 的缩写。B_2 的数据流方程为

$$\text{IN}[B_2] = \text{OUT}[B_1] \cap \text{OUT}[B_2]$$
$$\text{OUT}[B_2] = G \cup (\text{IN}[B_2] - K)$$

令 I^j 和 O^j 分别表示 IN[B_2] 和 OUT[B_2] 的第 j 次循环计算得到的近似值，这些方程式可以被写成下列的迭代计算式：

$$I^{j+1} = \text{OUT}[B_1] \cap O^j$$
$$O^{j+1} = G \cup (I^{j+1} - K)$$

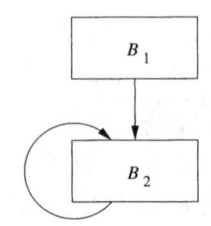

图 9-19　将 OUT 集合初始化为 ∅ 局限性太大

从 $O^0 = \emptyset$ 开始，我们得到 $I^1 = \text{OUT}[B_1] \cap O^0 = \emptyset$。但是，如果我们从 $O^0 = U$ 开始，那么我们得到 $I^1 = \text{OUT}[B_1] \cap O^0 = \text{OUT}[B_1]$，而这才是我们应该得到的值。直观地讲，以 $O^0 = U$ 作为初始值得到的解更符合我们的期望，因为这个解正确地反映了下面的事实：如果 $\text{OUT}[B_1]$ 中的某个表达式没有被 B_2 杀死，那么它在 B_2 的结尾处可用。   □

算法 9.17　可用表达式。

输入：一个流图，对其中的每个基本块 B，e_kill_B 和 e_gen_B 的值已经计算得到。流图的初始基本块是 B_1。

输出：在流图的各个基本块 B 的入口处和出口处的可用表达式集合，即 $\text{IN}[B]$ 和 $\text{OUT}[B]$。

方法：执行图 9-20 中的算法。图 9-20 中各个步骤的解释类似于图 9-14 的算法中的解释。   □

```
OUT[ENTRY] = ∅;
for (除 ENTRY 之外的每个基本块 B) OUT[B] = U;
while (某个 OUT 值发生了改变)
    for (除 ENTRY 之外的每个基本块 B) {
        IN[B] = ⋂_{P 是 B 的一个前驱} OUT[P];
        OUT[B] = e_gen_B ∪ (IN[B] − e_kill_B);
    }
```

图 9-20　计算可用表达式的迭代算法

9.2.7　小结

在本节中，我们讨论了数据流问题的三个实例：到达定值、活跃变量和可用表达式。如图 9-21 中所总结的，每个问题的定义都是通过数据流值的域、数据流的方向、传递函数族、边界条件和交汇运算来定义的。我们一般用 $\wedge$ 表示交汇运算。

图 9-21 的最后一列显示了迭代算法中使用的初始值。我们选择这些值的目的是使得迭代算法可以找到方程组的最精确解。严格地讲，这个选择并不是数据流问题的定义的一部分，因为它是为满足迭代算法的需要而人工给出的产品。还有其他途径可以解决数据流问题。比如，我们已经看到了如何把一个基本块中各个语句的传递函数组合起来得到该基本块的传递函数。

	到达定值	活跃变量	可用表达式
域	定值的集合	变量的集合	表达式的集合
方向	前向	后向	前向
传递函数	$gen_B \cup (x - kill_B)$	$use_B \cup (x - def_B)$	$e\_gen_B \cup (x - e\_kill_B)$
边界条件	$\text{OUT}[\text{ENTRY}] = \emptyset$	$\text{IN}[\text{EXIT}] = \emptyset$	$\text{OUT}[\text{ENTRY}] = \emptyset$
交汇运算($\wedge$)	$\cup$	$\cup$	$\cap$
方程组	$\text{OUT}[B] = f_B(\text{IN}[B])$ $\text{IN}[B] = \bigwedge_{P, pred(B)} \text{OUT}[P]$	$\text{IN}[B] = f_B(\text{OUT}[B])$ $\text{OUT}[B] = \bigwedge_{S, succ(B)} \text{IN}[S]$	$\text{OUT}[B] = f_B(\text{IN}[B])$ $\text{IN}[B] = \bigwedge_{P, pred(B)} \text{OUT}[P]$
初始值	$\text{OUT}[B] = \emptyset$	$\text{IN}[B] = \emptyset$	$\text{OUT}[B] = U$

图 9-21　三个数据流问题的总结

9.2.8　9.2 节的练习

练习 9.2.1：对图 9-10 中的流图（见 9.1 节的练习），计算下列值：

1）每个基本块的 *gen* 和 *kill* 集合。

2）每个基本块的 IN 和 OUT 集合。

练习 9.2.2：对图 9-10 的流图，计算可用表达式问题中的 *e_gen*、*e_kill*、IN 和 OUT 集合。

练习 9.2.3：对图 9-10 的流图，计算活跃变量分析中的 *def*、*use*、IN 和 OUT 集合。

! **练习 9.2.4**⊖：假设 V 是复数的集合。下面的哪个运算可以被用作 V 上的一个半格结构的交汇运算？

1) 加法：$(a+ib) \wedge (c+id) = (a+c) + i(b+d)$
2) 乘法：$(a+ib) \wedge (c+id) = (ac-bd) + i(ad+bc)$
3) 按分量求最小：$(a+ib) \wedge (c+id) = \min(a,c) + i\min(b,d)$
4) 按分量求最大：$(a+ib) \wedge (c+id) = \max(a,c) + i\max(b,d)$

! **练习 9.2.5**：我们曾经说过，如果一个基本块 B 由 n 个语句组成，并且第 i 个语句的 gen 集合和 kill 集合分别是 gen_i 和 $kill_i$，那么基本块 B 的传递函数的 gen 集合 gen_B 和 kill 集合 $kill_B$ 可以由下面的公式给出：

$$kill_B = kill_1 \cup kill_2 \cup \cdots \cup kill_n$$
$$gen_B = gen_n \cup (gen_{n-1} - kill_n) \cup (gen_{n-2} - kill_{n-1} - kill_n) \cup$$
$$\cdots \cup (gen_1 - kill_2 - kill_3 - \cdots - kill_n)$$

请通过对 n 的归纳来证明这个说法。

! **练习 9.2.6**：请通过对算法 9.11 中第(4)到第(6)行的 for 循环的迭代次数的归纳，证明 IN 和 OUT 的值都不会缩小。也就是说，一但某个定值在某次循环的时候被放到其中的一个集合中，它决不会在以后的某次循环中消失。

! **练习 9.2.7**：证明算法 9.11 的正确性，也就是证明：

1) 如果定值 d 被放到 IN[B] 或 OUT[B] 中，那么相应地必然有一条从 d 到基本块 B 的开始处或结尾处的路径。在这条路径中，由 d 定值的变量不会被重新定值。

2) 如果定值 d 最后没有被放到 IN[B] 或 OUT[B] 中，那么相应地必然没有从 d 到基本块 B 的开始处或结尾处的路径。在这条路径中，由 d 定值的变量不会被重新定值。

! **练习 9.2.8**：证明有关算法 9.14 的下列性质：

1) 各个 IN 和 OUT 的值不会缩小。
2) 如果变量 x 被放到 IN[B] 或 OUT[B] 中，那么相应地有一条从基本块 B 的开始处或结尾处出发的路径，在这条路径上 x 可能被使用。
3) 如果变量 x 没有被放到 IN[B] 或 OUT[B] 中，那么相应地没有从基本块 B 的开始处或结尾处出发的路径，使得 x 在这条路径上被使用。

为什么可用表达式算法是正确的

我们需要解释一下为什么下面的结论成立，即在一开始的时候把入口基本块之外的其他所有基本块的 OUT 值都设置为 U（即所有表达式的集合），最终仍可以得到这些数据流方程的保守解。也就是说，找到的可用表达式确实都是可用的。第一，因为在这个数据流模式中的交汇运算是交集运算，任何发现 $x+y$ 在某个程序点上不可用的理由都会在流图中沿着所有可能的路径向前传播，直到 $x+y$ 被重新计算并再次变得可用为止。第二，只有两个理由可能会使 $x+y$ 变成不可用的。

1) 因为 x 或 y 在基本块 B 中被定值且其后没有计算 $x+y$，因此 $x+y$ 被杀死。在这种情况下，我们第一次应用传递函数 f_B 的时候，$x+y$ 就会从 OUT[B] 中被删除。

⊖ 本练习在 9.3 节之后完成。

2) 在某些路径中，$x+y$ 一直没有被计算。因为 $x+y$ 肯定不会在 OUT[ENTRY] 中，并且它也不会在上面说的那条路径中被生成。我们可以通过对路径长度的归纳来证明 $x+y$ 最终会从这条路径的所有基本块的 IN 和 OUT 值中删除。

因此，当各个 IN 和 OUT 值不再改变的时候，图 9-20 中提到的迭代算法给出的解将只包含真正的可用表达式。

! 练习 9.2.9：证明有关算法 9.17 的下列特性。

1) 各个 IN 和 OUT 的值决不会增长。也就是说，这些集合后来的取值总是它们前面取值的子集（不一定是真子集）。

2) 如果表达式 e 从 IN[B] 或 OUT[B] 中被删除，那么必然相应地存在一条从流图入口到达 B 的开始处或结尾处的路径，要么 e 在这条路径上从没有被计算过，要么在最后一次对 e 计算之后，e 的某个参数被重新定值了。

3) 如果表达式最终保留在 IN[B] 或 OUT[B] 中，那么相应地从流图入口到基本块 B 开始处或结尾处的所有路径中，e 都被计算，且在最后一次计算 e 之后，e 的参数都没有被重新定值。

! 练习 9.2.10：细心的读者可能注意到在算法 9.11 中，我们可以把各个基本块 B 的 gen_B 初始化为 OUT[B]，这样可以减少一些运行时间。类似地，我们还可以在算法 9.14 中把 use_B 初始化为 IN[B]。我们没有这么做的原因是为了用统一的方法来处理这个主题。我们将在算法 9.25 中再次看到这一点。但是，可以在算法 9.17 中把 e_gen_B 初始化为 OUT[B] 吗？为什么可以或不可以？

! 练习 9.2.11：至今为止，我们的数据流分析没有利用条件跳转的语义。假设我们在一个基本块的结尾处找到一个如下的测试：

    if (x < 10) goto ...

我们如何利用对测试表达式 $x<10$ 的理解来改进有关到达定值的知识？请记住，在这里"改进"意味着我们要消除某些实际上永远不可能达到某个程序点的到达定值。

9.3 数据流分析基础

我们已经给出了几个数据流抽象的有用的例子，现在我们以整体的方式抽象地研究数据流模式族。我们将正式回答下列有关数据流算法的基本问题：

1) 数据流分析中用到的迭代算法在什么情况下是正确的？
2) 通过迭代算法得到的解有多精确？
3) 迭代算法收敛吗？
4) 这些方程组的解的含义是什么？

在 9.2 节中我们描述到达定值问题的时候已经非正式地回答了上面的问题。对于后来的几个数据流问题，我们并没有从头回答同样的提问，我们依靠新问题和已讨论的问题之间的相似之处来解释新问题。本节中我们试图做到一劳永逸。针对一大类的数据流问题，我们给出一个一般性的方法来严格地回答这些问题。我们首先确定数据流模式的预期特性，并证明这些特性所蕴含的信息，包括正确性、精确性、数据流算法的收敛性，以及方程组解的含义。这样，在理解老算法或者写新算法的时候，我们只需要给出相应的数据流问题定义所具有的特性，就可以立刻得到对上面各个问题的回答。

对一类模式给出一个统一的理论框架也有实践意义。这个框架有助于我们在软件设计中确定求解算法的可复用组件。因为不需要对类似的细节进行多次重复编码，所以不仅编码的工作量降低了，编程错误也会减少。

一个数据流分析框架(D, V, ∧, F)由下列元素组成

1) 一个数据流方向 D,它的取值包括 FORWARD(前向)或 BACKWARD(逆向)。
2) 一个半格(定义请见9.3.1节),它包括值集 V 和一个交汇运算 ∧。
3) 一个从 V 到 V 的传递函数族 F。这个传递函数族中必须包括可用于刻划边界条件的函数,即作用于任何数据流图中的特殊结点 ENTRY 和 EXIT 的常值传递函数。

9.3.1 半格

半格(semilattice)是满足下列条件的一个集合 V 和一个二元交汇运算 ∧。对于 V 中的所有 x、y 和 z:

1) $x \wedge x = x$(交汇运算是等幂的)。
2) $x \wedge y = y \wedge x$(交汇运算是可交换的)。
3) $x \wedge (y \wedge z) = (x \wedge y) \wedge z$(交汇运算是符合结合律的)。

半格有一个顶元素,表示为⊤,使得对于 V 中的所有 x,$\top \wedge x = x$。
半格可能还有一个底元素,表示为⊥,使得对于 V 中的所有 x,$\bot \wedge x = \bot$。

偏序

正如我们将看到的,一个半格的交汇运算定义了值域上的一个偏序。假设 ≤ 为 V 上的一个关系,如果对于 V 上的所有 x、y 和 z 都有:

1) $x \leq x$(该偏序是自反的)。
2) 如果 $x \leq y$ 且 $y \leq x$,那么 $x = y$(该偏序是反对称的)。
3) 如果 $x \leq y$ 且 $y \leq z$,那么 $x \leq z$(该偏序是传递的)

那么 ≤ 就是一个偏序(partial order)。

二元组 $(V, \leq)$ 被称为偏序集(partially ordered set, poset)。对于一个偏序集,定义如下的关系 < 会带来一些方便:

$$x < y \text{ 当且仅当 } (x \leq y) \text{ 且 } x \neq y$$

半格的偏序

为半格 $(V, \wedge)$ 定义一个如下的偏序 ≤ 会有所帮助。对于 V 中的所有 x 和 y,我们定义

$$x \leq y \text{ 当且仅当 } x \wedge y = x$$

因为交汇运算 ∧ 是等幂的、可交换的且满足结合律,上面定义的序 ≤ 就是自反的、反对称的和传递的。下面来说明其中的原因:

- 自反性:即对于所有的 x,$x \leq x$。因为交汇运算是等幂的,因此 $x \wedge x = x$。
- 反对称性:即如果 $x \leq y$ 且 $y \leq x$,那么 $x = y$。在证明中,$x \leq y$ 意味着 $x \wedge y = x$,而 $y \leq x$ 意味着 $y \wedge x = y$。根据 ∧ 的可交换性,$x = (x \wedge y) = (y \wedge x) = y$。
- 传递性:即如果 $x \leq y$ 且 $y \leq z$,那么 $x \leq z$。证明如下:$x \leq y$ 且 $y \leq z$ 意味着 $x \wedge y = x$ 且 $y \wedge z = y$。那么使用交汇运算的结合律得到 $(x \wedge z) = ((x \wedge y) \wedge z) = (x \wedge (y \wedge z)) = (x \wedge y) = x$。因为已经证明了 $x \wedge z = x$,我们有 $x \leq z$,从而证明了传递性。

例 9.18 在 9.2 节的例子中使用的交汇运算是集合的并集或交集运算。它们都是等幂的,可交换的和可结合的。对于集合的并运算,顶元素是 $\emptyset$,而底元素是全集 U。这是因为对于 U 的任何子集 x 都有 $\emptyset \cup x = x$ 且 $U \cup x = U$。对于集合的交汇运算,⊤是 U 而 ⊥ 是 $\emptyset$。半格的值域 V 就是全集 U 的所有子集的集合。这个集合有时被称为 U 的幂集(power set),并用 2^U 表示。

对于 V 中的所有 x 和 y,$x \cup y = x$ 意味着 $x \supseteq y$。因此,并集运算确定的偏序为 ⊇,即集合的包含关系。相应地,集合的交集运算确定的偏序是 ⊆,即集合的被包含关系。也就是说,对于由交

集运算所确定的偏序而言,元素较少的集合被认为是比较小的值;但是对于由并集运算确定的偏序而言,元素较多的集合却被认为是较小的。一个较大的集合在偏序中反而较小是违反直觉的。但是根据前面的定义,这种情况是不可避免的[⊖]。

9.2 节中讨论过,一个数据流方程组通常有多个解,而(根据偏序关系≤而言)最大的解是最精确的。比如,在到达定值问题中,所有的数据流方程的解中最精确的解是具有最少定值的解。这个解对应于由此问题的交汇运算(即并集运算)所定义的偏序中的最大元素。在可用表达式中,最精确的解是具有最多表达式的解。同样,它是相对于由交集运算(即此问题的交汇运算)定义的偏序的最大解。 □

最大下界

在交汇运算和它确定的偏序之间还有一个有用的关系。假设 $(V, \wedge)$ 是一个半格。域元素 x 和 y 的最大下界(greatest lower bound, glb)是一个满足下列条件的元素 g:

1) $g \leq x$
2) $g \leq y$,且
3) 如果 z 是使得 $z \leq x$ 且 $z \leq y$ 成立的元素,那么 $z \leq g$。

我们的结论是,x 和 y 的交汇运算值就是它们的唯一最大下界。为了说明其中的原因,令 $g = x \wedge y$。可以观察到下列性质:

- 因为 $(x \wedge y) \wedge x = x \wedge y$,所以 $g \leq x$。这个结论的证明只涉及结合性、可交换性和等幂性质。也就是,
$$g \wedge x = ((x \wedge y) \wedge x) = (x \wedge (y \wedge x)) = (x \wedge (x \wedge y)) = ((x \wedge x) \wedge y) = (x \wedge y) = g$$
- 通过类似的论证可以得到 $g \leq y$。
- 假设 z 是任意的满足 $z \leq x$ 和 $z \leq y$ 的元素。已知 $z \leq g$,因此除非 z 就是 g,否则它不是 x 和 y 的一个最大下界。证明如下:$(z \wedge g) = (z \wedge (x \wedge y)) = ((z \wedge x) \wedge y)$。因为 $z \leq x$,我们知道 $(z \wedge x) = z$,因此 $(z \wedge g) = (z \wedge y)$。因为 $z \leq y$,我们知道 $z \wedge y = z$,因此 $z \wedge g = z$。我们已经证明了 $z \leq g$,并且得出结论 $g = x \wedge y$ 是 x 和 y 的唯一最大下界。

并函数、最小上界和格

和一个偏序集合中的元素的最大下界操作对应,我们可以把元素 x 和 y 的最小上界(least upper bound, lub)定义为满足下列条件的元素 b:$x \leq b$ 且 $y \leq b$,并且对于任何满足 $x \leq z$ 和 $y \leq z$ 的元素 z 都有 $b \leq z$。可以证明,如果存在最小上界,那么最多只有一个最小上界。

在一个真的格中有两个域元素上的运算:我们已经看到的交汇运算 $\wedge$,以及记为 $\vee$ 的并函数。并(join)函数给出了两个元素的最小上界。因此格中的元素总是存在最小上界。至今为止我们一直讨论的是"半个"格,即只存在交汇运算和并函数之一。也就是说,我们的半格是一个交半格(meet semilattice)。人们也可以讨论并半格(join semilattice),即只有并函数的半格。实际上有些程序分析的文献就使用并半格的概念。因为传统的数据流文献讲的是交半格,所以在本书中我们也使用交半格。

格图

把域 V 画成一个格图对我们会有所帮助。格图的结点是 V 的元素,而它的边是向下的,即如

[⊖] 并且,如果我们把偏序定义为 ≥ 而不是 ≤,对于并集而言就不会产生这样的问题,但是对于交集而言还是会有这样的问题。

果 $y \leqslant x$，那么从 x 到 y 有一个边。比如，图 9-22 给出了一个到达定值数据流模式的集合 V。其中有三个定值：d_1、d_2 和 d_3。因为半格中的偏序关系 $\leqslant$ 是 $\supseteq$，从这三个定值的集合的子集到其所有超集有一个向下的边。因为 $\leqslant$ 是传递的，如果图中有一条从 x 到 y 的路径，我们可以按照惯例省略从 x 到 y 的边。因此，虽然在这个例子中 $\{d_1, d_2, d_3\} \leqslant \{d_1\}$，我们并没有画出这条边，因为这个边可以用经过 $\{d_1, d_2\}$ 的路径来表示。

有一点也很有用，即我们可以从这样的图中读出交汇值。因为 $x \wedge y$ 就是它们的最大下界，因此这个值总是最高的、从 x 和 y 都有向下的路径到达的元素 z。比如，如果 x 是 $\{d_1\}$ 而 y 是 $\{d_2\}$，那么图 9-22 中的 z 就是 $\{d_1, d_2\}$。这是正确的，因为这里的交汇运算是并集运算。顶元素将出现在格图的顶部，也

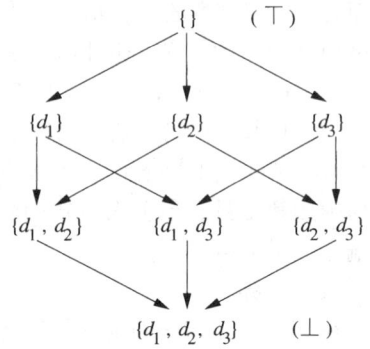

图 9-22 定值的子集的格

就是说，从⊤到图中的每个元素都有一条向下的路径。类似地，底元素将出现在图的底部，从每个元素都有一条边到达⊥。

乘积格

图 9-22 中只涉及了三个定值，而一个典型程序的格图可能相当大。数据流值的集合是定值的幂集。因此如果一个程序中有 n 个定值，则该程序的数据流值集合包含 2^n 个元素。但是，一个定值是否到达某个程序点和其他定值的可达性无关。我们因此可以用"乘积格"的方式来表示定值的格 ⊖。这个乘积格由各个定值对应的简单格构造得到。也就是说，如果程序中只有一个定值 d，那么相应的格将只包括两个元素：空集 $\{\}$（它是顶元素）以及 $\{d\}$（它是底元素）。

严格地讲，我们按照下面的方式构造乘积格。假设 $\{A, \wedge_A\}$ 和 $\{B, \wedge_B\}$ 是两个（半）格。这两个格的乘积格定义如下：

1）乘积格的域是 $A \times B$。

2）乘积格的交汇运算 $\wedge$ 定义如下：如果 (a, b) 和 (a', b') 是乘积格域中的元素，那么

$$(a, b) \wedge (a', b') = (a \wedge_A a', b \wedge_B b') \tag{9.2}$$

乘积格的偏序可以很简单地用 A 的偏序 $\leqslant_A$ 和 B 的偏序 $\leqslant_B$ 来表示：

$$(a, b) \leqslant (a', b') \text{ 当且仅当 } a \leqslant_A a' \text{ 且 } b \leqslant_B b' \tag{9.3}$$

为了看出为什么从式（9.19）可以推出式（9.20），请注意下面的性质：

$$(a, b) \wedge (a', b') = (a \wedge_A a', b \wedge_B b')$$

我们可能会问在什么情况下 $(a \wedge_A a', b \wedge_B b') = (a, b)$？当且仅当 $a \wedge_A a' = a$ 且 $b \wedge_B b' = b$ 的时候这个等式成立。而这两个条件和 $a \leqslant_A a'$ 和 $b \leqslant_B b'$ 是一回事。

格的乘积是一个满足结合律的运算，因此我们可以证明规则（9.2）和（9.3）可以被扩展到任意多个格。也就是说，如果我们有格 $(A_i, \wedge_i)(i = 1, 2, \cdots, k)$，那么这 k 个格按照这个顺序的乘积的域为 $A_1 \times A_2 \times \cdots \times A_k$，其交汇运算定义为：

$$(a_1, a_2, \cdots, a_k) \wedge (b_1, b_2, \cdots, b_k) = (a_1 \wedge_1 b_1, a_2 \wedge_2 b_2, \cdots, a_k \wedge_k b_k)$$

而偏序定义为

$$(a_1, a_2, \cdots, a_k) \leqslant (b_1, b_2, \cdots, b_k) \text{ 当且仅当对于所有的 } i, a_i \leqslant b_i。$$

⊖ 在这里及以后的讨论中，我们常常会把"半格"中的"半"字去掉，因为像我们现在讨论的那些格都有一个并（或者说 lub）运算符，虽然我们不会使用这个运算符。

半格的高度

通过研究一个数据流问题中的半格的"高度",我们可以知道一些关于数据流分析算法收敛速度的信息。偏序集$(V, \leqslant)$的一个上升链(ascending chain)是一个满足$x_1 < x_2 < \cdots < x_n$的序列。一个半格的高度(height)是所有上升链中的<关系个数的最大值。也就是说,高度比链中的元素个数少一。比如,一个有n个定值的程序的到达定值半格的高度是n。

如果一个半格具有有穷的高度,就可以比较容易地证明相应的迭代数据流算法的收敛性。显然,一个由有穷值集组成的格具有有穷的高度;一个具有无穷多个值的格也可能具有有穷的高度。在常量传播算法中使用的格就是一个这样的例子,我们将在9.4节中详细地说明这个例子。

9.3.2 传递函数

一个数据流框架中的传递函数族$F: V \to V$具有下列性质:

1) F有一个单元函数I,使得对于V中的所有x,$I(x) = x$。
2) F对函数组合运算封闭。也就是说,对于F中的任意函数f和g,定义为$h(x) = g(f(x))$的函数h也在F中。

例9.19 在到达定值中,F有单元函数,即gen和$kill$都是空集的传递函数。对函数组合的封闭性实际上已经在9.2.4节中得到证明,我们在这里简单地重复一下证明过程。假设我们具有两个函数

$$f_1(x) = G_1 \cup (x - K_1) \text{ 和 } f_2(x) = G_2 \cup (x - K_2)$$

那么

$$f_2(f_1(x)) = G_2 \cup ((G_1 \cup (x - K_1)) - K_2)$$

根据代数规则,上式的右部和下式等价:

$$(G_2 \cup (G_1 - K_2)) \cup (x - (K_1 \cup K_2))$$

如果我们令$K = K_1 \cup K_2$,$G = G_2 \cup (G_1 - K_2)$,我们就证明了f_1和f_2的组合$f(x) = G \cup (x - K)$的形式表明它是F的成员。如果我们考虑可用表达式的问题,上面用于到达定值的证明也同样可以证明F具有单元函数并且对函数组合运算封闭。 □

单调的框架

要使得数据流分析问题的迭代算法能够完成任务,我们还要求数据流框架再满足一个条件。对于一个框架,如果框架中的所有传递函数都是单调的,那么我们就说这个框架是单调的。F中的传递函数f是单调函数的条件是对于域V中的任意两个元素,如果第一个元素大于第二个元素,那么f作用于第一个元素的结果也大于它作用于第二个元素所得到的结果。

正式的定义如下,一个数据流框架$(D, F, V, \wedge)$是单调的(monotone),如果

$$\text{对于所有的}V\text{中的}x\text{和}y\text{以及}F\text{中的}f, x \leqslant y \text{ 蕴含 } f(x) \leqslant f(y) \tag{9.4}$$

单调性可以被等价地定义为

$$\text{对于所有的}V\text{中的}x\text{和}y\text{以及}F\text{中的}f, f(x \wedge y) \leqslant f(x) \wedge f(y) \tag{9.5}$$

式(9.5)说明,如果我们对两个值应用交汇运算再应用函数f,那么得到的结果绝对不会大于首先将f分别应用于两个值,然后再对结果应用交汇运算而得到的值。这两个关于单调的定义看起来很不相同,它们各有各的用处。我们会发现这两个定义分别适用于不同的环境。稍后我们将给出一个简略的证明,表明它们确实是等价的。

我们将首先假设式(9.4)成立并证明式(9.5)成立。因为$x \wedge y$是x和y的最大下界,我们知道

$$x \wedge y \leqslant x \text{ 且 } x \wedge y \leqslant y$$

因此由式(9.4)可知：
$$f(x \wedge y) \leq f(x) \text{ 且 } f(x \wedge y) \leq f(y)$$
因为 $f(x) \wedge f(y)$ 是 $f(x)$ 和 $f(y)$ 的最大下界，我们证明了(9.5)。

反过来，我们假设式(9.5)成立并证明式(9.4)。我们假设 $x \leq y$ 并使用式(9.5)来得到 $f(x) \leq f(y)$ 的结论，从而证明式(9.4)。式(9.5)告诉我们
$$f(x \wedge y) \leq f(x) \wedge f(y)$$
但是因为我们已经假设了 $x \leq y$，根据定义有 $x \wedge y = x$。因此，式(9.5)表明
$$f(x) \leq f(x) \wedge f(y)$$
因为 $f(x) \wedge f(y)$ 是 $f(x)$ 和 $f(y)$ 的最大下界，我们得到 $f(x) \wedge f(y) \leq f(y)$。这样
$$f(x) \leq f(x) \wedge f(y) \leq f(y)$$
因此式(9.5)蕴含式(9.4)。

可分配的框架

数据流分析框架经常会遵守一个比式(9.5)更强的条件，我们把这个条件称为可分配条件 (distributivity condition)，即对于 V 中的所有 x 和 y 以及 F 中的所有 f，有
$$f(x \wedge y) = f(x) \wedge f(y)$$
当然，如果 $a = b$，那么根据等幂性有 $a \wedge b = a$，因此 $a \leq b$。这样，可分配性蕴含了单调性，但是反过来并不成立。

例 9.20 令 y 和 z 为到达定值框架下的定值集合。令 f 是一个定义为 $f(x) = G \cup (x - K)$ 的函数，其中 G 和 K 为某个定值的集合。通过检验下面的等式
$$G \cup ((y \cup z) - K) = (G \cup (y - K)) \cup (G \cup (z - K))$$
我们就可以证明到达定值的框架满足可分配性条件。

虽然上面的等式看起来很难，但我们可以首先考虑在 G 中的那些定值。这些定值一定都在上面等式的左部和右部所定义的两个集合中。因此我们只需要考虑不在 G 中的定值的集合。在这种情况下，我们可以把 G 从所有的地方删除，并验证等式
$$(y \cup z) - K = (y - K) \cup (z - K)$$
通过 Venn 图就可以很容易地验证这个等式。 □

9.3.3 通用框架的迭代算法

我们可以对算法 9.11 进行推广，使之能够处理各种数据流问题。

算法 9.21 通用数据流框架的迭代解法。

输入：一个由下列部分组成的数据流框架：
1) 一个数据流图，它有两个被特别标记为 ENTRY 和 EXIT 的结点。
2) 数据流的方向 D。
3) 一个值集 V。
4) 一个交汇运算 $\wedge$。
5) 一个函数的集合 F，其中 f_B 表示基本块 B 的传递函数。
6) V 中的一个常量值 v_{ENTRY} 或者 v_{EXIT}。它们分别表示前向和逆向框架的边界条件。

输出：上述数据流图中各个基本块 B 的 IN[B] 和 OUT[B] 的值。这些值在 V 中。

方法：解决前向和逆向数据流问题的算法分别显示在图 9-23a 和图 9-23b 中。和 9.2 节中的各个数据流迭代算法类似，我们通过不断近似逼近的方式来计算各个基本块的 IN 值和 OUT 值。 □

```
1) OUT[ENTRY] = v_ENTRY;
2) for (除 ENTRY 之外的每个基本块 B) OUT[B] = ⊤;
3) while (某个 OUT 值发生了改变)
4)     for (除 ENTRY 之外的每个基本块 B) {
5)         IN[B] = ⋀_{P 是 B 的一个前驱} OUT[P];
6)         OUT[B] = f_B(IN[B]);
       }
```

```
1) IN[EXIT] = v_EXIT;
2) for (除 EXIT 之外的每个基本块 B) IN[B] = ⊤;
3) while (某个 IN 值发生了改变)
4)     for (除 EXIT 之外的每个基本块 B) {
5)         OUT[B] = ⋀_{S 是 B 的一个后继} IN[S];
6)         IN[B] = f_B(OUT[B]);
       }
```

a) 前向数据流问题的迭代算法

b) 逆向数据流问题的迭代算法

图 9-23 数据流问题迭代算法的前向和逆向的版本

也可以改写算法 9.21，使得它把实现交汇运算的函数作为一个参数，同时也把实现各基本块的传递函数的函数作为参数。流图本身和边界值也都作为参数。使用这种方法，编译器的实现者就可以避免为编译器优化阶段所使用的每个数据流框架都从头编写基本迭代算法的代码。

我们可以使用至今为止讨论的抽象框架来证明该迭代算法的一组有用的性质：

1）如果算法 9.21 收敛，其结果就是数据流方程组的一个解。

2）如果框架是单调的，那么找到的解就是数据流方程组的最大不动点（Maximum FixedPoint，MFP）。一个最大不动点是一个具有下面性质的解：在任何其他解中，IN[B] 和 OUT[B] 的值和 MFP 中对应的值之间具有 ≤ 关系。

3）如果框架的半格是单调的，且高度有穷，那么这个迭代算法必定收敛。

论证这些论点时，我们首先假设框架是前向的。对于逆向框架的论证实质上是一样的。第一个性质很容易证明。如果在 while 循环结束的时候方程组没有被满足，那么各个 OUT 值（对前向框架）或 IN 值（对逆向框架）中至少有一个值改变了，我们必须再次运行该循环。

为了证明第二个性质，我们首先证明，在运行算法迭代时任意的基本块 B 的 IN[B] 和 OUT[B] 所取的值只能（相对于格中的 ≤ 关系而言）下降。这个性质可以通过归纳方法证明。

归纳基础：归纳的基础步骤是证明 IN[B] 和 OUT[B] 的值在第一个迭代之后不大于初始值。这个论断的正确性是显而易见的，因为所有不等于 ENTRY 的基本块 B 的 IN[B] 和 OUT[B] 都被初始化为 ⊤。

归纳步骤：假设经过 k 次迭代之后，那些值都不大于第 $(k-1)$ 次迭代后的值，我们要证明第 $k+1$ 次迭代和第 k 次迭代相比同样如此。图 9-23a 的第 5 行是：

$$\text{IN}[B] = \bigwedge_{P \text{ 是 } B \text{ 的一个前驱}} \text{OUT}[P]$$

我们用 IN[B]^i 和 OUT[B]^i 标记 IN[B] 和 OUT[B] 在第 i 次迭代之后的值。假设 OUT[P]^k ≤ OUT[P]$^{k-1}$，由交汇运算的性质可知 IN[B]$^{k+1}$ ≤ IN[B]^k。接下来，第 (6) 行说

$$\text{OUT}[B] = f_B(\text{IN}[B])$$

因为 IN[B]$^{k+1}$ ≤ IN[B]^k，由单调性可知 OUT[B]$^{k+1}$ ≤ OUT[B]^k。

请注意，每一个 IN[B] 和 OUT[B] 值的改变都必须满足上述等式。交汇运算返回的是其输入的最大下界，且传递函数返回的值是和基本块本身及它的给定输入一致的唯一解。因此，如果该迭代算法终止，其结果值至少和任何其他解的相应值一样大。也就是说，算法 9.21 的结果是数据流方程式的最大不动点。

最后考虑第三点，即数据流框架具有有穷高度的情况。因为每个 IN[B] 和 OUT[B] 的值在每次被改变时都会减小，而程序在某一轮循环中没有值改变时就会停止，因此算法的迭代次数不会大于框架高度和流图结点个数的乘积，因此算法必然终止。

9.3.4 数据流解的含义

现在我们知道使用前面的迭代算法得到的解是最大不动点，但从程序语义的角度来看，这个结果又代表了什么呢？为了理解一个数据流框架$(D, F, V, \wedge)$的解，我们首先描述一下一个框架的理想解应该是什么样子。我们将给出下面的性质，即一般情况下不能得到理想解，但是算法9.21保守地给出了理想解的近似值。

理想解

不失一般性，我们假设现在感兴趣的数据流框架是一个前向的数据流问题。考虑一个基本块 B 的入口点。求理想解的第一步是要找到从程序入口到达 B 的开头的所有可能的执行路径。只有当程序的某次执行能够准确地沿着某条路径进行，这条路径才被称为"可能的"。然后，理想的求解方法将计算每个可能路径尾端的数据流值，并对这些数据流值应用交汇运算得到它们的最大下界。那么，程序的任何执行都不可能在该程序点上产生一个更小的数据流值。另外，这个界限还是紧致的：根据流图中到达 B 的所有可能路径计算得到的数据流值的集合的最大下界不可能变得更大。

我们现在更为正式地定义理想解。对于一个流图中的每个基本块 B，令 f_B 是 B 的传递函数。考虑任意从初始结点 ENTRY 到某个基本块 B_k 中的路径

$$P = \text{ENTRY} \rightarrow B_1 \rightarrow B_2 \rightarrow \cdots \rightarrow B_{k-1} \rightarrow B_k$$

程序的路径可能包含环，因此一个基本块可能在路径 P 中多次出现。定义 P 的传递函数 f_P 为 $f_{B_1}, f_{B_2}, \cdots, f_{B_{k-1}}$ 的函数组合的结果。请注意，f_{B_k} 没有参与组合运算，这表明这条路径只到达 B_k 的开头，而不是其结尾。执行这条路径而创建的数据流值就是 $f_P(v_\text{ENTRY})$，其中 v_ENTRY 是代表初始结点 ENTRY 的常值传递函数的结果。因此，基本块 B 的理想结果是

$$\text{IDEAL}[B] = \bigwedge_{P\text{是从ETNRY到}B\text{的一个可能路径}} f_P(v_\text{ENTRY})$$

按照问题中数据流框架的格理论偏序关系 $\leqslant$，我们有下面的结论：

- 任何比 IDEAL 更大的答案都是错误的。
- 任何小于或者等于这个理想值的值都是保守的，即安全的。

直观地讲，越接近理想值的值就越精确[⊖]。下面说明为什么方程的解和理想值之间必须具有 $\leqslant$ 关系。请注意，对于任何基本块，只要忽略程序可能执行的某些路径就可能得到该基本块的大于 IDEAL 的解。但是，如果我们基于这样的较大解来改进代码，就不能保证这些被忽略的路径中一定不会有某些执行效果使得我们的代码改进不正确。反过来，任何小于 IDEAL 的值都可以被看作是包含了某些不必要的路径，它们可能是流图中不存在的路径，也可能流图中存在此路径但程序却不会按这条路径执行。这些较小的解将只允许进行对程序的所有可能执行都正确的转换，但是它们会禁止 IDEAL 值原本允许的某些转换。

基于路径交汇运算的解

但是正如 9.1 节中所讨论的，寻找所有可能的执行路径是一个不可判定问题。因此，我们必须使用近似方法。在数据流抽象中，假设流图中的每条路径都可能被执行。因此，我们可以用如下方法定义 B 的基于路径交汇运算的解。

⊖ 请注意，在一个前向的问题中，我们希望 IN[B] 的值等于 IDEAL[B] 的值。我们没有在这里讨论逆向的问题。在逆向的问题中，我们把 IDEAL[B] 定义为 OUT[B] 的理想值。

机器无关优化

$$\text{MOP}[B] = \bigwedge_{P\text{是从ENTRY到}B\text{的一个流图路径}} f_P(v_{\text{ENTRY}})$$

请注意，和前面讨论 IDEAL 时一样，MOP[B] 解给出的是前向数据流框架中 IN[B] 的值。如果我们要考虑反向数据流框架，那么我们会把 MOP[B] 当作 OUT[B] 的值。

在 MOP 解中考虑的路径是所有可能被执行路径的超集。因此，MOP 解中交汇运算的输入不仅包括所有可执行路径的数据流值，还包括了一些和不可能执行路径相关的数据流值。把理想解和一些其他的值进行交汇运算不可能创造出一个大于理想值的解。因此，对所有的 B，我们有 MOP[B] ≤ IDEAL[B]。我们简单地说 MOP ≤ IDEAL。

最大不动点和 MOP 解

请注意，如果流图包含环，那么在 MOP 解中需要考虑的路径数量仍然是无界的。因此，不能直接由 MOP 的定义得到算法。当然，迭代算法也不是先找到所有到达一个基本块的路径，然后再应用交汇运算的，而是采用如下方法：

1）这个迭代算法访问各个基本块，其访问的顺序并不一定是执行的顺序。

2）在每个路径交汇点，算法对当前已经得到的数据流值应用交汇运算。其中一部分被使用的值可能是在初始化过程中人为加入的，并不表示从程序开始的执行结果。

那么，MOP 解和算法 9.21 产生的 MFP 解之间有何关系呢？

我们首先讨论一下访问结点的顺序。在一次迭代中，我们可能在访问一个结点的前驱之前就访问这个结点。如果其前驱为 ENTRY 结点，OUT[ENTRY] 已被初始化为正确的常量值。其他结点的 OUT 值被初始化为顶元素⊤，这个值不小于最后的结果。由单调性可知，使用⊤作为输入得到的结果不小于期望解。从某种意义上说，我们把⊤当作表示不包含任何信息的值。

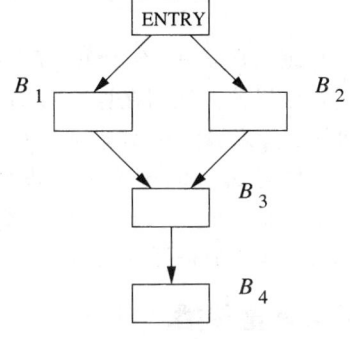

图 9-24 说明提前应用路径交汇运算的效果的流图

提前应用交汇运算的效果是什么呢？考虑图 9-24 中的简单例子，并假设我们对 IN[B_4] 的值感兴趣。根据 MOP 的定义：

$$\text{MOP}[B_4] = ((f_{B_3} \circ f_{B_1}) \wedge (f_{B_3} \circ f_{B_2}))(v_{\text{ENTRY}})$$

在迭代算法中，如果我们按照 B_1、B_2、B_3、B_4 的顺序访问结点，那么

$$\text{IN}[B_4] = f_{B_3}((f_{B_1}(v_{\text{ENTRY}}) \wedge f_{B_2}(v_{\text{ENTRY}})))$$

在 MOP 的定义中最后才应用交汇运算，而迭代算法则提早使用这个函数。只有当数据流框架为可分配时得到的解才是相同的。如果一个数据流框架单调但不可分配，我们仍然有 IN[B_4] ≤ MOP[B_4]。回忆一下，总的来说，如果对所有的基本块 B 都有 IN[B] ≤ IDEAL[B]，那么这个解就是安全的(保守的)。这个解当然是安全的，因为 MOP[B] ≤ IDEAL[B]。

我们现在简略说明一下为什么迭代算法提供的 MFP 解总是安全的。对 i 进行简单的归纳就可以表明在第 i 次迭代之后得到的值小于或等于对所有长度小于等于 i 的路径进行交汇运算而得到的值。但是当迭代算法终止的时候，它得到的值和再进行任意多次迭代所得到的值相同。因此其结果不会大于 MOP 解。因为 MOP ≤ IDEAL 且 MFP ≤ MOP，我们知道 MFP ≤ IDEAL，因此由迭代算法提供的 MFP 解是安全的。

9.3.5 9.3 节的练习

练习 9.3.1：构造一个三个格的乘积的格图。其中的每个格都是基于单一定值 $d_i (i=1, 2, 3)$。得到的格图和图 9-22 中的格图有什么关系？

! **练习 9.3.2**：在 9.3.3 节中，我们说如果框架具有有限的高度，那么迭代算法收敛。这里给出一个框架没有有限高度且迭代算法也不收敛的例子。令值集 V 是非负实数，令交汇运算为取最小值运算。有三个传递函数：

1) 单元函数 $f_I(x) = x$。
2) "半"函数，即函数 $f_H(x) = x/2$。
3) "一"函数，即函数 $f_O(x) = 1$。

传递函数的集合 F 是这三个函数以及它们按照各种可能方式组合得到的函数。

1) 描述函数集 F。
2) 这个框架的 $\leq$ 关系是什么？
3) 给出一个流图并在流图的各个结点上赋予传递函数，使得算法 9.21 对这个流图不收敛。
4) 这个框架是单调的吗？它是可分配的吗？

! **练习 9.3.3**：我们说如果框架单调且具有有限高度，那么算法 9.21 收敛。这里给出一个框架的例子。它说明单调性是很重要，有穷高度不足以保证算法收敛。这个框架的域 V 是 $\{1, 2\}$，交汇运算是 min，而函数集 F 只有单元函数 (f_I) 和 "替换"函数 $(f_S(x) = 3 - x)$，它的功能是使得值在 1 和 2 之间互换。

1) 说明这个框架具有有限高度，但是不单调。
2) 给出一个流图的例子，并给每个结点赋予一个传递函数，使得算法 9.21 对这个流图不收敛。

! **练习 9.3.4**：令 $\text{MOP}_i[B]$ 为所有从程序入口结点到达基本块 B 的长度不大于 i 的路径的交汇运算结果值。证明在算法 9.21 迭代 i 次之后，$\text{IN}[B] \leq \text{MOP}_i[B]$。同时证明，作为上面结论的推论，如果算法 9.21 收敛，它必然收敛于某个和 MOP 解具有 $\leq$ 关系的值。

! **练习 9.3.5**：假设一个框架的传递函数集合 F 具有 gen-kill 形式。也就是说，域 V 是某个集合的幂集，而 $f(x) = G \cup (x - K)$，其中 G 和 K 是两个集合。证明如果交汇运算是并集运算或交集运算，框架都是可分配的。

9.4 常量传播

在 9.2 节中讨论的所有数据流模式实际上都是具有有限高度的可分配框架的简单例子。这样，迭代算法 9.21 的前向或逆向版本可以用来解决这些问题，并求出每个问题的 MOP 解。在本节中，我们将深入研究一个具有更多有趣性质的有用的数据流框架。

回忆一下常量传播（或者说"常量折叠"），即把那些在每次运行时总是得到相同常量值的表达式替换为该常量值。下面描述的常量传播框架和至今已经讨论的数据流问题都有所不同。不同之处在于：

1) 它的可能数据流值的集合是无界的。即使对于一个确定的流图也是如此。
2) 它不是可分配的。

常量传播是一个前向数据流问题。表示此问题数据流值的半格和问题的传递函数族在下面给出。

9.4.1 常量传播框架的数据流值

这个问题的数据流值的集合是一个乘积格，其中每个分量对应于程序中的一个变量。单个变量的格由下列元素组成：

1) 所有符合该变量的类型的常量值。

2) 值 NAC，即 not-a-constant，表示非常量值。当确定一个变量的值不是常量值时，该变量就被映射到值 NAC。这个变量被映射到 NAC 值的原因可能是它被赋予了一个输入变量的值，或者它从一个不具常量值的变量中获得值，也可能是在到达同一程序点的不同路径上被赋予不同的常量值。

3) 值 UNDEF，代表未定义。如果还不能确定任何有关这个变量的信息，就把它映射到这个值上。原因很可能是还没有发现哪个对这个变量的定值能够到达问题中的程序点。

请注意，NAC 和 UNDEF 是不同的，实质上它们是对立的。NAC 说我们已经知道一个变量有多种定值方式，因此我们知道它不是常量；UNDEF 是说有关这个变量我们知道得非常少，以至于我们根本不能确定任何事情。

一个典型的整数类型变量的半格如图 9-25 所示。这里，顶元素是 UNDEF，底元素是 NAC。也就是说，半格的偏序的最大值是 UNDEF，最小值是 NAC。其他的常量值是无序的，但是它们都比 UNDEF 小而比 NAC 大。如 9.3.1 节所讨论的，两个值的交是它们的最大下界。因此，对于所有的值 v，有

$$\text{UNDEF} \wedge v = v \text{ 且 } \text{NAC} \wedge v = \text{NAC}$$

对于任意的常量 c，有

$$c \wedge c = c$$

且给定两个不同的常量 c_1 和 c_2，有

$$c_1 \wedge c_2 = \text{NAC}$$

这个框架中的一个数据流值是从程序中的各个变量到上面的常量半格中的某个值的映射。变量 v 在一个映射 m 中的值记为 $m(v)$。

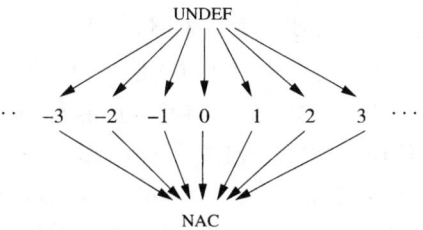

图 9-25　表示了一个整数类型变量的所有可能"取值"的半格

9.4.2　常量传播框架的交汇运算

这个数据流问题的数据流值的半格就是图 9-25 中所示半格的乘积，对于每个变量有一个图 9-25 中所示的半格。因此，$m \leq m'$ 当且仅当对于所有的变量 v 都有 $m(v) \leq m'(v)$。换句话说，$m \wedge m' = m''$ 当且仅当对于所有的变量 v，$m(v) \wedge m'(v) = m''(v)$。

9.4.3　常量传播框架的传递函数

下面我们假设一个基本块只包含一个语句。包含多个语句的基本块的传递函数可以通过将各个语句对应的传递函数组合起来而构造得到。函数集合 F 由一组传递函数组成，这些传递函数接受的输入是一个从程序变量到常量格中元素的映射，而其返回值则是另一个这样的映射。

F 包含一个单元函数，它接受一个映射作为输入并返回相同的映射。F 也包含了对应于 ENTRY 结点的常值传递函数。这个传递函数对于任意的输入映射都返回映射 m_0，而对于所有的变量 v，$m_0(v) = \text{UNDEF}$。因为在执行任何程序语句之前任何变量都没有定义，因此这个边界条件是合理的。

一般来说，令 f_s 为语句 s 的传递函数，并令 m 和 m' 表示满足 $m' = f_s(m)$ 的两个数据流值。我们将用 m 和 m' 之间的关系来描述 f_s。

1) 如果 s 不是一个赋值语句，那么 f_s 就是单元函数。

2) 如果 s 是一个对变量 x 的赋值，那么对于所有变量 $v \neq x$，$m'(v) = m(v)$；其中 $m'(x)$ 的定义如下：

ⓐ 如果语句 s 的右部(RHS)是一个常量 c，那么 $m'(x) = c$。
ⓑ 如果 RHS 形如 $y + z$[⊖]，那么

$$m'(x) = \begin{cases} m(y) + m(z) & \text{如果 } m(y) \text{ 和 } m(z) \text{ 都是常量值} \\ \text{NAC} & \text{如果 } m(y) \text{ 或者 } m(z) \text{ 是 NAC} \\ \text{UNDEF} & \text{否则} \end{cases}$$

ⓒ 如果 RHS 是其他表达式(比如一个函数调用，或者使用指针的赋值)，那么 $m'(x) = $ NAC。

9.4.4 常量传递框架的单调性

现在我们来证明常量传递框架是单调的。首先，我们可以考虑一个函数 f_s 对于单个变量的影响。除了情况 2(b) 之外，f_s 要么没有改变 $m(x)$ 的值，要么把 x 的映射值改成一个常量或者 NAC。在这些情况下，f_s 无疑是单调的。

对于情况 2(b)，f_s 的影响如图 9-26 所示。第一列和第二列代表 y 及 z 的可能输入值，最后一列表示 x 的输出值。每列(或者每个子列)中的值按照从大到小的方式排列。为了说明函数的单调的，我们将检验下面的性质，即对于 y 的每个可能的输入值，x 的值不会在 z 值变小的时候变大。比如，在 y 具有常量值 c_1 的情况下，当 z 的值从 UNDEF 变为 c_2、再变为 NAC 时，x 的取值相应地从 UNDEF 变为 $c_1 + c_2$、再到 NAC。我们可以对 y 的所有可能取值重复这个检验过程。因为对称性，我们甚至不需要对第二个运算分量重复这个过程就可以得出结论：当输入变小的时候输出不会变大。

$m(y)$	$m(z)$	$m'(x)$
UNDEF	UNDEF	UNDEF
	c_2	UNDEF
	NAC	NAC
c_1	UNDEF	UNDEF
	c_2	$c_1 + c_2$
	NAC	NAC
NAC	UNDEF	UNDEF
	c_2	NAC
	NAC	NAC

图 9-26 $x = y + z$ 的常量传播函数

9.4.5 常量传播框架的不可分配性

上面定义的常量传播框架是单调的，但不是可分配的。也就是说，迭代解 MFP 是安全的，但是可能比 MOP 解小。可以用一个例子来证明这个框架不是可分配的。

例 9.22 在图 9-27 的程序中，x 和 y 在基本块 B_1 中被分别设置为 2 和 3，而在基本块 B_2 中被分别设置为 3 和 2。我们知道，不管按照哪条路径执行，在基本块 B_3 的结尾处 z 的值都是 5。但是，上面的迭代算法没有发现这个事实。相反地，它在 B_3 的入口处应用交汇运算，并把 x 和 y 的值都设置为 NAC。因为两个 NAC 相加的结果还是 NAC，算法 9.21 在程序的出口处产生的输出是 $z = $ NAC。这个结果是安全的，但是不够精确。算法 9.21 不够精确的原因是它没有跟踪 x 和 y 之间的相关性：当 x 是 2 时 y 必然是 3，而当 x 是 3 时 y 必然是 2。可以使用一个更加复杂的框架来跟踪包含程序变量的表达式之间的相等关系，但是这个方法的代价要高得多。这个方法将在练习 9.4.2 中讨论。

从理论上讲，我们可以把精确度的丧失归因于常量传播框架的不可分配性。令 f_1、f_2、f_3 分别是代表基本块 B_1、B_2、B_3 的传递函数。如图 9-28 所示，

$$f_3(f_1(m_0) \wedge f_2(m_0)) < f_3(f_1(m_0)) \wedge f_3(f_2(m_0))$$

体现了这个框架的不可分配性。 □

⊖ 和往常一样，+ 表示一个一般性的运算符号，而不是只表示加法。

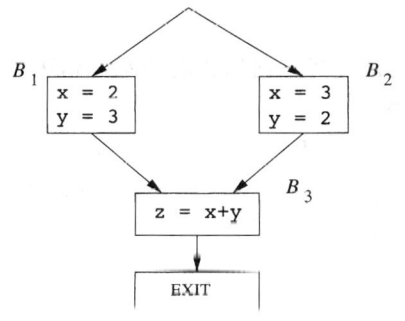

图 9-27 一个说明常量传播框架不可分配的例子

m	$m(x)$	$m(y)$	$m(z)$
m_0	UNDEF	UNDEF	UNDEF
$f_1(m_0)$	2	3	UNDEF
$f_2(m_0)$	3	2	UNDEF
$f_1(m_0) \wedge f_2(m_0)$	NAC	NAC	UNDEF
$f_3(f_1(m_0) \wedge f_2(m_0))$	NAC	NAC	NAC
$f_3(f_1(m_0))$	2	3	5
$f_3(f_2(m_0))$	3	2	5
$f_3(f_1(m_0)) \wedge f_3(f_2(m_0))$	NAC	NAC	5

图 9-28 不可分配的传递函数的例子

9.4.6 对算法结果的解释

在迭代算法中使用值 UNDEF 有两个目的：初始化 ENTRY 结点，以及在迭代之前对程序内部的点进行初始化。UNDEF 在这两种情况下的含义略有不同。第一种情况是说变量在程序开始执行的时候是没有定值的；第二种情况是表示因为在迭代过程开始的时候缺乏信息，因此我们把解近似估算为顶元素 UNDEF。在迭代过程结束后，在 ENTRY 结点的出口处各个变量的值仍然是 UNDEF，因为 OUT[ENTRY] 不会改变。

UNDEF 值也可能出现在某些其他的程序点上。它们的出现意味着在到达该程序点的所有路径中尚未发现任何对该变量的定值。请注意，根据我们定义交汇运算的方式，只要有一个对该变量定值的路径到达该程序点，变量的值就不是 UNDEF 了。如果到达一个程序点的所有定值都有同样的常量值，那么即使该变量可能在某些路径上没有被定值，它仍然会被当作是常量。

如果假设被分析的程序是正确的，我们的算法就可以发现比不做这个假设时更多的常量。也就是说，我们的算法会为可能未定值的变量选择适当的值，以便程序能够更加高效地执行。在大多数程序设计语言中，这种改变是合法的，因为在这些语言中未定值的变量可以取任何值。如果语言的语义要求所有未定值的变量取某个特定的值，那么我们就必须相应地改变在这个数据流问题中使用的公式。如果我们对寻找程序中可能未定值的变量感兴趣，就可以用公式刻画出一个不同的数据流分析问题，以提供相应的结果（见练习 9.4.1）。

例 9.23 在图 9-29 中，变量 x 在基本块 B_2 和 B_3 的出口处的值分别为 10 和 UNDEF。因为 UNDEF $\wedge$ $10 = 10$，x 在基本块 B_4 的入口点的值是 10。因此可以在使用 x 的基本块 B_5 中把 x 替换为常量 10，从而对 B_5 进行优化。如果被执行的路径是 $B_1 \to B_3 \to B_4 \to B_5$，那么到达基本块 B_5 时 x 的值尚未定值。因此把对 x 的使用替换为 10 看起来是不正确的。

但是如果断言 Q' 为真时断言 Q 不可能为假，那么这个执行路径实际上不可能出现。虽然程序员可能知道这个事实，但判定这个事实已经超出了任何数据流分析技术的能力。因此，如果我们假设程序是正确的，并且所有变量在被使用之前都已经定值，那么 x 在基本块 B_5 开始处的值只能是 10。如果程序一开始就是不正确的，那么选择 10 作为 x 的值不可能比允许 x 取随机值的效果更糟。 □

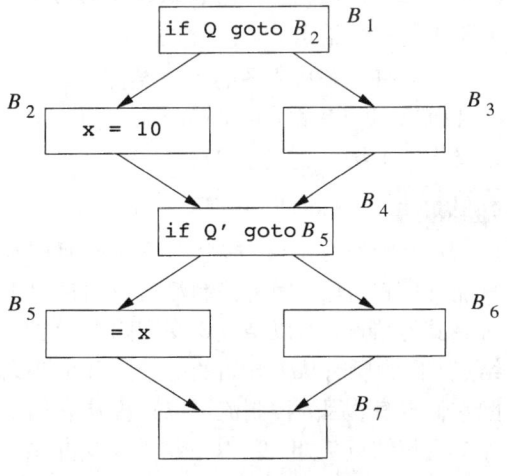

图 9-29 UNDEF 和一个常量值的交汇运算值

9.4.7 9.4 节的练习

! **练习 9.4.1**：假设我们希望检测一个变量是否有可能在尚未初始化的情况下到达某个使用它的程序点。你将如何修改本节中的框架来检测这种情况？

!! **练习 9.4.2**：在一个有趣且功能强大的数据流分析框架中，值域 V 是对表达式的所有可能的分划。两个表达式在此分划的同一个等价类中当且仅当沿着任何路径到达问题中的程序点时它们一定具有相同的值。为了避免列出无穷多个表达式，我们可以只列出最少的等值表达式对来表示 V。比如，如果我们执行语句

```
a = b
c = a + d
```

那么最小的等值表达式对的集合是 $\{a \equiv b, c \equiv a - d\}$。从这些表达式对可以推出其他的等值关系，比如 $c \equiv b+d$ 和 $a+e \equiv b+e$ 等，但是没有必要明确地把这些表达式都列出来。

1) 适用于这个框架的交汇运算是什么？
2) 给出一个数据结构来表示域中的值，并给出一个算法来实现交汇运算。
3) 适用于各个语句的传递函数是什么？解释一下 $a = b+c$ 这样的语句对于一个表达式分划（即 V 中的一个值）的影响。
4) 这个框架是单调的吗？是可分配的吗？

9.5 流图中的循环

在至今为止的讨论中，循环并没有被区别对待，对它们的处理方式和其他类型的控制流没有什么不同。但是，循环的重要性在于程序花费大部分时间来执行循环，改进循环效率的优化有很大的影响。因此，识别循环并有针对性地处理它们是很重要的。

循环也会影响程序分析所需的时间。如果一个程序不包含任何循环，我们只需要对程序进行一趟扫描就可以得到数据流问题的答案。比如，一个前向数据问题只需要按照拓扑次序对所有的结点进行一次访问就可以解决。

在这一节中，我们将介绍下列概念：支配结点、深度优先排序、回边、图的深度和可归约性。我们在后面进行的对寻找循环及迭代式数据流分析的收敛速度的讨论中需要用到这些概念。

9.5.1 支配结点

如果每一条从流图的入口结点到结点 n 的路径都经过结点 d，我们就说 d 支配（dominate）n，记为 $d \text{ dom } n$。请注意，在这个定义下每个结点支配它自己。

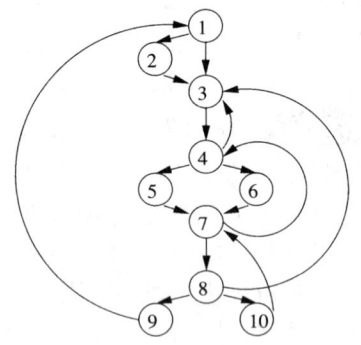

图 9-30 一个流图

例 9.24 考虑图 9-30 中的以结点 1 作为入口结点的流图。入口结点支配所有结点（这个结论对所有的流图都成立）。结点 2 只能支配它自己，因为控制流可以通过以 1→3 开头的路径到达所有其他结点，所以结点 3 支配除 1、2 之外的所有结点。结点 4 支配除 1、2、3 之外的所有其他结点，因为所有从 1 开始的路径的开头要么是 1→2→3→4，要么是 1→3→4。结点 5 和 6 都只支配它们自身，因为控制流可以选择从它们中的某一个结点通过，从而绕过另一个结点。最后，结点 7 支配结点 7、8、9、10；结点 8 支配结点 8、9、10；9 和 10 只支配它们自身。 □

一种有用的表示支配结点信息的方法是用所谓的支配结点树（dominator tree）来表示。在树中，入口结点就是根结点，并且每个结点 d 只支配它在树中的后代结点。比如，图 9-31 显示了图 9-30 中流图的支配结点树。

支配结点的一个性质决定了一定存在支配结点树:每个结点 n 具有唯一的直接支配结点 (immediate dominator) m。在从入口结点到达结点 n 的任何路径中,它是 n 的最后一个支配结点。用 dom 关系来表示,n 的直接支配结点 m 具有以下性质:如果 $d \neq n$ 且 d dom n,那么 d dom m。

我们将给出一个简单的算法来计算流图中各个结点 n 的所有支配结点。这个算法基于如下原理:如果 $p_1, p_2, \cdots, p_k$ 是 n 的所有前驱并且 $d \neq n$,那么 d dom n 当且仅当对于每个 i, d dom p_i。这个问题可以写成一个前向数据流分析问题。数据流的值域是基本块的集合。一个结点的支配结点集合(它自己除外)是它的所有前驱的支配结点的交集;因此这个问题的交汇运算是交集运算。基本块 B 的传递函数直接把 B 自身加入到输入结点集合中。问题的边界条件是 ENTRY 结点支配它自身。最后,内部结点的初始值是全集,也就是所有结点的集合。

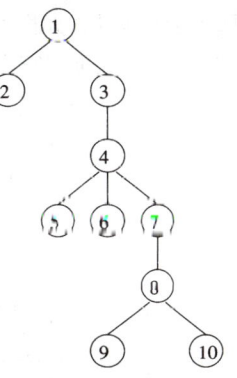

图 9-31 图 9-30 中流图的支配结点树

算法 9.25 寻找支配结点。

输入:一个流图 G,G 的结点集是 N,边集是 E,而入口结点是 ENTRY。

输出:对于 N 中的各个结点 n,给出 $D(n)$,即支配 n 的所有结点的集合。

方法:求出由图 9-32 给定参数的数据流问题的解。输入流图的基本块就是结点。对于 N 中的所有结点 n, $D(n) = OUT[n]$。 □

使用这个数据流算法来寻找支配结点很高效。我们将在 9.5.7 节看到,只要对流图中的结点进行几次访问就可以得到问题的解。

	支配结点
域	N 的幂集
方向	前向
传递函数	$f_B(x) = x \cup \{B\}$
边界条件	$OUT[ENTRY] = \{ENTRY\}$
交汇运算 ($\wedge$)	$\cap$
方程式	$OUT[B] = f_B(IN[B])$ $IN[B] = \bigwedge_{P, pred(B)} OUT[P]$
初始化设置	$OUT[B] = N$

图 9-32 一个计算支配结点的数据流算法

关系 dom 的性质

有关支配结点的一个关键性质是如果我们从入口结点沿着一个无环路径到达结点 n,那么 n 的所有支配结点都出现在这条路径中,并且它们总是以相同顺序出现在所有这样的路径中。为了说明原因,假设在一个到达 n 的无环路径 P_1 中支配结点 a 和 b 的顺序为先 a 后 b,而在另一条路径 P_2 中 b 在 a 之前。那么我们可以沿着 P_1 到达 a 然后再沿着 P_2 到达 n,从而避开了 b。因此,b 实际上不支配 n。

通过这个推理过程,我们可以证明 dom 是传递的:如果 a dom b 并且 b dom c,那么 a dom c。关系 dom 也是反对称的:如果 $a \neq b$,那么 a dom b 和 b dom a 不可能同时成立。而且,如果 a 和 b 是 n 的两个支配结点,那么 a dom b 或 b dom a 中必然有一个成立。最后可以推出除了入口结点之外的每个结点 n 必然有一个唯一的直接支配结点,即在从入口结点到 n 的任何无环路径中出现的离 n 最近的支配结点。

例 9.26 让我们回顾一下图 9-30 中的流图,并假设图 9-23 中第(4)到(6)行的 for 循环依照数字顺序访问其结点。令 $D(n)$ 为 $OUT[n]$ 中的结点的集合。因为 1 是入口结点,算法的第一行首先把 $\{1\}$ 赋给 $D(1)$。结点 2 的前驱只有 1,因此 $D(2) = \{2\} \cup D(1)$。这样 $D(2)$ 就被设置为 $\{1, 2\}$。然后考虑结点 3,它的前驱是 1、2、4 和 8。因为所有内部结点的值都被初始化为结点的全集 N,

$$D(3) = \{3\} \cup (\{1\} \cap \{1,2\} \cap \{1,2,\ldots,10\} \cap \{1,2,\ldots,10\}) = \{1,3\}$$

其余的计算过程如图 9-33 所示。因为在图 9-23a 中，第(3)到(6)行的外层循环的第二次迭代中这些值不再改变，它们就是这个支配结点问题的最终答案。

$$\begin{aligned}
D(4) &= \{4\} \cup (D(3) \cap D(7)) = \{4\} \cup (\{1,3\} \cap \{1,2,\ldots,10\}) = \{1,3,4\} \\
D(5) &= \{5\} \cup D(4) = \{5\} \cup \{1,3,4\} = \{1,3,4,5\} \\
D(6) &= \{6\} \cup D(4) = \{6\} \cup \{1,3,4\} = \{1,3,4,6\} \\
D(7) &= \{7\} \cup (D(5) \cap D(6) \cap D(10)) \\
&= \{7\} \cup (\{1,3,4,5\} \cap \{1,3,4,6\} \cap \{1,2,\ldots,10\}) = \{1,3,4,7\} \\
D(8) &= \{8\} \cup D(7) = \{8\} \cup \{1,3,4,7\} = \{1,3,4,7,8\} \\
D(9) &= \{9\} \cup D(8) = \{9\} \cup \{1,3,4,7,8\} = \{1,3,4,7,8,9\} \\
D(10) &= \{10\} \cup D(8) = \{10\} \cup \{1,3,4,7,8\} = \{1,3,4,7,8,10\}
\end{aligned}$$

图 9-33 例 9.31 中支配结点计算的最终结果

9.5.2 深度优先排序

如 2.3.4 节中所介绍的，对一个流图的深度优先搜索(depth-first search)逐一访问图的所有结点。搜索过程从入口结点开始，并首先访问离入口结点最远的结点。一个深度优先过程中的搜索路线形成了一个深度优先生成树(Depth-First Spanning Tree, DFST)。2.3.4 节介绍过，一个先序遍历过程首先访问一个结点，然后从左到右递归地访问该结点的子结点。另外，一个后序遍历过程首先递归地从左到右访问一个结点的子结点，然后访问该结点本身。

还有一种排序方式对于流图分析很重要：深度优先排序(depth-first ordering)。它的顺序正好和后序遍历的顺序相反。也就是说，在深度优先排序中，我们首先访问一个结点，然后遍历该结点的最右子结点，再遍历这个子结点左边的子结点，依此类推。但是在我们为流图构造生成树之前，我们可以选择把一个结点的哪个后继作为它在树中的最右子结点，再选择哪个后继是下一个子结点，等等。在我们给出深度优先排序的算法之前，首先考虑一个例子。

例 9.27 图 9-30 中流图的一个可能的深度优先表示法如图 9-34 所示。实线边形成了这棵树，虚线边是流图中其他的边。这棵树的深度优先遍历是 1→3→4→6→7→8→10，然后回到 8，再到 9。我们再一次回到 8，再回到 7、6 和 4，然后前进到 5。我们从 5 回到 4，然后回到 3 和 1。我们从 1 前进到 2，然后从 2 回到 1。这样我们就遍历了整棵树。

因此，这次遍历的前序序列是：

$$1, 3, 4, 6, 7, 8, 10, 9, 5, 2$$

图 9-34 中树的后序遍历顺序是：

$$10, 9, 8, 7, 6, 5, 4, 3, 2, 1$$

深度优先排序的顺序和后序遍历序列相反，即

$$1, 2, 3, 4, 5, 6, 7, 8, 9, 10$$

现在我们给出一个算法来寻找一个流图的深度优先生成树和相应的深度优先排序。正是这个算法从图 9-30 的流图中找到了图 9-34 中的 DFST。

算法 9.28 深度优先生成树和深度优先排序。

输入：一个流图 G。

输出：G 的一个 DFST 树 T 和 G 中结点的一个深度优先排序。

方法：我们使用图 9-35 的递归过程 search(n)。这个算法首先把 G 的所有结点初始化为 "unvisited"，然后调用 search(n_0)，其中 n_0 是入口结点。当它调用 search(n) 的时候，首先把 n 标记为

"visited",以免把 n 再次加入到树中。它使用 c 作为计数器,从 G 的结点总数一直倒计数到 1。在算法执行的时候把 c 的值赋给结点 n 的深度优先编号 $dfn[n]$。边的集合 T 形成了 G 的深度优先生成树。 □

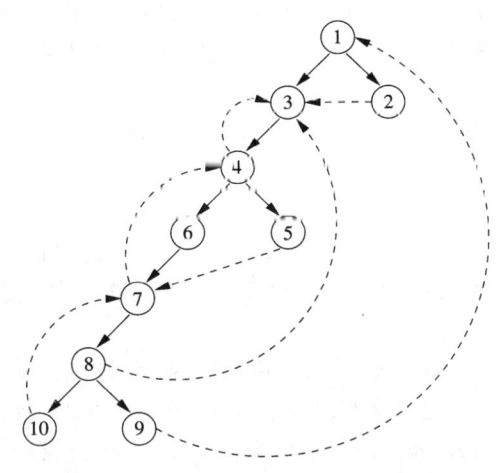

```
void search(n) {
    将 n 标记为 "visited";
    for (n 的各个后继 s)
        if (s 标记为 "unvisited") {
            将边 n → s 加入到 T 中;
            search(s);
        }
    dfn[n] = c;
    c = c - 1;
}

main() {
    T = ∅; /* 边集 */
    for (G 的各个结点 n)
        把 n 标记为 "unvisited";
    c = G 的结点个数;
    search(n_0);
}
```

图 9-34 图 9-30 中流图的一个深度优化表示   图 9-35 深度优先搜索算法

例 9.29 对于图 9-34 中的流图,算法 9.28 把 c 设置为 10,并调用 $search(1)$ 开始搜索。其余的执行序列显示在图 9-36 中。 □

调用 $search(1)$	结点 1 有两个后继。假设首先考虑 $s = 3$, 把边 1 → 3 加入到 T 中。
调用 $search(3)$	把边 3 → 4 加入到 T 中。
调用 $search(4)$	结点 4 有两个后继,4 和 6。假设首先考虑 $s = 6$, 把边 4 → 6 加入到 T 中。
调用 $search(6)$	把边 6 → 7 加入到 T 中。
调用 $search(7)$	结点 7 有两个后继结点 4 和 8。但是 4 已经被 $search(4)$ 标记为 "visited",因此当 $s = 4$ 时不做任何处理。对于 $s = 8$,把边 7 → 8 加入到 T 中。
调用 $search(8)$	结点 8 有两个后继,9 和 10。假设首先考虑 $s = 10$, 把边 8 → 10 加入到 T 中。
调用 $search(10)$	10 有后继 7,但是 7 已经被标记为 "visited"。因此 $search(10)$ 设置 $dfn[10] = 10$,$c = 9$ 并结束。
回到 $search(8)$	把 s 设置为 9,并把边 8 → 9 加入到 T 中。
调用 $search(9)$	9 的唯一后继 1 已经被设置为 "visited", 因此设置 $dfn[9] = 9$,$c = 9$。
回到 $search(8)$	8 的最后一个后继 3 已经是 "visited",因此不处理 $s = 3$ 的情况。到此为止,8 的所有后继都已经处理过了,因此设置 $dfn[8] = 8$,$c = 7$。
回到 $search(7)$	7 的所有后继都已经处理过了,因此设置 $dfn[7] = 7$,$c = 6$。
回到 $search(6)$	6 的所有后继都已经处理过了,因此设置 $dfn[6] = 6$,$c = 5$。
回到 $search(4)$	4 的后继 3 已经是 "visited",但是 5 还没有, 因此把边 4 → 5 加入到树中。
调用 $search(5)$	5 的后继 7 已经是 "visited",因此设置 $dfn[5] = 5$,$c = 4$。
回到 $search(4)$	4 的所有后继都已经处理过了,因此设置 $dfn[4] = 4$,$c = 3$。
回到 $search(3)$	设置 $dfn[3] = 3$,$c = 2$。
回到 $search(1)$	2 尚未被处理,因此把边 1 → 2 加入到 T 中。
调用 $search(2)$	设置 $dfn[2] = 2$,$c = 1$。
回到 $search(1)$	设置 $dfn[1] = 1$,$c = 0$。

图 9-36 算法 9.28 在图 9-34 的流图上执行的过程

9.5.3 深度优先生成树中的边

当我们为一个流图构造 DFST 时,流图的边可以被分为三大类:

1) 前进边(advancing edge),即那些从一个结点 m 到达 m 在树中的一个真后代结点的边。DFST 中的所有边本身都是前进边。在图 9-34 中没有其他的前进边。但是,假如有一条边 $4\to 8$,那么这条边就是前进边。

2) 有些边从一个结点 m 到达 m 在树中的某个祖先(包括 m 自身),我们将把这些边称为后退边(retreating edge)。比如,图 9-34 中的 $4\to 3$、$7\to 4$、$8\to 3$、$10\to 7$ 和 $9\to 1$ 都是后退边。

3) 对于有些边 $m\to n$,在 DFST 中 m 和 n 都不是对方的祖先。边 $2\to 3$ 和 $5\to 7$ 是图 9-34 中这种边的例子。我们把这种边称为交叉边(cross edge)。交叉边的一个重要性质是:如果我们把一个结点的子结点按照它们被加入到树中的顺序从左到右排列,那么所有的交叉边都是从右到左的。

应该注意,边 $m\to n$ 是一个后退边当且仅当 $dfn[m]\ge dfn[n]$。为了说明原因,请注意如果 m 是 n 在 DFST 中的一个后代,那么 $search(m)$ 在 $search(n)$ 之前运行结束,因此 $dfn[m]\ge dfn[n]$。反过来,如果 $dfn[m]\ge dfn[n]$,那么要么 $search(m)$ 在 $search(n)$ 之前结束,要么 $m = n$。但是如果有一条边 $m\to n$,那么 $search(n)$ 必须在 $search(m)$ 之前开始,否则 n 是 m 的后继的事实将使得 m 成为 n 在 DFST 中的一个后代。因此,$search(m)$ 运行的时间是 $search(n)$ 运行时间中的一个区间,由此我们可以知道 n 是 m 在 DFST 中的一个祖先。

9.5.4 回边和可归约性

回边是指一条边 $a\to b$,它的头 b 支配了它的尾 a。对于任何流图,每条回边都是后退边,但并不是所有的后退边都是回边。如果一个流图的任何深度优先生成树中所有后退边都是回边,那么该流图被称为可归约的(reducible)。换句话说,如果一个流图是可归约的,那么它的所有 DFST 的后退边的集合都是相同的,并且就是流图的回边集合。但如果流图是不可归约的(即不是可归约的),那么所有的回边在任何 DFST 中都是后退边,但是每个 DFST 中都可能另有一些后退边不是回边。这样的后退边集合在不同的 DFST 中有所不同。因此,如果我们删除流图中所有回边后得到的流图带有环,那么该图就是不可归约的。反过来也成立。

为什么回边是后退边

假设 $a\to b$ 是一条回边,即它的头支配它的尾。当图 9-35 中的 $search$ 函数到达 a 时,对 $search$ 的调用序列必然是流图中的一条路径。当然,这条路径必然包含 a 的所有支配结点。由此可知,当 $search(a)$ 被调用时,对 $serach(b)$ 的调用必然已经开始但尚未结束。因此,当 a 被加入到树中时 b 已经在树中,并且 a 是作为 b 的一个后代被加入的。因此 $a\to b$ 必然是一条后退边。

在实践中出现的流图几乎都是可归约的。如果只使用诸如 if-then-else、while-do、continue 和 break 语句这样的结构化控制流语句,那么得到的程序的流图总是可归约的。即使使用了 goto 语句,程序也经常是可归约的,因为程序员在逻辑上会使用循环和分支的方式思考问题。

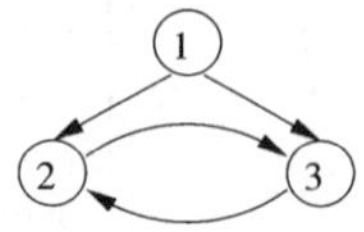

例 9.30 图 9-30 的流图是可归约的。图中的所有后退边都是回边。也就是说,这些边的头支配各自边的尾。 □

例 9.31 考虑图 9-37 中的流图,它的初始结点是 1。结点 1 支配结点

图 9-37 不可归约流图的规范形式

2 和 3，但是 2 不支配 3，3 也不支配 2。因此，这个流图没有回边，因为没有哪条边的头支配其尾结点。根据我们选择从 search(1) 首先调用 search(2) 还是 search(3)，可以得到两个可能的深度优先生成树。在第一种情况下，边 3→2 是一个后退边但不是回边；在第二种情况下，2→3 是一个后退边但不是回边。直观地讲，使得这个流图不可归约的原因是环 2-3 可以由两个不同的地方进入：结点 2 和结点 3。 □

9.5.5 流图的深度

给定一个流图的深度优先生成树，该流图的深度(depth)是各条无环路径上的后退边数目中的最大值。我们可以证明这个深度永远不会大于直观上所说的流图中循环嵌套的深度。如果一个流图是可归约的，那么我们可以用"回边"来替换上面的"深度"定义中的"后退边"，因为任何 DFST 中的后退边集合就是回边集合。深度的定义因此独立于实际所选的 DFST，我们确实可以说"一个流图的深度"，而不是流图的特定于某个深度优先生成树的深度。

例 9.32 图 9-34 中流图的深度是 3，因为有一条具有三条后退边的路径

$$10 \to 7 \to 4 \to 3$$

但是没有包含四个或更多后退边的无环路径。这里的最"深"的路径恰巧只包含了后退路径，这只是一个巧合。一般来说，在一个最深路径中可以包含后退边、前进边和交叉边。 □

9.5.6 自然循环

在一个源程序中，循环可以有很多种描述方法：它们可以被写成 for 循环、while 循环或 repeat 循环；它们甚至还可以用标号和 goto 语句来定义。从程序分析的角度来看，循环在源代码中以什么形式出现并不重要，重要的是它们是否具有易于被优化的性质。我们特别关心的是一个循环是否只有一个唯一的入口结点。如果是这样，编译器的分析可以假设某些初始条件在循环的每次迭代的开头成立。这种优化机会引发了定义"自然循环"的需求。

自然循环(natural loop)通过两个重要的性质来定义。

1) 它必须具有一个唯一的入口结点，称为循环头(header)。这个入口结点支配了循环中的所有结点，否则它就不会成为循环的唯一入口。

2) 必然存在一条进入循环头的回边，否则控制流就不可能从"循环"中直接回到循环头，也就是说实际上并没有循环。

给定一个回边 n→d，我们定义该边的自然循环(natural loop of the edge)是 d 加上那些不经过 d 就能够到达 n 的结点的集合。结点 d 是这个循环的循环头。

算法 9.33 构造一条回边的自然循环。

输入：一个流图 G 和一条回边 n→d。

输出：由回边 n→d 的自然循环中的所有结点组成的集合 loop。

方法：令 loop 等于 {n, d}。把 d 标记为"visited"，以便搜索过程不至于越过结点 d。从结点 n 开始对输入的反向控制流图进行深度优先的搜索。把所有访问到的结点都加入 loop。这个过程可以找到所有不经过 d 就可以到达 n 的结点。 □

例 9.34 在图 9-30 中有五条回边，这些边的头结点支配了它们的尾结点。它们是：10→7，7→4，4→3，8→3 和 9→1。请注意，这些边恰好就是所有的被认为在流图中形成循环的边。

回边 10→7 有自然循环{7, 8, 10}，因为 8 和 10 是不经过 7 就能到达 10 的结点。回边 7→4 的自然循环由{4, 5, 6, 7, 8, 10}组成，因此包含了回边 10→7 的循环。因此，我们假设后者是包含在前者中的一个内部循环。

回边 4→3 和 8→3 的自然循环具有同样的头，即结点 3；它们恰巧具有同样的结点集合：{3, 4, 5, 6, 7, 8, 10}。因此，我们将把这两个循环合并成为一个。这个循环包含了前面找到的两个较小的循环。

最后，回边 9→1 的自然循环是整个流图，因此是最外层的循环。在这个例子中，四个循环是逐层嵌套的。然而，通常会有两个互不包含的循环。□

因为一个可归约的流图中所有后退边都是回边，我们可以把每条后退边和一个自然循环关联起来。这个结论对于不可归约流图不成立。比如，图 9-37 中的不可归约流图中有一个由结点 2 和 3 组成的环。环中的边都不是回边，因此这个环不满足自然循环的定义。我们并不把这个环当作自然循环，因此也不会优化它。这种情况是可接受的，因为假设所有循环都有唯一的入口点可以使循环分析变得更加简单。而且不管怎么说，不可归约的程序在实践中很少见到。

如果我们只把自然循环当作"循环"，那么可以得到下面的有用性质，即除非两个循环具有同样的循环头，否则它们要么是分离的，要么一个嵌套在另一个中。这样我们就很自然地得到了最内层循环(innermost loop)的定义，即不包含其他循环的循环。

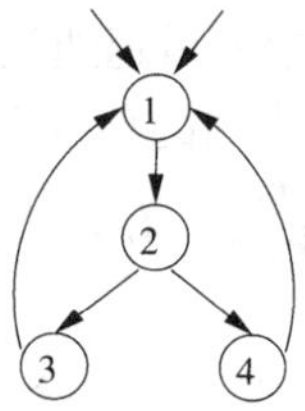

当两个自然循环像图 9-38 中那样具有相同的循环头时，很难说谁是内层的循环。因此，如果两个自然循环具有相同的循环头且没有哪一个循环真正包含在另一个循环中，它们将被合并在一起，当作一个循环处理。

图 9-38　具有相同循环头的两个循环

例 9.35　在图 9-38 中的回边 3→1 和 4→1 的自然循环分别是 {1, 2, 3} 和 {1, 2, 4}。我们将把它们合并成一个循环 {1, 2, 3, 4}。

然而，假如图 9-38 中有另一个回边 2→1，它的循环是 {1, 2}。这个循环将是第三个以 1 为循环头的自然循环。这个循环真包含于循环 {1, 2, 3, 4}，因此它不会和其他两个自然循环合并，而是作为包含在 {1, 2, 3, 4} 中的内层循环进行处理。□

9.5.7　迭代数据流算法的收敛速度

我们现在可以讨论迭代算法的收敛速度了。如 9.3.3 节中所讨论的，算法的最大迭代次数可能是格的高度和流图结点数的乘积。对于很多数据流分析而言，我们可以对求值过程进行适当排序，使算法经过很少的迭代就能收敛。我们感兴趣的性质是是否所有影响一个结点的重要事件都可以通过一个无环的路径到达该点。在至今已经讨论过的数据流分析问题中，到达定值、可用表达式和活跃变量问题具有这个性质，而常量传递则不具有这个性质。更加明确地说：

- 如果一个定值 d 在 IN[B] 中，那么必然有一条从包含 d 的基本块到达 B 的无环路径使得 d 在该路径上的所有 IN 和 OUT 值中。
- 如果表达式 $x+y$ 在基本块 B 的入口处不可用，那么必然有一条具有下列性质的无环路径：要么该路径从程序的入口结点出发并且不包含任何杀死或产生 $x+y$ 的语句；要么该路径从一个杀死了 $x+y$ 的基本块出发，并且从此之后该路径中没有产生表达式 $x+y$。
- 如果 x 在基本块 B 的出口处活跃，那么必然有一个从 B 开始到达对 x 的某次使用的无环路径，在此路径上没有对 x 的定值。

我们可以检验出在上述各个情况中，带有环的路径不会增加任何内容。比如，如果可以通过一个带环的路径从基本块 B 的结尾到达 x 的使用点，那么我们可以消除这个环，得到一个更短的路径。沿着这个较短路径依然可以从 B 到达 x 的这个使用点。

反过来，常量传播就没有这个性质。考虑如下一个简单程序，它仅包含一个由单个基本块组

成的循环，基本块中的代码为

```
L:    a = b
      b = c
      c = 1
      goto L
```

当第一次访问这个基本块时，我们发现 c 具有常量值 1，但是 a 和 b 没有定值。第二次访问该基本块时，我们发现 b 和 c 都有常量值 1。经过对该基本块的三次访问之后，赋给 c 的常量值 1 才到达 a。

如果所有有用的信息都通过无环路径传播，我们就有可能调整迭代数据流算法中访问结点的顺序，以便经过几轮结点访问就可以保证这些信息已经沿着所有的无环路径传递完毕。

回顾一下 9.5.3 节中说过，如果 $a \rightarrow b$ 是一条边，那么只有当该边是后退边的时候 b 的深度优先编号才会小于 a 的编号。对于前向的数据流问题，按照深度优先顺序来访问结点是很合适的。明确地说，我们对图 9-23a 中的算法进行修改，把算法中访问流图中各个基本块的第(4)行代码替换为：

> **for**（按照深度优先顺序，对所有不同于 ENTRY 的各个基本块 B）{

例 9.36 假设一个定值 d 在如下路径上传播：

$$3 \rightarrow 5 \rightarrow 19 \rightarrow 35 \rightarrow 16 \rightarrow 23 \rightarrow 45 \rightarrow 4 \rightarrow 10 \rightarrow 17$$

其中的整数表示该路径上的各个基本块的深度优先编号。那么，图 9-23a 中算法的第(4)到(6)行的循环第一次运行时，d 将从 OUT[3] 传播到 IN[5] 再传播到 OUT[5]，…，最后到达 OUT[35]。因为 16 排在 35 之前，d 不会在这一轮中到达 IN[16]。在 d 被放进 OUT[35] 的时候，我们已经计算了 IN[16]。但是下次我们运行第(4)到(6)行的循环时，因为此时 d 已经在 OUT[35] 中，它将在计算 IN[16] 的时候被加入进去。定值 d 同时会被传播到 OUT[16]，IN[23]，…，最后到达 OUT[45]。它必须在这里等待下一轮计算，因为这一轮中已经计算过 IN[4] 了。在第三轮中，d 将传播到 IN[4]，OUT[4]，IN[10] 和 IN[17]。因此在三轮之后我们使得定值 d 到达了基本块 17。 □

从这个例子中不难抽取出一般规律。如果我们在图 9-23a 中使用深度优先排序，那么把任何到达定值沿着一条无环路径传播所需要的迭代轮次不会大于路径中从高编号基本块到低编号基本块的边的个数加一。这些边恰好就是后退边，因此，所需轮次就是流图的深度加一。当然，算法 9.11 还需要再做一次不改变任何值的迭代，才能检测出所有定值都已经被传播到了所有它能够到达的地方。因此，使用了深度优先基本块排序的这个算法所执行的迭代轮次的上限实际上是深度加二。一项研究[⊖]表明，常见流图的平均深度大约是 2.75。因此这个算法的收敛速度很快。

产生不可归约数据流图的一个原因

在一种情况下我们通常不能指望一个流图是可归约的。如果像我们在算法 9.33 中寻找自然循环所做的那样，把一个程序的流图的边反向，那么我们不大可能得到一个可归约流图。直观的理由是，虽然典型程序的循环只有一个入口，但这些循环有时会有几个出口。当我们把流图的边反向时，这些出口就变成了入口。

⊖ D. E. Knuth, "An empirical study of FORTRAN programs, ", *Software: Practice and Experience* 1: 2(1971), pp. 105-133.

在类似于活跃变量这样的逆向数据流问题中,我们以深度优先排序的逆序来访问结点。这样,我们可以沿着路径

$$3 \to 5 \to 19 \to 35 \to 16 \to 23 \to 45 \to 4 \to 10 \to 17$$

经过一个轮次把基本块 17 中对某个变量的一次使用逆向传播到 IN[4]。然后在这里等待下一次迭代,以便把它传播到 OUT[45]。在第二轮迭代中,它到达 IN[16],在第三轮中它从 OUT[35] 到达 OUT[3]。

总的来说,深度加一次迭代足以把一个变量的使用沿着任何无环路径逆向传递完毕。但是,我们必须在每次迭代中按照深度优先排序的逆序来访问各个结点,因为这样才能在一次迭代中把变量的使用沿着任意长的下降结点序列传递。

在一些数据流分析问题中,环形路径不会给分析增加任何信息。至今为止讨论的界限是所有此类问题的上界。在一些特殊的问题中,比如对于支配结点问题,迭代算法的收敛速度更快。在输入流图是可归约的情况下,如果以深度优先顺序访问各个结点,那么数据流算法的第一轮迭代就可以得到各个结点的支配结点集合。如果我们之前不知道输入流图是可归约的,那么我们需要一次额外的迭代来确定算法已经收敛了。

9.5.8 9.5 节的练习

练习 9.5.1:对于图 9-10 中的流图(见 9.1 节的练习):

1) 计算支配关系。
2) 寻找每个结点的直接支配结点。
3) 构造支配结点树。
4) 找出该流图的一个深度优先排序。
5) 根据问题 4 的答案,指明其中的前进、后退和交叉边以及树的边。
6) 这个流图是可归约的吗?
7) 计算这个流图的深度。
8) 找出这个流图的自然循环。

练习 9.5.2:对于下列流图重复练习 9.5.1。

1) 图 9-3。
2) 图 8.9。
3) 从练习 8.4.1 得到的流图。
4) 从练习 8.4.2 得到的流图。

! **练习 9.5.3**:证明下列有关 dom 关系的性质。

1) 如果 $a\ dom\ b$ 且 $b\ dom\ c$,那么 $a\ dom\ c$(传递性)。
2) 如果 $a \neq b$,那么 $a\ dom\ b$ 和 $b\ dom\ a$ 不可能同时成立(反对称性)。
3) 如果 a 和 b 是 n 的两个支配结点,那么 $a\ dom\ b$ 和 $b\ dom\ a$ 之一必然成立。
4) 除了入口结点,每个结点 n 都有一个唯一的直接支配结点——在任何从入口结点到达 n 的无环路径中,这个支配结点是离 n 最近的支配结点。

! **练习 9.5.4**:图 9-34 是图 9-30 中流图的一个深度优先表示。这个流图有多少个其他的深度优先表示?请记住,不同的子结点顺序表示不同的深度优先表示。

!! **练习 9.5.5**:证明一个流图是可归约的当且仅当我们删除所有回边(即头结点支配尾结点的边)后得到的流图是无环的。

! **练习 9.5.6**:一个具有 n 个结点的完全流图在任意两个结点 i 和 j 之间(在两个方向上)都有边 $i \to j$。n 取什么值的时候这个完全流图是可归约的?

! 练习 9.5.7：一个在 n 个结点 $1, 2, \cdots, n$ 上的无环完全流图对于所有的结点 i 和 $j(i<j)$ 都有边 $i \rightarrow j$。其中结点 1 是入口结点。

1) n 取什么值的时候这个图是可归约的？
2) 如果给所有的结点 i 都加上自循环边 $i \rightarrow i$，是否会改变对问题 a 的答案？

! 练习 9.5.8：一个回边 $n \rightarrow h$ 的自然循环被定义为 h 加上所有能够不经过 h 而直接到达 n 的结点的集合。说明 h 支配 $n \rightarrow h$ 的自然循环中的所有结点。

!! 练习 9.5.9：我们说过，图 9-37 的流图是不可归约的。如果图中的那些边被替换为不同的路径（当然结束点除外），且各条路径的结点集合两两不相交，那么得到的流图还是不可归约的。实际上，结点 1 不一定要是入口结点，它可以是任何能够从入口结点沿着某条路径到达的结点，只要该条路径的所有中间结点都不是上面明确给出的四条路径中的一部分。证明上面的论述反过来也成立：每个不可归约流图都有一个如下的子图。这个子图和图 9-37 中的流图类似，只是该流图的边可以被替换为结点互不相交的路径，而结点 1 可以是任意能够从入口结点经过某条不和其他四条路径相交的路径到达的结点。

!! 练习 9.5.10：说明每个不可归约流图的每个深度优先表示都有一条不是回边的后退边。

!! 练习 9.5.11：说明如果条件

$$f(a) \wedge g(a) \wedge a \le f(g(a))$$

对于所有的函数 f、g 和值 a 成立，那么通用迭代算法，即算法 9.25，在按照深度优先排序执行每次迭代时，经过深度加二次迭代之后必然收敛。

! 练习 9.5.12：找到一个具有两棵不同深度的 DFST 的不可归约流图。

! 练习 9.5.13：证明下列结论：

1) 如果一个定值 d 在 $\text{IN}[B]$ 中，那么存在某条从包含 d 的基本块到达 B 的无环路径，使得 d 在该路径上的所有 IN 和 OUT 值中。
2) 如果一个表达式 $x+y$ 在基本块 B 的入口处不可用，那么必然存在某条到达 B 的无环路径满足下面的条件：要么该路径从程序入口结点开始并且不包含任何杀死或生成 $x+y$ 的语句；要么该路径从一个杀死了 $x+y$ 的基本块开始，并且路径中不包含任何生成 $x+y$ 的语句。
3) 如果 x 在基本块 B 的出口处活跃，那么必然有一条从 B 到 x 的某个使用点的路径，在该路径上没有对 x 的定值。

9.6 第 9 章总结

- **全局公共子表达式**：一个重要的优化方法是寻找同一个表达式在两个不同基本块中的计算过程。如果一个在另一个前面，我们可以把第一次计算该表达式时得到的结果存放起来，并在再次计算该表达式时使用这个结果。
- **复制传播**：一个复制语句 $u=v$ 把一个变量 v 赋值给另一个变量 u。在有些情况下，我们可以把所有对 u 的使用替换为对 v 的使用，从而消除这个赋值语句以及变量 u。
- **代码移动**：另一种优化方法是把一个计算过程移动到它所在的循环之外。只有当循环的每次迭代中这个计算过程都生成同样的值，这种改变才是正确的。
- **归纳变量**：很多循环都有归纳变量。这些变量在循环执行时的不同迭代中的取值是一个线性序列。有些归纳变量仅仅用于对迭代进行计数，它们经常可以被消除，从而降低了循环的一次迭代所需要的时间。
- **数据流分析**：一个数据流分析模式在程序的每个点上都定义了一个值。程序的各个语句都有相关联的传递函数。这些函数给出了一个语句之前和之后的数据流值之间的关系。

具有多个前驱的语句的值是它的各个前驱的值的组合。这个组合通过交汇(或者说汇流)函数计算得到。

- **基本块的数据流分析**：因为数据流值在一个基本块内的传播过程通常很简单，所以数据流方程通常给每个基本块设置两个值，称为 IN 值和 OUT 值。这两个值分别表示该基本块在开始处和结尾处的数据流值。把基本块中各个语句的传递函数组合起来就可以得到代表整个基本块的传递函数。

- **到达定值**：到达定值数据流框架的数据流值是程序中的语句的集合。这些语句给一个或者多个变量定值。如果一个变量肯定在一个基本块内被重新定值，那么该基本块的传递函数杀死了对这个变量的定值，同时它还加入("生成")了在该模块中发生的对变量的定值。只要一个定值到达某个点的任意一个前驱，它就到达了该点，因此交汇运算是并集运算。

- **活跃变量**：另一个重要的数据流框架计算了在各个程序点上活跃的(将在重新定值之前被使用的)变量。这个框架和到达定值框架类似，但是传递函数是逆向传递数据流值的。一个变量在某个基本块的开始处活跃的条件是，要么在该基本块中它在定值之前就被使用，要么该基本块中没有对它重新定值且它在该基本块结尾处活跃。

- **可用表达式**：为了寻找全局公共子表达式，我们要确定各个程序点上的可用表达式。所谓可用表达式就是之前已经计算过，且在最后一次计算之后它的运算分量都没有被重新定值的表达式。这个问题的数据流框架和到达定值框架类似，但是其交汇运算是交集运算，而不是并集运算。

- **数据流问题的抽象**：常见的数据流问题，比如前面提到过的那些，都可以用一个通用的数学结构表达。数据流值是一个半格的成员，这个半格的交汇运算就是数据流问题的交汇(汇流)函数。传递函数把半格元素映射到半格元素。要求传递函数的集合必须对于组合运算封闭，并且包含单元函数。

- **单调框架**：每个半格都有一个 $\leq$ 关系 $a \leq b$ 当且仅当 $a \wedge b = a$。单调框架具有以下性质：每个传递函数都保持了 $\leq$ 关系。也就是说，对于任意的格元素 a 和 b 以及传递函数 f，$a \leq b$ 蕴含了 $f(a) \leq f(b)$。

- **可分配框架**：这种框架满足下面的条件：对于所有的格元素 a 和 b 以及传递函数 f，$f(a \wedge b) = f(a) \wedge f(b)$。可以证明可分配框架的条件蕴含了单调框架的条件。

- **抽象框架的迭代解法**：所有的单调数据流框架可以通过一个迭代算法来解决。在这个解法中，首先(按照不同的框架)适当地初始化各个基本块的 IN 和 OUT 值，然后应用传递函数和交汇运算不断地计算这些变量的新值。这个解法总是安全的(即按照它的解对程序进行优化不会改变程序所做的计算)。但是只有当框架是可分配的时，这个解才一定是可能的解中最好的。

- **常量传播框架**：虽然诸如到达定值这类的基本框架都是可分配的，但存在一些单调但不可分配的框架。这类框架中的一个例子是关于常量传播的。在常量传播框架使用的半格中，格元素是从程序变量到常量以及两个特殊值的映射。这两个特殊值分别代表"无信息"和"一定不是常量"。

- **支配结点**：如果在一个流图中所有到达某结点的路径都必须经过另一个结点，那么后一个结点就支配前一个结点。一个真支配结点是不同于被支配结点的支配结点。除了入口结点，每个结点都有一个直接支配结点——被该结点的所有其他真支配结点所支配的真支配结点。

- **流图的深度优先排序**：如果我们从一个流图的入口结点开始对它进行深度优先搜索，

机器无关优化

我们会得到一个深度优先生成树。结点的深度优先排序是这棵树的后序遍历次序的逆序。

- 边的分类：当我们构造一个深度优先生成树之后，相应流图的全部边可以分成三大类：前进边（即从祖先结点到真后代结点的边）、后退边（即从后代结点到祖先结点的边）和交叉边（其他）。生成树的一个重要性质是所有的交叉边都是从树的右边到达左边。另一个重要性质是在这些边中，如果按照深度优先排序（即后序次序的逆序），只有后退边的头比它的尾的排序更靠前。
- 回边：回边就是其头结点支配尾结点的边。不管选择流图的哪一棵深度优先生成树，每条回边都是一条后退边。
- 可归约流图：如果不管选择哪个深度优先生成树，该树的每个后退边都是一条回边，那么这个流图就是可归约的。绝大部分流图都是可归约的，控制流语句都是通常的循环和分支语句的程序的流图一定是可归约的。
- 自然循环：一个自然循环是一个结点的集合。集合中有一个头结点，它支配了该集合中的所有其他结点，并且至少有一条回边进入这个头结点。给定任意的回边，我们可以构造出它的自然循环。循环中包括回边的头结点，以及所有不经过头结点就能够到达此回边的尾结点的其他结点。两个具有不同头结点的自然循环要么互不相交，要么一个循环完全包含在另一个循环里面。这个性质使得我们可以讨论嵌套循环的层次结构，前提是"循环"指的是自然循环。
- 深度优先排序提高了迭代算法的效率：如果沿着无环路径传播信息足以得到正确结果，即环路不会增加信息，那么相应的迭代算法只需要很少几次迭代就可以得到正确结果。如果我们按照深度优先顺序访问结点，那么任何向前传递信息的数据流框架（比如到达定值）都可以在确定次数内收敛。收敛次数不大于所有无环路径中的后退边的最大个数加上2。如果我们用深度优先顺序的逆序（即后序次序）访问结点，上面的结论对于逆向传播的框架（比如活跃变量）也成立。

9.7 第9章参考文献

两个对代码作充分优化的早期编译器是 Alpha[7] 和 Fortran H[16]。关于循环优化技术（比如代码移动）的基础性论文是[1]，虽然论文中的某些思想的早期版本出现在[8]中。一本非正式发行的书[4]在传播代码优化思想方面很有影响。

对数据流分析的迭代算法的第一个描述来自于 Vyssotsky 和 Wegner 的未发表的技术报告[20]。对于数据流分析的科学研究被认为是从 Allen[2] 和 Cocke[3] 的两篇文章开始的。

本节描述的基于格理论的抽象是基于 Kildall[13] 的文章。文中假设这些框架具有可分配性，但是很多框架不满足这个性质。在很多这样的框架出现后，论文[5]和[11]把单调性条件加入到模型中去。

部分冗余消除是[17]首先提出的。而本章中描述的懒惰代码移动算法是基于[14]。

支配结点的概念由[13]中描述的编译器首先使用。但是这个思想最早出现在[18]中。

可归约流图的概念来自于[2]。像本章中表示的这些流图的结构来自于[9]和[10]。[12]和[15]首先把流图的可归约性与常见的嵌套式控制流结构联系起来。这种联系解释了为什么这一类流图是如此的常见。

通过 T_1-T_2 归约来定义流图可归约性的思想来自于[19]。在基于区域的分析技术中使用了这个定义。基于区域的方法首先被[21]中所描述的编译器使用。

在 6.2.4 节中介绍的静态单赋值(Static Single-Assignment, SSA)中间表示形式把数据流和控制流都合并到其表示方法中。SSA 表示法支持了同一个公共框架中的很多种优化转换的实现[6]。

1. Allen, F. E., "Program optimization," *Annual Review in Automatic Programming* **5** (1969), pp. 239–307.

2. Allen, F. E., "Control flow analysis," *ACM Sigplan Notices* **5**:7 (1970), pp. 1–19.

3. Cocke, J., "Global common subexpression elimination," *ACM SIGPLAN Notices* **5**:7 (1970), pp. 20–24.

4. Cocke, J. and J. T. Schwartz, *Programming Languages and Their Compilers: Preliminary Notes*, Courant Institute of Mathematical Sciences, New York Univ., New York, 1970.

5. Cousot, P. and R. Cousot, "Abstract interpretation: a unified lattice model for static analysis of programs by construction or approximation of fixpoints," *Fourth ACM Symposium on Principles of Programming Languages* (1977), pp. 238–252.

6. Cytron, R., J. Ferrante, B. K. Rosen, M. N. Wegman, and F. K. Zadeck, "Efficiently computing static single assignment form and the control dependence graph," *ACM Transactions on Programming Languages and Systems* **13**:4 (1991), pp. 451–490.

7. Ershov, A. P., "Alpha — an automatic programming system of high efficiency," *J. ACM* **13**:1 (1966), pp. 17–24.

8. Gear, C. W., "High speed compilation of efficient object code," *Comm. ACM* **8**:8 (1965), pp. 483–488.

9. Hecht, M. S. and J. D. Ullman, "Flow graph reducibility," *SIAM J. Computing* **1** (1972), pp. 188–202.

10. Hecht, M. S. and J. D. Ullman, "Characterizations of reducible flow graphs," *J. ACM* **21** (1974), pp. 367–375.

11. Kam, J. B. and J. D. Ullman, "Monotone data flow analysis frameworks," *Acta Informatica* **7**:3 (1977), pp. 305–318.

12. Kasami, T., W. W. Peterson, and N. Tokura, "On the capabilities of while, repeat, and exit statements," *Comm. ACM* **16**:8 (1973), pp. 503–512.

13. Kildall, G., "A unified approach to global program optimization," *ACM Symposium on Principles of Programming Languages* (1973), pp. 194–206.

14. Knoop, J., "Lazy code motion," *Proc. ACM SIGPLAN 1992 conference on Programming Language Design and Implementation*, pp. 224–234.

15. Kosaraju, S. R., "Analysis of structured programs," *J. Computer and System Sciences* **9**:3 (1974), pp. 232–255.

16. Lowry, E. S. and C. W. Medlock, "Object code optimization," *Comm. ACM* **12**:1 (1969), pp. 13–22.

17. Morel, E. and C. Renvoise, "Global optimization by suppression of partial redundancies," *Comm. ACM* **22** (1979), pp. 96–103.

18. Prosser, R. T., "Application of boolean matrices to the analysis of flow diagrams," *AFIPS Eastern Joint Computer Conference* (1959), Spartan Books, Baltimore MD, pp. 133–138.

19. Ullman, J. D., "Fast algorithms for the elimination of common subexpressions," *Acta Informatica* **2** (1973), pp. 191–213.

20. Vyssotsky, V. and P. Wegner, "A graph theoretical Fortran source language analyzer," unpublished technical report, Bell Laboratories, Murray Hill NJ, 1963.

21. Wulf, W. A., R. K. Johnson, C. B. Weinstock, S. O. Hobbs, and C. M. Geschke, *The Design of an Optimizing Compiler*, Elsevier, New York, 1975.

附录 一个完整的编译器前端

这个附录给出了一个完整的编译器前端，它是基于2.5节至2.8节中非正式描述的简单编译器编写的。和第2章的主要不同之处在于，这个前端像6.6节中描述的那样为布尔表达式生成跳转代码。我们首先给出源语言的语法。描述这个语法所用的文法需要进行调整，以适应自顶向下的语法分析技术。

这个翻译器的 Java 代码由五个包组成：main、lexer、symbol、parser 和 inter。包 inter 中包含的类处理用抽象语法表示的语言结构。因为语法分析器的代码和其他各个包交互，所以它将在最后描述。每个包存放在一个独立的目录中，每个类都有一个单独的文件。

作为语法分析器的输入时，源程序就是一个由词法单元组成的流，因此面向对象特性和语法分析器的代码之间没有什么关系。当由语法分析器输出时，源程序就是一棵抽象语法树，树中的结构或结点被实现为对象。这些对象负责处理下列工作：构造一个抽象语法树结点、类型检查、生成三地址中间代码（见包 inter）。

A.1 源语言

这个语言的一个程序由一个块组成，该块中包含可选的声明和语句。语法符号 basic 表示基本类型。

$$
\begin{aligned}
program &\rightarrow block \\
block &\rightarrow \{\ decls\ stmts\ \} \\
decls &\rightarrow decls\ decl\ |\ \epsilon \\
decl &\rightarrow type\ \mathbf{id}\ ; \\
type &\rightarrow type\ [\ \mathbf{num}\ ]\ |\ \mathbf{basic} \\
stmts &\rightarrow stmts\ stmt\ |\ \epsilon
\end{aligned}
$$

把赋值当作一个语句（而不是表达式中的运算符）可以简化翻译工作。

面向对象与面向步骤

在一个面向对象方法中，一个构造的所有代码都集中在这个与构造对应的类中。但是在面向步骤的方法中，这个方法中的代码是按照步骤进行组织的，因此一个类型检查过程中对每个构造都有一个 case 分支，且一个代码生成过程对每个构造也都有一个 case 分支，等等。

对这两者进行衡量，可知使用面向对象方法会使得改变或增加一个构造（比如 for 语句）变得较容易；而使用面向步骤的方法会使得改变或增加一个步骤（比如类型检查）变得比较容易。使用对象来实现时，增加一个新的构造可以通过写一个自包含的类来实现；但是如果要改变一个步骤，比如插入自动类型转换的代码，就需要改变所有受影响的类。使用面向步骤的方式时，增加一个新构造可能会引起各个步骤中的多个过程的改变。

$$
\begin{aligned}
stmt &\rightarrow loc = bool\ ; \\
&|\ \mathbf{if}\ (\ bool\ )\ stmt \\
&|\ \mathbf{if}\ (\ bool\ )\ stmt\ \mathbf{else}\ stmt \\
&|\ \mathbf{while}\ (\ bool\ )\ stmt \\
&|\ \mathbf{do}\ stmt\ \mathbf{while}\ (\ bool\ )\ ; \\
&|\ \mathbf{break}\ ; \\
&|\ block \\
loc &\rightarrow loc\ [\ bool\ ]\ |\ \mathbf{id}
\end{aligned}
$$

表达式的产生式处理了运算符的结合性和优先级。它们对每个优先级级别都使用了一个非终结符号，而非终结符号 *factor* 用来表示括号中的表达式、标识符、数组引用和常量。

$$
\begin{align}
bool &\to bool \,||\, join \,|\, join \\
join &\to join \,\&\&\, equality \,|\, equality \\
equality &\to equality == rel \,|\, equality \,!=\, rel \,|\, rel \\
rel &\to expr < expr \,|\, expr <= expr \,|\, expr >= expr \,|\, \\
&\quad expr > expr \,|\, expr \\
expr &\to expr + term \,|\, expr - term \,|\, term \\
term &\to term * unary \,|\, term / unary \,|\, unary \\
unary &\to !\, unary \,|\, -\, unary \,|\, factor \\
factor &\to (\, bool \,) \,|\, loc \,|\, num \,|\, real \,|\, true \,|\, false
\end{align}
$$

A.2 Main

程序的执行从类 Main 的方法 main 开始。方法 main 创建了一个词法分析器和一个语法分析器，然后调用语法分析器中的方法 program。

```
1) package main;                    // 文件 Main.java
2) import java.io.*; import lexer.*; import parser.*;
3) public class Main {
4)     public static void main(String[] args) throws IOException {
5)         Lexer lex = new Lexer();
6)         Parser parse = new Parser(lex);
7)         parse.program();
8)         System.out.write('\n');
9)     }
10) }
```

A.3 词法分析器

包 lexer 是 2.6.5 节中的词法分析器的代码的扩展。类 Tag 定义了各个词法单元对应的常量：

```
1) package lexer;                    // 文件 Tag.java
2) public class Tag {
3)     public final static int
4)         AND   = 256, BASIC = 257, BREAK = 258, DO    = 259, ELSE  = 260,
5)         EQ    = 261, FALSE = 262, GE    = 263, ID    = 264, IF    = 265,
6)         INDEX = 266, LE    = 267, MINUS = 268, NE    = 269, NUM   = 270,
7)         OR    = 271, REAL  = 272, TEMP  = 273, TRUE  = 274, WHILE = 275;
8) }
```

其中的三个常量 INDEX、MINUS 和 TEMP 不是词法单元，它们将在抽象语法树中使用。

类 Token 和 Num 和 2.6.5 节的相同，但是增加了方法 toString：

```
1) package lexer;                    // 文件 Token.java
2) public class Token {
3)     public final int tag;
4)     public Token(int t) { tag = t; }
5)     public String toString() {return "" + (char)tag;}
6) }
```

```
1) package lexer;                    //文件 Num.java
2) public class Num extends Token {
3)     public final int value;
4)     public Num(int v) { super(Tag.NUM); value = v; }
5)     public String toString() { return "" + value; }
6) }
```

类 Word 用于管理保留字、标识符和像 && 这样的复合词法单元的词素。它也可以用来管理在中间代码中运算符的书写形式；比如单目减号。例如，源文本中的 -2 的中间形式是 minus 2。

```
1) package lexer;                    // 文件 Word.java
2) public class Word extends Token {
3)     public String lexeme = "";
4)     public Word(String s, int tag) { super(tag); lexeme = s; }
5)     public String toString() { return lexeme; }
6)     public static final Word
7)         and   = new Word( "&&",    Tag.AND   ), or  = new Word( "||", Tag.OR ),
8)         eq    = new Word( "==",    Tag.EQ    ), ne  = new Word( "!=", Tag.NE ),
9)         le    = new Word( "<=",    Tag.LE    ), ge  = new Word( ">=", Tag.GE ),
10)        minus = new Word( "minus", Tag.MINUS ),
11)        True  = new Word( "true",  Tag.TRUE  ),
12)        False = new Word( "false", Tag.FALSE ),
13)        temp  = new Word( "t",     Tag.TEMP  );
14) }
```

类 Real 用于处理浮点数:

```
1) package lexer;                    // 文件 Real.java
2) public class Real extends Token {
3)     public final float value;
4)     public Real(float v) { super(Tag.REAL); value = v; }
5)     public String toString() { return "" + value; }
6) }
```

如我们在 2.6.5 节中讨论的,类 Lexer 的主方法,即函数 scan,识别数字、标识符和保留字。

类 Lexer 中的第 9 ~ 13 行保留了选定的关键字。第 14 ~ 16 行保留了在其他地方定义的对象的词素。对象 Word.True 和 Word.False 在类 Word 中定义。对应于基本类型 int、char、bool 和 float 的对象在类 Type 中定义。类 Type 是 Word 的一个子类。类 Type 来自包 symbols。

```
1) package lexer;                    // 文件 Lexer.java
2) import java.io.*; import java.util.*; import symbols.*;
3) public class Lexer {
4)     public static int line = 1;
5)     char peek = ' ';
6)     Hashtable words = new Hashtable();
7)     void reserve(Word w) { words.put(w.lexeme, w); }
8)     public Lexer() {
9)         reserve( new Word("if",    Tag.IF)    );
10)        reserve( new Word("else",  Tag.ELSE)  );
11)        reserve( new Word("while", Tag.WHILE) );
12)        reserve( new Word("do",    Tag.DO)    );
13)        reserve( new Word("break", Tag.BREAK) );
14)        reserve( Word.True );      reserve( Word.False );
15)        reserve( Type.Int  );      reserve( Type.Char  );
16)        reserve( Type.Bool );      reserve( Type.Float );
17)    }
```

函数 readch( )(第 18 行)用于把下一个输入字符读到变量 peek 中。名字 readch 被复用或重载,(第 19 ~ 24 行),以便帮助识别复合的词法单元。比如,一看到输入字符 <,调用 readch("=")就会把下一个字符读入 peek,并检查它是否为 =。

```
18)    void readch() throws IOException { peek = (char)System.in.read(); }
19)    boolean readch(char c) throws IOException {
20)        readch();
21)        if( peek != c ) return false;
22)        peek = ' ';
23)        return true;
24)    }
```

函数 scan 一开始首先略过所有的空白字符(第 26 ~ 30 行)。它首先试图识别像 < = 这样的复合词法单元(第 31 ~ 34 行)和像 365 及 3.14 这样的数字(第 45 ~ 58 行)。如果不成功,它就试图读入一个字符串(第 59 ~ 70 行)。

```
25)  public Token scan() throws IOException {
26)      for( ; ; readch() ) {
27)          if( peek == ' ' || peek == '\t' ) continue;
28)          else if( peek == '\n' ) line = line + 1;
29)          else break;
30)      }
31)      switch( peek ) {
32)      case '&':
33)          if( readch('&') ) return Word.and;   else return new Token('&');
34)      case '|':
35)          if( readch('|') ) return Word.or;    else return new Token('|');
36)      case '=':
37)          if( readch('=') ) return Word.eq;    else return new Token('=');
38)      case '!':
39)          if( readch('=') ) return Word.ne;    else return new Token('!');
40)      case '<':
41)          if( readch('=') ) return Word.le;    else return new Token('<');
42)      case '>':
43)          if( readch('=') ) return Word.ge;    else return new Token('>');
44)      }
45)      if( Character.isDigit(peek) ) {
46)          int v = 0;
47)          do {
48)              v = 10*v + Character.digit(peek, 10); readch();
49)          } while( Character.isDigit(peek) );
50)          if( peek != '.' ) return new Num(v);
51)          float x = v; float d = 10;
52)          for(;;) {
53)              readch();
54)              if( ! Character.isDigit(peek) ) break;
55)              x = x + Character.digit(peek, 10) / d; d = d*10;
56)          }
57)          return new Real(x);
58)      }
59)      if( Character.isLetter(peek) ) {
60)          StringBuffer b = new StringBuffer();
61)          do {
62)              b.append(peek); readch();
63)          } while( Character.isLetterOrDigit(peek) );
64)          String s = b.toString();
65)          Word w = (Word)words.get(s);
66)          if( w != null ) return w;
67)          w = new Word(s, Tag.ID);
68)          words.put(s, w);
69)          return w;
70)      }
```

最后,peek 中的任意字符都被作为词法单元返回(第 71~72 行)。

```
71)      Token tok = new Token(peek); peek = ' ';
72)      return tok;
73)  }
74) }
```

A.4 符号表和类型

包 symbols 实现了符号表和类型。

类 Env 实质上和图 2-37 中的代码一样。类 Lexer 把字符串映射为字,类 Env 把字符串词法单元映射为类 Id 的对象。类 Id 和其他的对应于表达式和语句的类一起都在包 inter 中定义。

```
1) package symbols;                      // 文件 Env.java
2) import java.util.*; import lexer.*; import inter.*;
3) public class Env {
4)    private Hashtable table;
5)    protected Env prev;
6)    public Env(Env n) { table = new Hashtable(); prev = n; }
7)    public void put(Token w, Id i) { table.put(w, i); }
8)    public Id get(Token w) {
9)       for( Env e = this; e != null; e = e.prev ) {
10)         Id found = (Id)(e.table.get(w));
11)         if( found != null ) return found;
12)      }
13)      return null;
14)   }
15) }
```

我们把类 `Type` 定义为类 `Word` 的子类，因为像 `int` 这样的基本类型名字就是保留字，将被词法分析器从词素映射为适当的对象。对应于基本类型的对象是 `Type.Int`、`Type.Float`、`Type.Char` 和 `Type.Bool`（第 7～10 行）。这些对象从超类中继承了字段 `tag`，相应的值被设置为 `Tag.BASIC`，因此语法分析器以同样的方式处理它们。

```
1) package symbols;                      // 文件 Type.java
2) import lexer.*;
3) public class Type extends Word {
4)    public int width = 0;              //width用于存储分配
5)    public Type(String s, int tag, int w) { super(s, tag); width = w; }
6)    public static final Type
7)       Int   = new Type( "int",   Tag.BASIC, 4 ),
8)       Float = new Type( "float", Tag.BASIC, 8 ),
9)       Char  = new Type( "char",  Tag.BASIC, 1 ),
10)      Bool  = new Type( "bool",  Tag.BASIC, 1 );
```

函数 `numeric`（第 11～14 行）和 `max`（第 15～20 行）可用于类型转换。

```
11)   public static boolean numeric(Type p) {
12)      if (p == Type.Char || p == Type.Int || p == Type.Float) return true;
13)      else return false;
14)   }
15)   public static Type max(Type p1, Type p2 ) {
16)      if ( ! numeric(p1) || ! numeric(p2) ) return null;
17)      else if ( p1 == Type.Float || p2 == Type.Float ) return Type.Float;
18)      else if ( p1 == Type.Int   || p2 == Type.Int   ) return Type.Int;
19)      else return Type.Char;
20)   }
21) }
```

在两个"数字"类型之间允许进行类型转换，"数字"类型包括 `Type.Char`、`Type.Int` 和 `Type.Float`。当一个算术运算符应用于两个数字类型时，结果类型是这两个类型的"max"值。

数组是这个源语言中唯一的构造类型。在第 7 行中调用 `super` 设置字段 `width` 的值。这个值在计算地址时是必不可少的。它同时也把 `lexeme` 和 `tok` 设置为默认值，这些值没有被使用。

```
1) package symbols;                      // 文件 Array.java
2) import lexer.*;
3) public class Array extends Type {
4)    public Type of;                    // 数组的元素类型
5)    public int size = 1;               // 元素个数
6)    public Array(int sz, Type p) {
7)       super("[]", Tag.INDEX, sz*p.width); size = sz;   of = p;
8)    }
9)    public String toString() { return "[" + size + "] " + of.toString(); }
10) }
```

A.5 表达式的中间代码

包 `inter` 包含了 `Node` 的类层次结构。`Node` 有两个子类:对应于表达式结点的 `Expr` 和对应于语句结点的 `Stmt`。本节介绍 `Expr` 和它的子类。`Expr` 的某些方法处理布尔表达式和跳转代码,这些方法和 `Expr` 的其他子类将在 A.6 节中讨论。

抽象语法树中的结点被实现为类 `Node` 的对象。为了报告错误,字段 `lexline`(文件 `Node.java` 的第 4 行)保存了本结点对应的构造在源程序中的行号。第 7~10 行用来生成三地址代码。

```
1) package inter;                          // 文件 Node.java
2) import lexer.*;
3) public class Node {
4)     int lexline = 0;
5)     Node() { lexline = Lexer.line; }
6)     void error(String s) { throw new Error("near line "+lexline+": "+s); }
7)     static int labels = 0;
8)     public int newlabel() { return ++labels; }
9)     public void emitlabel(int i) { System.out.print("L" + i + ":"); }
10)    public void emit(String s) { System.out.println("\t" + s); }
11) }
```

表达式构造被实现为 `Expr` 的子类。类 `Expr` 包含字段 `op` 和 `type`(文件 `Expr.java` 的第 4~5 行),分别表示了一个结点上的运算符和类型。

```
1) package inter;                          // 文件 Expr.java
2) import lexer.*; import symbols.*;
3) public class Expr extends Node {
4)     public Token op;
5)     public Type type;
6)     Expr(Token tok, Type p) { op = tok; type = p; }
```

方法 `gen`(第 7 行)返回了一个"项",该项可以成为一个三地址指令的右部。给定一个表达式 $E = E_1 + E_2$,方法 `gen` 返回一个项 $x_1 + x_2$,其中 x_1 和 x_2 分别是存放 E_1 和 E_2 值的地址。如果这个对象是一个地址,就可以返回 `this` 值。`Expr` 的子类通常会重新实现 `gen`。

方法 `reduce`(第 8 行)把一个表达式计算(或者说"归约")成为一个单一的地址。也就是说,它返回一个常量、一个标识符,或者一个临时名字。给定一个表达式 E,方法 `reduce` 返回一个存放 E 的值的临时变量 t。如果这个对象是一个地址,那么 `this` 仍然是正确的返回值。

我们把对方法 `jumping` 和 `emitjumps`(第 9~18 行)的讨论推迟到 A.6 节中进行,它们为布尔表达式生成跳转代码。

```
7)     public Expr gen() { return this; }
8)     public Expr reduce() { return this; }
9)     public void jumping(int t, int f) { emitjumps(toString(), t, f); }
10)    public void emitjumps(String test, int t, int f) {
11)        if( t != 0 && f != 0 ) {
12)            emit("if " + test + " goto L" + t);
13)            emit("goto L" + f);
14)        }
15)        else if( t != 0 ) emit("if " + test + " goto L" + t);
16)        else if( f != 0 ) emit("iffalse " + test + " goto L" + f);
17)        else ; // 不生成指令,因为 t 和 f 都直接穿越
18)    }
19)    public String toString() { return op.toString(); }
20) }
```

因为一个标识符就是一个地址,类 `Id` 从类 `Expr` 中继承了 `gen` 和 `reduce` 的默认实现。

```
1) package inter;                        // 文件 Id.java
2) import lexer.*; import symbols.*;
3) public class Id extends Expr {
4)     public int offset;                // 相对地址
5)     public Id(Word id, Type p, int b) { super(id, p); offset = b; }
6) }
```

对应于一个标识符的类 Id 的结点是一个叶子结点。函数调用 super(id,p)(文件 Id.java 的第 5 行)把 id 和 p 分别保存在继承得到的字段 op 和 type 中。字段 offset(第 4 行)保存了这个标识符的相对地址。

类 Op 提供了 reduce 的一个实现(文件 Op.java 的第 5~10 行)。这个类的子类包括:表示算术运算符的子类 Arith,表示单目运算符的子类 Unary 和表示数组访问的子类 Access。这些子类都继承了这个实现。在每种情况下,reduce 调用 gen 来生成一个项,生成一个指令把这个项赋值给一个新的临时名字,并返回这个临时名字。

```
1) package inter;                        // 文件 Op.java
2) import lexer.*; import symbols.*;
3) public class Op extends Expr {
4)     public Op(Token tok, Type p)  { super(tok, p); }
5)     public Expr reduce() {
6)         Expr x = gen();
7)         Temp t = new Temp(type);
8)         emit( t.toString() + " = " + x.toString() );
9)         return t;
10)    }
11) }
```

类 Arith 实现了双目运算符,比如 + 和 *。构造函数 Arith 首先调用 super(tok,null)(第 6 行),其中 tok 是一个表示该运算符的词法单元,null 是类型的占位符。相应的类型在第 7 行使用函数 Type.max 来确定,这个函数检查两个运算分量是否可以被类型强制为一个常见的数字类型;Type.max 的代码在 A.4 节中给出。如果它们能够进行自动类型转换,type 就被设置为结果类型;否则就报告一个类型错误(第 8 行)。这个简单编译器检查类型,但是它并不插入类型转换代码。

```
1) package inter;                        // 文件 Arith.java
2) import lexer.*; import symbols.*;
3) public class Arith extends Op {
4)     public Expr expr1, expr2;
5)     public Arith(Token tok, Expr x1, Expr x2)  {
6)         super(tok, null); expr1 = x1; expr2 = x2;
7)         type = Type.max(expr1.type, expr2.type);
8)         if (type == null ) error("type error");
9)     }
10)    public Expr gen() {
11)        return new Arith(op, expr1.reduce(), expr2.reduce());
12)    }
13)    public String toString() {
14)        return expr1.toString()+" "+op.toString()+" "+expr2.toString();
15)    }
16) }
```

方法 gen 把表达式的子表达式归约为地址,并将表达式的运算符作用于这些地址(文件 Arith.java 的第 11 行),从而构造出了一个三地址指令的右部。比如,假设 gen 在 a + b * c 的根部被调用。其中对 reduce 的调用返回 a 作为子表达式 a 的地址,并返回 t 作为 b * c 的地址。同时,reduce 还生成指令 t = b * c。方法 gen 返回了一个新的 Arith 结点,其中的运算符是 *,而运算分量是地址 a 和 t。⊖

⊖ 为了报告错误,在构造一个结点时,类 Node 中的字段 lexline 记录了当前的文本行号。我们把在中间代码生成过程中构造新的结点时跟踪行号的任务留给读者。

值得注意的是，和所有其他表达式一样，临时名字也有类型。因此，构造函数 Temp 被调用时有一个类型参数(文件 *Temp.java* 的第 6 行)。⊖

```
1) package inter;                    // 文件 Temp.java
2) import lexer.*; import symbols.*;
3) public class Temp extends Expr {
4)     static int count = 0;
5)     int number = 0;
6)     public Temp(Type p) { super(Word.temp, p); number = ++count; }
7)     public String toString() { return "t" + number; }
8) }
```

类 Unary 和类 Arith 对应，但是处理的是单目运算符：

```
1) package inter;                    // 文件 Unary.java
2) import lexer.*; import symbols.*;
3) public class Unary extends Op {
4)     public Expr expr;
5)     public Unary(Token tok, Expr x) {   // 处理单目减法, 对 ! 的处理见 Not
6)         super(tok, null);   expr = x;
7)         type = Type.max(Type.Int, expr.type);
8)         if (type == null ) error("type error");
9)     }
10)    public Expr gen() { return new Unary(op, expr.reduce()); }
11)    public String toString() { return op.toString()+" "+expr.toString(); }
12) }
```

A.6 布尔表达式的跳转代码

布尔表达式 B 的跳转代码由方法 jumping 生成。这个方法的参数是两个标号 t 和 f，它们分别称为表达式 B 的 *true* 出口和 *false* 出口。如果 B 的值为真，代码中就包含一个目标为 t 的跳转指令；如果 B 的值为假，就有一个目标为 f 的指令。按照惯例，特殊标号 0 表示控制流从 B 穿越，到达 B 的代码之后的下一个指令。

我们从类 Constant 开始。第 4 行上的构造函数 Constant 的参数是一个词法单元 tok 和一个类型 p。它在抽象语法树中构造出一个标号为 tok、类型为 p 的叶子结点。为方便起见，构造函数 Constant 被重载(第 5 行)，重载后的构造函数可以根据一个整数创建一个常量对象。

```
1) package inter;                    // 文件 Constant.java
2) import lexer.*; import symbols.*;
3) public class Constant extends Expr {
4)     public Constant(Token tok, Type p) { super(tok, p); }
5)     public Constant(int i) { super(new Num(i), Type.Int); }
6)     public static final Constant
7)         True  = new Constant(Word.True,  Type.Bool),
8)         False = new Constant(Word.False, Type.Bool);
9)     public void jumping(int t, int f) {
10)        if ( this == True && t != 0 ) emit("goto L" + t);
11)        else if ( this == False && f != 0) emit("goto L" + f);
12)    }
13) }
```

方法 jumping(文件 *Constant.java* 的第 9~12 行)有两个参数：标号为 t 和 f。如果这个常量是静态对象 True(在第 7 行中定义)，t 不是特殊标号 0，那么就会生成一个目标为 t 的跳转指令。否则，如果这是对象 False(在第 8 行中定义)且 f 非零，那么就会生成一个目标为 f 的跳转指令。

⊖ 另一种可行的方法是让这个构造函数以一个表达式结点作为参数，这样它就可以复制这个表达式结点的类型和文本位置。

类 Logical 为类 Or、And 和 Not 提供了一些常见功能。字段 expr1 和 expr2（第 4 行）对应于一个逻辑运算符的运算分量（虽然类 Not 实现了一个单目运算符，为方便起见，我们还是把它当作 Logical 的子类）。构造函数 Logical(tok,a,b)（第 5~10 行）构造出了一个语法树的结点，其运算符为 tok，而运算分量为 a 和 b。在完成这些工作时，它调用函数 check 来保证 a 和 b 都是布尔类型。方法 gen 将会在本节的最后讨论。

```
1) package inter;                     // 文件 Logical.java
2) import lexer.*; import symbols.*;
3) public class Logical extends Expr {
4)    public Expr expr1, expr2;
5)    Logical(Token tok, Expr x1, Expr x2) {
6)       super(tok, null);                  // 开始时类型设置为空
7)       expr1 = x1; expr2 = x2;
8)       type = check(expr1.type, expr2.type);
9)       if (type == null ) error("type error");
10)   }
11)   public Type check(Type p1, Type p2) {
12)      if ( p1 == Type.Bool && p2 == Type.Bool ) return Type.Bool;
13)      else return null;
14)   }
15)   public Expr gen() {
16)      int f = newlabel(); int a = newlabel();
17)      Temp temp = new Temp(type);
18)      this.jumping(0,f);
19)      emit(temp.toString() + " = true");
20)      emit("goto L" + a);
21)      emitlabel(f); emit(temp.toString() + " = false");
22)      emitlabel(a);
23)      return temp;
24)   }
25)   public String toString() {
26)      return expr1.toString()+" "+op.toString()+" "+expr2.toString();
27)   }
28) }
```

在类 Or 中，方法 jumping（第 5~10 行）生成了一个布尔表达式 $B = B_1 \| B_2$ 的跳转代码。当前假设 B 的 true 出口 t 和 false 出口 f 都不是特殊标号 0。因为如果 B_1 为真，B 必然为真，所以 B_1 的 true 出口必然是 t，而它的 false 出口对应于 B_2 的第一条指令。B_2 的 true 和 false 出口和 B 的相应出口相同。

```
1) package inter;                     // 文件 Or.java
2) import lexer.*; import symbols.*;
3) public class Or extends Logical {
4)    public Or(Token tok, Expr x1, Expr x2) { super(tok, x1, x2); }
5)    public void jumping(int t, int f) {
6)       int label = t != 0 ? t : newlabel();
7)       expr1.jumping(label, 0);
8)       expr2.jumping(t,f);
9)       if( t == 0 ) emitlabel(label);
10)   }
11) }
```

在一般情况下，B 的 true 出口 t 可能是特殊标号 0。变量 label（文件 Or.java 的第 6 行）保证了 B_1 的 true 出口被正确地设置为 B 的代码的结尾处。如果 t 为 0，那么 label 被设置为一个新的标号，并在 B_1 和 B_2 的代码被生成后再生成这个新标号。

类 And 的代码和 Or 的代码类似。

```
1) package inter;                     // 文件 And.java
2) import lexer.*; import symbols.*;
3) public class And extends Logical {
```

一个完整的编译器前端   403

```
 4)    public And(Token tok, Expr x1, Expr x2) { super(tok, x1, x2); }
 5)    public void jumping(int t, int f) {
 6)       int label = f != 0 ? f : newlabel();
 7)       expr1.jumping(0, label);
 8)       expr2.jumping(t,f);
 9)       if( f == 0 ) emitlabel(label);
10)    }
11) }
```

虽然类 Not 实现的是一个单目运算符，这个类和其他布尔运算符之间仍然具有相当多的共同之处，因此我们把它作为 Logical 的一个子类。它的超类具有两个运算分量，因此在第 4 行对 super 的调用中 x2 出现了两次。在第 5~6 行的方法中，只有 expr2（文件 Logical.java 的第 4 行上声明）被用到。在第 5 行，方法 jumping 仅仅把 true 出口和 false 出口对调，调用 expr2.jumping。

```
1) package inter;                  // 文件 Not.java
2) import lexer.*; import symbols.*;
3) public class Not extends Logical {
4)    public Not(Token tok, Expr x2) { super(tok, x2, x2); }
5)    public void jumping(int t, int f) { expr2.jumping(f, t); }
6)    public String toString() { return op.toString()+" "+expr2.toString(); }
7) }
```

类 Rel 实现了运算符 <、<=、==、!=、>= 和 >。函数 check（第 5~9 行）检查两个运算分量是否具有相同的类型，但它们不是数组类型。为简单起见，这里不允许类型强制转换。

```
 1) package inter;                  // 文件 Rel.java
 2) import lexer.*; import symbols.*;
 3) public class Rel extends Logical {
 4)    public Rel(Token tok, Expr x1, Expr x2) { super(tok, x1, x2); }
 5)    public Type check(Type p1, Type p2) {
 6)       if ( p1 instanceof Array || p2 instanceof Array ) return null;
 7)       else if( p1 == p2 ) return Type.Bool;
 8)       else return null;
 9)    }
10)    public void jumping(int t, int f) {
11)       Expr a = expr1.reduce();
12)       Expr b = expr2.reduce();
13)       String test = a.toString() + " " + op.toString() + " " + b.toString();
14)       emitjumps(test, t, f);
15)    }
16) }
```

方法 jumping（文件 Rel.java 的第 10~15 行）首先为子表达式 expr1 和 expr2 生成代码（第 11~12 行）。然后它调用方法 emitjumps，这个方法在 A.5 节的文件 Expr.java 中的第 10~18 行中定义。如果 t 和 f 都不是特殊标号 0，那么 emitjumps 执行下列代码：

```
12)          emit("if " + test + " goto L" + t);      // 文件 Expr.java
13)          emit("goto L" + f);
```

如果 t 或 f 是特殊标号 0，那么最多只会生成一个指令（同样是来自文件 Expr.java）：

```
15)          else if( t != 0 ) emit("if " + test + " goto L" + t);
16)          else if( f != 0 ) emit("iffalse " + test + " goto L" + f);
17)          else ;  // 不生成指令，因为t和f都直接穿越
```

在生成类 Access 的代码时演示了方法 emitjumps 的另一种用法。源语言允许把布尔值赋给标识符和数组元素，因此一个布尔表达式可能是一个数组访问。类 Access 有一个方法 gen，用来生成"正常"代码，另一个方法 jumping 用来生成跳转代码。方法 jumping（第 11 行）在把这个数组访问归约为一个临时变量后调用 emitjumps。这个类的构造函数（第 6~9 行）被调用

时的参数为一个平坦化的数组 a、一个下标 i 和该数组的元素类型 p。在生成数组地址计算代码的过程中完成了类型检查。

```
1) package inter;                    // 文件 Access.java
2) import lexer.*; import symbols.*;
3) public class Access extends Op {
4)     public Id array;
5)     public Expr index;
6)     public Access(Id a, Expr i, Type p) {    // p是将数组平坦化后的元素类型
7)        super(new Word("[]", Tag.INDEX), p);
8)        array = a; index = i;
9)     }
10)    public Expr gen() { return new Access(array, index.reduce(), type); }
11)    public void jumping(int t,int f) { emitjumps(reduce().toString(),t,f); }
12)    public String toString() {
13)       return array.toString() + " [ " + index.toString() + " ]";
14)    }
15) }
```

跳转代码还可以被用来返回一个布尔值。本节中较早描述的类 Logical 有一个方法 gen（第 15~24 行）。这个方法返回一个临时变量 temp。这个变量的值由这个表达式的跳转代码中的控制流决定。在这个布尔表达式的 true 出口，temp 被赋予 true 值；在 false 出口，temp 被赋予 false 值。这个临时变量在第 17 行声明。这个表达式的跳转代码在第 18 行生成，其中的 true 出口是下一条指令，而 false 出口是一个新标号 f。下一条指令把 true 值赋给 temp（第 19 行），后面紧跟目标为新标号 a 的跳转指令（第 20 行）。第 21 行上的代码生成标号 f 和一个把 false 赋给 temp 的指令。这个代码片段的结尾是标号 a，该标号在第 22 行生成。最后，gen 返回 temp（第 23 行）。

A.7 语句的中间代码

每个语句构造被实现为 Stmt 的一个子类。一个构造的组成部分对应的字段是相应子类的对象。例如，如我们将看到的，类 While 有一个对应于测试表达式的字段和一个子语句字段。

下面的类 Stmt 的代码中的第 3~4 行处理抽象语法树的构造。构造函数 Stmt() 不做任何事情，因为相关处理工作是在子类中完成的。静态对象 Stmt.Null（第 4 行）表示一个空的语句序列。

```
1) package inter;                    // 文件 Stmt.java
2) public class Stmt extends Node {
3)     public Stmt() { }
4)     public static Stmt Null = new Stmt();
5)     public void gen(int b, int a) {}  // 调用时的参数是语句开始处的标号和语句的下一条指令的标号
6)     int after = 0;                    // 保存语句的下一条指令的标号
7)     public static Stmt Enclosing = Stmt.Null;   // 用于 break 语句
8) }
```

第 5~7 行处理三地址代码的生成。方法 gen 被调用时两个参数分别是标号 a 和 b，其中 b 标记这个语句的代码的开始处，而 a 标记这个语句的代码之后的第一条指令。方法 gen（第 5 行）是子类中的 gen 方法的占位符。子类 While 和 Do 把它们的标号 a 存放在字段 after（第 6 行）中。当任何内层的 break 语句要跳出这个外层构造时就可以使用这些标号。对象 Stmt.Enclosing 在语法分析时被用于跟踪外层构造。（对于包含 continue 语句的源语言，我们可以使用同样的方法来跟踪一个 continue 语句的外层构造。）

类 If 的构造函数为语句 if (E) S 构造一个结点。字段 expr 和 stmt 分别保存了 E 和 S 对应的结点。请注意，小写字母组成的 expr 是一个类 Expr 的字段的名字。类似地，stmt 是类为

Stmt 的字段的名字。

```
1) package inter;              // 文件 If.java
2) import symbols.*;
3) public class If extends Stmt {
4)     Expr expr; Stmt stmt;
5)     public If(Expr x, Stmt s) {
6)         expr = x;   stmt = s;
7)         if( expr.type != Type.Bool ) expr.error("boolean required in if");
8)     }
9)     public void gen(int b, int a) {
10)        int label = newlabel();    // stmt 的代码的标号
11)        expr.jumping(0, a);        // 为真时控制流穿越,为假时转向a
12)        emitlabel(label); stmt.gen(label, a);
13)    }
14) }
```

一个 If 对象的代码包含了 expr 的跳转代码,然后是 stmt 的代码。如 A.6 节中所讨论的,第 11 行的调用 expr.jumping(0,a)指明如果 expr 的值为真,控制流必须穿越 expr 的代码;否则控制流必须转向标号 a。

类 Else 处理条件语句的 else 部分。它的实现和类 If 的实现类似:

```
1) package inter;              // 文件 Else.java
2) import symbols.*;
3) public class Else extends Stmt {
4)     Expr expr; Stmt stmt1, stmt2;
5)     public Else(Expr x, Stmt s1, Stmt s2) {
6)         expr = x; stmt1 = s1; stmt2 = s2;
7)         if( expr.type != Type.Bool ) expr.error("boolean required in if");
8)     }
9)     public void gen(int b, int a) {
10)        int label1 = newlabel();   // label1 用于语句 stmt1
11)        int label2 = newlabel();   // label2 用于语句 stmt2
12)        expr.jumping(0,label2);    // 为真时控制流穿越到 stmt1
13)        emitlabel(label1); stmt1.gen(label1, a); emit("goto L" + a);
14)        emitlabel(label2); stmt2.gen(label2, a);
15)    }
16) }
```

一个 While 对象的构造过程分为两个部分:构造函数 While( )创建了一个子结点为空的结点(第 5 行);初始化函数 int(x,s)把子结点 expr 设置成为 x,把子结点 stmt 设置成为 s(第 6~9 行)。函数 gen(b,a)用于生成三地址代码(第 10~16 行)。它和类 If 中的相应函数 gen( )在本质上有着相通之处。不同之处在于标号 a 被保存在字段 after 中(第 11 行),且 stmt 的代码之后紧跟着一个目标为 b 的跳转指令(第 15 行)。这个指令使得 while 循环进入下一次迭代。

```
1) package inter;              // 文件 While.java
2) import symbols.*;
3) public class While extends Stmt {
4)     Expr expr; Stmt stmt;
5)     public While() { expr = null; stmt = null; }
6)     public void init(Expr x, Stmt s) {
7)         expr = x;   stmt = s;
8)         if( expr.type != Type.Bool ) expr.error("boolean required in while");
9)     }
10)    public void gen(int b, int a) {
11)        after = a;             // 保存标号 a
12)        expr.jumping(0, a);
13)        int label = newlabel();    // 用于 stmt 的标号
14)        emitlabel(label); stmt.gen(label, b);
15)        emit("goto L" + b);
16)    }
17) }
```

类 Do 和类 While 非常相似。

```
1) package inter;                    // 文件 Do.java
2) import symbols.*;
3) public class Do extends Stmt {
4)    Expr expr; Stmt stmt;
5)    public Do() { expr = null; stmt = null; }
6)    public void init(Stmt s, Expr x) {
7)       expr = x; stmt = s;
8)       if( expr.type != Type.Bool ) expr.error("boolean required in do");
9)    }
10)   public void gen(int b, int a) {
11)      after = a;
12)      int label = newlabel();       // 用于 expr 的标号
13)      stmt.gen(b,label);
14)      emitlabel(label);
15)      expr.jumping(b,0);
16)   }
17) }
```

类 Set 实现了左部为标识符且右部为一个表达式的赋值语句。在类 Set 中的大部分代码的目的是构造一个结点并进行类型检查（第 5 ~ 13 行）。函数 gen 生成一个三地址指令（第 14 ~ 16 行）。

```
1) package inter;                    // 文件 Set.java
2) import lexer.*; import symbols.*;
3) public class Set extends Stmt {
4)    public Id id; public Expr expr;
5)    public Set(Id i, Expr x) {
6)       id = i; expr = x;
7)       if ( check(id.type, expr.type) == null ) error("type error");
8)    }
9)    public Type check(Type p1, Type p2) {
10)      if ( Type.numeric(p1) && Type.numeric(p2) ) return p2;
11)      else if ( p1 == Type.Bool && p2 == Type.Bool ) return p2;
12)      else return null;
13)   }
14)   public void gen(int b, int a) {
15)      emit( id.toString() + " = " + expr.gen().toString() );
16)   }
17) }
```

类 SetElem 实现了对数组元素的赋值。

```
1) package inter;                    // 文件 SetElem.java
2) import lexer.*; import symbols.*;
3) public class SetElem extends Stmt {
4)    public Id array; public Expr index; public Expr expr;
5)    public SetElem(Access x, Expr y) {
6)       array = x.array; index = x.index; expr = y;
7)       if ( check(x.type, expr.type) == null ) error("type error");
8)    }
9)    public Type check(Type p1, Type p2) {
10)      if ( p1 instanceof Array || p2 instanceof Array ) return null;
11)      else if ( p1 == p2 ) return p2;
12)      else if ( Type.numeric(p1) && Type.numeric(p2) ) return p2;
13)      else return null;
14)   }
15)   public void gen(int b, int a) {
16)      String s1 = index.reduce().toString();
17)      String s2 = expr.reduce().toString();
18)      emit(array.toString() + " [ " + s1 + " ] = " + s2);
19)   }
20) }
```

类 Seq 实现了一个语句序列。在第 6~7 行上对空语句的测试是为了避免使用标号。请注意，空语句 Stmt.Null 不会产生任何代码，因为类 Stmt 中的方法 gen 不做任何处理。

```
1) package inter;                    // 文件 Seq.java
2) public class Seq extends Stmt {
3)     Stmt stmt1; Stmt stmt2;
4)     public Seq(Stmt s1, Stmt s2) { stmt1 = s1; stmt2 = s2; }
5)     public void gen(int b, int a) {
6)         if ( stmt1 == Stmt.Null ) stmt2.gen(b, a);
7)         else if ( stmt2 == Stmt.Null ) stmt1.gen(b, a);
8)         else {
9)             int label = newlabel();
10)            stmt1.gen(b,label);
11)            emitlabel(label);
12)            stmt2.gen(label,a);
13)        }
14)    }
15) }
```

一个 break 语句把控制流转出它的外围循环或外围 switch 语句。类 Break 使用字段 stmt 来保存它的外围语句构造（语法分析器保证 Stmt.Enclosing 表示了其外围构造对应的语法树结点）。一个 Break 对象的代码是一个目标为标号 stmt.after 的跳转指令。这个标号标记了紧跟在 stmt 的代码之后的指令。

```
1) package inter;                    // 文件 Break.java
2) public class Break extends Stmt {
3)     Stmt stmt;
4)     public Break() {
5)         if( Stmt.Enclosing == Stmt.null ) error("unenclosed break");
6)         stmt = Stmt.Enclosing;
7)     }
8)     public void gen(int b, int a) {
9)         emit( "goto L" + stmt.after);
10)    }
11) }
```

A.8 语法分析器

语法分析器读入一个由词法单元组成的流，并调用适当的在 A.5~A.7 节中讨论的构造函数，构建出一棵抽象语法树。当前符号表按照 2.7 节中图 2-38 的翻译方案进行处理。

包 parser 包含一个类 Parser：

```
1) package parser;                    // 文件 Parser.java
2) import java.io.*; import lexer.*; import symbols.*; import inter.*;
3) public class Parser {
4)     private Lexer lex;              // 这个语法分析器的词法分析器
5)     private Token look;             // 向前看词法单元
6)     Env top = null;                 // 当前或顶层的符号表
7)     int used = 0;                   // 用于变量声明的存储位置
8)     public Parser(Lexer l) throws IOException { lex = l; move(); }
9)     void move() throws IOException { look = lex.scan(); }
10)    void error(String s) { throw new Error("near line "+lex.line+": "+s); }
11)    void match(int t) throws IOException {
12)        if( look.tag == t ) move();
13)        else error("syntax error");
14)    }
```

和 2.5 节中的简单表达式的翻译器类似，类 Parser 对每个非终结符号有一个过程。消除 A.1 节中源语言文法中的左递归后可以得到一个新的文法。这些过程就是基于这个新文法创建的。

语法分析过程首先调用了过程 program，这个过程又调用了 block( )（第 16 行）来对输入流进行语法分析，并构建出抽象语法树。第 17~18 行生成了中间代码。

```
15)    public void program() throws IOException {   // program -> block
16)        Stmt s = block();
17)        int begin = s.newlabel();   int after = s.newlabel();
18)        s.emitlabel(begin);  s.gen(begin, after);  s.emitlabel(after);
19)    }
```

对符号表的处理明确显示在过程 block 中⊖。变量 top（在第 5 行中声明）存放了最顶层的符号表，变量 savedEnv（第 21 行）是一个指向前面的符号表的连接。

```
20)    Stmt block() throws IOException {   // block -> { decls stmts }
21)        match('{');  Env savedEnv = top;  top = new Env(top);
22)        decls(); Stmt s = stmts();
23)        match('}');  top = savedEnv;
24)        return s;
25)    }
```

程序中的声明会被处理为符号表中有关标识符的条目（见第 30 行）。虽然这里没有显示，声明还可能生成在运行时刻为标识符保留存储空间的指令。

```
26)    void decls() throws IOException {
27)        while( look.tag == Tag.BASIC ) {   // D -> type ID ;
28)            Type p = type(); Token tok = look; match(Tag.ID); match(';');
29)            Id id = new Id((Word)tok, p, used);
30)            top.put( tok, id );
31)            used = used + p.width;
32)        }
33)    }
34)    Type type() throws IOException {
35)        Type p = (Type)look;              // 期望 look.tag == Tag.BASIC
36)        match(Tag.BASIC);
37)        if( look.tag != '[' ) return p;   // T -> basic
38)        else return dims(p);              // 返回数组类型
39)    }
40)    Type dims(Type p) throws IOException {
41)        match('[');  Token tok = look;  match(Tag.NUM);  match(']');
42)        if( look.tag == '[' )
43)            p = dims(p);
44)        return new Array(((Num)tok).value, p);
45)    }
```

过程 stmt 有一个 switch 语句。这个语句的各个 case 分支对应于非终结符号 Stmt 的各个产生式。每个 case 分支都使用 A.7 节中讨论的构造函数来建立某个构造对应的结点。当语法分析器碰到 while 语句和 do 语句的开始关键字的时候，就会创建这些语句的结点。这些结点在相应语句进行完语法分析之前就构造出来，这可以使得任何内层的 break 语句回指到它的外层循环语句。当出现嵌套的循环时，我们通过使用类 Stmt 中的变量 Stmt.Enclosing 和 savedStmt（在第 52 行声明）来保存当前的外层循环的。

```
46)    Stmt stmts() throws IOException {
47)        if ( look.tag == '}' ) return Stmt.Null;
48)        else return new Seq(stmt(), stmts());
49)    }
50)    Stmt stmt() throws IOException {
51)        Expr x;  Stmt s, s1, s2;
52)        Stmt savedStmt;            // 用于为 break 语句保存外层的循环语句
```

⊖ 另一种很具有吸引力的方法是向类 Env 中添加方法 push 和 pop，而当前的符号表可以通过一个静态变量 Env.top 来访问。

```
53)        switch( look.tag ) {
54)        case ';':
55)           move();
56)           return Stmt.Null;
57)        case Tag.IF:
58)           match(Tag.IF); match('('); x = bool(); match(')');
59)           s1 = stmt();
60)           if( look.tag != Tag.ELSE ) return new If(x, s1);
61)           match(Tag.ELSE);
62)           s2 = stmt();
63)           return new Else(x, s1, s2);
64)        case Tag.WHILE:
65)           While whilenode = new While();
66)           savedStmt = Stmt.Enclosing; Stmt.Enclosing = whilenode;
67)           match(Tag.WHILE); match('('); x = bool(); match(')');
68)           s1 = stmt();
69)           whilenode.init(x, s1);
70)           Stmt.Enclosing = savedStmt;    // 重置 Stmt.Enclosing
71)           return whilenode;
72)        case Tag.DO:
73)           Do donode = new Do();
74)           savedStmt = Stmt.Enclosing; Stmt.Enclosing = donode;
75)           match(Tag.DO);
76)           s1 = stmt();
77)           match(Tag.WHILE); match('('); x = bool(); match(')'); match(';');
78)           donode.init(s1, x);
79)           Stmt.Enclosing = savedStmt;    // 重置 Stmt.Enclosing
80)           return donode;
81)        case Tag.BREAK:
82)           match(Tag.BREAK); match(';');
83)           return new Break();
84)        case '{':
85)           return block();
86)        default:
87)           return assign();
88)        }
89)    }
```

为方便起见，赋值语句的代码出现在一个辅助过程 assign 中。

```
90)    Stmt assign() throws IOException {
91)        Stmt stmt;  Token t = look;
92)        match(Tag.ID);
93)        Id id = top.get(t);
94)        if( id == null ) error(t.toString() + " undeclared");
95)        if( look.tag == '=' ) {            // S -> id = E ;
96)           move();  stmt = new Set(id, bool());
97)        }
98)        else {                             // S -> L = E ;
99)           Access x = offset(id);
100)          match('=');  stmt = new SetElem(x, bool());
101)       }
102)       match(';');
103)       return stmt;
104)   }
```

对算术运算和布尔表达式的语法分析很相似。在每种情况下都会创建一个正确的抽象语法树结点。如 A.5 节和 A.6 节所讨论的，这两者的代码生成方法有所不同。

```
105)   Expr bool() throws IOException {
106)       Expr x = join();
107)       while( look.tag == Tag.OR ) {
108)          Token tok = look;  move();  x = new Or(tok, x, join());
109)       }
110)       return x;
```

```
111)    }
112)    Expr join() throws IOException {
113)        Expr x = equality();
114)        while( look.tag == Tag.AND ) {
115)            Token tok = look;  move();  x = new And(tok, x, equality());
116)        }
117)        return x;
118)    }
119)    Expr equality() throws IOException {
120)        Expr x = rel();
121)        while( look.tag == Tag.EQ || look.tag == Tag.NE ) {
122)            Token tok = look;  move();  x = new Rel(tok, x, rel());
123)        }
124)        return x;
125)    }
126)    Expr rel() throws IOException {
127)        Expr x = expr();
128)        switch( look.tag ) {
129)        case '<': case Tag.LE: case Tag.GE: case '>':
130)            Token tok = look; move(); return new Rel(tok, x, expr());
131)        default:
132)            return x;
133)        }
134)    }
135)    Expr expr() throws IOException {
136)        Expr x = term();
137)        while( look.tag == '+' || look.tag == '-' ) {
138)            Token tok = look;  move();  x = new Arith(tok, x, term());
139)        }
140)        return x;
141)    }
142)    Expr term() throws IOException {
143)        Expr x = unary();
144)        while(look.tag == '*' || look.tag == '/' ) {
145)            Token tok = look;  move();   x = new Arith(tok, x, unary());
146)        }
147)        return x;
148)    }
149)    Expr unary() throws IOException {
150)        if( look.tag == '-' ) {
151)            move();  return new Unary(Word.minus, unary());
152)        }
153)        else if( look.tag == '!' ) {
154)            Token tok = look;  move();  return new Not(tok, unary());
155)        }
156)        else return factor();
157)    }
```

在语法分析器中的其余代码处理表达式"因子"。辅助过程 offset 按照 6.4.3 节中讨论的方法为数组地址计算生成代码。

```
158)    Expr factor() throws IOException {
159)        Expr x = null;
160)        switch( look.tag ) {
161)        case '(':
162)            move(); x = bool(); match(')');
163)            return x;
164)        case Tag.NUM:
165)            x = new Constant(look, Type.Int);     move(); return x;
166)        case Tag.REAL:
167)            x = new Constant(look, Type.Float);   move(); return x;
168)        case Tag.TRUE:
169)            x = Constant.True;                    move(); return x;
170)        case Tag.FALSE:
```

一个完整的编译器前端   *411*

```
171)            x = Constant.False;                  move(); return x;
172)        default:
173)            error("syntax error");
174)            return x;
175)        case Tag.ID:
176)            String s = look.toString();
177)            Id id = top.get(look);
178)            if( id == null ) error(look.toString() + " undeclared");
179)            move();
180)            if( look.tag != '[' ) return id;
181)            else return offset(id);
182)        }
183)    }
184)    Access offset(Id a) throws IOException {    // I -> [E] | [E] I
185)        Expr i; Expr w; Expr t1, t2; Expr loc;   // 继承 id
186)        Type type = a.type;
187)        match('['); i = bool(); match(']');      // 第一个下标, I->[E]
188)        type = ((Array)type).of;
189)        w = new Constant(type.width);
190)        t1 = new Arith(new Token('*'), i, w);
191)        loc = t1;
192)        while( look.tag == '[' ) {              // 多维下标, I->[E]I
193)            match('['); i = bool(); match(']');
194)            type = ((Array)type).of;
195)            w = new Constant(type.width);
196)            t1 = new Arith(new Token('*'), i, w);
197)            t2 = new Arith(new Token('+'), loc, t1);
198)            loc = t2;
199)        }
200)        return new Access(a, loc, type);
201)    }
202) }
```

A.9 创建前端

这个编译器的各个包的代码存放在五个目录中:`main`、`lexer`、`symbols`、`parser` 和 `inter`。创建编译器的命令行根据系统的不同而不同。下面是编译器的 UNIX 实现:

```
javac lexer/*.java
javac symbols/*.java
javac inter/*.java
javac parser/*.java
javac main/*.java
```

上面的 `javac` 命令为每个类创建了 `.class` 文件。要练习使用我们的翻译器，只需要输入 `java main.Main`，后面跟上将要被翻译的源程序，比如文件 `test` 中的内容:

```
1) {                  // 文件 test
2)    int i; int j; float v; float x; float[100] a;
3)    while( true ) {
4)        do i = i+1; while( a[i] < v );
5)        do j = j-1; while( a[j] > v );
6)        if( i >= j ) break;
7)        x = a[i]; a[i] = a[j]; a[j] = x;
8)    }
9) }
```

对于这个输入，这个前端输出:

```
1) L1:L3: i = i + 1
2) L5:    t1 = i * 8
3)        t2 = a [ t1 ]
```

```
 4)            if t2 < v goto L3
 5) L4:       j = j - 1
 6) L7:       t3 = j * 8
 7)            t4 = a [ t3 ]
 8)            if t4 > v goto L4
 9) L6:       iffalse i >= j goto L8
10) L9:       goto L2
11) L8:       t5 = i * 8
12)            x = a [ t5 ]
13) L10:      t6 = i * 8
14)            t7 = j * 8
15)            t8 = a [ t7 ]
16)            a [ t6 ] = t8
17) L11:      t9 = j * 8
18)            a [ t9 ] = x
19)            goto L1
20) L2:
```

尝试一下。